科学出版社“十四五”普通高等教育本科规划教材

物理化学

（第三版）

徐文媛　熊振海
丁顺民　李江波　高丕英　编著

华东交通大学教材（专著）基金资助项目
上海海洋大学教材资助项目

科学出版社
北京

内 容 简 介

本书内容包括绪论、热力学第一定律及其应用、热力学第二定律、多组分体系的热力学与相平衡、化学平衡、化学动力学基础、电化学、表面现象、胶体化学和统计热力学基础。本书阐述了物理化学基本概念和基本理论，强化了物理化学基本原理的应用。对原理的叙述力求精辟，对公式的推导力求简明，对例题和习题的选编力求典型并注重启发性。每章末列出主要参考资料及课外阅读材料，反映学科新进展，以满足不同层次的读者需要，扩大读者的知识面。每章末有思考题和习题，书末附有习题参考答案。本书配套了知识点、例题和思考题的讲解视频，学生可扫描二维码观看，便于学生预习、复习和巩固知识点。

本书可作为高等学校化学工程与工艺、应用化学、材料、生物、食品、环境、药学、农学、林学和医学等相关专业本科生的物理化学教材。

图书在版编目(CIP)数据

物理化学/徐文媛等编著. —3版. —北京：科学出版社，2024.3
科学出版社"十四五"普通高等教育本科规划教材
ISBN 978-7-03-076553-6

Ⅰ.①物… Ⅱ.①徐… Ⅲ.①物理化学-高等学校-教材 Ⅳ.①O64

中国国家版本馆CIP数据核字(2023)第188229号

责任编辑：侯晓敏　陈雅娴　郑祥志 / 责任校对：杨　赛
责任印制：赵　博 / 封面设计：无极书装

科学出版社出版
北京东黄城根北街16号
邮政编码：100717
http://www.sciencep.com
北京天宇星印刷厂印刷
科学出版社发行　各地新华书店经销
*
2007年9月第一版　开本：787×1092　1/16
2013年8月第二版　印张：24　3/4
2024年3月第三版　字数：634 000
2025年4月第十五次印刷

定价：79.00元

（如有印装质量问题，我社负责调换）

第三版前言

本书根据学科的特点和发展趋势，以贯彻基础理论、基本知识和基本技能的应用为目的组织教材的结构和内容，力求体现 OBE(outcome based education，成果导向教育)能力培养的特点。

本书在保留第二版特色的基础上，新增了“科技直通车”和“科技人物”模块，将知识点和学科前沿有机结合，体现了学有所用、以学生为中心的教学新理念。本书配套了丰富的教学资源，学生可扫描二维码观看相应知识点、例题和思考题的讲解，有助于学生预习、复习和巩固知识点。

全书包括化学热力学、化学动力学、电化学、表面现象、胶体化学和统计热力学基础等内容，其中标记“*”号的内容可根据专业要求选学。徐文媛(华东交通大学)编写了各章的“科技直通车”和“科技人物”模块，并对全书内容进行统稿；熊振海(上海海洋大学)制作了每章知识点和部分例题的讲解视频；丁顺民(南昌大学)制作了每章思考题的讲解视频；李江波(上海交通大学)和高丕英(上海交通大学)承担了本书前两版的大部分编写工作。

本书得到华东交通大学和上海海洋大学教材建设立项资助，编者在此一并表示感谢。

本书配套“物理化学”在线课程，可以通过“智慧树”平台或者移动客户端的“知到”APP 访问。

限于编者的水平，书中难免有不妥和疏漏之处，恳请读者不吝赐教。

编　者

2023 年 8 月于华东交通大学

第二版前言

本书第一版2007年9月出版，是综合性高校生命科学、环境与资源科学、药学、农学、医学和应用化学等相关专业本科生教材和教学参考书。

第二版延续了第一版的特色，在各章内容选择方面，进一步理顺了体系，更新了内容，并在一定程度上反映了物理化学学科领域的新趋势、研究成果以及物理化学与生命学科、环境学科等的结合。精简了热力学基础理论，强化了热力学的应用，引入了非平衡态热力学和耗散结构的内容；将化学动力学安排到电化学之前，并介绍了快速反应研究技术、微观反应动力学、表面反应等学科新进展；电化学部分加强了生物电化学、环境电化学、生物传感器等内容的介绍；表面现象部分加入了两亲分子在溶液中的自组织现象等内容；加强了胶体化学知识与各学科的联系，使之与专业的结合更加紧密。针对不同高校、不同专业教学内容和要求上的差别，第二版增加了统计热力学基础供相关院校选用。

修订后，全书包括化学热力学、化学动力学、电化学、表面现象、胶体化学和统计热力学基础等内容，共9章。第9章可根据专业要求选用。

修订分工如下：高丕英（上海交通大学）修订了第3章和第8章，李江波（上海交通大学）修订了第5章～第7章，徐文媛（华东交通大学）修订了第1章、增编了第9章，熊振海（上海海洋大学）修订了第2章和第4章，全书由高丕英统稿。

本书初稿承蒙华东理工大学化学与分子工程学院吕瑞东教授审阅，提出了宝贵详尽的修改意见，对提高本书的质量起了关键性作用，编者在此表示深切的谢意。上海交通大学化学化工学院研究生王颖在本书第二版修订稿电子编辑等方面做了大量工作，编者在此对他们和所有支持本书编写工作的同志表示衷心的感谢。本书自第一版出版以来还受到不少老师和广大读者的关怀，在此一并致谢。

限于编者的水平，书中难免有不妥或疏漏之处，恳请读者不吝赐教。

编　者

2013年4月于上海交通大学

第一版前言

本书以教育部1993年修订并正式执行的《课程教学基本要求》为依据，根据各学科的特点和发展趋势，以贯彻基础理论、基本知识和基本技能的应用为目的，力求体现能力培养的特点来组织本书的结构和内容。全书物理量的符号和单位采用“中华人民共和国国家标准GB 3100～3102—1993”。

本书根据各专业特点对章节内容进行了重新布局，进一步理顺了课程体系，更新了课程内容，并在一定程度上反映了物理化学学科领域的研究成果及物理化学与生命、环境等学科结合的新趋势；精简了热力学基础理论，强化了热力学的应用，引入了非平衡态热力学和耗散结构的内容；将化学动力学安排到电化学之前，并介绍了快速反应研究技术、微观反应动力学、表面反应等学科新进展；电化学部分加强了生物电化学、环境电化学、生物传感器等内容的介绍；表面现象部分加入了两亲分子在溶液中的自组织现象等内容；加强了胶体化学知识与各学科的联系，使之与专业结合更加紧密。

全书包括了化学热力学、化学动力学、电化学、表面现象和胶体化学等内容，共分为8章。高丕英编写第1章～第4章和第8章，李江波编写第5章～第7章。每章末编入了一些经典的或最新的课外阅读材料供读者选读。同时，每章的思考题供学生检验概念的掌握情况，习题可训练学生分析问题和解决问题的能力。

本书初稿承蒙华东理工大学化学与分子工程学院吕瑞东教授审阅。吕教授提出了许多宝贵、详尽的修改意见，对提高本书的质量起了关键性的作用，编者在此表示深切的谢意。上海交通大学化学化工学院研究生刘建叶、周桢、倪勇、杜国栋、龚蔚等在本书书稿文字输入和插图绘制等方面做了大量工作，本书还得到上海交通大学教材建设立项资助。编者在此对所有支持本书编写工作的领导和同志表示衷心的感谢。

限于编者的水平，书中难免有不妥或疏漏之处，恳请读者不吝赐教。

编　者

2007年8月于上海交通大学

目　　录

绪　论

1. 物理化学的发展

由于蒸汽机的广泛使用，人们深入研究热功转化问题，并且开始将物理学的规律应用于化学，以解决化学反应的平衡问题和速率问题。1887 年，奥斯特瓦尔德(Ostwald)和范特霍夫(van't Hoff)创办了《物理化学杂志》，标志着物理化学学科的诞生。20 世纪以来，在生产实际和化学的科学研究工作中，物理化学的基本原理得到了广泛应用，发挥了它的理论指导作用。尤其是计算机和测试技术的应用对物理化学的发展产生了极大的影响，使物理化学的研究从宏观向微观、从静态向动态、从定性向定量、从平衡态向非平衡态发展。物理化学从实践上升到理论，形成一门独立的学科，又以理论指导生产实践，从而进一步发展和完善了理论。

2. 物理化学的研究对象和基本内容

物理化学运用数学、物理学等基础学科的基本理论和实验方法，从研究化学现象和物理现象之间的相互联系入手来探求化学反应的基本规律。化学热力学和统计热力学、化学动力学、量子力学、结构化学等内容构成了物理化学理论体系的主体。将物理化学的理论体系应用于特殊的研究对象，探讨其变化规律，则形成了热化学、电化学、光化学、催化和胶体化学等物理化学的分支。

化学热力学研究在指定条件下体系的变化方向、变化限度，以及反应条件(温度、压力和浓度等)如何改变变化的方向和限度，对于一个已经发生的变化，研究其伴随的能量变化等。因此，化学热力学研究体系发生化学变化过程伴随的能量效应、变化的方向和限度，它解决的是体系发生化学变化过程的可能性问题。

化学动力学则研究在指定条件下化学反应的速率和反应条件(温度、压力、浓度、催化剂、光和电等)对反应速率的影响规律、化学反应机理(历程)，以及如何有效地控制化学反应使其按指定的方向以适当的速率进行等。因此，化学动力学是研究完成化学反应所需要的时间和具体步骤，它解决的是化学反应的现实性问题。

统计热力学是利用粒子的微观量获得大量粒子行为的统计平均值，从而推求体系的宏观性质。

研究物质的组成、结构和性能之间的内在联系构成了物理化学中的结构化学部分。研究个别电子和原子核组成的微观体系的运动状态则构成了量子力学。由于篇幅有限，本书不讨论这几部分内容。

3. 物理化学的研究方法和学习方法

物理化学的研究方法有由特殊到一般的归纳法及由一般到特殊的演绎法；对复杂问题建立抽象的理想化模型，再通过实践检验模型的方法……此外，物理化学还具有本学科特有的理论研究方法：经典热力学方法、量子力学方法和统计热力学方法，三者各有特点和局限性(表 1)，在解决问题时可相互补充。

表 1　三种热力学方法的对比

研究方法	研究对象	基本方法	优　点	不　足
经典热力学方法	宏观体系	经典经验定律	计算速度快，能够处理较大体系的宏观现象	不涉及变化细节，只适用于平衡体系
量子力学方法	微观粒子	量子力学方法	从微观角度研究化学过程，能够详细描述物性与结构的关系	计算量非常大，只能处理相对分子质量较小的体系
统计热力学方法	大量质点	概率规律	将宏观与微观联系起来，在热力学与量子力学之间架起了桥梁，弥补了两者的缺陷	计算方法中存在一定近似性，对大的复杂分子及凝聚体系计算尚有困难

物理化学是一门理论性很强的课程，学好物理化学课程对其他化学专业课的学习具有促进作用。物理化学也是一门逻辑性较强的课程，它的章节内容相互衔接、密切联系，因此在物理化学课程的学习过程中要注意课前预习和课后及时复习，重视习题，及时总结。物理化学学习过程中要注重公式的推导、结论和公式的适用条件，明确每一章节的主要内容和解决问题的方法。这样有利于抓住每一章节的重点，理清脉络，培养分析问题和解决问题的能力。

第 1 章　热力学第一定律及其应用

1.1　热力学的理论基础与研究方法

1.1.1　热力学的理论基础

热力学是物理化学的重要组成部分。它研究自然界中宏观物体状态改变和能量转换过程中所遵循的规律。热力学定律是人们的经验总结，由经验归纳得出四个热力学基本定律：热力学第零定律（阐述热平衡的特点）、热力学第一定律（能量守恒定律，解决热功当量问题）、热力学第二定律（阐述热和功的本质差别，解决热功转化的方向问题）和热力学第三定律（温度趋于0K 时，恒温过程的熵变趋于零，规定了标准熵）。热力学基本定律不能从逻辑上或用其他理论加以证明。

将热力学的基本原理应用于研究化学变化以及与化学变化相关的物理现象，即构成化学热力学。化学热力学利用热力学第一定律研究在化学变化以及与化学变化密切相关的物理变化过程中的能量效应，指出过程中的能量在形式上是可以转换的，在数值上是守恒的。化学热力学利用热力学第二定律研究在确定条件下某一变化是否可以进行，若能进行，则进行到什么程度为止，以及研究相平衡和化学平衡中的有关问题和确定被研究物质的稳定性。化学热力学利用热力学第三定律阐明了标准熵的数值，再结合其他热化学数据，原则上可以解决化学平衡的相关计算问题。

化学热力学是一个能解决实际问题的非常有效的理论工具。在化学新产品的试制、化学反应路线的选择及能量衡算等课题中，人们可以用化学热力学这个工具，先从理论上对所选择的反应或方法做出可行性判断，从而可以避免盲目实验而耗费大量的时间和精力。例如，19 世纪，人们进行了大量将石墨转变为金刚石的尝试，但是所有的实验均失败。后来通过热力学计算得知了两者间相互转变时的温度与压力效应，这不但预言了人工制造金刚石所需的条件，并据此在 20 世纪中叶实现了高压条件下石墨向金刚石的转化，而且为自然界金刚石形成的地质条件假说提供了理论依据。

1.1.2　热力学的研究方法

热力学用演绎的方法研究问题，从热力学基本定律出发，运用逻辑推理，获得在特定条件下所研究对象的宏观性质。

首先，热力学的研究对象是大量质点所构成的宏观物体，因此热力学只反映大量质点的统计平均行为（宏观性质），不涉及单个质点的个体行为（微观性质）。其次，热力学只涉及宏观物体的起始状态、最终状态以及过程进行时的外界条件，由此就可进行相关的热力学计算，而不依赖于物质的微观结构和过程进行的具体步骤。最后，热力学研究中没有时间变数，所以热力学不涉及变化进行的速率问题。因此，热力学只能判断在特定条件下变化的可能性，即变化的方向和限度问题，至于在此条件下变化的现实性，即以怎样的速率进行，热力学无从作答。

虽然热力学无法研究物质的微观性质、微观结构、变化的速率和变化的具体步骤，但是热力学的基本定律有坚实的实验基础，是大量科学实验和生产实际的经验总结，具有高度的普遍性和可靠性，是科学研究和生产实际应用中的有力工具。

此外，将热力学理论运用于确定的研究对象以获得结论时，还需要物质的宏观性质，如热容、饱和蒸气压等，热力学本身不能给出这些宏观性质，只能由实验测定。因此，热力学结论的可靠性此时则取决于这些实验测定的宏观性质的准确度。

1.2 热力学基本概念

1.2.1 体系与环境

热力学把所要研究的对象称为**体系**或**系统**（system），把与体系密切相关的外界称为**环境**（surrounding）。热力学体系可由一个或多个均匀的物质部分构成。

体系与环境之间由界面隔开，这种界面可以是真实存在的物理界面，也可以是虚构的假想界面。体系与环境之间有相互作用，根据体系与环境之间交换物质与能量的情况不同，热力学体系可分为三类：

1）**敞开体系**（open system）

体系与环境之间既有物质交换，也有能量交换。

2）**封闭体系**（closed system）

体系与环境之间没有物质交换，只有能量交换。若未特别注明，本书中所言体系均指封闭体系。

3）**隔离体系**（isolated system）

体系与环境之间既没有物质交换，也没有能量交换，也称为孤立体系。绝对的隔离体系是不存在的，为了研究问题方便，在一定条件下，如果外界的影响非常微小以致可以忽略，则可以把这样的体系看成隔离体系。

体系与环境是相对而言的，当一部分物体被作为体系后，另一部分与之密切相关的部分则称为环境。热力学研究中体系与环境划分得当与否是解决问题的第一步。

1.2.2 相

相（phase）是体系中物理和化学性质完全均匀的部分（物质之间达到分子水平的均匀）。构成相的物质可以是纯物质也可以是混合物。例如，纯水是一个相，氯化钠的水溶液也是一个相。体系中只存在一个相时称为**均相体系**（homogeneous system），存在两个或两个以上的相时称为**多相体系**（heterogeneous system）。

1.2.3 体系的性质

体系的性质是指用于描述体系热力学状态的宏观性质，又称为热力学变量，如温度、体积、压力、热力学能、焓、熵等。这些性质分为可测和不可测两类。根据其与物质的量的关系，可将它们分为两类：

1）**广度性质**（extensive property）

广度性质又称广延量或**容量性质**（capacity property），它的量值与体系中物质的量成正比，如体积、热力学能等。广度性质具有加和性，即整个体系的广度性质的量值是体系各部分该性质的量值的总和。

2）**强度性质**（intensive property）

强度性质又称强度量，它的量值取决于体系自身的特性，与体系中物质的量无关，如体系的温度、压力等。强度性质不具有加和性，即整个体系的强度性质的量值与体系中各部分该性质的量值相同。

体系广度性质的摩尔量是强度性质，如体系的体积为广度性质，而体系的摩尔体积则为强度性质。

1.2.4　状态和热力学平衡态

体系的状态是体系一切性质的综合表现。当体系所有性质都确定时，体系就有确定的状态。反之，当体系的状态确定后，体系所有的性质就有唯一确定的值。

热力学体系所涉及的状态有平衡态和非平衡态之分。**热力学平衡状态**（thermodynamical equilibrium state）也称平衡态。通常，未特别注明的状态均指平衡态。热力学平衡态应同时包括下列四个平衡：

1）**热平衡**（thermal equilibrium）

体系各部分的温度相等。若不是绝热体系，则体系与环境的温度也应相等。

2）**力平衡**（mechanical equilibrium）

体系各部分以及环境之间各种作用力达到平衡，没有由于力的不平衡而引起边界的相对移动，如体系各部分与环境压力相等。若体系与环境之间有不能被移动的器壁，则体系与环境的压力可以不等，此时也可认为达到了力平衡。

3）**相平衡**（phase equilibrium）

体系为多相体系时，各相之间没有物质的传递，各相的组成和数量不随时间而改变。

4）**化学平衡**（chemical equilibrium）

体系中各物质之间的化学反应达到平衡，即体系的组成不随时间而改变。

在以后的讨论中，若非特别注明，体系均是处于热力学平衡态。只有处于平衡态，体系的许多性质才有确切的含义。有时体系中的化学变化或相变化并未达到平衡，或体系与环境的温度和压力并不相等，但是只要体系内部的压力、温度和组成是均匀的，也可近似作为平衡态研究。

1.2.5　热力学标准态

体系的性质不管是否可测，都强烈依赖于体系所处的状态。为了便于交流，必须为体系的状态确定一个易于相对比较的基准。热力学中常用的基准为**热力学标准状态**（thermodynamical standard state），又称**热化学标准状态**、**标准状态**或**标准态**（standard state）。标准态的压力为 10^5 Pa，记为 $1p^{\ominus}$。上标“$\ominus$”是标准态的标志，在以后热力学量的表示中，在上标加上“$\ominus$”即表示是标准态的热力学量。规定：

（1）气体。温度为 T，压力为 $1p^{\ominus}$，性质服从理想气体行为的气态纯物质。

（2）液体和固体。温度为 T，压力为 $1p^{\ominus}$ 下的纯液体和纯固体。

（3）溶液。溶剂温度为 T，压力为 $1p^{\ominus}$ 下的纯溶剂；溶质温度为 T，压力为 $1p^{\ominus}$ 下活度为 1，性质仍服从无限稀释溶液行为的溶质，此时溶质的标准态也称为参考态。关于溶液标准态定义的详细内容可参阅第 3 章。

1.2.6 状态函数和状态方程

用来描述体系状态的热力学性质称为**状态函数**(state function)。状态函数具有单值性和连续性,其变化值只与体系的始、终态有关,而与由始态变化到终态所经历的具体步骤无关。

状态函数的单值性指的是当体系的状态确定时,所有状态函数均有定值;当体系的状态发生改变时,至少有一个状态函数也随之发生变化。状态函数的连续性则源于体系状态变化的连续性。状态函数的特性使其微小变化量可以用数学上的全微分表示,如状态函数 T 的微小改变可以用 $\mathrm{d}T$ 表示。若体系经过一系列变化回到始态,则状态函数的改变量为零,即异途同归,值变相等;周而复始,数值还原。

如果有一体系的性质的改变量只与体系的始、终态有关,则它必定对应着一个状态函数的变化量。若以 Z 表示状态函数,则由状态 1 变化到状态 2 时,体系的状态函数的变化量可表示为

$$\Delta Z = \int_{Z_1}^{Z_2} \mathrm{d}Z = Z_2 - Z_1 \quad 或 \quad \oint \mathrm{d}Z = 0 \tag{1.2.1}$$

数学上可以证明状态函数的集合(和、差、积、商)也是状态函数。

当体系处于一定的状态时,体系所有状态函数都有确定值,而这些状态函数并非完全相互独立,因此要想确定一个体系的状态,不需要确定体系所有的状态函数,而只需确定其中几个状态函数,体系的其他状态函数便随之确定。描述体系状态函数之间定量关系的数学方程称为**状态方程**(equation of state)。通常人们只将联系 p、V、T 和 n 之间关系的方程称为状态方程,其他状态方程则为广义的状态方程。

经验表明,对于纯物质均相体系,确定体系的状态需要三个独立的状态函数。例如,物质的量为 n 的体系,除物质的量外还需要两个独立的状态函数来表示体系的状态,即需要温度 T、压力 p 和体积 V 中的任意两个,可表示为

$$V=V(T,p,n) \tag{1.2.2}$$

$$T=T(p,V,n) \tag{1.2.3}$$

$$p=p(T,V,n) \tag{1.2.4}$$

根据状态函数的性质,式(1.2.2)～式(1.2.4)的全微分可表示为

$$\mathrm{d}V=\left(\frac{\partial V}{\partial T}\right)_{p,n}\mathrm{d}T+\left(\frac{\partial V}{\partial p}\right)_{T,n}\mathrm{d}p+\left(\frac{\partial V}{\partial n}\right)_{T,p}\mathrm{d}n \tag{1.2.5}$$

$$\mathrm{d}T=\left(\frac{\partial T}{\partial p}\right)_{V,n}\mathrm{d}p+\left(\frac{\partial T}{\partial V}\right)_{p,n}\mathrm{d}V+\left(\frac{\partial T}{\partial n}\right)_{p,V}\mathrm{d}n \tag{1.2.6}$$

$$\mathrm{d}p=\left(\frac{\partial p}{\partial T}\right)_{V,n}\mathrm{d}T+\left(\frac{\partial p}{\partial V}\right)_{T,n}\mathrm{d}V+\left(\frac{\partial p}{\partial n}\right)_{T,V}\mathrm{d}n \tag{1.2.7}$$

对于由 k 种物质构成的组成可变的多组分均相体系,则要用$(k+2)$个独立的状态函数来描述体系的状态,式(1.2.2)可相应记为

$$V=V(T,p,n_1,n_2,\cdots,n_k) \tag{1.2.8}$$

其对应的全微分可表示为

$$\mathrm{d}V=\left(\frac{\partial V}{\partial T}\right)_{p,n}\mathrm{d}T+\left(\frac{\partial V}{\partial p}\right)_{T,n}\mathrm{d}p+\sum_{\mathrm{B}=1}^{k}\left(\frac{\partial V}{\partial n_{\mathrm{B}}}\right)_{T,p,n_{\mathrm{C}\neq\mathrm{B}}}\mathrm{d}n_{\mathrm{B}} \tag{1.2.9}$$

若体系中各组分物质的量确定,则为组成不变的封闭体系,式(1.2.2)和式(1.2.8)均可记作

$$V = V(T, p) \tag{1.2.10}$$

式(1.2.10)适用于纯物质或组成不变的均相封闭体系。

1.2.7　过程和途径

体系状态所发生的任何变化均称为**过程**(process)。**恒温过程**(isothermal process)中体系的温度等于环境的温度且始终恒定,即 $T = T_{环境}$=定值;**恒压过程**(isobaric process)中体系的压力与环境的压力相等且始终恒定,即 $p = p_{环境}$=定值;**恒容过程**(isochoric process)中体系的体积恒定不变;**绝热过程**(adiabatic process)中体系与环境没有热传递;**循环过程**(cyclic process)中体系自始态经变化后回到始态,状态函数改变量为零;**相变过程**中体系的聚集态发生了改变;**化学变化过程**中体系的组成发生了变化。

体系由始态经过一系列变化过程到达终态,所采用的不同变化方式称为**途径**(path)。图 1.2.1 为 1mol 理想气体的两种状态变化途径。体系由始态出发可经过不同的途径到达相同的终态,但是体系状态函数的变化值不会因途径的不同而异。因此对状态函数而言,当实际变化途径比较复杂时,可以选择或设计一个较简便的变化途径用于计算状态函数的变化量。这一方法是热力学中的重要方法,称为状态函数法。

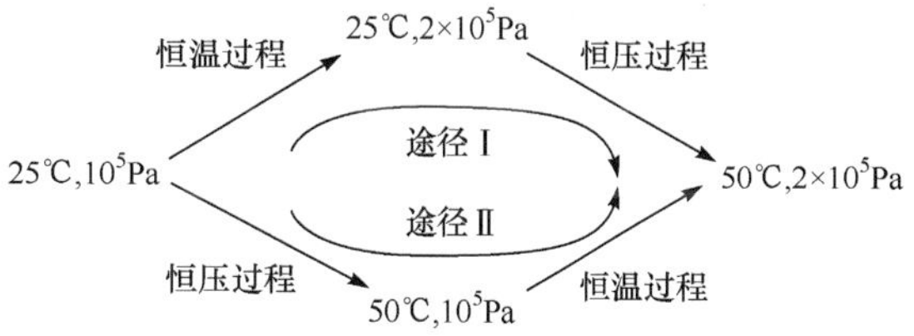

图 1.2.1　过程和途径示意图

1.3　热力学第一定律

1.3.1　热和功

1. 热

体系状态发生变化时通常伴随着能量传递,体系和环境之间由于温度不同而交换或传递的能量称为**热**(heat),用符号 Q 表示。热是体系在状态发生变化过程中与环境交换的一种能量,它与体系发生状态变化时所经历的具体过程有关,热不是体系的状态函数,其无限小量不是全微分,只能用 δQ 表示,不能用 $\mathrm{d}Q$ 表示。

热是体系中大量质点以无序运动方式而传递的能量,质点的无规则运动强度越大,则大量质点的集合体——体系的温度越高。当两个温度不同的物体接触时,运动强度不同的质点通过碰撞而交换能量,由这种方式传递的能量就是热。物理化学中规定体系吸热,则 $Q>0$;体系放热,则 $Q<0$。Q 的单位为焦耳,以 J 表示。

2. 功

除热以外体系与环境交换的其他一切形式的能量均称为**功**(work),用符号 W 表示。功也是体系在状态发生变化过程中与环境交换的能量,从微观上看,功是大量质点以有序运动方式而传递的能量。功也与过程有关,它不是状态函数,其无限小量也不能写作全微分,只能用 δW 表示。物理化学中规定环境对体系做功,则 $W>0$;体系对环境做功,则 $W<0$。功的单位为焦耳,以 J 表示。

功的概念源于力学中的机械功,广义的功等于广义的力(强度性质)乘以广义的位移(广度性质的变化量)。由体系体积改变引起的体系与环境交换的功称为**体积功**(expansion work),

以 $W_{体}$ 表示，定义

$$\delta W_{体} = -p_{外}\mathrm{d}V \tag{1.3.1}$$

式(1.3.1)中，$p_{外}$ 为外界压力，即环境压力。对只做体积功的体系，其下标"体"可省略。除体积功外，其他常见的功还有电功、表面功等，见表 1.3.1。

表 1.3.1　几种常见功的表示形式

功的种类	强度性质	广度性质的变化量	功的表达式
机械功	f(力)	$\mathrm{d}l$(位移)	$f\mathrm{d}l$
体积功	p(外压)	$\mathrm{d}V$(体积的变化量)	$-p_{外}\mathrm{d}V$
电功	E(外加电势差)	$\mathrm{d}Q$(通过的电量)	$E\mathrm{d}Q$
表面功	σ(表面张力)	$\mathrm{d}A_s$(表面积的变化量)	$\sigma\mathrm{d}A_s$

体系与环境交换的总功可表示为

$$\delta W = -p_{外}\mathrm{d}V + (f\mathrm{d}l + E\mathrm{d}Q + \sigma\mathrm{d}A_s + \cdots) \quad 或 \quad \delta W = \delta W_{体} + \delta W'$$

其中 $\delta W' = f\mathrm{d}l + E\mathrm{d}Q + \sigma\mathrm{d}A_s + \cdots$ 是除体积功外体系与环境交换的所有其他形式的功，称为非体积功或有用功。要注意只有 $-p_{外}\mathrm{d}V$ 才是体积功，其他具有相同量纲的 pV、$V\mathrm{d}p$ 或 $\mathrm{d}p\mathrm{d}V$ 均不是体积功。

1.3.2　热力学能

体系总能量 E 由三部分构成：

(1) 体系整体运动的动能 T。

(2) 体系在外力场中的势能 V。

(3) 体系的**热力学能**(thermodynamic energy)U，又称为**内能**(internal energy)。

在大多数热力学应用实例中，体系都是宏观静止的，而且不存在外力场，因此可以不考虑体系的动能 T 和势能 V，体系的总能量 E 等于热力学能 U。

体系的热力学能是体系内部能量的总和，是一个广度性质。它包括构成体系大量质点的平动能 U_t、转动能 U_r，振动能 U_v、电子的能量 U_e、核的能量 U_n 以及质点之间相互作用的位能 $U_{质点-质点}$ 等能量。

$$U = U_t + U_r + U_v + U_e + U_n + U_{质点-质点} + \cdots \tag{1.3.2}$$

由于对物质世界的认识是无穷尽的，对体系内部能量形式的认识也在不断发展，因此体系热力学能的绝对值无法确定。热力学能 U 作为体系内部能量的总和，是体系自身性质的一种表现，当体系状态确定后，热力学能就有唯一定值，体系的热力学能是状态函数。

对一定量的纯物质或组成不变的均相封闭体系，热力学能可如式(1.2.10)表示为 $U = U(T,V)$ 或 $U = U(T,p)$，其全微分可分别表示为

$$\mathrm{d}U = \left(\frac{\partial U}{\partial T}\right)_V \mathrm{d}T + \left(\frac{\partial U}{\partial V}\right)_T \mathrm{d}V \tag{1.3.3}$$

或

$$\mathrm{d}U = \left(\frac{\partial U}{\partial T}\right)_p \mathrm{d}T + \left(\frac{\partial U}{\partial p}\right)_T \mathrm{d}p \tag{1.3.4}$$

1.3.3　热力学第一定律的表述

焦耳(Joule)、迈耶(Mayer)和格罗夫(Grove)经过大量的实验研究，在 1842 年几乎同时提出：能量可以从一种形式转变为另一种形式，但是在转变过程中能量的总量不变——**能量守恒与转化定律**。能量守恒与转化定律是人们长期大量实际经验的总结，有广泛的实验基础，目前还没有发现与之矛盾的情况。

将能量守恒与转化定律应用于热力学体系，即为**热力学第一定律**(the first law of thermodynamics)。若封闭体系与环境交换的功为 W，热为 Q，则体系与环境交换的能量总量为 $Q+W$，这部分能量不会消失，也不会凭空产生。若 $Q+W>0$，则体系从环境获得能量，这部分能量储存于体系内部成为体系的热力学能，$\Delta U>0$；若 $Q+W<0$，则这部分能量来自体系热力学能的减少，$\Delta U<0$。因此有

$$\Delta U=Q+W \tag{1.3.5}$$

对于一微小变化，以 δQ、δW 分别表示无限小量的热和功，则热力学能的无限小增量 dU 为

$$dU=\delta Q+\delta W \tag{1.3.6}$$

式(1.3.5)和式(1.3.6)均是热力学第一定律的数学表达式。

由能量守恒与转化定律可知，能量既不可能凭空产生也不可能无缘无故消失。人们无法造出一种无需消耗能量或只需消耗少量能量就能源源不断对外做功的机器，称其为**第一类永动机**(perpetual motion machine of the first kind)，因此历史上热力学第一定律的另一种说法是“第一类永动机不可能实现”。

1.4　热与过程

体系无论发生化学变化、相变化还是简单的状态变化，在变化过程中通常都伴随着与环境的能量交换。实验室研究和工业生产过程大多在一些特殊条件下进行。因此，将热力学第一定律应用于这些过程所得的结果具有重要的实用价值。

1.4.1　恒容热

对于只做体积功的封闭体系中进行的一个微小变化，式(1.3.6)可写作

$$dU=\delta Q-p_{外}dV \tag{1.4.1}$$

若为恒容过程，有 $dV=0$，则式(1.4.1)可写作

$$dU=\delta Q_V \tag{1.4.2}$$

或

$$\Delta U=Q_V\,(W'=0,dV=0) \tag{1.4.3}$$

热量 Q 的下标“V”表示体积恒定，Q_V 称为**恒容热**，由式(1.4.3)可知，在只做体积功的恒容条件下，恒容热 Q_V 与状态函数的变化值 ΔU 相等。

1.4.2　恒压热

若变化是在恒压条件下进行的，则有 $p=p_{外}=$定值，因此式(1.4.1)可写作

$$dU=\delta Q_p-pdV$$

$$\delta Q_p=dU+d(pV)\quad 或\quad \delta Q_p=d(U+pV) \tag{1.4.4}$$

定义

$$H \equiv U + pV \tag{1.4.5}$$

H 称为**焓**(enthalpy)或**热函**(heat content)。由于 U、p 和 V 为状态函数，所以 H 也为状态函数。其改变量有

$$\delta Q_p = \mathrm{d}H \quad 或 \quad Q_p = \Delta H(W'=0, \mathrm{d}p=0) \tag{1.4.6}$$

热量 Q 的下标"p"表示压力恒定，Q_p 称为恒压热。由式(1.4.6)可知，在只做体积功的恒压条件下，恒压热 Q_p 与状态函数的变化值 ΔH 相等。

虽然焓是状态函数，且具有能量的单位，但焓与热力学能不同，焓没有确切的物理意义。定义焓的目的是简化热力学过程的计算。由于大部分化学变化过程在只做体积功的恒压条件下进行，此时 $Q=\Delta H$，只需求出 ΔH 即可得到 Q，如果用 $Q=\Delta U-W$ 计算，则需求出 ΔU 和 W 才能得到 Q。

1.4.3　相变焓

若非特别注明，相变过程一般均看作恒温过程，因此相变过程中构成体系的分子的动能保持不变。但是相变化使分子间距离发生改变，分子间的相互作用力也随之发生改变，因此相变时体系与环境间伴随有热传递。例如，液体的蒸发过程，由于液体变为同温度下的蒸气时分子间的距离明显增大，为了克服分子间的引力，必须给体系供给能量，因此液体的蒸发过程为吸热过程。

在恒温和该温度的平衡压力下发生的相变为可逆相变，平衡压力为 101.325kPa 时的可逆相变称为正常相变，其对应的相变温度为正常相变温度。可逆相变条件下的相变过程所伴随的热效应为**相变热**或**相变焓**，以 $\Delta_{相变}H(T)$ 表示。例如，1mol $H_2O(l)$ 在 298.15K、平衡压力 3167Pa (298.15K 时水的饱和蒸气压)时蒸发为水蒸气，则其摩尔蒸发焓记作 $\Delta_{vap}H_m(298.15K)=44.01kJ \cdot mol^{-1}$。如果 1mol $H_2O(l)$ 在 373.15K、101.325kPa 时蒸发为水蒸气，则 373.15K 为水的正常沸点，其摩尔蒸发焓记作 $\Delta_{vap}H_m(373.15K)=40.66kJ \cdot mol^{-1}$。常见的相变过程有蒸发(vap)、熔化(fus)、升华(sub)、晶形转变(trs)等。摩尔相变焓是物质的特性，可从手册获得，它的单位通常为 $kJ \cdot mol^{-1}$。若相变前后物质均处于标准状态，则称此时的摩尔相变焓为**标准摩尔相变焓**，以 $\Delta_{相变}H_m^{\ominus}(T)$ 表示。

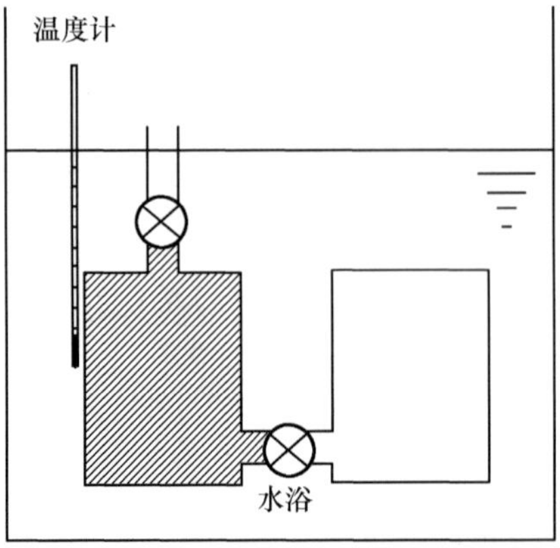

图 1.4.1　盖·吕萨克-焦耳实验示意图

对于非缔合性纯液体，缺乏标准摩尔蒸发焓数值时，可用特鲁顿(Trouton)规则估算：$\Delta_{vap}H_m \approx 88T_b\ J \cdot mol^{-1}$。式中，$T_b$ 为纯液体的正常沸点。特鲁顿规则对极性较强的液体不适用。

1.4.4　盖·吕萨克-焦耳实验

盖·吕萨克(Gay-Lussac)和焦耳(Joule)分别在 1807 年和 1843 年做了如图 1.4.1 所示的实验。中间由旋塞连通的两个圆柱形铜制容器置于一锡制水浴槽中，实验前两容器被抽成真空，关闭中间旋塞，向左边容器充入做实验的气体。实验时打开中间旋塞，则左边容器中的气体向右边容器发生膨胀直至体系达

到平衡，实验中没有观测到水浴温度变化。若取气体、铜制容器、水和锡制水浴槽为体系，由于没有非体积功，容器是刚性的，变化过程中体系体积没有变化，因此 $W=0$；水浴与外界是绝热的，$Q=0$，由式(1.3.5)可得 $\Delta U=0$。由于 $\Delta U=\Delta U_{气体}+\Delta U_{容器、水、水浴等}$，$\Delta U_{容器、水、水浴等}=0$，所以 $\Delta U_{气体}=0$。由于实验没有测到膨胀过程水浴温度的改变，有 $\Delta T=0$，$\Delta V>0$，若气体进行一无限小的过程，有 $\mathrm{d}T=0$，$\mathrm{d}V>0$，因此式(1.3.3)为

$$\mathrm{d}U=\left(\frac{\partial U}{\partial T}\right)_V\mathrm{d}T+\left(\frac{\partial U}{\partial V}\right)_T\mathrm{d}V=0$$

由此可得

$$\left(\frac{\partial U}{\partial V}\right)_T=0 \tag{1.4.7}$$

若用式(1.3.4)，则由于 $\mathrm{d}T=0$，$\mathrm{d}p\neq0$，可得

$$\left(\frac{\partial U}{\partial p}\right)_T=0 \tag{1.4.8}$$

式(1.4.7)和式(1.4.8)均说明此实验条件下气体的热力学能仅是温度的函数，即

$$U=U(T) \tag{1.4.9}$$

实际上，由于焦耳实验本身的缺陷和受当时测温条件的限制，温度计只能测准至 $\pm0.01\mathrm{K}$，而真实的温度改变比测量值小，因此焦耳实验未能测出应有的温度改变。后来凯斯(Keyes)和西厄斯(Sears)改进了焦耳实验，他们将水浴改为绝热套后测到了气体膨胀过程的温度改变。因此，凯斯-西厄斯实验认为实际气体自由膨胀时气体的温度会改变。

事实证明由焦耳实验获得的结论是正确的，即当气体趋于理想气体时式(1.4.9)成立。因此，式(1.4.9)的结论可表述为：理想气体的热力学能仅是温度的函数。由于理想气体 $pV=nRT$，可以推论理想气体的焓也仅是温度的函数：

$$H=H(T) \tag{1.4.10}$$

1.4.5　热容

1. 热容的概念

只做体积功的组成不变的均相封闭体系温度升高单位热力学温度所需的热量为**热容**(heat capacity)。体系在发生状态变化时，一般均需要与环境交换热量，热量的多少与体系的热容大小有关。

1) 平均热容

只做体积功的组成不变的均相封闭体系升高一定温度所需的热量与温度变化值之比为平均热容，用符号 $\bar{C}$ 表示，单位为 $\mathrm{J\cdot K^{-1}}$。

$$\bar{C}=\frac{Q}{T_2-T_1} \tag{1.4.11}$$

2) 真热容

当温度区间趋于无限小时的平均热容为真热容。

$$C=\frac{\delta Q}{\mathrm{d}T} \tag{1.4.12}$$

2. 摩尔热容

1mol 物质的真热容为**摩尔热容**，以符号 C_{m} 表示，下标“m”表示摩尔量，单位为

$J\cdot K^{-1}\cdot mol^{-1}$。由于热量与过程有关,因此热容也与过程有关。恒容过程的摩尔热容为**摩尔恒容热容**,记作 $C_{V,m}$。由式(1.4.2)知 $\delta Q_V=dU=ndU_m$,因此

$$C_{V,m}=\frac{1}{n}\frac{\delta Q_V}{dT}=\frac{1}{n}\left(\frac{\partial U}{\partial T}\right)_V=\left(\frac{\partial U_m}{\partial T}\right)_V \tag{1.4.13}$$

$$(\Delta U)_V=n(\Delta U_m)_V=n\int_{T_1}^{T_2}C_{V,m}dT \tag{1.4.14}$$

恒压过程的摩尔热容为**摩尔恒压热容**,记作 $C_{p,m}$。由式(1.4.6)有

$$C_{p,m}=\frac{1}{n}\frac{\delta Q_p}{dT}=\frac{1}{n}\left(\frac{\partial H}{\partial T}\right)_p=\left(\frac{\partial H_m}{\partial T}\right)_p \tag{1.4.15}$$

$$(\Delta H)_p=n(\Delta H_m)_p=n\int_{T_1}^{T_2}C_{p,m}dT \tag{1.4.16}$$

严格说,式(1.4.14)和式(1.4.16)分别为恒容或恒压条件下推导所得,因此其适用条件为只做体积功的纯物质或组成不变的单相封闭体系、在 $T_1\sim T_2$ 温度区间内无相变化的任何恒容或恒压过程。而理想气体的热力学能和焓均仅是温度的函数,因此对理想气体式(1.4.14)和式(1.4.16)的适用条件可简化为 $T_1\sim T_2$ 温度区间内无相变化的任何过程。而对于凝聚体系式(1.4.14)和式(1.4.16)也可近似适用于 $T_1\sim T_2$ 温度区间内的任何过程。

$C_{V,m}$ 和 $C_{p,m}$ 均为状态函数,且为强度性质。标准态下的摩尔热容称为**标准摩尔热容**。**标准摩尔恒压热容**和**标准摩尔恒容热容**可分别表示为 $C_{p,m}^{\ominus}$ 和 $C_{V,m}^{\ominus}$。

【例 1.4.1】 将 1mol 氦气 He(g)自 25℃分别经恒容和恒压过程加热到 50℃,求两不同加热过程的 Q、ΔU 和 ΔH。已知 He(g)的 $C_{V,m}=12.471J\cdot K^{-1}\cdot mol^{-1}$,$C_{p,m}=20.785J\cdot K^{-1}\cdot mol^{-1}$,设氦气为理想气体。

解 氦气在恒容加热过程中与环境没有功交换,热力学第一定律变为 $\Delta U=Q_V$,因此由式(1.4.14)得

$$\begin{aligned}Q&=Q_V=\Delta U=nC_{V,m}(T_2-T_1)\\&=[1\times12.471\times(323.15-298.15)]J\\&=311.78J\\\Delta H&=\Delta U+\Delta(pV)=\Delta U+nR\Delta T\\&=[311.78+1\times8.314\times(323.15-298.15)]J\\&=519.63J\end{aligned}$$

恒压加热过程,有

$$Q=Q_p=\Delta H=nC_{p,m}(T_2-T_1)=519.63J$$
$$\Delta U=\Delta H-nR\Delta T=311.78J$$

由例题可知热量 Q 不是状态函数,随加热过程不同,体系与环境交换的热量 Q 也不一样,恒容过程的 $Q=\Delta U$,恒压过程的 $Q=\Delta H$。但是,由于体系的热力学能和焓是状态函数,因此其变化值就有定值。

【例 1.4.2】 101.325kPa 下加热 1mol 温度为 0℃的冰使之变为 150℃的水蒸气,计算此过程的 ΔH。已知 0℃、101.325kPa 下 $H_2O(s)$的 $\Delta_{fus}H_m=6008J\cdot mol^{-1}$,100℃、101.325kPa 下 $H_2O(l)$的 $\Delta_{vap}H_m=40.66kJ\cdot mol^{-1}$。在 0～100℃ $H_2O(l)$的 $\overline{C}_{p,m}=75.40J\cdot K^{-1}\cdot mol^{-1}$,在 100～150℃ $H_2O(g)$的 $\overline{C}_{p,m}=33.26J\cdot K^{-1}\cdot mol^{-1}$。

解 在 101.325kPa 下整个变化过程可分为四步:

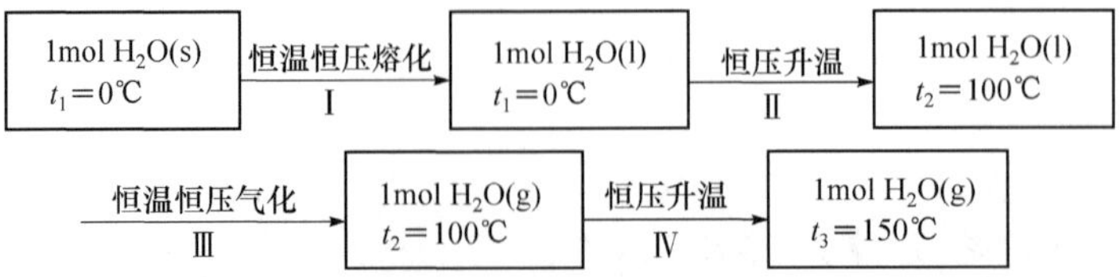

过程Ⅰ是恒温恒压冰的熔化过程，因此

$$\Delta H_{\text{I}}=n\Delta_{\text{fus}}H_{\text{m}}=(1\times6008)\text{J}=6008\text{J}$$

过程Ⅱ为水的恒压升温过程

$$\begin{aligned}\Delta H_{\text{II}}&=n\bar{C}_{p,\text{m}}(\text{H}_2\text{O},\text{l})(T_2-T_1)\\&=[1\times75.40\times(373.15-273.15)]\text{J}\\&=7540\text{J}\end{aligned}$$

过程Ⅲ为水在100℃、101 325Pa下的正常相变过程

$$\Delta H_{\text{III}}=n\Delta_{\text{vap}}H_{\text{m}}=(1\times40.66)\text{kJ}=40.66\text{kJ}$$

过程Ⅳ为水蒸气的恒压升温过程

$$\begin{aligned}\Delta H_{\text{IV}}&=n\bar{C}_{p,\text{m}}(\text{H}_2\text{O},\text{g})(T_3-T_2)\\&=[1\times33.26\times(423.15-373.15)]\text{J}\\&=1663\text{J}\end{aligned}$$

整个过程的 ΔH 为

$$\begin{aligned}\Delta H&=\Delta H_{\text{I}}+\Delta H_{\text{II}}+\Delta H_{\text{III}}+\Delta H_{\text{IV}}\\&=(6008+7540+40.66\times10^3+1663)\text{J}\\&=55.87\text{kJ}\end{aligned}$$

3. $C_{p,\text{m}}$与$C_{V,\text{m}}$之差

由热容的定义式(1.4.13)和式(1.4.15)得

$$\begin{aligned}C_{p,\text{m}}-C_{V,\text{m}}&=\left(\frac{\partial H_{\text{m}}}{\partial T}\right)_p-\left(\frac{\partial U_{\text{m}}}{\partial T}\right)_V\\&=\left[\frac{\partial(U_{\text{m}}+pV_{\text{m}})}{\partial T}\right]_p-\left(\frac{\partial U_{\text{m}}}{\partial T}\right)_V\\&=\left(\frac{\partial U_{\text{m}}}{\partial T}\right)_p+p\left(\frac{\partial V_{\text{m}}}{\partial T}\right)_p-\left(\frac{\partial U_{\text{m}}}{\partial T}\right)_V\end{aligned}$$

将式(1.3.3)中的U、V分别用U_{m}、V_{m}代替，且在恒压条件下除以dT有

$$\left(\frac{\partial U_{\text{m}}}{\partial T}\right)_p=\left(\frac{\partial U_{\text{m}}}{\partial T}\right)_V+\left(\frac{\partial U_{\text{m}}}{\partial V_{\text{m}}}\right)_T\left(\frac{\partial V_{\text{m}}}{\partial T}\right)_p$$

代回上式得

$$C_{p,\text{m}}-C_{V,\text{m}}=\left[\left(\frac{\partial U_{\text{m}}}{\partial V_{\text{m}}}\right)_T+p\right]\left(\frac{\partial V_{\text{m}}}{\partial T}\right)_p \tag{1.4.17}$$

此式适用于任何只做体积功、组成不变的均相封闭体系。

对理想气体体系，由式(1.4.7)知$\left(\frac{\partial U_{\text{m}}}{\partial V_{\text{m}}}\right)_T=0$，$\left(\frac{\partial V_{\text{m}}}{\partial T}\right)_p=\frac{R}{p}$，因此式(1.4.17)可写作

$$C_{p,\text{m}}-C_{V,\text{m}}=R\quad\text{或}\quad C_p-C_V=nR \tag{1.4.18}$$

对理想气体，在缺乏热容数据时，根据物理学中的能量均分原理，在常温下只考虑构成体系质点的平动和转动自由度对能量的贡献，其热容可作如下估计。

单原子分子理想气体：$C_{V,\text{m}}=\frac{3}{2}R$，$C_{p,\text{m}}=\frac{5}{2}R$；

双原子或线型多原子分子理想气体：$C_{V,\text{m}}=\frac{5}{2}R$，$C_{p,\text{m}}=\frac{7}{2}R$；

非线型多原子分子理想气体：$C_{V,\text{m}}=3R$，$C_{p,\text{m}}=4R$。

对凝聚体系，通常由于式(1.4.17)中$\left(\frac{\partial V_{\mathrm{m}}}{\partial T}\right)_p\approx 0$，因此认为$C_{p,\mathrm{m}}\approx C_{V,\mathrm{m}}$。但若$\left(\frac{\partial V_{\mathrm{m}}}{\partial T}\right)_p$数值较大，则$C_{p,\mathrm{m}}$和$C_{V,\mathrm{m}}$相差较大，需要从手册中获得$C_{p,\mathrm{m}}$和$C_{V,\mathrm{m}}$值。一般情况下有$C_{p,\mathrm{m}}>C_{V,\mathrm{m}}$。

4. 摩尔热容与温度的关系

热容与体系的本性有关，它随体系的聚集状态和温度的改变而异。理想气体分子间没有相互作用，因此热容仅取决于分子的热运动，对于凝聚体系，则还要考虑分子间相互作用的贡献。根据实验结果，通常将摩尔恒压热容表达成如下经验式：

$$C_{p,\mathrm{m}}=a+bT+cT^2+\cdots \tag{1.4.19}$$

或

$$C_{p,\mathrm{m}}=a+bT+c'T^{-2}+\cdots \tag{1.4.20}$$

式(1.4.19)和式(1.4.20)中，a、b、c、c'等对确定的物质为常数，可从相关手册中获得，使用时要注意其适用的温度区间。但是，当温度较低(0～15K)时，物质的热容很难由实验测定，可按德拜(Debye)公式计算：

$$C_{V,\mathrm{m}}=\frac{12}{5}\pi^4R\left(\frac{T}{\Theta_{\mathrm{D}}}\right)^3 \tag{1.4.21}$$

式(1.4.21)中，Θ_{D}为德拜温度，它是物质的特性。在低温时有$C_{V,\mathrm{m}}\approx C_{p,\mathrm{m}}$，所以低温时$C_{V,\mathrm{m}}$可代替$C_{p,\mathrm{m}}$用于计算。

【例 1.4.3】 已知方解石($CaCO_3$，s)在298～1200K温度范围内的摩尔恒压热容与温度的关系式服从

$$C_{p,\mathrm{m}}=(104.52+21.92\times10^{-3}\,T/\mathrm{K})\,\mathrm{J\cdot K^{-1}\cdot mol^{-1}}$$

求1mol $CaCO_3$(s)在空气中自298K加热到1100K所需的热量。设方解石在加热过程中未发生分解。

解 在空气中加热的过程是一个恒压过程，有

$$\begin{aligned}Q_p&=n\int_{T_1}^{T_2}C_{p,\mathrm{m}}\mathrm{d}T=\left[1\times\int_{298\mathrm{K}}^{1100\mathrm{K}}(104.52+21.92\times10^{-3}\,T/\mathrm{K})\mathrm{d}T\right]\mathrm{J}\\&=\left[104.52\times(1100-298)+\frac{21.92\times10^{-3}}{2}\times(1100^2-298^2)\right]\mathrm{J}\\&=96.11\mathrm{kJ}\end{aligned}$$

由计算结果知，在空气中将1mol $CaCO_3$(s)自298K加热至1100K需要96.11kJ热量。

1.5 功与过程

功和热一样不是状态函数，功的数值随体系发生变化的途径的不同而异。体系自相同的始态出发经不同的途径到达相同的终态，虽然变化的始、终态相同，但是由于变化的途径不同，体系与环境交换的功也不相同。

1.5.1 体积功

如图1.5.1所示，汽缸中的理想气体在恒定温度为T的不同外压条件下自p_1、V_1状态膨胀到p_2、V_2状态。汽缸上的活塞是无质量、与容器壁无摩擦的理想活塞。外压的大小通过改变活塞上砝码的数量控制。由体积功的定义$\delta W=-p_{外}\mathrm{d}V$和体系经历的具体过程可求得不同过程的功。

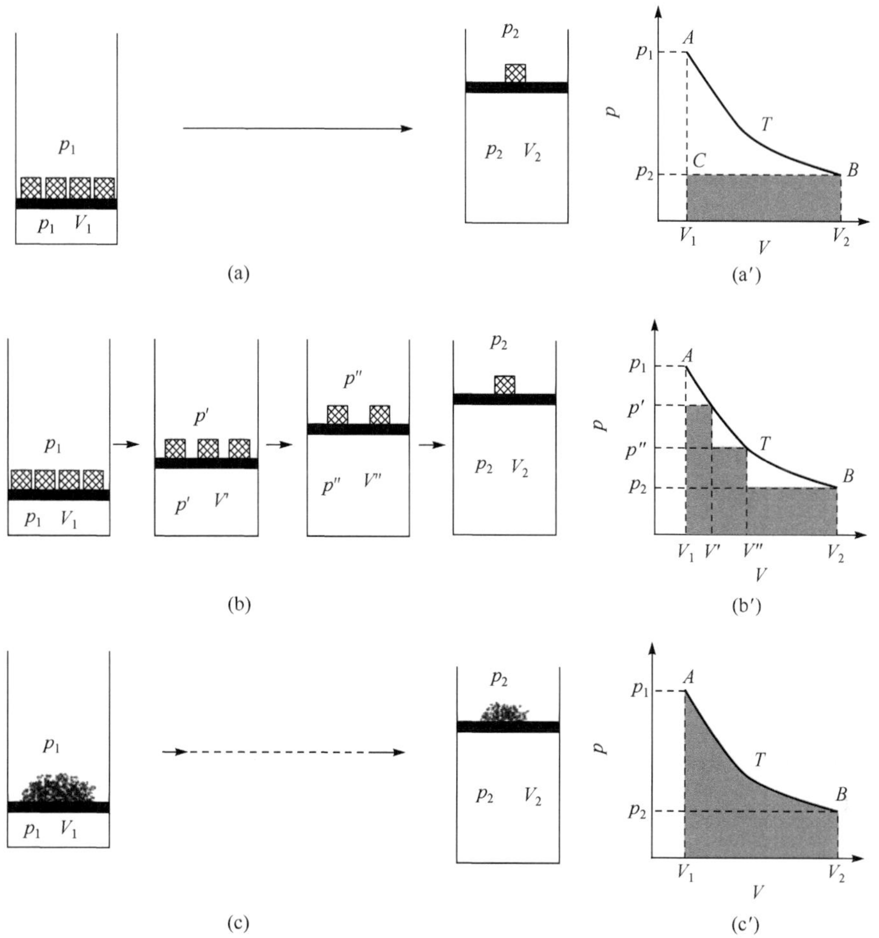

图 1.5.1　功与过程

1. 自由膨胀

若体系在活塞上无重物时自 p_1、V_1 状态膨胀到 p_2、V_2 状态，则这种膨胀称为**自由膨胀**(free expansion)、**向真空膨胀**或**外压为零的膨胀**。由于 $p_{外}=0$，由式(1.3.1)得体积功为

$$W_1 = \sum \delta W = -\int_{V_1}^{V_2} p_{外} \mathrm{d}V = 0$$

即体系对外做功为零。

2. 一次恒外压膨胀

如图 1.5.1(a)所示，将活塞上四个砝码中的三个取走，则处于 p_1、V_1 状态下的体系在外压恒定为 p_2 的条件下膨胀到 p_2、V_2 状态，体积功为

$$W_2 = \sum \delta W = -\int_{V_1}^{V_2} p_2 \mathrm{d}V = -p_2(V_2 - V_1) \tag{1.5.1}$$

W_2 的数值相当于图 1.5.1(a′)p-V 图中阴影面积。

3. 多次恒外压膨胀

如图 1.5.1(b)所示，将活塞上四个砝码中的三个分三次逐一取走，则处于 p_1、V_1 状态下的体系先是在外压恒定为 p'的条件下膨胀到 p'、V'状态，再在外压恒定为 p''的条件下膨胀到 p''、V''状态，最后在外压恒定为 p_2 的条件下膨胀到 p_2、V_2 状态，体积功为三个一次恒外压膨胀的体积功的总和：

$$W_3 = \sum \delta W = -p'(V'-V_1) - p''(V''-V') - p_2(V_2-V'')$$

W_3的数值相当于图 1.5.1(b′)p-V 图中阴影面积。

4. 外压比体系的压力小无限小量值的膨胀

如图 1.5.1(c)所示，将活塞上的砝码换成相同质量的细砂，则每取走一颗细砂，外压降低 $\mathrm{d}p$，体系的体积膨胀 $\mathrm{d}V$。如此在恒温条件下逐一取走细砂，使体系由 p_1、V_1状态逐渐膨胀到 p_2、V_2状态，体积功为

$$\begin{aligned} W_4 &= -\int_{V_1}^{V_2} p_{外}\mathrm{d}V = -\int_{V_1}^{V_2}(p-\mathrm{d}p)\mathrm{d}V \\ &= -\int_{V_1}^{V_2} p\mathrm{d}V + \int_{V_1}^{V_2}\mathrm{d}p\mathrm{d}V \end{aligned}$$

忽略二阶无穷小量 $\mathrm{d}p\mathrm{d}V$，则

$$W_4 = -\int_{V_1}^{V_2} p\mathrm{d}V$$

若气体为理想气体，有

$$W_4 = -\int_{V_1}^{V_2}\frac{nRT}{V}\mathrm{d}V = -nRT\ln\frac{V_2}{V_1} \tag{1.5.2}$$

W_4的数值相当于图 1.5.1(c′)p-V 图中阴影面积。

由上述四种不同的膨胀过程可见，虽然体系的始、终态均相同，但是由于体系所经历的变化途径不同，功的数值各不相同，因此功不是状态函数。

1.5.2 准静态过程与可逆过程

在图 1.5.1(c)过程中，由于每次只取走一颗细砂，因此环境的压力比体系的压力小 $\mathrm{d}p$ 值，体系的体积只膨胀 $\mathrm{d}V$ 值。这些变化均非常小，因此可以认为体系有足够的时间达到平衡，即认为体系由 p_1、V_1状态膨胀到 p_2、V_2状态的过程是由一系列极其接近平衡的状态所构成，这种过程称为**准静态过程**(quasistatic process)。若此时忽略活塞与汽缸壁的摩擦，即没有能量损失，则这样的准静态过程称为**可逆过程**(reversible process)。

若体系经历一过程后由状态 1 变到状态 2，如果能设法使体系由状态 2 变回到状态 1 而使环境也完全复原，则称原过程为可逆过程。如果无法使体系和环境都复原，则称原过程为**不可逆过程**(irreversible process)。可逆过程是热力学研究中的一个重要工具，人们只能将实际过程近似为可逆过程，但实际上无法真正获得可逆过程。

在图 1.5.1(a)的恒外压膨胀过程中，体系从 p_1、V_1状态膨胀到 p_2、V_2状态，体系对外做功数值相当于矩形 CBV_2V_1的面积。若将取走的三个砝码换成相等质量的细砂，再将细砂逐一放回活塞上，则体系将沿 BA 线自 p_2、V_2状态复原到 p_1、V_1状态，此时环境对体系所做的功的

数值相当于曲边梯形 ABV_2V_1 的面积。由于此面积比矩形 CBV_2V_1 的面积大了曲边三边形 ABC 的面积，因此尽管体系复原了，但是环境损失了相当于曲边三边形 ABC 面积的功，获得了等量的热量，所以环境未复原，因此图 1.5.1(a)的一次恒外压膨胀过程是不可逆过程。同样图 1.5.1(b)的多次恒外压膨胀过程也是不可逆过程。对图 1.5.1(c)过程，若体系由 p_1、V_1 状态膨胀到 p_2、V_2 状态过程中活塞与汽缸壁无摩擦阻力，则可将体系在膨胀过程中所做的功收集起来，用此功将细砂重新一颗颗放回活塞上，让体系沿 BA 线自状态 p_2、V_2 复原到 p_1、V_1，此时环境对体系所做功的数值也等于图 1.5.1(c′) p-V 图中曲边梯形阴影面积，即体系与环境均复原，因此图 1.5.1(c)的膨胀过程在无能量损失时为可逆过程。

由此可见，可逆过程必须由一系列渐变的平衡态构成，若变化沿原过程的逆过程进行，则体系和环境必均复原。在恒温可逆膨胀过程中体系对环境做最大膨胀功(负值)，在恒温可逆压缩过程中环境对体系做最小压缩功(正值)。

【例 1.5.1】 求在 27℃下 1mol 理想气体自 $1dm^3$ 恒温可逆膨胀至 $10dm^3$ 过程的功。若是自 $10dm^3$ 膨胀到 $100dm^3$，则功为多少？解释计算结果。

解　恒温可逆过程的功为

$$W_1 = -nRT\ln\frac{V_2}{V_1}$$

$$=\left(-1\times 8.314\times 300.15\times \ln\frac{10}{1}\right)\text{J} = -5.75\text{kJ}$$

$$W_2 = -nRT\ln\frac{V_2}{V_1}$$

$$=\left(-1\times 8.314\times 300.15\times \ln\frac{100}{10}\right)\text{J} = -5.75\text{kJ}$$

计算结果说明理想气体恒温可逆膨胀过程中，功与体系始、终态的体积比有关，与体积差值无关。

【例 1.5.2】 1mol 氮气自 101.325kPa、298K 分别经下列不同途径恒温膨胀到终态压力为 50.663kPa，求各过程的功 W。设氮气为理想气体。

(1) 反抗 $p_{外}=50.663\text{kPa}$ 恒外压膨胀至终态；

(2) 反抗 $p'_{外}=75.994\text{kPa}$ 恒外压膨胀至一中间平衡态，再反抗 $p_{外}=50.663\text{kPa}$ 恒外压膨胀至终态；

(3) 在外压比体系压力小 dp 条件下膨胀到终态。

解　1mol N_2 在恒温下自同一始态经三条不同的途径变化至同一终态，由 $pV=nRT$ 得

$$V_1=\frac{nRT}{p}=\left(\frac{1\times 8.314\times 298}{101\,325}\right)\text{m}^3=24.45\text{dm}^3$$

$$V'=\frac{nRT}{p'}=\left(\frac{1\times 8.314\times 298}{75\,994}\right)\text{m}^3=32.60\text{dm}^3$$

$$V_2=\frac{nRT}{p_2}=\left(\frac{1\times 8.314\times 298}{50\,663}\right)\text{m}^3=48.90\text{dm}^3$$

(1) 由式(1.5.1)得恒温、恒外压 $p_{外}$ 的膨胀功

$$W_1 = -p_{外}(V_2-V_1)$$

$$=-[50\,663\times(48.90-24.45)\times 10^{-3}]\text{J}$$

$$=-1239\text{J}$$

(2) 两步恒外压膨胀构成的膨胀过程的功

$$W_2=W'_2+W''_2$$

$$W_2 = -p'_{外}(V'-V_1) - p_{外}(V_2-V')$$
$$= -[75\ 994\times(32.60-24.45)\times10^{-3}]\text{J} - [50\ 663\times(48.90-32.60)\times10^{-3}]\text{J}$$
$$= -1445\text{J}$$

(3) 由式(1.5.2)得恒温可逆膨胀功

$$W_3 = -nRT\ln\frac{V_2}{V_1}$$
$$= \left(-1\times8.314\times298\times\ln\frac{48.90}{24.45}\right)\text{J}$$
$$= -1717\text{J}$$

由计算可知，体系经历的具体膨胀途径不同时，即使过程的始、终态相同，体积功的数值也不同，即功与途径有关。

1.5.3 相变过程的功

由式(1.3.1)可得恒温恒压下发生相变过程的功为

$$W = -p_{外}(V_2 - V_1)$$

可见相变过程的功与相变过程的始、终态体积有关。若相变过程中有一相为气相，则相对气相而言，凝聚相的体积可以忽略不计。例如，水的蒸发过程的功为

$$W = -p_{外}(V_g - V_l) \approx -p_{外}V_g$$

若可将水蒸气近似为理想气体，则有

$$W = -p_{外}V_g = -pV_g \approx -nRT$$

若相变过程的始态相和终态相均为凝聚态，则在精确计算时二者的体积均不可忽略，在非精确计算时，由于两者的体积约相等，有 $W \approx 0$。

【例 1.5.3】 在 101.325kPa 下(1)0℃时 1mol 冰融化为水；(2)100℃时 1mol 水蒸发为水蒸气。求不同过程中的功 W。已知 0℃时冰和水的密度分别为 $0.917\text{kg}\cdot\text{dm}^{-3}$ 和 $1.000\text{kg}\cdot\text{dm}^{-3}$，100℃时 $H_2O(g)$ 的摩尔体积为 $30.1\text{dm}^3\cdot\text{mol}^{-1}$，水的密度为 $0.958\text{kg}\cdot\text{dm}^{-3}$。若忽略水的体积或假设水蒸气为理想气体，重新计算过程(2)并解释计算结果。

解 (1) 0℃时冰融化为水

$$W = -p_{外}(V_2 - V_1) = -p_{外}(V_{水} - V_{冰})$$
$$= \left[-101\ 325\times18.02\times\left(\frac{10^{-6}}{1.000} - \frac{10^{-6}}{0.917}\right)\right]\text{J}$$
$$= 0.165\text{J}$$

(2) 100℃时水蒸发为水蒸气

$$W = -p_{外}(V_2 - V_1) = -p_{外}(V_{水蒸气} - V_{水})$$
$$= \left[-101\ 325\times\left(30.1\times10^{-3} - \frac{18.02\times10^{-6}}{0.958}\right)\right]\text{J}$$
$$= -3.048\text{kJ}$$

若忽略水的体积，则

$$W = -p_{外}(V_2 - V_1) \approx -p_{外}V_{水蒸气}$$
$$= (-101\ 325\times30.1\times10^{-3})\text{J}$$
$$= -3.050\text{kJ}$$

若假设水蒸气为理想气体

$$W=-p_{外}V_{水蒸气}\approx-nRT$$
$$=(-1\times8.314\times373.15)\text{J}$$
$$=-3.102\text{kJ}$$

$H_2O(l)$和$H_2O(s)$均为凝聚体系，两者的摩尔体积差别不大，因此冰的融化过程的$W\approx0$。$H_2O(g)$和$H_2O(l)$的摩尔体积相差很大，所以计算时如果忽略液态水的体积，引起功相对误差仅为$\frac{3.050-3.048}{3.048}\approx0.07\%$。但是，由于$H_2O$分子是极性分子，将水蒸气近似为理想气体时的相对误差为$\frac{3.102-3.048}{3.048}\approx1.8\%$。

1.5.4 绝热过程与多方过程

1. 绝热过程

体系在发生变化的整个过程中与环境无热量交换，这样的过程称为**绝热过程**。对只做体积功的绝热可逆过程，热力学第一定律可表示为

$$dU=\delta Q+\delta W=\delta W=-p\,dV \tag{1.5.3}$$

对理想气体有$p=\frac{nRT}{V}$、$dU=nC_{V,m}dT$，则式(1.5.3)可记作

$$nC_{V,m}dT=-\frac{nRT}{V}dV \quad 或 \quad \frac{C_{V,m}}{T}dT=-\frac{R}{V}dV$$

由于理想气体的$C_{p,m}-C_{V,m}=R$，因此上式可记为

$$\frac{C_{V,m}}{T}dT=-\frac{(C_{p,m}-C_{V,m})}{V}dV$$

定义$\gamma=C_{p,m}/C_{V,m}$，γ称为绝热指数，则上式两边同除以$C_{V,m}$有

$$\frac{dT}{T}=(1-\gamma)\frac{dV}{V}$$

设$C_{p,m}$不随温度、压力而变，则$C_{V,m}$和γ也不随温度、压力而变，两边积分后有

$$\ln\frac{T_2}{T_1}=(1-\gamma)\ln\frac{V_2}{V_1}$$

上式变形后得

$$T_1V_1^{\gamma-1}=T_2V_2^{\gamma-1} \quad 或 \quad TV^{\gamma-1}=常数 \tag{1.5.4}$$

将$pV=nRT$代入式(1.5.4)得

$$p_1V_1^{\gamma}=p_2V_2^{\gamma} \quad 或 \quad pV^{\gamma}=常数 \tag{1.5.5}$$

$$p_1^{1-\gamma}T_1^{\gamma}=p_2^{1-\gamma}T_2^{\gamma} \quad 或 \quad p^{1-\gamma}T^{\gamma}=常数 \tag{1.5.6}$$

式(1.5.4)～式(1.5.6)均称为理想气体的绝热可逆过程的过程方程。它适用于只做体积功的理想气体的绝热可逆过程。此过程的功为

$$W=-\int_{V_1}^{V_2}p_{外}dV=-\int_{V_1}^{V_2}p\,dV$$

将式(1.5.5)代入，积分后得

$$W=\frac{p_1V_1}{\gamma-1}\left[\left(\frac{V_1}{V_2}\right)^{\gamma-1}-1\right] \quad 或 \quad W=\frac{p_1V_1}{\gamma-1}\left[\left(\frac{p_2}{p_1}\right)^{\frac{\gamma-1}{\gamma}}-1\right] \tag{1.5.7}$$

将式(1.4.14)应用于理想气体的绝热过程得

$$W=\Delta U=nC_{V,\mathrm{m}}(T_2-T_1) \tag{1.5.8}$$

式(1.5.7)和式(1.5.8)均可用于计算理想气体绝热可逆过程的体积功。但是,式(1.5.7)仅适用于理想气体的绝热可逆过程,而式(1.5.8)对理想气体的绝热可逆或不可逆过程均适用。

【例 1.5.4】 将 1mol 单原子分子理想气体自 400K、101 325Pa 的始态,经绝热可逆压缩到体积为原来的一半,试求(1)气体的最终温度和压力;(2)气体在该过程中的 ΔU、ΔH、Q 和 W。

解 (1) 理想气体经绝热可逆过程,其温度、压力与体积的关系服从绝热过程方程。因为是单原子分子理想气体,所以 $C_{V,\mathrm{m}}=\frac{3}{2}R$,$C_{p,\mathrm{m}}=\frac{5}{2}R$,$\gamma=\frac{5}{3}$。

$$\frac{T_2}{T_1}=\left(\frac{V_1}{V_2}\right)^{\gamma-1}$$

$$T_2=T_1\left(\frac{V_1}{V_2}\right)^{\gamma-1}=\left[400\times\left(\frac{2}{1}\right)^{\frac{5}{3}-1}\right]\mathrm{K}=635\mathrm{K}$$

$$p_2V_2^{\gamma}=p_1V_1^{\gamma}$$

$$p_2=p_1\left(\frac{V_1}{V_2}\right)^{\gamma}=\left[101\ 325\times\left(\frac{2}{1}\right)^{\frac{5}{3}}\right]\mathrm{Pa}=321\ 687\mathrm{Pa}$$

(2)

$$\begin{aligned}\Delta U&=nC_{V,\mathrm{m}}\Delta T\\&=\left[1\times\frac{3\times 8.314}{2}\times(635-400)\right]\mathrm{J}=2.93\mathrm{kJ}\\\Delta H&=nC_{p,\mathrm{m}}\Delta T\\&=\left[1\times\frac{5\times 8.314}{2}\times(635-400)\right]\mathrm{J}=4.88\mathrm{kJ}\end{aligned}$$

绝热过程 $Q=0$,由热力学第一定律得

$$W=\Delta U=2.93\mathrm{kJ}$$

绝热可逆过程的功也可用式(1.5.7)计算

$$\begin{aligned}W&=\frac{p_1V_1}{\gamma-1}\left[\left(\frac{V_1}{V_2}\right)^{\gamma-1}-1\right]\\&=\left[\frac{8.314\times 400}{\frac{5}{3}-1}\left(2^{\frac{5}{3}-1}-1\right)\right]\mathrm{J}\\&=2.93\mathrm{kJ}\end{aligned}$$

【例 1.5.5】 1mol 双原子分子理想气体自 101 325Pa、298K 的始态,分别经绝热可逆压缩和恒定外压为 202 650Pa 下绝热压缩到达相同的终态压力 202 650Pa,求终态温度和过程的功。

解 双原子分子理想气体 $\gamma=1.4$,绝热可逆过程的终态温度可用绝热过程方程

$$T_2/T_1=(p_2/p_1)^{\left(1-\frac{1}{\gamma}\right)}$$

$$T_2=\left[298\times\left(\frac{2}{1}\right)^{\left(1-\frac{1}{1.4}\right)}\right]\mathrm{K}=364\mathrm{K}$$

$$\begin{aligned}W_{\mathrm{R}}&=\Delta U=nC_{V,\mathrm{m}}(T_2-T_1)\\&=\left[1\times\frac{5}{2}\times 8.314\times(364-298)\right]\mathrm{J}\\&=1.37\mathrm{kJ}\end{aligned}$$

恒外压绝热压缩过程是不可逆过程,因此终态温度 T_2 不能由绝热过程方程求,但是公式 $\mathrm{d}U=\delta W$ 的适用条件为封闭体系只做体积功的绝热过程,因此有

$$nC_{V,\mathrm{m}}\mathrm{d}T=-p_{\text{外}}\mathrm{d}V$$

对恒压压缩过程，两边积分得

$$nC_{V,\mathrm{m}}(T_2'-T_1)=-p_2(V_2'-V_1)$$

$$nC_{V,\mathrm{m}}(T_2'-T_1)=-p_2\left(\frac{nRT_2'}{p_2}-\frac{nRT_1}{p_1}\right)=-nR\left(T_2'-\frac{p_2}{p_1}T_1\right)$$

$$\frac{5}{2}(T_2'-298\mathrm{K})=-\left(T_2'-\frac{202\ 650}{101\ 325}\times 298\mathrm{K}\right)$$

$$T_2'=383\mathrm{K}$$

绝热不可逆过程的功为

$$W_{\mathrm{IR}}=nC_{V,\mathrm{m}}(T_2'-T_1)=\left[1\times\frac{5}{2}\times 8.314\times(383-298)\right]\mathrm{J}$$

$$=1.77\mathrm{kJ}$$

由计算结果知，理想气体自同一始态出发，经绝热可逆和不可逆压缩过程到达相同终态压力时，体系的温度是不同的。这是由于绝热过程体系与环境无热量交换，体系获得的功全部转变为体系的热力学能。从微观上看是体系中分子热运动增强，宏观结果是体系的温度升高。体系获得的功越多，体系温度的升高值就越大。在终态压力相同时，以绝热不可逆压缩过程外界对体系做的功大，因此当体系经绝热不可逆压缩过程后其终态温度要高于绝热可逆压缩过程。对于膨胀过程，读者可进行类似推论。

2. 恒温可逆过程与绝热可逆过程

恒温可逆过程与绝热可逆过程不同。如图 1.5.2(a)，理想气体自相同的始态 A 点出发，分别经恒温可逆过程和绝热可逆过程到达相同的终态压力，终态的状态分别为 B 点和 C 点，可见绝热可逆膨胀过程的终态温度更低。因为在绝热可逆膨胀过程中，由于绝热，体系以降低热力学能为代价对外做功，体系的温度必下降。而在恒温可逆膨胀过程中，体系从环境吸收热同时对环境做功，体系的温度不变。所以图 1.5.2(a)中的 C 点在 B 点的左侧。如图 1.5.2(b)，理想气体自相同的始态 A 点出发，分别经恒温可逆过程和绝热可逆过程到达相同的终态体积，终态分别为 B 点和 C 点，可类似推论得绝热可逆过程的温度更低，C 点在 B 点的下方。

同样，如图 1.5.2(c)所示，如果还有一个自相同的始态出发经恒外压绝热过程到达相同的终态压力，则这一绝热不可逆过程的终态 D 点处于 C 点和 B 点之间。由于 p-V 图上只能画出可逆过程，所以绝热不可逆过程的功不能以虚线 AD 下的面积表示。此时体系对外做功的数值是图 1.5.2(c)中阴影的面积。

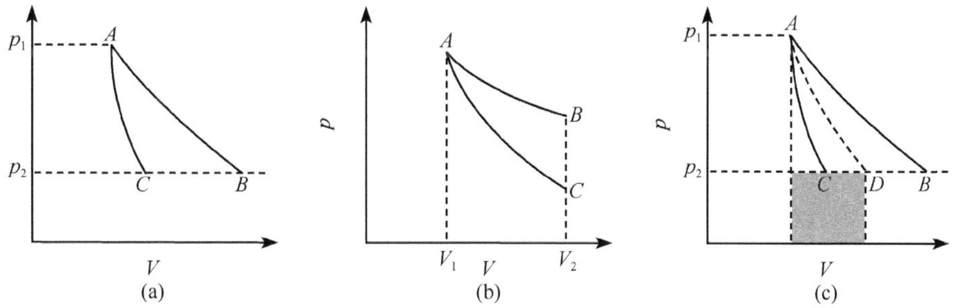

图 1.5.2　恒温可逆过程与绝热可逆过程 p-V 图

3. 多方过程

理想气体的恒温过程有 $pV=$常数，理想气体的绝热可逆过程有 $pV^{\gamma}=$常数。在实际发生的过程中，既不可能使体系和环境很快交换热量且达平衡而保持体系的温度不变，也不可能使体系与环境完全无热量交换而绝热，因此严格意义上的恒温过程和绝热过程是不存在的，实际存在的是介于二者之间的过程，可表示为 $pV^{n}=$常数，称为多方过程。当 n 接近 1，则近似为恒温过程；当 n 接近 γ，则近似为绝热过程。

1.6 实际气体

1.6.1 实际气体的节流过程

1. 焦耳-汤姆孙实验

盖·吕萨克-焦耳实验由于水浴等的热容很大，且测温精度不高，即使气体在膨胀过程中温度有所改变，也难测出水浴温度的变化。1852 年，焦耳和汤姆孙（Thomson）进行了如图 1.6.1 所示的另一个实验。

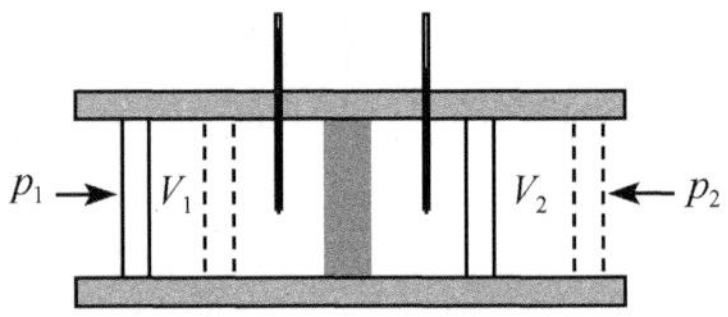

图 1.6.1　焦耳-汤姆孙实验示意图

实验用的绝热圆筒被多孔塞分为两部分。多孔塞可用棉花或软木制成，其作用是让圆筒左边的气体不能很快进入到右边而使气体在多孔塞两侧维持一定的压力差。多孔塞左边气体的压力为 p_1，多孔塞右边气体的压力为 p_2，$p_1>p_2$。多孔塞左边的气体流经多孔塞到达右边，经一段时间后达稳定态。这时左边气体的温度为 T_1，右边气体的温度为 T_2。这种维持一定压力差的绝热膨胀过程称为**节流过程**（throttling process）。实际气体经节流过程后通常 $T_2\neq T_1$，这一现象称为**焦耳-汤姆孙效应**。

2. 节流过程的热力学特征

当节流过程达稳定态后，多孔塞左侧气体的状态为 p_1、V_1、T_1，流经多孔塞后到达右侧，右侧气体的状态为 p_2、V_2、T_2。因此，环境对左侧气体做的功为 p_1V_1，右侧气体对环境做的功为 p_2V_2，整个过程气体与环境交换的总功为

$$W=p_1V_1-p_2V_2$$

由于节流过程是绝热过程，因此

$$\Delta U=W$$

$$U_2-U_1=p_1V_1-p_2V_2$$

$$U_2+p_2V_2=U_1+p_1V_1$$

由式(1.4.5)得

$$H_2=H_1 \quad 或 \quad \Delta H=0$$

即气体经节流过程后焓值不变，节流过程的特征是**恒焓过程**。

3. 焦耳-汤姆孙系数

定义气体经节流过程后，在图 1.6.2 等焓曲线(图中实线)上任意一点的切线斜率为**焦耳-**

汤姆孙系数(Joule-Thomson coefficient)，记作 $\mu_{J\text{-}T}$。

$$\mu_{J\text{-}T} \equiv \left(\frac{\partial T}{\partial p}\right)_H \tag{1.6.1}$$

式(1.6.1)中，下标 H 表示恒焓过程。$\mu_{J\text{-}T}$是 T、p 的函数，可为正、负或零。$\mu_{J\text{-}T}=0$ 时对应等焓线上的极大值称为**转化温度**(inversion temperature)，所有转化温度的连接线称为转化曲线(图 1.6.2中的虚线)。在转化温度时，气体经节流过程后温度不变。在转化曲线以内的区域其 $\mu_{J\text{-}T}>0$，经节流过程后气体的温度随压力的降低而降低，称为制冷效应；在转化曲线以外的区域其 $\mu_{J\text{-}T}<0$，经节流过程后气体的温度随压力的降低而升高，称为制热效应。常温下一般气体的 $\mu_{J\text{-}T}$ 均为正值，只有 H_2和 He 的 $\mu_{J\text{-}T}$为负值。实验证明，温度足够低时 H_2 和 He 的 $\mu_{J\text{-}T}$可以为正值。而其他气体，当温度足够高时，其 $\mu_{J\text{-}T}$也可为负值。称转化曲线与温度坐标轴交点的温度为最大转化温度。气体的初始温度高于最大转化温度时，不能通过节流过程达到冷却的目的。

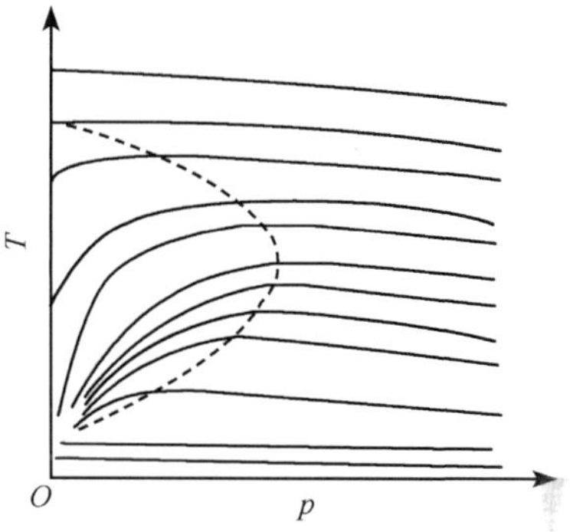

图 1.6.2　气体的等焓曲线和转化曲线示意图

由于理想气体的热力学能和焓仅是温度的函数，节流过程是恒焓过程，因此理想气体经节流过程后温度不变，由此可以推论其热力学能也不变，即 $\Delta H=0$，$\Delta T=0$，$\Delta U=0$。

生产实际中流体经过减压阀(节流阀)后压力大大降低的情况属于节流过程。节流过程可用于流体的冷却，由此可得到液化烃、液化空气和液氨等化工产品。

*1.6.2　实际气体的 ΔU 和 ΔH

实际气体经节流过程后 $\Delta T\neq 0$，这是因为实际气体的 U 和 H 不仅是温度的函数，而且还是压力或体积的函数，即 $U=U(T,V)$或 $U=U(T,p)$、$H=H(T,V)$或 $H=H(T,p)$。即式(1.3.3)中的$\left(\frac{\partial U}{\partial V}\right)_T\neq 0$，式(1.3.4)中的$\left(\frac{\partial U}{\partial p}\right)_T\neq 0$。考虑到实际气体分子间的相互作用力，当气体的体积发生改变后，气体分子间的平均距离也发生了改变，因此体系由于分子间作用力改变而与环境交换能量，此时分子间的平均势能也将有所改变，$\left(\frac{\partial U}{\partial V}\right)_T$ 是实际气体恒温膨胀时为反抗分子间引力所消耗的能量，称为**内压力**(internal pressure)，用 $p_{内}$ 表示，则式(1.3.3)应用于 1mol 实际气体时

$$dU_m = C_{V,m}dT + p_{内}dV_m$$

按 $H_m=U_m+pV_m$ 有

$$dH_m = C_{V,m}dT + p_{内}dV_m + d(pV_m)$$

当实际气体的状态方程符合**范德华方程**(van der Waals equation)时，$p_{内}=\frac{a}{V_m^2}$，其中 a 对确定的气体为常数。在恒温过程中有

$$\Delta U_m = \int_{V_{m,1}}^{V_{m,2}} \frac{a}{V_m^2}dV_m = a\left(\frac{1}{V_{m,1}} - \frac{1}{V_{m,2}}\right)$$

$$\Delta H_m = a\left(\frac{1}{V_{m,1}} - \frac{1}{V_{m,2}}\right) + \Delta(pV_m)$$

即实际气体的热力学能和焓在恒温过程中的改变量均不为零。

【例 1.6.1】 1mol CO_2(g)在 20℃、101.325kPa 条件下，自 3×101.325kPa、7.878dm^3 恒温膨胀到 101.325kPa、23.920dm^3，计算此过程的 ΔU 与 ΔH。已知此时 CO_2 的焦耳-汤姆孙系数 $\mu_{J\text{-}T}=1.363\times 10^{-5}K\cdot Pa^{-1}$，$CO_2$ 的 $C_{p,m}$ 为 $37.07J\cdot K^{-1}\cdot mol^{-1}$。

解 CO_2 是实际气体，实际气体的 U 和 H 不仅是温度的函数，而且还是压力的函数。本题所给的过程为不可逆过程，根据题给条件，可设计如下过程：

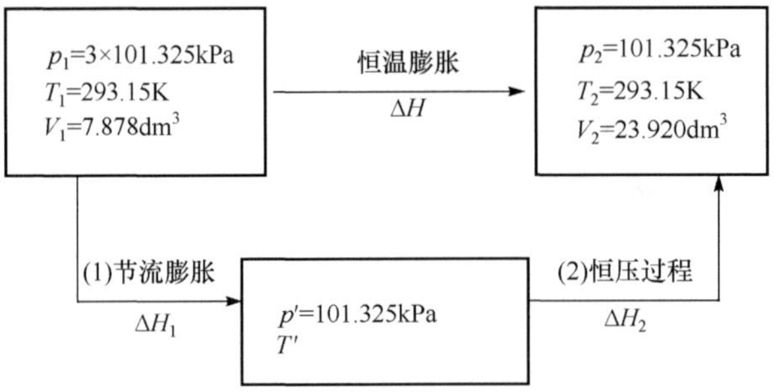

过程(1)为节流膨胀过程，因 $\mu_{J\text{-}T}=\left(\dfrac{\partial T}{\partial p}\right)_H=1.363\times 10^{-5}K\cdot Pa^{-1}$，因此

$$\Delta T\approx\mu_{J\text{-}T}\Delta p=1.363\times 10^{-5}\times(101\ 325-3\times 101\ 325)K=-2.762K$$

有

$$T'=(293.15-2.762)K$$

$$\Delta H_1=0$$

过程(2)为恒压变温过程，有

$$\Delta H_2=nC_{p,m}\Delta T=(1\times 37.07\times 2.762)J=102.4J$$

因 H 和 U 是状态函数，所以

$$\Delta H=\Delta H_1+\Delta H_2=(0+102.4)J=102.4J$$

$$\begin{aligned}\Delta U&=\Delta H-\Delta(pV)=\Delta H-(p_2V_2-p_1V_1)\\&=[102.4-(1\times 101.325\times 23.920-3\times 101.325\times 7.878)]J=73.4J\end{aligned}$$

1.7 热 化 学

恒压或恒容条件下，只做体积功的化学反应发生后，使产物的温度回到反应物的起始温度时体系吸收或放出的热量称为反应热。对这些热效应进行实验测定或理论研究的学科称为**热化学**(thermochemistry)。热化学是热力学第一定律在化学反应过程中的具体应用，其研究结果对理论研究和实际工作都具有重要意义。例如，反应器类型及材质的选择、热交换设备的利用等均需要相关的热化学数据，药物制剂的生产和稳定性研究、生物体内的代谢过程研究等也需要相应的热化学知识。

1.7.1 反应进度

在讨论化学反应的热效应时，需要引入**反应进度**(extent of reaction)的概念，以符号 ξ 表示。若将化学反应

$$dD(s)+eE(g)\longrightarrow gG(s)+hH(l)$$

简写作 $0=\sum_B \nu_B B$，ν_B 为物质 **B 的化学计量数**(chemical stoichiometric number of B)，它的量

纲为一，对反应物取负值，对产物取正值，其定义为

$$\xi=\frac{n_B-n_B(0)}{\nu_B}\quad 或\quad d\xi=\frac{dn_B}{\nu_B}\tag{1.7.1}$$

式(1.7.1)中，$n_B(0)$和 n_B分别为反应初始及反应进行到某一时刻参加反应的 B 的物质的量。

关于反应进度，有两点需要强调。第一，反应进度的表示与参加反应物质的选择无关。也就是说，用任一反应物或产物表示反应进度，其数值相等。第二，反应进度与反应方程式的写法有关。例如，下述两个方程式

$$(1)\quad H_2(g)+\frac{1}{2}O_2(g)\longrightarrow H_2O(l)$$

$$(2)\quad 2H_2(g)+O_2(g)\longrightarrow 2H_2O(l)$$

虽然两个反应都生成 $H_2O(l)$，但是由于化学计量数不同，因此加入相同量反应物在相同反应时刻两反应的反应进度不相同。

1.7.2　标准摩尔反应焓

在恒温下化学反应的反应进度由 ξ_1 变为 ξ_2 时的焓变以 $\Delta_r H$ 表示，下标“r”表示反应，称为反应焓变或反应焓，单位为 kJ。

定义**摩尔反应焓**(molar enthalpy of reaction)$\Delta_r H_m$ 为

$$\Delta_r H_m=\lim_{(\xi_2-\xi_1)\to 0}\frac{\Delta_r H}{\xi_2-\xi_1}=\frac{d_r H}{d\xi}\tag{1.7.2}$$

同理可以定义**摩尔反应热力学能**(molar thermodynamic energy of reaction)$\Delta_r U_m$。它们的单位均为 kJ · mol^{-1}，注意这里的“mol”是反应进度的单位，而不是物质的量的单位，即 $\Delta_r H_m$ 是单位反应进度的反应焓，$\Delta_r U_m$ 是单位反应进度的反应热力学能。由于反应进度 ξ 与化学计量方程式的写法有关，因此 $\Delta_r H_m$ 和 $\Delta_r U_m$ 也与化学计量方程式的写法有关。

若参加反应的物质均处于标准态，则此时的摩尔反应焓即为**标准摩尔反应焓**(standard molar enthalpy of reaction)，记作 $\Delta_r H_m^{\ominus}$，上标“$\ominus$”表示标准态。由于标准态没有规定温度，因此 $\Delta_r H_m^{\ominus}=f(T)$。

由于 $\Delta_r H=\Delta_r U+\Delta_r(pV)$，若反应前后物质均为凝聚态，则 $\Delta_r(pV)\approx 0$，$\Delta_r H$ 和 $\Delta_r U$ 的差别可忽略。例如，生命体中发生的一些生化过程通常只涉及液体和固体物质，可认为 $\Delta_r H\approx\Delta_r U$。若反应前后涉及气态物质，由于凝聚态的 $\Delta_r(pV)\approx 0$，此时可只考虑反应前后气体物质的量的变化值引起体系的 pV 的改变。若将气体看作理想气体，有

$$\begin{aligned}\Delta_r(pV)&=(p_2V_2-p_1V_1)_g\\&=(n_2RT-n_1RT)_g\\&=\Delta n_g RT\end{aligned}$$

因此有

$$\Delta_r H=\Delta_r U+\Delta n_g RT\tag{1.7.3a}$$

当反应进度为 1 时有

$$\Delta_r H_m=\Delta_r U_m+RT\sum_B \nu_B(g)\tag{1.7.3b}$$

式(1.7.3a)中，Δn_g 是参加反应的气体物质的量的变化值；式(1.7.3b)中 $\sum_B \nu_B(g)$ 是参加反应的气体物质化学计量数的代数和。

1.7.3　热化学方程式

注明化学反应具体条件的方程式称为**热化学方程式**(thermochemical equation)。因为反应焓的数值与物质所处的状态有关,因此热化学方程式不仅要注明参加反应物质的种类及反应的反应焓,还要注明参加反应物质的相态、反应温度、压力等,如 25℃、标准态下生成 1mol $H_2O(l)$的热化学方程式为

$$H_2(g)+\frac{1}{2}O_2(g)\longrightarrow H_2O(l) \qquad \Delta_r H_m^{\ominus}(298.15K)=-285.83kJ\cdot mol^{-1}$$

若此条件下生成 1mol $H_2O(g)$,则热化学方程式为

$$H_2(g)+\frac{1}{2}O_2(g)\longrightarrow H_2O(g) \qquad \Delta_r H_m^{\ominus}(298.15K)=-241.82kJ\cdot mol^{-1}$$

若此条件下生成 2mol $H_2O(g)$,则热化学方程式为

$$2H_2(g)+O_2(g)\longrightarrow 2H_2O(g) \qquad \Delta_r H_m^{\ominus}(298.15K)=-483.64kJ\cdot mol^{-1}$$

由此可见,即使反应的温度、压力确定了,但是随着生成产物的相态及化学计量方程式的不同,热化学方程式的写法和标准摩尔反应焓 $\Delta_r H_m^{\ominus}$ 也不相同。

注意,热化学方程式中的反应焓是指反应物按化学计量方程式完全反应生成产物时的焓变。在 25℃时 1mol $H_2O(l,p^{\ominus})$的焓与 1mol $H_2(g,p^{\ominus})$和$\frac{1}{2}$mol $O_2(g,p^{\ominus})$的焓之差为 $-285.83kJ$。

1.7.4　赫斯定律

1840 年,赫斯(Hess)在大量实验结果的基础上发现"一个化学反应不管是一步完成,还是分几步完成,反应总的热效应相同"。由此总结得出**赫斯定律**(Hess's law)。赫斯定律认为化学反应热效应只与反应的始、终态有关,与反应所经历的途径无关。由式(1.4.3)和式(1.4.6)知,热是与途径有关的量,在只做体积功的恒压或恒容条件下的热才与状态函数的变化值相等,因此赫斯定律适用于只做体积功的恒压或恒容过程。

利用赫斯定律可以计算无法用实验测定的 $\Delta_r H_m^{\ominus}$。例如,下述反应的 $\Delta_r H_m^{\ominus}$ 均可由实验测定

$$(1)\ C(s)+O_2(g)\longrightarrow CO_2(g) \qquad \Delta_r H_m^{\ominus}(1)$$

$$(2)\ CO(g)+\frac{1}{2}O_2(g)\longrightarrow CO_2(g) \qquad \Delta_r H_m^{\ominus}(2)$$

而反应(3)$C(s)+\frac{1}{2}O_2(g)\longrightarrow CO(g)$难以控制,$\Delta_r H_m^{\ominus}(3)$很难由实验测定,但是反应(1)减反应(2)可得反应(3),因此由赫斯定律知 $\Delta_r H_m^{\ominus}(3)=\Delta_r H_m^{\ominus}(1)-\Delta_r H_m^{\ominus}(2)$。

【例 1.7.1】 糖类在生物体内经一系列代谢作用后释放出供生命体活动所需的能量,其代谢时生成的某些中间产物是合成蛋白质和脂肪的原料。糖类不管是经过有氧代谢还是无氧代谢都要经过 α-D-葡萄糖($C_6H_{12}O_6$,s)转变为丙酮酸($CH_3COCOOH$,l)的过程,实验无法测定此过程的热量。但是,用氧弹热量计实验测定 $C_6H_{12}O_6(s)$和 $CH_3COCOOH(l)$氧化反应的 $\Delta_r H_m^{\ominus}$ 分别为 $-2801.58kJ\cdot mol^{-1}$ 和 $-1167.69kJ\cdot mol^{-1}$,它们的氧化反应可写作

$$C_6H_{12}O_6(s)+6O_2(g)\longrightarrow 6CO_2(g)+6H_2O(l) \qquad (1)$$

$$CH_3COCOOH(l)+\frac{5}{2}O_2(g) \longrightarrow 3CO_2(g)+2H_2O(l) \qquad (2)$$

试求 $C_6H_{12}O_6(s)$代谢为 $CH_3COCOOH(l)$的反应(3)的 $\Delta_r H_m^{\ominus}$。

$$C_6H_{12}O_6(s)+O_2(g) \longrightarrow 2CH_3COCOOH(l)+2H_2O(l) \qquad (3)$$

解　由赫斯定律得:反应(3)=反应(1)−2×反应(2),所以

$$\begin{aligned}\Delta_r H_m^{\ominus}(3) &= \Delta_r H_m^{\ominus}(1) - 2\times\Delta_r H_m^{\ominus}(2)\\ &= [(-2801.58)-2\times(-1167.69)]\,\mathrm{kJ\cdot mol^{-1}}\\ &= -466.20\,\mathrm{kJ\cdot mol^{-1}}\end{aligned}$$

1.7.5　几种热效应

从 $\Delta_r H_m^{\ominus}$ 的本质看,它是标准态时反应产物总的焓值与反应物总的焓值之差,即

$$\Delta_r H_m^{\ominus} = \sum_B \nu_B H_m^{\ominus}(B) \qquad (1.7.4)$$

如人们无法知道物质的热力学能 U 的绝对值一样,物质的焓 H 的绝对值也是无法知晓的。而对化学反应有用的是化学反应过程中焓的变化值 $\Delta_r H_m^{\ominus}$,因此人们选定一个对反应物和产物均相同的相对标准,由此可求出二者的差别 $\Delta_r H_m^{\ominus}$。

1. 标准摩尔生成焓

由稳定单质生成化学计量数 $\nu_B=1$ 的物质 B 的标准摩尔反应焓称为物质 B 的**标准摩尔生成焓**(standard molar enthalpy of formation)。用 $\Delta_f H_m^{\ominus}$(B,相态,T)或 $\Delta_f H_m^{\ominus}$(B,相态)表示,其下标“f”表示生成。$\Delta_f H_m^{\ominus}$(B,相态)是物质的特性,它随温度的改变而改变。常见物质的 $\Delta_f H_m^{\ominus}$(B,相态,298.15K)可从手册或附录中获得。由于物质相态改变要伴随焓值的改变,因此生成物 B 的相态一定要标明。稳定单质有 $N_2(g)$、$Cl_2(g)$、C(石墨)、S(正交硫)等,但是磷比较特殊,选择容易制得的白磷 P(s,白)为稳定单质,而不是更稳定的红磷 P(s,红)。

利用物质的标准摩尔生成焓,可计算化学反应的标准摩尔反应焓。对某温度下的反应 $dD(s)+eE(g) \longrightarrow gG(s)+hH(l)$,可设计如下过程:

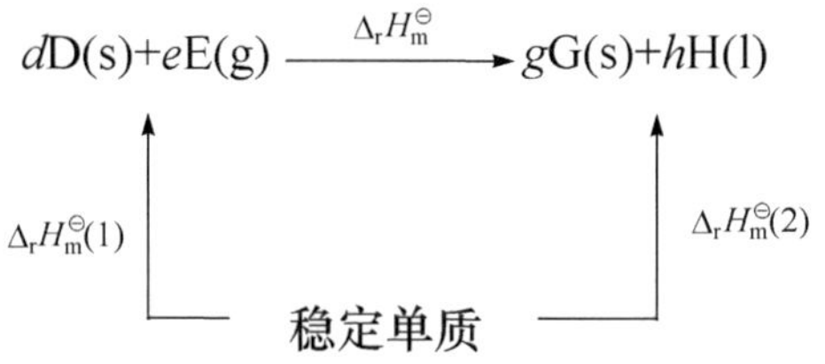

由于 H 是状态函数,有

$$\begin{aligned}\Delta_r H_m^{\ominus} &= \Delta_r H_m^{\ominus}(2) - \Delta_r H_m^{\ominus}(1)\\ &= g\Delta_f H_m^{\ominus}(G,s) + h\Delta_f H_m^{\ominus}(H,l) - [d\Delta_f H_m^{\ominus}(D,s) + e\Delta_f H_m^{\ominus}(E,g)]\end{aligned}$$

或

$$\Delta_r H_m^{\ominus} = \sum_B \nu_B \Delta_f H_m^{\ominus}(B,\text{相态}) \qquad (1.7.5)$$

式(1.7.5)中,ν_B 为化学计量数,对产物为正,对反应物为负。

2. 标准摩尔燃烧焓

化学计量数 $\nu_B=-1$ 的物质 B 完全氧化时的标准摩尔反应焓称为物质 B 的**标准摩尔燃烧**

焓(standard molar enthalpy of combustion)，用 $\Delta_c H_m^\ominus(B,相态,T)$ 或 $\Delta_c H_m^\ominus(B,相态)$ 表示，下标"c"表示燃烧。$\Delta_c H_m^\ominus(B,相态)$ 也是物质的特性，它随温度改变而改变。常见物质的 $\Delta_c H_m^\ominus$ $(B,相态,298.15K)$ 可从手册或附录中获得。此时不仅物质 B 的相态要指定，而且要保证物质 B 氧化成指定产物——完全氧化产物。完全氧化是指物质中的 C 变为 $CO_2(g)$、H 变为 H_2O (l)、S 变为 $SO_2(g)$、N 变为 $N_2(g)$ 等。

利用物质的标准摩尔燃烧焓可计算化学反应的标准摩尔反应焓。对某温度下的反应 $d D(s)+e E(g) \longrightarrow g G(s)+h H(l)$，可设计如下循环

$$d D(s)+e E(g) \xrightarrow{\ \Delta_r H_m^\ominus\ } g G(s)+h H(l)$$

$\Delta_r H_m^\ominus(1)$ 　　　　　　　　　　$\Delta_r H_m^\ominus(2)$

完全氧化物质

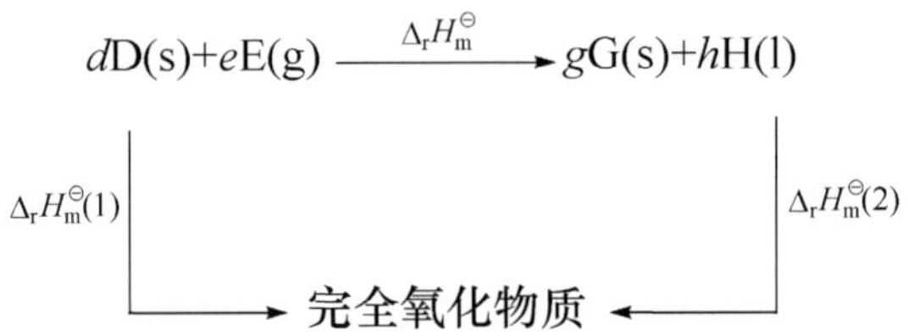

由于 H 是状态函数，因此

$$\Delta_r H_m^\ominus = \Delta_r H_m^\ominus(1) - \Delta_r H_m^\ominus(2)$$
$$= d\Delta_c H_m^\ominus(D,s) + e\Delta_c H_m^\ominus(E,g) - \left[g\Delta_c H_m^\ominus(G,s) + h\Delta_c H_m^\ominus(H,l)\right]$$

或

$$\Delta_r H_m^\ominus = -\sum_B \nu_B \Delta_c H_m^\ominus(B,相态) \tag{1.7.6}$$

注意式(1.7.5)与式(1.7.6)的区别。

作为生物体能量来源的蛋白质、糖、脂肪和淀粉等物质的燃烧焓数据是营养学研究的基础数据，药物氧化反应过程的反应焓是药物稳定性研究的依据。通常液体和固体样品的燃烧焓可用图 1.7.1(a)的氧弹热量计测定，气体样品的燃烧焓可用图 1.7.1(b)的火焰热量计测定。实验所得的结果可用式(1.7.3)进行换算。

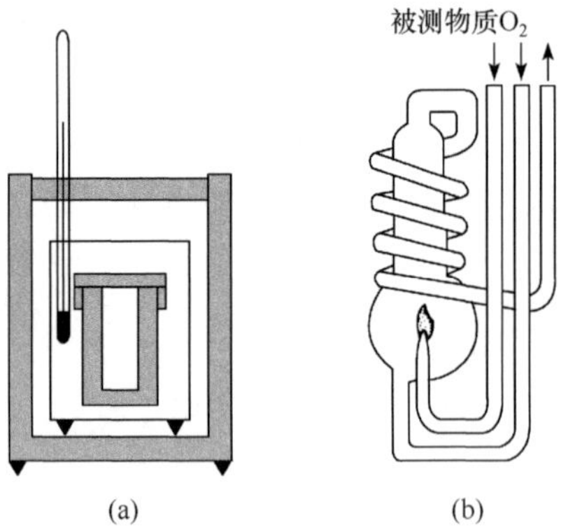

图 1.7.1　物质燃烧焓测定装置示意图

【例 1.7.2】 1g 苯甲酸(C_6H_5COOH,s)在氧弹热量计内完全燃烧使体系温度升高 3.25℃，若氧弹热量计及介质的恒容热容为 8184J·K^{-1}，试求 C_6H_5COOH(s)在 25℃时的摩尔燃烧焓。假设实验的平均温度为 25℃，所有气体可视为理想气体。

解　苯甲酸的燃烧反应为

$$C_6H_5COOH(s) + \frac{15}{2}O_2(g) \longrightarrow 7CO_2(g) + 3H_2O(l)$$

绝热恒容条件下进行反应时体系 $\Delta T = 3.25K$，因此恒温恒容条件下进行反应时

$$Q_V = -C_V \Delta T = -8184 \times 3.25J = -26.6kJ$$

$$\Delta_r U_m = \frac{Q_V}{n} = \frac{Q_V}{m/M}$$

$$= \left(\frac{-26.6}{1/122.12}\right)kJ \cdot mol^{-1} = -3.25 \times 10^6 J \cdot mol^{-1}$$

$$\Delta_r H_m = \Delta_r U_m + RT\sum_B \nu_B(g)$$

$$=(-3.25\times10^{6}-0.5\times8.314\times298.15)\text{J}\cdot\text{mol}^{-1}$$
$$=-3.25\times10^{6}\text{J}\cdot\text{mol}^{-1}$$

【例 1.7.3】 25℃时α-D-葡萄糖($C_6H_{12}O_6$,s)和乙醇(C_2H_5OH,l)的标准摩尔燃烧焓分别为−2801.58kJ·mol^{-1}和−1366.82kJ·mol^{-1},标准摩尔生成焓分别为−1274.45kJ·mol^{-1}和−277.63kJ·mol^{-1},二氧化碳(CO_2,g)的标准摩尔生成焓为−393.51kJ·mol^{-1}。试求在此条件下由1mol α-D-葡萄糖发酵生成乙醇的热量。

解　反应的方程为

$$C_6H_{12}O_6(s)\longrightarrow 2C_2H_5OH(l)+2CO_2(g)$$

若用标准摩尔燃烧焓求

$$\begin{aligned}\Delta_r H_m^{\ominus}&=-[2\Delta_c H_m^{\ominus}(C_2H_5OH,l)-\Delta_c H_m^{\ominus}(C_6H_{12}O_6,s)]\\&=-[2\times(-1366.82)+2801.58]\text{kJ}\cdot\text{mol}^{-1}\\&=-67.94\text{kJ}\cdot\text{mol}^{-1}\end{aligned}$$

若用标准摩尔生成焓求

$$\begin{aligned}\Delta_r H_m^{\ominus}&=2\Delta_f H_m^{\ominus}(C_2H_5OH,l)+2\Delta_f H_m^{\ominus}(CO_2,g)-\Delta_f H_m^{\ominus}(C_6H_{12}O_6,s)\\&=[2\times(-277.63)+2\times(-393.51)+1274.45]\text{kJ}\cdot\text{mol}^{-1}\\&=-67.83\text{kJ}\cdot\text{mol}^{-1}\end{aligned}$$

两计算结果基本一致。

3. 离子的标准摩尔生成焓

大部分化学反应和生命体中的化学过程都是在液相中完成的,并且有离子参与。若能获得每种离子的标准摩尔生成焓,则按式(1.7.5)同样可求出这类反应的标准摩尔反应焓。由于溶液是电中性的,正、负离子总是同时存在,因此不能由实验获得单种离子的标准摩尔生成焓。为此规定由氢气 H_2(g)生成化学计量数 $\nu_B=1$ 的无限稀释氢离子 H^+ 水溶液的标准摩尔反应焓为 H^+ 的标准摩尔生成焓,其值为0。

$$\frac{1}{2}H_2(g)\longrightarrow H^+(\infty,aq)+e^- \qquad \Delta_r H_m^{\ominus}=\Delta_f H_m^{\ominus}(H^+,\infty,aq)=0$$

其中"∞"表示无限稀释,即再加溶剂也没有热效应产生,"aq"表示水溶液。定义离子的标准摩尔生成焓为标准态下由稳定单质生成化学计量数 $\nu_B=1$ 的B离子的无限稀释水溶液的标准摩尔反应焓。它的数值可从反应热效应及 $\Delta_f H_m^{\ominus}(H^+,\infty,aq)$ 求得。例如,实验测得25℃、标准态时,无限稀释条件下1mol H^+ 和1mol OH^- 的中和热为−55.90kJ·mol^{-1}。

$$H^+(\infty,aq)+OH^-(\infty,aq)\longrightarrow H_2O(l) \qquad \Delta_r H_m^{\ominus}=-55.90\text{kJ}\cdot\text{mol}^{-1}$$

由式(1.7.5)得

$$\Delta_r H_m^{\ominus}=\Delta_f H_m^{\ominus}(H_2O,l)-\Delta_f H_m^{\ominus}(H^+,\infty,aq)-\Delta_f H_m^{\ominus}(OH^-,\infty,aq)$$

$$-55.90\text{kJ}\cdot\text{mol}^{-1}=-285.83\text{kJ}\cdot\text{mol}^{-1}-\Delta_f H_m^{\ominus}(OH^-,\infty,aq)$$

$$\Delta_f H_m^{\ominus}(OH^-,\infty,aq)=-229.93\text{kJ}\cdot\text{mol}^{-1}$$

由此求得25℃时的 $\Delta_f H_m^{\ominus}(OH^-,\infty,aq)$。依此可求得其他离子的标准摩尔生成焓。常见离子在25℃时的标准摩尔生成焓可从手册或附录中获得。

4. 溶解热

在计算化学反应焓变时,参加反应的物质所取的相对标准均为纯物质,实际上大部分化学反应都是在溶液中进行的，由纯物质形成溶液时通常有热效应。将纯物质溶解于溶剂中产生的热效应称为**积分溶解热**。

恒温恒压下 1mol 纯物质溶解于一定量的溶剂中形成溶液时所产生的热效应为此物质在该温度、压力下的**摩尔积分溶解热**(molar integral solution heat)，用 $\Delta_{sol}H_m$ 表示。摩尔积分溶解热不仅与溶质、溶剂的本性有关，而且还与所形成溶液的浓度有关。随着溶液浓度减小，摩尔积分溶解热趋于定值，此值称为物质的**无限稀释摩尔积分溶解热**。物质在 25℃时以水为溶剂的无限稀释摩尔积分溶解热可从手册中获得。表 1.7.1 列出了将 H_2SO_4(l)溶于水中所测得的摩尔积分溶解热，可见随着溶液浓度减小，摩尔积分溶解热的绝对值变大，最后趋于一定值。

表 1.7.1 H_2SO_4(l)(n_2)在 H_2O(n_1)中的摩尔积分溶解热(298.15K，100kPa)

$\frac{n_1}{n_2}$(n_2=1mol)	$-\Delta_{sol}H_m/(kJ\cdot mol^{-1})$	$\frac{n_1}{n_2}$(n_2=1mol)	$-\Delta_{sol}H_m/(kJ\cdot mol^{-1})$
0.5	15.73	50.0	73.35
1.0	28.07	100.0	73.97
1.5	36.90	1 000	78.58
2.0	41.92	10 000	87.07
5.0	58.03	100 000	93.64
10.0	67.03	∞	96.19
20.0	71.50		

若在一定量某浓度的溶液中加入 dn_2 溶质，产生的热效应 $d(\Delta_{sol}H)$ 与 dn_2 之比称为**摩尔微分溶解热**(molar differential solution heat)，用 $\left[\frac{\partial(\Delta_{sol}H)}{\partial n_2}\right]_{T,p,n_1}$ 表示。下标 n_1 表示溶剂量不变。由于加入的溶质的量为 dn_2，可以认为溶液的浓度不变。因此，摩尔微分溶解热也可以认为是在大量一定浓度的溶液中加入 1mol 溶质所产生的热效应。

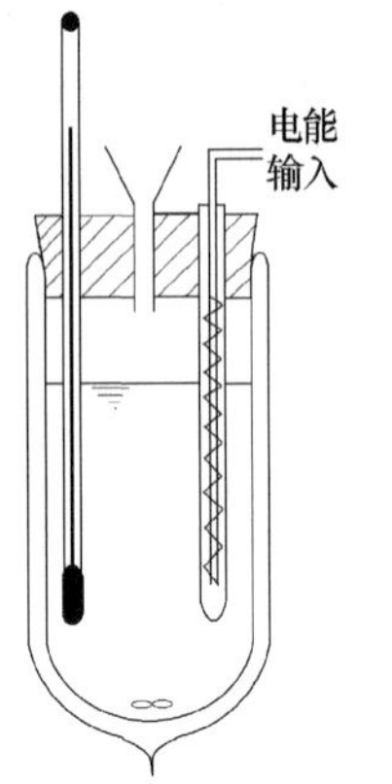

图 1.7.2 测定物质溶解热示意图

若物质的溶解过程是吸热的，则可用如图 1.7.2 所示的装置测定相关数据并通过计算求得摩尔积分溶解热和摩尔微分溶解热。

【例 1.7.4】 实验测得 H_2SO_4(l)溶于水的摩尔积分溶解热可表示为

$$\Delta_{sol}H_m=\left(\frac{-74.73n_1}{n_1+1.798\text{mol}}\right)\text{kJ}\cdot\text{mol}^{-1}\quad(n_1\leqslant 20\text{mol})$$

其中 n_1 为 H_2O 的物质的量。计算(1)1mol H_2SO_4(l)分别溶于 10mol 和 20mol H_2O 中的溶解热 $\Delta_{sol}H$；(2)0.2000kg H_2SO_4(l)溶于 H_2O 中形成质量分数为 40.00%的溶液时的溶解热 $\Delta_{sol}H$。

解 (1) 1mol H_2SO_4(l)溶于 10mol H_2O 中的溶解热 $\Delta_{sol}H$ 为

$$\Delta_{sol}H=n_2\Delta_{sol}H_m=\left(1\times\frac{-74.73\times10}{10+1.798}\right)\text{kJ}=-63.34\text{kJ}$$

1mol H_2SO_4(l)溶于 20mol H_2O 中的溶解热 $\Delta_{sol}H$ 为

$$\Delta_{sol}H=n_2\Delta_{sol}H_m=\left(1\times\frac{-74.73\times20}{20+1.798}\right)\text{kJ}=-68.57\text{kJ}$$

(2) 设 0.2000kg H_2SO_4(l)溶于 H_2O 中形成质量分数为 40.00%的溶液时需要加 H_2O 的质量为 m_{H_2O}，有

$$\frac{0.2000\text{kg}}{m_{H_2O}+0.2000\text{kg}}=40.00\%$$

$$m_{H_2O}=0.3000\text{kg}$$

$$n_{H_2O}=\frac{m_{H_2O}}{M_{H_2O}}=\left(\frac{0.3000}{0.01802}\right)\text{mol}=16.65\text{mol}$$

$$n_{H_2SO_4}=\frac{m_{H_2SO_4}}{M_{H_2SO_4}}=\left(\frac{0.2000}{0.09808}\right)\text{mol}=2.039\text{mol}$$

$$\frac{n_{H_2O}}{n_{H_2SO_4}}=\frac{16.65}{2.039}=8.166$$

形成质量分数为 40.00%的 H_2SO_4 溶液时 1mol H_2SO_4(l)需要加 8.166mol H_2O。由于

$$\Delta_{sol}H_m=\left(\frac{-74.73\times 8.166}{8.166+1.798}\right)\text{kJ}\cdot\text{mol}^{-1}=-61.25\text{kJ}\cdot\text{mol}^{-1}$$

因此，当 0.2000kg H_2SO_4(l)溶于 H_2O 中形成质量分数为 40.00%的溶液时的溶解热 $\Delta_{sol}H$ 为

$$\Delta_{sol}H=n_2\Delta_{sol}H_m=[2.039\times(-61.25)]\text{kJ}=-124.9\text{kJ}$$

5. 稀释热

恒温恒压下，将一定量溶剂加入含 1mol 溶质的溶液中形成较稀溶液时的热效应为**摩尔积分稀释热或摩尔积分冲淡热**(molar integral dilution heat)，用 $\Delta_{dil}H_m$ 表示。摩尔积分稀释热为稀释前后溶质的摩尔积分溶解热之差

$$\Delta_{dil}H_m=\Delta_{sol}H_m(2)-\Delta_{sol}H_m(1)$$

若加入的溶剂量为 dn_1，产生的热效应 $d(\Delta_{sol}H)$ 与 dn_1 之比称**摩尔微分稀释热或摩尔微分冲淡热**(molar differential dilution heat)。摩尔微分稀释热可由摩尔积分溶解热对 n_1/n_2 曲线上某点(某浓度)作切线求斜率得到。将表 1.7.1 中数据作图得图 1.7.3。图中曲线上任意一点的切线斜率 $\left[\frac{\partial(\Delta_{sol}H)}{\partial n_1}\right]_{T,p,n_2}$ 就是该浓度下的摩尔微分稀释热。显然摩尔积分稀释热和摩尔微分稀释热均与所形成溶液的浓度有关。

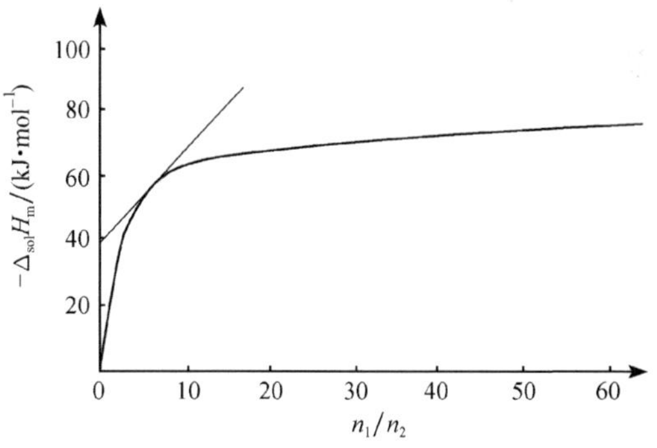

图 1.7.3 H_2SO_4(l)在水中的摩尔积分溶解热

1.7.6 标准摩尔反应焓与温度的关系

化学反应焓可以通过热量计进行实验测定，也可以通过标准摩尔生成焓、标准摩尔燃烧焓等求算。从手册上获得的这些数据均是 25℃的数据，而大部分化学反应并非在此温度下进行，如人体中进行的生化过程是在正常体温 37℃下进行的，为此需要有标准摩尔反应焓与温度的关系。对反应

$$d\text{D(s)}+e\text{E(g)}\longrightarrow g\text{G(s)}+h\text{H(l)}$$

将式(1.7.4) $\Delta_r H_m^\ominus=\sum_B \nu_B H_m^\ominus(B)$ 用于上述反应且两边对 T 求导，有

$$\frac{d(\Delta_r H_m^\ominus)}{dT}=g\frac{dH_m^\ominus(\text{G,s})}{dT}+h\frac{dH_m^\ominus(\text{H,l})}{dT}-\left[d\frac{dH_m^\ominus(\text{D,s})}{dT}+e\frac{dH_m^\ominus(\text{E,g})}{dT}\right]$$

将式(1.4.15)代入上式得

$$\frac{\mathrm{d}(\Delta_r H_m^\ominus)}{\mathrm{d}T}=gC_{p,m}^\ominus(\mathrm{G,s})+hC_{p,m}^\ominus(\mathrm{H,l})-[dC_{p,m}^\ominus(\mathrm{D,s})+eC_{p,m}^\ominus(\mathrm{E,g})]$$

或

$$\frac{\mathrm{d}(\Delta_r H_m^\ominus)}{\mathrm{d}T}=\Delta_r C_{p,m}^\ominus \tag{1.7.7}$$

式(1.7.7)中，$\Delta_r C_{p,m}^\ominus=\sum_B \nu_B C_{p,m}^\ominus(\mathrm{B})$。式(1.7.7)是1858年由基尔霍夫(Kirchhoff)提出的，又称**基尔霍夫公式**。将式(1.7.7)两边自298.15K至温度T求定积分，则有

$$\int_{298.15\mathrm{K}}^{T}\mathrm{d}\Delta_r H_m^\ominus=\int_{298.15\mathrm{K}}^{T}\Delta_r C_{p,m}^\ominus \mathrm{d}T$$

或

$$\Delta_r H_m^\ominus(T)=\Delta_r H_m^\ominus(298.15\mathrm{K})+\int_{298.15\mathrm{K}}^{T}\Delta_r C_{p,m}^\ominus \mathrm{d}T \tag{1.7.8}$$

式(1.7.8)称为基尔霍夫定律的积分形式，使用时在298.15K至T的温度区间内参加反应的物质无相变。若有相变则要加入相变过程，并且积分应分段进行。式(1.7.7)和式(1.7.8)可推广到自一个温度下的相变焓求另一温度下的相变焓。

【例1.7.5】 求反应

$$CH_4(g)+H_2O(g)\longrightarrow CO(g)+3H_2(g)$$

在400K时的标准摩尔反应焓。已知25℃时，$H_2O(l)$、$CO(g)$和$CO_2(g)$的标准摩尔生成焓分别为$-285.84\mathrm{kJ\cdot mol^{-1}}$、$-110.54\mathrm{kJ\cdot mol^{-1}}$和$-393.51\mathrm{kJ\cdot mol^{-1}}$；$CH_4(g)$的标准摩尔燃烧焓为$-890.31\mathrm{kJ\cdot mol^{-1}}$；$H_2O(l)$的标准摩尔蒸发焓为$44.01\mathrm{kJ\cdot mol^{-1}}$；在298～400K温度区间内$CH_4(g)$、$H_2O(g)$、$CO(g)$和$H_2(g)$的平均标准摩尔恒压热容分别为$37.97\mathrm{J\cdot K^{-1}\cdot mol^{-1}}$、$33.92\mathrm{J\cdot K^{-1}\cdot mol^{-1}}$、$29.24\mathrm{J\cdot K^{-1}\cdot mol^{-1}}$和$29.00\mathrm{J\cdot K^{-1}\cdot mol^{-1}}$，且可近似为常数。

解 由于题中高温反应生成的水的状态与低温反应生成的水的状态不同，所以先由25℃时$H_2O(l)$的标准摩尔生成焓和$H_2O(l)$的标准摩尔蒸发焓求出$H_2O(g)$在25℃时的标准摩尔生成焓，再求高温下的标准摩尔反应焓。$H_2O(g)$在25℃时的标准摩尔生成焓为

$$\begin{aligned}\Delta_f H_m^\ominus(H_2O,g)&=\Delta_{vap}H_m^\ominus+\Delta_f H_m^\ominus(H_2O,l)\\&=(44.01-285.84)\mathrm{kJ\cdot mol^{-1}}\\&=-241.83\mathrm{kJ\cdot mol^{-1}}\end{aligned}$$

由$CH_4(g)$的标准摩尔燃烧焓求$CH_4(g)$的标准摩尔生成焓：

$$CH_4(g)+2O_2(g)=\!=\!=CO_2(g)+2H_2O(l)$$

$$\Delta_c H_m^\ominus=\Delta_r H_m^\ominus=\Delta_f H_m^\ominus(CO_2,g)+2\Delta_f H_m^\ominus(H_2O,l)-\Delta_f H_m^\ominus(CH_4,g)$$

$$\begin{aligned}\Delta_f H_m^\ominus(CH_4,g)&=\Delta_f H_m^\ominus(CO_2,g)+2\Delta_f H_m^\ominus(H_2O,l)-\Delta_c H_m^\ominus\\&=[-393.51+2\times(-285.84)-(-890.31)]\mathrm{kJ\cdot mol^{-1}}\\&=-74.88\mathrm{kJ\cdot mol^{-1}}\end{aligned}$$

反应$CH_4(g)+H_2O(g)=\!=\!=CO(g)+3H_2(g)$在25℃时的标准摩尔反应焓为

$$\begin{aligned}\Delta_r H_m^\ominus(298.15\mathrm{K})&=\Delta_f H_m^\ominus(CO,g)-\Delta_f H_m^\ominus(CH_4,g)-\Delta_f H_m^\ominus(H_2O,g)\\&=[-110.54-(-74.88)-(-241.83)]\mathrm{kJ\cdot mol^{-1}}\\&=206.17\mathrm{kJ\cdot mol^{-1}}\end{aligned}$$

平均标准摩尔反应恒压热容为

$$\Delta_r\overline{C}_{p,m}^\ominus=3\overline{C}_{p,m}^\ominus(H_2,g)+\overline{C}_{p,m}^\ominus(CO,g)-\overline{C}_{p,m}^\ominus(CH_4,g)-\overline{C}_{p,m}^\ominus(H_2O,g)$$

$$=(3\times29.00+29.24-37.97-33.92)\mathrm{J\cdot K^{-1}\cdot mol^{-1}}$$
$$=44.35\mathrm{J\cdot K^{-1}\cdot mol^{-1}}$$

由基尔霍夫定律得

$$\Delta_r H_m^{\ominus}(400\mathrm{K})=\Delta_r H_m^{\ominus}(298.15\mathrm{K})+\Delta_r\overline{C}_{p,m}^{\ominus}(400\mathrm{K}-298.15\mathrm{K})$$
$$=[206.17+44.35\times10^{-3}\times(400-298.15)]\mathrm{kJ\cdot mol^{-1}}$$
$$=210.7\mathrm{kJ\cdot mol^{-1}}$$

求得 400K 时题给反应的标准摩尔反应焓为 210.7kJ · mol^{-1}。

1.7.7　新陈代谢与热力学

无论是单个细胞还是我们人体，所有生命体的整个生命过程均遵守热力学第一定律。生命体通过消化系统从外界摄取维持生命所需要的蛋白质、脂肪、碳水化合物等营养物质与呼吸系统吸入的氧气通过氧化作用，将营养物质中的化学能释放出来转变成有机体的热力学能。热力学能通过生命体的各种生理过程变为生命体活动需要的热、功和生成生命体应急所需的高能化合物三磷酸腺苷（ATP）。

生命体是一个敞开体系，适合于生命体的热力学第一定律可以表示为

$$\Delta U=Q+W+U \tag{1.7.9}$$

式(1.7.9)中，W 为维持生命所做的生理功（维持血液循环心肌要不断做功；维持神经讯号传递需要做电功）和生产劳动等机械功；Q 为维持生命体正常温度所需要的热量及其他能量转换出来的热量；U 为从外界通过摄入食物等带入的能量。

生命体中进行的各种生理过程——新陈代谢，均伴随着热效应。例如，甲亢病人新陈代谢过快，所消耗的能量多，因此病人容易饥饿，摄取的食物也比正常情况多。而新陈代谢过快，产生的热量就多，为维持正常体温所需要散发的热量也多，则病人容易出汗。每个生命体的生理过程，如细菌生长、种子发芽等，不管过程快慢，均伴随有热效应。记录这些热效应随时间变化规律的图谱称为**热谱图**，即单位时间的热效应$\frac{\delta Q}{\mathrm{d}t}$随时间的变化图。由于热谱图与新陈代谢过程伴随的热效应密切相关，因此热谱图为基础代谢、动植物生长发育等研究工作奠定了坚实的实验基础。

【科技直通车】

新能源开发

“QQ 碳”目标已成为我国当前绿色低碳经济转型和新能源开发利用的焦点，是实现人与自然和谐相处、经济社会可持续发展的终极目标。在这种背景下，减少传统化石能源消耗对生态环境的不可逆破坏、实现可持续发展必须依赖发展新能源产业，这成为我国控制碳排放兼顾环境保护和经济发展的必要手段。

1. 风能

我国风能储量巨大，风能在我国新能源产业中具有广阔前景，是我国发展低碳经济、调整能源结构和实现低碳产业的基础。《风电发展“十三五”规划》中明确了优化我国风力发电布局，加强我国中部、东南部以及海上风力发电力度及其基础设施建设的目标。更重要的是，风

力发电的成本优势将随着技术进步日益凸显，是我国未来清洁能源的主要来源。当下大容量发电机组的研发和组装是我国风能产业的主要发展方向。例如，我国2500～3000kW的大容量发电机组的数量2011年全球占比不到4%，而2017年的占比已经超过14%，我国已成为风力发电机组全球最大的生产基地。截至2020年底，全球TOP15的生产厂家提供了全球90%的风力发电机组整机，值得自豪的是其中有8家企业来自中国。2022年我国海上风电机组单机最大容量已达13MW以上。

2. 太阳能

光伏作为新能源产业之一，有助于推进全球能源结构向低碳转型。随着光伏发电的普及，我国已成为光伏贸易出口第一大国，为全球实现零碳贡献了“中国力量”。据国家能源局统计，2022年我国太阳能发电新增装机容量约87.4GW，占全国新增发电装机总容量的43.8%，同比增长59.3%；太阳能发电已成为火电、水电后的第三大电源。从国内外市场累计光伏产品供给来看，中国光伏行业已进入了太瓦新时代。图1.8.1为我国光伏企业厂房内景。

图1.8.1　我国光伏企业厂房内景

3. 核电

我国核能发展迅速，核电建设规模已领先全球。从2015年发展到2022年，我国核电从1417亿千瓦时增长到了4178亿千瓦时。在碳达峰、碳中和背景下，核能作为近零排放的清洁能源，将促进我国能源电力系统进一步清洁化、低碳化转型。在确保安全的前提下，我国核电将积极有序向广阔的空间发展。我国核电在运装机预计到2025年可达7000万千瓦，到2030年达到1.2亿千瓦，核电约占全国总发电量的8%。核能产业依据科技创新将进一步增强自立自强能力，并在建设科技强国、维护国家能源安全、促进国民经济高质量发展等方面做出突出贡献。

LNG船用绝热材料

绝热，即隔绝热量的传递。绝热材料的使用既能实现能量的综合利用，使有效能的损失最小化，又符合环保节能可持续发展的要求，在电力、化工、冶金、建材行业等各种工业和生活领域中应用广泛。绝热材料一般可分为有机和无机两大类，主要品种有：聚苯乙烯泡沫、聚氨酯泡沫、聚氯乙烯泡沫、酚醛泡沫、橡塑泡沫、软木、岩棉、矿渣棉、玻璃棉、硅酸铝纤维、石棉、海泡石、膨胀珍珠岩、膨胀蛭石、土状海泡石、硅酸盐、陶瓷泡、泡沫玻璃、复合硅酸盐保湿膏、水泥聚苯板、聚合物保湿砂浆等。

我国科学家经过近两年的科技攻关，于2007年成功研发出一种新型绝热材料，采用聚氨酯为原料制备的刚性绝热聚氨酯泡沫不仅在－162～80℃保持良好的物理稳定性且各项技术指标全部达标，目前已经在国产的液化天然气(LNG)船上使用。该材料长期以来只有美国、意大利、日本等少数发达国家才能生产。LNG在环境大气压下具有－162℃超低温，此时必须使用保温的绝热材料。2020年，沪东中华造出了世界最大的LNG船(图1.8.2)，从此中国为国际加注船行业树立了新标杆，全球业界无不为沪东中华矢志不渝的创新精神点赞。沪东中华建造LNG船的周期不仅刷新了中国最短纪录，而且建造质量优，充分体现了中国人的蹈厉之志。目前已建成的有誉为造船业"皇冠上的明珠"的LNG船、全球首艘45000tG4型集滚船、全球首艘"概念船"38000t双相不锈钢化学品船。此外沪东中华坚守"造舰强军，造船兴国"理念，还是我国各种大中型水面舰艇(包括护卫舰和登陆舰)的主要生产基地；是我国船舶生产种类最全、建造实力最强、高端产品最多的民船制造企业，创造了多项"世界首创"，客户遍及全球，展现了我国的强者风范。

图 1.8.2　沪东中华 LNG 船

除了LNG船的保冷、极寒地区的保温，还有人类面临的高温、高湿、高盐、高紫外线、多雨、多台风等恶劣环境的影响都对绝热材料提出了新的要求。目前国内外已有将绝热材料应用到海洋护堤、海岛建设、沙漠、冻土、雪域改造、空间发电、月球基地、地下开发等领域的报道。可以预料，在未来我国绝热材料将发展为品种齐全、能满足各行业的、产值超过数千亿的朝阳产业。

热容法测量航天器推进剂余量

随着航空航天技术的飞速发展及太空垃圾的增多，在轨航天器的增寿维护已成为迫在眉睫的问题。而推进剂的携带量是影响卫星寿命的主因，因此精确测定推进剂剩余量成为关键。我国常用 pVT 法和簿记法估算推进剂剩余量，这两种方法精度较差，无法满足国际商业卫星的要求。热容法是近期提出的新方法，具有在卫星寿命末期测量精度高、硬件简单、占有星上资源少和不受卫星入轨初始条件的影响等优点。

热容法的原理：对储箱壁面加热，考虑加热过程中的温度变化和加热功率，先计算出储箱和推进剂各自的热容。再对比在轨实测数据和不同推进剂余量时的模型数据，最后估算推进剂余量。

储箱内热量变化也遵循热力学第一定律的能量守恒，具体计算方程如下：

$$(m^{\mathrm{p}}C_p^{\mathrm{p}}+m^{\mathrm{g}}C_p^{\mathrm{g}}+m^{\mathrm{t}}C_p^{\mathrm{t}})\frac{\mathrm{d}T}{\mathrm{d}t}=Q_{\mathrm{load}}-Q_{\mathrm{cool}}$$

$$Q_{\mathrm{cool}}=\varepsilon^{*}\sigma A(T_{\mathrm{t}}^{4}-T_{\mathrm{env}}^{4})$$

式中，上标 p 为推进剂，g 为气体，t 为储箱；m 为质量；C_p 为热容；Q_{load} 为热源；ε^* 为有效 MLI 辐射率；σ 为 Stephane-Boltzmann 常数（5.68×10^{-8}）；A 为储箱壁面面积；T_{env} 为储箱环境温度。

由于无法直接获得储箱加热时的真实温度数据，加上在轨储箱的温度场分布不均，因此热容法只能通过逆向仿真来推算推进剂余量：首先构建整星条件下储箱的热分析模型，越详细越好；其次计算储箱加热时不同余量所带来的温变数据；然后测量收集在轨储箱加热时的真实温变数据；最后对比计算与实测数据，得到误差并进行分析。

上述步骤第一步和第三步是关键。虽然地面无法完全重现储箱在轨时的所有客观条件，但热传导的基本规律在两种情况下是一致的，因此热容法测试的在轨推进剂余量数据是可以为实际在轨航天器提供参考的。

参考资料及课外阅读材料

高执棣. 1992. 广度量与强度量. 大学化学，7(1)：26

郭蕾，李永，焦焱，等. 2018. 热容法测量推进剂剩余量的地面试验. 空间控制技术与应用，44(1)：74-78

韩梅. 1988. 焦耳-汤姆孙系数和实际气体液化的关系. 大学化学，3(2)：44

何应森. 1989. 热力学的新进展. 化学通报，4：35

屈德宇. 1997. 标准压力不再用 101325Pa. 大学化学，12(3)：8

王赛. 2022. 新能源产业发展对碳排放的空间溢出效应研究. 兰州：兰州财经大学

杨静. 2018. 绝热节能材料行业发展概况及未来前景探讨. 中国建材，41(8)：146-148

中国机电产品进出口商会光伏分会. 2023. 中国光伏产业出口贸易及趋势研判. 中国外资，(7)：62-65

朱珊珊. 2021. 跟跑并跑到领跑 军品民品共发展——沪东中华致力建设国内最强、国际高端的海洋装备企业. 上海企业，(6)：21-25

Freeman R D. 1985. Conversion of standard thermodynamics data to the new standard-siate pressure. J Chem Educ，62(8)：681

Gislason E A. 1987. General definitions of work and heat in thermodynamic processes. J Chem Educ，64(8)：660

Hollinger H B，Zenzen M J. 1991. Thermodynamic irreversibility：1. what is it? J Chem Educ，68(1)：31

Smith D W. 1977. Ionic hydration enthalpies. J Chem Educ，54(9)：540

Solomon T. 1991. Standard enthalpies of formation of ions in solution. J Chem Educ，68(1)：41

思 考 题

1. 是非题(判断下列说法是否正确并说明理由)。

(1) 绝热刚性容器一定是隔离体系。

(2) 水和水蒸气在正常相变温度、压力下达平衡，则体系具有确定的状态。

(3) 当一定量理想气体的热力学能和温度确定后，体系所有的状态函数也随之确定。

(4) 体系与环境之间没有热量交换则体系的温度必然恒定；若体系的温度恒定则体系与环境之间必然无热量交换。

(5) 当体系向环境散热时体系的热力学能一定减少。

(6) 恒压下搅拌绝热容器中的液体，即使液体的温度上升，由于 $Q_p=0$，所以 $\Delta H=Q_p=0$。

(7) 隔离体系中发生的任何变化其 $\Delta U=0$，因此 ΔH 也为零。

(8) 汽缸内的理想气体反抗恒定外压绝热膨胀时 $\Delta H=Q_p=0$。

(9) 恒压过程是外压恒定的过程，恒外压过程也就是恒压过程。

(10) 由热力学第一定律得气体在恒温膨胀时所做的功在数值上等于体系吸收的热量。

(11) 若体系经历一无限小的变化过程，则此过程一定是可逆过程。

(12) $\left(\dfrac{\partial U}{\partial V}\right)_T=0$ 的气体一定是理想气体。

(13) 由于稳定单质的标准摩尔生成焓为零，所以此物质的标准摩尔生成热力学能也为零。

(14) $\Delta_r H_m^{\ominus}(T)$ 是温度为 T，压力为 $p^{\ominus}$ 下进行反应的反应焓变。

2. 填空题。

(1) 将一电阻丝置于一绝热容器内的水中，接通电源通电一段时间后水温升高，假设其他物体温度不变。当体系选择不同时，热力学函数值的大小也不同。试填下表(填>，=或<0)。

体　系	电　源	电阻丝	水	电源+电阻丝	水+电阻丝	水+电阻丝+电源
Q						
W						
ΔU						

(2) p、V、T、Q、W、U 和 H 中属于状态函数的有__________；属于过程变量的有__________。属于强度性质的有__________；属于广度性质的有__________。

(3) 理想气体向真空绝热膨胀，Δp、ΔV、ΔT、Q、W、ΔU 和 ΔH 中为零的有__________。

(4) 理想气体自相同始态出发分别经绝热可逆和绝热不可逆膨胀过程到达相同的终态体积，则 $|W_R|$ ____ $|W_{IR}|$、ΔU_R ____ ΔU_{IR}、ΔH_R ____ ΔH_{IR}(填>，=或<号)。

(5) 碳在空气中的燃烧反应是一放热反应，若反应在绝热的钢瓶中进行，则此过程的 ΔT ____ 0、ΔU ____ 0、ΔH ____ 0。

(6) 水在正常相变点下(1)可逆蒸发；(2)向真空蒸发。若两者到达相同终态，则 Q_1 ________ Q_2、W_1 ________ W_2、ΔU_1 ________ ΔU_2。

(7) 实际气体经节流膨胀，Q ________ 0、ΔH ________ 0、Δp ________ 0。

(8) 判断下列过程中 Q、W、ΔU、ΔH 是正、零还是负：

过　程	Q	W	ΔU	ΔH
理想气体绝热自由膨胀				
理想气体恒温可逆压缩				
理想气体绝热可逆压缩				
H_2O(l，101.325kPa，373.15K)⟶H_2O(g，101.325kPa，373.15K)				
苯(l，101.325kPa，T_{fus})⟶苯(s，101.325kPa，T_{fus})				

3. 问答题。

(1) 理想气体从同一始态出发，分别经过恒温可逆过程和恒温不可逆过程到达相同终态，因 $|W_R|>|W_{IR}|$，所以 $Q_R>Q_{IR}$，这结论对不对？为什么？

(2) 写出下列各过程 Q 和 W 的表达式：

(a) 将空气作为体系打入轮胎(假设气筒、轮胎均不导热)；

(b) 将水和水蒸气作为体系储于一正在被不断加热的恒容的金属箱中，箱中的温度及压力均增加；

(c) 恒容绝热箱中 H_2(g)和 O_2(g)反应生成 H_2O(l)；

(d) H_2 在空气中燃烧生成水。

(3) 将一装有压缩空气的金属筒上的小盖打开，使空气冲出，当体系与环境压力相同时立即盖上小盖，则筒中气体的压力将如何变化？

(4) 某化学反应在烧杯中进行时放热 $|Q_1|$，焓变为 ΔH_1，若将其安排成始、终态相同的可逆电池时放热 $|Q_2|$，焓变为 ΔH_2，ΔH_1 与 ΔH_2 是否相等？

(5) 玻璃瓶中发生如下反应：

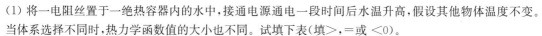

$$H_2(g)+Cl_2(g)\longrightarrow 2HCl(g)$$

反应前后 T、p、V 均未发生变化，设所有的气体都可以看作理想气体，因为理想气体的 $U=f(T)$，所以该反应的 $\Delta U=0$，这样判断是否对？

(6) $C_{p,\mathrm{m}}$ 和 $C_{V,\mathrm{m}}$ 是否为状态函数？$C_{p,\mathrm{m}}$ 是否总是大于 $C_{V,\mathrm{m}}$？

(7) 等式 $\left(\frac{\delta Q}{\partial T}\right)_V=\left(\frac{\partial U}{\partial T}\right)_V$ 成立的条件是什么？

(8) 理想气体的等温线与绝热线会交于一点，在交点处哪根线的斜率的绝对值大？

习　题

1. 求 1mol 双原子分子理想气体在常压下自 25℃升温至 525℃吸收的热量。若为恒容升温，求升到相同终态温度所吸收的热量。

2. 100℃时在一个体积恒定为 $5.0\mathrm{m}^3$ 的真空容器中有一装有 1mol $H_2O(l)$ 的小玻璃泡，若将玻璃泡打碎，求此过程的热。已知 $H_2O(l)$ 在正常沸点时的摩尔蒸发焓为 $40.66\mathrm{kJ\cdot mol^{-1}}$。设水蒸气可作为理想气体。

3. 1mol 单原子分子理想气体自 2×10^5 Pa、0℃经两个不同的途径变到 10^5 Pa、50℃。分别计算两个途径的 Q、W、ΔU 和 ΔH。

(1) 恒压加热，再恒温可逆膨胀；

(2) 恒温可逆膨胀，再恒压加热。

4. 2mol 单原子分子理想气体在 27℃、101.325kPa 时受恒定外压恒温压缩到平衡，再恒容升温至 97℃、压力为 1013.25kPa 的终态。求整个过程的 W、Q、ΔU 及 ΔH。

5. 在 25℃、$p^\ominus$ 下，1mol Zn 溶于稀盐酸时放热 151.5kJ，析出 1mol $H_2(g)$。求反应的 Q、W、ΔU 和 ΔH。

6. 理想气体自 25℃、$5\mathrm{dm}^3$ 绝热可逆膨胀至 $6\mathrm{dm}^3$，温度降为 5℃。求该气体的 $C_{p,\mathrm{m}}$ 与 $C_{V,\mathrm{m}}$。

7. 设理想气体的 $\gamma=1.5$，求 $1.00\mathrm{dm}^3$、1013.25kPa 气体绝热可逆膨胀至 $2.92\mathrm{dm}^3$ 的功。

8. 1mol 双原子分子理想气体自始态 300K、100kPa 依次恒容加热到 800K，再恒压冷却到 600K，最后绝热可逆膨胀至 400K，求整个过程的 Q、W、ΔU 及 ΔH。

9. 0℃时 $10\mathrm{dm}^3$ 氦气经下列不同途径自 10^6 Pa 膨胀至终态压力为 10^5 Pa，分别计算每一途径的 Q、W、ΔU 和 ΔH。假设氦气为理想气体。

(1) 向真空绝热膨胀；

(2) 在终态压力下恒温、恒外压膨胀；

(3) 恒温可逆膨胀；

(4) 绝热可逆膨胀。

10. 2mol 理想气体在 25℃、1.5×10^6 Pa 下膨胀到最后压力为 5×10^5 Pa。(1)绝热可逆膨胀；(2)在恒定 5×10^5 Pa 外压下绝热膨胀。试求两过程的终态 T、V 及过程的 W、ΔU 和 ΔH。已知该气体的 $C_{p,\mathrm{m}}=35.90\mathrm{J\cdot K^{-1}\cdot mol^{-1}}$。

11. 试求 1mol C(石墨)与理论量 $O_2(g)$ 在一温度恒定为 25℃、体积恒定为 $10.00\mathrm{m}^3$ 的容器中完全反应的热效应。所需数据可查表。

12. 25℃时 $C_6H_5COOH(s)$ 的标准摩尔燃烧焓为 $-3226.9\mathrm{kJ\cdot mol^{-1}}$。求

(1) $C_6H_5COOH(s)$ 的标准摩尔生成焓；

(2) 1mol $C_6H_5COOH(s)$ 恒温恒容燃烧时的热量。

所需数据可查表。

13. 求 1mol $SO_2(g)$ 通入 2mol 无限稀的 NaOH 溶液中的 ΔH。已知 25℃时

$\Delta_f H_m^\ominus(SO_3^{2-},\infty,aq)=-624.25\mathrm{kJ\cdot mol^{-1}}$，$\Delta_f H_m^\ominus(SO_2,g)=-296.83\mathrm{kJ\cdot mol^{-1}}$；

$\Delta_f H_m^\ominus(OH^-,\infty,aq)=-229.94\mathrm{kJ\cdot mol^{-1}}$，$\Delta_f H_m^\ominus(H_2O,l)=-285.83\mathrm{kJ\cdot mol^{-1}}$。

14. 已知 α-D-葡萄糖($C_6H_{12}O_6$,s)在细胞中的氧化反应可表示为

$$C_6H_{12}O_6(s)+6O_2(g)\longrightarrow 6H_2O(l)+6CO_2(g)$$

求标准态、生理温度 310K 时燃烧 1mol $C_6H_{12}O_6$(s)所能提供的热量，假定在 298～310K 温度范围内 $C_6H_{12}O_6$(s)、O_2(g)、H_2O(l)和 CO_2(g)的摩尔恒压热容 $\overline{C}_{p,m}$ 分别为 218.9J · K^{-1} · mol^{-1}、29.36J · K^{-1} · mol^{-1}、75.30J · K^{-1} · mol^{-1} 和 37.13J · K^{-1} · mol^{-1}，其他所需数据可查表。

15. 已知物质 A、B 和 C 在 298K 时的 $\Delta_f H_m^\ominus$ 分别为 −15kJ · mol^{-1}、30kJ · mol^{-1} 和 35kJ · mol^{-1}，平均摩尔恒压热容 $\overline{C}_{p,m}$ 分别为 10J · K^{-1} · mol^{-1}、30J · K^{-1} · mol^{-1} 和 20J · K^{-1} · mol^{-1}。计算恒压下理想气体反应

$$A(g)+B(g) \longrightarrow 2C(g)$$

(1) 在 400K 时生成 2mol C 的 Q、W、ΔU 和 ΔH；

(2) 若反应物 A、B 和产物 C 的温度分别为 298K、398K 和 498K，求生成 2mol C 时的 Q、W、ΔU 和 ΔH。

第 2 章　热力学第二定律

热力学第一定律指出能量可以由一种形式转换为另一种形式，在转换的过程中能量的总量不变。那么，自然界中符合这一规律的过程是否都能真实发生呢？

例如，山顶上的一块石头自然滚落到山脚的过程，在这一过程中石头的势能降低，转化为石头的动能和石头与空气及山体摩擦产生的热量，石头最后落到山脚与地面碰撞产生热量、振动能、声能等，这些能量的总和与石头势能的降低值相等，这一过程符合热力学第一定律。若将热量、振动能等能量收集起来，转化为机械能将石头重新抬回山顶，这一过程也符合热力学第一定律，但是却无法实现。

大量实验事实证明，自然界中发生的一切过程都具有方向性。那么自然界中的变化沿某一方向进行到什么程度为止？这个问题归结为研究一个变化的方向和限度问题。热力学第二定律正是研究了大量自然界中的客观变化及其规律，从中总结出了判断变化发生方向和限度的依据，由此可从理论上判定物质发生状态变化、相变化、化学变化的方向和限度。

2.1　自然界宏观过程的共同特征

石头自山顶滚落的过程，在指定条件下无需借助外力就可以自动发生，称这样的过程为不可逆过程，不可逆过程的逆过程不能自动进行。

如图 1.5.1(a)所示的气体的一次恒外压膨胀过程，具有压力为 p_1 的气体，在外压降为 p_2 时，必定要发生膨胀，气体自高压处流向低压处直至压力相等为止。此时体系对外做功的数值相当于矩形 CBV_2V_1 的面积。若采用可逆压缩过程让体系自 p_2、V_2 状态沿 BA 过程回到 p_1、V_1 状态，环境对体系做功的数值相当于曲边四边形 ABV_2V_1 的面积。在这一过程中体系复原，环境损失了数值相当于曲边三边形 ABC 面积的功，获得了等量的热量，而环境能否也复原就取决于这部分热量是否可以完全转化为功。也就是说，需要找到一种机器，它能将这部分热量完全转化为等量的功而不产生其他变化。无数实验事实证明，这一服从热力学第一定律的过程无法实现。

又如热量的传递过程，热量总是由高温物体自动向低温物体传递，直至两者温度一致为止。若要想使两物体的温度恢复到原来状态，则必须借助制冷机将原来是高温物体的热量从低温物体传递回高温物体。但是，制冷机在这一过程中消耗了功，放出了等量的热。实践证明要将这部分热完全转化为功也是不可能的。

在实验室中还能观察到下列单向变化：两浓度不等的溶液相接触，则浓溶液中溶质会自动向稀溶液扩散，直至浓度均匀为止，不可能发生浓度均匀的溶液自动分离成浓溶液和稀溶液的过程；将铝片放入稀硫酸溶液中，则会生成硫酸铝溶液和氢气，但是向硫酸铝溶液中通入氢气，则不可能生成铝和稀硫酸溶液。还可以列出自然界中许多单向发生变化的例子来说明，所有自然界的宏观过程都具有一定的方向性，其逆过程都不会自动进行。这就是自然界宏观过程的共同特征——不可逆性，这种不可逆性均可归结为热功转换的不可逆性。因此，不可逆过程的方向性也可用热功转换的方向性来表示。这是无数实验事实的总结，也是热力学第二定律的基础。

2.2　热力学第二定律

无数实验事实总结出的热力学第一定律，让人们明白能量守恒是一条客观规律，人类无法凭空造出能量，因此设计第一类永动机的幻想成了泡影。于是人们设想在不违背热力学第一定律的前提下设计出另一种机器，这种机器能从大海中吸取热量并使之完全转化为功。这实际上是一种能连续不断地从单一热源吸取热量，使之完全转化为功而不产生其他变化的机器，称这样的机器为**第二类永动机**(the second kind of perpetual motion machine)。但是无数次实验结果告诉人们，如第一类永动机一样，第二类永动机也是做不成的。由此人们总结出另一条经验规律，这就是**热力学第二定律**(the second law of thermodynamics)。

2.2.1　热力学第二定律的表述

热力学第二定律的文字表述最常引用的是克劳修斯(Clausius)说法和开尔文(Kelvin)说法。

克劳修斯说法：不可能将热从低温物体传递到高温物体而不引起其他变化。

开尔文说法：不可能从单一热源吸热使之完全转变为功而不发生其他变化。

后来奥斯特瓦尔德(Ostwald)又将开尔文说法简述为：第二类永动机不可能实现。

尽管热力学第二定律有不同的表述，但都指明了自然界宏观过程的单向性——不可逆性，并且各种不同表述在本质上是等价的。可以假设，若可以将热由低温物体传递到高温物体而不引起其他变化，则人们可以造出一种能从高温物体吸热并对低温物体放热而同时做功的机器，低温物体所得到的热又能够传递到高温物体而不引起其他变化。这相当于是一个从单一热源吸热使之完全转化为功而不发生其他变化的过程。显然当克劳修斯说法不成立时开尔文说法也不成立，即两种说法是等价的。

同热力学第一定律一样，热力学第二定律也是无数客观事实的总结。它不能从其他定律推导获得，也不能由其他定律证明。到目前为止，人们还没有发现违背热力学第二定律的事例。

从理论上讲，热力学第二定律可用于判断一切实际过程变化的方向性。但是，要把实际过程归结为热传递或热功转换的不可逆性时方法太抽象。有时即使能判断变化的方向，也不能判断变化进行到什么程度。那么，能否如热力学第一定律用状态函数 U 和 H 的变化量来判断过程能量变化那样，热力学第二定律也能找到若干类似的状态函数，用这些状态函数的变化量来判断过程变化的方向和限度？

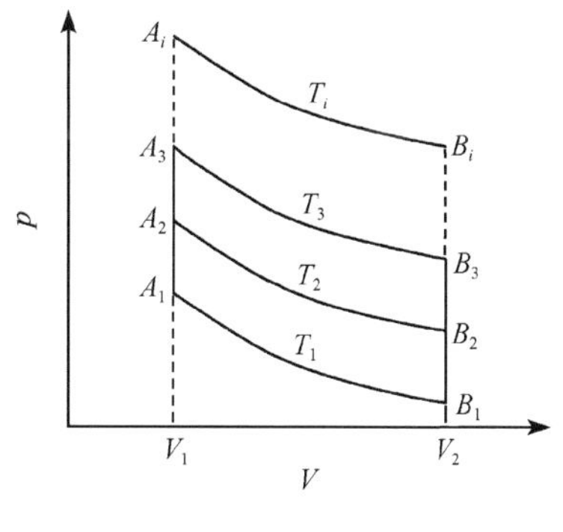

图 2.2.1　不同恒温可逆过程的热量

2.2.2　熵函数

如图 2.2.1 所示，设有物质的量为 n 的理想气体自始态 $A_1(T_1、V_1)$分别经不同途径变化到相同的终态 $B_1(T_1、$

V_2)。其中过程 $A_1 \to B_1$、$A_2 \to B_2$、…、$A_i \to B_i$ 为恒温可逆过程，过程$A_1 \to A_2 \to \cdots \to A_i$ 和 $B_i \to \cdots \to B_2 \to B_1$ 为恒容过程。不同途径净的热量分别为

途径 $A_1 \xrightarrow{T_1} B_1$

$$Q_{R,1} = nRT_1 \ln \frac{V_2}{V_1}$$

途径 $A_1 \xrightarrow{V_1} A_2 \xrightarrow{T_2} B_2 \xrightarrow{V_2} B_1$

$$\begin{aligned} Q_{R,2} &= nC_{V,m}(T_2 - T_1) + nRT_2 \ln \frac{V_2}{V_1} + nC_{V,m}(T_1 - T_2) \\ &= nRT_2 \ln \frac{V_2}{V_1} \end{aligned}$$

途径 $A_1 \xrightarrow{V_1} A_3 \xrightarrow{T_3} B_3 \xrightarrow{V_2} B_1$

$$\begin{aligned} Q_{R,3} &= nC_{V,m}(T_3 - T_1) + nRT_3 \ln \frac{V_2}{V_1} + nC_{V,m}(T_1 - T_3) \\ &= nRT_3 \ln \frac{V_2}{V_1} \end{aligned}$$

途径 $A_1 \xrightarrow{V_1} A_i \xrightarrow{T_i} B_i \xrightarrow{V_2} B_1$

$$\begin{aligned} Q_{R,i} &= nC_{V,m}(T_i - T_1) + nRT_i \ln \frac{V_2}{V_1} + nC_{V,m}(T_1 - T_i) \\ &= nRT_i \ln \frac{V_2}{V_1} \end{aligned}$$

由于热量 Q 与途径有关，因此途径不同 Q_R 的数值也不同。但是若将不同途径的 Q_R 除以对应恒温过程的温度 T，得$\frac{Q_R}{T} = nR\ln \frac{V_2}{V_1}$，它只与体系始、终态的体积有关，与所经历的具体途径无关。因此，这一比值应该对应着一个状态函数的变化量，这个状态函数称为**熵**(entropy)，用符号 S 表示，有

$$\Delta S = S_2 - S_1 = \frac{Q_R}{T} \quad 或 \quad dS = \frac{\delta Q_R}{T} \tag{2.2.1}$$

由于 S 为状态函数，必有

$$\oint dS = 0 \tag{2.2.2}$$

熵的单位为 $J \cdot K^{-1}$，熵是一个广度性质。注意，只有可逆过程的热量与温度的商值才是熵变，任意过程的热量与温度的商值称为热温商。

2.2.3　过程方向的判断

由卡诺(Carnot)定理知，所有工作于温度一定的两热源间的热机，以可逆热机的效率最大，即 $\eta_R > \eta_{IR}$，并且卡诺热机的效率与工作介质无关。如图 2.2.2 所示，工作于温度分别为 T_1 和 T_2 两热源之间的理想气体的卡诺热机，

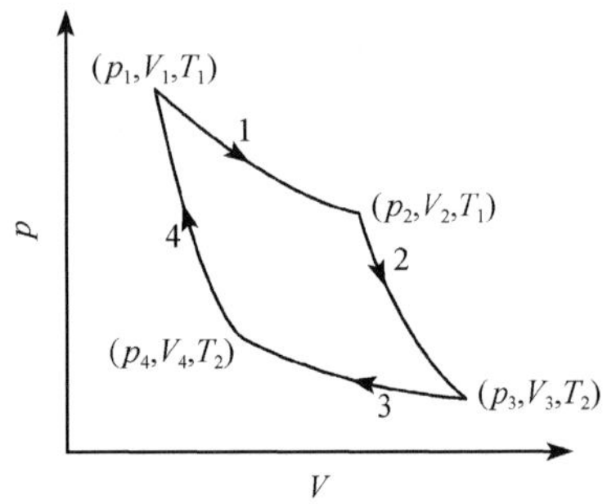

图 2.2.2　理想气体卡诺循环示意图

当理想气体按箭头方向经历一卡诺循环后体系复原了，过程 1 和 3 为恒温可逆过程，过程 2 和 4 为绝热可逆过程。

由于 $\Delta U=Q+W=0$，即 $Q=-W$。$Q_1=nRT_1\ln\dfrac{V_2}{V_1}$、$Q_2=nRT_2\ln\dfrac{V_4}{V_3}$，所以 $-W=Q_1+Q_2$。由理想气体绝热过程方程可得 $\dfrac{V_2}{V_1}=\dfrac{V_3}{V_4}$，因此有

$$\eta_{\mathrm{R}}=\frac{-W}{Q_1}=\frac{Q_1+Q_2}{Q_1}=\frac{nRT_1\ln\dfrac{V_2}{V_1}+nRT_2\ln\dfrac{V_4}{V_3}}{nRT_1\ln\dfrac{V_2}{V_1}}=\frac{T_1-T_2}{T_1} \tag{2.2.3}$$

若为不可逆热机，则有

$$\eta_{\mathrm{IR}}=\frac{Q_1+Q_2}{Q_1}<\frac{T_1-T_2}{T_1} \tag{2.2.4}$$

将式(2.2.3)与式(2.2.4)合并整理后得

$$\frac{Q_1}{T_1}+\frac{Q_2}{T_2}\leqslant 0 \tag{2.2.5a}$$

对于一个如图 2.2.3 所示的任意自 A 变化到 B 又回到 A 的循环过程，可分割成多个小的卡诺循环，分割越细，则图中的折线与曲线表示的任意过程就越接近，因此有

$$\sum_i \frac{\delta Q_i}{T_i}\leqslant 0 \tag{2.2.5b}$$

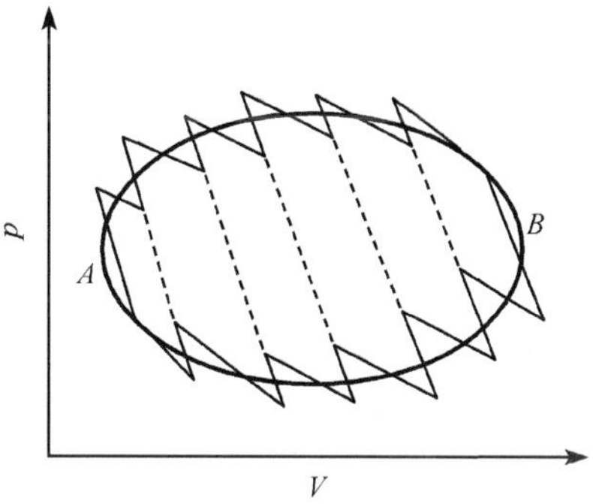

图 2.2.3　任意循环过程

若 A 到 B 的过程为任意过程，B 回到 A 的过程为可逆过程，则有

$$\sum_A^B\left(\frac{\delta Q}{T}\right)_{\text{任意}}+\sum_B^A\left(\frac{\delta Q}{T}\right)_{\text{可}}\leqslant 0 \quad \text{或} \quad \sum_A^B\left(\frac{\delta Q}{T}\right)_{\text{任意}}-\sum_A^B\left(\frac{\delta Q}{T}\right)_{\text{可}}\leqslant 0 \tag{2.2.5c}$$

根据熵的定义上式可写作

$$\Delta S-\sum_A^B\left(\frac{\delta Q}{T}\right)_{\text{任意}}\geqslant 0 \quad \text{或} \quad \mathrm{d}S-\left(\frac{\delta Q}{T}\right)_{\text{任意}}\geqslant 0 \tag{2.2.5d}$$

式(2.2.5)称为**克劳修斯不等式**(Clausius inequality)。其中 ΔS 为体系熵变，$\sum\limits_A^B\left(\dfrac{\delta Q}{T}\right)_{\text{任意}}$ 为体系进行任意过程的热温商，T 为环境的温度。当任意过程为可逆过程时，热温商为体系的熵变，这时不等号变为等号。因为式(2.2.5d)是由卡诺定理推出的，而证明卡诺定理需要热力学第二定律，所以该式也是热力学第二定律的数学表达式，由此式可以判断过程变化的方向和限度。

2.2.4　熵增原理

将式(2.2.5d)写作

$$\Delta S+\left(-\sum_A^B\frac{\delta Q_{\text{任意}}}{T_{\text{环}}}\right)\geqslant 0 \tag{2.2.6}$$

式(2.2.6)中，$\delta Q_{\text{任意}}$ 是体系进行一任意过程时与环境交换的热量，其负值 $-\delta Q_{\text{任意}}$ 则是环境与

体系交换的热量，记作 $\delta Q_{环}$。由于环境是无限大的，因此 $-\delta Q_{任意}=(\delta Q_{环})_{可逆}$，则有

$$\sum_{A}^{B}\frac{\delta Q_{R,环}}{T_{环}}=\Delta S_{环} \tag{2.2.7}$$

则式(2.2.6)可写作

$$\Delta S+\Delta S_{环}\geqslant 0 \quad 或 \quad dS+dS_{环}\geqslant 0 \tag{2.2.8}$$

若将与体系有能量交换的环境也加入体系中，则这个新的体系就是隔离体系。式(2.2.8)可写作

$$dS_{隔离}\geqslant 0 \quad 或 \quad \Delta S_{隔离}\geqslant 0 \tag{2.2.9}$$

式(2.2.9)说明，隔离体系的变化总是朝着熵增加的方向进行。$\Delta S_{隔离}>0$ 就是变化的方向，它对应着一个不可逆过程。不可逆过程一直进行到隔离体系的熵不再增加，即 $\Delta S_{隔离}=0$，这就是变化的限度，它对应着一个可逆过程。在隔离体系中熵只增不减的原理称为**熵增原理**(principle of entropy increasing)。

若体系发生一个绝热过程，则由于 $\delta Q_{任意}=0$，因此式(2.2.7)为 0，即

$$dS_{绝热}\geqslant 0 \quad 或 \quad \Delta S_{绝热}\geqslant 0 \tag{2.2.10}$$

也就是说，绝热体系中只可能发生熵增加的变化，即 $\Delta S\geqslant 0$，绝热体系中不可能发生熵减少的变化。因此，在绝热条件下也可以用 ΔS 来判断变化的方向和限度。

2.3　熵变的计算

熵是体系的状态函数，在计算体系的熵变时：若为可逆过程，则可直接计算；若为不可逆过程，则可在相同始、终态之间设计一些可逆过程的组合进行计算。环境的熵变或体系的热温商则由实际过程的热量进行计算。有了体系和环境的熵变或体系的热温商就可以用式(2.2.5)或式(2.2.8)判断变化的方向和限度。

2.3.1　理想气体单纯 *p*、*V*、*T* 变化

物质的量为 n 的理想气体自 p_1、V_1、T_1状态变到 p_2、V_2、T_2状态，由于纯组分或组成不变的封闭体系的状态由两个独立的变量决定，所以可认为体系是由 T_1、V_1状态变到 T_2、V_2状态，由于熵是状态函数，因此这一状态变化过程可认为是由恒温变容和恒容变温两个可逆过程组成，即可表示为

$$T_1、V_1 \xrightarrow{恒温过程} T_1、V_2 \xrightarrow{恒容过程} T_2、V_2$$

理想气体恒温可逆过程中有 $Q_R=-W_R=nRT\ln\dfrac{V_2}{V_1}$，由式(2.2.1)得

$$\Delta S=\frac{Q_R}{T}=nR\ln\frac{V_2}{V_1} \tag{2.3.1}$$

体系在体积恒定、温度由 T_1升至 T_2时，将式(1.4.13)代入式(2.2.1)得

$$dS=\frac{nC_{V,m}dT}{T} \quad 或 \quad \Delta S=\int_{T_1}^{T_2}\frac{nC_{V,m}}{T}dT \tag{2.3.2}$$

假设理想气体的 $C_{V,m}$在 $T_1\sim T_2$温度区间内为常数，则

$$\Delta S=nC_{V,m}\ln\frac{T_2}{T_1} \tag{2.3.3}$$

因此过程的总熵变为

$$\Delta S = nC_{V,\mathrm{m}}\ln\frac{T_2}{T_1} + nR\ln\frac{V_2}{V_1} \tag{2.3.4}$$

同样，读者也可认为体系是由 T_1、p_1 状态变到 T_2、p_2 状态，即

$$T_1、p_1 \xrightarrow{\text{恒温过程}} T_1、p_2 \xrightarrow{\text{恒压过程}} T_2、p_2$$

则可类推获得

$$\Delta S = nC_{p,\mathrm{m}}\ln\frac{T_2}{T_1} - nR\ln\frac{p_2}{p_1} \tag{2.3.5}$$

若认为体系是由 p_1、V_1 状态变到 p_2、V_2 状态，即

$$p_1、V_1 \xrightarrow{\text{恒压过程}} p_1、V_2 \xrightarrow{\text{恒容过程}} p_2、V_2$$

可以类推得

$$\Delta S = nC_{p,\mathrm{m}}\ln\frac{V_2}{V_1} + nC_{V,\mathrm{m}}\ln\frac{p_2}{p_1} \tag{2.3.6}$$

虽然式(2.3.4)～式(2.3.6)三者的形式不同，但由于熵是体系的状态函数，所以计算结果相同。它们适用于理想气体的单纯 p、V、T 变化过程。

1. 理想气体的恒温过程

若体系中发生的变化为理想气体的恒温过程，则式(2.3.4)和式(2.3.5)可简化为 $\Delta S = nR\ln\frac{V_2}{V_1} = -nR\ln\frac{p_2}{p_1}$。

【例 2.3.1】 1mol 理想气体自始态 300K、10×10^5 Pa 分别经恒温可逆膨胀和绝热自由膨胀到终态压力为 10^5 Pa，试计算两过程的 ΔS，并判断过程的可逆性。

解　理想气体的绝热自由膨胀过程是恒温过程，因此这两种膨胀都是恒温膨胀，其始终态相同，体系的熵变为

$$\Delta S = nR\ln\frac{p_1}{p_2} = \left(1\times8.314\times\ln\frac{10\times10^5}{10^5}\right)\mathrm{J\cdot K^{-1}} = 19.1\mathrm{J\cdot K^{-1}}$$

恒温可逆膨胀过程中环境的熵变为

$$\Delta S_{环} = -\frac{Q}{T_{环}} = -\frac{nRT\ln\frac{p_1}{p_2}}{T} = -nR\ln\frac{p_1}{p_2} = -19.1\mathrm{J\cdot K^{-1}}$$

$$\Delta S_{隔离} = \Delta S + \Delta S_{环} = 0$$

说明过程是可逆的。

理想气体在绝热自由膨胀过程中 $Q=0$，体系与环境无热量交换

$$\Delta S_{环} = 0$$

$$\Delta S_{隔离} = \Delta S + \Delta S_{环} = 19.1\mathrm{J\cdot K^{-1}} > 0$$

说明绝热自由膨胀过程是不可逆过程。

2. 理想气体的恒温混合过程

熵是广度性质，理想气体恒温混合过程的熵变可看作每种理想气体在这一恒温变化过程中熵变的加和，因此将式(2.3.1)应用于理想气体恒温混合过程时有

$$\Delta S_{\text{混合}} = \sum_{B} \Delta S_B = \sum_{B} n_B R\ln\left(\frac{V_2}{V_1}\right)_B$$
$$= \sum_{B} n_B R\ln\left(\frac{p_1}{p_2}\right)_B \qquad (2.3.7)$$

【例 2.3.2】 计算 1mol A 和 1mol B 经下列各恒温混合过程的熵变，假设 A、B 均为理想气体。

(1) 1 体积 A 与 1 体积 B 混合成 2 体积 A、B 混合物；

(2) 1 体积 A 与 1 体积 B 混合成 1 体积 A、B 混合物；

(3) 1 体积 A 与 1 体积 A 混合成 2 体积 A；

(4) 1 体积 A 与 1 体积 A 混合成 1 体积 A。

解 (1)恒温混合体积增加一倍，因此

$$\Delta S = R\left(n_A \ln\frac{2V}{V} + n_B \ln\frac{2V}{V}\right)$$
$$= (2\times1\times8.314\times\ln2)\text{J}\cdot\text{K}^{-1} = 11.53\text{J}\cdot\text{K}^{-1}$$

(2) 因两气体的终态与始态相同，所以 $\Delta S=0$。

(3) 因混合前后的状态未变，所以 $\Delta S=0$。

(4) 因 A 的始态体积为 $2V$，终态体积为 V，因此

$$\Delta S = R\left(n_A \ln\frac{V}{2V} + n_B \ln\frac{V}{2V}\right)$$
$$= \left(2\times8.314\times\ln\frac{1}{2}\right)\text{J}\cdot\text{K}^{-1} = -11.53\text{J}\cdot\text{K}^{-1}$$

理想气体恒温混合过程熵变的计算关键在于分析混合前后体系的状态是否改变，不同气体恒温混合可直接用理想气体简单恒温过程的熵变公式计算。

3. 理想气体的恒容过程

若体系中发生的变化为理想气体的恒容过程，则式(2.3.4)简化为式(2.3.3)，即

$$\Delta S = nC_{V,m}\ln\frac{T_2}{T_1}$$

4. 理想气体的恒压过程

物质的量为 n 的纯物质体系在恒压下温度由 T_1 升至 T_2，将式(1.4.15)代入式(2.2.1)得

$$\text{d}S = \frac{nC_{p,m}\text{d}T}{T} \quad \text{或} \quad \Delta S = \int_{T_1}^{T_2} \frac{nC_{p,m}}{T}\text{d}T \qquad (2.3.8)$$

假设理想气体的 $C_{p,m}$ 在 $T_1 \sim T_2$ 温度区间内为常数，有

$$\Delta S = nC_{p,m}\ln\frac{T_2}{T_1} \qquad (2.3.9)$$

或者将式(2.3.5)加上恒压条件，同样可得式(2.3.9)。

【例 2.3.3】 2mol 127℃的 O_2 在 101.325kPa 下向 27℃的大气散热至平衡，求 O_2 的 ΔS 并判断过程的可逆性。O_2 可近似为理想气体。

解 散热至平衡是指 O_2 的温度为 27℃。体系发生的变化是理想气体的恒压变温过程，体系的熵变为

$$\Delta S = \int_{T_1}^{T_2}\left(\frac{\delta Q_R}{T}\right) = \int_{T_1}^{T_2}\frac{nC_{p,m}\text{d}T}{T} = nC_{p,m}\ln\frac{T_2}{T_1}$$

$$=\left(2\times\frac{7\times8.314}{2}\ln\frac{300.15}{400.15}\right)\text{J}\cdot\text{K}^{-1}$$
$$=-16.73\text{J}\cdot\text{K}^{-1}$$

在该特定条件下，体系与环境交换的热量为 $\Delta H=\int_{T_1}^{T_2}nC_{p,\text{m}}\text{d}T$，体系的热温商为

$$\frac{Q}{T_{\text{环境}}}=\frac{\Delta H}{T_{\text{环境}}}=\frac{\int_{T_1}^{T_2}nC_{p,\text{m}}\text{d}T}{T_{\text{环境}}}=\frac{nC_{p,\text{m}}(T_2-T_1)}{T_{\text{环境}}}$$
$$=\left[\frac{2\times\frac{7\times8.314}{2}\times(300.15-400.15)}{300.15}\right]\text{J}\cdot\text{K}^{-1}$$
$$=-19.39\text{J}\cdot\text{K}^{-1}$$

由克劳修斯不等式得

$$\Delta S-\frac{Q}{T_{\text{环境}}}=[-16.73-(-19.39)]\text{J}\cdot\text{K}^{-1}$$
$$=2.66\text{J}\cdot\text{K}^{-1}>0$$

计算结果说明此过程为不可逆过程。

若计算环境的熵变

$$\Delta S_{\text{环境}}=\frac{-Q}{T_{\text{环境}}}=\frac{-\Delta H}{T_{\text{环境}}}=19.39\text{J}\cdot\text{K}^{-1}$$
$$\Delta S_{\text{隔离}}=\Delta S+\Delta S_{\text{环境}}$$
$$=(-16.73+19.39)\text{J}\cdot\text{K}^{-1}$$
$$=2.66\text{J}\cdot\text{K}^{-1}>0$$

隔离体系的熵变大于零，过程为不可逆过程。

5. 理想气体的绝热过程

绝热过程 $Q=0$，所以 $\Delta S_{\text{环境}}=0$。若为绝热可逆过程，$\Delta S=0$。若为绝热不可逆过程，则需在相同始终态之间设计一可逆过程。由于自相同的始态出发经绝热可逆与绝热不可逆过程不可能到达相同的终态，因此所设计的可逆过程不可能是单一的绝热可逆过程，而应是一些其他可逆过程的组合。

2.3.2　凝聚体系

由于凝聚体系的压缩性很小，因此压力及体积变化引起的熵变在多数情况下可以忽略不计。式(2.3.2)和式(2.3.8)不仅适用于理想气体，对液体及固体的变温过程同样适用。若在 $T_1\sim T_2$ 温度区间内凝聚体系的 $C_{p,\text{m}}$、$C_{V,\text{m}}$ 为常数，则式(2.3.3)和式(2.3.9)也可近似用于凝聚体系的恒压或恒容变温过程。

【例 2.3.4】 将 10g 27℃的 $H_2O(l)$ 与 20g 72℃的 $H_2O(l)$ 在 100kPa 下绝热混合，求水的平衡温度和混合过程的总熵变。已知 $H_2O(l)$ 的摩尔恒压热容为 75.40J·K⁻¹·mol⁻¹。

解　设水的平衡温度为 t，有

$$\Delta H=\Delta H_1+\Delta H_2=n_1C_{p,\text{m}}(t-t_1)+n_2C_{p,\text{m}}(t-t_2)=0$$
$$t=\frac{n_1t_1+n_2t_2}{n_1+n_2}=\frac{m_1t_1+m_2t_2}{m_1+m_2}$$

$$=\left(\frac{10\times27+20\times72}{10+20}\right)℃=57℃$$

混合过程的总熵变为

$$\Delta S=\Delta S_1+\Delta S_2=n_1C_{p,\mathrm{m}}\ln\frac{T}{T_1}+n_2C_{p,\mathrm{m}}\ln\frac{T}{T_2}$$

$$=\frac{m_1}{M_{H_2O}}C_{p,\mathrm{m}}\ln\frac{T}{T_1}+\frac{m_2}{M_{H_2O}}C_{p,\mathrm{m}}\ln\frac{T}{T_2}$$

$$=\left(\frac{10}{18.02}\times75.40\ln\frac{330.15}{300.15}+\frac{20}{18.02}\times75.40\ln\frac{330.15}{345.15}\right)\mathrm{J\cdot K^{-1}}$$

$$=0.267\mathrm{J\cdot K^{-1}}$$

$$\Delta S=\Delta S_{总}=0.267\mathrm{J\cdot K^{-1}}$$

2.3.3 相变过程

在两相平衡共存的温度和压力下的相变为可逆相变。在可逆相变条件下 1mol 物质发生相变时的热效应称为摩尔相变焓，用符号 $\Delta_{相变}H_\mathrm{m}$ 表示。由式(2.2.1)知，物质的量为 n 时

$$\Delta S=\frac{n\Delta_{相变}H_\mathrm{m}}{T}\tag{2.3.10}$$

若相变化不是发生在两相平衡共存的温度和压力下，则此相变为不可逆相变，其熵变计算不能用式(2.3.10)。但是由于焓和熵均是状态函数，因此可以在相同始终态之间设计几个可逆过程的组合，由可逆过程的热温商求得熵变。

【例 2.3.5】 求 101.325kPa 下 1mol 的 −10℃ 过冷水在同温同压下凝结为冰的 ΔS。已知水和冰的平均摩尔恒压热容分别为 $75.40\mathrm{J\cdot K^{-1}\cdot mol^{-1}}$ 和 $37.25\mathrm{J\cdot K^{-1}\cdot mol^{-1}}$，冰在正常相变点的融化焓为 $334.72\mathrm{J\cdot g^{-1}}$。

解 水与冰的可逆相变条件为 0℃、101.325kPa，题给过程为不可逆相变过程，因此需设计可逆过程计算

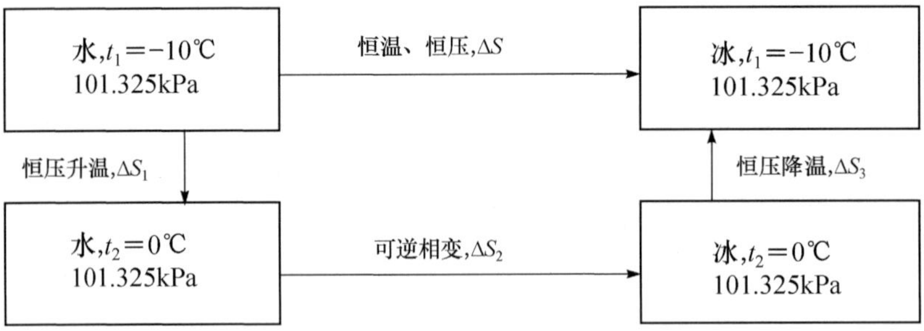

$$\Delta S_1=\int_{T_1}^{T_2}\frac{nC_{p,\mathrm{m}}(\mathrm{H_2O,l})}{T}\mathrm{d}T=nC_{p,\mathrm{m}}(\mathrm{H_2O,l})\ln\frac{T_2}{T_1}$$

$$=\left(1\times75.40\ln\frac{273.15}{263.15}\right)\mathrm{J\cdot K^{-1}}=2.812\mathrm{J\cdot K^{-1}}$$

$$\Delta S_2=\frac{n\Delta_{相变}H_\mathrm{m}}{T_{相变}}$$

$$=\left(-\frac{334.72\times18.02}{273.15}\right)\mathrm{J\cdot K^{-1}}=-22.08\mathrm{J\cdot K^{-1}}$$

$$\Delta S_3=\int_{T_2}^{T_1}\frac{nC_{p,\mathrm{m}}(\mathrm{H_2O,s})}{T}\mathrm{d}T=nC_{p,\mathrm{m}}(\mathrm{H_2O,s})\ln\frac{T_1}{T_2}$$

$$=\left(1\times37.25\ln\frac{263.15}{273.15}\right)\mathrm{J\cdot K^{-1}}=-1.389\mathrm{J\cdot K^{-1}}$$

总熵变为

$$\Delta S=\Delta S_1+\Delta S_2+\Delta S_3$$
$$=(2.812-22.08-1.389)\text{J}\cdot\text{K}^{-1}=-20.66\text{J}\cdot\text{K}^{-1}$$

本题也可以在相同始终态之间设计另一条恒温可逆途径：

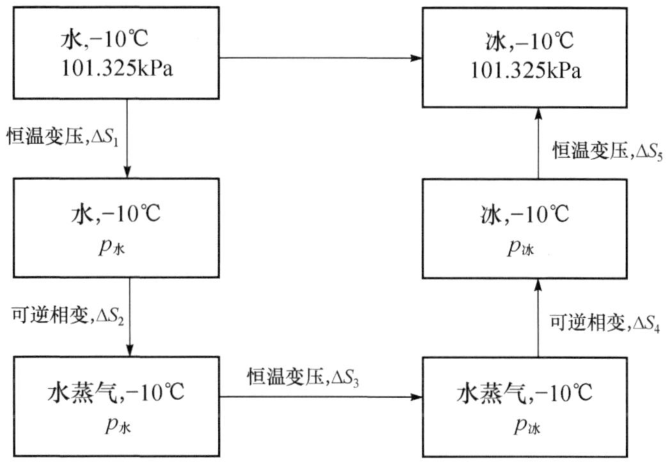

有 $\Delta S=\Delta S_1+\Delta S_2+\Delta S_3+\Delta S_4+\Delta S_5$。$\Delta S_1$ 与 ΔS_5 分别是液相及固相恒温变压时的熵变，由于凝聚相可压缩性极小，即 $\Delta V\approx 0$，因此在恒温条件下 $\Delta S_1\approx\Delta S_5\approx 0$。若已知该温度下 $H_2O(l)$ 和 $H_2O(s)$ 的饱和蒸气压及摩尔蒸发焓和摩尔升华焓的数据，则可计算 ΔS。

2.4　熵的本质

在理想气体的恒温膨胀过程中，从表面上看气体膨胀是气体分子由活动区间较小的 V_1 状态变为活动区间较大的 V_2 状态，结果是体系的熵增加。其本质为始态体系中分子的活动区间小，体系相对有序，终态体系中分子的活动区间大，体系相对无序。

在理想气体的恒温混合过程中，当 1mol 氧气和 1mol 氮气分别处于体积 V 时，体系相对有序，两者混合成体积为 $2V$ 的混合气体，则体系变得相对无序，这时 $\Delta S_{\text{mix}}>0$。

在相变过程中，冰融化为水、水蒸发为水蒸气的过程中，体系的熵值增加，体系自有序状态的冰变为近距有序状态的水，再由近距有序状态的水变为无序状态的水蒸气，水分子的活动空间越来越大，体系的混乱度也增加了。

由上述例子可见，体系熵值增加是因为体系混乱度增加了。可以认为体系混乱度越大，则体系的熵值也越大。体系的混乱度与构成体系的微观粒子的微观状态数相联系。由统计力学可知，在确定的宏观状态下，即体系的状态确定时，构成体系的微观粒子的总微观状态数也确定，并且每种微观状态出现的概率相等。从微观角度看，构成体系的微观粒子可能有不同的分布方式，每一种分布所包含的微观状态数为 Ω，它是体系某种分布的热力学概率，也称为混乱度。Ω 在不可逆过程中与熵值一样是增加的，因此两者具有顺变关系。对于两个独立的体系，熵 S 作为广度性质，具有加和性，即 $S=S_1+S_2$。而由概率定理得知两个独立体系的热力学概率具有相积性质，即 $\Omega=\Omega_1\Omega_2$。由此，熵与体系混乱度的顺变关系可借助对数表达为

$$S=k_{\text{B}}\ln\Omega \tag{2.4.1}$$

式(2.4.1)中，k_{B} 为**玻尔兹曼**(Boltzmann)**常量**，此式称为**玻尔兹曼公式**。

由于隔离体系不受外界的影响，因此它发生的过程必定是一个不可逆过程，其特点从微观

角度看是体系微观状态数(混乱度)增加,体系的热力学概率增加,因此熵也增加。当体系的混乱度增至最大值时,熵值也达最大值,这时体系达到平衡,这就是熵增原理,也体现了熵的本质或热力学第二定律的本质。

熵是体系混乱度的标志,因此可以从体系混乱度的变化判断体系熵值的变化。例如,天然蛋白质是一种 α 螺旋状结构,当加入乙醇或加热时蛋白质发生变性,其螺旋状结构就转化为无规则的线团状态,分子链中各原子团的运动自由度增加了,体系的混乱度也增加了,因此这是一个熵增过程。

2.5 亥姆霍兹函数和吉布斯函数

熵作为变化方向和限度的判据,只适用于隔离体系。应用时除了计算体系的熵变外,通常还需要计算环境的熵变,过程比较麻烦。在化学热力学研究中,最关心的问题之一是化学变化,而化学变化通常是在恒温恒容或恒温恒压条件下进行的。因此,人们希望对这类特殊过程能引入新的函数,用体系的新函数的改变值就能判断变化的方向和限度,这样更简便。

2.5.1 亥姆霍兹函数

在恒温条件下,因 $T_{环}=T=$常数,可将式(2.2.5d)变形为

$$\delta Q_{任意}\leqslant T\mathrm{d}S$$

将上式结合热力学第一定律有

$$\mathrm{d}U-\delta W\leqslant T\mathrm{d}S \quad 或 \quad \mathrm{d}U-T\mathrm{d}S\leqslant\delta W$$

或

$$\mathrm{d}(U-TS)\leqslant\delta W \tag{2.5.1}$$

定义

$$A\equiv U-TS$$

A 称为**亥姆霍兹函数**(Helmholtz function)或**亥姆霍兹自由能**(Helmholtz free energy)。由于 U、T 和 S 均为状态函数,U 和 S 为广度性质,因此 A 也为状态函数,且为广度性质。则式(2.5.1)可写作

$$\mathrm{d}A_T\leqslant\delta W \tag{2.5.2}$$

式(2.5.2)中,等号为可逆过程适用,不等号为不可逆过程适用。它表示恒温下体系亥姆霍兹函数的变化值等于可逆过程中的总功,小于不可逆过程中的总功。对恒容体系,即不做体积功的体系,式(2.5.2)可写作

$$\mathrm{d}A_{T,V}\leqslant\delta W' \tag{2.5.3}$$

若为恒容不做非体积功,或恒容不做任何功,则式(2.5.3)可写作

$$\mathrm{d}A_{T,V,W'=0}\leqslant 0 \quad 或 \quad \Delta A_{T,V,W'=0}\leqslant 0 \tag{2.5.4}$$

式(2.5.4)是恒温、不做任何功条件下,体系变化方向的判据。若体系满足式(2.5.4)的条件,则体系发生的过程必定沿 A 减小的方向进行,直到 A 最小为止,即 $\mathrm{d}A=0$。在 $\mathrm{d}A=0$ 时,体系中发生的任何过程必定是可逆过程。在此条件下不可能发生 A 增加即 $\mathrm{d}A>0$ 的过程。

2.5.2 吉布斯函数

将式(2.5.1)应用于恒压过程,因 $p_{外}=p=$常数,因此有

$$d(U-TS)\leqslant -pdV+\delta W'$$

将上式变形后有

$$d(U-TS+pV)\leqslant \delta W'$$
$$d(H-TS)\leqslant \delta W'$$

定义

$$G\equiv H-TS$$

G 称为**吉布斯函数**(Gibbs function)或**吉布斯自由能**(Gibbs free energy)。由于 H、T 和 S 均为状态函数,且 H 和 S 为广度性质,因此 G 也为状态函数,且为广度性质。所以有

$$dG_{T,p}\leqslant \delta W' \tag{2.5.5}$$

式(2.5.5)中,等号为可逆过程适用,不等号为不可逆过程适用。它表示恒温恒压条件下体系吉布斯函数的变化值等于可逆过程中的有用功,小于不可逆过程中的有用功。若体系只做体积功,则式(2.5.5)可写作

$$dG_{T,p,W'=0}\leqslant 0 \quad 或 \quad \Delta G_{T,p,W'=0}\leqslant 0 \tag{2.5.6}$$

式(2.5.6)是恒温、恒压、只做体积功的条件下,体系变化方向的判据。若体系满足式(2.5.6)的条件,则体系发生的过程必定沿 G 减小的方向进行,直到 G 最小为止,即 $dG=0$。在 $dG=0$ 时,体系中发生的任何过程必定是可逆过程。在此条件下不可能发生 G 增加即 $dG>0$ 的过程。

2.5.3 热力学判据总结

到目前为止,已经介绍了 U、H、S、A 和 G 五个热力学函数,在各自特定条件下,这五个函数均可成为变化方向和限度的判据,但是以 S、A 和 G 函数最为常用。

1. 熵判据

$$dS_{U,V}\begin{cases}>0 & \text{不可逆过程}\\ =0 & \text{可逆过程(平衡)}\\ <0 & \text{不可能发生}\end{cases}$$

熵判据适用于隔离体系或绝热封闭体系。此时,不可逆过程总是朝着熵增加的方向进行,直到熵达到最大为止,体系达平衡。当体系达到平衡后,体系中发生的任何过程必定都是可逆过程。在这一特定条件下体系不可能发生熵减少的过程。

2. 亥姆霍兹函数判据

$$dA_{T,V,W'=0}\begin{cases}<0 & \text{不可逆过程}\\ =0 & \text{可逆过程(平衡)}\\ >0 & \text{不可能发生}\end{cases}$$

在恒温、不做任何功或恒温、恒容、不做其他功的条件下,体系只能发生亥姆霍兹函数减小的过程,直到亥姆霍兹函数减到最小为止,体系达到平衡。当体系达到平衡后,体系中发生的任何过程必定都是可逆过程。在这一特定条件下不可能发生亥姆霍兹函数增加的过程。

3. 吉布斯函数判据

$$dG_{T,p,W'=0}\begin{cases}<0 & \text{不可逆过程}\\ =0 & \text{可逆过程(平衡)}\\ >0 & \text{不可能发生}\end{cases}$$

在恒温、恒压、只做体积功或恒温、恒压、不做其他功的条件下，体系只能发生吉布斯函数减小的过程，直到吉布斯函数减到最小为止，体系达到平衡。当体系达到平衡后，体系中发生的任何过程必定都是可逆过程。在这一特定条件下不可能发生吉布斯函数增加的过程。

要注意，这三个判据均有各自的适用条件。熵判据并不是说体系不可能发生 $\Delta S<0$ 的过程，而是指隔离体系不可能发生 $dS<0$ 的过程，即体系与环境总的熵变不可能小于零；同样 $dA>0$ 的过程，也不一定不可能发生，但是若条件满足恒温、不做任何功，则此过程必定不可能发生；若某过程 $dG>0$，也不一定不可能发生，若仅是恒温、恒压条件，此过程有可能发生，若是恒温、恒压、只做体积功的条件，则此过程一定不可能发生。同样，若某过程的 $dG=0$，也不能由此判断过程为可逆过程，还要看是否满足恒温、恒压、只做体积功的条件。

2.6 ΔG 计算示例

由吉布斯函数的定义得

$$G \equiv H-TS \equiv U+pV-TS$$

对一个微小的变化有

$$dG=dU+pdV+Vdp-TdS-SdT$$

2.6.1 恒温物理变化

对恒温只做体积功的可逆过程，$dT=0$，$dU=\delta Q+\delta W=TdS-pdV$，代入上式得

$$\begin{aligned}dG&=(TdS-pdV)+pdV+Vdp-TdS-SdT\\&=Vdp\end{aligned}$$

若为理想气体体系，将上式两边求定积分得

$$\Delta G=\int_{p_1}^{p_2}Vdp=nRT\ln\frac{p_2}{p_1} \tag{2.6.1}$$

若为凝聚态体系，忽略压力对体积的影响，有

$$\Delta G=\int_{p_1}^{p_2}Vdp=V(p_2-p_1) \tag{2.6.2}$$

对压力变化不大的非精确计算，式(2.6.2)的值可作为零，若为精确计算，则不能忽略。

【例 2.6.1】 试比较 1mol $H_2O(l)$ 和 1mol $H_2O(g)$ 在 25℃时分别自 100kPa 变到 1000kPa 的 ΔG。已知 $H_2O(l)$ 的 $V_m(l)=0.0188dm^3\cdot mol^{-1}$，且不随压力改变。假设水蒸气可看作理想气体。

解 对 1mol $H_2O(l)$

$$\begin{aligned}\Delta G_l&=nV_m(l)(p_2-p_1)\\&=[1\times0.0188\times(1000-100)]J\\&=16.9J\end{aligned}$$

对 1mol $H_2O(g)$

$$\begin{aligned}\Delta G_g &= nRT\ln(p_2/p_1)\\ &= \left(1\times 8.314\times 298.15\ln\frac{1000}{100}\right)\text{J}\\ &= 5709\text{J}\end{aligned}$$

显然 $\Delta G_g \gg \Delta G_l$，$\dfrac{\Delta G_l}{\Delta G_g}=\dfrac{16.9}{5709}=0.30\%$。即在恒温条件下，压力对凝聚相的吉布斯函数影响比对气相的影响小得多，在气相与凝聚相共存的体系中，忽略 ΔG_l 或 ΔG_s 对计算结果影响并不大。

若是在正常相变条件下进行的可逆相变过程，满足 $W'=0$，则有

$$\Delta G=0 \tag{2.6.3}$$

若是在恒温、恒压、$W'=0$ 的非正常相变条件下进行的相变过程，则要设计一始终态相同的可逆过程计算 ΔG，用 ΔG 值可判断非正常相变条件下相变化的方向性。

【例 2.6.2】 求 1mol H_2O(l)在 25℃、101 325Pa 下变为同温同压水蒸气 H_2O(g)的 ΔG。已知 25℃时水的饱和蒸气压为 3167Pa。

解　设计如下恒温可逆过程计算 ΔG

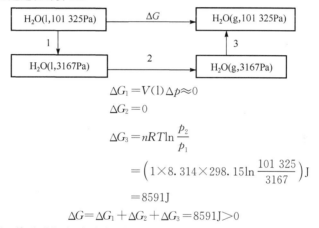

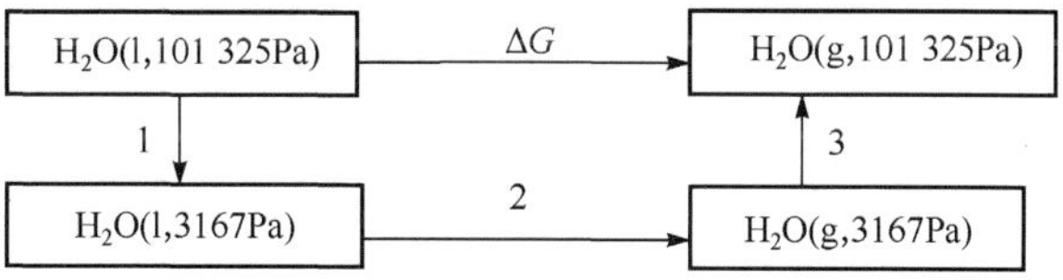

$$\Delta G_1 = V(\text{l})\Delta p \approx 0$$

$$\Delta G_2 = 0$$

$$\begin{aligned}\Delta G_3 &= nRT\ln\frac{p_2}{p_1}\\ &= \left(1\times 8.314\times 298.15\ln\frac{101\,325}{3167}\right)\text{J}\\ &= 8591\text{J}\end{aligned}$$

$$\Delta G = \Delta G_1 + \Delta G_2 + \Delta G_3 = 8591\text{J} > 0$$

说明题给过程不可能发生，其逆过程为不可逆过程。

【例 2.6.3】 1mol H_2O(l)在 100℃、101 325Pa 下蒸发为 100℃、101 325Pa 的 H_2O(g)。(1)可逆蒸发；(2)向真空蒸发。求两过程的 W、Q、ΔU、ΔH、ΔS、ΔA 和 ΔG。已知该温度下 H_2O(l)的摩尔蒸发焓 $\Delta_{vap}H_m$ 为 40.66kJ·mol^{-1}。假设水蒸气可视为理想气体，液态水的体积与水蒸气相比可忽略不计。

解　两个蒸发过程不同，但始终态相同，所以状态函数的改变量也相同。

(1) 1mol H_2O(l)在 100℃、101 325Pa 下可逆蒸发

$$Q_p = \Delta H = n\Delta_{vap}H_m = 40.66\text{kJ}$$

$$\begin{aligned}\Delta U &= \Delta H - p\Delta V \approx \Delta H - (pV)_g \approx \Delta H - nRT\\ &= (40.66 - 1\times 8.314\times 373.15\times 10^{-3})\text{kJ}\\ &= 37.58\text{kJ}\end{aligned}$$

$$\begin{aligned}W &= -p\Delta V \approx -(pV)_g \approx -nRT\\ &= (-1\times 8.314\times 373.15)\text{J} = -3103\text{J}\end{aligned}$$

$$\begin{aligned}\Delta S &= \frac{\Delta H}{T}\\ &= \left(\frac{40.66\times 10^3}{373.15}\right)\text{J}\cdot\text{K}^{-1} = 109.0\text{J}\cdot\text{K}^{-1}\end{aligned}$$

$$\Delta A_T = \Delta U - T\Delta S$$

或

$$\Delta A_T = W_R = -nRT = -3103\text{J}$$

恒温恒压只做体积功的可逆过程，有

$$\Delta G=0$$

或

$$\Delta G=\Delta H-T\Delta S=0$$

（2）向真空蒸发，状态函数的改变量均相同，如（1），但是

$$W=0$$

$$Q=\Delta U=37.57\text{kJ}$$

这里虽然 $\Delta G=0$，但是不能用作判据，因为水向真空蒸发的相变过程不是在恒温恒压条件下进行的。但是此过程符合恒温条件，所以可用 ΔA_T 作为判据，按式（2.5.2），对可逆过程有 $\Delta A_T=W$，对不可逆过程有 $\Delta A_T<W$。现在 $\Delta A_T=-3103\text{J}$，$W=0$，即 $\Delta A_T<W$，因此水向真空蒸发为水蒸气的过程为不可逆过程。或者用熵判据，水向真空蒸发为水蒸气的过程的热温商为

$$\frac{Q}{T_{环}}=\left(\frac{37.57\times10^3}{373.15}\right)\text{J}\cdot\text{K}^{-1}=100.7\text{J}\cdot\text{K}^{-1}$$

克劳修斯不等式为

$$\Delta S-\frac{Q}{T_{环}}=(109.0-100.7)\text{J}\cdot\text{K}^{-1}>0$$

所以水向真空蒸发为水蒸气的过程为不可逆过程。

2.6.2 化学变化

如果能知道参加化学反应各物质在标准态时的摩尔吉布斯函数 $G_m^\ominus$，则可求算反应的 $\Delta_r G_m^\ominus$。但物质的 $G_m^\ominus$ 的绝对值无法测定，所以规定标准态下稳定单质的 $G_m^\ominus$ 为零。由稳定单质生成化学计量数 $\nu_B=1$ 的物质 B 时的标准摩尔反应吉布斯函数 $\Delta_r G_m^\ominus$ 称为物质 B 的**标准摩尔生成吉布斯函数**（standard molar Gibbs function of formation），用 $\Delta_f G_m^\ominus$（B，相态，T）或 $\Delta_f G_m^\ominus$（B，相态）表示，下标"f"表示生成。$\Delta_f G_m^\ominus$（B，相态，T）是物质的特性，它随温度的改变而改变。常见物质的 $\Delta_f G_m^\ominus$（B，相态，298.15K）可从手册或附录中获得。稳定单质的 $\Delta_f G_m^\ominus$（B，相态，T）$=0$。对化学反应

$$d\text{D(s)}+e\text{E(g)}\longrightarrow g\text{G(s)}+h\text{H(l)}$$

在标准态下的摩尔反应吉布斯函数 $\Delta_r G_m^\ominus$ 为

$$\Delta_r G_m^\ominus=\sum_B \nu_B \Delta_f G_m^\ominus(\text{B，相态}) \tag{2.6.4}$$

2.7 热力学函数间的一些重要关系

到目前为止，已经学过的热力学基本函数有 U 和 S，导出的辅助函数有 H、A 和 G。这五个热力学函数在热力学研究中有着广泛的应用，其相互间的关系为

$$H\equiv U+pV$$

$$A\equiv U-TS$$

$$G\equiv H-TS$$

2.7.1 封闭体系的热力学基本公式

热力学第一定律可写作

$$\text{d}U=\delta Q-p_{外}\text{d}V+\delta W'$$

熵的定义为

$$dS=\frac{\delta Q_R}{T} \quad 或 \quad \delta Q_R = TdS$$

将热力学第一定律应用于只做体积功的纯物质或组成不变的封闭体系的可逆过程有

$$dU=TdS-pdV \tag{2.7.1}$$

式(2.7.1)表明 U 是 S 和 V 的函数。由体系状态函数的特点可知，一定量均相纯物质或组成不变的封闭体系，确定体系状态需要两个独立的变量，所以式(2.7.1)适用于只做体积功的组成不变的均相封闭体系的可逆过程。不能用于有化学变化、相变化的体系或是敞开体系。由于 U 是状态函数，因此对只做体积功的组成不变的均相封闭体系的不可逆过程式(2.7.1)也适用。但是 TdS 和 $-pdV$ 项只表示可逆过程体系与环境交换的热和体积功，若为不可逆过程，此两项与不可逆过程的热和体积功无关。将式(2.7.1)代入其他函数定义式有

$$dH=TdS+Vdp \tag{2.7.2}$$

$$dA=-SdT-pdV \tag{2.7.3}$$

$$dG=-SdT+Vdp \tag{2.7.4}$$

式(2.7.1)～式(2.7.4)为热力学基本方程，它们适用于只做体积功的组成不变的均相封闭体系中发生的可逆过程或不可逆过程。

式(2.7.1)～式(2.7.4)实际上是 $U=U(S,V)$、$H=H(S,p)$、$A=A(T,V)$ 和 $G=G(T,p)$ 的全微分式。若 $Z=Z(X,Y)$，按全微分性质有

$$dZ=\left(\frac{\partial Z}{\partial X}\right)_Y dX+\left(\frac{\partial Z}{\partial Y}\right)_X dY$$

因此由式(2.7.1)～式(2.7.4)可得

$$T=\left(\frac{\partial U}{\partial S}\right)_V=\left(\frac{\partial H}{\partial S}\right)_p \tag{2.7.5}$$

$$p=-\left(\frac{\partial U}{\partial V}\right)_S=-\left(\frac{\partial A}{\partial V}\right)_T \tag{2.7.6}$$

$$V=\left(\frac{\partial H}{\partial p}\right)_S=\left(\frac{\partial G}{\partial p}\right)_T \tag{2.7.7}$$

$$S=-\left(\frac{\partial A}{\partial T}\right)_V=-\left(\frac{\partial G}{\partial T}\right)_p \tag{2.7.8}$$

式(2.7.5)～式(2.7.8)给出了热力学函数随某状态函数的变化率，它在解决实际问题时十分有用。例如，式(2.7.7)和式(2.7.8)表示 G 随压力及温度的变化率。由式(2.7.7)可得

$$\Delta V=\left(\frac{\partial \Delta G}{\partial p}\right)_T \tag{2.7.9}$$

即恒温时有 $d(\Delta G)=\Delta Vdp$，两边求积分得

$$\Delta G_2-\Delta G_1=\int_{p_1}^{p_2}\Delta Vdp \quad 或 \quad \Delta G_2=\Delta G_1+\int_{p_1}^{p_2}\Delta Vdp \tag{2.7.10}$$

同理，由式(2.7.8)可得

$$\Delta S=-\left(\frac{\partial \Delta G}{\partial T}\right)_p \tag{2.7.11}$$

恒温时由 $\Delta G=\Delta H-T\Delta S$ 得

$$-\Delta S=\frac{\Delta G-\Delta H}{T}$$

将结果代入式(2.7.11)有

$$\left(\frac{\partial \Delta G}{\partial T}\right)_p=\frac{\Delta G-\Delta H}{T} \tag{2.7.12}$$

等式两边同除 T 再移项后有

$$\frac{1}{T}\left(\frac{\partial \Delta G}{\partial T}\right)_p-\frac{\Delta G}{T^2}=-\frac{\Delta H}{T^2}$$

等式左边是$\frac{\Delta G}{T}$对 T 的偏导数,因此可写成

$$\left[\frac{\partial\left(\frac{\Delta G}{T}\right)}{\partial T}\right]_p=-\frac{\Delta H}{T^2} \tag{2.7.13}$$

式(2.7.12)和式(2.7.13)均称为**吉布斯-亥姆霍兹方程**(Gibbs-Helmholtz equation),由此可求得不同温度 T 时的 ΔG。将式(2.7.13)改写为

$$\mathrm{d}\left(\frac{\Delta G}{T}\right)=-\frac{\Delta H}{T^2}\mathrm{d}T$$

两边求积分,得

$$\left(\frac{\Delta G_2}{T_2}\right)-\left(\frac{\Delta G_1}{T_1}\right)=\int_{T_1}^{T_2}-\frac{\Delta H}{T^2}\mathrm{d}T \tag{2.7.14}$$

若已知 ΔH 与温度的函数关系,可由 T_1时的 ΔG_1求出 T_2时的 ΔG_2。当温度变化区间不大,ΔH 可近似为常数时有

$$\frac{\Delta G_2}{T_2}=\frac{\Delta G_1}{T_1}+\Delta H\left(\frac{1}{T_2}-\frac{1}{T_1}\right) \tag{2.7.15}$$

2.7.2 麦克斯韦关系式

将 $\mathrm{d}Z=\left(\frac{\partial Z}{\partial X}\right)_Y\mathrm{d}X+\left(\frac{\partial Z}{\partial Y}\right)_X\mathrm{d}Y$ 改写为 $\mathrm{d}Z=M\mathrm{d}X+N\mathrm{d}Y$。其中$\left(\frac{\partial M}{\partial Y}\right)_X=\frac{\partial^2 Z}{\partial Y\partial X}$、$\left(\frac{\partial N}{\partial X}\right)_Y=\frac{\partial^2 Z}{\partial X\partial Y}$。由数学知识可得$\frac{\partial^2 Z}{\partial X\partial Y}=\frac{\partial^2 Z}{\partial Y\partial X}$,因此有$\left(\frac{\partial M}{\partial Y}\right)_X=\left(\frac{\partial N}{\partial X}\right)_Y$。将此结果运用到式(2.7.1)～式(2.7.4)有

$$\left(\frac{\partial T}{\partial V}\right)_S=-\left(\frac{\partial p}{\partial S}\right)_V \tag{2.7.16}$$

$$\left(\frac{\partial T}{\partial p}\right)_S=\left(\frac{\partial V}{\partial S}\right)_p \tag{2.7.17}$$

$$\left(\frac{\partial S}{\partial V}\right)_T=\left(\frac{\partial p}{\partial T}\right)_V \tag{2.7.18}$$

$$-\left(\frac{\partial S}{\partial p}\right)_T=\left(\frac{\partial V}{\partial T}\right)_p \tag{2.7.19}$$

式(2.7.16)～式(2.7.19)称为**麦克斯韦关系式**(Maxwell relation),利用麦克斯韦关系式可用易于由实验测定的变量(如 p、V、T、…)和偏导数$\left[\kappa\text{ 如}\left(\frac{\partial V}{\partial T}\right)_p、\left(\frac{\partial p}{\partial T}\right)_V、\cdots\right]$来表示难以由实验测定的偏导数$\left[\text{如}\left(\frac{\partial S}{\partial V}\right)_T、\left(\frac{\partial S}{\partial p}\right)_T、\cdots\right]$。

【例 2.7.1】 分别计算 300K 时 1mol $H_2O(g)$和 1mol $H_2O(l)$的压力自 10^5 Pa 增加到 10^6 Pa 的 ΔG、ΔA 和 ΔS 并解释计算结果。已知 25～50℃时水的$\left(\frac{\partial V_m}{\partial T}\right)_p=6.57\times10^{-9}\,m^3\cdot mol^{-1}\cdot K^{-1}$。水蒸气可近似为理想气体,已知 300K 时水的密度为 $0.9965kg\cdot dm^{-3}$。

解 对 1mol $H_2O(g)$的恒温变化过程有

$$\Delta A=\Delta G=\int_{p_1}^{p_2}V\mathrm{d}p=nRT\ln\frac{p_2}{p_1}$$

$$=\left(1\times8.314\times300\ln\frac{10^6}{10^5}\right)\mathrm{J}=5743\mathrm{J}$$

$$\Delta S=nR\ln\frac{p_1}{p_2}$$

$$=\left(1\times8.314\ln\frac{10^5}{10^6}\right)\mathrm{J\cdot K^{-1}}=-19.14\mathrm{J\cdot K^{-1}}$$

对 1mol $H_2O(l)$的恒温变化过程有

$$\Delta G=\int_{p_1}^{p_2}V\mathrm{d}p\approx V\Delta p=\frac{m}{\rho}\Delta p$$

$$=\left[\frac{18.02}{0.9965}\times10^{-6}\times(10^6-10^5)\right]\mathrm{J}=16.3\mathrm{J}$$

由于液体的压缩性很小,当压力改变时可认为液体的体积不变,有

$$\Delta A=-\int_{V_1}^{V_2}p\mathrm{d}V\approx0$$

由麦克斯韦关系式得体系的熵变为

$$\Delta S=\int_{p_1}^{p_2}\left(\frac{\partial S}{\partial p}\right)_T\mathrm{d}p=\int_{p_1}^{p_2}-n\left(\frac{\partial V_m}{\partial T}\right)_p\mathrm{d}p$$

$$=[-1\times6.57\times10^{-9}\times(10^6-10^5)]\mathrm{J\cdot K^{-1}}$$

$$=-5.91\times10^{-3}\mathrm{J\cdot K^{-1}}$$

计算结果说明,恒温变压过程中凝聚相的状态函数改变量 ΔG、ΔA 和 ΔS 比气相小得多。因此,当体系中既有气相,又有凝聚相时,可只考虑压力对气相 G、A 和 S 的影响。

2.8　热力学第三定律和物质的标准熵

2.8.1　热力学第三定律

1902 年,理查兹(Richards)根据对自发电池进行的一系列实验结果发现随温度降低,ΔG 和 ΔH 渐渐趋于接近,如图 2.8.1 所示,即 $\lim\limits_{T\to0K}(\Delta G-\Delta H)=0$。

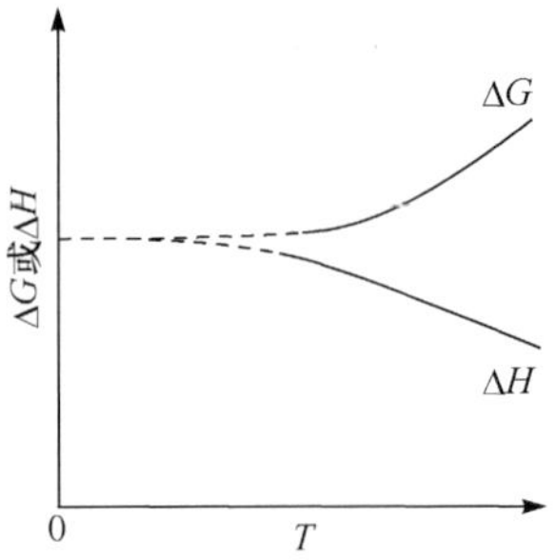

图 2.8.1　低温下 ΔG 和 ΔH 随温度的变化

1906 年，能斯特（Nernst）在理查兹的实验基础上注意到了 ΔG 和 ΔH 趋于相等的方式，提出假设：当温度趋于 0K 时，ΔG 和 ΔH 随温度变化的曲线相切，并且切线与横坐标平行，有

$$\lim_{T\to 0\mathrm{K}} \Delta S = 0 \tag{2.8.1a}$$

这一假定称为**能斯特热定理**（Nernst heat theorem）。式(2.8.1a)也可写作

$$\sum_{\mathrm{B}} \nu_{\mathrm{B}} S_{\mathrm{m}}^{*}(\mathrm{B}, 0\mathrm{K}) = 0 \tag{2.8.1b}$$

式中，$S_{\mathrm{m}}^{*}(\mathrm{B}, 0\mathrm{K})$ 是纯物质 B 在 0K 时的熵值。可见，在满足式(2.8.1b)的前提下纯物质 B 在 0K 时的熵值可以任意选取。普朗克（Planck）于 1912 年作了最方便的选择，令 $S_{\mathrm{m}}^{*}(0\mathrm{K})=0$，因此 $S^{*}(0\mathrm{K})=nS_{\mathrm{m}}^{*}(0\mathrm{K})=0$，即 0K 时纯固体和纯液体的熵值为 0。

$$S^{*}(0\mathrm{K})=0 \tag{2.8.2}$$

在普朗克假设的基础上，路易斯（Lewis）和吉布森（Gibsen）进一步指出，0K 时并非任何纯物质的熵值为 0，只有纯物质的完美晶体的熵值才为 0。

$$S^{*}(0\mathrm{K}, \text{完美晶体})=0 \tag{2.8.3}$$

应该注意：①假设 0K 时纯物质完美晶体的熵值为 0 是一种最方便的约定，并不是说此时纯物质的熵值确实为 0。②只有纯物质才符合此假设，若是固态溶液，则其熵值不为 0。③只有完美晶体才符合此假设，若晶体有缺陷或仍具无序结构，则其熵值也不为 0。例如，NO 固体中分子均是 NONO…排列，则为完美晶体，若有分子以 ON 方向排列，则为有缺陷的晶体，熵值不为 0。1927 年，西蒙（Simon）根据上述内容提出：当温度趋于 0K，体系中仅涉及处于内部平衡的纯物质时，恒温过程的熵变趋于 0。

与热力学第一定律、热力学第二定律的表述类似，**热力学第三定律**（the third law of thermodynamics）可表述为：用为数有限的操作来达到绝对零度是不可能的。

通过焦耳-汤姆孙效应可达到的最低温度为 0.84K，利用绝热去磁技术可达 2×10^{-5} K。2004 年美国科学家金（Jin）在实现钾 K-40 的费米凝聚实验中，利用激光技术已将温度降到了 5×10^{-8} K，但不是 0K。

2.8.2　规定熵与标准熵

式(2.3.8)适用于纯物质在恒压下温度从 T_1 变到 T_2 的变化过程，若将温度区间改为 0K 变到 T，则对 1mol 纯物质的完美晶体有

$$\Delta S_{\mathrm{m}} = S_{\mathrm{m}}(T) - S_{\mathrm{m}}(0\mathrm{K}) = \int_{0\mathrm{K}}^{T} \frac{C_{p,\mathrm{m}}}{T}\mathrm{d}T$$

由于热力学第三定律规定 0K 时完美晶体的熵为 0，上式可记为

$$S_{\mathrm{m}}(T) = \int_{0\mathrm{K}}^{T} \frac{C_{p,\mathrm{m}}}{T}\mathrm{d}T$$

通过实验测得不同 T 时的 $C_{p,\mathrm{m}}$，作如图 2.8.2 所示 $\frac{C_{p,\mathrm{m}}}{T}$-$T$ 图，图中阴影面积即相当于 $S_{\mathrm{m}}(T)$。$S_{\mathrm{m}}(T)$ 称为物质在温度 T 时的**摩尔规定熵**（molar conventional entropy），也称为**第三定律熵**（the third law entropy）或**绝对熵**（absolute entropy）。但是，在 0～15K 范围内 $C_{p,\mathrm{m}}$ 值是很难

精确测量的，通常可通过式(1.4.21)计算。

对一定量的纯物质，其熵值取决于体系的温度和压力。标准态下物质 B 的摩尔规定熵称为**标准摩尔规定熵**，简称**标准摩尔熵**(standard molar entropy)或**标准熵**，用符号 $S_m^\ominus$(B，相态，T)或 $S_m^\ominus$(B，相态)表示。$S_m^\ominus$(B，相态)是物质的特性，它是温度的函数。指定物质在 298.15K 时的标准摩尔熵通常用符号 $S_m^\ominus$(B，相态，298.15K)表示，可从手册或附录中获得。例如，标准态下在 0～298.15K 温度范围内物质 B 有下列变化：$B(s,0K)\to B(s,T_f)\to B(l,T_f)\to B(l,T_b)\to B(g,T_b)\to B(g,298.15K)$，则此变化过程的熵变就是变化终态物质的标准熵。

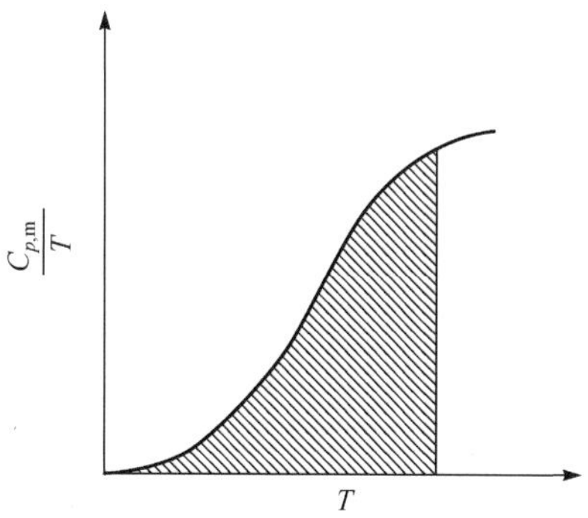

图 2.8.2　图解积分求算规定熵示意图

$$S_m^\ominus(298.15K)=\int_{0K}^{T'}\frac{\alpha T^3}{T}dT+\int_{T'}^{T_f}\frac{C_{p,m}^\ominus(s)}{T}dT+\frac{\Delta_{fus}H_m^\ominus}{T_f}+\int_{T_f}^{T_b}\frac{C_{p,m}^\ominus(l)}{T}dT$$
$$+\frac{\Delta_{vap}H_m^\ominus}{T_b}+\int_{T_b}^{298.15K}\frac{C_{p,m}^\ominus(g)}{T}dT$$

任意温度下指定物质的标准摩尔熵可由式(2.3.8)得

$$\Delta S_m^\ominus=S_m^\ominus(T)-S_m^\ominus(298.15K)=\int_{298.15K}^{T}\frac{C_{p,m}^\ominus}{T}dT$$

$$S_m^\ominus(T)=S_m^\ominus(298.15K)+\int_{298.15K}^{T}\frac{C_{p,m}^\ominus}{T}dT \qquad (2.8.4)$$

2.8.3　化学反应的熵变

标准状态下化学反应

$$d\mathrm{D(s)}+e\mathrm{E(g)}\longrightarrow g\mathrm{G(s)}+h\mathrm{H(l)}$$

的标准摩尔反应熵 $\Delta_r S_m^\ominus$ 为

$$\Delta_r S_m^\ominus=[gS_m^\ominus(\mathrm{G,s})+hS_m^\ominus(\mathrm{H,l})]-[dS_m^\ominus(\mathrm{D,s})+eS_m^\ominus(\mathrm{E,g})]$$

$$\Delta_r S_m^\ominus=\sum_B \nu_B S_m^\ominus(B) \qquad (2.8.5)$$

由于手册中获得的是 $S_m^\ominus$(298.15K)，因此若要求任意反应温度下的 $\Delta_r S_m^\ominus(T)$，要用式(2.8.4)将每种反应物的 $S_m^\ominus$(298.15K)转换为 $S_m^\ominus(T)$，再用式(2.8.5)求算。或者利用熵是状态函数的特点，将式(2.8.4)改写为

$$\Delta_r S_m^\ominus(T)=\Delta_r S_m^\ominus(298.15K)+\int_{298.15K}^{T}\frac{\Delta_r C_{p,m}^\ominus}{T}dT \qquad (2.8.6)$$

式(2.8.6)中，$\Delta_r C_{p,m}^\ominus=\sum_B \nu_B C_{p,m}^\ominus(B)$。

注意，在式(2.8.4)和式(2.8.6)的积分区间内物质不能有相变，若有相变，则要分段积分，且要增加相变引起的熵变。

【例 2.8.1】 蔗糖($C_{12}H_{22}O_{11}$，s)在人体中经有氧或无氧代谢最终变为 CO_2(g)、H_2O(l)和能量，其反应为

$$C_{12}H_{22}O_{11}(s)+12O_2(g)\longrightarrow 11H_2O(l)+12CO_2(g)$$

求 1mol $C_{12}H_{22}O_{11}$(s)在人体中发生这样代谢过程时的熵变。假设人体温度为 37℃，所需数据见下表。

物质	$S_m^\ominus(298.15K)/(J\cdot K^{-1}\cdot mol^{-1})$	$C_{p,m}^\ominus/(J\cdot K^{-1}\cdot mol^{-1})$
$O_2(g)$	205.03	29.36
$CO_2(g)$	213.64	37.13
$H_2O(l)$	69.94	75.40
$C_{12}H_{22}O_{11}(s)$	359.8	425.51

解 代谢反应在 298.15K 时进行的熵变为

$$\begin{aligned}\Delta_r S_m^\ominus(298.15K) &= \sum_B \nu_B S_m^\ominus(B,298.15K)\\ &=11S_m^\ominus(H_2O,l)+12S_m^\ominus(CO_2,g)-S_m^\ominus(C_{12}H_{22}O_{11},s)-12S_m^\ominus(O_2,g)\\ &=(11\times 69.94+12\times 213.64-359.8-12\times 205.03)J\cdot K^{-1}\cdot mol^{-1}\\ &=512.9J\cdot K^{-1}\cdot mol^{-1}\end{aligned}$$

在 37℃进行时的熵变为

$$\begin{aligned}\Delta_r S_m^\ominus(310.15K) &= \Delta_r S_m^\ominus(298.15K)+\int_{298.15K}^{310.15K}\frac{\sum_B \nu_B C_{p,m}^\ominus(B)}{T}dT\\ &=\left[512.9+(11\times 75.40+12\times 37.13-425.51-12\times 29.36)\ln\frac{310.15}{298.15}\right]J\cdot K^{-1}\cdot mol^{-1}\\ &=532.5J\cdot K^{-1}\cdot mol^{-1}\end{aligned}$$

$$\Delta_r S=\Delta_r S_m^\ominus\times\Delta\xi=532.5J\cdot K^{-1}$$

2.8.4 由 $\Delta_r S_m^\ominus$ 和 $\Delta_r H_m^\ominus$ 求 $\Delta_r G_m^\ominus$

将定义 $G\equiv H-TS$ 应用于标准态下的恒温反应体系有

$$\Delta_r G_m^\ominus=\Delta_r H_m^\ominus-T\Delta_r S_m^\ominus \tag{2.8.7}$$

可从手册中获得各反应物在 298.15K 时的 $\Delta_f H_m^\ominus$ 和 $S_m^\ominus$，求得 $\Delta_r H_m^\ominus$ 和 $\Delta_r S_m^\ominus$，再由式(2.8.7)求算 298.15K 时的 $\Delta_r G_m^\ominus$。若要求任意温度 T 时的 $\Delta_r G_m^\ominus(T)$，则要将 $\Delta_r H_m^\ominus$ 和 $\Delta_r S_m^\ominus$ 用式(1.7.8)和式(2.8.6)换算到温度 T 时的值，再代入式(2.8.7)。

$$\Delta_r G_m^\ominus(T)=\Delta_r H_m^\ominus(298.15K)+\int_{298.15K}^{T}\Delta_r C_{p,m}dT-T\Delta_r S_m^\ominus(298.15K)-T\int_{298.15K}^{T}\frac{\Delta_r C_{p,m}}{T}dT \tag{2.8.8}$$

【例 2.8.2】 求 298.15K 时反应

$$CH_4(g)+\frac{1}{2}O_2(g)\longrightarrow CH_3OH(l)$$

的 $\Delta_r G_m^\ominus$。298.15K 时的数据见下表。

函数	$CH_4(g)$	$O_2(g)$	$CH_3OH(l)$
$\Delta_f H_m^\ominus/(kJ\cdot mol^{-1})$	−74.848	0	−238.57
$S_m^\ominus/(J\cdot K^{-1}\cdot mol^{-1})$	186.19	205.03	126.8

解

$$\begin{aligned}\Delta_r H_m^\ominus &=\Delta_f H_m^\ominus(CH_3OH,l)-\Delta_f H_m^\ominus(CH_4,g)-\frac{1}{2}\Delta_f H_m^\ominus(O_2,g)\\ &=[-238.57-(-74.848)]kJ\cdot mol^{-1}\\ &=-163.72kJ\cdot mol^{-1}\end{aligned}$$

$$\Delta_r S_m^{\ominus} = S_m^{\ominus}(CH_3OH, l) - S_m^{\ominus}(CH_4, g) - \frac{1}{2}S_m^{\ominus}(O_2, g)$$

$$= \left(126.8 - 186.19 - \frac{1}{2} \times 205.03\right) J \cdot K^{-1} \cdot mol^{-1}$$

$$= -161.9 J \cdot K^{-1} \cdot mol^{-1}$$

$$\Delta_r G_m^{\ominus} = \Delta_r H_m^{\ominus} - T\Delta_r S_m^{\ominus}$$

$$= (-163.72 + 298.15 \times 161.9 \times 10^{-3}) kJ \cdot mol^{-1}$$

$$= -115.5 kJ \cdot mol^{-1}$$

2.9　不可逆过程热力学简介

前面讨论的体系均是处于平衡态的体系，所涉及的问题也是可逆过程热力学问题。即使有不可逆过程，也只讨论体系的始、终态是平衡态的不可逆过程。热力学第二定律建立的方向性判据可用于判断不可逆过程进行的方向，但并未涉及不可逆过程本身。自然界中的实际过程均是不可逆过程，为此有必要把热力学的研究范畴扩大到非平衡态领域。

平衡态热力学研究大量粒子所构成的平衡体系，或是这类体系从一个平衡态过渡到另一个平衡态的过程。其结论为：隔离体系中实际发生的过程总是趋于熵增加，或认为实际发生的过程总是从有序到无序。但是，实际上趋于平衡或趋向无序并不是自然界宏观过程的普遍规律。自然界中或生命有机体中发生的过程在一定的条件下却是从无序趋于有序。例如，天空排列整齐的鱼鳞状云，植物开出美丽的花朵，蝴蝶长出有对称图案的翅膀，斑马、金钱豹皮毛上形成的有规律的带色斑纹等，它们在特定的条件下均是从无序的平衡态趋于有序的非平衡态。根据非平衡态偏离平衡态的程度，把接近平衡态区的非平衡态称为近平衡态区；把远离平衡态区的非平衡态称为远平衡态区，其相应发生的过程则分别称为线性不可逆过程和非线性不可逆过程。

20 世纪 50 年代普里高京(Prigogine)、昂萨格(Onsager)建立和发展了非平衡态热力学。昂萨格的倒易关系可用于一切热力学线性不可逆过程，它是线性非平衡态热力学的基本定理，也是不可逆过程热力学的基础。普里高京把自然界和生命体中从无序到有序的时空结构称为**耗散结构**(dissipative structure)，或称为**自组织现象**(self organization)。按非平衡态热力学的观点，从无序到有序的时空结构的形成是有条件的。

2.9.1　熵产生和熵流

非平衡态热力学所讨论的中心问题是熵产生。若以图 2.9.1 所示封闭体系内的热传导为例，假设封闭体系由两部分构成，一部分的温度为 T_1，另一部分的温度为 T_2。两个部分间相互传递的热量为 $\delta Q_{内}$，体系与环境交换的热量为 $\delta Q_{外}$，则体系的两个部分得到的热量分别为

$$\delta Q_1 = \delta Q_{内,1} + \delta Q_{外,1} \qquad (2.9.1)$$

$$\delta Q_2 = \delta Q_{内,2} + \delta Q_{外,2} \qquad (2.9.2)$$

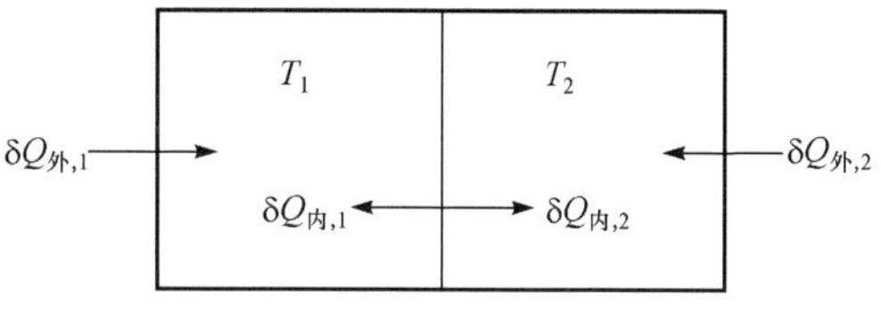

图 2.9.1　封闭体系内两个部分间的热传导示意图

两部分的熵变分别为

$$dS_1=\frac{\delta Q_1}{T_1},\quad dS_2=\frac{\delta Q_2}{T_2}$$

体系的熵变

$$dS=dS_1+dS_2 \tag{2.9.3}$$

由于 $\delta Q_{内,2}=-\delta Q_{内,1}=\delta Q_{内}$，因此

$$dS=\frac{\delta Q_{外,1}}{T_1}+\frac{\delta Q_{外,2}}{T_2}+\delta Q_{内}\left(\frac{1}{T_1}-\frac{1}{T_2}\right) \tag{2.9.4}$$

若令

$$dS_{外}=\frac{\delta Q_{外,1}}{T_1}+\frac{\delta Q_{外,2}}{T_2} \tag{2.9.5}$$

$$dS_{内}=\delta Q_{内}\left(\frac{1}{T_1}-\frac{1}{T_2}\right) \tag{2.9.6}$$

则式(2.9.4)写作

$$dS=dS_{外}+dS_{内} \tag{2.9.7}$$

若将封闭体系的两部分看作一个整体，则此时体系由于没有达到热平衡而处于非平衡态。由式(2.9.7)知，处于非平衡态的封闭体系的熵变由两部分组成：一部分是体系内部的不可逆的热传导引起的熵变 $dS_{内}$；另一部分是体系与环境间的热传导引起的熵变 $dS_{外}$。

把上述情况推广到敞开体系，即体系与环境之间既有能量交换，又有物质交换。例如，生物体就是靠与环境进行物质和能量交换而维持生命的。这样的敞开体系的熵变如式(2.9.7)一样可被分为两部分：一部分是由于体系内部的不可逆过程引起的熵变，称为**熵产生**(entropy production)，用符号 d_iS 表示；另一部分是由于体系与环境进行物质和能量交换等相互作用而引起的熵变，称为**熵流**(entropy flux)，用符号 d_eS 表示。因此对敞开体系有

$$dS=d_iS+d_eS \tag{2.9.8}$$

式(2.9.8)中 d_iS 永远不可能为负值。体系内部进行的过程为不可逆时，$d_iS>0$；体系内部进行的过程为可逆时，$d_iS=0$。即

$$d_iS\geqslant 0 \tag{2.9.9}$$

式(2.9.8)中 d_eS 值可大于零，可小于零，也可等于零。对隔离体系，体系与环境之间无任何物质和能量交换，$d_eS=0$。所以对隔离体系式(2.9.8)可表示为

$$dS_{隔离}=d_iS\geqslant 0 \tag{2.9.10}$$

即热力学第二定律的数学表达式，式(2.9.10)也称为熵增原理。它只适用于隔离体系，不适用于封闭体系或敞开体系。但是式(2.9.8)可适用于任何体系，它是热力学第二定律的最一般的数学表达式。对任何体系 $d_iS\geqslant 0$，但是体系的性质不同，d_eS 值不同。若在敞开体系中发生一个由无序到有序的变化过程，则 d_eS 值必须小于零，使式(2.9.8)的值小于零，即体系的熵值减少。

正值生长期的生物体基本上处于非平衡态的稳定状态，即 $dS\approx 0$。由于生物体中的新陈代谢等生化反应均是不可逆的，因此 $d_iS>0$。因此必须有 $d_eS<0$，才能保证 $dS\approx 0$。生物体摄取的高度有序的低熵大分子物质，如蛋白质、淀粉等，经消化吸收后排出无序的高熵小分子物质，如 CO_2、H_2O 等，则 $d_eS<0$。这时 $dS\approx 0$，生物体可进行正常的新陈代谢。

2.9.2 耗散结构及其形成条件

处于非线性区的非平衡体系(远平衡态区体系)，体系的状态随时间的变化在特定的条件

下有可能建立起一个有序结构，这一结构称为耗散结构，因为它的形成和维持需要消耗能量。

普里高京的耗散结构理论认为，形成耗散结构的条件为

(1) 体系必须是敞开体系。敞开体系与环境交换物质和能量，从环境引入负熵，$d_eS<0$，以抵消体系自身的熵产生 $d_iS>0$，并且 $|d_eS|>d_iS$，使体系的总熵 S 逐步减少，体系才有可能自无序趋向有序。例如，生命体是敞开体系，生命体通过摄取高度有序的低熵大分子等物质，排泄出无序的高熵小分子物质，从而不断输出熵，以维持总熵减少的状态。

(2) 体系必须远离平衡态。耗散结构是宏观时空有序结构，是相对稳定的。远离平衡态是产生不稳定的必要条件，在远离平衡态条件下环境向体系提供足够的负熵，才能形成新的相对稳定结构。

(3) 涨落导致有序。在非平衡态体系中出现的任何一种有序态都是某种相对稳定的无序态失去稳定使某些涨落被放大的结果。当体系处于无序的相对稳定态时，涨落仅是一种微小的扰动，会逐步衰减。若体系处于无序的相对不稳定的临界状态，则涨落可被放大和复制，体系原来的状态失稳，在非线性区的体系就会形成一个新的相对稳定的结构——耗散结构。

总之，只有远离平衡态的敞开体系才有可能形成耗散结构；耗散结构是处于相对稳定的非平衡态的体系在失稳之后可能出现的一种状态，体系要真正形成耗散结构，其内部还必须具有非线性的自我复制、自我放大的机制——正反馈机制。生物体的繁殖过程就是一种正反馈机制。

耗散结构使人们加深了对敞开体系中有序结构或自组织行为的认识。生命体的有序性不仅表现在空间上，如动物皮毛的有序花纹和图案，而且表现在时间上，如生物钟就是生化反应随时间推移呈现有规则的周期性振荡的结果。无生命特征的敞开体系也有许多自发形成的宏观有序现象，如天空中有序的鱼鳞状云，有些化学反应体系的颜色呈周期性变化(化学振荡)。关于化学振荡将在第 5 章化学动力学中进一步讨论。

【科技直通车】

能量总是有用的——汽车废热的利用

能量可以分成两种，一种称为有效能，一种称为废热。有效能是指在热机效率计算时可以通过热转化的功，因为它实实在在对外做功了，所以称为有效能。而剩余散失的热量则称为废热。其实废热严格意义上应该被称为“未利用的能量”，如果能充分利用就应该是有用的能量。汽车燃料燃烧所释放的能量只有约三分之一被有效利用，其余均以热量形式排放了。汽车的保有量随着经济的发展大幅度增加，汽车散失的能源也急剧增加，因此汽车废热的利用势在必行，现简略介绍其中几个途径。

1. 涡轮增压技术

废气能量可用于提高内燃机的进气压力进而增加充气量，这种技术称为废气涡轮增压。该技术可以改善内燃机的经济性和动力性。这种技术是目前普遍使用的一种汽车废热再利用途径，但只能利用废热中的一部分，一般在大型柴油机上使用较多。

2. 利用废热制冷

小汽车空调一般要消耗发动机动力的 8%～12%，既增加了油耗和废气，又导致水箱过热

而影响汽车动力；同时，由于氟利昂等制冷剂的使用，温室效应加剧。而通过汽车本身的废热来驱动空调则是百利而无一害的。例如，喷射式制冷系统将常规的压缩机以喷射器代替，以热能消耗的补偿来实现制冷。浙江大学制冷与低温研究所利用U型管作为节流装置，以水代替氟利昂为介质，研发出了风冷两级喷射制冷系统，用回收的汽车废热驱动空调制冷。该系统只需要循环泵，不需要其他部件，而且工作蒸汽与制冷剂都是水，不会造成其他污染，也不需要使用特殊的类似氟利昂的制冷剂分离设备，因其结构简单、耗功量少，受到了好评。目前唯一的缺点是噪音较大，如果能进行相关减噪处理将有更广阔的市场前景。

3. 利用废热发电

根据塞贝克效应可以利用废热进行温差发电，发电器结构如图2.10.1所示。半导体温差发电材料的性能(效率3.3%～7%)远超金属材料而占据了现有市场。董桂平的试验证明了废热发电可以取代传统汽车发电机，发电量较高。通过温差发电既减小了排气压力和排气温度，还降低了噪声，据此消声器的结构经优化变得紧凑。且温差发电不需要额外的传动设备只需半导体线网而极具优势。缺点是目前热电转换效率偏低，汽车废热不能全部转化，若能提高效率或开发更高效的材料将有更广阔的前景。

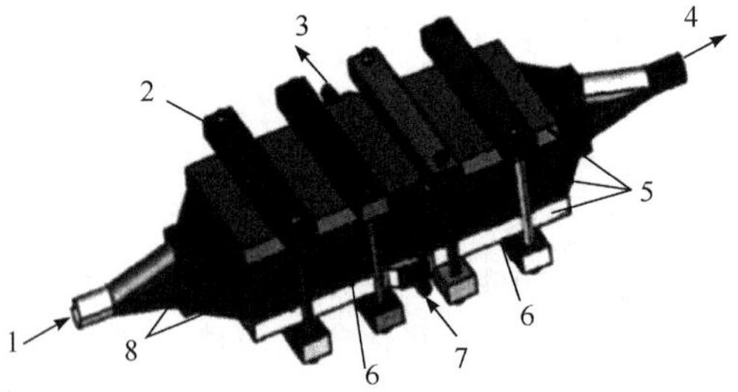

图2.10.1　温差发电器

1. 废气入口；2. 夹紧装置；3. 冷却液出口；4. 废气出口；5. 冷却液通道；6. 温差发电模块；7. 冷却液入口；8. 废气通道

生命相关的熵智慧

熵是系统混乱度的量度，混乱度越大，熵值越高，因而熵增加原理也可以理解为任何过程总是趋于从有序状态走向无序。而对于一个正常的生命(敞开系统)而言，其表现应该是有序的。若其熵变$\Delta S>0$，则说明该系统偏离了正常的有序状态，生病或衰老了。此时生命体会调动体内强大的自愈或外界(食物、药物、理疗等)的力量帮助增加负熵流以抵消ΔS的增大，维持总熵不变或减小。但是熵增加是不变的趋势和规律，生命体内的正常过程是自发的，熵必然增加，但要维持生命系统正常就必须反抗熵增加。因此，玻尔兹曼曾说过：生物为了生存而做的一般斗争既不是为了物质也不是为了能量而是为了熵。可见，要维持正常的生命活动就必须理解其中的熵智慧。

1. 生长

从熵的角度来看，生命系统从一定层次的有序结构(具备一定的定态熵)向更高层次(具备更低的定态熵)过渡就是生长过程。这个过程熵明显减小了，根源在于此时生命体必须依靠从外界补充越来越大的负熵流来实现，这显而易见的就是伴随着人的成长人的食量是增多的。

当然，由于人是恒温动物，所以增大负熵流的最直接有效的办法是增加食物的质量(通过吉布斯函数来衡量)和数量。这里食物的质量指的是其有序性，同时有序性高且易于为人所“同化”，即要富于营养易于消化，也就是说要吃饱吃好才能健康成长。

2. 衰老

当体内的熵呈现长期、缓慢且无法抗拒的增加时，人体便进入了衰老阶段。此时体内的各种组织和器官功能开始逐渐退化。加上人上了年纪后食量下降，消化吸收能力下降，因此在体内转化的负熵流变小，而体内的废熵在逐渐增加，两种结果导致了总熵变 ΔS 增加。这是不可抗拒的自然规律，人们只能尽可能通过健康饮食、规律作息、合理运动来尽量保护好自己的身体器官，以设法降低 ΔS 的增长速度，从而延缓衰老进程。

3. 生病

若短期内熵变突然过分增大，这种反常状态体现在人体上就是生病了。以常见的癌症为例，当人体内某部分细胞的熵突然增大时，其混乱度也增大，细胞原有的有序状态被破坏，微观秩序受到破坏，表现为细胞的脱氧核糖核酸(DNA)、核糖核酸(RNA)及蛋白质的合成都开始出现紊乱。长此以往，新旧蛋白质的信息(负熵)传递出现差错。近代生物理论指出，氨基酸的排列顺序或空间构型上长期出现差错，会导致蛋白质、核酸及酶的功能出现不可逆转的长远性的差错，于是癌细胞就诞生了。因此，要在生病初期就对病灶进行干预，防患于未然。

4. 死亡

当积熵达到最大值，整个生命体便出现了高度混乱的无序状态，即人体达到了稳定的热力学的平衡状态。此时人体各器官的功能都处于混乱度极大的无序状态，各组织器官纷纷瓦解，生命到此终结。

参考资料及课外阅读材料

高盘良. 1994. 现代熵理论与物理化学教学. 大学化学，9(2)：21

高文颖，刘义，李伟，等. 2004. 耗散结构理论在生命科学研究中的应用. 大学化学，19(4)：30

高文颖，刘义，屈松生. 2002. 生命体系与熵. 大学化学，17(5)：24

高执棣. 1987. 关于 $\Delta H_m^\ominus$ 和 $\Delta G_m^\ominus$ 的一些问题. 大学化学，2(2)：48

黄子卿. 1974. 热力学第二定律从物理说法导出数学说法. 化学通报，5：56

廖耀发，廖彬，吕桦. 2004. 生命与熵. 现代物理知识，(1)：10-11

苏文煅. 1985. 热力学基本关系式的建立及其应用条件. 化学通报，3：47

杨子木. 2020. 基于塞贝克效应的汽车发动机冷却系统集热器设计. 汽车文摘，(8)：45-49

张勇斌. 2016. 汽车废热的利用途径和现状分析. 小型内燃机与车辆技术，45(1)：62-64

郑克祥. 1987. Gibbs 对化学热力学的贡献. 大学化学，2(6)：55

Alberty R，Legendry A. 1994. Transformation on chemical thermodynamics. Chem Rev，94：1457

Djurdjevic P，Gutman I. 1988. A simple method for showing entropy is a function of state. J Chem Educ，65(5)：399

Holloway M. 2004. 由极冷走向高温超导. 科学，11：18

Noyes R M. 1996. Application of the Gibbs function to chemical systems and subsystems. J Chem Educ，73(5)：404

Tykodi R J. 1995. Spontaneity, accessibility, irreversibility. Useful work: The availability function, the Helmholtz function and the Gibbs function. J Chem Educ, 72(2): 103

Wood S E, Battino R. 1996. The Gibbs functions controversy. J Chem Educ, 73: 408

思考题

1. 是非题(判断下列说法是否正确并说明理由)。

(1) 一切熵增加的过程都是不可逆过程,而熵减少的过程不可能发生。

(2) 理想气体在焦耳实验中温度没有改变,所以 $Q=0$,有 $\Delta S=\dfrac{Q}{T}=0$,因此这是一个可逆过程。

(3) 由于体系经循环过程后回到始态,$\Delta S=0$,所以循环过程是可逆过程。

(4) 当体系的热力学能和体积恒定时,$\Delta S<0$ 的过程不可能发生。

(5) 水在正常相变点下的相变过程是可逆过程,所以 $\Delta S=0$。

(6) 由于 $S^*(0\text{K})=0$,所以也可推导得 $U^*(0\text{K})=0$。

(7) 不可逆过程的方向就是体系混乱度增加的方向。

(8) 如果一化学反应的 $\Delta_r H$ 在一定温度范围内可近似为不随温度而变的常数,则此反应的 $\Delta_r S$ 在此温度范围内也可近似为不随温度而变的常数。

(9) 体系达平衡时熵值最大,吉布斯函数最小。

(10) 凡是吉布斯函数增加的过程一定不能发生,吉布斯函数减少的过程一定是不可逆过程。

(11) 100℃、101 325Pa 下水向真空蒸发为同温同压下水蒸气的过程是不可逆过程,因此 $\Delta G<0$。

2. 填空题。

(1) 定性判断恒温恒压条件下,下列过程体系的熵是增加还是减少。

水蒸气冷凝为水________;乙烯聚合成聚乙烯________;氯化氢气体溶解于水生成盐酸________;$CaCO_3(s) \longrightarrow CaO(s)+CO_2(g)$________。

(2) 在下表中填>、=、<0 或不确定。

过程	Q	W	ΔU	ΔH	ΔS	ΔA	ΔG
理想气体绝热向真空膨胀							
实际气体绝热向真空膨胀							
理想气体节流膨胀							
恒温条件下水向真空蒸发							
饱和水蒸气凝结为液体水							

(3) 判断理想气体体系下列偏导数的正负,填>、=、或<0:$\left(\dfrac{\partial G}{\partial T}\right)_p$________;$\left(\dfrac{\partial G}{\partial p}\right)_T$________;$\left(\dfrac{\partial T}{\partial S}\right)_p$________;$\left(\dfrac{\partial p}{\partial S}\right)_T$________。

(4) 指出下列公式的适用条件:

(a) $\Delta S=nC_{p,\mathrm{m}}\ln\dfrac{T_2}{T_1}+nR\ln\dfrac{p_1}{p_2}$________________;

(b) $\Delta_{\mathrm{mix}}S=-R\sum\limits_{\mathrm{B}}n_{\mathrm{B}}\ln y_{\mathrm{B}}$________________;

(c) $\mathrm{d}S=\dfrac{nC_{p,\mathrm{m}}\mathrm{d}T}{T}$________________;

(d) $\mathrm{d}G=-S\mathrm{d}T+V\mathrm{d}p$________________;

(e) $\Delta A=W$________________;

(f) $\left(\frac{\partial G}{\partial p}\right)_T=\left(\frac{\partial H}{\partial p}\right)_S$ ________________。

(5) 在 25℃、标准态下，下列反应能否进行？

(a) $\frac{1}{2}O_2(g)+\frac{1}{2}N_2(g)\longrightarrow NO(g)$，$\Delta_r H_m^{\ominus}=90.3kJ\cdot mol^{-1}$，$\Delta_r S_m^{\ominus}=3.0J\cdot K^{-1}\cdot mol^{-1}$；

(b) $2NO_2(g)\longrightarrow N_2O_4(g)$，$\Delta_r H_m^{\ominus}=-58.0kJ\cdot mol^{-1}$，$\Delta_r S_m^{\ominus}=-177J\cdot K^{-1}\cdot mol^{-1}$；

(c) $H_2O_2(l)\longrightarrow H_2O(l)+\frac{1}{2}O_2(g)$，$\Delta_r H_m^{\ominus}=-98.3kJ\cdot mol^{-1}$，$\Delta_r S_m^{\ominus}=80.0J\cdot K^{-1}\cdot mol^{-1}$；

(d) 核糖核酸酶由天然态⟶变性态。

pH 为 1.13 时，$\Delta_r H_m^{\ominus}=253.2kJ\cdot mol^{-1}$，$\Delta_r S_m^{\ominus}=848J\cdot K^{-1}\cdot mol^{-1}$；

pH 为 3.5 时，$\Delta_r H_m^{\ominus}=222.6kJ\cdot mol^{-1}$，$\Delta_r S_m^{\ominus}=639J\cdot K^{-1}\cdot mol^{-1}$；

(e) 沸水中肌红蛋白变性过程，$\Delta_r H_m^{\ominus}=176.4kJ\cdot mol^{-1}$，$\Delta_r S_m^{\ominus}=399J\cdot K^{-1}\cdot mol^{-1}$。

3. 问答题。

(1) 热力学第二定律是否有适用范围？

(2) 自然界中是否存在温度降低熵值增加的过程？

(3) 理想气体在恒温膨胀过程中吸收的热量等于体系与环境交换的功，这与开尔文说法是否矛盾？

(4) 绝热过程与恒熵过程是否相同？

(5) 理想气体经绝热不可逆膨胀 $\Delta S>0$，若经绝热不可逆压缩则 $\Delta S>0$ 还是 $\Delta S<0$？为什么？

(6) 实际气体绝热可逆膨胀到体积增加一倍，熵是否增加？

(7) 恒温恒压下某化学反应的 $Q_p=\Delta_r H$，则该过程的熵变能否用 $\Delta_r S=\frac{Q_p}{T}=\frac{\Delta_r H}{T}$ 计算？

(8) 如何理解物质的熵总是随温度的升高而增加？恒压下物质的熵对温度的变化率 $\left(\frac{\partial S}{\partial T}\right)_p$ 等于什么？

(9) ΔA 和 ΔG 在特定的条件下是否具有明确的物理意义？

习　题

1. 求 1mol O_2 在下列各过程中体积增加一倍的 ΔS。设 O_2 为理想气体。

(1)绝热自由膨胀　(2)绝热可逆膨胀　(3)恒温自由膨胀　(4)恒温可逆膨胀

2. 1mol O_2 在 25℃时自 101.325kPa 分别经(1)恒温可逆压缩到 6×101.325kPa；(2)在 6×101.325kPa 的外压下恒温压缩到相同终态。求 ΔS 和 $\Delta S_{环境}$。设氧气为理想气体。

3. 外面由绝热物质围着的容器中间有一可导热的挡板将其等分，左边为 1mol N_2，温度为 20℃，右边为 1mol O_2，温度为 10℃。若取所有的气体作为体系，试求(1)达到热平衡后的 ΔS；(2)若再将隔板抽去，求 ΔS 和体系的总熵变。假设气体均为理想气体。

4. 1mol 单原子分子理想气体在 25℃、0.1MPa 下绝热可逆压缩至 1MPa，求终态温度和过程的 ΔS。

5. 1mol $H_2O(l)$在 100℃、101 325Pa 下向真空蒸发为 100℃、10132.5Pa 的水蒸气，求水的 ΔS 并判断过程的可逆性。已知 100℃时 $H_2O(l)$的摩尔蒸发焓为 $40.66kJ\cdot mol^{-1}$，水蒸气可近似作为理想气体。

6. 1mol $H_2O(g)$在 101 325Pa 恒定外压下，从 200℃冷却成为 25℃的 $H_2O(l)$，求过程的 ΔS。已知 $H_2O(g)$的 $C_{p,m}=(30.21+9.92\times10^{-3}T)J\cdot K^{-1}\cdot mol^{-1}$，$H_2O(l)$的 $C_{p,m}=75.40J\cdot K^{-1}\cdot mol^{-1}$，100℃时 $H_2O(l)$的摩尔蒸发焓为 $40.66kJ\cdot mol^{-1}$。水蒸气可近似作为理想气体。

7. 1mol $H_2O(l)$在恒压下自 0℃经不同的升温方式被加热至 100℃，求水、热源的熵变及总熵变。

(1) 水与 100℃的恒温热源接触升至 100℃；

(2) 水先与 50℃的恒温热源接触，达平衡后再与 100℃的恒温热源接触升温至 100℃；

(3) 用何种加热方式既能使水温升至 100℃，又能使总熵变接近于零。

已知 $H_2O(l)$的摩尔恒压热容为 $75.40J\cdot K^{-1}\cdot mol^{-1}$。

8. 1mol 双原子分子理想气体在恒熵条件下自 15℃、100kPa 压缩到 500kPa，然后保持体积不变降温到 15℃，

求整个过程的 Q、W、ΔU、ΔH 和 ΔS。

9. 已知 25℃时 $H_2O(l)$的标准摩尔熵为 69.91J · K^{-1} · mol^{-1}，$\Delta_f H_m^{\ominus}(H_2O,l)=-285.85kJ \cdot mol^{-1}$，水在 25℃时的饱和蒸气压为 3167Pa，$H_2O(g)$的 $\Delta_f H_m^{\ominus}(H_2O,g)=-241.84kJ \cdot mol^{-1}$，试求 25℃时$H_2O(g)$的标准摩尔熵。设压力变化对水的熵值影响可略，水蒸气可近似作为理想气体。

10. 1mol $H_2O(l)$在 90℃、101.325kPa 下蒸发成同温同压的水蒸气，求此过程的 ΔS，并判断此过程能否发生。已知 90℃时水的饱和蒸气压为 7.012×10^4 Pa，$H_2O(l)$的摩尔气化焓在 90℃时为 41.10kJ · mol^{-1}、100℃时为 40.66kJ · mol^{-1}，$H_2O(l)$和 $H_2O(g)$的摩尔恒压热容分别为 75.40J · K^{-1} · mol^{-1}和 33.58J · K^{-1} · mol^{-1}。水蒸气可近似作为理想气体。

11. 在－59℃时，过冷液体 CO_2 的饱和蒸气压为 4.66×10^5 Pa，同温度时干冰的饱和蒸气压为 4.49×10^5 Pa，求－59℃时将 1mol 的过冷液态 CO_2 转变为干冰时的 ΔG。假设气体服从理想气体的行为。

12. 求算 25℃时反应 $H_2(g)+\frac{1}{2}O_2(g)\longrightarrow H_2O(l)$的 $\Delta_r G_m^{\ominus}$。已知 25℃时的数据见下表：

	$H_2O(l)$	$H_2(g)$	$O_2(g)$
$\Delta_f H_m^{\ominus}/(kJ \cdot mol^{-1})$	−285.83	0	0
$S_m^{\ominus}/(J \cdot K^{-1} \cdot mol^{-1})$	69.91	130.68	205.14

13. 估计 1000℃时若将石墨转变成金刚石需多大压力。已知 25℃时数据如下：

	$\Delta_f H_m^{\ominus}/(kJ \cdot mol^{-1})$	$S_m^{\ominus}/(J \cdot K^{-1} \cdot mol^{-1})$	$C_{p,m}/(J \cdot K^{-1} \cdot mol^{-1})$	$\rho/(g \cdot cm^{-3})$
C(金刚石)	1.895	2.439	6.063	3.51
C(石墨)	0	5.694	8.644	2.25

14. 生物合成天冬酰胺的反应式及 25℃时的 $\Delta_r G_m^{\ominus}$ 为

天冬氨酸＋NH_4^+＋ATP ⟶ 天冬酰胺＋AMP＋PPi　　$\Delta_r G_m^{\ominus}(1)=-19.25kJ \cdot mol^{-1}$

PPi 为焦磷酸。已知此反应由下面四步组成，求反应(3)的 $\Delta_r G_m^{\ominus}$。

天冬氨酸＋ATP ⟶ β-天冬酰胺＋PPi　　$\Delta_r G_m^{\ominus}(2)$

β-天冬氨酰腺苷酸＋NH_4^+ ⟶ 天冬酰胺＋AMP　　$\Delta_r G_m^{\ominus}(3)$

β-天冬氨酰腺苷酸＋H_2O ⟶ 天冬氨酸＋AMP　　$\Delta_r G_m^{\ominus}(4)=-41.84kJ \cdot mol^{-1}$

ATP＋H_2O ⟶ AMP＋PPi　　$\Delta_r G_m^{\ominus}(5)=-33.47kJ \cdot mol^{-1}$

15. 将装有 0.1mol $C_2H_5OC_2H_5(l)$的小玻璃泡放入 35℃、10dm^3 含氮气的压力为 101.325kPa 的瓶中，将小泡打碎，乙醚能完全气化。求：

(1) 混合气体中乙醚的分压；

(2) 氮气的 ΔH、ΔS 及 ΔG；

(3) 乙醚的 ΔH、ΔS 及 ΔG。

已知 $C_2H_5OC_2H_5(l)$在 101.325kPa 时的沸点为 35℃，摩尔蒸发焓为 25.104kJ · mol^{-1}。假设容器的体积不变，乙醚蒸气可视为理想气体。

16. 求 1mol $C_6H_5CH_3(l)$在其正常沸点 110.6℃时蒸发为 101 325Pa 的甲苯蒸气的 Q、W、ΔU、ΔH、ΔS、ΔA 和 ΔG。已知该温度下甲苯的蒸发焓为 362.3J · g^{-1}。$C_6H_5CH_3$ 的摩尔质量为 92.14g · mol^{-1}。液体的体积可忽略不计，甲苯蒸气可视为理想气体。

第3章　多组分体系的热力学与相平衡

在前面章节中以四个热力学基本方程为基础的研究对象均是纯组分或组成不变的单相封闭体系，因此当体系的任意两个独立的状态函数确定后，体系的一切性质就有了定值，体系的广度性质 U、H、A、G 等状态函数也随之被确定。但在实际生产和科学研究中遇到的体系大多是组成可变的多相体系，如发生化学变化或相变化的体系。这类体系不能用体系的任意两个独立的状态函数确定状态。实验表明，描述组成可变的多组分体系的状态时要加入各组分物质的量作为变量。

Ⅰ. 多组分体系的热力学

3.1　多组分体系及其组成表示法

3.1.1　多组分体系的分类

由两种或两种以上物质（或组分）构成的体系为**多组分体系**（multi-component system）。多组分体系可以分为均相体系和多相体系。本章只讨论由两种或两种以上以分子大小的粒子相互分散构成的均相多组分体系。为了讨论热力学问题的方便，按处理方法不同把它们可分为**混合物**（mixture）和**溶液**（solution）。

对混合物中各组分的热力学研究均选取相同的参考态。而对溶液，则将含量少的组分称为**溶质**（solute）、含量多的组分称为**溶剂**（solvent）。对溶液中溶质和溶剂的热力学研究选取不同的参考态。若溶质含量很少，则这种溶液被称为**稀溶液**（dilute solution）。溶液的性质按溶液中溶质的导电性能可分为**电解质溶液**（electrolytes solution）和**非电解质溶液**（non-electrolytes solution）。本章只介绍液态非电解质溶液，电解质溶液将在第6章中介绍。

对液态混合物和液态溶液的热力学处理方法和结论也适用于固态混合物和固态溶液。

3.1.2　多组分体系组成表示法

1. 混合物的组成表示法

对由 1、2、…、k 种组分构成的混合物体系，其任意组分 B 的浓度常用以下方式表示。

1) **B 的质量浓度**（mass concentration of B）ρ_B

$$\rho_B=\frac{m_B}{V} \tag{3.1.1}$$

式(3.1.1)中，m_B 为混合物的体积 V 中物质 B 的质量；ρ_B 的单位为 $kg \cdot m^{-3}$。由于混合物体积会随温度、压力改变，因此 ρ_B 也会随温度、压力而变。

2) **B 的质量分数**（mass fraction of B）w_B

$$w_B=\frac{m_B}{\sum_{B=1}^{k} m_B} \tag{3.1.2}$$

式(3.1.2)中，m_B 为物质 B 的质量；$\sum_{B=1}^{k} m_B$ 为混合物中所有物质的质量；w_B 是量纲为一的量，其单位为 1。注意，不能将 w_B 写为 $w_B\%$ 或 B%，也不能将 w_B 称为 B 的“质量百分浓度”或“质量百分数”。

3）**B 的浓度**(concentration of B)c_B

$$c_B=\frac{n_B}{V} \tag{3.1.3}$$

式(3.1.3)中，n_B 为混合物的体积 V 中所含物质 B 的物质的量；c_B 的单位为 $mol \cdot m^{-3}$，常用 $mol \cdot dm^{-3}$。c_B 也称为 B 的**物质的量浓度**(amount of substance concentration of B)。由于混合物的体积会随混合物的温度、压力的改变而改变，因此 c_B 也会随混合物的温度、压力而改变。

4）**B 的摩尔分数**(mole fraction of B)x_B

$$x_B=\frac{n_B}{\sum_{B=1}^{k} n_B} \tag{3.1.4}$$

式(3.1.4)中，n_B 为物质 B 的物质的量；$\sum_{B=1}^{k} n_B$ 为混合物中所有物质的物质的量；x_B 为量纲为一的量。气体混合物中物质 B 的摩尔分数常用 y_B 表示。

2. 溶液中溶质 B 的组成表示法

溶液中溶质 B 的浓度常用下面方式表示。

1）**溶质 B 的质量摩尔浓度**(molality of solute B)b_B

$$b_B=\frac{n_B}{m_A} \tag{3.1.5}$$

式(3.1.5)中，n_B 为溶质 B 的物质的量；m_A 为溶剂 A 的质量；b_B 的单位为 $mol \cdot kg^{-1}$。由于溶质 B 的物质的量和溶剂 A 的质量均与溶液的温度、压力无关，因此 b_B 也与温度、压力无关，这在热力学处理中比较方便，在电化学中也主要采用此浓度表示。

有时也采用溶质 B 的摩尔分数 x_B 表示溶液中溶质 B 的浓度，x_B 与 b_B 之间的关系为

$$b_B=\frac{x_B}{\left(1-\sum_{B} x_B\right)M_A} \tag{3.1.6}$$

式(3.1.6)中，$\sum_{B} x_B$ 为所有溶质 B 的摩尔分数之和，稀溶液中有 $n_A \gg n_B$、$\sum_{B} x_B \ll 1$，因此有

$$b_B \approx \frac{x_B}{M_A} \tag{3.1.7}$$

或

$$x_B \approx M_A b_B \tag{3.1.8}$$

2）**溶质 B 的浓度**(concentration of solute B)c_B

若溶液中溶质 B 的浓度以 c_B 表示，在足够稀的溶液中有近似关系 $\rho \approx \rho_A$，则

$$b_B=\frac{c_B}{\rho_A} \tag{3.1.9}$$

因此

$$c_B = \rho_A b_B \tag{3.1.10}$$

式(3.1.9)和式(3.1.10)中，ρ_A 为溶剂的密度。

3.2 偏摩尔量

如果所研究的体系是纯水或纯乙醇，则只需知道其温度、压力两个变量，体系的性质如体积、密度、折射率等都具有确定值。但是，如果在相同温度、压力下将纯水和纯乙醇混合成乙醇和水的液态混合物，则液态混合物的折射率会随混合物组成的变化而改变，只有当乙醇和水的物质的量确定后，折射率等体系的性质才有定值。

对于纯物质或组成不变的封闭体系，在恒温恒压下其广度性质具有简单的加和性，如100mL 乙醇和 100mL 乙醇的体积之和为 200mL。将 100mL 质量分数 w_B 为 0.5 的乙醇和水的混合物与 100mL 质量分数 w_B 为 0.5 的乙醇和水的混合物混合，总体积为 200mL。但是若是将 100mL 乙醇和 100mL 纯水混合，则混合后的体积不是 200mL。在 20℃、101.325kPa 下配制 100g 乙醇和水的混合物时，乙醇与水混合前后体积的变化见表 3.2.1。

表 3.2.1 100g 乙醇与水的混合物的体积与乙醇的质量分数 w_B 的关系

$w_{乙醇}$	$V_{乙醇}/cm^3$	$V_{水}/cm^3$	混合前的体积和/cm^3	混合后的实际总体积/cm^3	体积变化 $\Delta V/cm^3$
0.10	12.67	90.36	103.03	101.84	−1.19
0.20	25.34	80.32	105.66	103.24	−2.42
0.30	38.01	70.28	108.29	104.84	−3.45
0.40	50.68	60.24	110.92	106.93	−3.99
0.50	63.35	50.20	113.55	109.43	−4.12
0.60	76.02	40.16	116.18	112.22	−3.96
0.70	88.69	36.12	118.81	115.25	−3.56
0.80	101.36	20.08	121.44	118.56	−2.88
0.90	114.03	10.04	124.07	122.25	−1.82

由表 3.2.1 可见，在温度、压力一定且体系的总质量确定的条件下，体系混合前后总体积不相等，并且 ΔV 值随体系组成的变化而改变。实验证明，除了物质的质量和物质的量外，多组分体系的广度性质与各组分的广度性质之间一般均不具有简单的加和性，因此有必要引入新的概念来描述多组分体系的广度性质。

3.2.1 偏摩尔量的定义

均相多组分体系中某广度性质 Z 随体系温度、压力和组成的变化可表示为

$$Z = Z(T, p, n_1, n_2, \cdots, n_k)$$

式中，n_1、n_2、…、n_k 分别为组分 1、2、…、k 的物质的量。Z 的全微分可表示为

$$\mathrm{d}Z = \left(\frac{\partial Z}{\partial T}\right)_{p,n}\mathrm{d}T + \left(\frac{\partial Z}{\partial p}\right)_{T,n}\mathrm{d}p + \left(\frac{\partial Z}{\partial n_1}\right)_{T,p,n_2,n_3,\cdots,n_k}\mathrm{d}n_1 + \left(\frac{\partial Z}{\partial n_2}\right)_{T,p,n_1,n_3,\cdots,n_k}\mathrm{d}n_2 + \cdots + \left(\frac{\partial Z}{\partial n_k}\right)_{T,p,n_1,n_2,\cdots,n_{k-1}}\mathrm{d}n_k$$

或写作

$$dZ = \left(\frac{\partial Z}{\partial T}\right)_{p,n} dT + \left(\frac{\partial Z}{\partial p}\right)_{T,n} dp + \sum_{B=1}^{k} \left(\frac{\partial Z}{\partial n_B}\right)_{T,p,n_{C\neq B}} dn_B \tag{3.2.1}$$

式(3.2.1)中，$\left(\frac{\partial Z}{\partial n_B}\right)_{T,p,n_{C\neq B}}$是恒温恒压组成不变的均相体系中广度性质 Z 随组分 B 的物质的量 n_B 的变化率，称为**偏摩尔量**(partial molar quantity)，用符号 Z_B 表示，即

$$Z_B = \left(\frac{\partial Z}{\partial n_B}\right)_{T,p,n_{C\neq B}} \tag{3.2.2}$$

则式(3.2.1)在恒温恒压下可写作

$$dZ = \sum_{B=1}^{k} \left(\frac{\partial Z}{\partial n_B}\right)_{T,p,n_{C\neq B}} dn_B \quad 或 \quad dZ = \sum_{B=1}^{k} Z_B dn_B \tag{3.2.3}$$

偏摩尔量是体系温度、压力和组成的函数。由于 Z 是 T、p 和 n_1、n_2、…、n_k 的函数，因此 Z_B 也是 T、p 和 n_1、n_2、…、n_k 的函数，且是状态函数。广度性质 Z 和 n_B 的比值 Z_B 为强度性质。Z_B 的物理意义是恒温恒压下，组成不变的体系中广度性质 Z 随 n_B 的变化率，或理解为在恒温恒压下，向大量组成不变的体系中加入 1mol 组分 B 引起体系广度性质 Z 的改变量。这两种理解的共同点是要保持体系的组成不变。

迄今为止已学的热力学函数中属广度性质的有 V、U、H、S、A 和 G，对应的偏摩尔量有

偏摩尔体积 $$V_B = \left(\frac{\partial V}{\partial n_B}\right)_{T,p,n_{C\neq B}} \tag{3.2.4}$$

偏摩尔热力学能 $$U_B = \left(\frac{\partial U}{\partial n_B}\right)_{T,p,n_{C\neq B}} \tag{3.2.5}$$

偏摩尔焓 $$H_B = \left(\frac{\partial H}{\partial n_B}\right)_{T,p,n_{C\neq B}} \tag{3.2.6}$$

偏摩尔熵 $$S_B = \left(\frac{\partial S}{\partial n_B}\right)_{T,p,n_{C\neq B}} \tag{3.2.7}$$

偏摩尔亥姆霍兹函数 $$A_B = \left(\frac{\partial A}{\partial n_B}\right)_{T,p,n_{C\neq B}} \tag{3.2.8}$$

偏摩尔吉布斯函数 $$G_B = \left(\frac{\partial G}{\partial n_B}\right)_{T,p,n_{C\neq B}} \tag{3.2.9}$$

其中偏摩尔吉布斯函数 G_B 具有特别重要的意义。

3.2.2 偏摩尔量的集合公式

在恒温恒压下将组分 A 的量 dn_A 和组分 B 的量 dn_B 加入由 A、B 两组分构成的均相液态混合物中引起体系广度性质 V 的改变量由式(3.2.3)可表示为

$$dV = V_A dn_A + V_B dn_B \tag{3.2.10}$$

设在恒温恒压条件下，按体系组成比例将组分 A 和 B 不断加入体系中。由于是按体系组成比加入 A 和 B，所以此时体系的偏摩尔体积在此过程中不变。若 A、B 的加入量分别为 n_A、n_B，则最后体系的体积可表示为

$$V = V_A \int_{0\text{mol}}^{n_A} dn_A + V_B \int_{0\text{mol}}^{n_B} dn_B = n_A V_A + n_B V_B \tag{3.2.11}$$

它表示均相混合物的体积等于各组分物质的量与该组分偏摩尔体积的乘积之和。

由多个组分构成的组成确定的均相混合物中广度性质 Z 可表示为

$$Z = \sum_{B=1}^{k} n_B Z_B \tag{3.2.12}$$

式(3.2.12)称为偏摩尔量的集合公式。它表明虽然混合物的广度性质不是纯组分的广度性质的简单加和，但是若用偏摩尔量 Z_B 替代纯物质的摩尔量时广度性质具有加和性。

【例 3.2.1】 25℃、101 325Pa 下 CH_3COOH(B)溶于 1kg H_2O(A)中形成溶液时，B的物质的量 n_B 与溶液体积 V 在 $n_B=0.16\sim2.5\text{mol}\cdot\text{kg}^{-1}$ 范围内的关系为

$$V=(1.002\,935+0.051\,832n_B+1.394\times10^{-4}n_B^{\,2})\text{dm}^3$$

试推导 CH_3COOH 和 H_2O 的偏摩尔体积表达式，并求 $n_B=0.5000\text{mol}$ 时 CH_3COOH 和 H_2O 的偏摩尔体积。

解

$$V_B=\left(\frac{\partial V}{\partial n_B}\right)_{T,p,n_A}=(0.051\,832+1.394\times2\times10^{-4}n_B)\text{dm}^3\cdot\text{mol}^{-1}$$

$$=(0.051\,832+2.788\times10^{-4}n_B)\text{dm}^3\cdot\text{mol}^{-1}$$

$$V=n_AV_A+n_BV_B$$

$$V_A=\frac{1}{n_A}(V-n_BV_B)$$

$$=\frac{1}{\dfrac{1\times10^3}{18.0152}}[1.002\,935+0.051\,832n_B+1.394\times10^{-4}n_B^{\,2}-n_B(0.051\,832+2.788\times10^{-4}n_B)]\text{dm}^3\cdot\text{mol}^{-1}$$

$$=(18.0681\times10^{-3}-2.511\times10^{-6}n_B^{\,2})\text{dm}^3\cdot\text{mol}^{-1}$$

当 $n_B=0.5000\text{mol}$ 时

$$V_B=(0.051\,832+2.788\times10^{-4}\times0.5000)\text{dm}^3\cdot\text{mol}^{-1}$$

$$=0.051\,971\text{dm}^3\cdot\text{mol}^{-1}$$

$$V_A=(18.0681\times10^{-3}-2.511\times10^{-6}\times0.5000^2)\text{dm}^3\cdot\text{mol}^{-1}$$

$$=18.0675\times10^{-3}\text{dm}^3\cdot\text{mol}^{-1}$$

3.2.3　吉布斯-杜亥姆方程

如果在恒温恒压下将组分A、B不按体系组成比加入到体系中，则体系体积的改变量不仅是加入组分A、B的量的函数，还是组分A、B的偏摩尔体积 V_A、V_B的函数。对式(3.2.11)全微分，有

$$dV=V_A dn_A+V_B dn_B+n_A dV_A+n_B dV_B \tag{3.2.13}$$

将式(3.2.13)与式(3.2.10)比较有

$$n_A dV_A+n_B dV_B=0 \quad 或 \quad x_A dV_A+x_B dV_B=0 \tag{3.2.14}$$

由此可推断，由多个组分构成的均相体系中各偏摩尔量 Z_B之间有如下制约关系：

$$\sum_{B=1}^{k} n_B dZ_B = 0 \quad 或 \quad \sum_{B=1}^{k} x_B dZ_B = 0 \tag{3.2.15}$$

式(3.2.14)和式(3.2.15)均称为**吉布斯-杜亥姆方程**(Gibbs-Duhem equation)。它说明在均相多组分体系中各偏摩尔量之间并非完全独立，一些组分的偏摩尔量随 x_B的增加而增加时，另一些组分的偏摩尔量必随 x_B的增加而减少。20℃、101.325kPa 下乙醇和水组成的二组分单相体系，组分 C_2H_5OH 的 V_B随 x_B的变化和组分 H_2O 的 V_A随 x_B的变化如图 3.2.1 所示。吉布斯-杜亥姆方程在科学研究工作中多用于实验数据的热力学一致性校验。例如，把实验测

定的 Z_B 值和 x_B 代入验证 $\sum_{B=1}^{k} x_B dZ_B$ 是否为零，如果为零，说明热力学数据具有一致性，否则热力学数据不可靠。

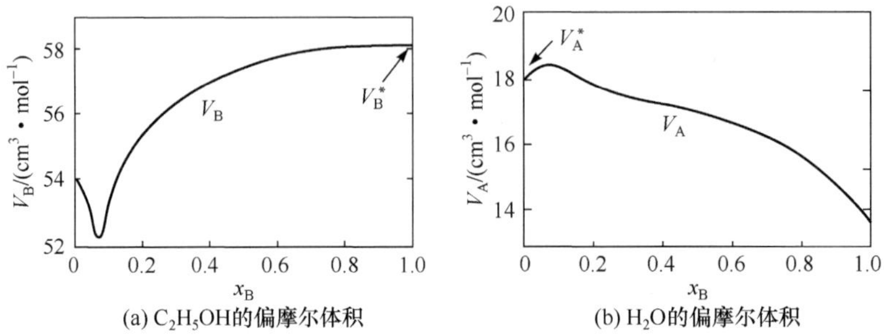

图 3.2.1　C_2H_5OH 和 H_2O 的偏摩尔体积

3.3　化　学　势

3.3.1　化学势的定义

组成可变的均相体系的吉布斯函数 G 可表示为

$$G=G(T,p,n_1,n_2,\cdots,n_k)$$

其全微分形式为

$$dG=\left(\frac{\partial G}{\partial T}\right)_{p,n}dT+\left(\frac{\partial G}{\partial p}\right)_{T,n}dp+\sum_{B=1}^{k}\left(\frac{\partial G}{\partial n_B}\right)_{T,p,n_{C\neq B}}dn_B \tag{3.3.1}$$

恒温恒压下式(3.3.1)可表示为

$$dG_{T,p}=\sum_{B=1}^{k}\left(\frac{\partial G}{\partial n_B}\right)_{T,p,n_{C\neq B}}dn_B \tag{3.3.2}$$

式(3.3.2)是体系在恒温恒压下由于组成改变引起体系吉布斯函数的变化值。定义 μ_B 为物质 B 的**化学势**(chemical potential)

$$\mu_B=\left(\frac{\partial G}{\partial n_B}\right)_{T,p,n_{C\neq B}} \tag{3.3.3a}$$

同样可以从组成可变的均相体系的状态函数 U、H 和 A 的函数关系

$$U=U(S,V,n_1,n_2,\cdots,n_k)$$
$$H=H(S,p,n_1,n_2,\cdots,n_k)$$
$$A=A(T,V,n_1,n_2,\cdots,n_k)$$

得到化学势的其他表示式

$$\mu_B=\left(\frac{\partial U}{\partial n_B}\right)_{S,V,n_{C\neq B}}=\left(\frac{\partial H}{\partial n_B}\right)_{S,p,n_{C\neq B}}=\left(\frac{\partial A}{\partial n_B}\right)_{T,V,n_{C\neq B}} \tag{3.3.3b}$$

四个偏导数均称为化学势，注意四个偏导数的下标均不同。

因此，只做体积功的组成可变的均相体系的热力学基本方程可表示为

$$dU=TdS-pdV+\sum_{B=1}^{k}\mu_B dn_B \tag{3.3.4}$$

$$dH=TdS+Vdp+\sum_{B=1}^{k}\mu_B dn_B \tag{3.3.5}$$

$$dA = -SdT - pdV + \sum_{B=1}^{k}\mu_B dn_B \tag{3.3.6}$$

$$dG = -SdT + Vdp + \sum_{B=1}^{k}\mu_B dn_B \tag{3.3.7}$$

式(3.3.4)～式(3.3.7)适用于只做体积功的组成可变的均相体系。

对既有相变化又有化学变化的体系，体系中任意一相均可有式(3.3.4)～式(3.3.7)，若体系中有 P 个相，则式(3.3.4)～式(3.3.7)可写作

$$dU = TdS - pdV + \sum_{\alpha=1}^{P}\sum_{B=1}^{k}\mu_B^{\alpha} dn_B^{\alpha} \tag{3.3.8}$$

$$dH = TdS + Vdp + \sum_{\alpha=1}^{P}\sum_{B=1}^{k}\mu_B^{\alpha} dn_B^{\alpha} \tag{3.3.9}$$

$$dA = -SdT - pdV + \sum_{\alpha=1}^{P}\sum_{B=1}^{k}\mu_B^{\alpha} dn_B^{\alpha} \tag{3.3.10}$$

$$dG = -SdT + Vdp + \sum_{\alpha=1}^{P}\sum_{B=1}^{k}\mu_B^{\alpha} dn_B^{\alpha} \tag{3.3.11}$$

当体系中只有一个相，即均相体系时，式(3.3.8)～式(3.3.11)还原为式(3.3.4)～式(3.3.7)，若为纯物质或组成不变的均相体系时，可进一步还原为式(2.7.1)～式(2.7.4)。

3.3.2　化学势在相变化中的应用

由于在科学研究或实际生产过程中所涉及的组成可变体系，即有相变或化学变化的体系通常是处于恒温恒压条件下，所以式(3.3.11)可用于判断这类过程的变化方向。

设体系有 α 及 β 两个相，两相均为多组分体系，在恒温恒压下设 α 相中物质 B 有 dn_B 转移至 β 相中，其他物质不转移，此时式(3.3.11)为

$$dG_{T,p} = \mu_B^{\alpha} dn_B^{\alpha} + \mu_B^{\beta} dn_B^{\beta}$$

因为 α 相失去的 dn_B 物质进入到 β 相，有 $-dn_B^{\alpha} = dn_B^{\beta}$，则

$$\begin{aligned} dG_{T,p} &= \mu_B^{\alpha}(-dn_B^{\beta}) + \mu_B^{\beta}(dn_B^{\beta}) \\ &= (\mu_B^{\beta} - \mu_B^{\alpha})dn_B^{\beta} \end{aligned}$$

若体系达到相平衡，则 $dG_{T,p}=0$，由于 $dn_B^{\beta}\neq 0$，所以有

$$\mu_B^{\beta} = \mu_B^{\alpha}$$

若体系发生一不可逆相变化过程，则 $dG_{T,p}<0$，由于 $dn_B^{\beta}>0$，所以有

$$\mu_B^{\beta} < \mu_B^{\alpha}$$

因此对于有相变化的体系，其变化方向的判别依据为

$$\mu_B^{\beta} - \mu_B^{\alpha}\begin{cases} <0 & \text{不可逆相变} \\ =0 & \text{相平衡} \\ >0 & \text{不能发生} \end{cases} \tag{3.3.12}$$

式(3.3.12)为相平衡判据，它表明在恒温恒压只做体积功的多相体系中发生的相变化过程，物质总是由化学势高的一相转移至化学势低的一相，直到化学势相等，体系达到相平衡。体系不可能发生物质自化学势低的一相向化学势高的一相转移的过程，如式(3.3.12)中 $\mu_B^{\beta} - \mu_B^{\alpha} > 0$，实际上发生的是其逆过程，即物质 B 由 β 相转移至 α 相。

3.3.3 化学势在化学变化中的应用

设只做体积功的封闭体系在恒温恒压下发生下列反应

$$dD(s)+eE(g)\rightleftharpoons gG(s)+hH(l)$$

或写作 $0=\sum_{B}\nu_B B$。当反应进度为 $d\xi$ 时，由式(1.7.1)有 $dn_B=\nu_B d\xi$，则式(3.3.11)变为

$$\sum_{B=1}^{k}\mu_B dn_B=\sum_{B=1}^{k}\nu_B\mu_B d\xi\begin{cases}<0 & \text{正向反应}\\ =0 & \text{化学平衡}\\ >0 & \text{逆向反应}\end{cases} \tag{3.3.13}$$

式(3.3.13)为化学平衡判据，它表明在恒温恒压只做体积功的封闭体系中发生的化学反应总是朝 $\sum_{B=1}^{k}\nu_B\mu_B<0$ 的方向进行，反应进行到 $\sum_{B=1}^{k}\nu_B\mu_B=0$ 为止，此时反应体系到达化学平衡。

3.4 气体的化学势

化学势是恒温恒压只做体积功的封闭体系中发生相变和化学变化的方向和限度的判据。由于 G 的绝对值无法测得，因此 μ_B 的绝对值也无法由实验获得。但是只要获得上述条件下 μ_B 的相对大小或是其变化量 $\Delta\mu_B$，便能作为判据。

3.4.1 纯理想气体的化学势

将式(3.3.3)用于纯组分体系有

$$\mu=G_m$$

式(2.7.4)应用于恒温体系有

$$dG_m=V_m dp$$

对于 1mol 纯理想气体有

$$d\mu=dG_m=V_m dp=\frac{RT}{p}dp$$

将上式在 $p^\ominus\sim p$ 区间求定积分有

$$\int_{\mu^\ominus}^{\mu}d\mu=\int_{p^\ominus}^{p}\frac{RT}{p}dp$$

则

$$\mu=\mu^\ominus+RT\ln\frac{p}{p^\ominus}\quad 或\quad \mu=\mu^\ominus(T)+RT\ln\frac{p}{p^\ominus} \tag{3.4.1}$$

式(3.4.1)是纯理想气体化学势的表达式。$\mu^\ominus(T)$是理想气体在压力为 $p^\ominus$、温度为 T 时的化学势，称 $\mu^\ominus(T)$是理想气体的标准态化学势。由于压力 $p^\ominus$ 是确定的，因此 $\mu^\ominus(T)$仅是温度的函数。

纯理想气体的压力自 p_1 变到 p_2 引起化学势的改变量为 $\Delta\mu$，由式(3.4.1)有 $\mu_1=\mu^\ominus(T)+RT\ln\frac{p_1}{p^\ominus}$、$\mu_2=\mu^\ominus(T)+RT\ln\frac{p_2}{p^\ominus}$，因此 $\Delta\mu=\mu_2-\mu_1=RT\ln\frac{p_2}{p_1}$，结果与式(2.6.1)比较可知纯组分体系的 $\Delta\mu$ 即 ΔG_m。

3.4.2　理想气体混合物中组分 B 的化学势

理想气体混合物中各组分均为理想气体，因为对任意组分其行为与该组分单独占有混合气体总体积的行为相同，所以组分 B 的化学势 μ_B 可表示为

$$\mu_B=\mu_B^{\ominus}(T)+RT\ln\frac{p_B}{p^{\ominus}} \tag{3.4.2}$$

式(3.4.2)是混合理想气体中组分 B 的化学势，式中 $p_B=py_B$，是混合物中 B 的分压。$\mu_B^{\ominus}(T)$ 是温度为 T、组分 B 的分压 $p_B=p^{\ominus}$ 时组分 B 的化学势，称为理想气体混合物中组分 B 的标准态化学势，$\mu_B^{\ominus}(T)=\mu^{\ominus}(T)$，因此也仅是温度的函数。

3.4.3　真实气体的化学势

真实气体在压力较高时其行为偏离理想气体模型，p、V、T 之间的关系不服从理想气体状态方程，因此纯真实气体的化学势就不能用式(3.4.1)表示。为此路易斯(Lewis)于 1901 年提出了一个简便方法求真实气体的化学势，对单组分真实气体

$$\mu=\mu^{\ominus}(T)+RT\ln\frac{f}{p^{\ominus}} \tag{3.4.3}$$

式(3.4.3)中，f 为逸度，具有与压力相同的量纲。当压力较低时真实气体趋于理想气体，则式(3.4.3)等价于式(3.4.1)，因此 f 必须满足下列关系

$$\lim_{p\to 0\,\mathrm{Pa}}\frac{f}{p}=\lim_{p\to 0\,\mathrm{Pa}}\varphi=1 \tag{3.4.4}$$

式(3.4.4)中，φ 为逸度因子，为量纲为一的量，$f=\varphi p$。对理想气体 $\varphi=1$，$f=p$，因此 f 可理解为修正后的压力。式(3.4.3)中的 $\mu^{\ominus}(T)$ 是标准态化学势，是 $f=p^{\ominus}$、气体仍服从理想气体行为时的化学势，因此式(3.4.3)中 $\mu^{\ominus}(T)$ 与式(3.4.1)中的 $\mu^{\ominus}(T)$ 是等价的。

3.4.4　真实气体混合物中组分 B 的化学势

由此可类推得真实气体混合物中组分 B 的化学势 μ_B 的表达式为

$$\mu_B=\mu_B^{\ominus}(T)+RT\ln\frac{f_B}{p^{\ominus}} \tag{3.4.5}$$

同理式(3.4.5)中 $\mu_B^{\ominus}(T)$ 与式(3.4.2)中的 $\mu_B^{\ominus}(T)$ 是等价的。式(3.4.3)和式(3.4.5)中 f 和 f_B 的值可由 p、V、T 之间的关系式计算。

3.5　稀溶液中的两个经验定律

3.5.1　拉乌尔定律

纯液体在一定温度下有确定的饱和蒸气压。大量实验事实证明，往纯液体中加入非挥发性溶质后，溶液的蒸气压比纯溶剂低，其降低的数值与加入溶质的量成正比。这是因为加入溶质后单位体积溶液中含有的溶剂分子数量减少。拉乌尔(Raoult)于 1887 年在大量实验事实基础上提出如下经验定律：在恒温下，稀溶液中溶剂的蒸气压等于纯溶剂的饱和蒸气压乘以溶液中溶剂的摩尔分数。这就是**拉乌尔定律**(Raoult's law)。若以 A 表示溶剂，B 表示溶质，则拉乌尔定律可表示为

$$p_A = p_A^* x_A \tag{3.5.1}$$

式(3.5.1)中，p_A^* 是温度为 T 时纯溶剂的饱和蒸气压，它除了与温度有关外，还与溶剂的本性和外界压力有关；p_A 为溶液中溶剂的摩尔分数为 x_A 时的蒸气压。若溶液中只有 A、B 两组分，则有

$$\Delta p = p_A^* - p_A = p_A^* - p_A^* x_A = p_A^* x_B \tag{3.5.2}$$

拉乌尔定律最初是从研究含有非挥发性非电解质溶液总结出来的溶液上方溶剂的蒸气压与溶液组成间的关系，进一步的实验事实表明对含挥发性非电解质的稀溶液，其溶剂的蒸气压与组成也服从拉乌尔定律。使用拉乌尔定律时要注意，在计算溶剂的量时应该以气相中存在的分子形式计算。例如，水溶液中的水分子有一定的缔合度，但计算时所用水的摩尔质量仍为 $18.02\times10^{-3}\text{kg}\cdot\text{mol}^{-1}$。

【例 3.5.1】 80℃时苯和甲苯的饱和蒸气压分别为 100kPa 和 38.7kPa。80℃时若与某液态混合物达平衡的气相组成为 $y_{苯}=0.500$，求液相的组成。设两组分均服从拉乌尔定律。

解　若气体服从道尔顿分压定律，有

$$y_{苯} = p_{苯}/(p_{苯}+p_{甲苯})$$

由于两组分均服从拉乌尔定律

$$y_{苯} = \frac{p_{苯}^* x_{苯}}{p_{苯}^* x_{苯} + p_{甲苯}^* x_{甲苯}} = \frac{p_{苯}^* x_{苯}}{p_{苯}^* x_{苯} + p_{甲苯}^*(1-x_{苯})}$$

因此液态混合物的组成为

$$x_{苯} = \frac{p_{甲苯}^*}{p_{甲苯}^* - p_{苯}^* + p_{苯}^*/y_{苯}} = \frac{38.7}{38.7-100+\dfrac{100}{0.500}} = 0.279$$

$$x_{甲苯} = 1 - x_{苯} = 1 - 0.279 = 0.721$$

3.5.2　亨利定律

1803 年亨利(Henry)研究气体在液体中的溶解度时发现，一定温度下微溶性气体在压力不太大时，它在溶剂 A 中溶解的摩尔分数与液面上该气体的平衡分压力成正比。以 B 表示溶液中的溶质，有

$$p_B = k_{x,B} x_B \tag{3.5.3}$$

式(3.5.3)称为**亨利定律**(Henry's law)。式中，$k_{x,B}$ 称为**亨利系数**(Henry's coefficient)，与 p_B 具有相同量纲。亨利系数与体系的温度、压力、溶剂和溶质的本性有关。$k_{x,B}$ 不是纯溶质的饱和蒸气压 p_B^*。

溶质 B 的浓度除了用 x_B 表示外，还可用溶质 B 的质量摩尔浓度 b_B 和溶质 B 的浓度 c_B 表示，相应的亨利定律可表示为

$$p_B = k_{b,B} b_B \tag{3.5.4}$$

$$p_B = k_{c,B} c_B \tag{3.5.5}$$

式(3.5.3)～式(3.5.5)均称为亨利定律，$k_{x,B}$、$k_{b,B}$ 和 $k_{c,B}$ 均称为亨利系数。注意 $k_{b,B}$ 和 $k_{c,B}$

的单位。

虽然亨利定律是在研究气体溶解行为时提出的，但是进一步的研究发现亨利定律对含挥发性溶质的稀溶液也适用。

在使用亨利定律时需注意：

(1) 温度越高或溶质 B 的平衡分压力 p_B 越低，则溶液中溶质 B 的浓度就越低，使用亨利定律越准确。这一性质可用于气体的提纯分离。

(2) 若溶质为混合气体，当总压力不大时，亨利定律能分别适用于每一种气体。

(3) 溶质 B 在气相中的分子状态必须与溶液中相同。例如，HCl(g)溶于苯中是以 HCl 分子形式存在，可用亨利定律，但是若溶于水中，则 HCl 分子解离为 H^+ 和 Cl^-，亨利定律就不适用。如果是 NH_3(g)溶解于水中，部分 NH_3 分子与水反应生成 NH_4^+ 和 OH^-，则用亨利定律时要将反应掉的 NH_3 的量从溶解 NH_3 的量中扣除，只考虑游离态的 NH_3 的浓度。

亨利定律与生物体有密切关系。例如，煤气中毒者要被送进高压氧舱抢救，由于高压氧舱中的氧气分压增加，氧在血液中的溶解度就增加，可以减轻甚至消除由于缺氧造成的对人体器官的损害。在深海工作的人员必须缓慢地从海底回到海面，这样有利于让在深海高压时溶解在血液中的氮气有足够的时间释放出来，防止氮气在短时间内大量释放而在血管中形成氮气泡造成血栓。

【例 3.5.2】 标准状况下氧气在水中的溶解度为 $4.490\times10^{-2}\,dm^3\cdot kg^{-1}$。试求 0℃时氧气在水中溶解的亨利系数 k_{x,O_2}、k_{b,O_2} 和 k_{c,O_2}。0℃时水的密度为 $1.000\,kg\cdot dm^{-3}$。

解　因为标准状况下氧气的摩尔体积为 $22.41\,dm^3\cdot mol^{-1}$，有

$$x_{O_2}=\frac{n_{O_2}}{n_{H_2O}+n_{O_2}}=\frac{\frac{4.490\times10^{-2}}{22.41}}{\frac{1000}{18.02}+\frac{4.490\times10^{-2}}{22.41}}=3.610\times10^{-5}$$

$$b_{O_2}=\frac{n_{O_2}}{m_{H_2O}}=\left(\frac{4.490\times10^{-2}}{22.41}\right)mol\cdot kg^{-1}=2.002\times10^{-3}\,mol\cdot kg^{-1}$$

$$c_{O_2}=\rho_{H_2O}b_{O_2}=2.002\times10^{-3}\,mol\cdot dm^{-3}$$

由亨利定律 $p_{O_2}=k_{x,O_2}x_{O_2}$、$p_{O_2}=k_{b,O_2}b_{O_2}$、$p_{O_2}=k_{c,O_2}c_{O_2}$，有

$$k_{x,O_2}=\frac{p_{O_2}}{x_{O_2}}=\left(\frac{101\,325}{3.610\times10^{-5}}\right)Pa=2.807\times10^{9}\,Pa$$

$$k_{b,O_2}=\frac{p_{O_2}}{b_{O_2}}=\left(\frac{101\,325}{2.002\times10^{-3}}\right)Pa\cdot kg\cdot mol^{-1}=5.061\times10^{7}\,Pa\cdot kg\cdot mol^{-1}$$

$$k_{c,O_2}=\frac{p_{O_2}}{c_{O_2}}=\left(\frac{101\,325}{2.002\times10^{-3}}\right)Pa\cdot dm^3\cdot mol^{-1}=5.061\times10^{7}\,Pa\cdot dm^3\cdot mol^{-1}$$

3.6 理想液态混合物

3.6.1 理想液态混合物的定义

通常情况下，只有稀溶液中的溶剂才能比较准确地服从拉乌尔定律。因为稀溶液中溶剂分子所处的环境与纯溶剂类似，因此其蒸气压 p_A 只与溶液中溶剂的摩尔分数 x_A 有关，与溶质分子的本性无关。当溶液浓度增大时，若溶质分子的性质与溶剂分子相差较大，则溶剂分子在溶液中所处的环境与纯溶剂不一样，其蒸气压 p_A 不仅与溶剂在溶液中的摩尔分数 x_A 有关，还与溶质的性质有关，因此要偏离拉乌尔定律。只有当溶质的性质与溶剂相接近时，如同分异构体的混合物，才可以在较高浓度范围内甚至是全部浓度范围内服从拉乌尔定律。所有组分在全部浓度范围内均服从拉乌尔定律的液态混合物称为**理想液态混合物**(ideal liquid mixture)。若 A、B 两组分构成理想液态混合物，则有

$$p_A = p_A^* x_A \quad 和 \quad p_B = p_B^* x_B$$

3.6.2 理想液态混合物中各组分的化学势

温度 T 时理想液态混合物的气液两相达平衡，混合物中任意组分 B 在两相中的化学势必相等，有

$$\mu_B^g = \mu_B^l$$

若蒸气为理想气体混合物，则蒸气中组分 B 的化学势 μ_B^g 由式(3.4.2)可表示为

$$\mu_B = \mu_B^\ominus(T) + RT\ln\frac{p_B}{p^\ominus}$$

其中 p_B 可由拉乌尔定律 $p_B = p_B^* x_B$ 代入，得

$$\mu_B = \mu_B^l = \mu_B^\ominus(T) + RT\ln\frac{p_B^*}{p^\ominus} + RT\ln x_B$$

$$\mu_B = \mu_B^*(T,p) + RT\ln x_B \tag{3.6.1}$$

式(3.6.1)中，$\mu_B^*(T,p) = \mu_B^\ominus(T) + RT\ln\dfrac{p_B^*}{p^\ominus}$，$\mu_B^*(T,p)$ 是温度为 T，压力为 p(液面上的总压力)时纯液体 B 的化学势。当外压 p 改变时，纯液体 B 的饱和蒸气压 p_B^* 也要改变，导致 $\mu_B^*(T,p)$ 也有所改变。但是这一改变数值较小，在通常情况下压力 p 与标准态压力 $p^\ominus$ 相差不会很大，而溶液体积受压力的影响又较小，因此可忽略由于压力变化引起液态混合物中组分 B 的 $\mu_B^*(T,p)$ 变化，有

$$\mu_B^*(T,p) \approx \mu_B^*(T,p^\ominus) = \mu_B^*(T)$$

则(3.6.1)可表示为

$$\mu_B = \mu_B^*(T) + RT\ln x_B \tag{3.6.2}$$

式(3.6.2)中，$\mu_B^*(T)$ 是 $x_B = 1$ 时纯液体的化学势，即理想液态混合物中任意组分均选标准态下的纯液体为标准态。式(3.6.2)既是理想液态混合物中各组分的化学势表达式，也是理想液态混合物的热力学定义。

3.6.3 理想液态混合物的混合性质

由于构成理想液态混合物各组分的分子结构相似、分子的体积相近，因此各组分混合时体

积不改变，有

$$\Delta_{mix}V=0 \tag{3.6.3}$$

由于分子结构相近，分子间作用力相等，因此形成理想液态混合物时不改变分子间的作用力，各组分混合时无热效应，即

$$\Delta_{mix}H=0 \tag{3.6.4}$$

熵是体系混乱度的标志，各组分混合形成理想液态混合物时体系熵的改变与体系中各组分的混乱度有关，由于形成理想液态混合物后体系的混乱度增加，因此体系的熵必定增加

$$\Delta_{mix}S=-R\sum_{B}n_B\ln x_B \tag{3.6.5}$$

式(3.6.5)中，n_B、x_B分别为组分 B 在理想液态混合物中的物质的量和摩尔分数。由 $\Delta G=\Delta H-T\Delta S$得

$$\Delta_{mix}G=RT\sum_{B}n_B\ln x_B \tag{3.6.6}$$

式(3.6.3)～式(3.6.6)为理想液态混合物的混合性质，可用热力学方法推导获得。

3.6.4　理想液态混合物的气液平衡

与组成为 x_B的液相达成平衡的气相中 p_A、p_B和总压力 p 的关系如图 3.6.1 所示。图中直线$\overline{p_A^* B}$符合关系 $p_A=p_A^* x_A$，其中 p_A^* 点为纯 A 温度为 T 时的饱和蒸气压。直线$\overline{Ap_B^*}$符合关系 $p_B=p_B^* x_B$，其中 p_B^* 点为纯 B 在温度为 T 时的饱和蒸气压。与液相达平衡的蒸气总压 $p=p_A+p_B$，因此直线$\overline{p_A^* p_B^*}$为理想液态混合物上方 A、B 二组分的蒸气压之和。

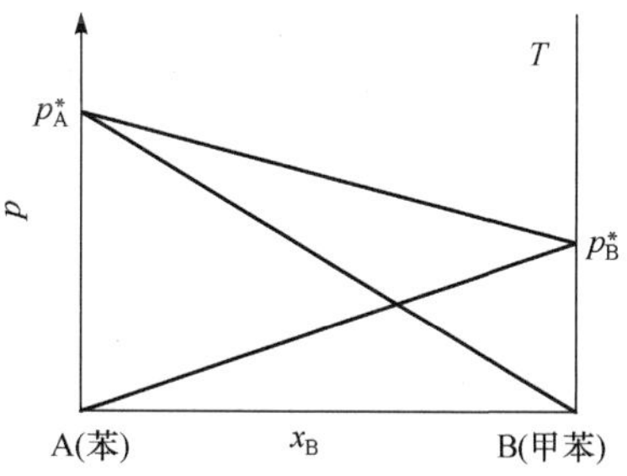

图 3.6.1　理想液态混合物的蒸气压-组成图(p-x 图)

【例 3.6.1】 液体 A、B 可形成理想液态混合物，已知温度 T 时 p_A^* 和 p_B^* 分别为 40.53kPa 和 121.6kPa。

(1) 若在此温度下将组成为 $y_A=0.400$ 的气态 A、B 混合物置于一带活塞的汽缸中恒温压缩，计算刚开始出现液相时的蒸气总压力；

(2) 求此理想液态混合物在 101.325kPa 下沸腾时液相的组成。

解　(1) 刚开始出现液相时原体系的组成近似等于气相组成，有 $y_A=0.400$，$y_B=0.600$，由于 $p_A=p_A^* x_A=py_A$，$p_B=p_B^* x_B=py_B$，两式相除，有

$$\frac{p_A^* x_A}{p_B^* x_B}=\frac{y_A}{y_B}$$

$$\frac{x_A}{x_B}=\frac{y_A p_B^*}{y_B p_A^*}=\frac{0.400\times 121.6}{0.600\times 40.53}=2.000$$

$$\frac{1-x_B}{x_B}=\frac{1}{x_B}-1=2.000$$

解得 $x_B=0.333$。

$$p=\frac{p_B}{y_B}=\frac{p_B^* x_B}{y_B}$$

$$=\left(\frac{121.6\times 0.333}{0.600}\right)\text{kPa}$$

$$=67.49\text{kPa}$$

(2) 理想液态混合物沸腾时体系的总蒸气压力等于外压

$$p = p_A + p_B = p_A^*(1 - x_B) + p_B^* x_B$$

$$x_B = \frac{p - p_A^*}{p_B^* - p_A^*} = \frac{101.325 - 40.53}{121.6 - 40.53} = 0.750$$

液相的组成为 $x_B = 0.750$。

3.7 理想稀溶液

3.7.1 理想稀溶液的定义

无数实验事实证明一定温度压力下含非电解质溶质的稀溶液，若在某温度范围内溶质服从亨利定律，则溶剂必服从拉乌尔定律，这样的稀溶液称为**理想稀溶液**(ideal dilute solution)，可用热力学方法加以证明。

当稀溶液中溶质分子与溶剂分子之间的相互作用力等于纯溶质分子相互间的作用力时，$k_{x,B} = p_B^*$；当溶质分子与溶剂分子之间的作用力大于纯溶质分子相互间的作用力时，$k_{x,B} < p_B^*$；当溶质分子与溶剂分子之间的作用力小于纯溶质分子相互间的作用力时，$k_{x,B} > p_B^*$。这是因为稀溶液中溶质分子周围基本上都是溶剂分子，所以只考虑溶质分子与溶剂分子的相互作用。

3.7.2 理想稀溶液中各组分的化学势

理想稀溶液中溶剂服从拉乌尔定律，则其化学势与理想液态混合物中各组分化学势具有相同的表达式，即

$$\mu_A = \mu_A^*(T) + RT\ln x_A \tag{3.7.1}$$

式(3.7.1)中，$\mu_A^*(T)$是温度为 T，$x_A = 1$ 时标准态的化学势，即理想稀溶液中溶剂的标准态也选温度为 T，压力为 $p^\ominus$时的纯溶剂。

理想稀溶液中的溶质服从亨利定律，因此在气液两相达平衡后两相中溶质的化学势相等：

$$\mu_B = \mu_B^g = \mu_B^\ominus(T) + RT\ln\frac{p_B}{p^\ominus}$$

将式(3.5.3)代入上式，有

$$\begin{aligned}\mu_B &= \mu_B^\ominus(T) + RT\ln\frac{k_{x,B}x_B}{p^\ominus}\\ &= \mu_B^\ominus(T) + RT\ln\frac{k_{x,B}}{p^\ominus} + RT\ln x_B\end{aligned}$$

$$\mu_B = \mu_{B,x}^*(T,p) + RT\ln x_B \tag{3.7.2}$$

式(3.7.2)中，$\mu_{B,x}^*(T,p) = \mu_B^\ominus(T) + RT\ln\dfrac{k_{x,B}}{p^\ominus}$，是 $x_B = 1$、性质仍具有理想稀溶液性质的状态，这是一个假想的状态，如图 3.7.1(a)中的 R 点。此时溶液真实的状态已是纯溶质，即 W 点的状态。因此 R 点实际上是达不到的，也称为参考态。$\mu_{B,x}^*(T,p)$为标准态或参考态化学势。对确定的溶质和溶剂，$\mu_{B,x}^*(T,p)$是温度 T、压力 p 的函数。同样，当压力 p 不大时，$\mu_{B,x}^*(T,p)$可近似为温度 T 的函数，记作 $\mu_{B,x}^*(T)$，则式(3.7.2)写作

$$\mu_B = \mu_{B,x}^*(T) + RT\ln x_B \tag{3.7.3}$$

若将式(3.5.4)和式(3.5.5)代入，可推导得溶质化学势的其他表达式为

$$\mu_B = \mu_{B,b}^{\square}(T) + RT\ln\frac{b_B}{b^{\ominus}} \tag{3.7.4}$$

$$\mu_B = \mu_{B,c}^{\triangle}(T) + RT\ln\frac{c_B}{c^{\ominus}} \tag{3.7.5}$$

式(3.7.4)中，$b^{\ominus}=1\text{mol}\cdot\text{kg}^{-1}$，$\mu_{B,b}^{\square}(T)=\mu_B^{\ominus}(T)+RT\ln\frac{k_{b,B}b^{\ominus}}{p^{\ominus}}$为标准态的化学势，是以温度为 T、压力为 $p^{\ominus}$、$b_B=1\text{mol}\cdot\text{kg}^{-1}$、性质仍服从理想稀溶液行为的溶液中的溶质为标准态，如图 3.7.1(b)中的 R' 点，它也是一个假想的状态，此时溶液真实的状态为图中的 W' 点。式(3.7.5)中，$c^{\ominus}=1\text{mol}\cdot\text{dm}^{-3}$，$\mu_{B,c}^{\triangle}(T)=\mu_B^{\ominus}(T)+RT\ln\frac{k_{c,B}c^{\ominus}}{p^{\ominus}}$为标准态的化学势，是以温度为 T、压力为 $p^{\ominus}$、$c_B=1\text{mol}\cdot\text{dm}^{-3}$、性质仍服从理想稀溶液行为的溶液中的溶质为标准态，如图 3.7.1(c)中的 R'' 点，它也是一个假想的状态，此时溶液真实的状态为图中的 W'' 点。

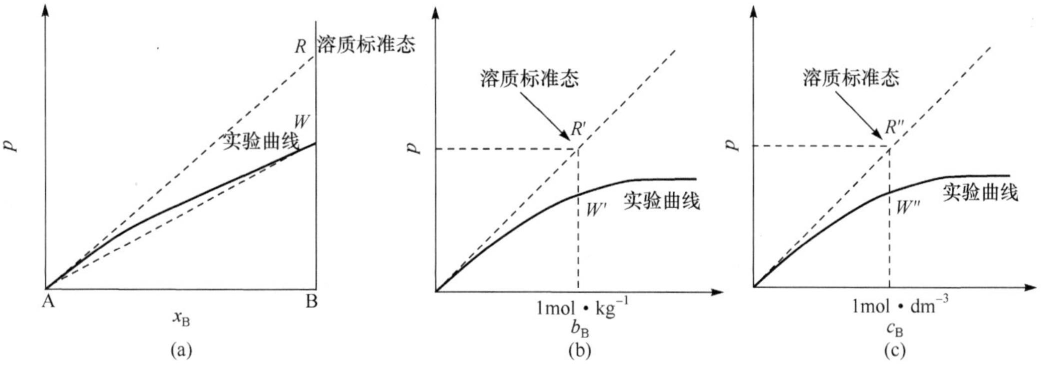

图 3.7.1　理想稀溶液中溶质的标准态

【例 3.7.1】 $x_B=0.030$ 的乙醇水溶液在 97.11℃时的蒸气总压为 101.3kPa。试计算该温度下，$x_B=0.020$ 的乙醇水溶液上方乙醇和水的蒸气分压及气相组成。已知该温度下纯水(A)的饱和蒸气压为 91.30kPa。溶液可视为理想稀溶液。

解　对理想稀溶液，有

$$p = p_A^* x_A + k_{x,B}x_B$$

$$k_{x,B} = \frac{p - p_A^* x_A}{x_B}$$

$$= \left[\frac{101.3 - 91.30\times(1-0.030)}{0.030}\right]\text{kPa} = 425\text{kPa}$$

当 $x_B=0.020$ 时

$$p_B = k_{x,B}x_B = 425\text{kPa}\times 0.020 = 8.5\text{kPa}$$

$$p_A = p_A^* x_A = 91.30\text{kPa}\times(1-0.020) = 89.5\text{kPa}$$

气相组成

$$y_B = \frac{p_B}{p_A + p_B} = \frac{8.5}{(89.5+8.5)} = 0.087$$

$$y_A = 1 - 0.087 = 0.913$$

3.8 非理想体系

3.8.1 非理想液态混合物

当各组分的性质相差较大时，每一组分的分子在混合物中所处的环境与纯组分不一样，因此会偏离拉乌尔定律，这样的液态混合物称为非理想液态混合物。与处理实际气体与理想气体化学势的差别类似，为了使非理想液态混合物中各组分的化学势也具有一种简单的形式，路易斯提出用活度 a_B来代替式(3.6.1)中的 x_B，a_B可理解为组分 B 的有效浓度。非理想液态混合物中组分 B 的化学势可表示为

$$\mu_B=\mu_B^*(T)+RT\ln a_B \tag{3.8.1}$$

定义

$$a_B=\gamma_B x_B \tag{3.8.2}$$

$$\lim_{x_B\to 1}\gamma_B=\lim_{x_B\to 1}\frac{a_B}{x_B}=1 \tag{3.8.3}$$

式(3.8.1)～式(3.8.3)为活度的完整定义，式中 γ_B 为组分 B 的活度因子。当 $x_B=1$、$\gamma_B=1$ 时，有 $a_B=1$、$\mu_B=\mu_B^*(T)$。因此，非理想液态混合物选的标准态与式(3.6.1)中理想液态混合物选的标准态相同，也是温度为 T、压力为 $p^\ominus$时的纯液体。若非理想液态混合物上方平衡蒸气可看作理想气体混合物，则拉乌尔定律可写作

$$p_B=p_B^* a_B=p_B^*\gamma_B x_B$$

因此有

$$a_B=\frac{p_B}{p_B^*} \tag{3.8.4}$$

$$\gamma_B=\frac{p_B}{p_B^* x_B} \tag{3.8.5}$$

式(3.8.4)和式(3.8.5)可用于计算非理想液态混合物中组分 B 的活度 a_B和活度因子 γ_B。

活度因子 γ_B表示非理想液态混合物与理想溶液混合物的偏差程度，γ_B可大于 1，也可小于 1。活度因子 γ_B除了与温度有关外，还与溶液中组分 B 的浓度和其他组分的种类及浓度有关。

3.8.2 非理想稀溶液中的溶剂

非理想稀溶液中的溶剂是相对于理想稀溶液中的溶剂进行校正的，其化学势的形式如式(3.8.1)

$$\mu_A=\mu_A^*(T)+RT\ln a_A \quad (a_A=\gamma_A x_A) \tag{3.8.6}$$

式(3.8.6)中，$\mu_A^*(T)$是温度为 T、压力为 $p^\ominus$时纯组分 A 的化学势。

3.8.3 非理想稀溶液中的溶质

非理想稀溶液中的溶质是相对于理想稀溶液中的溶质进行校正的。由于亨利定律有三种表示形式，因此相应的化学势也有三种表达式

$$\mu_B=\mu_{B,x}^*(T)+RT\ln a_{x,B} \quad (a_{x,B}=\gamma_{x,B}x_B) \tag{3.8.7}$$

$$\mu_B=\mu_{B,b}^{\square}(T)+RT\ln a_{b,B} \quad \left(a_{b,B}=\gamma_{b,B}\frac{b_B}{b^\ominus}\right) \tag{3.8.8}$$

$$\mu_{\mathrm{B}}=\mu_{\mathrm{B},c}^{\triangle}(T)+RT\ln a_{c,\mathrm{B}} \quad \left(a_{c,\mathrm{B}}=\gamma_{c,\mathrm{B}}\frac{c_{\mathrm{B}}}{c^{\ominus}}\right) \tag{3.8.9}$$

式(3.8.7)～式(3.8.9)中，$\mu_{\mathrm{B},x}^{*}(T)$、$\mu_{\mathrm{B},b}^{\square}(T)$和 $\mu_{\mathrm{B},c}^{\triangle}(T)$是非理想稀溶液中溶质处于标准态时的化学势。它们分别指在温度为 T、压力为 $p^{\ominus}$时，$x_{\mathrm{B}}=1$、$a_{x,\mathrm{B}}=1$、$\gamma_{x,\mathrm{B}}=1$，$b_{\mathrm{B}}=1\mathrm{mol\cdot kg^{-1}}$、$a_{b,\mathrm{B}}=1$、$\gamma_{b,\mathrm{B}}=1$ 和 $c_{\mathrm{B}}=1\mathrm{mol\cdot dm^{-3}}$、$a_{c,\mathrm{B}}=1$、$\gamma_{c,\mathrm{B}}=1$，但性质仍服从亨利定律的非理想稀溶液中溶质的化学势。

在科学研究和生产实际中式(3.8.1)和式(3.8.6)～式(3.8.9)的应用较式(3.6.2)、式(3.7.1)和式(3.7.3)～式(3.7.5)更广泛。因为前者既可适用于非理想液态混合物和非理想稀溶液，也可适用于理想液态混合物和理想稀溶液，而后者仅适用于理想液态混合物和理想稀溶液。

要注意，对于一种组分的标准态选择不同，标准态的化学势不同，活度和活度因子也不同，但是化学势都是相同的。

3.9　稀溶液的依数性

对于理想稀溶液，其溶剂的蒸气压下降、凝固点降低(析出固态纯溶剂)、沸点升高(溶质不挥发)和渗透压的数值，对指定溶剂而言仅与溶液中溶质的质点数有关，而与溶质的本性无关。因此称这些性质为稀溶液的**依数性**(colligative properties)。

3.9.1　蒸气压下降

理想稀溶液中溶剂服从拉乌尔定律，一定温度下稀溶液的蒸气压下降如图 3.9.1 所示，下降值 Δp 可表示为

$$\Delta p=p_{\mathrm{A}}^{*}-p_{\mathrm{A}}=p_{\mathrm{A}}^{*}x_{\mathrm{B}} \tag{3.9.1}$$

由式(3.9.1)可见，液体蒸气压下降值与溶剂的本性和溶液中溶质的摩尔分数有关，与溶质的本性无关。

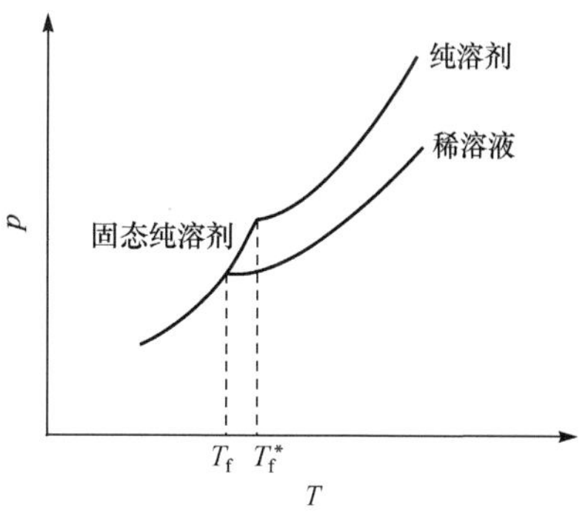

图 3.9.1　稀溶液的饱和蒸气压和凝固点下降示意图

3.9.2　凝固点降低

若溶质与溶剂不形成固态混合物，在溶液降温时，溶液中析出固态纯溶剂时的温度，即溶液的凝固点 T_{f} 要低于纯溶剂的凝固点 T_{f}^{*}，如图 3.9.1 所示。实验表明凝固点的降低值 ΔT_{f}与溶液中溶质的浓度 b_{B}成正比

$$\Delta T_{\mathrm{f}}=T_{\mathrm{f}}^{*}-T_{\mathrm{f}}=k_{\mathrm{f}}b_{\mathrm{B}} \tag{3.9.2}$$

式(3.9.2)中，k_{f}为**凝固点下降系数**(freezing point lowering coefficient)，它与溶剂的性质有关，与溶质的性质无关。常见溶剂的 k_{f}值见表 3.9.1。

表 3.9.1　常见溶剂的 k_{f}和 k_{b}值

溶　剂	水 H_2O	乙酸 CH_3COOH	苯 C_6H_6	二硫化碳 CS_2	萘 $C_{10}H_8$	四氯化碳 CCl_4	苯酚 C_6H_5OH
$k_{\mathrm{f}}/(\mathrm{K\cdot kg\cdot mol^{-1}})$	1.86	3.90	5.12	3.80	6.94	30	7.27
$k_{\mathrm{b}}/(\mathrm{K\cdot kg\cdot mol^{-1}})$	0.51	3.07	2.53	2.37	5.8	4.95	3.04

式(3.9.2)可用热力学方法推导得到。若稀溶液中析出纯溶剂固体,则此时溶液中溶剂的化学势 $\mu_A^l(T,p,x_A)$ 与析出的固体纯溶剂的化学势 $\mu_A^s(T,p)$ 相等,即

$$\mu_A^l(T,p,x_A)=\mu_A^s(T,p)$$

$$\mu_A^l(T,p,x_A)=\mu_A^{\ominus}(T,p)+RT\ln x_A$$

有

$$\mu_A^s(T,p)=\mu_A^{\ominus}(T,p)+RT\ln x_A$$

移项得

$$\ln x_A=-\frac{1}{R}\left[\frac{\mu_A^{\ominus}(T,p)-\mu_A^s(T,p)}{T}\right]$$

$$\ln x_A=-\frac{1}{R}\left\{\frac{[H_{A,m}^{\ominus}(T,p)-TS_{A,m}^{\ominus}(T,p)]-[H_{A,m}^s(T,p)-TS_{A,m}^s(T,p)]}{T}\right\}$$

$$\ln x_A=-\frac{1}{R}\left[\frac{\Delta_{fus}H_m^*(T,p)}{T}-\Delta_{fus}S_m^*(T,p)\right]$$

对浓度为 x_A 的溶液,其凝固点为 T_f,上式可写作

$$\ln x_A=-\frac{1}{R}\left[\frac{\Delta_{fus}H_m^*(T_f,p)}{T_f}-\Delta_{fus}S_m^*(T_f,p)\right]$$

对纯溶剂,其凝固点为 T_f^*,上式可写作

$$\ln 1=-\frac{1}{R}\left[\frac{\Delta_{fus}H_m^*(T_f^*,p)}{T_f^*}-\Delta_{fus}S_m^*(T_f^*,p)\right]$$

将以上两式相减得

$$\ln x_A=-\frac{1}{R}\left\{\left[\frac{\Delta_{fus}H_m^*(T_f,p)}{T_f}-\frac{\Delta_{fus}H_m^*(T_f^*,p)}{T_f^*}\right]-[\Delta_{fus}S_m^*(T_f,p)-\Delta_{fus}S_m^*(T_f^*,p)]\right\}$$

假设

$$\Delta_{fus}H_m^*(T_f,p)\approx\Delta_{fus}H_m^*(T_f^*,p)$$

$$\Delta_{fus}S_m^*(T_f,p)\approx\Delta_{fus}S_m^*(T_f^*,p)$$

则有

$$\ln x_A=\frac{\Delta_{fus}H_m^*}{R}\left(\frac{1}{T_f^*}-\frac{1}{T_f}\right)$$

$$-\ln x_A=\frac{\Delta_{fus}H_m^*}{R}\cdot\frac{T_f^*-T_f}{T_f^*T_f}=\frac{\Delta_{fus}H_m^*}{R}\cdot\frac{\Delta T_f}{T_f^*T_f}$$

由于稀溶液中 x_B 很小,因此引起凝固点的改变也小,有

$$-\ln x_A=-\ln(1-x_B)\approx x_B=\frac{n_B}{n_A+n_B}\approx\frac{n_B}{n_A}=\frac{n_B}{m_A}M_A=b_BM_A$$

和

$$T_f^*T_f\approx T_f^{*2}$$

则有

$$b_BM_A=\frac{\Delta_{fus}H_m^*}{R}\frac{\Delta T_f}{T_f^{*2}}$$

或

$$\Delta T_f = \frac{RT_f^{*2}}{\Delta_{fus}H_m^*} M_A b_B = k_f b_B$$

其中 b_B 为溶质 B 的质量摩尔浓度，单位为 $mol \cdot kg^{-1}$，k_f 为凝固点下降系数

$$k_f = \frac{RT_f^{*2}}{\Delta_{fus}H_m^*} M_A$$

若由实验测得凝固点降低值 ΔT_f，则可求出溶质 B 的摩尔质量 M_B

$$M_B = \frac{k_f}{\Delta T_f} \frac{m_B}{m_A} \tag{3.9.3}$$

式(3.9.3)中，m_A、m_B 分别为溶剂、溶质的质量。

【例 3.9.1】 在 25.0g 苯中溶入 0.245g 苯甲酸，测得凝固点降低值 $\Delta T_f = 0.206K$。试求苯甲酸在苯中的化学式。

解　由表 3.9.1 得苯的 $k_f = 5.12K \cdot kg \cdot mol^{-1}$，由式(3.9.3)得

$$M_B = \frac{k_f m_B}{\Delta T_f m_A} = \left(\frac{5.12 \times 0.245}{0.206 \times 25.0}\right) kg \cdot mol^{-1} = 0.244 kg \cdot mol^{-1}$$

已知苯甲酸 C_6H_5COOH 的摩尔质量为 $0.122kg \cdot mol^{-1}$，因此苯甲酸在苯中的化学式为 $(C_6H_5COOH)_2$，是二聚体。

3.9.3　沸点上升

非挥发性溶质溶解于挥发性溶剂中，溶液的蒸气压小于纯溶剂的蒸气压。如图 3.9.2 的蒸气压-温度图上，稀溶液的蒸气压曲线位于纯溶剂蒸气压曲线的下方，为了使稀溶液的蒸气压升到 101.325kPa，则必须使温度升高到 T_b，它与纯溶剂沸点 T_b^* 的差值为 ΔT_b。实验表明含非挥发性溶质 B 的稀溶液的沸点上升值 ΔT_b 仅与溶质的质量摩尔浓度 b_B 及溶剂的性质有关，即

$$\Delta T_b = T_b - T_b^* = k_b b_B \tag{3.9.4}$$

k_b 为**沸点上升系数**(boiling point elevation coefficient)，它与溶剂的性质有关，与溶质的性质无关。常见溶剂的 k_b 值见表 3.9.1。

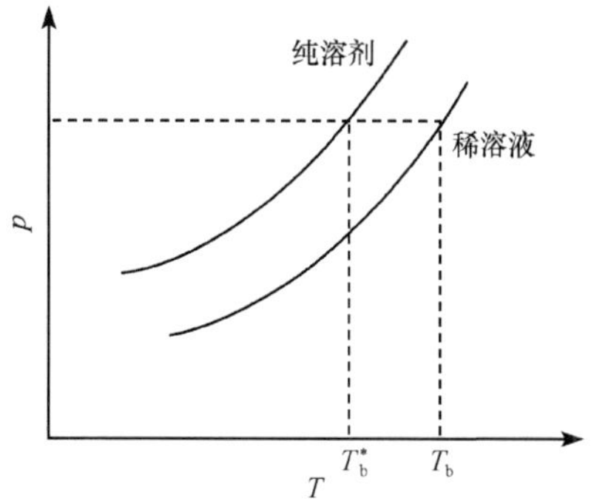

图 3.9.2　稀溶液沸点上升示意图

与凝固点下降的热力学分析相似，因为溶液沸腾时溶剂 A 在溶液中的化学势与气相中的化学势相等

$$\mu_A^g(T,p) = \mu_A^l(T,p,x_A)$$

可推得式(3.9.4)。同样，溶质 B 的摩尔质量 M_B 为

$$M_B = \frac{k_b}{\Delta T_b} \frac{m_B}{m_A} \tag{3.9.5}$$

3.9.4　渗透压

一定温度下，将一 U 形管中间用半透膜隔开，半透膜只允许溶剂分子通过，不允许溶质分

子通过。半透膜的一边为纯溶剂，另一边为溶液，或在半透膜的两边分别装相同溶质而浓度不同的两种溶液，则会发生纯溶剂向溶液迁移，或浓度较低溶液中的溶剂向浓度较高溶液迁移的现象，这种现象称为渗透现象。为了阻止溶剂的迁移，必须在溶液（或浓度较高的溶液）上方增加压力至半透膜两边溶剂的化学势相等，这个压力称为**渗透压**（osmotic pressure），以 Π 表示。实验测得理想稀溶液的渗透压与溶质 B 的浓度有关系

$$\Pi = c_B RT \tag{3.9.6}$$

式(3.9.6)中，c_B 为溶质 B 的浓度。可以将 Π 理解为阻止溶剂迁移必须在溶液上方加的压力与溶剂上方的压力之差。

式(3.9.6)也称为**范特霍夫**(van't Hoff)**渗透压公式**，它的适用条件为理想稀溶液。对一般小分子溶液，当溶质的质量分数小于 1%时，溶液与理想稀溶液的偏差很小，可近似为理想稀溶液。但是，对于大分子溶液，即使溶质的质量分数小于 1%，其溶液的行为也明显偏离理想稀溶液，使用时应予以修正，相关内容将在第 8 章胶体化学中介绍。

将式(3.9.6)变形为

$$M_B = \frac{m_B RT}{\Pi V} \tag{3.9.7}$$

式(3.9.7)中，M_B为溶质 B 的摩尔质量；m_B为溶质 B 的质量；V 为溶液的体积。因此可以用测定渗透压的方法求得溶质 B 的摩尔质量。

渗透压对生物体而言是一个极其重要的量，它在调节细胞内外水分、可渗透溶质、养分的分布和输送方面起着重要作用。具有相等渗透压的溶液为等渗溶液，只有与渗透压相等的溶液相接触，细胞才能维持正常的生理功能。人通过肾脏功能的调节，维持人体正常渗透压为 710～860kPa。等渗溶液在医药上也具有重要意义，人体静脉输液时应注意所输液体与血液应是等渗溶液，若其渗透压高于血液，则血球细胞中的水分会向血液中渗透而引起血球脱水萎缩；若其渗透压低于血液，则水分会向血球细胞中渗透而导致细胞肿胀甚至破裂，引起溶血现象。一般植物的渗透压为 405～2026kPa，若植物与渗透压高于此值的液体相接触，植物中的水分会迅速向外渗透，导致植物枯萎死亡，这就是盐碱地里庄稼不能正常生长的原因。若植物与渗透压低于此值的液体相接触，水将进入植物体细胞，也会导致植物细胞膨胀甚至破裂。

应该注意：

(1) 在利用依数性测定大分子化合物的摩尔质量时，以式(3.9.7)渗透压法最灵敏。式(3.9.3)和式(3.9.5)的凝固点降低和沸点上升法，由于 ΔT_f 和 ΔT_b 值太小，很难测准。

(2) 溶液的依数性与溶质在溶液中的质点数有关，若溶质发生解离或缔合，则质点数就会发生变化，相应的依数性也要改变，因此要注意溶质 B 在溶液中的实际存在状态。

(3) 凝固点降低法只限析出纯溶剂 A 的体系，对溶质是否挥发无限制。沸点上升法只用于非挥发性溶质形成的稀溶液，对挥发性溶质的溶液不适用。

【例 3.9.2】 求浓度 $b_B = 0.001 \text{mol} \cdot \text{kg}^{-1}$ 的稀水溶液在 25℃时的蒸气压下降值 Δp、凝固点降低值 ΔT_f、沸点升高值 ΔT_b 和渗透压 Π。已知 25℃水的饱和蒸气压为 3168Pa，水的密度为 $997 \text{kg} \cdot \text{m}^{-3}$，稀溶液的密度可近似为水的密度。

解 所给溶液的 $x_B \approx \frac{n_B}{n_A} = \frac{n_B}{m_A/M_A} = \frac{0.001}{1 \times 10^3/18.02} = 1.802 \times 10^{-5}$

$$c_B \approx \left(\frac{0.001}{\frac{1}{997}}\right) mol \cdot m^{-3} = 0.997 mol \cdot m^{-3}$$

$$\Delta p = p_A^* x_B = (3168 \times 1.802 \times 10^{-5}) Pa = 5.709 \times 10^{-2} Pa$$

$$\Delta T_f = k_f b_B = (1.86 \times 0.001) K = 1.86 \times 10^{-3} K$$

$$\Delta T_b = k_b b_B = (0.51 \times 0.001) K = 5.1 \times 10^{-4} K$$

$$\Pi = c_B RT = (0.997 \times 8.314 \times 298.15) Pa = 2471 Pa$$

计算结果表明，理想稀溶液的依数性中以渗透压随浓度的变化最显著。

【例 3.9.3】 20℃时将 25.97g 甘露醇溶于 500g 水中，此溶液的蒸气压为 2325.6Pa。已知此温度下水的饱和蒸气压为 2337.8Pa，试计算甘露醇的摩尔质量。

解　由于稀溶液的依数性与溶液中溶质的质点数成正比，因此它是测定溶质的摩尔质量的方法之一。由蒸气压下降关系得

$$\Delta p = p_A^* x_B$$

$$x_B = \frac{\Delta p}{p_A^*} = \frac{2337.8 - 2325.6}{2337.8} = 0.005\,219$$

$$n_B = \frac{x_B}{x_A} n_A = \left(\frac{0.005\,219}{1 - 0.005\,219} \times \frac{500}{18.02}\right) mol = 0.1456 mol$$

$$M_B = \frac{m_B}{n_B} = \left(\frac{25.97}{0.1456}\right) g \cdot mol^{-1} = 178.4 g \cdot mol^{-1}$$

求得甘露醇的摩尔质量为 178.4g · mol^{-1}。

3.10　分配定律——溶质在两互不相溶液相中的分配

3.10.1　分配定律

实验表明，恒温恒压下如果溶质 B 可同时溶解在共存的两种互不相溶的液体中且达平衡，若溶质在两液体中的分子形态相同，则溶质 B 在两液相中的浓度不大时其比值为定值，这就是**能斯特分配定律**(Nernst distribution law)。其数学表达式为

$$\frac{b_B^\alpha}{b_B^\beta} = K \quad 或 \quad \frac{c_B^\alpha}{c_B^\beta} = K \qquad (3.10.1)$$

式(3.10.1)中，b_B^α、b_B^β 分别为溶质 B 在溶剂 α 相和 β 相中的质量摩尔浓度；c_B^α、c_B^β 分别为溶质 B 在溶剂 α 相和 β 相中的浓度。K 称为**分配系数**(distribution coefficient)，分配系数与体系的温度、压力、溶质的本性和两种溶剂的本性等因素有关。溶液越稀，实验结果与式(3.10.1)越相符合。

应用分配定律时应该注意，当溶质在两溶剂中有缔合或解离现象时，分配定律只适用于在两溶剂中有相同分子形态的那部分溶质的浓度。

3.10.2　分配定律的应用——萃取

分配定律的一个重要应用是萃取。**萃取**(extraction)就是利用溶剂从一互不相溶的溶液中分离出溶质的方法。萃取是一种广泛应用的简便快捷的分离方法。它在粗产品的提纯精制、药物的分离提纯、稀有元素和贵金属的分离和提取、含酚废水的处理等方面具有重要的应用价值。萃取的关键是选择一种优良的萃取剂。一种好的萃取剂首先在分配平衡时被萃取物

质在其中应有较大的溶解度，其次对被萃取的溶液来说要互不相溶。

应用分配定律可以从理论上计算每次萃取物质的量，以确定有效萃取的次数和比较不同萃取方法的效果。假定溶质 B 在两互不相溶的溶剂中没有缔合、解离、化学变化等作用，一体积为 V_1 的溶液中含有溶质的质量为 m，每次用相同体积为 V_2 的纯溶剂萃取，则第一次萃取达平衡后残留在原溶液中的溶质的质量为 m_1，由分配定律得

$$K=\frac{m_1/V_1}{(m-m_1)/V_2}$$

或

$$m_1=m\frac{KV_1}{KV_1+V_2}$$

若用体积为 V_2 的纯溶剂进行第二次萃取，则平衡后残留在原溶液中溶质的质量为 m_2，有

$$m_2=m_1\frac{KV_1}{KV_1+V_2}=m\left(\frac{KV_1}{KV_1+V_2}\right)^2$$

以此类推，若用体积为 V_2 的纯溶剂进行第 n 次萃取，则平衡后残留在原溶液中的溶质的质量为 m_n，有

$$m_n=m\left(\frac{KV_1}{KV_1+V_2}\right)^n$$

但是，若用体积为 nV_2 的纯溶剂进行一次萃取，则平衡后残留在原溶液中的溶质的质量为 m'，有

$$m'=m\left(\frac{KV_1}{KV_1+nV_2}\right)$$

显然

$$\frac{KV_1}{KV_1+nV_2}>\left(\frac{KV_1}{KV_1+V_2}\right)^n$$

所以

$$m_n<m'$$

即对一定量的萃取溶剂来说，分若干次进行萃取比用全部溶剂进行一次萃取的效果要好，这就是少量多次原则。

【例 3.10.1】 现有 1.00dm³ 含碘量为 0.100g 的水溶液，若用 0.600dm³ CCl_4 进行萃取，求一次萃取和平均分三次萃取情况下溶液中所剩碘的量。已知碘在水和 CCl_4 中的分配系数为 0.0117。

解 由分配定律得一次萃取剩下碘的量为

$$\begin{aligned}m_1&=m\frac{KV_1}{KV_1+V_2}\\&=\left(0.100\times\frac{0.0117\times1.00}{0.0117\times1.00+0.600}\right)\text{g}\\&=1.91\times10^{-3}\text{g}\end{aligned}$$

三次萃取剩下碘的量为

$$\begin{aligned}m_3&=m\left(\frac{KV_1}{KV_1+V_2}\right)^3\\&=\left[0.100\times\left(\frac{0.0117\times1.00}{0.0117\times1.00+0.200}\right)^3\right]\text{g}\\&=1.69\times10^{-5}\text{g}\end{aligned}$$

由计算结果看三次萃取的效果远远好于一次萃取。同时，经三次萃取后水相中的碘几乎已经全部转移至 CCl_4 中，没有必要再进行萃取操作了。

Ⅱ. 相　平　衡

相平衡研究相变化的方向和限度。它应用热力学原理和方法研究多相平衡体系的状态随温度、压力、组成的改变而变化的规律。相平衡与物质的分离提纯、有效成分的提取等过程中用到的蒸馏、重结晶等单元操作密切相关。

3.11　相　　律

对于纯组分或组成不变的单相封闭体系，需要两个独立的状态函数描述体系的状态。若是多组分多相平衡体系，体系的状态除了与体系两个独立的状态函数有关以外，还与体系中其他因素有关。相律就是描述平衡体系中相数、组分数、自由度以及其他影响因素之间关系的规律。

3.11.1　基本概念

1. 相和相数

体系中物理和化学性质完全均匀的部分称为相。相与相之间通常有界面。在界面上，体系的性质从宏观角度看是突变的。体系内相的数目为**相数**，用 P 表示。

通常由于气体能无限地均匀混合，所以体系中无论有多少种气体均为一相。液体若能相互溶解，则为一相，如乙醇和水的体系。若不能相互溶解，则有几种液体就有几个相，如四氯化碳和水为两相体系。固体一般一种固体为一相。同种固体，若晶形不同则分属不同的相。

2. 物种数和组分数

体系中存在的化学物质数目称为**物种数**(number of substance)，以 S 表示。S 指的是化学物种数，若是同一物质的不同相态，则属于一种化学物质。例如，碘和碘蒸气所组成的体系，$S=1$。

表示平衡体系各相组成所需要的最少独立物种数称为**独立组分数**(number of independent component)，简称**组分数**，用符号 C 表示。例如，$NH_4Cl(s)$、$HCl(g)$ 和 $NH_3(g)$ 构成的平衡体系，有化学平衡

$$NH_4Cl(s) \rightleftharpoons NH_3(g) + HCl(g)$$

体系中有三种物质，$S=3$，但是体系中任何第三种物质均可由另两种物质通过反应获得，因此独立组分数 $C=2$。若体系中还有一些其他的限制条件，如 $NH_3(g)$ 和 $HCl(g)$ 是由 $NH_4Cl(s)$ 分解出来的，或者体系中 $NH_3(g)$ 和 $HCl(g)$ 的物质的量比为 1∶1，则只要有一种物质 $NH_4Cl(s)$，就可通过反应生成浓度比为 1∶1 的 $NH_3(g)$ 和 $HCl(g)$，这时体系的组分数 $C=1$。

对应于 S 种物质，有 R 个独立的化学平衡数，有 R' 个限制条件，则体系的组分数为

$$C=S-R-R'$$

独立的化学平衡数是指不能由其他平衡的组合而得出的化学平衡的数目。限制条件 R' 包括

浓度限制条件、电中性条件等。浓度限制条件和电中性限制条件通常是在同一相中的物质之间的限制条件。

体系的物种数 S 可随人们对问题的认识角度不同而异，但是组分数 C 却不会改变。例如，将 NaCl 溶解于水中构成不饱和溶液，若认为体系中只有 NaCl 和 H_2O 两种化学物质，则体系的物种数和组分数均为 2。若认为 H_2O 解离，则有一个解离平衡

$$H_2O \rightleftharpoons H^+ + OH^-$$

因此 $R=1$。若认为 NaCl 完全解离，则由于 H^+ 和 OH^- 的浓度相等、Na^+ 和 Cl^- 的浓度相等，因此浓度限制条件 $R'=2$。体系的化学物种有 Na^+、Cl^-、H_2O、H^+ 和 OH^- 五种，组分数 $C=5-1-2=2$，即组分数仍为 2。

3. 自由度

确定平衡体系状态所需的独立强度变量数(如温度、压力、组成等)称为体系的**自由度**(degree of freedom)，用 f 表示。或者认为 f 是在不改变体系平衡相数的条件下可以独立变化的强度性质数目。例如纯水体系，为了确定液态水的状态，必须确定温度和压力，$f=2$。或者认为在一定范围内改变温度和压力不引起液相消失、固相或气相产生，因此自由度 $f=2$。对于多组分多相体系，要判断 f 值，就不那么直观了，需要借助相律。

3.11.2 相律及其推导

不考虑重力场等外场因素，而只考虑温度、压力对相平衡体系的影响时，相平衡体系的自由度 f 与相数 P 和组分数 C 的关系为

$$f=C-P+2 \tag{3.11.1}$$

式(3.11.1)中，2 为温度和压力。因此，若相平衡是在指定外压下达到的，则只有温度可变，压力不可变化，$f=C-P+1$，称为条件自由度。相律是人们的经验总结，为实验所证实。直到 1876 年，吉布斯推导出了式(3.11.1)。他认为对有 C 个组分、P 个相的平衡体系，设 C 个组分在 P 个相中均存在，则浓度可变量为 $P(C-1)$ 个，因为有一个组分的浓度不是独立的。由于是相平衡体系，因此任一组分在所有相中的化学势均相等。C 个组分在 P 个相中可写出 $C(P-1)$ 个化学势相等的式子，即有 $C(P-1)$ 个限制条件。因此对温度和压力均可变的体系，其自由度 f 为

$$f=P(C-1)+2-C(P-1)=C-P+2$$

虽然在式(3.11.1)式导出时假定 C 个组分在 P 个相中均存在，但是如果某一组分在某一相中不存在，则在该相中的浓度可变量会减少一个，同时在考虑相平衡时也少了一个化学势相等的式子，因此式(3.11.1)仍然成立。

【例 3.11.1】 试以相律来讨论具有化学反应的下述相平衡体系

$$NH_3(g)+HCl(g) \rightleftharpoons NH_4Cl(s)$$

(1) 始态为等物质的量比的 $NH_3(g)$ 和 $HCl(g)$；

(2) 始态为任意量的 $NH_3(g)$、$HCl(g)$ 和 $NH_4Cl(s)$。

解 (1) 平衡体系中的物种数 $S=3$，三种物质间有一个独立的化学平衡 $R=1$。因 $NH_3(g)$ 和 $HCl(g)$ 为等物质的量比，与化学反应方程式中这两种物质的化学计量数比相同，有一个浓度限制条件，$R'=1$，组分数 $C=S-R-R'=3-1-1=1$。

计算结果表示体系中只要有 $NH_4Cl(s)$ 一种物质就能得到含有 $NH_3(g)$、$HCl(g)$ 和 $NH_4Cl(s)$ 的平衡体

系。体系是 $NH_3(g)$、$HCl(g)$的混合气体与 $NH_4Cl(s)$共存的两相体系。体系的自由度 $f=C-P+2=1-2+2=1$，因此该体系为单变量体系，即温度、压力、$NH_3(g)$或 $HCl(g)$的浓度等三个变量中确定一个，体系的状态即可确定。假设指定了温度，则该化学反应在此温度时的平衡常数也就有定值，因 $NH_3(g)$和 $HCl(g)$是等物质的量比，因此 $p_{NH_3}=p_{HCl}$，所以两种气体的分压力就可被确定，则浓度和总压也随之而定。

(2) 倘若 $NH_3(g)$、$HCl(g)$和 $NH_4Cl(s)$是以任意量开始的，则存在一个独立的化学平衡 $R=1$，所以 $C=S-R-R'=3-1-0=2$。要构成这样的平衡体系其独立组分数为 2，相数仍为 2，则自由度 $f=C-P+2=2-2+2=2$。即温度、压力、$NH_3(g)$和 $HCl(g)$的浓度等三个变量中确定两个，体系的状态即可确定。假设指定了温度及 c_{NH_3}，就有确定的平衡常数和 p_{NH_3} 值，通过平衡常数的表达式可求出 p_{HCl}，则体系的总压力随之而定。

3.12　单组分体系的相图

单组分体系中只含有一种物质时也称为纯物质体系，将式(3.11.1)应用于单组分体系有

$$f=1-P+2=3-P \tag{3.12.1}$$

体系中至少有一相，因此 $f=2$，体系最多有两个独立的变量；体系中若无独立的变量，则自由度为零，即 $f=0$，$P=3$，最多可有三相共存。

3.12.1　单组分体系的两相平衡

只做体积功的单组分体系在恒温恒压下达两相平衡，必符合式(3.3.12)。若以 α 和 β 分别代表两个相，有

$$G_m^\alpha(T,p)=G_m^\beta(T,p)$$

若体系的温度改变 dT、压力改变 dp，则体系在新的条件下重新达到平衡，两相的吉布斯函数改变量分别为 dG_m^α 和 dG_m^β，有

$$G_m^\alpha+dG_m^\alpha=G_m^\beta+dG_m^\beta$$

由于 $G_m^\alpha=G_m^\beta$，因此

$$dG_m^\alpha=dG_m^\beta \tag{3.12.2}$$

将式(2.7.4)写成 $dG_m=-S_m dT+V_m dp$ 代入式(3.12.2)有

$$-S_m^\alpha dT+V_m^\alpha dp=-S_m^\beta dT+V_m^\beta dp$$

$$(S_m^\beta-S_m^\alpha)dT=(V_m^\beta-V_m^\alpha)dp$$

$$\frac{dp}{dT}=\frac{(S_m^\beta-S_m^\alpha)}{(V_m^\beta-V_m^\alpha)}=\frac{\Delta_{相变}S_m}{\Delta_{相变}V_m}$$

或

$$\frac{dp}{dT}=\frac{\Delta_{相变}H_m}{T\Delta_{相变}V_m} \tag{3.12.3}$$

式(3.12.3)称为**克拉佩龙方程**(Clapeyron equation)，它适用于任何单组分体系的两相平衡。

【例 3.12.1】 求压力由 1.01×10^5 Pa 增至 18.0×10^5 Pa 时冰的熔点变化。已知水和冰的密度分别为 $1.000kg\cdot dm^{-3}$和 $0.917kg\cdot dm^{-3}$，冰 $H_2O(s)$的摩尔熔化焓为 $6008J\cdot mol^{-1}$。

解　纯物质的凝固点随外压的改变而改变，由克拉佩龙方程得

$$\frac{\Delta p}{\Delta T}\approx\frac{dp}{dT}=\frac{\Delta H_m}{T\Delta V_m}$$

$$\frac{\Delta T}{\Delta p}=\frac{T\Delta V_{\mathrm{m}}}{\Delta H_{\mathrm{m}}}=\frac{T}{\Delta H_{\mathrm{m}}}M_{\mathrm{H_2O(l)}}\left(\frac{1}{\rho_{水}}-\frac{1}{\rho_{冰}}\right)$$

$$\begin{aligned}\Delta T&=\frac{T}{\Delta H_{\mathrm{m}}}M_{\mathrm{H_2O(l)}}\left(\frac{1}{\rho_{水}}-\frac{1}{\rho_{冰}}\right)\Delta p\\&=\left[\frac{273.15}{6008}\times 18.02\times\left(\frac{1}{1.000}-\frac{1}{0.917}\right)\times 10^{-6}\times(18.0\times 10^{5}-1.01\times 10^{5})\right]\mathrm{K}\\&=-0.126\mathrm{K}\end{aligned}$$

此时冰的熔点变化为−0.126℃，即熔点下降0.126℃。

若单组分体系中达到平衡的两相中有一相为气体，如纯液体的蒸发过程，式(3.12.3)可写作

$$\frac{\mathrm{d}p}{\mathrm{d}T}=\frac{\Delta_{\mathrm{vap}}H_{\mathrm{m}}}{T\Delta_{\mathrm{vap}}V_{\mathrm{m}}}$$

若忽略液体的体积，且将气体看作理想气体，有

$$\frac{\mathrm{d}p}{\mathrm{d}T}=\frac{\Delta_{\mathrm{vap}}H_{\mathrm{m}}}{TV_{\mathrm{g}}}$$

$$\frac{\mathrm{d}\ln p}{\mathrm{d}T}=\frac{\Delta_{\mathrm{vap}}H_{\mathrm{m}}}{RT^{2}} \tag{3.12.4}$$

若假定式(3.12.4)中 $\Delta_{\mathrm{vap}}H_{\mathrm{m}}$ 与温度无关，则上式可变换为

$$\ln p=\frac{-\Delta_{\mathrm{vap}}H_{\mathrm{m}}}{R}\frac{1}{T}+C \tag{3.12.5}$$

或

$$\ln\frac{p_2}{p_1}=\frac{\Delta_{\mathrm{vap}}H_{\mathrm{m}}}{R}\left(\frac{1}{T_1}-\frac{1}{T_2}\right) \tag{3.12.6}$$

式(3.12.4)～式(3.12.6)均称为**克劳修斯-克拉佩龙方程**(Clausius-Clapeyron equation)。

克劳修斯-克拉佩龙方程可用于单组分体系有一相为气相的两相平衡，式中 $\Delta_{\mathrm{vap}}H_{\mathrm{m}}$ 为相应的摩尔相变焓。

3.12.2 纯水的相图

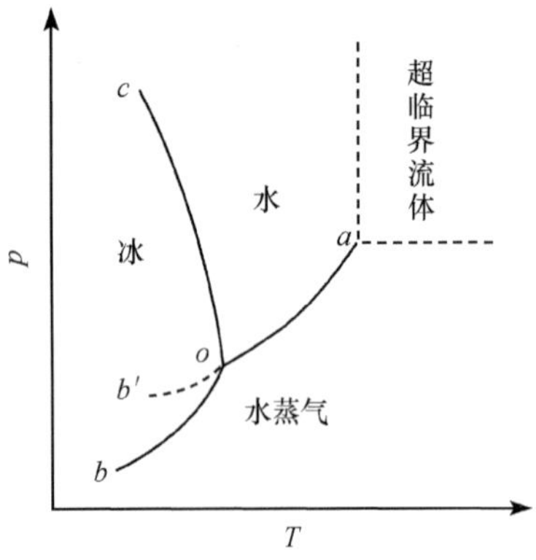

图3.12.1　纯水的相图

相图是根据实验数据描述体系的 T、p 和组成关系的图。相图上任何一个点都代表体系的一个状态，称为**系点**，表示某个相的组成的点称为**相点**。单相体系的系点就是相点，多相体系的系点可能对应不同的相，所以系点与相点不同。图3.12.1是纯水的相图。图中有水、冰、水蒸气三个相区，在这些区间内，T、p 可以在一定范围内任意变化而保持相数不变。如果是两相平衡体系，$P=2$，则 $f=1$，即在 oa、ob 和 oc 线上达两相平衡。如果体系为三相平衡共存，$P=3$，则 $f=0$，即点 o 为三相点。

1. 单相区间

单组分体系相图中的单相区间是一个面，因为 $P=1$，$f=2$，其温度和压力在一定范围内可任意改变而不引起新相的生成和旧相的消失。如图3.12.1中的水、冰、水蒸气三个相区。

2. 两相平衡共存线

单组分体系的相图中的两相平衡共存状态由图中的 oa、ob 和 oc 线表示，它们可用克拉佩龙或克劳修斯-克拉佩龙方程描述。由于 $P=2$，$f=1$，因此温度和压力不能任意改变，当温度确定后，压力则由图中对应曲线确定。

oa 线：oa 线是水和水蒸气的平衡共存曲线，即水在不同温度下的饱和蒸气压曲线。oa 线不能任意延长，a 点终止于水的**临界点**(critical point)，临界点压力 $p_c=2.2\times10^7\text{Pa}$、临界点温度 $T_c=647.4\text{K}$。温度超过 a 点，则不能用加压方法使水蒸气液化。

ob 线：ob 线是冰和水蒸气的平衡共存曲线，即冰的饱和蒸气压曲线，b 点从理论上讲可延长至 0K 附近。

oc 线：oc 线是冰和水的平衡共存曲线，由于水的结冰过程是一个体积变大的过程，由式(3.12.3)得

$$\frac{\mathrm{d}p}{\mathrm{d}T}=\frac{\Delta_{\text{fus}}H_{\text{m}}}{T\Delta_{\text{fus}}V_{\text{m}}}<0$$

因此 oc 线的斜率为负值。oc 线向上延伸可到 $2.03\times10^8\text{Pa}$ 和 -20℃左右。c 点再延伸将出现冰的其他晶形。

ob' 线：oa 的反向延伸线为 ob' 线，它是水和水蒸气的亚稳平衡线，是过冷水的饱和蒸气压曲线。此时水处于过冷状态，也称为**亚稳状态**(metastable state)，这一现象称为**过冷现象**(supercooled phenomenon)。ob' 线在 ob 线上方，说明此时水的饱和蒸气压比同温度冰的饱和蒸气压大，因此不稳定。

3. 三相点

o 点为**三相点**(triple point)，此时冰、水、水蒸气平衡共存。由式(3.12.1)知此时 $f=0$，体系没有变量，是一个确定的状态，因此是一个点，压力为 610.62Pa，温度为 273.16K。

注意水的**三相点**与水的**冰点**的差别。水的冰点是 101.325kPa 下纯冰与被空气所饱和的液态水成平衡的温度。由式(3.12.3)可求出压力从 610.62Pa 变化到 101.325kPa 引起冰的凝固点改变为 $-0.000\ 749\text{K}$，由空气在水中的溶解度及式(3.9.2)可求得溶解的空气引起水的凝固点改变为 $-0.002\ 41\text{K}$。两种效应引起水的凝固点改变之和为 $-0.009\ 91\text{K}\approx-0.01\text{K}$。水的三相点温度规定为 273.16K，水的冰点则为 273.15K，即 0℃。

【例 3.12.2】 已知固态氨和液态氨的饱和蒸气压与温度的函数关系为

$$\ln(p_{\text{s}}/\text{Pa})=27.92-3754/(T/\text{K})$$

$$\ln(p_{\text{l}}/\text{Pa})=24.38-3063/(T/\text{K})$$

求：(1)氨的三相点的温度和压力；(2)NH_3 的摩尔蒸发焓、摩尔升华焓和摩尔熔化焓。

解　(1) 设三相点的温度和压力分别为 T、p，由于 $p_{\text{s}}=p_{\text{l}}$，所以有

$$27.92-3754/(T/\text{K})=24.38-3063/(T/\text{K})$$

$$T=195.2\text{K}$$

将 T 代入上面函数关系式即可求得三相点时的蒸气压

$$\ln(p_{\text{s}}/\text{Pa})=27.92-3754/195.2$$

$$p_{\text{s}}=p=5.93\text{kPa}$$

(2) 将方程 $\ln(p_s/\mathrm{Pa})=27.92-3754/(T/\mathrm{K})$ 与 $\ln(p/\mathrm{Pa})=-\dfrac{\Delta_{sub}H_m}{RT}+C$ 比较得 NH_3 的摩尔升华焓为

$$\Delta_{sub}H_m=(3754\times 8.314)\mathrm{J\cdot mol^{-1}}=31.21\mathrm{kJ\cdot mol^{-1}}$$

同理得 NH_3 的摩尔蒸发焓为

$$\Delta_{vap}H_m=(3063\times 8.314)\mathrm{J\cdot mol^{-1}}=25.47\mathrm{kJ\cdot mol^{-1}}$$

摩尔升华焓和摩尔蒸发焓的差为摩尔熔化焓

$$\Delta_{fus}H_m=\Delta_{sub}H_m-\Delta_{vap}H_m=5.74\mathrm{kJ\cdot mol^{-1}}$$

3.12.3 超临界流体

1. 超临界流体

在临界温度和临界压力以上的流体称为**超临界流体**(supercritical fluid,SCF)。超临界流体既不是气体,也不是液体,是一种气液不分的混沌状态。超临界流体既具有气体的优点,如黏度低、有较好的流动性和高的扩散系数等,也具有液体的优点,如密度大、传质、传热和溶解性能好等。超临界流体与常温常压下气体和液体的性质比较列于表 3.12.1。由于超临界流体兼有气体和液体的特性,因此它具有足够强的溶解能力。超临界流体被广泛用作天然物如中药、香精、色素等的萃取剂,聚合反应等过程的溶剂和超临界色谱等领域。

表 3.12.1　超临界流体与常温常压下气体和液体的性质比较

性　质	气　体	SCF	液　体
密度/($\times 10^3\mathrm{kg\cdot m^{-3}}$)	10^{-3}	0.2～0.5	0.6～1.6
黏度/($\times 10^{-5}\mathrm{Pa\cdot s}$)	1～3	1～3	20～300
扩散系数/($\times 10^{-4}\mathrm{m^2\cdot s^{-1}}$)	0.1～0.4	0.7×10^{-3}	$(0.02～2)\times 10^{-3}$

2. 超临界流体的应用

超临界流体的溶解能力在一定压力范围内随流体密度增加而增加,而其密度受流体温度和压力的影响较大,特别是在临界点附近,温度和压力的微小变化可使超临界流体的密度有很大的改变,从而导致溶质在超临界流体中的溶解度发生突变。**超临界流体萃取**(supercritical fluid extraction)正是据此通过控制流体的温度和压力使物质在超临界流体中溶解度发生突变而达到萃取的目的,其应用领域见表 3.12.2。

工业化的超临界流体萃取是在高压条件下将超临界流体与待分离的物质混合,使需要的组分溶解在超临界流体中,然后改变超临界流体的温度,使目标物的溶解度下降而析出。

目前研究较多的超临界体系有二氧化碳、水、氨、甲醇、乙醇等。尤其是超临界二氧化碳,它不仅具有较温和的临界条件 $T_c=304.15\mathrm{K}$、$p_c=7.148\times 10^6\mathrm{Pa}$,而且密度大、溶解性能好、萃取效率高,降压后由于二氧化碳的气化,很容易分离出被萃取的溶质,还因其无毒、无味、惰性,可在常温、高压、无氧、密闭条件下进行萃取操作,而被用于从天然药材中萃取有效成分、高纯天然香料等。

表 3.12.2　超临界萃取的应用领域

鲜花类	食用天然香料	其　他	药物成分	生物大分子
茉莉花	杏仁、生姜	柑橘	羟乙基甲鸟嘌呤	蛋白质等
西洋丁香	黑胡椒、当归	檀香木	抗忧郁制剂	
玫瑰花	小茴香、薄荷	甜橙皮	精神病药物	
春黄菊花	啤酒花、迷迭香	蓬香脂	环胞多肽 A	
薰衣草花	多香果	刺柏果	中性或酸性药物	

由于超临界二氧化碳具有良好的溶解能力，它还被应用于高分子材料合成如自由基聚合、阳离子聚合等反应中代替传统有机溶剂。在生化合成领域中，可通过控制超临界流体的压力以控制酶的活性来达到控制反应的目的。利用同样的原理，在生物催化超临界合成中可采用改变压力的方法来控制聚合物的摩尔质量。超临界流体由于能够代替许多传统的有毒、有害、易燃、易挥发的有机溶剂，而成为绿色化学的全新溶剂体系。

3.13　二组分体系的相图

二组分体系 $f=C-P+2=4-P$，体系至少有一个相，因此自由度最大为 3，即要用三个独立的强度变量来描述体系的状态，所获得的相图是三维立体图形。若控制温度或压力恒定，则可得到平面二维相图；控制温度恒定得到压力与组成的关系图，称为恒温相图或压力-组成图，控制压力恒定得到温度与组成的关系图，称为恒压相图或温度-组成图。

二组分体系的相图，根据物质存在的状态，可分为气液平衡体系、液固平衡体系和气固平衡体系。气固平衡体系通常为多相化学平衡体系，将在第 4 章化学平衡中讨论。气液平衡体系的气态为一个相，根据液相的性质可分为液相完全互溶体系、液相部分相溶体系和液相完全不互溶体系。液固平衡体系，若液相为一个相时，根据固相的性质，可分为固相完全不互熔体系、固相部分互熔体系和固相完全互熔体系。其中固态完全不互熔体系又可分为不形成化合物（形成低共熔混合物）体系、形成稳定化合物体系和形成不稳定化合物体系。二组分体系相图的分类如图 3.13.1 所示。其中带 * 部分内容不属本节讨论的内容，读者可参阅有关资料。

- 二组分体系
  - 气液平衡体系
    - 液相完全互溶
    - 液相部分互溶
    - 液相完全不互溶
  - 液固平衡体系
    - 固相完全不互熔
      - 固相不形成化合物
      - 固相形成稳定化合物 *
      - 固相形成不稳定化合物 *
    - 固相部分互熔 *
    - 固相完全互熔 *

图 3.13.1　二组分体系相图分类示意图

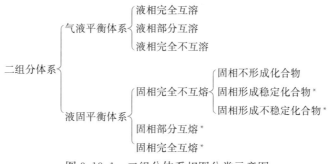

3.13.1 液相完全互溶的二组分气液平衡体系

1. 二组分理想液态混合物的气液平衡相图

1）压力-组成图

若 A、B 二组分构成理想液态混合物，则由理想液态混合物的定义知，在温度 T 时，所有组分在全部浓度范围内溶液上方的蒸气压均可由拉乌尔定律算出，因此可以由拉乌尔定律画出这类体系的恒温相图，如图 3.13.2 所示。

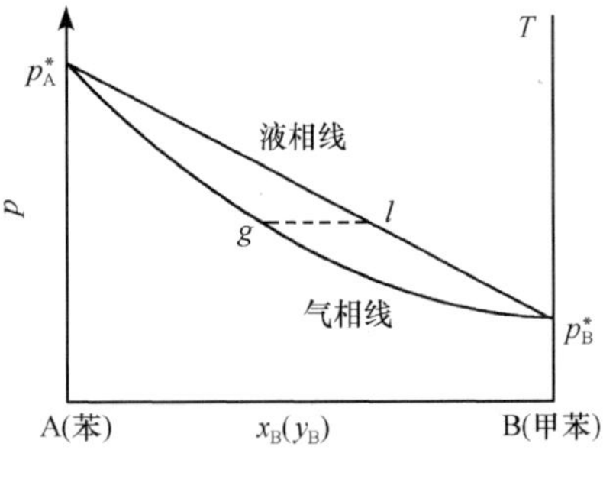

图 3.13.2 理想液态混合物的压力-组成图

图中直线 $\overline{p_A^* p_B^*}$ 为理想液态混合物上方 A、B 二组分的蒸气压之和。与溶液达平衡的蒸气总压 $p = p_A + p_B = p_A^* x_A + p_B^* x_B = p_A^*(1 - x_B) + p_B^* x_B = p_A^* + (p_B^* - p_A^*) x_B$，因此直线 $\overline{p_A^* p_B^*}$ 是液相组成 x_B 与体系蒸气总压的函数关系，称为该体系的液相线。液相线上任何一点 l 其液相组成为 x_B，所对应的平衡气相中 B 组分的摩尔分数 $y_B = \dfrac{p_B}{p}$，气相中 A 组分的摩尔分数为 $y_A = \dfrac{p_A}{p}$。有 $\dfrac{y_B}{y_A} = \dfrac{p_B/p}{p_A/p} = \dfrac{p_B}{p_A} = \dfrac{p_B^* x_B}{p_A^* x_A}$。若体系如图 3.13.2 所示 $p_A^* > p_B^*$，则必有 $y_A > x_A$。即相同温度下，A 组分的饱和蒸气压大于 B 组分的饱和蒸气压，即 A 组分比 B 组分易挥发，导致 A 组分在气相中的摩尔分数大于 A 组分在液相中的摩尔分数。因此，与液相组成为 x_B 的液相点 l 点平衡的气相组成为 y_B 的气相点 g 在液相点 l 的左边。不同的 l 点对应不同的 g 点，把不同的 g 点相连接就获得图 3.13.2 中的曲线 $\overset{\frown}{p_A^* p_B^*}$ 线。由于曲线 $\overset{\frown}{p_A^* p_B^*}$ 上任何一点 g 所对应的组成为气相组成，因此曲线 $\overset{\frown}{p_A^* p_B^*}$ 称为气相线。

在液相线的上方为一相区间，是液态混合物。体系的自由度为 2，其压力和组成在一定范围内可独立改变而不导致旧相消失或新相产生。在气相线的下方也是一相区间，是气态混合物，体系的自由度也为 2，其压力和组成在一定范围内也可独立变化而不导致旧相消失或新相产生。气相线和液相线及其所包围的区间为气液二相平衡区间，体系的自由度为 1，即当体系压力确定时，气、液二相的组成就有定值，当体系压力改变时气、液二相的组成也随之改变。

2）温度-组成图

由式(3.12.5)知纯液体的饱和蒸气压是温度的函数，因此在一系列不同温度下作图 3.13.2 时，由于 p_A^*、p_B^* 不同，可得一系列压力-组成图，即恒温相图。对这一系列的恒温相图，取体系平衡压力为 101.325kPa 时的液相和气相组成，可得一系列不同温度时的 x_B 和 y_B，作温度-组成图，如图 3.13.3 所示。

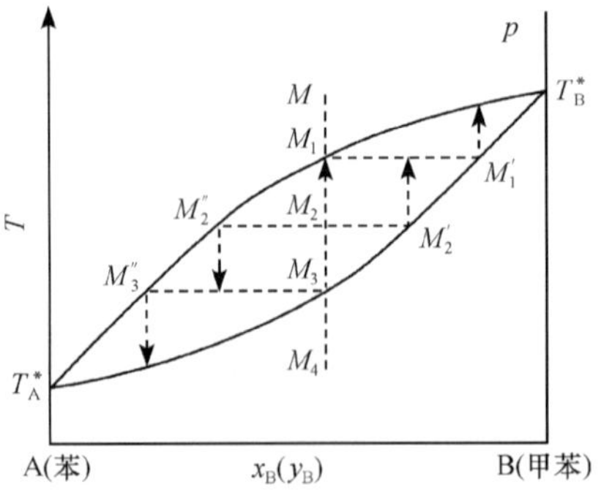

图 3.13.3 理想液态混合物的温度-组成图

由于所取外压为 101.325kPa，所以图 3.13.3 中对应的 T_A^* 和 T_B^* 分别为纯 A 和纯 B 的正常沸点，因此温度-组成图也称为沸点组成图。在曲线$\overset{\frown}{T_A^* M_1 T_B^*}$的上方为一相的气相区间，体系的自由度为2。在曲线$\overset{\frown}{T_A^* M_3 T_B^*}$的下方为一相的液相区间，体系的自由度也为2。二条曲线及其所包围的区间为气液二相平衡区间，体系的自由度为1。

当将体系组成为M的气相冷却到M_1点时，体系中凝结出第一滴液体，体系由一相区间开始进入二相平衡区间，第一滴液体的组成在M_1'点处。因此曲线$\overset{\frown}{T_A^* M_1 T_B^*}$既是气相线，也称为露点线。当体系由$M_1$点不断冷却经$M_2$至$M_3$点时，体系的组成不变，温度下降，体系为气液二相平衡体系。在M_2点时体系由组成为M_2'的液相和组成为M_2''的气相构成。在M_3点时剩下最后一个气泡，气泡的组成为M_3''点，与此气泡平衡的液相组成则在M_3点处。因此曲线$\overset{\frown}{T_A^* M_3 T_B^*}$既是液相线，也称为泡点线。体系自$M_3$点冷却至$M_4$点的过程是最后一个气泡凝结为液体和所有的液体降温的过程。体系自M点冷却至M_4点，仅是体系的温度和状态发生变化，体系的组成并不改变。虚垂线M点至M_4点上任何一点，都代表体系的一个状态，因此，虚垂线MM_4上任何一点都称为体系的系点。在(M,M_1)区间为气相区间，(M_3,M_4)区间为液相区间，因此此时体系的系点就是它们所具有的相的相点。但是$[M_1,M_3]$区间（包括M_1点和M_3点）为气液两相平衡区间，与M_2系点所对应的平衡气、液两相的组成分别为M_2''和M_2'，这两点分别称为气相和液相的相点。体系自M_1冷却至M_3，体系的系点沿虚垂线自M_1点变化至M_3。体系中互相达平衡的两相中，气相的相点沿曲线$\overset{\frown}{M_1 M_2'' M_3''}$变化，液相的相点则沿曲线$\overset{\frown}{M_1' M_2' M_3}$变化。虚垂线$MM_4$上自$M_1$至$M_3$区间的任何一点都对应着体系气液平衡的一个状态，气液平衡两相的相点可分别在曲线$\overset{\frown}{M_1 M_2'' M_3''}$和$\overset{\frown}{M_1' M_2' M_3}$的相同温度处找到。

体系自M点冷却至M_1点出现第一滴液体，由于一滴液体的量相对于与之平衡的气相量可忽略不计，因此认为第一滴液体凝结出来时，气相的组成就是体系的组成，因此M_1点既是体系的系点，也是气相的相点。同样，当体系冷却至M_3点时剩下最后一个气泡，由于与之平衡的液相是大量的，可忽略最后一个气泡对体系组成的影响，所以此时液相的组成就是体系的组成，因此M_3点既是体系的系点，也是液相的相点。

3）杠杆规则

在体系自M_1点冷却到M_3点的过程中，随着体系温度不断下降，气相不断凝结为液相，气相和液相的量也在不断改变。由于沸点高的物质B容易凝结，随着温度下降，气相中A的摩尔分数沿曲线$\overset{\frown}{M_1 M_2'' M_3''}$不断变大，液相中B的摩尔分数沿$\overset{\frown}{M_1' M_2' M_3}$不断变小。由于体系的组成在整个冷却过程中不变，当将总物质的量为n的气相体系自M点冷却至M_2点时，达平衡的气液二相的组成分别处于M_2''和M_2'处，若气相物质的量为n_g，液相物质的量为n_l，$n=n_g+n_l$，两相相对量符合关系式

$$n_g \times \overline{M_2'' M_2} = n_l \times \overline{M_2 M_2'} \tag{3.13.1}$$

式(3.13.1)称为杠杆规则。利用杠杆规则可以计算两相平衡时的量。若相图中的组成使用质量分数来表示，则式(3.13.1)中的物质的量也可用质量代替，虚直线$\overline{M_2'' M_2}$和$\overline{M_2 M_2'}$的长度可由系点和相点的组成差求出。

*4）精馏原理

利用温度-组成图可对液态混合物进行分离提纯。将处于M_4点的液态混合物加热至M_2点，体系变为组成为M_2'的液相和组成为M_2''的气相。若将组成为M_2'的液相再加热，则得到组成为M_1'的液体和组成为M_1的蒸气，不断重复这一加热液相的步骤，则最终可获得纯B。若将组成为M_2''的气相冷却，则可获得组成为M_3''的气相和组成为M_3的液相，不断重复这一冷却气

相的步骤，最终可获得纯 A。

这种分离过程称为精馏，精馏在工业上是借助精馏塔完成的。精馏塔可分为填料塔、泡罩塔和浮阀塔等，在塔内气、液可充分接触，有足够的时间达平衡。塔底装有加热器加热液体，塔顶装有冷凝器冷却气相。在精馏塔的中间不断加入混合液体，下面液体受热蒸发成蒸气不断上升，上面蒸气被冷凝成液体不断向下流。气液两相在塔板上充分接触，气相中高沸点物质被冷凝后不断向下部流动，液相中的低沸点物质受相遇的蒸气加热后气化，蒸气不断向塔的上部上升，最后塔顶可获得纯的低沸点物质，塔底可获得纯的高沸点物质。

2. 二组分非理想液态混合物的气液平衡相图

1）正偏差体系

构成二组分体系的 A、B 分子性质相差较大，则 A、B 分子在溶液中所处的环境与各自状态时不一样。若 A、B 分子间相互作用力比它们各自独立存在时小，则 A—B 分子间作用力小于 A—A 分子间作用力，也小于 B—B 分子间作用力。所以当 A、B 混合形成液态混合物后，A、B 均比它们在纯态时容易挥发，溶液上方 A、B 的蒸气分压 p_A、p_B 值要偏离拉乌尔定律，有 $p_A > p_A^* x_A$、$p_B > p_B^* x_B$。为了将不等式变成等式，需要在不等式右边乘上一个大于 1 的校正因子 γ。此时两组分的 γ 均大于 1，称为正偏差体系。有 $p_A = p_A^* \gamma_A x_A = p_A^* a_A$、$p_B = p_B^* \gamma_B x_B = p_B^* a_B$，$\gamma_A$、$\gamma_B$ 称为活度因子。如图 3.13.4 所示为一般正偏差体系。在恒温相图上，仍然有关系 $p_B^* > p > p_A^*$，但是液相线不再是 p_A^* 与 p_B^* 的直接连线，而是稍向上凸的曲线，其气相线也在理想液态混合物气相线的稍下方。在正偏差体系的恒压相图上，气液二相平衡区的面积也相应稍扩大，如四氯化碳-环己烷、四氯化碳-苯、甲醇-水、水-丙酮等体系。

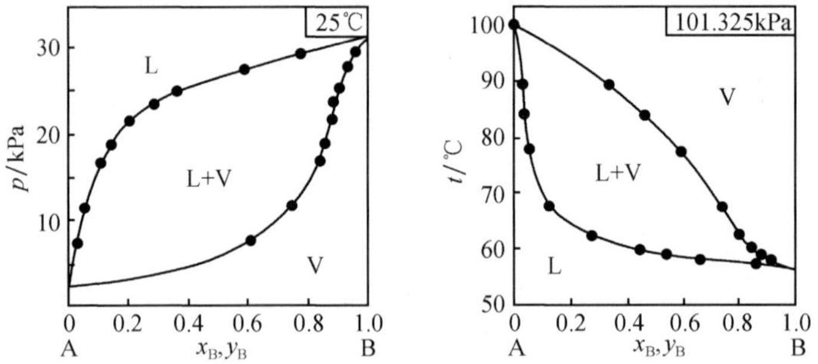

图 3.13.4　水(A)-丙酮(B)体系(一般正偏差体系)相图(L 为液相，V 为气相)

若由于第二组分的存在，原分子的缔合度下降，或破坏了原有的氢键等情况都将减弱分子间相互作用力，使 A、B 容易从混合物中挥发出来，混合物上方蒸气总压 p 会达到极大值，则这样的体系称为最大正偏差体系，如图 3.13.5 所示。在最大正偏差体系的恒压相图上往往会出现极小值点，称为**最低恒沸点**(minimum boiling point)，所对应的混合物称为**恒沸混合物**(boiling azeotrope)。产生最大正偏差的体系有二硫化碳-丙酮、苯-环己烷、苯-乙醇、水-乙醇等体系。

2）负偏差体系

若 A、B 分子间相互作用力比它们各自独立存在时要大，则 A—B 分子间作用力大于 A—A分子间作用力，也大于 B—B 分子间作用力。当 A、B 混合形成液态混合物后，A、B 均比它们在纯态时难挥发，混合物上方 A、B 的蒸气分压 p_A、p_B 值要偏离拉乌尔定律，有 $p_A <$

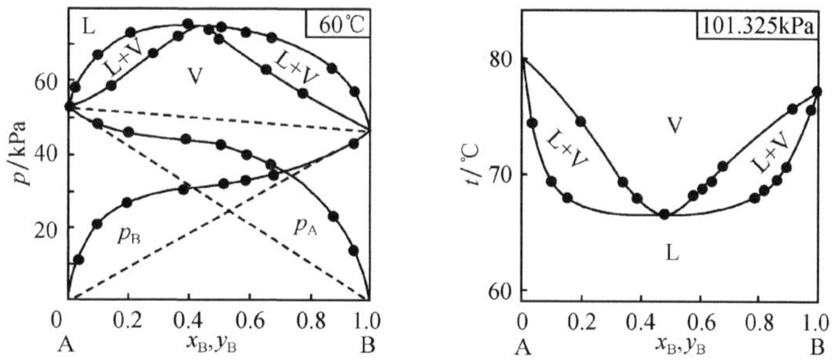

图 3.13.5　苯(A)-乙醇(B)体系相图

$p_A^* x_A$、$p_B < p_B^* x_B$。为了将不等式变成等式，需要不等式右边乘上一个小于 1 的校正因子 γ，此时两组分的 γ 均小于 1，称为负偏差体系。同样有 $p_A = p_A^* \gamma_A x_A = p_A^* a_A$、$p_B = p_B^* \gamma_B x_B = p_B^* a_B$。与图 3.13.4 类似，一般负偏差体系在恒温相图上仍然有关系 $p_B^* > p > p_A^*$，但是液相线不再是 p_A^* 与 p_B^* 的直接连线，而是稍向下凹的曲线。在一般负偏差体系的恒压相图上气液二相平衡区的面积也相应稍缩小。负偏差体系比正偏差体系少得多，通常醚、醛、酮、酯等与卤代烃之间易形成负偏差体系。

若 A、B 分子间生成缔合物、形成氢键等，则 A—B 分子间的作用力很强，A、B 很难从非理想液态混合物中挥发出来，混合物上方蒸气总压 p 会出现极小值，这样的体系称为最大负偏差体系，如图 3.13.6 所示。在最大负偏差体系的恒压相图即沸点-组成图上，会出现极大值，称为**最高恒沸点**(maximum boiling point)，所对应的溶液称为恒沸混合物。产生最大负偏差的体系有三氯甲烷-丙酮、H_2O-HNO_3、H_2O-HCl、H_2O-HAc 等。

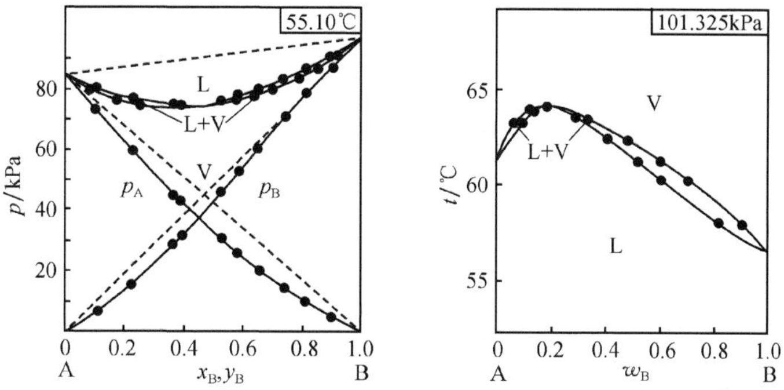

图 3.13.6　三氯甲烷(A)-丙酮(B)体系的相图

注意，在最大正、负偏差体系的恒压相图上均有一个极值，其对应的混合物称为恒沸混合物。它是一个混合物，不是化合物。因为此混合物的组成和沸点均随外压的改变而改变。表 3.13.1列出了水-乙醇二组分体系最低恒沸点与组成的关系。常见恒沸混合物在 101.325kPa 时的沸点和组成见表 3.13.2。

表 3.13.1　水-乙醇在不同压力下的最低恒沸点与组成

p/kPa	12.65	17.29	26.45	53.94	101.325	143.37	193.49
t/℃	33.35	39.20	47.63	63.04	78.15	87.12	95.39
$w_{乙醇}$/%	99.5	98.7	97.3	96.25	95.57	95.55	95.25

表 3.13.2　101.325kPa 下常见恒沸混合物数据

体系 A	体系 B	恒沸点/℃	组成 w_B/%
水	乙醇	78.15(低)	95.57
水	HCl	108.6(高)	22.22
水	HNO_3	120.5(高)	68
水	HBr	126(高)	47.5
水	甲酸	107.1(高)	77.9
乙醇	苯	68.24(低)	67.63
乙醇	三氯甲烷	59.4(低)	93.0
二硫化碳	丙酮	39.2(低)	39.0
二硫化碳	乙酸乙酯	46.1(低)	3.0
乙酸	苯	80.05(低)	93.0
三氯甲烷	丙酮	64.7(高)	20.0
甲醇	四氯化碳	55.7(低)	44.5

对恒沸混合物体系，经精馏塔只能分离出一个纯组分和一个恒沸混合物。例如，用含淀粉类物质经发酵制乙醇时，再将所得的含乙醇的稀发酵液经精馏塔精馏时，在塔顶只能得到质量分数为 95.57%的乙醇溶液。若要得无水乙醇，可使恒沸混合物与生石灰 CaO 反应吸走部分水，滤除 $Ca(OH)_2$，将滤液再经另一精馏塔精馏，才能在塔底获得无水乙醇。

3.13.2　液相部分互溶的二组分液液平衡体系

当两纯液体的性质相差较大时则会发生液相部分互溶的现象，这样的体系称为**液相部分互溶体系**(liquid partially miscible system)。

当两种液体混合后，在温度较低时体系为两个相，温度较高时体系为一个相，这样的体系称为具有**最高会溶点**的体系，如图 3.13.7 的水(A)和异丁醇(B)的二组分液相部分互溶体系。图中曲线$\overset{\frown}{CDK}$是异丁醇在水中的溶解度曲线，其对应的液相为大量的水中溶解有异丁醇。曲线$\overset{\frown}{C'D'K}$是水在异丁醇中的溶解度曲线，其对应的液相为大量的异丁醇中溶解有水，两相互称为**共轭相**。随着温度升高，两共轭相的组成将越来越接近。当温度升高到 132.8℃时，两共轭相的组成会合于 K 点，K 点称为**临界会溶点**(critical consolute point)或**会溶点**。此时的体系为单相体系，体系的组成为含异丁醇 37.0%。在会溶点以上，水与异丁醇完全互溶。在任意温度下，处于 O 点的体系由组成为 D 点和组成为 D'点的共轭两相达平衡，两共轭相的量也可以根据杠杆规则计算。

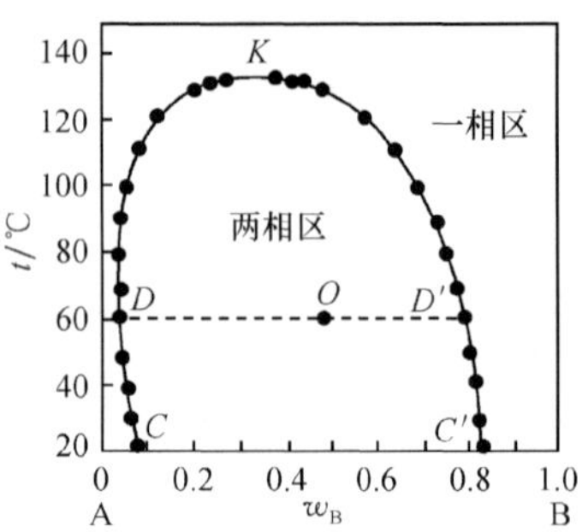

图 3.13.7　$H_2O(A)$-$C_4H_9OH(B)$ 部分互溶相图

当两种液体混合后，在温度较低时为一相，加热后分层为两相，这样的体系称为具有**最低会溶点**的体系。如图 3.13.8 的水与三乙胺的二组分液相部分互溶体系。在 18.5℃以下，水和三乙胺能以任何比例互溶。18.5℃以上，两液体互溶的程度减低，分成两共轭相。

当两种液体混合后，若体系在高温和低温区两液体完全互溶，在中间区两液体不能完全互溶，则这类体系同时具有最高会溶点和最低会溶点，如图 3.13.9 的水和烟碱的二组分液相部分互溶体系。在 61℃以下或 210℃以上，水和烟碱能以任何比例互溶，为一相。在 61～210℃分成两共轭相。这样的体系具有完全封闭的溶解度曲线。

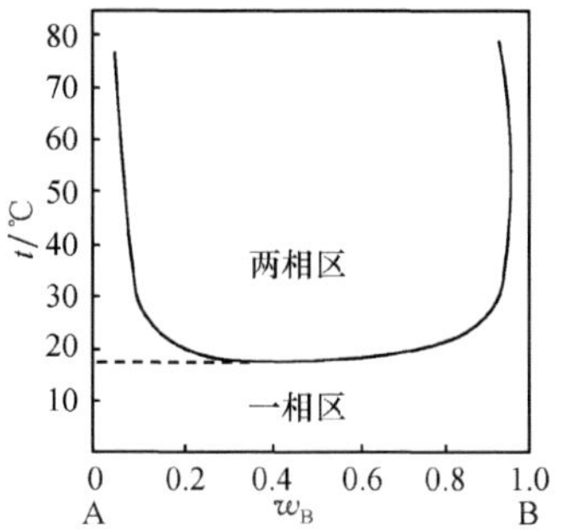

图 3.13.8　水(A)-三乙胺(B)部分互溶相图

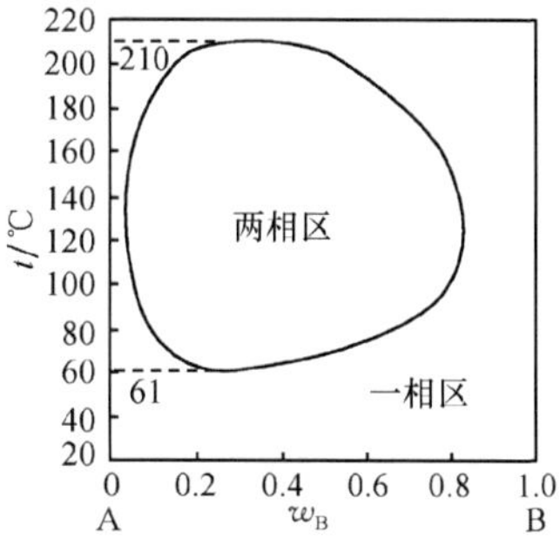

图 3.13.9　水(A)和烟碱(B)部分互溶相图

也有在任何温度下都不存在会溶点的体系，如丙酮和水的体系。也有最低会溶点比最高会溶点高的体系。

【例 3.13.1】 在 60℃时把水(A)和有机物(B)混合，形成两个液层。α 层为 $w_B=0.170$ 的稀溶液，β 层为 $w_A=0.0450$ 的稀溶液。若两液层均可视为理想稀溶液，求此混合体系的平衡蒸气总压及气相组成。已知 60℃时 $p_A^*=19.97\text{kPa}$，$p_B^*=40.00\text{kPa}$，有机物的摩尔质量 $M=80.0\text{g}\cdot\text{mol}^{-1}$。

解　理想稀溶液中的溶剂和溶质分别遵守拉乌尔定律和亨利定律。水相以 α 表示，有机物相以 β 表示，则有

$$p=p_A^\alpha+p_B^\alpha=p_A^*x_A^\alpha+k_{x,B}^\alpha x_B^\alpha$$

$$=p_B^\beta+p_A^\beta=p_B^*x_B^\beta+k_{x,A}^\beta x_A^\beta$$

平衡时，$p_A^\alpha=p_A^\beta$，$p_B^\alpha=p_B^\beta$，则

$$p=p_A^\alpha+p_B^\beta=p_A^*x_A^\alpha+p_B^*x_B^\beta$$

假设 α 相有 100g，则

$$x_A^\alpha=\frac{n_A^\alpha}{n_A^\alpha+n_B^\alpha}=\frac{(100-17.0)/18.02}{(100-17.0)/18.02+(17.0/80.0)}$$

$$=0.960$$

假设 β 相有 100g，则

$$x_B^\beta=\frac{n_B^\beta}{n_A^\beta+n_B^\beta}=\frac{(100-4.50)/80.0}{(100-4.50)/80.0+(4.50/18.02)}$$

$$=0.827$$

因此

$$p=p_A^*x_A^\alpha+p_B^*x_B^\beta=(19.97\times0.960+40.00\times0.827)\text{kPa}=52.3\text{kPa}$$

$$y_A=\frac{p_A}{p}=\frac{p_A^*x_A^\alpha}{p}=\frac{19.97\times0.960}{52.3}=0.367$$

$$y_B=1-y_A=0.633$$

3.13.3　液相完全不互溶的二组分液液平衡体系

严格意义上的完全不互溶的液体是不存在的。当两液体相互溶解度小到可以忽略不计时，即认为这两种液体构成的混合物为完全不互溶二组分体系。例如，汞和水、二硫化碳和水、四氯化碳和水等体系。

二组分体系的两个组分之间基本上无相互作用，因此其蒸气压与纯组分的蒸气压相同，仅是温度的函数。当温度一定时 A、B 二组分的饱和蒸气压分别为 p_A^* 和 p_B^*，A、B 混合体系上方的饱和蒸气压为 $p=p_A^*+p_B^*$，它不随体系组成改变而改变。由于混合物的饱和蒸气压比任何一纯组分高，因此外压一定时，混合物的沸点比任何一纯组分低。由于完全不互溶体系中任一组分的蒸气压与单独存在时一样，仅是温度的函数，因此二组分完全不互溶体系的蒸气压与温度的关系可用图 3.13.10 表示。

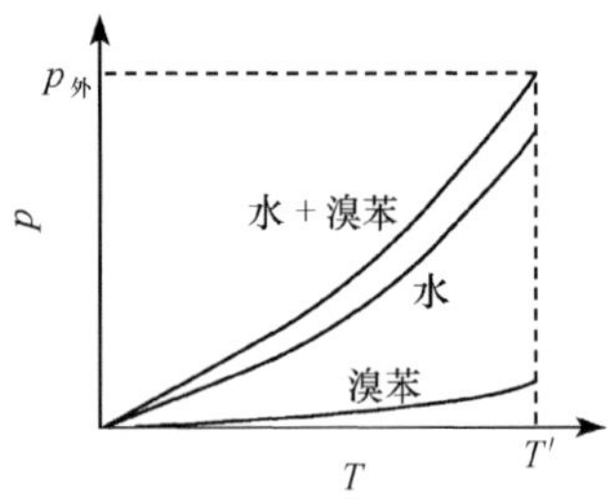

图 3.13.10　液相完全不互溶体系的蒸气压与温度关系图

由图可知当 $p=p_外=101.325\text{kPa}$ 时，对应混合物的沸点 T' 比体系中任一组分的沸点均低，此温度称为**共沸点**。由于许多液体有机物的沸点较高，或在高温下性质不稳定，因此不能用普通蒸馏的方法进行提纯。若这类有机物在水中的溶解度非常小，则可将这类高沸点有机物和水一起蒸馏，使混合物在较低温度下沸腾，水蒸气带着有机物蒸气一起被蒸馏出来，馏出物经冷凝后分层为水相和有机相，这样可分离出纯度较高的有机相。这种方法称为水蒸气蒸馏，水蒸气蒸馏可避免有机物受热分解、氧化等。

蒸馏出 1g 有机物所消耗水的质量称为该有机物的蒸气消耗系数。若蒸馏出来的蒸气混合物服从道尔顿分压定律，则有

$$\frac{p_A^*}{p_B^*}=\frac{n_A}{n_B}=\frac{m_A/M_A}{m_B/M_B}$$

$$\frac{m_B}{m_A}=\frac{p_B^*M_B}{p_A^*M_A} \tag{3.13.2}$$

由式(3.13.2)可求出水蒸气蒸馏中馏出物的质量比。若由实验测出质量比，则可测定高沸点有机物 A 的摩尔质量 M_A。

3.13.4　固相完全不互熔的二组分液固平衡体系

在讨论固相完全不互熔的二组分液固平衡体系时，由于凝聚体系受外压影响小，因此通常忽略外压的影响，液固平衡体系的相图通常用温度-组成图表示。本节只讨论形成简单低共熔混合物的液固平衡相图，它可用溶解度法和热分析法获得。

1. *溶解度法*

溶解度法适用于在常温下有一种组分是液态的体系，对于水-盐体系经常采用这一方法。当某一种非挥发性溶质盐溶入水中时，会使水的冰点降低，降低的数值与盐在溶液中的浓度有关。若将较稀的盐溶液降温，则在 0℃ 以下某个温度时析出纯冰。反之，当盐的浓度足够大时，则在冷却过程中首先析出的是盐而不是冰。当固体盐与其水溶液共存时，该溶液对盐已经饱和，其浓度反映了该温度下盐在水中的溶解度。盐在水中的溶解度会随温度的改变而改变。

测定不同温度下盐的溶解度或不同浓度下水溶液的冰点，可作出盐-水二组分体系的温度-组成图，这种方法就称为溶解度法。图 3.13.11 是水和硫酸铵的温度-组成图。

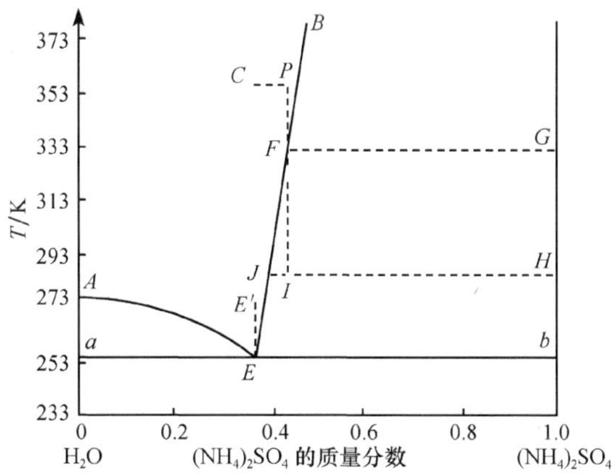

图 3.13.11　水和硫酸铵的温度-组成图

图中曲线$\overset{\frown}{AE}$为水的凝固点下降曲线，又称为水的冰点线，曲线上的每一点对应于不同硫酸铵浓度下水的冰点。水的冰点随硫酸铵浓度的增加而降低。在$\overset{\frown}{AE}$曲线上冰与盐的水溶液两相达平衡，自由度为 1。即盐溶液的浓度一定时，水的冰点就有定值。A 点为纯水的冰点。曲线$\overset{\frown}{BE}$为固体硫酸铵在水中的溶解度曲线，由曲线的斜率知，硫酸铵在水中的溶解度随温度升高而增大。$\overset{\frown}{BE}$线上每一点对应于不同温度下硫酸铵的溶解度，$\overset{\frown}{BE}$线上固体硫酸铵与硫酸铵饱和水溶液两相达平衡，自由度为 1，即一定温度下盐具有确定的溶解度。B 点不能延伸至硫酸铵的熔点处，而只能延伸到水的沸点附近。E 点称为低共熔点。若将状态为 E' 点处的盐水溶液冷却至温度为 E 处时，体系中同时析出冰和固体盐，由于此时体系中还有盐的水溶液，因此 E 点是三相共存点，自由度为 0。通过 E 点画水平线$\overline{aEb}$，在直线$\overline{aEb}$上任何一点都为三相共存，因此自由度均为 0。直线$\overline{aEb}$线下方为冰、盐固相共存区，此时自由度为 1，即体系的温度可变。曲边三边形 AEa 所围区间为冰和盐水溶液二相平衡区，自由度为 1。曲线$\overset{\frown}{BE}$的右下方区间为固体盐和它的饱和水溶液构成的两相平衡区，自由度为 1。折线 AEB 上方为盐的水溶液一相区，自由度为 2，即在一定的范围内改变盐溶液的浓度和温度仍能保持一相区。

若将组成为 C 点的盐溶液恒温下不断蒸发掉水分，则系点将由 C 点水平向右移动至 P 点。将组成为 P 点的盐溶液冷却，系点自 P 点垂直向下移动，体系降温至 F 点时溶液中析出第一颗硫酸铵固体，这时液相的相点与体系的系点重合，为 F 点，固相的相点为 G 点。随着体系不断降温，系点自 F 点垂直向下移至 I 点，液相点则沿溶解度曲线自 F 点变化到 J 点。这个过程中，固体硫酸铵不断析出，溶液中硫酸铵的浓度不断变小，液相量不断减少，固相量不断增加，二者的相对量可用杠杆规则计算，有 $m_{盐} \cdot \overline{HI} = m_{溶液} \cdot \overline{JI}$。

2. 热分析法

按不同比例配制一系列组成不同的固体混合物，加热混合物至完全熔融，搅拌均匀后使其缓慢冷却，记录体系温度随时间的变化，以温度为纵坐标、时间为横坐标作图，所得曲线称为冷却曲线或步冷曲线。根据冷却曲线转折点可判断体系发生的相变化情况，由此获得相图。

以 Bi-Cd 二组分体系为例。将二组分以各种比例配成一系列组成不同的混合物，分别经过实验测得其冷却曲线，如图 3.13.12 所示。

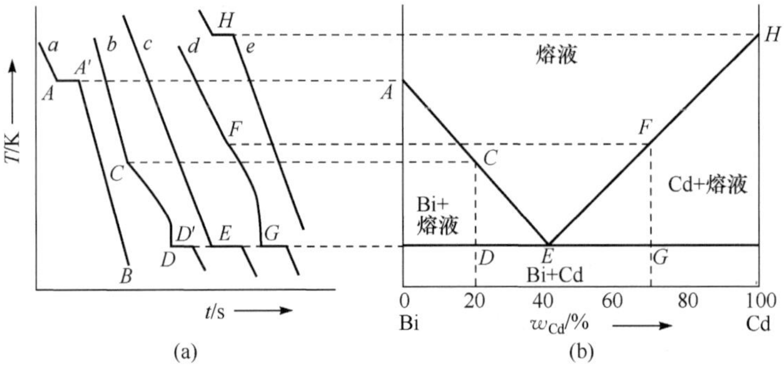

图 3.13.12　Bi-Cd 体系的冷却曲线和相图

图 3.13.12(a)所示的曲线可描述如下：

a 线是纯 Bi 的冷却曲线。在 Bi 的凝固点温度以上，体系的温度随时间均匀下降，冷却到 546.15K 时，体系中有固体 Bi 开始析出，此时体系达液固两相平衡。单组分两相平衡时自由度为 0，在固体 Bi 不断析出过程中体系温度保持不变，冷却曲线上出现水平段 AA'。水平段对应的温度就是 Bi 的凝固点。当 Bi 全部凝固后，固态 Bi 继续均匀降温。

b 线是含 20%Cd 的 Bi-Cd 液相混合物的冷却曲线。体系的温度随时间均匀下降，冷却到 *C* 点时，固体 Bi 从熔液中析出，此时体系为两相平衡，自由度为 1。由于 Bi 析出时释放出相变热使冷却速率变慢，冷却曲线的斜率改变。在这个过程中，熔液中 Bi 的含量逐渐减少，Cd 的含量逐渐增加。到 *D* 点时熔液对 Bi 和 Cd 都已达饱和，Bi 和 Cd 同时析出，此时体系处于三相平衡状态，自由度为 0，温度为 413.15K。因此随着冷却的继续进行，低共熔混合物不断析出，熔液组成和温度保持不变。冷却曲线上出现水平段 DD'，直到体系全部凝固，体系继续均匀降温。

c 线是含 40%Cd 的体系的冷却曲线。体系的温度随时间均匀下降，冷却到 *E* 点时 Bi 和 Cd 同时析出，体系温度保持不变。此时液相和固相的组成相同，自由度为 0。当液体完全凝固后，固体继续降温。此组成的混合物称为低共熔混合物，它的熔点称为低共熔点。

d 线是含 70%Cd 的 Bi-Cd 液相混合物的冷却曲线。它的形状和 *b* 线类似，有一个冷却速率变慢的 *F* 点和一个水平段 *G*。不同的是在 *F* 点先析出的固体是 Cd。

e 线是纯 Cd 的冷却曲线。其形状与 *a* 线相似，水平段 *H* 对应的温度 596.15K 是 Cd 的凝固点。

将上述五条冷却曲线中的转折点、水平段的温度及相应的体系组成描绘在温度-组成图中，得到图 3.13.12 (b)中的 *A*、*C*、*D*、*E*、*F*、*G* 及 *H* 点。连接 *A*、*C*、*E* 三点得到的 *AE* 线是 Bi 的凝固点降低曲线；连接 *H*、*F*、*E* 三点得到的 *HE* 线是 Cd 的凝固点降低曲线；通过 *D*、*E*、*G* 三点得到的水平线是三相平衡线。该图即为 Bi-Cd 体系的液固平衡相图，图中分别注明了各相区稳定存在的相。

3. 相图应用举例

1) 结晶法分离提纯

在图 3.13.11 中，一定温度下，根据杠杆规则有

$$m_{盐} \cdot \overline{HI} = m_{溶液} \cdot \overline{JI} \tag{3.13.3}$$

因此，析出固态$(NH_4)_2SO_4$的量占原体系总量的比值为

$$\frac{m_{盐}}{m_{体系总量}}=\frac{\overline{JI}}{\overline{JH}} \tag{3.13.4}$$

由图 3.13.11 知，为了达到一次冷却析出固体 $(NH_4)_2SO_4$ 最多的目的，可以在实际操作时将温度冷却到靠近低共熔点，此时液相的组成也靠近 E 点。但实际生产过程中，既要考虑一次性析出固体的量，又要兼顾降温带来的能耗等问题，所以实际操作时采用多次循环，每次得到一定量固体，逐步分离得到固体 $(NH_4)_2SO_4$。

2）样品纯度的鉴定

由图 3.13.12 可知，两个组分中任意一个溶入杂质后其熔点就要降低，杂质越多，熔点降低越多。因此可以通过测定的样品熔点与标准品的熔点比较来判断样品的纯度。

3）选择制冷剂

在实验室中，如果往碎冰里加入盐，由于盐的加入水的冰点下降，这时少量的冰溶解吸热而使体系降温，由此可获得低于 0℃的温度，这是实验室常用的制冷方法。参照形成低共熔混合物的组成来配制冰和盐的量可获得制冷的最低温度。在化工厂中，我们也经常用盐水溶液作为冷冻的循环液。表 3.13.3 列出了一些常用水-盐体系的低共熔点和低共熔混合物的组成。

表 3.13.3　一些常用水-盐体系的低共熔点和低共熔混合物的组成

盐	低共熔点/℃	低共熔点组成/%
$NaCl$	−21.1	23.30
KCl	−10.7	19.70
NH_4Cl	−15.4	18.90
$CaCl_2$	−55.0	29.90
KNO_3	−3.0	11.20
Na_2SO_4	−1.1	3.84
$(NH_4)_2SO_4$	−18.3	39.80

在北方冬天，常将工业盐撒在冰雪上，以达到将冰雪在低于 0℃的寒冷条件下融化的目的。

4）在药物制剂中的应用

利用稀溶液凝固点下降的性质可以制备防冻注射液。例如，在药物的水溶液中加入少量丙二醇等可使药剂的冰点降低，以利于在寒冷地区使用。

药物配伍方面，如果两种固体药物能形成低共熔混合物，并且其低共熔点又接近或低于室温，则两者不宜混合在一起配方，否则将形成糊状体或呈液态，无法做成片剂。这是药物在调剂配伍时应注意的问题。

【科技直通车】

基于半透膜和渗透压原理的海水淡化技术

淡水资源短缺一直是备受各个国家重视、威胁人类社会发展的严峻问题之一。我国也不例外，我国管辖的海域有约 300 万平方千米，大陆海岸线长达 18000 多千米。我国努力开发将海水淡化为淡水资源的技术以解决淡水资源短缺的问题。该技术可以增加水资源供给、优化水资源结构，并具有水源丰富、水质安全等优势。

据《2021 年海水利用报告》，全国海水淡化工程(144 个)每天的产能超过 185 万吨。而近三年建成的工程规模占 35%以上，产能约 66 万吨/天，海水淡化技术已日趋成熟、规模增长迅速，并进入了加速应用的"快车道"，呈现出越来越繁荣的海水淡化产业，特别是基于半透膜和渗透压原理的反渗透海水淡化新技术的研发等更加活跃，该技术占所有海水淡化产业的 95%。

反渗透海水淡化主要通过对管道加压，使海水中的淡水通过半透膜进入水箱，而无法通过膜的浓海水回流大海。该装置的工艺流程如图 3.14.1 所示。该工艺消耗最多的是电力，而技术的关键则是设计脱盐率高、渗透速度快、回收率高的半透膜。该技术还具有占地小、自动化程度高、规模灵活性大等特点。

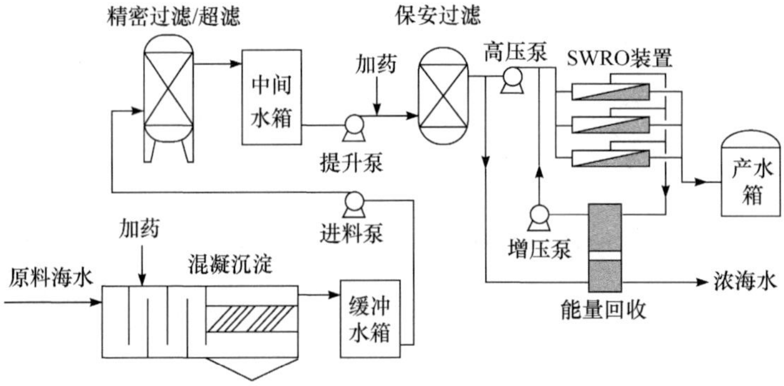

图 3.14.1 典型海岛地区反渗透工艺流程图

盐湖中提取资源

盐湖是湖水含盐度 $w(NaCl_{eq})>3.5\%$ 的湖泊，其中包含表面卤水干涸、由盐沉积与晶间卤水组成的干盐湖(地下卤水湖)。这些盐类矿物约有 200 种，如最常见的碱、芒硝、硝石、石膏、氯化钙、菱镁矿、沸石、锂蒙脱石、医用淤泥和钾、锂、镁、硼、溴、铷、铯、钨、锶、铀等，它们是工、农、冶金、建筑和医疗等领域的重要原料。此外，盐湖中含有嗜盐藻、盐卤虫、螺旋藻、轮虫等特异生物资源和耐旱、耐盐碱资源。

中国盐湖多(图 3.14.2 为中国察尔汗盐湖)、分布广、类型全、资源丰富，在陆地矿产资源日益枯竭时，盐湖就成了研究的热点和前沿，开展盐湖水盐系统相平衡研究具有重要的理论和指导生产实践的意义。例如，要综合利用某盐湖中含量比较多的碳酸盐和硼酸盐，则应该首先完成该湖碳酸盐-硼酸盐-水多组分体系相平衡研究。相图通过图形形象表达物质体系的相平衡与热力学变量关系。根据相图可以判断物质稳定存在的温度、压力、逸度、活度、浓度、化学势、组成、电位、pH 等变量的范围，也可判别相转变前后平衡共存相的组合和相成分。对相图的研究包括实验研究和理论计算两大方向。但对于多组分复杂体系的相图，若仅依赖于实验手段，则工作量巨大。随着近年来现代溶液理论模型和计算机在相平衡研究中的应用，水盐体系相平衡研究取得了重要进展，并据此发展了水盐体系加工工艺专家系统，应用前景十分广阔。

图 3.14.2　中国察尔汗盐湖

参考资料及课外阅读材料

代福鹏. 2018. 水盐体系相平衡与相图研究探讨. 当代化工研究,(4):22-23
巩育军,薛元英. 1996. 两相平衡体系的通用关系式及其应用. 大学化学,11(6):54
胡红旗,陈鸣才,黄玉惠,等. 1997. 超临界 CO_2 流体的性质及其在高分子科学中的应用. 化学通报,12:20
刘艳,刘大壮,曹涛. 1997. 超临界化学反应的研究进展. 化学通报,6:1
沈海滨. 2022. 察尔汗盐湖. 城市,(12):2
魏鸿波. 2023. 海岛海水淡化技术现状及发展前景. 盐科学与化工,52(6):1-4
许海涵. 1987. 浅释 GB 的逸度与活度的定义. 化学通报,4:51
阎立峰,陈文明. 1998. 超临界流体(SCF)技术进展. 化学通报,4:10
姚允斌. 1988. 热力学标准态和标准态热力学函数. 大学化学,3(4):40
印永嘉,袁云英. 1989. 关于相律中自由度的概念. 大学化学,4(1):60
周公度. 2002. 浅谈水的结构化学. 大学化学,17(1):54
Alper J S. 1999. The Gibbs phase rule revisited: "Interrelationships between components and phases". J Chem Educ,76(11):1567
Caroll J J. 1993. Henry's law: a historical view. J Chem Educ,70(2):91
Earl B L. 1990. The direct relation between altitude and boiling point. J Chem Educ,67(1):45
Franzen H F. 1988. The freezing point depression law in physical chemistry. J Chem Educ,65(12):1077
Kildahl N K. 1994. Journey around a phase diagram. J Chem Educ,71(12):1052
Rosenberg R M. 1999. Description of regions in two-component phase diagrams. J Chem Educ,76(2):223
Secrest D. 1996. Osmotic pressure and the effects of gravity on solutions. J Chem Educ,73(10):998

思　考　题

1. 是非题(判断下列说法是否正确并说明理由)。

(1) 只有广度性质才有偏摩尔量。

(2) 恒温恒压下,多相体系中的物质有自化学势较高的相向化学势较低的相转移的趋势。

(3) 溶液的化学势是溶液中各组分化学势之和。

(4) 同一溶液中,标准态的选择不同,溶质的活度也不同。

(5) 理想稀溶液中的溶剂 A 服从拉乌尔定律,则溶质 B 必服从亨利定律。

(6) 如果两种组分混合成混合物时没有热效应,则此混合物就是理想液态混合物。

(7) 溶质加入到溶剂中会使溶液的蒸气压降低,沸点升高,凝固点降低。

(8) 蔗糖水溶液和食盐水溶液的质量摩尔浓度相同时具有相同的渗透压。

(9) 纯水在三相点和水的冰点时都为三相共存，因此两者的自由度均为零。

(10) 超临界流体是液体。

(11) 对二组分液态完全互溶的体系，总是可以通过精馏的方法将两液体完全分开。

(12) 通常情况下，二组分体系最多有 3 相平衡共存。

2. 填空题。

(1) 在 α、β 两相中均含有 A、B 两种物质，达到相平衡时有__________。

(2) 二组分理想液态混合物的总的蒸气压为__________。

(3) 理想液态混合物的通性为__________。

(4) 稀溶液的渗透压是为了阻止________必须在______加的额外压力。

(5) 对于单组分和二组分体系，它们最大的自由度分别为______和______。

(6) 在一钢瓶中装有 CO_2，温度为 10℃，压力为 3.65MPa，则 CO_2 所处的状态为______。已知 CO_2 的临界温度为 31℃，在 10℃时，CO_2 的饱和蒸气压为 4.46MPa。

(7) 已知水的饱和蒸气压与温度的关系为 $\ln(p^*/\text{Pa})=-\dfrac{5240}{T/\text{K}}+25.567$，试填下述地区开水的温度。

	大连	呼和浩特	兰州	昆明	西藏
$p/101.325\text{kPa}$	1.017	0.9007	0.8521	0.8106	0.5730
t/℃					

(8) −5℃时过冷水与冰的饱和蒸气压的关系为 $p_{水}$______ $p_{冰}$。

(9) A、B 两液体形成理想液态混合物，若纯 A 的饱和蒸气压大于纯 B 的饱和蒸气压，则 y_A______ x_A。

(10) A、B 两组分可形成最低恒沸混合物，其组成为 $x_A=0.7$。现有一组成为 $x_A=0.5$ 的 A、B 液态混合物，将其精馏后在塔顶可得到______，在塔底可得到______。

(11) 在一有少量氨气 $NH_3(g)$ 的容器中加入过量碳酸氢铵 $NH_4HCO_3(s)$，加热容器使反应达平衡，则体系的 R' 为______，组分数 C 为______自由度 f 为______。

(12) $CaCO_3(s)$、$BaCO_3(s)$、$BaO(s)$、$CaO(s)$ 和 $CO_2(g)$ 构成的平衡体系，其组分数 C 为______，自由度 f 为______。

3. 问答题。

(1) 在一定温度下，对于组成一定的某溶液，若对溶质 B 选择不同的标准态，则 μ_B 和 μ_B^* 是否会改变？

(2) 在热力学上是如何区分混合物和溶液的？

(3) 在一封闭的恒温箱内有一杯纯水和一杯盐水，静置足够长的时间后可观察到什么现象？

(4) 冰的熔点随着压力的增加而下降的主要的原因是什么？

(5) 冬天北方吃冻梨前先将冻梨在凉水中浸泡一段时间，发现冻梨的表面结了一层薄冰，而冻梨却已经解冻了。试解释这一现象。

(6) 固体二氧化碳(干冰)通常可直接气化为二氧化碳气体，如何才能获得液态二氧化碳？

(7) 恒沸混合物为什么不是纯物质？

(8) 能否用市售的烈性白酒经多次蒸馏获得无水乙醇？

(9) 正丁醇溶于水中与水溶于正丁醇中的部分互溶溶液与其蒸气达到相平衡，体系的自由度为何值？

(10) 分配系数是研究萃取剂萃取效率的一个重要参数，其值是大好还是小好？

(11) 为了加速积雪融化，可在积雪上撒上工业盐。试说明其原因。

(12) 在固相完全不互熔的二组分液固平衡相图的三相共存的平衡线上能否用杠杆规则？

习　题

1. 葡萄糖 $C_6H_{12}O_6$(B)溶于水 H_2O(A)中，形成稀溶液的质量分数为 $w_B=0.085$，此溶液在 298.15K 时的密

度 $\rho=1.0295\times10^3\text{kg}\cdot\text{m}^{-3}$。求此稀溶液中溶质的摩尔分数、浓度和质量摩尔浓度。

2. H_2O 和 C_2H_5OH 形成的混合物中 H_2O 的摩尔分数为 0.4，C_2H_5OH 的偏摩尔体积为 $57.53\text{cm}^3\cdot\text{mol}^{-1}$，溶液的密度为 $0.8494\text{g}\cdot\text{cm}^{-3}$，试计算此组成混合物中 H_2O 的偏摩尔体积。

3. 20℃时苯(A)和甲苯(B)的液态混合物与其蒸气达平衡，若液态混合物中苯和甲苯的物质的量相等，试求平衡气相中：(1)C_6H_6 和 $C_6H_5CH_3$ 的分压力及蒸气总压；(2)苯和甲苯在气相中的摩尔分数。已知 20℃时纯苯和纯甲苯的饱和蒸气压分别为 9.92kPa 和 2.93kPa。假定苯和甲苯可形成理想液态混合物。

4. 挥发性液体 A 和 B 可形成理想液态混合物。某温度时溶液上方的蒸气总压为 5.41×10^4 Pa。气、液两相中 A 的摩尔分数分别为 0.45 和 0.65。求此温度下纯 A 和纯 B 的饱和蒸气压。

5. 35℃时，纯丙酮 CH_3COCH_3(A)的饱和蒸气压为 43.063kPa。今测得氯仿 $CHCl_3$(B)的摩尔分数为 0.300 的氯仿-丙酮混合物上，丙酮的蒸气分压为 26.77kPa，问此混合物是否为理想液态混合物？为什么？

6. 实验测得 25℃时 H_2O(A)与 CH_3COCH_3(B)组成 $x_B=0.1791$ 的混合物上方的蒸气总压 $p=21.30$kPa，蒸气组成为 $y_B=0.8782$。求 CH_3COCH_3(B)的活度因子 γ_B 和 $\gamma_{x,B}$。已知 $p_B^*=30.61$kPa，$k_{x,B}=185$kPa。

7. 50℃下，H_2 和 N_2 的混合气体在水中溶解至平衡时液面上方气体的总压为 1.10×10^5 Pa。将液面上方气体干燥后测得 H_2 的摩尔分数为 0.353，试计算溶解在 1cm^3 水中的 H_2 和 N_2 质量。已知 50℃时 1cm^3 水溶解标准状况下 H_2 和 N_2 的体积分别为 $0.016\ 08\text{cm}^3$ 和 $0.010\ 88\text{cm}^3$，此温度时水的饱和蒸气压为 1.27×10^4 Pa。假设液面上方水的蒸气压与纯水的蒸气压相同，气体均为理想气体。

8. 试计算 20.04℃时，$0.500\text{mol}\cdot\text{kg}^{-1}$ 的甘露醇水溶液的蒸气压比同温度纯水的蒸气压降低了多少？设甘露醇水溶液为理想稀溶液。已知在 20.04℃时，纯水的饱和蒸气压为 2351Pa。实验测得 20.04℃时，$0.500\text{mol}\cdot\text{kg}^{-1}$ 的甘露醇水溶液的蒸气压比纯水的蒸气压低 20.87Pa。

9. 0.900g 乙酸溶解于 50.0g H_2O 中形成溶液的凝固点为－0.558℃。2.32g 乙酸溶解在 100g C_6H_6 中的溶液，其凝固点较纯 C_6H_6 降低了 0.970℃。试分别计算乙酸在 H_2O 中和 C_6H_6 中的摩尔质量，并解释计算结果。已知凝固点降低系数为 $k_{f,H_2O}=1.86\text{K}\cdot\text{kg}\cdot\text{mol}^{-1}$，$k_{f,C_6H_6}=5.12\text{K}\cdot\text{kg}\cdot\text{mol}^{-1}$。

10. 人的血浆的凝固点为－0.56℃，求血浆的渗透压。若要输液，求所配生理盐水中盐的质量分数。已知 H_2O的凝固点降低系数为 $k_f=1.86\text{K}\cdot\text{kg}\cdot\text{mol}^{-1}$。假设人体温度为 37℃，血浆可看作水溶液，水的密度为 $993\text{kg}\cdot\text{m}^{-3}$。

11. 碳酸钠和水可形成下列几种含水化合物：$Na_2CO_3\cdot H_2O$(s)、$Na_2CO_3\cdot 7H_2O$(s)和 $Na_2CO_3\cdot 10H_2O$(s)。

(1) 在 101 325Pa 下能与 Na_2CO_3 水溶液及冰平衡共存的含水盐最多可有几种？

(2) 在 20℃时能与水蒸气平衡共存的含水盐最多可有几种？

12. 求水在 110℃时的饱和蒸气压。已知水在 100℃时的恒压蒸发热为 $2258\text{J}\cdot\text{g}^{-1}$，设此蒸发热不随温度改变，水蒸气服从理想气体行为。

13. 求一个体重为 60kg 的滑冰人施加于冰上的压力和冰的熔点。滑冰鞋下面的冰刀与冰面接触面长 7.62cm，宽 0.002 45cm。假设滑冰人是双脚着冰。已知 H_2O(s)的摩尔熔化焓为 $\Delta_{fus}H_m=6008\text{J}\cdot\text{mol}^{-1}$，冰和水的密度分别为 $0.92\text{g}\cdot\text{cm}^{-3}$ 和 $1.00\text{g}\cdot\text{cm}^{-3}$。

14. 已知液体 A、B 可形成理想液态混合物，液体 A 的正常沸点为 338.2K，其摩尔蒸发焓为 $\Delta_{vap}H_m$(A, 338.2K)$=35\text{kJ}\cdot\text{mol}^{-1}$，由 1mol A 和 9mol B 形成的溶液的沸点为 320.2K。

(1) 若将 A 的摩尔分数 $x_A=0.4$ 的溶液置于一带活塞的汽缸内，在 320.2K 下逐渐降低活塞上的压力，求液体内出现第一个气泡时气相的组成及总蒸气压。

(2) 若继续降低活塞上的压力，使溶液不断气化，求剩下最后一滴液体的组成及平衡压力。

15. 乙酸乙酯和水在 37.55℃时形成的部分互溶双液系达平衡，一相中含质量分数为 6.75%的酯，另一相中含 3.79%的水。试计算平衡气相中酯及水蒸气的分压和蒸气总压。已知 37.55℃时，纯乙酸乙酯的饱和蒸气压为 22.13kPa，纯水的饱和蒸气压为 6.399kPa，假定共轭两相均为理想稀溶液。

16. 水和一有机液体构成的完全不互溶体系在外压为 9.79×10^4 Pa 下于 90℃沸腾。蒸气中有机物的质量分数为 0.70。求 90℃时该有机物的饱和蒸气压与摩尔质量。已知 90℃时，水的饱和蒸气压为 7.01×10^4 Pa。

第4章　化学平衡

在指定温度、压力和各反应物的聚集状态和数量等条件后，化学反应究竟向什么方向进行？反应所能达到的限度是什么？如何控制反应条件使反应按照人们所需要的方向和限度进行？解决这些问题的理论基础是热力学，把热力学的基本原理和规律应用于化学反应体系，可从理论上确定指定条件下反应进行的方向和限度，导出反应达到限度时各反应物之间量的关系。

从理论上看，几乎所有的化学反应都可以同时向正、逆两个方向进行。在有些情况下，如常温下氢气在过量氧气中燃烧生成水的反应，用一般实验方法无法在产物中检测出剩余的氢气，这类反应在此条件下的逆向反应程度如此之小以致可以忽略不计，通常称这类反应为单向反应。但是，大多数化学反应的正、逆方向进行程度都不可忽略，这类反应称为可逆反应或对峙反应，这是本章研究的对象。在给定条件下，随着可逆反应不断进行，反应体系中物质的种类和数量发生变化，反应进行到一定程度后，反应物质的种类和数量不再随时间而变，反应达到了限度——化学平衡。此时若改变给定的反应条件，则反应随即重新进行，直至达到新的平衡。由此可见，在不同的给定条件下，同一个反应可达到不同的化学平衡态。反应条件相同时平衡态也相同，即使加催化剂也不能改变这个化学平衡态。因此，有必要研究反应体系温度、压力、各反应物浓度等因素对化学平衡的影响规律。

对化学平衡的研究在科学研究和生产实际中有着重要意义。在新反应研究中可以从理论上预知反应能够发生的条件、获得产物的最大量，由此可节约大量实验性研究的人力和物力。在化工产品的生产工艺设计时，可从理论上计算出物料配比、反应温度和压力等反应条件对产物产量的影响，并以此为依据优化操作条件、选择合适的生产设备等。生命体中的电解质平衡、生物大分子的水解平衡、三羧酸循环中一系列中间产物之间的平衡等都属于化学平衡研究的范畴，因此发现这类平衡的规律和导出平衡时各物质间量的关系，有利于对生物体内物质代谢及其规律进行研究。

本章将从热力学基本原理出发，讨论化学平衡的本质及影响化学平衡的因素，为科学研究和生产实际提供理论依据。当然，在化学反应的实际应用中，仅考虑化学平衡是不够的，还要考虑化学反应速率及其他工程问题。

4.1　化学反应的方向和限度

4.1.1　化学反应中体系的吉布斯函数与反应方向

对任意只做体积功的组成可变的均相封闭体系中发生的微小变化，体系的吉布斯函数变可表示为式(3.3.7)

$$\mathrm{d}G = -S\mathrm{d}T + V\mathrm{d}p + \sum_{\mathrm{B}=1}^{k} \mu_{\mathrm{B}} \mathrm{d}n_{\mathrm{B}}$$

在恒温恒压条件下有

$$dG = \sum_{B=1}^{k} \mu_B dn_B \tag{4.1.1}$$

对化学反应体系，由式(1.7.1)得反应进度的微小变化可表示为

$$d\xi = \frac{dn_B}{\nu_B} \quad 或 \quad dn_B = \nu_B d\xi \tag{4.1.2}$$

将式(4.1.2)代入式(4.1.1)得恒温恒压下一微小化学反应引起体系吉布斯函数变为

$$dG_{T,p} = \sum_{B=1}^{k} \nu_B \mu_B d\xi \tag{4.1.3}$$

式(4.1.3)中，μ_B是反应体系中物质 B 的化学势，它除了与反应体系的温度、压力有关外，还与体系的组成有关，因此 $\mu_B = \mu_B(T, p, \xi)$。在反应过程中要保持化学势 μ_B不变的条件为：在有限量的反应体系中进行微小的化学变化，即 ξ 很小，此时体系中各物质量的变化量微小，不足以引起体系组成的改变，可以认为体系中各组分的化学势不变。也可假设是在大量反应体系中发生反应进度 ξ 为 1mol 的变化，此时体系的组成也可认为未改变，因此体系中各组分的化学势也保持不变。式(4.1.3)又可写成

$$\left(\frac{\partial G}{\partial \xi}\right)_{T,p} = \sum_{B=1}^{k} \nu_B \mu_B = (\Delta_r G_m)_{T,p} \tag{4.1.4}$$

式(4.1.4)中，$\Delta_r G_m$ 为化学反应的摩尔反应吉布斯函数变，其单位为 $J \cdot mol^{-1}$。偏微商 $\left(\frac{\partial G}{\partial \xi}\right)_{T,p}$ 的意义为：恒温、恒压、一定量体系中发生反应进度为 $d\xi$ 的反应换算为 $\xi = 1mol$ 时引起体系的吉布斯函数变，或是大量体系在恒温、恒压下发生单位反应时体系的吉布斯函数变。

对一定量的体系，在 ξ 为 0～1mol 的变化过程中，体系中各物质的种类、浓度及化学势 μ_B均随之变化。因此，体系总的吉布斯函数也随 ξ 而变。但是在反应的不同时刻，由于 ξ 有定值，反应体系中各物质的浓度有定值，所以 μ_B也有定值，则体系的吉布斯函数也有定值。恒温恒压下，反应体系的吉布斯函数 G 与反应进度 ξ 的关系如图 4.1.1 所示。

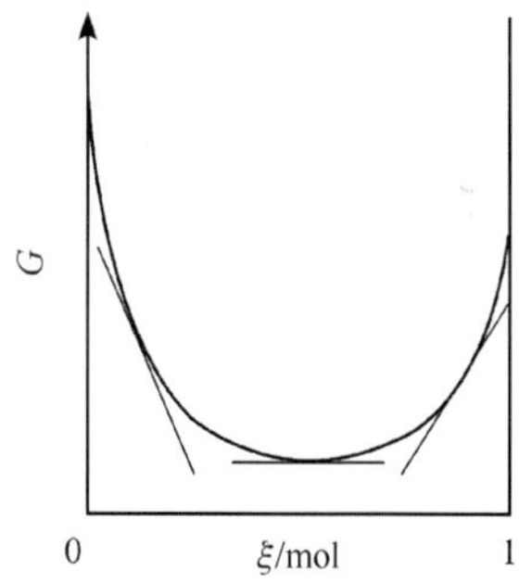

图 4.1.1　恒温恒压下气相反应 $dD + eE \rightleftharpoons gG + hH$ 的 G-ξ 关系示意图 $n_D(0) = d$ mol，$n_E(0) = e$ mol，$n_G(0) = 0$，$n_H(0) = 0$

由图 4.1.1 可知，G-ξ 曲线上的任意一点代表了反应体系的一个状态，偏微商$\left(\frac{\partial G}{\partial \xi}\right)_{T,p}$为 G-ξ 曲线上某一点的切线斜率。在 G-ξ 曲线的左段，有

$$\left(\frac{\partial G}{\partial \xi}\right)_{T,p} < 0，即(\Delta_r G_m)_{T,p} < 0 \quad 或 \quad \sum_{B=1}^{k} \nu_B \mu_B < 0 \tag{4.1.5}$$

表示反应正向进行，自反应物生成产物。在 G-ξ 曲线的右段，有

$$\left(\frac{\partial G}{\partial \xi}\right)_{T,p} > 0，即(\Delta_r G_m)_{T,p} > 0 \quad 或 \quad \sum_{B=1}^{k} \nu_B \mu_B > 0 \tag{4.1.6}$$

表示反应逆向进行，自产物生成反应物。在 G-ξ 曲线的最低点，有

$$\left(\frac{\partial G}{\partial \xi}\right)_{T,p} = 0，即(\Delta_r G_m)_{T,p} = 0 \quad 或 \quad \sum_{B=1}^{k} \nu_B \mu_B = 0 \tag{4.1.7}$$

表示反应达到平衡，从宏观上看体系中各物质的种类和数量不再随时间而改变，此时的反应进度为 ξ_e。

由图 4.1.1 可知，在恒温恒压条件下，化学反应总是由体系吉布斯函数较高的状态（如图 4.1.1中 G-ξ 曲线的左段或右段），向体系吉布斯函数较低的状态变化，直到体系吉布斯函数达到最低点 ξ_e点为止，此时体系达到了化学平衡。

4.1.2　化学反应的限度——化学平衡

由式(3.3.13)可知，在恒温恒压条件下，当反应物的化学势与相应化学计量数绝对值的乘积之和$\sum \nu_{反}\mu_{反}$大于产物的相应乘积之和$\sum \nu_{产}\mu_{产}$时，化学反应总是正向进行，到体系吉布斯函数降到最低为止，反应体系达化学平衡。绝大部分化学反应都不能将反应物几乎完全转化为产物，这是因为反应体系中存在着反应物与产物之间的混合过程，此过程的吉布斯函数变是负值，它可使体系的吉布斯函数进一步降低。因此通常反应物在不完全转化为产物时，体系总的吉布斯函数降到最低值，这时体系达到化学反应的限度——化学平衡。

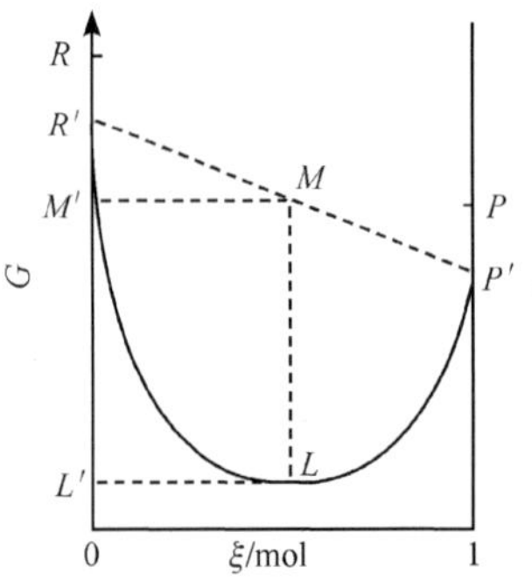

图 4.1.2　恒温恒压下气相反应
dD+eE$\rightleftharpoons$$g$G+$h$H 的吉布斯函数 G 的变化
$n_D(0)=d$ mol，$n_E(0)=e$ mol，
$n_G(0)=0$，$n_H(0)=0$

为了解释化学平衡的存在，假设有气相反应的吉布斯函数 G 的变化如图 4.1.2 所示。

$$d\text{D}+e\text{E} \rightleftharpoons g\text{G}+h\text{H}$$

图中 R 点是纯 D 和纯 E 混合前的吉布斯函数和，两者混合后的吉布斯函数降到 R'点。图中 P 点是纯 G 和纯 H 混合前的吉布斯函数和，两者混合后的吉布斯函数降到 P'点。化学反应能否由混合的反应物（其能量为 R'点）途经虚直线 $R'MP'$完全反应为混合的产物到达 P'点呢？事实证明这是不可能的。因为通常情况下产物一经生成，便与反应物混合在一起，由于此混合过程的吉布斯函数降低，因此真实的反应途径为曲线 $R'LP'$。由吉布斯函数判据知，体系吉布斯函数降到最低时体系最稳定，因此在反应途径 $R'LP'$中，反应到达 L 点时体系能量最低，达化学平衡。此时反应体系吉布斯函数的改变由两部分组成。一部分是部分反应物 D、E 生成产物 G、H 引起的体系吉布斯函数降低，其值为($G_{M'}-G_{R'}$)；另一部分是生成的产物 G、H 与未发生反应的反应物 D、E 混合引起的体系吉布斯函数降低，其值为($G_{L'}-G_{M'}$)。因此，由于反应物和产物间的混合过程的存在，反应体系吉布斯函数 G 随反应进度 ξ 的变化曲线存在一最低点，在最低点处反应达平衡，有 $\left(\frac{\partial G}{\partial \xi}\right)_{T,p}=\sum_{B=1}^{k}\nu_B\mu_B=0$。这个最低点在 $0<\xi<1$mol 处。从理论上讲 G 的最低点既不会出现在 $\xi=0$ 处，也不会出现在 $\xi=1$mol 处，即所有的反应都是可逆反应。当未参加反应的反应物质的量少到几乎不可测量，即 L 点无限靠近 P'点时，可以称这样的反应为单向反应。

由图 4.1.2 知，在体系组成远离 L 点时，所有的化学反应都会沿 $R'LP'$途径不可逆进行，直到体系组成为 L 点时为止。真实的化学反应是不能沿 $R'MP'$途径进行的。那么能否让气相反应 dD+eE$\rightleftharpoons$$g$G+$h$H 沿直线 RP 可逆地进行呢？借助于范特霍夫平衡箱可以实现。读者可参阅有关资料。

4.1.3 化学反应的等温方程

任意物质B的化学势可表示为

$$\mu_B=\mu_B^\ominus+RT\ln a_B$$

将其代入式(4.1.4)，在恒温恒压下应用于反应 $d\mathrm{D}+e\mathrm{E} \rightleftharpoons g\mathrm{G}+h\mathrm{H}$ 得

$$\begin{aligned}\Delta_r G_m &= \sum_{B=1}^{k}\nu_B\mu_B \\ &= g\mu_G+h\mu_H-d\mu_D-e\mu_E \\ &= g(\mu_G^\ominus+RT\ln a_G)+h(\mu_H^\ominus+RT\ln a_H)-d(\mu_D^\ominus+RT\ln a_D)-e(\mu_E^\ominus+RT\ln a_E) \\ &= (g\mu_G^\ominus+h\mu_H^\ominus-d\mu_D^\ominus-e\mu_E^\ominus)+RT(g\ln a_G+h\ln a_H-d\ln a_D-e\ln a_E) \\ &= \sum_{B=1}^{k}\nu_B\mu_B^\ominus+RT\ln\frac{a_G^g a_H^h}{a_D^d a_E^e}\end{aligned} \tag{4.1.8}$$

当反应达平衡时，式(4.1.8)可写作

$$\Delta_r G_m^\ominus=\sum_{B=1}^{k}\nu_B\mu_B^\ominus=-RT\ln\left(\frac{a_G^g a_H^h}{a_D^d a_E^e}\right)^{\mathrm{eq}} \tag{4.1.9}$$

式(4.1.9)中，$\Delta_r G_m^\ominus$ 为化学反应的**标准摩尔反应吉布斯函数**，上标"eq"表示平衡态。定义

$$K_a^\ominus \equiv \exp\left(-\frac{\Delta_r G_m^\ominus}{RT}\right) \quad 或 \quad K_a^\ominus \equiv \exp\left(-\frac{\sum_{B=1}^{k}\nu_B\mu_B^\ominus}{RT}\right)=\left(\frac{a_G^g a_H^h}{a_D^d a_E^e}\right)^{\mathrm{eq}} \tag{4.1.10}$$

由于 $\mu_B^\ominus$ 是参加反应物质在标准态时的化学势，对气体来说，它仅是温度的函数，对溶液中的溶剂和溶质来说，它不仅是温度的函数，而且还是体系压力的函数。但是由于压力对凝聚态物质标准态化学势的影响不大，可以忽略不计，因此，也可把它看作仅是温度的函数。因此，式(4.1.10)在常压下温度确定时为常数，此常数值是该条件下反应体系达平衡时以化学计量数为指数的反应物质活度乘积，它反映了平衡时反应物和产物活度间的关系，所以称 $K_a^\ominus$ 为**热力学平衡常数或标准平衡常数**(standard equilibrium constant)，通常记作 $K^\ominus$，它是量纲为一的量。化学平衡的重要特点是存在一个热力学平衡常数。

若将反应进行到任意时刻，反应物和产物的活度关系 $\dfrac{a_G^g a_H^h}{a_D^d a_E^e}$ 记作 Q_a，称为活度商。则式(4.1.8)可写作

$$\Delta_r G_m=-RT\ln K^\ominus+RT\ln Q_a \quad 或 \quad \Delta_r G_m=\Delta_r G_m^\ominus+RT\ln Q_a \tag{4.1.11}$$

式(4.1.11)称为**范特霍夫等温方程**(van't Hoff isothermal equation)。由式(4.1.11)可知

当 $Q_a<K^\ominus$ 时，$\Delta_r G_m<0$，反应正向进行

当 $Q_a=K^\ominus$ 时，$\Delta_r G_m=0$，反应达平衡

当 $Q_a>K^\ominus$ 时，$\Delta_r G_m>0$，反应逆向进行

由于 Q_a 是反应物和产物的活度商，其值可通过改变反应体系中各物质的量(加入或取出)加以控制，因此在指定条件下，可通过改变反应物和产物的量使反应 $Q_a<K^\ominus$，达到让反应正向进行的目的。同时，由于化学反应的限度是 $Q_a=K^\ominus$，也可以通过改变 $K^\ominus$，让反应达到所需要的限度。因此，式(4.1.11)从热力学的角度指出了改变化学反应方向和限度的方法。

4.2 化学反应标准平衡常数表示法

由式(4.1.10)知,$K_a^\ominus$ 数值大小与反应体系达平衡时反应物转化为产物的限度有关。由于不同反应体系达平衡时各参加反应物质的浓度可用不同方法表示,由此可组合出不同的平衡常数,这类平衡常数称为经验平衡常数或平衡常数,不同的平衡常数通常具有各自的量纲,对确定的反应各类平衡常数与标准平衡常数之间有确定的换算关系。

4.2.1 气相反应

1. 理想气体反应体系

气相反应

$$dD + eE \rightleftharpoons gG + hH$$

若参加反应的各物质均为理想气体,由于理想气体的活度是其压力与标准压力的比值,即 $a_B = \dfrac{p_B}{p^\ominus}$,因此标准平衡常数 $K^\ominus$ 可记作 $K_p^\ominus$

$$K^\ominus = K_p^\ominus = \frac{\left(\dfrac{p_G^{eq}}{p^\ominus}\right)^g \left(\dfrac{p_H^{eq}}{p^\ominus}\right)^h}{\left(\dfrac{p_D^{eq}}{p^\ominus}\right)^d \left(\dfrac{p_E^{eq}}{p^\ominus}\right)^e} = \frac{(p_G^{eq})^g\ (p_H^{eq})^h}{(p_D^{eq})^d\ (p_E^{eq})^e}(p^\ominus)^{-\sum_B \nu_B} \tag{4.2.1}$$

令

$$K_p = \frac{(p_G^{eq})^g\ (p_H^{eq})^h}{(p_D^{eq})^d\ (p_E^{eq})^e} = \prod_B (p_B^{eq})^{\nu_B} \tag{4.2.2}$$

K_p 为以压力表示的平衡常数,则式(4.2.1)可记作

$$K_p^\ominus = K_p\,(p^\ominus)^{-\sum_B \nu_B} \tag{4.2.3}$$

式(4.2.3)是标准平衡常数与以压力表示的平衡常数的换算关系。$K_p^\ominus$ 是单位为 1 的量。通常情况下 K_p 的单位为 $(\text{Pa})^{\sum_B \nu_B}$,只有当 $\sum_B \nu_B = 0$ 时,K_p 才是单位为 1 的量。对理想气体反应体系,由于 $K_p^\ominus$ 仅是温度的函数,因此 K_p 也仅是温度的函数。

于是理想气体反应体系的式(4.1.11)可写作

$$\Delta_r G_m = -RT\ln K_p^\ominus + RT\ln Q_p$$

因此可比较 $K_p^\ominus$ 与 Q_p 的大小来判断变化的方向。

【例 4.2.1】 气相反应

$$2H_2(g) + O_2(g) \rightleftharpoons 2H_2O(g)$$

假设气体均为理想气体,在 2000K 时的 $K_p^\ominus = 1.6\times10^7$,问

(1) 当 H_2 和 O_2 的压力均为 $0.1p^\ominus$,H_2O 的压力为 $1p^\ominus$ 时,反应能否正向进行?

(2) 当 H_2 的分压为 $0.1p^\ominus$、O_2 的分压为 $0.01p^\ominus$ 时,要使反应逆向进行,则水蒸气的压力最低为多少?

解 由式(4.1.11)得,对理想气体反应有

$$\Delta_r G_m = -RT\ln K_p^\ominus + RT\ln Q_p$$

因此有

(1) $$Q_p=\frac{(p_{H_2O}/p^{\ominus})^2}{(p_{H_2}/p^{\ominus})^2(p_{O_2}/p^{\ominus})}=\frac{1^2}{0.1^2\times0.1}=1\times10^3$$

$Q_p \ll K_p^{\ominus}$，因此反应能正向进行。

(2) 欲使反应逆向进行，则需要 $K_p^{\ominus}<Q_p$

$$1.6\times10^7<\frac{(p_{H_2O}/p^{\ominus})^2}{0.1^2\times0.01}$$

有 $p_{H_2O}>40p^{\ominus}$，即水蒸气的压力要大于标准态压力的40倍。

若记 y_B 为物质B在气相中的摩尔分数，则将道尔顿分压定律用于式(4.2.2)得

$$K_p=\prod_B(py_B^{eq})^{\nu_B}=\prod_B(y_B^{eq})^{\nu_B}p^{\nu_B} \tag{4.2.4}$$

令

$$K_y=\frac{(y_G^{eq})^g(y_H^{eq})^h}{(y_D^{eq})^d(y_E^{eq})^e}=\prod_B(y_B^{eq})^{\nu_B} \tag{4.2.5}$$

K_y 为以摩尔分数表示的平衡常数，则式(4.2.4)可表示为

$$K_p=K_y p^{\sum_B \nu_B} \tag{4.2.6}$$

将式(4.2.6)代入式(4.2.3)有

$$K_p^{\ominus}=K_y\left(\frac{p}{p^{\ominus}}\right)^{\sum_B \nu_B} \tag{4.2.7}$$

式(4.2.7)是标准平衡常数与以摩尔分数表示的平衡常数的换算关系。K_y 是量纲为一的量。由式(4.2.7)知，K_y 不仅是温度的函数，而且是反应体系总压力 p 的函数。

将摩尔分数定义 $y_B=\frac{n_B}{n_总}$ 代入式(4.2.5)有

$$K_y=\prod_B\left(\frac{n_B^{eq}}{n_总}\right)^{\nu_B}=\prod_B(n_B^{eq})^{\nu_B}n_总^{-\nu_B} \tag{4.2.8}$$

令 $K_n=\prod_B n_B^{\nu_B}$，K_n 为以物质的量表示的平衡常数，则式(4.2.8)可表示为

$$K_y=K_n(n_总)^{-\sum_B \nu_B} \tag{4.2.9}$$

将式(4.2.9)代入式(4.2.7)得

$$K_p^{\ominus}=K_n\left(\frac{p}{p^{\ominus}n_总}\right)^{\sum_B \nu_B} \tag{4.2.10}$$

式(4.2.10)是标准平衡常数与以物质的量表示的平衡常数的换算关系。K_n 通常情况下的单位为 $(\text{mol})^{\sum_B \nu_B}$。只有当 $\sum_B \nu_B=0$ 时，K_n 才是单位为1的量。由式(4.2.10)知，K_n 不仅是温度的函数，而且还是体系总压力和总物质的量的函数。恒温恒压下 K_n 是体系总物质的量的函数。

由此可见，对理想气体反应体系，标准平衡常数 $K_p^{\ominus}$ 与经验平衡常数 K_p、K_y、K_n 之间有确定的换算关系。只有当 $\sum_B \nu_B=0$ 时，所有的经验平衡常数均相等。

【例4.2.2】 在1000K和101.325kPa下，测得气相反应

$$2SO_2(g)+O_2(g)\rightleftharpoons 2SO_3(g)$$

达平衡后 SO_2、O_2 和 SO_3 的摩尔分数分别为 0.39、0.25 和 0.36。求此反应的标准平衡常数，假设气体均为理想气体。

解 由式(4.2.7)得

$$K^{\ominus} = K_y\left(\frac{p}{p^{\ominus}}\right)^{\sum_B \nu_B} = \frac{(y_{SO_3})^2}{(y_{SO_2})^2(y_{O_2})}\left(\frac{p}{p^{\ominus}}\right)^{-1}$$

$$= \frac{0.36^2}{0.39^2 \times 0.25} \times \left(\frac{101.325}{100}\right)^{-1} = 3.4$$

2. 实际气体反应体系

若气相反应在高压下进行，则参加反应的气体要作为实际气体处理。由于实际气体的活度是其逸度与标准压力的比值，即 $a_B = \frac{f_B}{p^{\ominus}}$，因此标准平衡常数 $K^{\ominus}$ 也可记作 $K_f^{\ominus}$

$$K^{\ominus} = K_f^{\ominus} = \frac{\left(\frac{f_G^{eq}}{p^{\ominus}}\right)^g\left(\frac{f_H^{eq}}{p^{\ominus}}\right)^h}{\left(\frac{f_D^{eq}}{p^{\ominus}}\right)^d\left(\frac{f_E^{eq}}{p^{\ominus}}\right)^e} \tag{4.2.11}$$

根据逸度的定义 $f_B = \varphi_B p_B$，则式(4.2.11)可表示为

$$K_f^{\ominus} = \frac{\left(\frac{p_G^{eq}\varphi_G^{eq}}{p^{\ominus}}\right)^g\left(\frac{p_H^{eq}\varphi_H^{eq}}{p^{\ominus}}\right)^h}{\left(\frac{p_D^{eq}\varphi_D^{eq}}{p^{\ominus}}\right)^d\left(\frac{p_E^{eq}\varphi_E^{eq}}{p^{\ominus}}\right)^e} = K_{\varphi}K_p\,(p^{\ominus})^{-\sum_B \nu_B} = K_{\varphi}K_p^{\ominus} \tag{4.2.12}$$

式(4.2.12)中，K_{φ} 为反应达平衡时参加反应各气体以化学计量数为指数的逸度因子乘积。

对于实际气体，$K_f^{\ominus}$ 也仅是温度的函数，但是由于逸度因子 φ 是温度和压力的函数，因此 K_{φ} 也是温度和压力的函数，因此实际气体的 $K_p^{\ominus}$ 和 K_{φ} 均是温度和压力的函数。若反应体系的压力逐渐降低，满足式(3.4.4)的条件，则当压力趋于 0 时逸度因子 φ 趋于 1，此时 K_{φ} 趋于 1，实际气体的 $K_p^{\ominus}$ 趋于 $K_f^{\ominus}$。当压力升高时实际气体的 $K_p^{\ominus}$ 就偏离 $K_f^{\ominus}$。表 4.2.1 列出了 450℃时不同压力下合成氨反应 $N_2 + 3H_2 \rightleftharpoons 2NH_3$ 的 $K_p^{\ominus}$ 值随压力的变化。此反应的 $K_f^{\ominus}$ 为 4.29×10^{-5}。由表 4.2.1 可见，当体系压力为 1.01MPa 时 $K_p^{\ominus}$ 与 $K_f^{\ominus}$ 值还比较接近，压力越高，$K_p^{\ominus}$ 偏离 $K_f^{\ominus}$ 越大。

表 4.2.1 450℃时反应 $N_2 + 3H_2 \rightleftharpoons 2NH_3$ 的 $K_p^{\ominus}$

p/MPa	1.01	3.04	5.07	10.1	30.4
$K_p^{\ominus}\times10^5$	4.48	4.57	4.76	5.26	7.81

4.2.2 混合物和溶液中的反应

对反应 $dD + eE \rightleftharpoons gG + hH$，若参加反应的各物质构成理想液态混合物，则各组分的化学势均可用式(3.6.2)表示，式(4.1.7)可表示为

$$\sum_B \nu_B[\mu_B^*(T) + RT\ln x_B] = 0$$

应用式(4.1.10)标准平衡常数 $K_a^{\ominus}$ 的定义可得

$$K^{\ominus}=K_x=\left(\frac{x_{\mathrm{G}}^g x_{\mathrm{H}}^h}{x_{\mathrm{D}}^d x_{\mathrm{E}}^e}\right)^{\mathrm{eq}} \tag{4.2.13}$$

由于忽略了压力对液体标准态化学势的影响，$\mu_{\mathrm{B}}^{*}(T)$近似为温度的函数，因此 $K_a^{\ominus}$ 也仅是温度的函数，且其量纲为一。实际并不存在理想液态混合物，能近似为理想液态混合物的体系也很少，因此式(4.2.13)应用于一般的液态混合物反应体系时准确度较低，但是乙酸乙酯的水解反应是一个例外，可作为理想液态混合物处理。

【例 4.2.3】 25℃时将 1mol CH_3COOH 和 1mol C_2H_5OH 混合，待反应达平衡后测得平衡混合物中有 0.667mol $CH_3COOC_2H_5$。若将 CH_3COOH、C_2H_5OH 和 H_2O 各 1mol 混合，求反应达平衡后 $CH_3COOC_2H_5$ 的量。

解　若是 1mol CH_3COOH 和 1mol C_2H_5OH 混合，则有

	CH_3COOH +	CH_3CH_2OH $\rightleftharpoons$	$CH_3COOC_2H_5$ +	H_2O
反应前物质的量/mol	1	1	0	0
平衡后物质的量/mol	1−0.667	1−0.667	0.667	0.667

由式(4.2.13)得

$$K^{\ominus}=K_x=\frac{x_{\mathrm{CH_3COOC_2H_5}}\,x_{\mathrm{H_2O}}}{x_{\mathrm{CH_3COOH}}\,x_{\mathrm{CH_3CH_2OH}}}=\frac{(0.667/2)^2}{(0.333/2)^2}=4.00$$

设 CH_3COOH、C_2H_5OH 和 H_2O 各 1mol 混合后生成 $CH_3COOC_2H_5$ 的量为 $z$mol，则有

$$K_x=\frac{z(1+z)}{(1-z)(1-z)}=4.00$$

解得

$$z=0.543$$

反应达平衡后 $CH_3COOC_2H_5$ 的量为 0.543mol。

若参加反应的各物质均溶于同一溶剂中形成理想稀溶液，由于理想稀溶液中溶质化学势的表达随标准态选择的不同而改变，根据式(3.7.3)～式(3.7.5)有

$$\mu_{\mathrm{B}}=\mu_{\mathrm{B},x}^{*}(T)+RT\ln x_{\mathrm{B}}$$

$$\mu_{\mathrm{B}}=\mu_{\mathrm{B},b}^{\square}(T)+RT\ln\frac{b_{\mathrm{B}}}{b^{\ominus}}$$

$$\mu_{\mathrm{B}}=\mu_{\mathrm{B},c}^{\triangle}(T)+RT\ln\frac{c_{\mathrm{B}}}{c^{\ominus}}$$

因此，对应的标准平衡常数分别为

$$K^{\ominus}=K_x^{\ominus}=\left(\frac{x_{\mathrm{G}}^g x_{\mathrm{H}}^h}{x_{\mathrm{D}}^d x_{\mathrm{E}}^e}\right)^{\mathrm{eq}}=\prod_{\mathrm{B}}(x_{\mathrm{B}}^{\mathrm{eq}})^{\nu_{\mathrm{B}}} \tag{4.2.14}$$

$$K^{\ominus}=K_b^{\ominus}=\prod_{\mathrm{B}}\left(\frac{b_{\mathrm{B}}^{\mathrm{eq}}}{b^{\ominus}}\right)^{\nu_{\mathrm{B}}} \tag{4.2.15}$$

$$K^{\ominus}=K_c^{\ominus}=\prod_{\mathrm{B}}\left(\frac{c_{\mathrm{B}}^{\mathrm{eq}}}{c^{\ominus}}\right)^{\nu_{\mathrm{B}}} \tag{4.2.16}$$

由于均已忽略了压力对液体标准态化学势的影响，所以 $\mu_{\mathrm{B},x}^{*}(T)$、$\mu_{\mathrm{B},b}^{\square}(T)$和 $\mu_{\mathrm{B},c}^{\triangle}(T)$近似为温度的函数，因此 $K_x^{\ominus}$、$K_b^{\ominus}$、$K_c^{\ominus}$ 也仅为温度的函数，并且均是量纲为一的量。液相反应的平衡常数也可用 K_x、K_b、K_c 表示，其表达式为

$$K_x = \prod_{\mathrm{B}} x_{\mathrm{B}}^{\nu_{\mathrm{B}}} \tag{4.2.17}$$

$$K_b = \prod_{\mathrm{B}} b_{\mathrm{B}}^{\nu_{\mathrm{B}}} \tag{4.2.18}$$

$$K_c = \prod_{\mathrm{B}} c_{\mathrm{B}}^{\nu_{\mathrm{B}}} \tag{4.2.19}$$

式(4.2.17)～式(4.2.19)中，K_x 的单位为 1，K_b 的单位为 $(\mathrm{mol \cdot kg^{-1}})^{\sum_{\mathrm{B}}\nu_{\mathrm{B}}}$，$K_c$ 的单位为 $(\mathrm{mol \cdot dm^{-3}})^{\sum_{\mathrm{B}}\nu_{\mathrm{B}}}$。

若参加反应的各物质均溶于同一溶剂中形成浓度较高的溶液，则应该用活度代替浓度，即

$$\mu_{\mathrm{B}} = \mu_{\mathrm{B}}^{*}(T) + RT\ln a_{\mathrm{B}}$$

相应的标准平衡常数为

$$K^{\ominus} = \left(\frac{a_{\mathrm{G}}^{g} a_{\mathrm{H}}^{h}}{a_{\mathrm{D}}^{d} a_{\mathrm{E}}^{e}}\right)^{\mathrm{eq}} = \prod_{\mathrm{B}} (a_{\mathrm{B}}^{\mathrm{eq}})^{\nu_{\mathrm{B}}} \tag{4.2.20}$$

由溶液中各组分的平衡活度可求得 $K^{\ominus}$。

对有水参加的反应，若反应体系不是以水为溶剂，则水作为反应物之一进入平衡常数表达式。若反应体系是以水为溶剂，则在稀溶液中 $x_{\mathrm{H_2O}} \approx 1$，活度因子可近似为 1，因此水的 $a_{\mathrm{H_2O}} \approx 1$，水的活度不进入平衡常数表达式。例如，卤代甲烷在酸性条件下的水解反应

$$\mathrm{CH_3X + H_2O \xrightleftharpoons{H^+} HX + CH_3OH}$$

其在水溶液中的标准平衡常数表达式为

$$K_c^{\ominus} = \left[\frac{(c_{\mathrm{HX}}/c^{\ominus})(c_{\mathrm{CH_3OH}}/c^{\ominus})}{c_{\mathrm{CH_3X}}/c^{\ominus}}\right]^{\mathrm{eq}} = \left[\frac{c_{\mathrm{HX}} c_{\mathrm{CH_3OH}}}{c_{\mathrm{CH_3X}}}\right]^{\mathrm{eq}} \frac{1}{c^{\ominus}}$$

通常采用这一规定处理生化反应体系。

【例 4.2.4】 已知 310K 时三磷酸腺苷(ATP)在细胞内水解为二磷酸腺苷(ADP)和无机磷酸盐(Pi)反应的 $\Delta_{\mathrm{r}}G_{\mathrm{m}}^{\ominus} = -30.5\mathrm{kJ \cdot mol^{-1}}$。

$$\mathrm{ATP + H_2O \rightleftharpoons ADP + Pi}$$

(1) 求 ADP 和 Pi 的浓度分别为 $3.00\times10^{-3}\mathrm{mol \cdot dm^{-3}}$ 和 $1.00\times10^{-3}\mathrm{mol \cdot dm^{-3}}$ 时 ATP 的平衡浓度。

(2) 实验测得细胞内 ATP 浓度为 $1.00\times10^{-2}\mathrm{mol \cdot dm^{-3}}$，若 ADP 和 Pi 的浓度同(1)，求反应的 $\Delta_{\mathrm{r}}G_{\mathrm{m}}$。

解

$$\Delta_{\mathrm{r}}G_{\mathrm{m}}^{\ominus} = -RT\ln K_a^{\ominus}$$

$$K_a^{\ominus} = \exp\left(-\frac{\Delta_{\mathrm{r}}G_{\mathrm{m}}^{\ominus}}{RT}\right) = \exp\left(\frac{30.5\times10^{3}}{8.314\times310}\right) = 1.38\times10^{5}$$

对稀水溶液中的反应，活度因子可近似为 1，由式(4.2.20)得

$$K_a^{\ominus} \approx \left(\frac{\dfrac{c_{\mathrm{ADP}}}{c^{\ominus}} \dfrac{c_{\mathrm{Pi}}}{c^{\ominus}}}{\dfrac{c_{\mathrm{ATP}}}{c^{\ominus}}}\right)^{\mathrm{eq}} = 1.38\times10^{5}$$

$$\frac{3.00\times10^{-3}\times1.00\times10^{-3}}{\dfrac{c_{\mathrm{ATP}}}{c^{\ominus}}} = 1.38\times10^{5}$$

$$c_{\mathrm{ATP}} = 2.17\times10^{-11}\mathrm{mol \cdot dm^{-3}}$$

(2) 当 ATP 的浓度为 $1.00\times10^{-2}\,mol\cdot dm^{-3}$时，若 ADP 和 Pi 的浓度同(1)，细胞内反应的 $\Delta_r G_m$ 为

$$\begin{aligned}\Delta_r G_m &= \Delta_r G_m^\ominus + RT\ln Q_a \\ &\approx \Delta_r G_m^\ominus + RT\ln\frac{\frac{c_{ADP}}{c^\ominus}\frac{c_{Pi}}{c^\ominus}}{\frac{c_{ATP}}{c^\ominus}} \\ &= \left(-30.5\times10^3 + 8.314\times310\ln\frac{3.00\times10^{-3}\times1.00\times10^{-3}}{1.00\times10^{-2}}\right)J\cdot mol^{-1} \\ &= -51.4kJ\cdot mol^{-1}\end{aligned}$$

$\Delta_r G_m \ll 0$，说明细胞中的 ATP 能不断水解。

4.2.3　复相反应

若参加化学反应的各物质不是存在于同一相中，则这类反应称为复相反应或多相反应。如果复相反应中的凝聚相反应物质均处于纯态，即不形成溶液或固溶体，则认为其活度$a_B=1$。由于压力对凝聚态物质化学势的影响很小，因此认为在 T、p 条件下发生的凝聚相反应，近似等于在 T、$p^\ominus$条件下发生的凝聚相反应，所以凝聚相反应物质的化学势 $\mu_B\approx\mu_B^\ominus(T)$，在热力学平衡常数的表示式中均不出现凝聚相反应物质项。例如，固体氯化铵 $NH_4Cl(s)$分解反应

$$NH_4Cl(s) \rightleftharpoons NH_3(g) + HCl(g)$$

若反应在封闭体系中进行至平衡，则由式(4.1.7)得

$$\Delta_r G_m = \sum_B \nu_B\mu_B = 0$$

或

$$\mu(NH_3,g) + \mu(HCl,g) = \mu(NH_4Cl,s)$$

即

$$\mu^\ominus(NH_3,g) + RT\ln\frac{f_{NH_3}^{eq}}{p^\ominus} + \mu^\ominus(HCl,g) + RT\ln\frac{f_{HCl}^{eq}}{p^\ominus} = \mu^\ominus(NH_4Cl,s)$$

$$\begin{aligned}-RT\ln\left(\frac{f_{NH_3}^{eq}}{p^\ominus}\right)\left(\frac{f_{HCl}^{eq}}{p^\ominus}\right) &= \mu^\ominus(NH_3,g) + \mu^\ominus(HCl,g) - \mu^\ominus(NH_4Cl,s) \\ &= \Delta_r G_m^\ominus\end{aligned}$$

因此得

$$K^\ominus = \left(\frac{f_{NH_3}^{eq}}{p^\ominus}\right)\left(\frac{f_{HCl}^{eq}}{p^\ominus}\right)$$

由此可见，复相反应热力学平衡常数表示式只与气体反应物的逸度有关。若反应体系压力不高，气体可以假设为理想气体，则有

$$K^\ominus = K_p^\ominus = \left(\frac{p_{NH_3}^{eq}}{p^\ominus}\right)\left(\frac{p_{HCl}^{eq}}{p^\ominus}\right)$$

由 $K_p^\ominus$ 与其他经验平衡常数的关系可知，凝聚相反应物质项也不出现在其他平衡常数表示式中。

对诸如上述固体氯化铵 $NH_4Cl(s)$的分解反应，若气体可看作理想气体，则 $K_p^\ominus$ 仅是温度的函数，因此在一定温度下分解达平衡时，体系的总压力 $p_{总} = p_{NH_3} + p_{HCl}$是一定值，此值称为**分解压**(dissociation pressure)，它是纯凝聚态物质在一定温度下分解达平衡时气体产物的总

压力。当产物气体为理想气体时，分解压仅是反应体系温度的函数。

例如，碳酸钙的分解反应

$$CaCO_3(s) \rightleftharpoons CaO(s) + CO_2(g)$$

由于反应分解出一种气体，因此分解压就是 CO_2 的压力 $p_{分} = p_{CO_2}$。在一定温度下，只要有 $CaCO_3(s)$和 $CaO(s)$存在，不管其量有多少，分解压 $p_{分}$ 总是一确定值。表 4.2.2 给出了不同温度下碳酸钙的分解压。

表 4.2.2 不同温度下碳酸钙的分解压

温度/℃	500	600	700	800	897	1000	1100	1200
$p_{分}$/kPa	0.0097	0.245	2.959	22.27	101.325	392.23	1165.24	2399.38

由表 4.2.2 可见，随着反应温度升高，分解压力变大，当温度升至 897℃时，分解压力为 101.325kPa，此温度称为**分解温度**(dissociation temperature)。分解温度为分解出来气体产物的总压力等于外压时的温度。例如，$NH_4Cl(s)$分解时的气相产物有两个，若开始时只有固态 $NH_4Cl(s)$，则分解出 NH_3 和 HCl 气体分压力之和为 101.325kPa 时的温度为 $NH_4Cl(s)$ 的分解温度。

对复相反应

$$Ag_2S(s) + H_2(g) \rightleftharpoons 2Ag(s) + H_2S(g)$$

若气相为理想气体时，其标准平衡常数为

$$K_p^{\ominus} = \frac{p_{H_2S}/p^{\ominus}}{p_{H_2}/p^{\ominus}}$$

但是此反应不是分解反应，因此不存在分解压和分解温度。

以上已基本概括了各类常见反应的标准平衡常数表示法，值得强调的是，由式(4.1.10)的标准平衡常数的定义可见，由于 $\Delta_r G_m^{\ominus}$ 与反应方程式的写法有关，因此 $K^{\ominus}$ 也与反应方程式的写法有关。同一个化学反应，如果反应方程式表示不同，则所对应的 $K^{\ominus}$ 也不同。也就是说 $K^{\ominus}$ 与化学反应计量方程式对应。例如，$NH_3(g)$的合成反应，其计量方程式可写作

$$\frac{1}{2}N_2(g) + \frac{3}{2}H_2(g) \rightleftharpoons NH_3(g) \qquad (1)$$

$$N_2(g) + 3H_2(g) \rightleftharpoons 2NH_3(g) \qquad (2)$$

由于 $2\Delta_r G_m^{\ominus}(1) = \Delta_r G_m^{\ominus}(2)$，因此两标准平衡常数的关系为$[K_p^{\ominus}(1)]^2 = K_p^{\ominus}(2)$。若将反应方程式写作

$$NH_3(g) \rightleftharpoons \frac{1}{2}N_2(g) + \frac{3}{2}H_2(g) \qquad (3)$$

则 $K_p^{\ominus}(3) = [K_p^{\ominus}(1)]^{-1}$。若一个反应的计量方程式是另外几个反应计量方程式之和，则标准平衡常数为其他反应的标准平衡常数之积。例如

$$C(s) + O_2(g) \rightleftharpoons CO_2(g) \qquad (1)$$

$$C(s) + \frac{1}{2}O_2(g) \rightleftharpoons CO(g) \qquad (2)$$

$$CO(g) + \frac{1}{2}O_2(g) \rightleftharpoons CO_2(g) \qquad (3)$$

由于方程(1)=方程(2)+方程(3)，有 $\Delta_r G_m^\ominus(1)=\Delta_r G_m^\ominus(2)+\Delta_r G_m^\ominus(3)$，因此 $K_p^\ominus(1)=K_p^\ominus(2)\times K_p^\ominus(3)$。

【例 4.2.5】 25℃时将固体 $NH_4HS(s)$ 放入密闭容器中加热，发生如下分解反应

$$NH_4HS(s) \rightleftharpoons NH_3(g)+H_2S(g)$$

(1) 若平衡时测得体系总压力为 $0.660p^\ominus$，求此反应的标准平衡常数。

(2) 若容器中原已有 3.00×10^4 Pa 的 H_2S 气体，达平衡时 $NH_4HS(s)$ 分解所产生 NH_3 的压力为多少？

解 (1) 平衡时有

$$p_{总}=p_{NH_3}+p_{H_2S}=0.660p^\ominus$$

即

$$p_{NH_3}=p_{H_2S}=0.330p^\ominus$$

所以有

$$K^\ominus=K_p^\ominus=\left(\frac{p_{NH_3}}{p^\ominus}\right)\left(\frac{p_{H_2S}}{p^\ominus}\right)=(0.330)^2=0.109$$

(2) 若容器中已有 H_2S 气体的压力为 $p'_{H_2S}=3.00\times10^4$ Pa，平衡时设 $NH_4HS(s)$ 分解所产生 NH_3 的压力为 p，有

$$p_{NH_3}=p,\quad p_{H_2S}=p+p'_{H_2S}$$

则

$$K^\ominus=\left(\frac{p}{p^\ominus}\right)\left(\frac{p+3.00\times10^4\,\text{Pa}}{p^\ominus}\right)=0.109$$

解得

$$p=2.13\times10^4\,\text{Pa}$$

4.3　标准平衡常数的计算

标准平衡常数是化学平衡的一个重要物理量，由标准平衡常数可从理论上获得化学反应的限度，对生产实际有重要指导意义。

4.3.1　由实验数据计算

通过实验测定反应体系达平衡时混合物中各组分的量，根据式(4.1.10)可求得标准平衡常数。平衡体系的组成可通过物理方法和化学方法测定。物理方法是通过测定体系的物理性质，如折射率、吸光度、电导率、密度、压力和体积等获得平衡组成。化学方法则通过化学分析获得平衡组成。由平衡组成可求出标准平衡常数。但是不管用何种方法，首先应该判明反应体系是否确实已达到平衡，其次应确保实验测定过程中平衡不会被扰动。因此，由实验测定标准平衡常数虽然比较直接，但是受上述两点限制，此方法有一定的局限性，有些反应甚至无法用此法测定。

【例 4.3.1】 700K、$p^\ominus$ 条件下，测得 HI 分解反应

$$2HI(g) \rightleftharpoons H_2(g)+I_2(g)$$

的平衡转化率为 0.215。假设气体均为理想气体。求

(1) 此温度下的经验平衡常数 K_n 和标准平衡常数。

(2) 若在此温度下自 1.5mol I_2 和 2mol H_2 开始反应，求平衡后 HI 的量。

解 (1) 设 HI 反应前的量为 1mol

	$2HI(g) \rightleftharpoons$	$H_2(g)+$	$I_2(g)$
开始量/mol	1	0	0
平衡量/mol	$1-\alpha$	$\alpha/2$	$\alpha/2$

$$K_n = \prod_B n_B^{\nu_B} = \frac{n_{H_2} n_{I_2}}{n_{HI}^2} = \frac{\left(\frac{\alpha}{2}\right)^2}{(1-\alpha)^2} = \frac{\left(\frac{0.215}{2}\right)^2}{(1-0.215)^2} = 0.0188$$

$$K^\ominus = K_p^\ominus = K_n \left(\frac{p}{p^\ominus n_{总}}\right)^{\sum_B \nu_B}$$

由于 $\sum_B \nu_B = 0$，因此 $K^\ominus = K_p^\ominus = K_n = 0.0188$。

(2) 若将反应写作如下形式，且设 HI 的平衡量为 $2x$ mol

	$H_2(g)+$	$I_2(g)$	$\rightleftharpoons 2HI(g)$
开始量/mol	2	1.5	0
平衡量/mol	$2-x$	$1.5-x$	$2x$

$$K_n' = \prod_B n_B^{\nu_B} = \frac{n_{HI}^2}{n_{H_2} n_{I_2}} = \frac{1}{K_n}$$

$$\frac{(2x)^2}{(2-x)(1.5-x)} = \frac{1}{1.88\times10^{-2}}$$

$$x = 1.31$$

因此生成 HI 的量为 $2x$mol$=2.62$mol。

4.3.2 由 $\Delta_r H_m^\ominus$ 和 $\Delta_r S_m^\ominus$ 计算

通过热化学方法求得 $\Delta_r H_m^\ominus$ 和 $\Delta_r S_m^\ominus$，再由式(2.8.7)，即 $\Delta_r G_m^\ominus = \Delta_r H_m^\ominus - T\Delta_r S_m^\ominus$ 求出 $\Delta_r G_m^\ominus$，然后由式(4.1.10)求得热力学平衡常数 $K^\ominus$。

【例 4.3.2】 500℃时，在催化剂的作用下下列反应能迅速达到平衡。

$$CO(g) + 2H_2(g) \rightleftharpoons CH_3OH(g)$$

若 1mol CO 和 2mol H_2 反应能得到 0.1mol CH_3OH，工业上就有生产价值。假设标准摩尔反应焓不随温度变化，求 500℃时反应所需的最小压力。已知 25℃时的热力学数据见下表。

	$H_2(g)$	$CO(g)$	$CH_3OH(g)$
$\Delta_f H_m^\ominus/(kJ\cdot mol^{-1})$	0	−110.53	−200.66
$S_m^\ominus/(J\cdot K^{-1}\cdot mol^{-1})$	130.68	197.67	239.8

解 由已知条件求得 25℃时

$$\begin{aligned}\Delta_r H_m^\ominus &= \Delta_f H_m^\ominus(CH_3OH,g) - \Delta_f H_m^\ominus(CO,g)\\ &= (-200.66+110.53)kJ\cdot mol^{-1}\\ &= -90.13kJ\cdot mol^{-1}\end{aligned}$$

$$\begin{aligned}\Delta_r S_m^\ominus &= S_m^\ominus(CH_3OH,g) - S_m^\ominus(CO,g) - 2S_m^\ominus(H_2,g)\\ &= (239.8-197.67-2\times130.68)J\cdot K^{-1}\cdot mol^{-1}\\ &= -219.23J\cdot K^{-1}\cdot mol^{-1}\end{aligned}$$

由于标准摩尔反应焓不随温度变化，则标准摩尔反应熵也不随温度变化，因此 500℃时的标准摩尔反应吉布斯函数为

$$\begin{aligned}\Delta_r G_m^\ominus &= \Delta_r H_m^\ominus - T\Delta_r S_m^\ominus\\ &= (-90.13+773.15\times219.23\times10^{-3})kJ\cdot mol^{-1}\\ &= 79.36kJ\cdot mol^{-1}\end{aligned}$$

反应的标准平衡常数为

$$K^{\ominus}=\exp\left(\frac{-\Delta_r G_m^{\ominus}}{RT}\right)=\exp\left(\frac{-79.36\times10^3}{8.314\times773.15}\right)$$
$$=4.35\times10^{-6}$$

对反应进行物料衡算有

$$CO(g)+2H_2(g) \rightleftharpoons CH_3OH(g)$$

平衡时　0.9mol　1.8mol　0.1mol　$\sum n_B = 2.8\text{mol}$

$$K^{\ominus}=K_y(p/p^{\ominus})^{-2}=\frac{y_{CH_3OH}}{y_{CO}(y_{H_2})^2}(p/p^{\ominus})^{-2}$$
$$=\frac{0.1/2.8}{(0.9/2.8)\times(1.8/2.8)^2}(p/p^{\ominus})^{-2}$$
$$p=2.49\times10^7\text{Pa}$$

反应体系的压力要高于 2.49×10^7Pa。

4.3.3　由标准摩尔生成吉布斯函数 $\Delta_f G_m^{\ominus}$ 计算

由式(2.6.4)可由纯物质的标准摩尔生成吉布斯函数 $\Delta_f G_m^{\ominus}$(B,相态,T)计算化学反应的标准摩尔反应吉布斯函数。

【例 4.3.3】 计算 25℃时,下列反应能正向进行所需氧的最小分压力。

$$KCl(s)+\frac{3}{2}O_2(g) \rightleftharpoons KClO_3(s)$$

已知 25℃时,$\Delta_f G_m^{\ominus}(KClO_3,s)=-289.91\text{kJ}\cdot\text{mol}^{-1}$,$\Delta_f G_m^{\ominus}(KCl,s)=-408.32\text{kJ}\cdot\text{mol}^{-1}$。

解　反应的标准摩尔反应吉布斯函数变

$$\Delta_r G_m^{\ominus}=\Delta_f G_m^{\ominus}(KClO_3,s)-\Delta_f G_m^{\ominus}(KCl,s)$$
$$=(-289.91+408.32)\text{kJ}\cdot\text{mol}^{-1}$$
$$=118.41\text{kJ}\cdot\text{mol}^{-1}$$

反应的平衡常数为

$$K^{\ominus}=\exp\left(\frac{-\Delta_r G_m^{\ominus}}{RT}\right)$$
$$=\exp\left(\frac{-118.41\times10^3}{8.314\times298.15}\right)=1.75\times10^{-21}$$

氧气的最小分压为

$$K^{\ominus}=\left(\frac{p_{O_2}}{p^{\ominus}}\right)^{-3/2}$$
$$p_{O_2}=(K^{\ominus})^{-\frac{2}{3}}\times p^{\ominus}$$
$$=(1.75\times10^{-21})^{-\frac{2}{3}}\times100\times10^3\text{Pa}=6.9\times10^{18}\text{Pa}$$

但是,许多化学反应都发生在溶液中,尤其是生物体系中的反应均是在水溶液中进行的。这时,参加反应的物质已不处于纯态,因此需要对溶液中反应物质的标准态另作规定。通常规定溶液中各溶质的标准态是浓度 $c=1\text{mol}\cdot\text{dm}^{-3}$ 或 $b=1\text{mol}\cdot\text{kg}^{-1}$,行为仍符合亨利定律的假想稀溶液中的溶质。此时溶质 B 的标准摩尔生成吉布斯函数以 $\Delta_f G_m^{\ominus}$(B,aq)表示,其中 aq 表示水溶液。$\Delta_f G_m^{\ominus}$(B,aq)不等于物质 B 的标准摩尔生成吉布斯函数 $\Delta_f G_m^{\ominus}$(B),但是可通过如下过程求得

$$
\begin{array}{ccc}
\text{最稳定单质} & \xrightarrow{\Delta_f G_m^{\ominus}(\text{B,aq})} & \text{B 的水溶液}\ (c_B^{\ominus}=1\text{mol}\cdot\text{dm}^{-3}) \\
\downarrow \Delta_f G_m^{\ominus}(\text{B}) & & \uparrow \Delta G_2 \\
\text{指定相态化合物 B} & \xrightarrow{\Delta G_1} & \text{B 的饱和水溶液}(c_s)
\end{array}
$$

由于在 B 的饱和溶液中未溶解的物质 B 与溶解态的物质 B 达相平衡，假设未溶解的物质 B 为固态，此时固体 B 溶解为溶解态 B 或溶解态 B 析出纯固体 B 是恒温恒压下的可逆过程，因此 $\Delta G_1=0$。ΔG_2 则是两不同浓度溶液的化学势之差，有

$$
\begin{aligned}
\Delta G_2 &= \mu_B(\text{标准态})-\mu_B(\text{饱和态}) \\
&= \mu_B^{\ominus}-\left(\mu_B^{\ominus}+RT\ln\frac{c_s}{c^{\ominus}}\right) \\
&= RT\ln\frac{c^{\ominus}}{c_s}
\end{aligned}
$$

因此

$$
\begin{aligned}
\Delta_f G_m^{\ominus}(\text{B,aq}) &= \Delta_f G_m^{\ominus}(\text{B})+\Delta G_1+\Delta G_2 \\
&= \Delta_f G_m^{\ominus}(\text{B})+RT\ln\frac{c^{\ominus}}{c_s}
\end{aligned} \tag{4.3.1}
$$

同样可以获得类似结论

$$
\Delta_f G_m^{\ominus}(\text{B,aq})=\Delta_f G_m^{\ominus}(\text{B})+RT\ln\frac{b^{\ominus}}{b_s} \tag{4.3.2}
$$

当物质 B 的饱和溶液浓度较大时，则应用活度代替浓度。若物质 B 在溶剂中发生解离，则其解离形态的标准摩尔生成吉布斯函数应该是非解离态的物质 B 的 $\Delta_f G_m^{\ominus}(\text{B,aq})$ 和物质 B 的解离过程的 $\Delta G^{\ominus}$ 之和。

4.3.4　生化反应体系的标准平衡常数

物质标准态选择不同，其标准态的化学势也不同，由此求出的标准平衡常数也不同。在生化反应体系中，通常采用的是生化标准态和生化标准摩尔反应吉布斯函数。它与热力学标准态的差别在于对氢离子标准态的规定。由于生化反应大多是在 pH 接近于 7 的中性溶液中进行，因此用氢离子的活度为 1，即 pH=0 的标准态就不符合实际情况。

生化反应中规定以 pH=7，即氢离子的活度为 $a_{H^+}=10^{-7}$ 作为氢离子的标准态，标准态的上标用"$\oplus$"代替"$\ominus$"，以示区别，其他物质仍沿用热力学标准态。此时对应生化反应体系中氢离子的化学势为 $\mu_{H^+}=\mu_{H^+}^{\oplus}+RT\ln a_{H^+}$。生化反应吉布斯函数记为 $\Delta_r G_m^{\oplus}$，生化反应的标准平衡常数记为 $K^{\oplus}=\exp\left(\dfrac{-\Delta_r G_m^{\oplus}}{RT}\right)$。

由于体系的化学势与标准态的选择无关，因此不论用何种标准态，生化反应体系的 $\Delta_r G_m$ 相同，但是由于标准态的化学势与标准态的选择有关，因此在生化反应中，若涉及氢离子参与，则 $\Delta_r G_m^{\ominus}$ 与 $\Delta_r G_m^{\oplus}$ 不等，若无氢离子参加，则两者仍是相同的。因此对溶液中的生化反应

$$
d\text{D}+e\text{E} \rightleftharpoons g\text{G}+x\text{H}^+
$$

若形成的是理想稀溶液，$\Delta_r G_m^{\ominus}$ 与 $\Delta_r G_m^{\oplus}$ 的关系为

$$
\Delta_r G_m^{\oplus}=\Delta_r G_m^{\ominus}+xRT\ln\frac{c^{\oplus}}{c^{\ominus}}
$$

$$\Delta_r G_m^{\oplus} = \Delta_r G_m^{\ominus} + xRT\ln 10^{-7} \tag{4.3.3}$$

式中，x 为 H^+ 的化学计量数，对产物为正、反应物为负。生化反应的标准平衡常数为

$$K^{\oplus} = K_c^{\oplus} = \frac{\left(\frac{c_G}{c^{\ominus}}\right)^g \left(\frac{c_{H^+}}{c^{\oplus}}\right)^x}{\left(\frac{c_D}{c^{\ominus}}\right)^d \left(\frac{c_E}{c^{\ominus}}\right)^e} \tag{4.3.4}$$

式(4.3.4)中，$c^{\oplus} = 10^{-7}\,mol \cdot dm^{-3}$。

【例 4.3.4】 烟酰胺腺嘌呤二核苷酸的氧化态和还原态分别为 NAD^+ 和 NADH，反应

$$NADH + H^+ \rightleftharpoons NAD^+ + H_2$$

在 25℃时的 $\Delta_r G_m^{\ominus} = -21.83\,kJ \cdot mol^{-1}$。

(1) 试计算反应的 $K_a^{\ominus}$、$\Delta_r G_m^{\oplus}$ 和 $K_a^{\oplus}$；

(2) 当 NADH、NAD^+ 和 H^+ 的浓度分别为 $1.50\times10^{-2}\,mol \cdot dm^{-3}$、$4.60\times10^{-3}\,mol \cdot dm^{-3}$ 和 $3.00\times10^{-5}\,mol \cdot dm^{-3}$，氢气的压力为 1.013kPa 时，请分别用 $\Delta_r G_m^{\ominus}$ 和 $\Delta_r G_m^{\oplus}$ 计算反应的 $\Delta_r G_m$。

解　(1)

$$K_a^{\ominus} = \exp\left(\frac{-\Delta_r G_m^{\ominus}}{RT}\right) = \exp\left(\frac{21.83\times10^3}{8.314\times298.15}\right) = 6678$$

由式(4.3.3)得

$$\begin{aligned}\Delta_r G_m^{\oplus} &= \Delta_r G_m^{\ominus} + xRT\ln 10^{-7}\\ &= [-21.83\times10^3 + (-1)\times8.314\times298.15\ln 10^{-7}]\,J \cdot mol^{-1} = 18.13\,kJ \cdot mol^{-1}\end{aligned}$$

$$\begin{aligned}K_a^{\oplus} &= \exp\left(\frac{-\Delta_r G_m^{\oplus}}{RT}\right)\\ &= \exp\left(\frac{-18.13\times10^3}{8.314\times298.15}\right) = 6.670\times10^{-4}\end{aligned}$$

$K_a^{\ominus}/K_a^{\oplus} = 10^7$，是由于所选 H^+ 的标准态不同引起的。

(2) 对稀溶液有

$$\begin{aligned}\Delta_r G_m &= \Delta_r G_m^{\ominus} + RT\ln\frac{\frac{c_{NAD^+}}{c^{\ominus}}\frac{p_{H_2}}{p^{\ominus}}}{\frac{c_{NADH}}{c^{\ominus}}\frac{c_{H^+}}{c^{\ominus}}}\\ &= \left(-21.83\times10^3 + 8.314\times298.15\times\ln\frac{4.60\times10^{-3}\times\frac{1.013}{100}}{1.50\times10^{-2}\times3.00\times10^{-5}}\right)J \cdot mol^{-1}\\ &= -10.3\,kJ \cdot mol^{-1}\end{aligned}$$

或有

$$\begin{aligned}\Delta_r G_m &= \Delta_r G_m^{\oplus} + RT\ln\frac{\frac{c_{NAD^+}}{c^{\ominus}}\frac{p_{H_2}}{p^{\ominus}}}{\frac{c_{NADH}}{c^{\ominus}}\frac{c_{H^+}}{c^{\oplus}}}\\ &= \left(18.13\times10^3 + 8.314\times298.15\ln\frac{4.60\times10^{-3}\times\frac{1.013}{100}}{1.50\times10^{-2}\times\frac{3.00\times10^{-5}}{1\times10^{-7}}}\right)J \cdot mol^{-1}\\ &= -10.3\,kJ \cdot mol^{-1}\end{aligned}$$

计算结果表明，反应的吉布斯函数变化值与标准态的选择无关。

有了各类物质的 $\Delta_f G_m^\ominus$，则可计算反应的 $\Delta_r G_m^\ominus$，并且由此可利用式(4.1.10)求出 $K^\ominus$。$K^\ominus$ 不仅是一定条件下化学反应限度的标志，而且如式(4.1.11)所示，还可以由 $\Delta_r G_m$ 来判断化学反应的方向。

应该说明的是，由式(4.1.11)知 $\Delta_r G_m$ 可用于判断化学变化的方向，$\Delta_r G_m^\ominus$ 不能用于判断反应的方向。但是在实际工作中可用 $\Delta_r G_m^\ominus$ 值粗略估计反应的方向。由式(4.1.11)看，虽然 $\Delta_r G_m$ 和 $\Delta_r G_m^\ominus$ 相差 $RT\ln Q_a$，但是在特定条件下两者的符号是相同的。当 $\Delta_r G_m^\ominus$ 的绝对数值很大时，一般情况下 $\Delta_r G_m$ 的正负能与 $\Delta_r G_m^\ominus$ 取得一致，除非 Q_a 很大或者很小，而这样的反应条件在现实中往往难以实现。例如，氢气在空气中燃烧生成水的反应

$$H_2(g)+\frac{1}{2}O_2(g) \rightleftharpoons H_2O(l)$$

25℃时该反应的 $\Delta_r G_m^\ominus = -237.1\text{kJ} \cdot \text{mol}^{-1}$，要使此反应 $\Delta_r G_m > 0$，假设气体为理想气体，则 $Q_p^\ominus$ 必须大于 3.42×10^{41}。当大气中氧气的分压力为 $0.21\times10^5\text{Pa}$ 时，氢气的分压力必须小于 $6.4\times10^{-37}\text{Pa}$，这样的实验条件显然很难实现，因此由 $\Delta_r G_m^\ominus$ 的数值可以估计此反应能够正向进行。同理，如 $\Delta_r G_m^\ominus$ 的数值为很大的正值，则一般情况下反应不能正向进行。但是当 $\Delta_r G_m^\ominus$ 的绝对数值不是很大时，则不论其符号是正或负，都不能判断反应的方向，只能比较 Q_a 与 $K^\ominus$ 的大小，即由 $\Delta_r G_m$ 来判断。经验告诉我们，$\Delta_r G_m^\ominus < -40\text{kJ} \cdot \text{mol}^{-1}$，反应通常可以正向进行；$\Delta_r G_m^\ominus > 40\text{kJ} \cdot \text{mol}^{-1}$，反应一般不能正向进行。应该注意的是，$40\text{kJ} \cdot \text{mol}^{-1}$ 是一个大约的界限，真正判断反应方向应以 $\Delta_r G_m$ 为准，但有时用 $\Delta_r G_m^\ominus$ 不失为一种有效快捷的方法。

化学平衡的热力学理论开辟了应用热力学数据从理论上计算标准平衡常数的途径，这不仅节省了大量实验时间和资金，更重要的是避免了实验测定引进的误差，大大提高了平衡常数的准确度，同时使难以通过实验测定的平衡常数得以从理论上获得。平衡常数的理论计算中，借助电化学数据进行计算的相关知识将在第6章中介绍，借助光谱数据应用统计力学原理进行计算的相关知识读者可参阅有关资料。

4.4 影响化学平衡的主要因素

在给定条件下化学反应达极限，这就是化学平衡。条件改变时，化学平衡即被破坏，化学反应在新的条件下重新达到平衡，这一过程称为平衡的移动，影响化学平衡的因素主要有温度、压力、惰性组分等。

4.4.1 温度的影响

所有的平衡常数均是温度的函数，温度通过改变平衡常数使化学平衡移动。热力学数据通常只能给出 298.15K 时的 $K^\ominus$，而大部分反应均不是在此温度下进行，需要知道其他温度时的 $K^\ominus$，必须研究温度对 $K^\ominus$ 的影响。将式(4.1.10)变形后得

$$\frac{\Delta_r G_m^\ominus}{T} = -R\ln K^\ominus$$

将上式在恒压下对 T 求偏导数得

$$\left[\frac{\partial\left(\frac{\Delta_r G_m^\ominus}{T}\right)}{\partial T}\right]_p = -R\left(\frac{\partial \ln K^\ominus}{\partial T}\right)_p$$

将上式结合式(2.7.13)吉布斯-亥姆霍兹方程得

$$\left(\frac{\partial \ln K^{\ominus}}{\partial T}\right)_p=\frac{\Delta_r H_m^{\ominus}}{RT^2} \tag{4.4.1}$$

式(4.4.1)称为范特霍夫方程或反应的等压方程。它表明了温度与标准平衡常数的关系。若 $\Delta_r H_m^{\ominus}>0$,则 $\left(\frac{\partial \ln K^{\ominus}}{\partial T}\right)_p>0$,$K^{\ominus}$随温度升高而增大,因此升温有利于反应正向进行;若 $\Delta_r H_m^{\ominus}<0$,则 $\left(\frac{\partial \ln K^{\ominus}}{\partial T}\right)_p<0$,$K^{\ominus}$随温度升高而减小,因此升温不利于反应正向进行。

对理想气体反应,$K^{\ominus}$ 仅是温度的函数,对凝聚体系,可忽略压力对 $K^{\ominus}$ 的影响,因此式(4.4.1)通常可写作

$$\frac{\mathrm{d}\ln K^{\ominus}}{\mathrm{d}T}=\frac{\Delta_r H_m^{\ominus}}{RT^2} \tag{4.4.2}$$

若反应温度变化范围不大,可将 $\Delta_r H_m^{\ominus}$ 看作常数,对式(4.4.2)求定积分,得

$$\ln\frac{K_2^{\ominus}}{K_1^{\ominus}}=\frac{\Delta_r H_m^{\ominus}}{R}\left(\frac{1}{T_1}-\frac{1}{T_2}\right) \tag{4.4.3}$$

按式(4.4.3),可由一个温度下的标准平衡常数求其他温度下的标准平衡常数。若 $\Delta_r H_m^{\ominus}$ 在反应温度区间内是温度的函数,则需将 $\Delta_r H_m^{\ominus}$ 与 T 的函数关系代入式(4.4.2),同样求积分。若将式(4.4.2)求不定积分,得

$$\ln K^{\ominus}=-\frac{\Delta_r H_m^{\ominus}}{RT}+C \tag{4.4.4}$$

由实验测定不同温度下的 $K^{\ominus}$,以 $\ln K^{\ominus}$ 对 $\frac{1}{T}$ 作图,由直线斜率结合式(4.4.4)可求出 $\Delta_r H_m^{\ominus}$。

【例 4.4.1】 若反应 $C(s)+CO_2(g) \rightleftharpoons 2CO(g)$ 在 1000K 时的平衡常数 K_p 为 1.887×10^5 Pa,标准摩尔反应焓为 168.5kJ · mol^{-1},求 1200K、101 325Pa 下气体混合物中各组分的分压力和平衡组成。假设 1000~1200K 的 $\Delta_r H_m^{\ominus}$ 可视为常数。

解 由式(4.4.3)得

$$\ln\frac{(K_p)_2}{(K_p)_1}=\frac{\Delta_r H_m^{\ominus}(T_2-T_1)}{RT_2T_1}$$

$$\ln\frac{(K_p)_2}{1.887\times10^5\ \text{Pa}}=\frac{168.5\times10^3\times(1200-1000)}{8.314\times1200\times1000}$$

$$(K_p)_2=5.526\times10^6\ \text{Pa}$$

$$(K_p)_2=\frac{p_{CO}^2}{p_{CO_2}}=5.526\times10^6\ \text{Pa}$$

总压力为 101 325Pa,因此平衡压力为 $p_{CO_2}=p_{总}-p_{CO}=101\ 325\text{Pa}-p_{CO}$,代入上式

$$\frac{p_{CO}^2}{101\ 325\text{Pa}-p_{CO}}=5.526\times10^6\ \text{Pa}$$

$$p_{CO}=9.953\times10^4\ \text{Pa}$$

$$p_{CO_2}=1.82\times10^3\ \text{Pa}$$

$$y_{CO}=\frac{p_{CO}}{p}=\frac{9.953\times10^4}{101\ 325}=98.23\%$$

$$y_{CO_2}=\frac{p_{CO_2}}{p}=\frac{1.82\times10^3}{101\ 325}=1.80\%$$

4.4.2 压力的影响

压力对凝聚相反应的影响可以忽略不计，但是对有气体参加的反应，压力的影响不可忽略。虽然反应体系总压力的改变不会改变 $K^\ominus$，但是对反应体系的平衡组成有影响。

由式(4.2.7) $K_p^\ominus = K_y\left(\frac{p}{p^\ominus}\right)^{\sum_B \nu_B}$ 可知，对理想气体反应，温度一定时 $K_p^\ominus$ 为常数。在温度一定时改变体系的总压力 p，若 $\sum_B \nu_B > 0$，随 p 增加，$\left(\frac{p}{p^\ominus}\right)^{\sum_B \nu_B}$ 值变大，则 K_y 必定减小，平衡向产物的量减少的方向移动；若 $\sum_B \nu_B < 0$，随 p 增加，$\left(\frac{p}{p^\ominus}\right)^{\sum_B \nu_B}$ 值变小，则 K_y 必定增加，平衡向产物的量增加的方向移动；若 $\sum_B \nu_B = 0$，则平衡不移动。

4.4.3 惰性组分的影响

惰性组分是指存在于反应体系中但不参与反应的物质。对气相反应体系，在体系的温度和压力恒定时，向反应体系中加入惰性组分，通常情况下会使反应体系的平衡组成发生改变。若将参加反应的气体看作理想气体，则由式(4.2.10) $K_p^\ominus = K_n\left(\frac{p}{p^\ominus n_{总}}\right)^{\sum_B \nu_B}$ 知，恒压下由于加入惰性组分，使 $n_{总}$ 变大，此时若反应 $\sum_B \nu_B > 0$，则$\left(\frac{p}{p^\ominus n_{总}}\right)^{\sum_B \nu_B}$ 值变小，因此 K_n 必定增大，即产物的量会随惰性组分的加入而增加；若 $\sum_B \nu_B < 0$，则$\left(\frac{p}{p^\ominus n_{总}}\right)^{\sum_B \nu_B}$ 值变大，因此 K_n 必定减小，即产物的量会随惰性组分的加入而减少；若 $\sum_B \nu_B = 0$，则对平衡组成无影响。

【例 4.4.2】 已知 60℃时反应 $N_2O_4(g) \rightleftharpoons 2NO_2(g)$ 的 $K^\ominus = 1.33$。计算 60℃时

(1) 标准压力下纯 $N_2O_4(g)$ 的解离度；

(2) 压力为 10^6 Pa 时 $N_2O_4(g)$ 的解离度；

(3) 体系中原有 1mol $N_2O_4(g)$，在标准压力下加 2mol 惰性气体时 $N_2O_4(g)$ 的解离度。

解 (1) 设 $N_2O_4(g)$ 的初始量为 1mol，则

$$N_2O_4(g) \rightleftharpoons 2NO_2(g)$$

平衡时 n_B/mol $\quad 1-\alpha \quad 2\alpha \quad \sum n_B = (1+\alpha)$mol

$$K^\ominus = K_y(p/p^\ominus)$$

$$= K_y = \frac{y_{NO_2}^2}{y_{N_2O_4}} = \frac{\left(\frac{2\alpha}{1+\alpha}\right)^2}{\frac{1-\alpha}{1+\alpha}} = 4\alpha^2/(1-\alpha^2) = 1.33$$

$$\alpha = 0.50$$

标准压力下纯 N_2O_4 气体的解离度为 0.50。

(2)
$$K^\ominus = K_y(p/p^\ominus) = \frac{4\alpha^2}{1-\alpha^2}\frac{10^6}{10^5} = 1.33$$

$$\alpha = 0.18$$

可见，反应体系压力增加不利于反应正向进行，反应物的解离度降低。

(3) 若加了 2mol 惰性气体，则体系 $\sum n_B = (3+\alpha)\text{mol}$，平衡常数为

$$K^{\ominus}=K_y(p/p^{\ominus})=K_y=\frac{4\alpha^2}{(1-\alpha)(3+\alpha)}=1.33$$

$$\alpha=0.65$$

可见，恒压下加入惰性组分，增加了反应物的解离度，其作用相当于降低了反应体系的总压。

4.5 反应的偶合

前面讨论的反应体系中都只有一个化学反应。在实际工业生产和生命体中，往往是几个反应同时发生，这些发生于同一体系中的反应相互之间有影响。若在一个反应体系中存在两个或两个以上独立反应同时达平衡，则称为同时平衡。若其中一个反应的某种产物是另一个反应的反应物，这一现象称为反应的偶合，这几个反应被称为**偶合反应**(coupling reaction)。将这种在前一反应中为产物、后一反应中为反应物的物质称为偶合物质。反应偶合时可以影响反应的平衡组成。由于一个反应能消耗掉另一个反应的某种产物，原来不能发生的反应由于某种产物的消失而得以不断进行。

例如，由丙烯和氨反应生产丙烯腈的反应

$$CH_2=CH-CH_3(g)+NH_3(g)\rightleftharpoons CH_2=CH-CN(g)+3H_2(g)$$

其 $\Delta_r G_m^{\ominus}(298.15K)=149.0kJ\cdot mol^{-1}$。但是反应

$$3H_2(g)+\frac{3}{2}O_2(g)\rightleftharpoons 3H_2O(g)$$

的 $\Delta_r G_m^{\ominus}(298.15K)=-685.7kJ\cdot mol^{-1}$。若将上述两反应相加，即偶合成丙烯氨氧化制丙烯腈的反应

$$CH_2=CH-CH_3(g)+NH_3(g)+\frac{3}{2}O_2(g)\rightleftharpoons CH_2=CH-CN(g)+3H_2O(g)$$

其 $\Delta_r G_m^{\ominus}(298.15K)=-536.7kJ\cdot mol^{-1}$，丙烯腈的产率很高，这是目前制取丙烯腈最经济的方法。

反应偶合对生物体内的反应很重要，因为生物体是一个恒温恒压的体系，许多单个生化反应在此条件下不能发生，而对生物体又不能采用改变反应温度及压力的方法使反应发生，生物体自身选择了反应偶合这一方式使原来不能实现的单个生化反应得以不断进行。例如，生物体中葡萄糖代谢过程中有一步反应为

$$\text{葡萄糖}+\text{磷酸盐}\rightleftharpoons \text{6-磷酸葡萄糖}+\text{水}$$

此反应的 $\Delta_r G_m^{\oplus}=13.4kJ\cdot mol^{-1}$，因此反应在生物标准态下不会发生。但是生物体中还有一个变化过程

$$\text{三磷酸腺苷(ATP)}+\text{水}\rightleftharpoons \text{二磷酸腺苷(ADP)}+\text{磷酸盐}$$

此反应的 $\Delta_r G_m^{\oplus}=-30.5kJ\cdot mol^{-1}$。这两个反应偶合成反应

$$\text{葡萄糖}+\text{三磷酸腺苷(ATP)}\rightleftharpoons \text{6-磷酸葡萄糖}+\text{二磷酸腺苷(ADP)}$$

其 $\Delta_r G_m^{\oplus}=-17.2kJ\cdot mol^{-1}$，因此生物体中的糖代谢过程通过偶合反应得以顺利进行，使生物体获得能量。ADP 则通过另外的偶合反应再生成 ATP。因此，ATP 实际上是在生物体中充当能量的特殊载体，在生物体的能量变化中起着非常重要的作用。生物体中有许多偶合反应，但是由于生物体是敞开体系，属于非平衡态，严格意义上讲用非平衡态研究方法处理更

恰当。

由此可见，偶合物质在偶合反应中是必需的。但偶合不是任意的，不能任意找一个 $\Delta_r G_m^\ominus$ 很负的反应与 $\Delta_r G_m^\ominus$ 很正的反应相加便算作偶合。当两个反应能偶合时，实际上已经形成了一个新的反应体系。至于这个新的反应体系能否最终生成目标产物，还需要动力学的研究，热力学只是从理论上给出了目标产物生成可能性的大小。

【科技直通车】

煤制天然气

煤制天然气项目可以缓解我国天然气短缺、依靠进口的现状，也可提高煤的综合利用效率，煤制天然气过程包括煤气化、变换、净化及甲烷化等，而甲烷化最为关键。甲烷化反应中 H_2 与 CO 物质的量比应为 3，而煤经前述气化过程实际得到 H_2 与 CO 物质的量比一般小于 1，因此必须调变以使反应顺利进行。若将水汽变换($CO + H_2O \longrightarrow CO_2 + H_2$)和 CO 甲烷化($CO + 3H_2 \longrightarrow CH_4 + H_2O$)偶合，可得总反应 $2CO + 2H_2 \longrightarrow CH_4 + CO_2$(图 4.6.1)，则可解决上述问题。该反应偶合有如下明显优势：减少水汽变换负荷，减少水消耗，实现节能降耗；由于水的减少，进一步减少水对催化活性中心的负面影响，实现催化剂增寿。

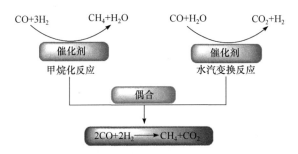

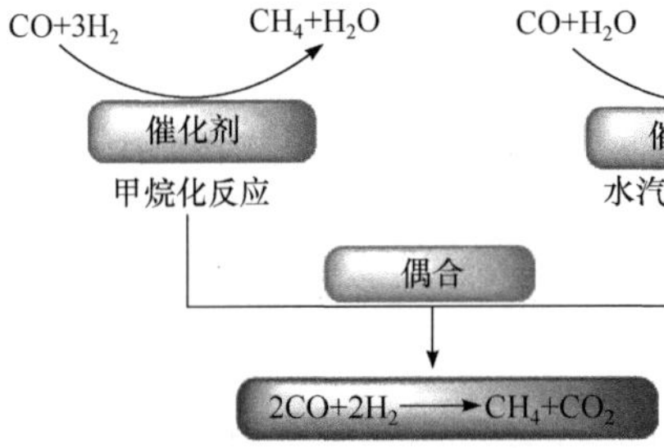

图 4.6.1　甲烷化反应与水汽变换反应偶合示意图

低压人造金刚石

金刚石别称金刚钻，是地球上众多天然物中最坚硬的，除了用于工艺品，还可用作切割工具。金刚石和石墨是碳的同素异形体，前者价格昂贵，后者价格低廉，因此人们一直都在尝试将石墨变成金刚石。

石墨生成金刚石是非自发的，因反应的吉布斯自由能变大于零，反应无法自动向右进行，即 C(石墨)$\longrightarrow$C(金刚石)，$\Delta G_1 > 0$。超平衡氢原子[H^*(SAH)]缔合反应具有很强的自发性，H^*(SAH)$\longrightarrow 0.5H_2$，$\Delta G_2 \ll 0$。若将上述两个反应偶合，且反应速率比 $\chi = r_2/r_1$ 不是太小，总反应的吉布斯自由能变小于零，$\Delta G = \chi\Delta G_2 + \Delta G_1 \leqslant 0$。在反应 2 的促进下，反应 1 就可以向右自发进行，即 C(石墨)$+\chi H^*$(SAH)$\longrightarrow 0.5\chi H_2 +$C(金刚石)。

1970 年前后，苏联科学院物理化学研究所 Deryagin、Spitsyn 和 Fedoseev 等用甲烷或从石墨经过气相成功生长出了人造金刚石。1980 年前后，日本东京无机材料研究所 Setaka 等重复了上述实验，4 年后向美国宾州州立大学 Roy 展示了实验的结果，两年后 Roy 的实验也获得了成功，引起了全球低压人造金刚石的热潮。科学家采用各种方法(热丝法、微波法、火焰燃烧法等)都取得了成功，实现了石墨经过气相生长为金刚石。其中激发产生超平衡浓度原子氢等是关键，其本质为反应的偶合。2015年，美国卡耐基科学研究所低压人工合成了2.4克拉金刚石，目前实验获得的最大晶体已经有15克拉。我国的研究虽然起步较晚，但目前已经在世界范围内占据了优势地位，据不完全统计仅2016年我国人造金刚石产量已接近200亿克拉。金刚石不仅有“宝石之王”的美称，还有“硬度之王”的美誉，其具备超硬、耐磨、热敏、传热、导电及透远等优异的物理性能，可以用于半导体及电子器件、切削与钻探材料、光学材料等领域，用途广泛(图4.6.2)。

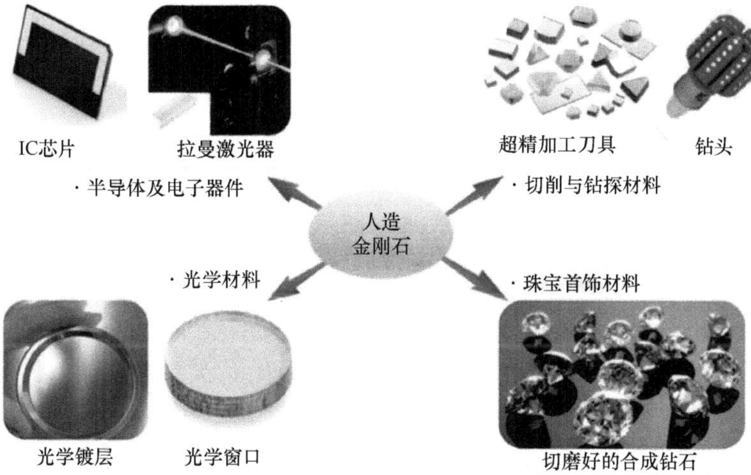

图4.6.2 人造金刚石的应用领域

目前人们掌握和利用反应的偶合真正实现生产的主要在低压气相生长人造金刚石、低压制备立方氮化硼和β-四氮化三碳等少数领域。可以预见，揭示非平衡态热力学反应偶合的仿生学进程给人类带来的福祉是不可估量的。

参考资料及课外阅读材料

高执棣. 1987. 关于$\Delta H_m^\ominus$和$\Delta G_m^\ominus$的一些问题. 大学化学，2(2):48
李大塘，郭军. 2003. 刍议化学平衡移动方向的判断. 大学化学，18(1):51
李志伟. 2003. 萘-苯体系平衡浓度与温度关系的三种计算方式精确度的比较. 大学化学，18(6):53
刘士荣，杨爱云. 1988. 关于化学反应等温式的几个问题. 化学通报，7:50
吕晓阳. 2016. 甲烷化反应耦合水汽变换反应热力学及Ni基催化剂催化性能研究. 太原:太原理工大学
王季陶，张卫. 1999. 非生命体系中负熵反应和反应耦合的定量计算——1个“简单”而又“神秘”的低压人造金刚石的热力学问题. 复旦学报(自然科学版)，38(1):75-79+83
王鉴，朱元海. 2000. 反应进度概念与化学反应体系. 大学化学，15(3):47
张索林，张光宁，刘晓地. 1994. 对《浓度影响化学平衡描述》的几点补充. 大学化学，9(3):37
周青超，沈锡田. 2021. 从专利角度分析人造金刚石技术的发展. 超硬材料工程，33(5):29-36
朱志昂. 1987. 关于化学平衡教学中的几个问题. 化学通报，7:38
Anderson K. 1994. Practical calculation of the equilibrium constant and the enthalpy of reaction at different temperatures. J Chem Educ，71(6):474
MacDonald J J. 1990. Equilibria and $\Delta G^\ominus$. J Chem Educ，67(9):745
Rosenberg R M，Klotz I M. 1999. Spontaneity and the equilibrium constant: advantages of the Planck function. J Chem Educ，76(10):1448

Solomon T. 1991. The temperature and pressure dependence of the equilibrium properties of a system. J Chem Educ, 68(4): 294

Treptow R S. 1996. Free energy versus extent of reaction, understanding the difference between ΔG and $\partial G/\partial\xi$. J Chem Educ, 73(1): 51

思 考 题

1. 是非题(判断下列说法是否正确并说明理由)。

(1) 恒温恒压只做体积功条件下,化学反应总是向吉布斯函数减小的方向进行,因此若某反应的 $\Delta_r G_m < 0$,则反应将向生成产物的方向进行,直至反应物完全生成产物为止。

(2) 化学反应的平衡常数是一个不变的值。

(3) 标准平衡常数不仅与反应计量方程式的写法有关,而且与标准态的选择有关。

(4) 由于标准平衡常数可表示为 $K^\ominus = \prod (a_B)^{\nu_B}_{平衡}$,因此化学反应体系的平衡常数的数值与 ν_B 有关,即与反应方程式的写法有关。

(5) 由于平衡组成与平衡常数有关,因此,当平衡常数确定后,反应体系的平衡组成也随之确定。

(6) 某化学反应的 $\Delta_r G_m > 0$,则 $K^\ominus < 1$。

(7) 若反应的 $K^\ominus = 1$,说明此反应在标准态下已经达到平衡。

(8) $\Delta_r G_m^\ominus$ 是指反应物和产物都处于 298K 且混合气体的总压力为 $1p^\ominus$ 时的摩尔反应吉布斯函数变。

(9) 由于 $\Delta_r G_m^\ominus = -RT\ln K^\ominus$,所以 $\Delta_r G_m^\ominus$ 表示标准态下化学反应达平衡时的吉布斯函数。

(10) 理想气体反应体系在恒温恒容下增加惰性组分,平衡不移动。

(11) 任何反应体系的标准平衡常数 $K^\ominus$ 都仅是温度的函数。

2. 填空题。

(1) 对理想气体反应,在下列平衡常数 $K^\ominus$、K_p、K_c、K_n、K_y 中仅是温度的函数的有__________,还与其他因素有关的有__________。

(2) 反应 $CuSO_4 \cdot 3H_2O(s) \rightleftharpoons CuSO_4(s) + 3H_2O(g)$ 在 298K 时的标准平衡常数 $K^\ominus = 10^{-6}$,则 298K 时在相对湿度为 30% 的空气中上述反应会向________方向进行。已知此温度下水的饱和蒸气压为 3167Pa。

(3) 反应 $SO_2(g) + 1/2O_2(g) \rightleftharpoons SO_3(g)$,　　$K_1^\ominus$

反应 $2SO_3(g) \rightleftharpoons 2SO_2(g) + O_2(g)$,　　$K_2^\ominus$

两平衡常数之间的关系为________。

(4) 已知反应 $2CuO(s) \rightleftharpoons 2Cu(s) + O_2(g)$ 的 $\Delta_r S_m^\ominus > 0$,则此反应的 $\Delta_r G_m^\ominus$ 随温度的升高而________。

(5) 恒温恒压下反应 $A(g) \rightleftharpoons B(g) + C(g)$ 达平衡后 A 的转化率为 α_1,恒温恒压下加入惰性气体,反应再达平衡后 A 的转化率为 α_2,有________。(填>、=或<)

3. 问答题。

(1) 恒温恒压下,某指定反应的压力商 Q_p 随反应的不断进行其值将如何变化?

(2) 对理想气体反应的标准平衡常数而言,气体的初始压力不同,平衡常数相同,平衡组成是否相同?

(3) 若化学反应的标准摩尔反应吉布斯函数 $\Delta_r G_m^\ominus > 0$,是否说明反应不能正向进行?

(4) 在等温方程式中 $\Delta_r G_m = -RT\ln K^\ominus + RT\ln Q_a$,$\Delta_r G_m$、$K^\ominus$ 均为温度的函数,因此 Q_a 也是温度的函数?

(5) 平衡常数改变时,平衡是否移动?平衡移动时,平衡常数是否改变?

(6) 已知固体氧化银在 500℃时的分解压为 8.35×10^4 Pa,若空气中氧的分压为 2.1×10^4 Pa,则置于该温度空气中的金属银是否会被氧化?

(7) 工业上制取水煤气的反应

$$C(s) + H_2O(g) \rightleftharpoons CO(g) + H_2(g)$$

的 $\Delta_r H_m(673K) = 133.5kJ \cdot mol^{-1}$,若反应在 673K 时达到平衡,试讨论下列因素对平衡的影响。(a)提高反应温度;(b)增加水蒸气分压;(c)增加碳的量;(d)增加反应体系总压;(e)恒压下加入氮气。

(8) 是否所有单质的 $\Delta_f G_m^\ominus=0$？

(9) 摩尔反应吉布斯函数与标准摩尔反应吉布斯函数有何差别？

(10) 什么是生化反应体系的标准态？此标准态下反应的标准平衡常数与热力学平衡常数有何区别？

(11) 为什么偶合作用可改变反应的可能性？

习　题

1. 已知气相反应 $CO+H_2O \rightleftharpoons CO_2+H_2$ 在 700℃时的 $K^\ominus=0.71$。现体系中有 1000kPa 的 CO、500kPa 的 H_2O、150kPa 的 CO_2 和 150kPa 的 H_2，700℃时反应向什么方向进行？
2. 已知理想气体反应 $2H_2(g)+O_2(g) \rightleftharpoons 2H_2O(g)$ 在 2000K 时的 $K^\ominus=1.55\times10^7$。将分压均为 1.00×10^4 Pa 的 H_2 和 O_2 与分压为 1.00×10^5 Pa 的水蒸气混合后，计算在 2000K 发生上述反应的 $\Delta_r G_m$，并判断反应进行的方向。
3. 在温度 T 时研究气相平衡 $H_2+I_2 \rightleftharpoons 2HI$，若将 1mol H_2 和 3mol I_2 引入体积为 V 的烧瓶中，则生成 HI 的量为 $x$mol。若再加入 2mol H_2 时，则生成的 HI 量为 $2x$mol，试求反应的 K_p。
4. 300K、200kPa 时 5mol A(g) 和 10mol B(g) 发生下列反应

$$A(g)+2B(g) \rightleftharpoons AB_2(g)$$

实验测得反应达平衡时 B(g) 反应掉一半。求反应的平衡常数 $K^\ominus$、K_y、$K_c^\ominus$ 及 $\Delta_r G_m^\ominus$。

5. 25℃时甘油 $C_3H_5(OH)_3$ 与磷酸 H_3PO_4 的液相反应的 $\Delta_r G_m^\ominus=11.09\text{kJ}\cdot\text{mol}^{-1}$。

$$C_3H_5(OH)_3+H_3PO_4 \rightleftharpoons C_3H_5PO_4+3H_2O$$

若反应开始时 $C_3H_5(OH)_3$ 和 H_3PO_4 的浓度分别为 $1.00\text{mol}\cdot\text{dm}^{-3}$ 和 $0.500\text{mol}\cdot\text{dm}^{-3}$，试求反应达平衡后磷酸甘油酯 $C_3H_5PO_4$ 的浓度。

6. 已知 630K 时反应 $2HgO(s) \rightleftharpoons 2Hg(g)+O_2(g)$ 的 $\Delta_r G_m^\ominus=44.3\text{kJ}\cdot\text{mol}^{-1}$，试计算此温度下反应的 $K^\ominus$ 及 HgO(s) 的分解压力。若反应开始前容器中已有 1.0kPa 的 O_2，试求算 630K 达到平衡时与 HgO 固相共存的气相中 Hg(g) 的分压力。
7. 已知 1000K 时 $CH_4(g)$、$C_6H_6(g)$ 和 $C_6H_5CH_3(g)$ 的 $\Delta_f G_m^\ominus$ 分别为 $14.43\text{kJ}\cdot\text{mol}^{-1}$、$249.37\text{kJ}\cdot\text{mol}^{-1}$ 和 $310.45\text{kJ}\cdot\text{mol}^{-1}$。问将等物质的量的 CH_4 和 C_6H_6 的混合物在 1000K 时通过适当的催化剂后 $C_6H_5CH_3$ 的最高产率为多少？
8. 已知 200℃时五氯化磷分解反应的 $K^\ominus=0.312$。

$$PCl_5(g) \rightleftharpoons PCl_3(g)+Cl_2(g)$$

计算(1) PCl_5 在 200℃、200kPa 下的解离度；

(2) PCl_5 与 Cl_2 的物质的量比为 1∶5 的混合物在 200℃、100kPa 下反应达平衡时的组成。

9. 已知 445℃时 $Ag_2O(s)$ 的分解压力为 2.097×10^4 kPa，求该温度下 $Ag_2O(s)$ 的 $\Delta_f G_m^\ominus$。
10. 计算

(1) 25℃时反应 $BaCO_3(s) \rightleftharpoons BaO(s)+CO_2(g)$ 的 $\Delta_r G_m^\ominus$、$\Delta_r H_m^\ominus$、$\Delta_r S_m^\ominus$；

(2) 25℃时 $BaCO_3(s)$ 的分解压力；

(3) $BaCO_3(s)$ 的分解温度。假设分解反应的 $\Delta C_p=0$。25℃时的数据见下表。

	$BaCO_3(s)$	BaO(s)	$CO_2(g)$
$\Delta_f H_m^\ominus/(\text{kJ}\cdot\text{mol}^{-1})$	−1219	−558	−393
$S_m^\ominus/(\text{J}\cdot\text{K}^{-1}\cdot\text{mol}^{-1})$	112.1	70.3	213.6

11. 已知甲醇 CH_3OH 蒸气与 CO 在 25℃时的 $\Delta_f G_m^\ominus$ 分别为 $-161.96\text{kJ}\cdot\text{mol}^{-1}$ 和 $-137.17\text{kJ}\cdot\text{mol}^{-1}$，能否在此条件下用 CO 制备甲醇？计算所求反应的标准平衡常数 $K^\ominus$。
12. 三磷酸腺苷(ATP)在 310K 及 pH＝7 时的水解标准平衡常数是 1.3×10^5。如果 $\Delta_r H_m^\oplus=-20.08\text{kJ}\cdot\text{mol}^{-1}$，试计算 25℃时的水解标准平衡常数。

13. 已知 25℃时丙酮酸 $CH_3COCOOH(l)$、乙醛 $CH_3CHO(g)$和二氧化碳 $CO_2(g)$的标准摩尔生成吉布斯函数分别为：$-463.38kJ\cdot mol^{-1}$、$-128.86kJ\cdot mol^{-1}$和$-394.36kJ\cdot mol^{-1}$。计算丙酮酸在酵母羰化酶催化下分解反应

$$CH_3COCOOH(l)\xrightleftharpoons{\text{酵母羰化酶}}CH_3CHO(g)+CO_2(g)$$

(1) 在 25℃时的 $K_p^\ominus$；

(2) 若此反应的 $\Delta_r H_m^\ominus$ 为 $25.01kJ\cdot mol^{-1}$，且与温度无关，此反应在 310K 时的 $K_p^\ominus$。

14. 已知 25℃时，正辛烷 $C_8H_{18}(g)$的标准摩尔燃烧焓为$-5512.4kJ\cdot mol^{-1}$，二氧化碳 $CO_2(g)$和水 $H_2O(l)$的标准摩尔生成焓分别为$-393.5kJ\cdot mol^{-1}$和$-285.8kJ\cdot mol^{-1}$；正辛烷 $C_8H_{18}(g)$、氢气 $H_2(g)$和石墨 C(s)的标准摩尔熵分别为 $463.71J\cdot K^{-1}\cdot mol^{-1}$、$130.68J\cdot K^{-1}\cdot mol^{-1}$和 $5.74J\cdot K^{-1}\cdot mol^{-1}$。计算

(1) 25℃时 $C_8H_{18}(g)$生成反应的 $K^\ominus$；

(2) 25℃、标准压力下该生成反应达到平衡时 $C_8H_{18}(g)$的摩尔分数；

(3) 讨论温度和压力对 $C_8H_{18}(g)$生成反应的影响。

15. 工业上制备苯乙烯的反应为

$$C_6H_5C_2H_5(g)\rightleftharpoons C_6H_5C_2H_3(g)+H_2(g)$$

在 900K 时其 $K^\ominus=1.51$，试分别计算在下述情况下乙苯的平衡转化率。

(1) 反应压力为 100kPa 时；

(2) 反应压力为 10kPa 时；

(3) 反应压力为 100kPa，原料气 $H_2O(g)$与 $C_6H_5C_2H_5(g)$的物质的量之比为 10∶1。

第 5 章　化学动力学基础

第 4 章从热力学的基本原理出发，讨论了化学反应的方向和限度，从而解决了化学反应的可能性问题。但是许多实验表明，在热力学上判断有可能发生的反应，实际上却不一定能观察到反应发生。例如，在 25℃，$p^{\ominus}$下，反应

$$3H_2(g)+N_2(g)\longrightarrow 2NH_3 \qquad \Delta_r G_m^{\ominus}=-33.272\text{kJ}\cdot\text{mol}^{-1} \tag{1}$$

$$H_2(g)+\frac{1}{2}O_2(g)\longrightarrow H_2O(l) \qquad \Delta_r G_m^{\ominus}=-237.13\text{kJ}\cdot\text{mol}^{-1} \tag{2}$$

按热力学结论，反应(1)是可以正向进行的，然而人们却无法在常温常压下合成氨。反应(2)正向进行的趋势很大，但实际上将氢气和氧气放在一个容器中，几年也察觉不到有生成水的痕迹，这是由于反应的速率太小了。但这些结果并不能说明热力学的结论是错误的。实际上豆科植物就能在常温常压下合成氨，只是目前还不能以工业化的方式实现；氢气和氧气的化合反应，若在反应体系中引入火花、升高温度或加入催化剂，则反应可以很快发生，甚至瞬间即能完成。由此说明除了要从热力学的角度研究反应的可能性外，还必须研究反应的可行性、反应机理以及预言反应速率等问题。

化学动力学(chemical kinetics)是一门研究各种因素对化学反应速率的影响规律的科学。其基本任务是：①研究各种因素(如浓度、压力、温度、催化剂、介质等)对化学反应速率的影响规律；②揭示化学反应的机理。化学动力学的最终目的是揭示化学反应的本质，使人们更好地控制反应过程，以满足实际生产和科学研究的需要。

在实际生产中，既要考虑化学反应的热力学问题，也要考虑化学反应的动力学问题。若一个反应在热力学上判断是可能发生的，则需要从动力学上考虑如何使可能性变成可行性。例如，在常温、常压下由氢气和氮气合成氨，在热力学上看是可能的，因此人们一直从动力学角度探讨在常温常压下合成氨的可行性。若一个反应在热力学上判断是不可能发生的，则探讨动力学可行性就失去意义。例如，在常温、常压下水分解成氢气和氧气是不可能的，因此就没有必要研究在常温、常压下分解水的动力学问题。

化学动力学作为一门独立的学科只有一百多年的历史。其发展过程大致经历了三个阶段：19 世纪后半叶的宏观动力学阶段，或称总反应动力学阶段；20 世纪前半叶的宏观动力学向微观动力学过渡阶段，或称基元反应动力学阶段；20 世纪 50 年代以后的微观反应动力学阶段，或称分子反应动态学阶段。有关理论已有不小的发展，但目前动力学理论与热力学相比，尚有较大的差距，动力学理论还有待完善。

5.1　化学反应的反应速率和速率方程

浓度是影响化学反应速率的基本因素，在其他因素不变的条件下，表示反应速率与浓度间的函数关系(微分式)或表示浓度与时间之间关系的方程(积分式)称为化学反应的**速率方程**(rate equation)，也称为**动力学方程**(kinetic equation)，它是反应速率的经验表达式。微分和

积分速率方程都必须由实验确定，其形式随反应不同而异。本节讨论反应速率与浓度间关系的微分式。若将其积分，则可得到浓度与时间关系的积分式。

5.1.1　化学反应速率

1. 化学反应转化速率的定义

对任意化学反应，其计量方程为

$$0=\sum_{\mathrm{B}}\nu_{\mathrm{B}}\mathrm{B}$$

该**反应的转化速率**(conversion rate of reaction)定义为

$$\dot{\xi}=\frac{\mathrm{d}\xi}{\mathrm{d}t} \tag{5.1.1}$$

式(5.1.1)中，ξ 为化学反应进度；t 为反应时间；$\dot{\xi}$ 为化学反应的转化速率，即反应进度随时间的变化率。设反应的参与物的量为 n_{B}，根据反应进度的定义 $\mathrm{d}\xi=\frac{1}{\nu_{\mathrm{B}}}\mathrm{d}n_{\mathrm{B}}$，则式(5.1.1)可改写成

$$\dot{\xi}=\frac{\mathrm{d}\xi}{\mathrm{d}t}=\frac{1}{\nu_{\mathrm{B}}}\frac{\mathrm{d}n_{\mathrm{B}}}{\mathrm{d}t} \tag{5.1.2}$$

2. 反应速率的定义

化学反应速率可以定义为

$$r=\frac{1}{V}\frac{\mathrm{d}\xi}{\mathrm{d}t}=\frac{1}{V}\frac{\mathrm{d}n_{\mathrm{B}}}{\nu_{\mathrm{B}}\mathrm{d}t} \tag{5.1.3}$$

即用单位反应体系体积内反应进度随时间的变化率来表示**化学反应速率**(chemical reaction rate)。

对恒容反应，反应体系的体积不随时间而变化，于是式(5.1.3)可写为

$$r=\frac{\mathrm{d}\left(\frac{n_{\mathrm{B}}}{V}\right)}{\nu_{\mathrm{B}}\mathrm{d}t}=\frac{1}{\nu_{\mathrm{B}}}\frac{\mathrm{d}c_{\mathrm{B}}}{\mathrm{d}t} \tag{5.1.4a}$$

式(5.1.4a)中，c_{B} 为物质 B 的物质的量浓度：$c_{\mathrm{B}}=\frac{n_{\mathrm{B}}}{V}$，单位常用 $\mathrm{mol\cdot dm^{-3}}$ 或 $\mathrm{mol\cdot m^{-3}}$。为了书写方便，c_{B} 也记作[B]。于是

$$r=\frac{1}{\nu_{\mathrm{B}}}\frac{\mathrm{d}[\mathrm{B}]}{\mathrm{d}t} \tag{5.1.4b}$$

式(5.1.4a)和式(5.1.4b)都为恒容反应的反应速率。

由式(5.1.4a)，对任一恒容反应

$$e\mathrm{E}+f\mathrm{F}\longrightarrow g\mathrm{G}+h\mathrm{H}$$

有

$$r=-\frac{1}{e}\frac{\mathrm{d}c_{\mathrm{E}}}{\mathrm{d}t}=-\frac{1}{f}\frac{\mathrm{d}c_{\mathrm{F}}}{\mathrm{d}t}=\frac{1}{g}\frac{\mathrm{d}c_{\mathrm{G}}}{\mathrm{d}t}=\frac{1}{h}\frac{\mathrm{d}c_{\mathrm{H}}}{\mathrm{d}t}$$

其中 $-\frac{\mathrm{d}c_{\mathrm{E}}}{\mathrm{d}t}$、$-\frac{\mathrm{d}c_{\mathrm{F}}}{\mathrm{d}t}$ 分别是反应物 E、F 的**消耗速率**(dissipate rate)，即单位反应体系体积内反应

物 E、F 的物质的量随时间的变化率的负值

$$r_E=-\frac{dc_E}{dt} \qquad r_F=-\frac{dc_F}{dt} \tag{5.1.5}$$

$\frac{dc_G}{dt}$、$\frac{dc_H}{dt}$分别是生成物 G、H 的**增长速率**(increase rate),即单位反应体系体积内生成物 G、H 的物质的量随时间的变化率

$$r_G=\frac{dc_G}{dt} \qquad r_H=\frac{dc_H}{dt} \tag{5.1.6}$$

于是有如下关系

$$r=\frac{1}{e}r_E=\frac{1}{f}r_F=\frac{1}{g}r_G=\frac{1}{h}r_H \tag{5.1.7}$$

由式(5.1.4a)和式(5.1.7)可以看出:①反应速率 r 为正值;②反应速率 r 与具体选哪种物质无关,但与方程式写法有关。

对于恒温恒容气相反应,由于压力比较容易测定,也可以用分压代替浓度定义反应速率。为了区别不同定义的反应速率可用下标来表示

$$r_p=\frac{1}{\nu_B}\frac{dp_B}{dt} \tag{5.1.8}$$

例如,对于合成氨反应

$$N_2(g)+3H_2(g)\longrightarrow 2NH_3(g)$$

$$r=-\frac{dc_{N_2}}{dt}=-\frac{1}{3}\frac{dc_{H_2}}{dt}=\frac{1}{2}\frac{dc_{NH_3}}{dt}, \quad r=\frac{r_{N_2}}{1}=\frac{r_{H_2}}{3}=\frac{r_{NH_3}}{2}$$

$$r_p=-\frac{dp_{N_2}}{dt}=-\frac{1}{3}\frac{dp_{H_2}}{dt}=\frac{1}{2}\frac{dp_{NH_3}}{dt}, \quad r_p=\frac{r_{p,N_2}}{1}=\frac{r_{p,H_2}}{3}=\frac{r_{p,NH_3}}{2}$$

3. 化学反应速率的测定

测定反应速率是化学动力学研究中极为重要的一步。由反应速率的定义式(5.1.4a)知,测定反应速率实际是测定$\frac{dc_B}{dt}$。通过实验,绘制不同时刻反应体系中某反应物与产物(生成物)浓度随时间变化曲线,如图 5.1.1 所示,然后从图上求出不同反应时刻的$\frac{dc_B}{dt}$,即在 t 时刻曲线切线的斜率,就可以求出反应在 t 时刻的速率。在反应开始($t=0$)时的$\left.\frac{dc_B}{dt}\right|_{t=0}$对应于反应的初始速率。测定反应物和生成物在不同时刻的浓度的方法可以分为化学方法和物理方法两大类。化学方法是用化学分析来测定反应进行到不同时刻的反应物或生成物浓度。反应体系中各物质的浓度时刻都在变化,取样时必须立即停止化学反应,或使其速率降至可以忽略的程度,这样检测到的浓度才能真实地表示某时刻的浓度。为此,常采用骤冷、稀释、加入阻化剂或移去催化剂的方法来"冻结"反应。此法特点是能直接得出浓度随时

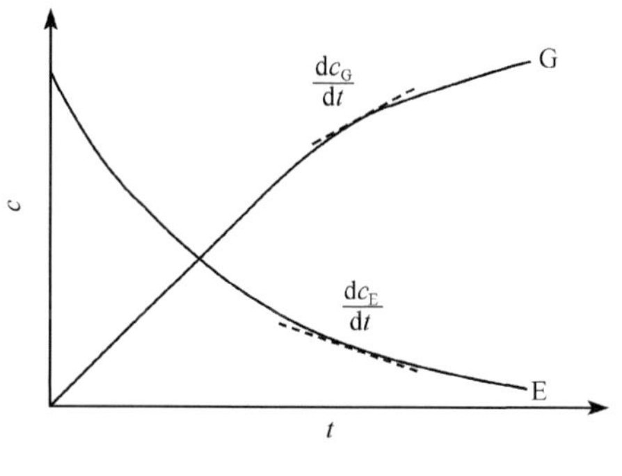

图 5.1.1 浓度随时间变化曲线

间变化的绝对值,但费时较多,操作不便,而且有时无适合的方法使反应停止。物理方法是快速或连续测定反应体系的某些与浓度有关的物理性质,这样不但可以不中断反应,而且易于用自动记录仪获得大量数据。被测定物理量通常有压力、体积、折射率、旋光度、吸光度、电导、电动势、介电常数、黏度、导热率等。由于物理方法不是直接测定浓度,因此必须找出所测定的物理量与反应物或生成物之间的关系。

5.1.2 基元反应

若一个化学反应,反应物微粒(分子、原子、离子或自由基等)在碰撞中直接作用并即刻转化为生成物,则这种化学反应称为**基元反应**(elementary reaction),否则,就是**非基元反应**。例如,HCl 气体的合成反应

$$H_2 + Cl_2 \longrightarrow 2HCl \qquad (1)$$

经研究证明,该反应不能一步完成,在一定条件下经过以下几个主要步骤

$$Cl_2 + M \longrightarrow 2Cl\cdot + M \qquad (2)$$

$$Cl\cdot + H_2 \longrightarrow HCl + H\cdot \qquad (3)$$

$$H\cdot + Cl_2 \longrightarrow HCl + Cl\cdot \qquad (4)$$

$$M + Cl\cdot + Cl\cdot \longrightarrow Cl_2 + M \qquad (5)$$

式中,M 为第三分子或器壁,只起能量传递作用。反应(2)~反应(5)都是一步完成的,都是基元反应。从微观角度讲,基元反应相当于构成化学反应的基本单元。所有这些基元反应的组合表明了化学反应从反应物到产物所经历的具体过程,这个过程称为**反应机理**(reaction mechanism)或反应历程。

除了特别注明,一般写化学反应方程式只根据始态和终态写出反应总结果。这种方程只表示各参加反应组分之间的数量关系,称为化学计量方程,而不代表基元反应。表示实际反应过程的方程称为机理方程。

从宏观角度讲,常将只含有一个基元反应的化学反应称为简单反应,将由多个基元反应组成的反应称为**总包反应**(overall reaction)或总反应,也称为**复合反应**(complex reaction)。显然,以上反应(1)为总包反应,为化学计量方程。

5.1.3 基元反应的速率方程——质量作用定律

在基元反应中反应物"分子"数之和称为**反应分子数**(molecular number of reaction),此处的"分子"可以为分子、原子、离子或自由基等。已知的反应分子数只有 1、2 和 3。例如,上述 HCl 气体的合成反应机理中(2)、(3)、(4)为双分子反应,(5)为三分子反应。单分子反应多见于经过碰撞而活化的分解反应或异构化反应,如分解反应:$C_2H_5Cl \longrightarrow C_2H_4 + HCl$。至今人们尚未发现气相的四分子反应。在液相中,由于分子间距离很小及溶剂分子的存在,三分子反应较多见,但无论在气相还是液相中,一般最常见的是双分子反应。

古德堡(Guldberg)和瓦格(Waage)在 1862~1869 年总结了前人大量的工作并结合自己的实验提出著名的**质量作用定律**(law of mass action),经后人补充完善后表述如下:基元反应的速率与基元反应中反应物浓度的幂乘积成正比,其中各浓度项的方次为反应方程中各物质的计量系数的绝对值。设基元反应为

$$a\mathrm{A} + b\mathrm{B} \xrightarrow{k} c\mathrm{C} + d\mathrm{D}$$

则反应的速率方程为

$$r=-\frac{1}{a}\frac{\mathrm{d}c_{\mathrm{A}}}{\mathrm{d}t}=kc_{\mathrm{A}}^{a}c_{\mathrm{B}}^{b} \tag{5.1.9a}$$

或

$$r_{\mathrm{A}}=-\frac{\mathrm{d}c_{\mathrm{A}}}{\mathrm{d}t}=k_{\mathrm{A}}c_{\mathrm{A}}^{a}c_{\mathrm{B}}^{b}=akc_{\mathrm{A}}^{a}c_{\mathrm{B}}^{b} \tag{5.1.9b}$$

$$r_{\mathrm{B}}=-\frac{\mathrm{d}c_{\mathrm{B}}}{\mathrm{d}t}=k_{\mathrm{B}}c_{\mathrm{A}}^{a}c_{\mathrm{B}}^{b}=bkc_{\mathrm{A}}^{a}c_{\mathrm{B}}^{b} \tag{5.1.9c}$$

$$r_{\mathrm{C}}=\frac{\mathrm{d}c_{\mathrm{C}}}{\mathrm{d}t}=k_{\mathrm{C}}c_{\mathrm{A}}^{a}c_{\mathrm{B}}^{b}=ckc_{\mathrm{A}}^{a}c_{\mathrm{B}}^{b} \tag{5.1.9d}$$

$$r_{\mathrm{D}}=\frac{\mathrm{d}c_{\mathrm{D}}}{\mathrm{d}t}=k_{\mathrm{D}}c_{\mathrm{A}}^{a}c_{\mathrm{B}}^{b}=dkc_{\mathrm{A}}^{a}c_{\mathrm{B}}^{b} \tag{5.1.9e}$$

其中 k 为以反应速率 r 表示基元反应速率时的**速率常数**(rate constant)。它是反应物浓度均为 $1\mathrm{mol\cdot dm^{-3}}$ 或 $1\mathrm{mol\cdot m^{-3}}$ 时的反应速率，是基元反应的特性并随温度而改变。k_{A} 和 k_{B} 为以反应的速率 r_{A} 和 r_{B}(A 和 B 的消耗速率)表示基元反应速率时的基元反应的速率常数，k_{C} 和 k_{D} 为以 r_{C} 和 r_{D}(C 和 D 的增长速率)表示基元反应速率时的基元反应的速率常数。由式(5.1.7)知：$r=\frac{1}{a}r_{\mathrm{A}}=\frac{1}{b}r_{\mathrm{B}}=\frac{1}{c}r_{\mathrm{C}}=\frac{1}{d}r_{\mathrm{D}}$，因此

$$k=\frac{1}{a}k_{\mathrm{A}}=\frac{1}{b}k_{\mathrm{B}}=\frac{1}{c}k_{\mathrm{C}}=\frac{1}{d}k_{\mathrm{D}} \tag{5.1.10}$$

因此，k 的下标不可忽略。

对单分子反应基元反应：A $\longrightarrow$ 产物，根据质量作用定律，该反应的速率方程为

$$r=-\frac{\mathrm{d}c_{\mathrm{A}}}{\mathrm{d}t}=kc_{\mathrm{A}}$$

上式中 $k=k_{\mathrm{A}}$。

对双分子反应基元反应：A＋B $\longrightarrow$ 产物，则

$$r_{\mathrm{A}}=-\frac{\mathrm{d}c_{\mathrm{A}}}{\mathrm{d}t}=k_{\mathrm{A}}c_{\mathrm{A}}c_{\mathrm{B}},\quad r=-\frac{\mathrm{d}c_{\mathrm{A}}}{\mathrm{d}t}=kc_{\mathrm{A}}c_{\mathrm{B}}$$

A＋A $\longrightarrow$ 产物，则

$$r_{\mathrm{A}}=-\frac{\mathrm{d}c_{\mathrm{A}}}{\mathrm{d}t}=k_{\mathrm{A}}c_{\mathrm{A}}^{2},\quad r=-\frac{1}{2}\frac{\mathrm{d}c_{\mathrm{A}}}{\mathrm{d}t}=kc_{\mathrm{A}}^{2}$$

对三分子反应基元反应：A＋B＋C $\longrightarrow$ 产物，则

$$r_{\mathrm{A}}=-\frac{\mathrm{d}c_{\mathrm{A}}}{\mathrm{d}t}=k_{\mathrm{A}}c_{\mathrm{A}}c_{\mathrm{B}}c_{\mathrm{C}},\quad r=-\frac{\mathrm{d}c_{\mathrm{A}}}{\mathrm{d}t}=kc_{\mathrm{A}}c_{\mathrm{B}}c_{\mathrm{C}}$$

A＋2B $\longrightarrow$ 产物，则

$$r_{\mathrm{A}}=-\frac{\mathrm{d}c_{\mathrm{A}}}{\mathrm{d}t}=k_{\mathrm{A}}c_{\mathrm{A}}c_{\mathrm{B}}^{2},\quad r=-\frac{\mathrm{d}c_{\mathrm{A}}}{\mathrm{d}t}=kc_{\mathrm{A}}c_{\mathrm{B}}^{2}$$

3A $\longrightarrow$ 产物，则

$$r_{\mathrm{A}}=-\frac{\mathrm{d}c_{\mathrm{A}}}{\mathrm{d}t}=k_{\mathrm{A}}c_{\mathrm{A}}^{3},\quad r=-\frac{1}{3}\frac{\mathrm{d}c_{\mathrm{A}}}{\mathrm{d}t}=kc_{\mathrm{A}}^{3}$$

对于基元反应，可以根据它的计量方程直接写出速率方程。对于非基元反应，只有将其分

解为若干个基元反应时，才能对每个基元反应逐个运用质量作用定律。但在反应机理中，若一物质同时出现在两个或两个以上的基元反应中，则对该物质运用质量作用定律时要注意：其净的消耗速率或净的增长速率应是该物质在这几个基元反应中消耗速率或增长速率的代数和。

设一总反应

$$\mathrm{A+B \longrightarrow Z}$$

反应机理为

$$\mathrm{A+B} \xrightarrow{k_1} \mathrm{D}$$

$$\mathrm{D} \xrightarrow{k_{-1}} \mathrm{A+B}$$

$$\mathrm{D} \xrightarrow{k_2} \mathrm{Z}$$

其中 k_1、k_{-1} 和 k_2 为基元反应的速率常数。根据质量作用定律，应有

$$-\frac{\mathrm{d}c_\mathrm{A}}{\mathrm{d}t}=-\frac{\mathrm{d}c_\mathrm{B}}{\mathrm{d}t}=k_1 c_\mathrm{A} c_\mathrm{B}-k_{-1}c_\mathrm{D}$$

$$\frac{\mathrm{d}c_\mathrm{D}}{\mathrm{d}t}=k_1 c_\mathrm{A} c_\mathrm{B}-k_{-1}c_\mathrm{D}-k_2 c_\mathrm{D}$$

$$\frac{\mathrm{d}c_\mathrm{Z}}{\mathrm{d}t}=k_2 c_\mathrm{D}$$

5.1.4 化学反应速率方程的一般形式

由实验确定的化学反应速率方程多数情况下具有浓度乘积的形式。例如，对任一恒容化学反应

$$e\mathrm{E}+f\mathrm{F} \xrightarrow{k} g\mathrm{G}+h\mathrm{H}$$

$$\left.\begin{aligned} r_\mathrm{E}&=-\frac{\mathrm{d}c_\mathrm{E}}{\mathrm{d}t}=k_\mathrm{E}c_\mathrm{E}^{\alpha}c_\mathrm{F}^{\beta}c_\mathrm{G}^{\gamma}c_\mathrm{H}^{\delta}, \quad r_\mathrm{F}=-\frac{\mathrm{d}c_\mathrm{F}}{\mathrm{d}t}=k_\mathrm{F}c_\mathrm{E}^{\alpha}c_\mathrm{F}^{\beta}c_\mathrm{G}^{\gamma}c_\mathrm{H}^{\delta} \\ r_\mathrm{G}&=\frac{\mathrm{d}c_\mathrm{G}}{\mathrm{d}t}=k_\mathrm{G}c_\mathrm{E}^{\alpha}c_\mathrm{F}^{\beta}c_\mathrm{G}^{\gamma}c_\mathrm{H}^{\delta}, \quad r_\mathrm{H}=\frac{\mathrm{d}c_\mathrm{H}}{\mathrm{d}t}=k_\mathrm{H}c_\mathrm{E}^{\alpha}c_\mathrm{F}^{\beta}c_\mathrm{G}^{\gamma}c_\mathrm{H}^{\delta} \end{aligned}\right\} \tag{5.1.11}$$

式(5.1.11)中，α、β、γ、δ 与浓度和时间无关，分别为组分 E、F、G、H 的**分级数**(partial order)，通常与化学计量数 e、f、g、h 并不一定相等，这些级数均由实验确定，且不一定是整数。所有分级数的代数和称为总反应的**总级数**(overall order)，简称级数。用 n 表示相应的反应级数，则

$$n=\alpha+\beta+\gamma+\delta \tag{5.1.12}$$

反应级数具有重要的物理意义和应用价值，它是反应历程的引路石，是设计反应器的重要依据。反应级数的大小表示浓度对反应速率影响的程度，级数越大，则反应速率受浓度的影响越大。根据反应级数的定义，单分子反应为一级反应，双分子反应为二级反应，三分子反应为三级反应。基元反应是具有简单整数(1,2,3)级数的反应，但应指出的是：具有整数级数的反应不一定是基元反应。对非基元反应(复合反应或总包反应)不能用质量作用定律，非基元反应不存在反应分子数的问题，只有反应级数。反应级数可以是正数或负数，可以是整数或分数，也可以是零。有时反应速率还与生成物的物质的量浓度有关。也有的反应速率方程很复杂，确定不出简单的级数关系。实验研究表明

$\mathrm{H_2+I_2 \longrightarrow 2HI}$　　速率方程为 $r=kc_{\mathrm{H_2}}c_{\mathrm{I_2}}$　　反应级数为 2

$H_2 + Cl_2 \longrightarrow 2HCl$　　速率方程为 $r = kc_{H_2} c_{Cl_2}^{\frac{1}{2}}$　　反应级数为 $\frac{3}{2}$

$H_2 + Br_2 \longrightarrow 2HBr$　　速率方程为 $r = \dfrac{kc_{H_2} c_{Br_2}^{\frac{1}{2}}}{1 + k' \dfrac{c_{HBr}}{c_{Br_2}}}$　　无反应级数

某些反应当反应物的浓度很大时，在反应过程中其浓度基本不变，则表现出的级数将有所改变。例如，蔗糖水解为果糖和葡萄糖的反应

$$C_{12}H_{22}O_{11}(\text{蔗糖}) + H_2O \xrightarrow{H^+} C_6H_{12}O_6(\text{果糖}) + C_6H_{12}O_6(\text{葡萄糖})$$

它是二级反应。当 $C_{12}H_{22}O_{11}$ 浓度很小，H_2O 的浓度很大且基本不变时，$r = k' c_{C_{12}H_{22}O_{11}}$，因此就表现为一级反应。

式(5.1.11)中的 k 称为反应速率系数。k_E、k_F 分别为反应物 E、F 的消耗速率系数，k_G、k_H 分别为产物 G、H 的增长速率系数。速率系数 k 与浓度无关，可看作反应物种浓度均为单位浓度时的反应速率，其大小可直接体现出反应体系速率的快慢及特征。速率系数是有单位的常数，随反应级数的不同而异。对一级反应，速率系数 k 的单位是 $[t]^{-1}$；对二级反应，k 的单位是 $[c]^{-1} \cdot [t]^{-1}$；对三级反应，k 的单位则是 $[c]^{-2} \cdot [t]^{-1}$，因此从 k 的单位可看出反应的级数是多少。注意：这里采用“系数”与基元反应的“常数”相区别，但许多文献中两者常混用。比较式(5.1.7)和式(5.1.11)得

$$k = \frac{1}{e} k_E = \frac{1}{f} k_F = \frac{1}{g} k_G = \frac{1}{h} k_H \tag{5.1.13}$$

5.1.5　以混合气体组分分压表示的气相化学反应的速率方程

对反应

$$aA \longrightarrow pP$$

其反应的速率方程可表示为

$$r_{A,p} = -\frac{dp_A}{dt} = k_{A,p} p_A^n$$

或

$$r_{A,c} = -\frac{dc_A}{dt} = k_{A,c} c_A^n$$

$k_{A,p}$ 和 $k_{A,c}$ 分别是反应物 A 用分压及物质的量浓度表示时的速率方程中的反应速率系数。若气体可当作理想混合气体，则 $p_A = c_A RT$，于是等温条件下

$$r_{A,p} = -\frac{dp_A}{dt} = -\frac{d(c_A RT)}{dt} = -RT\frac{dc_A}{dt} = RTk_{A,c} c_A^n$$

所以 $k_{A,p} p_A^n = RTk_{A,c} c_A^n$，因此得

$$k_{A,p} = k_{A,c} (RT)^{1-n} \tag{5.1.14}$$

5.2　速率方程的积分形式和反应级数的确定

凡反应级数为零或正整数的反应称为具有简单级数的反应。以微分形式表达速率方程能明显地反映出浓度对反应速率的影响，便于进行理论分析。但在实际应用中，还希望得到浓度

随时间变化的规律，即以积分形式表达的速率方程。本节分别介绍具有简单级数的反应速率方程的积分形式和反应级数的确定。

5.2.1 一级反应

若某反应的速率与反应物浓度的一次方成正比，则该反应为**一级反应**(first order reaction)。单分子反应为一级反应，一些物质的热分解反应、分子重排反应，即使不是基元反应往往也表现为一级反应。一些放射性元素的蜕变也是一级反应，许多化合物的水解反应在稀水溶液中进行时，也往往表现为一级反应(称为准一级反应)。

设有某一级反应

$$A \longrightarrow P$$

则

$$r=-\frac{dc_A}{dt}=kc_A \quad 或 \quad r_A=-\frac{dc_A}{dt}=k_Ac_A \tag{5.2.1a}$$

$$-\frac{dc_A}{c_A}=k_A dt \tag{5.2.1b}$$

$k=\frac{k_A}{1}=k_A$，所以 k 或 k_A 的单位是$[t]^{-1}$，这是一级反应的一个特征。将式(5.2.1b)积分

$$-\int_{c_{A,0}}^{c_A}\frac{dc_A}{c_A}=k_A\int_0^t dt$$

得

$$\ln\frac{c_{A,0}}{c_A}=k_At \tag{5.2.2a}$$

或

$$\ln c_A=-k_At+\ln c_{A,0} \tag{5.2.2b}$$

或

$$c_A=c_{A,0}e^{-k_At} \tag{5.2.2c}$$

从(5.2.2b)可以看出，$\ln c_A$-t 呈直线关系，这是一级反应的又一个特征。由直线的斜率可求出速率系数 k_A。

设反应物 A 在 t 时刻的转化率为 α_A，则

$$\alpha_A=\frac{c_{A,0}-c_A}{c_{A,0}} \tag{5.2.3a}$$

或

$$c_A=c_{A,0}(1-\alpha_A) \tag{5.2.3b}$$

代入(5.2.2a)得

$$\ln\frac{1}{1-\alpha_A}=k_At \tag{5.2.4}$$

式(5.2.4)是一级反应积分式的另一形式。由式(5.2.4)可见，对一级反应，达到一定转化率所需的时间与初浓度 $c_{A,0}$ 无关。反应物消耗一半$\left(即\ \alpha_A=\frac{1}{2}\right)$所需的时间称为**半衰期**(half-life of reaction)，用 $t_{1/2}$ 表示。由式(5.2.4)可得

$$t_{1/2}=\frac{\ln 2}{k_A} \tag{5.2.5}$$

即一级反应的半衰期仅与速率系数 k 或 k_A 有关，而与 A 物质的初浓度无关，这是一级反应的第三个特征。

【例 5.2.1】 某药物分解反应的速率系数与温度的关系如下

$$\ln(k/h^{-1})=-\frac{8938}{T/K}+20.400$$

(1) 求 30℃时的速率系数；

(2) 此药分解 30%即无效，在 30℃保存的有效期为多少？

(3) 欲使此药有效期延长至 2 年以上，保存温度不能超过多少？

解　(1) $\ln(k/h^{-1})=-\dfrac{8938}{273.15+30}+20.400$，$k=1.135\times10^{-4}h^{-1}$，为一级反应

(2) $t=\dfrac{1}{k}\ln\dfrac{1}{1-\alpha_A}=\left(\dfrac{1}{1.135\times10^{-4}}\ln\dfrac{1}{1-0.30}\right)h=3.143\times10^{3}h=130.9d$

(3) $k=\dfrac{1}{t}\ln\dfrac{1}{1-\alpha_A}=\left(\dfrac{1}{2\times365\times24}\ln\dfrac{1}{1-0.30}\right)h^{-1}=2.036\times10^{-5}h^{-1}$

$$\ln(k/h^{-1})=-10.802=-\frac{8938}{T/K}+20.400$$

$$T=286.45K$$

【例 5.2.2】 在密闭抽空容器中于 100℃进行某完全反应

$$A(g)\longrightarrow 2B(g)+C(g)$$

已知反应速率系数 k 与初始浓度无关。反应刚开始时容器中仅有 A 存在，反应进行 10min 时物系总压为 2346.7Pa，经足够长时间后物系总压为 3601.1Pa 且几乎不变，试求

(1) 反应的速率系数 k_A 和半衰期；

(2) 反应进行 1h 后 A 的分压及物系的总压。

解　(1) 由计量方程关系得

	$A(g)\longrightarrow$	$2B(g)$	$+\ C(g)$
$t=0$	$p_{A,0}$	0	0
$t=t$	p_A	$2(p_{A,0}-p_A)$	$p_{A,0}-p_A$
$t=\infty$	0	$2p_{A,0}$	$p_{A,0}$

$$p_\infty=3p_{A,0}\qquad p_{A,0}=\frac{1}{3}p_\infty$$

$$p_t=p_A+3(p_{A,0}-p_A)=3p_{A,0}-2p_A$$

$$p_A=\frac{3p_{A,0}-p_t}{2}$$

由题给数据计算 p_A。10min 时

$$p_A=\left(\frac{3601.1-2346.7}{2}\right)Pa=627.2Pa$$

$$k_A=\frac{1}{t}\ln\frac{p_{A,0}}{p_A}=\left(\frac{1}{10}\ln\frac{3601.1}{3\times627.2}\right)min^{-1}=0.06491min^{-1}$$

或由 p_A 关系式代入上式，得

$$k_A=\frac{1}{t}\ln\frac{2p_{A,0}}{3p_{A,0}-p_t}$$

半衰期

$$t_{1/2}=\frac{0.693}{k_A}=\left(\frac{0.693}{0.06491}\right)min=10.68min$$

(2) 计算反应进行 1h A 的分压 p_A 及物系总压 p_t，用一级反应速率方程的指数形式 $p_A=p_{A,0}e^{-k_At}$

$$p_A=p_{A,0}e^{-k_At}=\left(\frac{3601.1}{3}\times e^{-0.06491\times 60}\right)\text{Pa}=24.4\text{Pa}$$

$$p_t=3p_{A,0}-2p_A=(3601.1-2\times 24.4)\text{Pa}=3552.3\text{Pa}$$

几点说明：

(1) 进行反应的时间与组成计算时应首先确定级数。根据题给条件，具有简单级数反应的某一特征即可确定级数。

(2) 一级反应 $k_A=\frac{1}{t}\ln\frac{c_{A,0}}{c_A}$，对 T、V 一定的气相反应，可直接由 $k_A=\frac{1}{t}\ln\frac{p_{A,0}}{p_A}$ 计算，不必由 $c_A=\frac{p_A}{RT}$ 先计算浓度再进行计算。

5.2.2 二级反应

若某反应的速率与一种反应物浓度的平方成正比，或与两种反应物浓度的乘积成正比，则该反应是**二级反应**(second order reaction)。例如，水溶液中乙酸乙酯的皂化反应，碘化氢气体的热分解，乙烯(丙烯、异丁烯)的气相二聚作用等都属于二级反应。

设某二级反应：$2A \longrightarrow P+\cdots$，速率方程为

$$r=-\frac{1}{2}\frac{dc_A}{dt}=kc_A^2 \quad 或 \quad r_A=-\frac{dc_A}{dt}=k_Ac_A^2 \tag{5.2.6}$$

式(5.2.6)中，k 或 k_A 的单位为$[c]^{-1}\cdot[t]^{-1}$，这是二级反应的一个特征。将式(5.2.6)整理并作积分

$$-\int_{c_{A,0}}^{c_A}\frac{dc_A}{c_A^2}=k_A\int_0^t dt$$

得

$$\frac{1}{c_A}-\frac{1}{c_{A,0}}=k_At \tag{5.2.7}$$

由式(5.2.7)知，二级反应的$\frac{1}{c_A}$-t 是直线关系，直线的斜率为 k_A，这是二级反应的又一个特征。将式(5.2.3b)代入式(5.2.7)可得

$$\frac{1}{c_{A,0}}\left(\frac{\alpha_A}{1-\alpha_A}\right)=k_At \tag{5.2.8}$$

这是二级反应速率方程积分式的另一形式。将 $c_A=c_{A,0}/2$ 代入式(5.2.7)或将 $\alpha_A=\frac{1}{2}$ 代入式(5.2.8)可得

$$t_{1/2}=\frac{1}{k_Ac_{A,0}} \tag{5.2.9}$$

可见二级反应的半衰期与反应物的初浓度成反比，这是二级反应的第三个特征。

设某二级反应：$A+B \longrightarrow P+\cdots$，速率方程为

$$r=-\frac{dc_A}{dt}=kc_Ac_B \quad 或 \quad r_A=-\frac{dc_A}{dt}=k_Ac_Ac_B$$

积分式分以下两种情况：

(1) 当两种反应物初浓度相等，$c_{B,0}=c_{A,0}$，则反应在任一时刻两反应物浓度相等，$c_B=c_A$，于是有 $-\frac{dc_A}{dt}=k_A c_A^2$，积分结果同式(5.2.7)。

(2) 当两种反应物初浓度不相等，$c_{B,0}\neq c_{A,0}$，则反应在任一时间 $c_B\neq c_A$，有

$$-\frac{dc_A}{dt}=k_A c_A c_B$$

令经过 t 时刻后，反应物 A、B 消耗掉的浓度为 x，则该时刻 $c_A=c_{A,0}-x$，$c_B=c_{B,0}-x$，$dc_A=-dx$，则上述微分式变为 $\frac{dx}{dt}=k_A(c_{A,0}-x)(c_{B,0}-x)$，整理成下式并两边求积分

$$\int_0^x \frac{dx}{(c_{A,0}-x)(c_{B,0}-x)}=k_A\int_0^t dt$$

得

$$\frac{1}{c_{A,0}-c_{B,0}}\ln\frac{c_{B,0}(c_{A,0}-x)}{c_{A,0}(c_{B,0}-x)}=k_A t \tag{5.2.10a}$$

或

$$\frac{1}{c_{A,0}-c_{B,0}}\ln\frac{c_{B,0}c_A}{c_{A,0}c_B}=k_A t \tag{5.2.10b}$$

【例 5.2.3】 反应 2A ⟶ P 是二级反应，A 消耗 1/4 的时间和消耗 3/4 的时间相差 24s，求反应的半衰期。

解

$$t=\frac{1}{k_A c_{A,0}}\left(\frac{\alpha_A}{1-\alpha_A}\right)\qquad t_{1/4}=\frac{1}{k_A c_{A,0}}\left(\frac{1/4}{1-1/4}\right)=\frac{1}{3}\frac{1}{k_A c_{A,0}}$$

同理

$$t_{3/4}=\frac{1}{k_A c_{A,0}}\left(\frac{3/4}{1-3/4}\right)=3\frac{1}{k_A c_{A,0}}$$

由题意得

$$t_{3/4}-t_{1/4}=\left(3-\frac{1}{3}\right)\frac{1}{k_A c_{A,0}}=24\text{s}$$

所以

$$t_{1/2}=\frac{1}{k_A c_{A,0}}=9\text{s}$$

5.2.3　零级反应和 n 级反应

1. 零级反应

反应速率与反应物浓度无关的反应是**零级反应**(zero order reaction)。一些光化学反应、电解反应、表面催化反应，在一定的条件下，它们的反应速率分别与光的强度、电流和表面状态有关，是零级反应。零级反应的速率方程式为

$$r_A=-\frac{dc_A}{dt}=k_A \tag{5.2.11}$$

将上式整理后积分

$$-\int_{c_{A,0}}^{c_A} dc_A=k_A\int_0^t dt$$

得

$$c_{A,0}-c_A=k_A t \tag{5.2.12}$$

零级反应具有如下特征：

(1) k 或 k_A 的单位为 $[c]\cdot[t]^{-1}$。

(2) 由式(5.2.12)可知 c_A 与 t 呈一直线，直线的斜率为 $-k_A$，截距为 $c_{A,0}$。

(3) 将 $c_A=c_{A,0}/2$ 代入式(5.2.12)得 $t_{1/2}=\dfrac{c_{A,0}}{2k_A}$，即在零级反应中半衰期与反应物初浓度成正比。

2. n 级反应

一种反应物的反应 $a\text{A}\longrightarrow \text{P}+\cdots$ 或反应物浓度符合化学计量比$\dfrac{c_A}{a}=\dfrac{c_B}{b}=\cdots$的多种反应物的下述反应 $a\text{A}+b\text{B}\cdots\longrightarrow \text{P}+\cdots$，均符合如下速率方程

$$-\frac{dc_A}{dt}=k_A c_A^n \tag{5.2.13}$$

式(5.2.13)即为 n 级反应速率方程的微分式。

当 $n=1$ 时，积分即得一级反应积分式

$$\ln\frac{c_{A,0}}{c_A}=k_A t$$

当 $n\neq 1$ 时，积分 $-\int_{c_{A,0}}^{c_A}\dfrac{dc_A}{c_A^n}=k_A\int_0^t dt$ 得

$$\frac{1}{n-1}\left(\frac{1}{c_A^{n-1}}-\frac{1}{c_{A,0}^{n-1}}\right)=k_A t \tag{5.2.14}$$

式(5.2.14)中，k_A 的单位为$[c]^{1-n}\cdot[t]^{-1}$，$\dfrac{1}{c_A^{n-1}}$-t 呈线性关系。将 $c_A=c_{A,0}/2$ 代入式(5.2.14)得半衰期

$$t_{1/2}=\frac{2^{n-1}-1}{(n-1)\cdot k_A\cdot c_{A,0}^{n-1}} \tag{5.2.15}$$

半衰期与 $c_{A,0}^{n-1}$ 成反比。

为了便于学习查阅，将上述具有简单级数反应的速率方程和特征列于表 5.2.1 中。

表 5.2.1　简单反应级数的速率方程的比较

级数	微分速率方程	积分速率方程	$t_{1/2}$	线性关系	k 的单位
0	$-\dfrac{dc_A}{dt}=k_A$	$c_{A,0}-c_A=k_A t$	$\dfrac{c_{A,0}}{2k_A}$	c_A-t	$[c]\cdot[t]^{-1}$
1	$-\dfrac{dc_A}{dt}=k_A c_A$	$\ln\dfrac{c_{A,0}}{c_A}=k_A t$	$\dfrac{\ln 2}{k_A}$	$\ln c_A$-t	$[t]^{-1}$
2	$-\dfrac{dc_A}{dt}=k_A c_A^2$	$\dfrac{1}{c_A}-\dfrac{1}{c_{A,0}}=k_A t$	$\dfrac{1}{k_A c_{A,0}}$	$\dfrac{1}{c_A}$-t	$[c]^{-1}\cdot[t]^{-1}$
	$-\dfrac{dc_A}{dt}=k_A c_A c_B$	$\dfrac{1}{c_{A,0}-c_{B,0}}\ln\dfrac{c_{B,0}c_A}{c_{A,0}c_B}=k_A t$	对 A、B 不同	$\ln\dfrac{c_{B,0}c_A}{c_{A,0}c_B}$-$t$	$[c]^{-1}\cdot[t]^{-1}$
$n(n\neq 1)$	$-\dfrac{dc_A}{dt}=k_A c_A^n$	$\dfrac{1}{n-1}\left(\dfrac{1}{c_A^{n-1}}-\dfrac{1}{c_{A,0}^{n-1}}\right)=k_A t$	$\dfrac{2^{n-1}-1}{(n-1)\cdot k_A\cdot c_{A,0}^{n-1}}$	$\dfrac{1}{c_A^{n-1}}$-t	$[c]^{1-n}\cdot[t]^{-1}$

5.2.4　反应级数的确定

大多数化学反应的微分速率方程可以表示为式(5.1.11)的幂乘积形式

$$r_E=-\frac{dc_E}{dt}=k_E c_E^{\alpha} c_F^{\beta} c_G^{\gamma} c_H^{\delta}=ekc_E^{\alpha} c_F^{\beta} c_G^{\gamma} c_H^{\delta}$$

反应的级数 $n=\alpha+\beta+\gamma+\delta$。有些反应虽不具有这样的形式，但在一定范围内也可以近似地按这样的形式加以处理。所以式(5.1.11)的幂乘积形式是微分速率方程中最普遍的形式。

反应级数是重要的动力学参数，不仅可以表明浓度对反应速率的影响，而且可以为推测反应机理提供帮助。以下介绍几种常用的确定反应级数的方法。

1. 积分法

积分法(integration method)也称尝试法，可利用表 5.2.1 中的特征来判断反应的级数。即将实验得到的 c-t 数据代入各积分方程，看用哪个方程求出的 k_A 值是常数来确定反应级数。或用作图法，根据表 5.2.1 所列各种线性关系作图，看哪个图形为直线来确定反应级数。

尝试法的优点是选准级数则直线关系较好，而且可以直接求出 k 值。缺点是若选不准则需多次尝试，而且如果实验的浓度范围不够大，则不同级数往往难以区分。尝试法一般在反应级数是简单的整数时，结果较好。而当级数是分数或小数时，很难尝试成功，最好还是用微分法或其他方法。

2. 微分法

若某反应的速率方程为 $r_A=-\frac{dc_A}{dt}=k_A c_A^n$，取对数后得

$$\ln\left(-\frac{dc_A}{dt}\right)=\ln k_A+n\ln c_A \tag{5.2.16}$$

利用 c_A-t 数据，作 c_A-t 曲线，用作图法或用多项式进行曲线拟合，得出曲线在不同时刻的斜率 $\frac{dc_A}{dt}$，然后将所得的 $\ln\left(-\frac{dc_A}{dt}\right)$ 对 $\ln c_A$ 作图，如图 5.2.1(a)和图 5.2.1(b)所示，其斜率就是 A 组分的反应级数 n。从截距还可以求出 k_A，或从一系列 $\left(-\frac{dc_A}{dt}\right)_i$ 和 $c_{A,i}$ 中选两组数据，代入式(5.2.16)，得

$$\ln\left(-\frac{dc_{A,1}}{dt}\right)=\ln k_A+n\ln c_{A,1}$$

$$\ln\left(-\frac{dc_{A,2}}{dt}\right)=\ln k_A+n\ln c_{A,2}$$

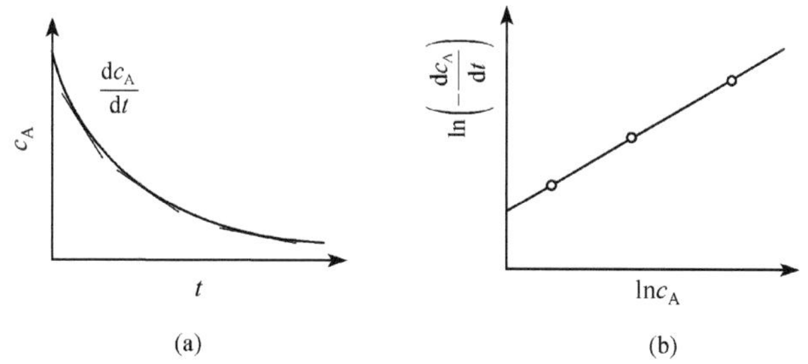

图 5.2.1　微分法求反应级数

将以上两式相减得

$$n=\frac{\ln\left(-\frac{\mathrm{d}c_{A,1}}{\mathrm{d}t}\right)-\ln\left(-\frac{\mathrm{d}c_{A,2}}{\mathrm{d}t}\right)}{\ln c_{A,1}-\ln c_{A,2}}=\frac{\ln(r_{A,1}/r_{A,2})}{\ln(c_{A,1}/c_{A,2})} \tag{5.2.17}$$

或用上述方法求出若干个 n，然后取其平均值便得反应级数。

由于绘图或计算中所用到的数据都是$\frac{\mathrm{d}c_A}{\mathrm{d}t}$，因此称**微分法**(differential method)，该法也可以处理级数为分数的情况。有时反应的产物对反应速率有影响，而反应初始阶段变化比较简单，复杂因素较少。只要反应速率不是特别快，可以采用初始浓度法。即取若干个不同的 $c_{A,0}$，作出各自的 c_A-t 曲线，在每条曲线的初始浓度 $c_{A,0}$ 处，求相应的斜率$\frac{\mathrm{d}c_{A,0}}{\mathrm{d}t}$，再由 $\ln\left(-\frac{\mathrm{d}c_{A,0}}{\mathrm{d}t}\right)=\ln k_A+n\ln c_{A,0}$，以 $\ln\left(-\frac{\mathrm{d}c_{A,0}}{\mathrm{d}t}\right)$对 $\ln c_{A,0}$ 作图，直线斜率为组分的级数，由截距可求出 k_A，如图 5.2.2(a)和图 5.2.2(b)所示。

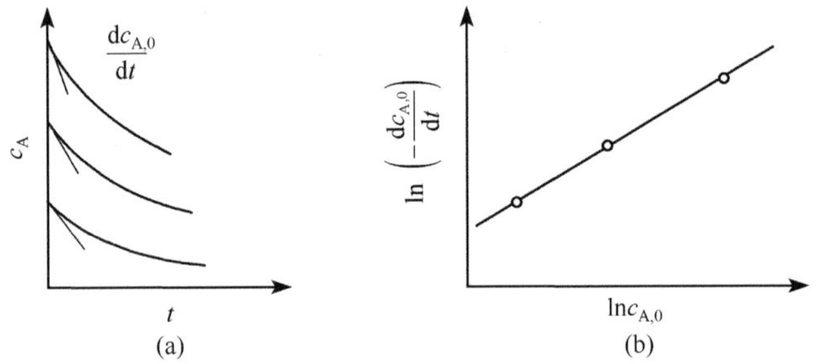

图 5.2.2　初始浓度微分法求反应级数

【例 5.2.4】　反应 $2NO(g)+2H_2(g)\longrightarrow N_2(g)+2H_2O(g)$，在 700℃时，实验测得如下数据：

初始压力 p_0/kPa		初始速率 r_0/(kPa · min^{-1})
NO	H_2	
50	20	0.48
50	10	0.24
25	20	0.12

设反应的速率方程为 $r=k(p_{NO})^{\alpha}(p_{H_2})^{\beta}$，求 α、β 和该反应的级数 n，并计算 k_p 和 k_c。

解　该题所提供的实验数据可分为两类：固定一氧化氮的初始压力为 50kPa，而改变氢的压力，测得相应的反应速率；然后又固定氢的初始压力为 20kPa，而改变一氧化氮的压力，测得相应的反应速率。因而可用微分法公式分别求得对 NO 及 H_2 的反应级数。

当 p_{NO}不变时　　$\beta=\frac{\ln(r_{0,1}/r_{0,2})}{\ln(p_{0,1}/p_{0,2})}=\frac{\ln(0.48/0.24)}{\ln(20/10)}=1$

当 p_{H_2}不变时　　$\alpha=\frac{\ln(r_{0,1}/r_{0,3})}{\ln(p_{0,1}/p_{0,3})}=\frac{\ln(0.48/0.12)}{\ln(50/25)}=2$

反应的级数 $n=\alpha+\beta=2+1=3$。

$$k_p=\frac{-\mathrm{d}p/\mathrm{d}t}{(p_{NO})^2(p_{H_2})^1}=\frac{0.48}{(50)^2\times 20}\mathrm{kPa^{-2}\cdot min^{-1}}=9.6\times 10^{-6}\mathrm{kPa^{-2}\cdot min^{-1}}$$

$$\begin{aligned}k_c &= k_p(RT)^{3-1} = 9.6\times10^{-6}\times10^{-6}\times(8.314\times973.15)^2\,\mathrm{m^6\cdot mol^{-2}\cdot min^{-1}}\\ &= 6.28\times10^{-4}\,\mathrm{m^6\cdot mol^{-2}\cdot min^{-1}}\\ &= 628\,\mathrm{dm^6\cdot mol^{-2}\cdot min^{-1}}\end{aligned}$$

3. 半衰期法

根据半衰期 $t_{1/2}$ 与浓度的关系，确定速率方程 $r_A=k_Ac_A^n$ 的级数 n 值的方法为**半衰期法**(half-life method)。

当 $n=1$ 时，半衰期与初始浓度无关。

当 $n\neq1$ 时

$$t_{1/2}=\frac{2^{n-1}-1}{(n-1)k_Ac_{A,0}^{n-1}}$$

$$\frac{t_{1/2}}{t'_{1/2}}=\left(\frac{c'_{A,0}}{c_{A,0}}\right)^{n-1}$$

两边取对数，整理得

$$n=1-\frac{\ln\left(\dfrac{t_{1/2}}{t'_{1/2}}\right)}{\ln\left(\dfrac{c_{A,0}}{c'_{A,0}}\right)} \tag{5.2.18}$$

由两组数据就可以求出 n。若实验数据较多，也可用作图法。

此法也可以取反应进行到$\frac{1}{4}$、$\frac{1}{8}$等时间来计算。对于分数衰期 t_θ，可推导得

$$n=1-\frac{\ln\left(\dfrac{t_\theta}{t'_\theta}\right)}{\ln\left(\dfrac{c_{A,0}}{c'_{A,0}}\right)} \tag{5.2.19}$$

4. 孤立法

当速率方程为 $r=kc_A^\alpha c_B^\beta c_C^\gamma\cdots$ 时，在实验中使 $c_{A,0}\ll c_{B,0}$，$c_{A,0}\ll c_{C,0}\cdots$ 在反应过程中，除 c_A 以外，其他反应物的浓度基本不随时间变化，则 $r=(kc_B^\beta c_C^\gamma\cdots)c_A^\alpha=k'c_A^\alpha$，用前述方法求出组分 A 的分级数 α 及表观速率系数 k'，同理在 $c_{B,0}\ll c_{A,0}$，$c_{B,0}\ll c_{C,0}\cdots$ 的条件下，求出 B 的分级数 β 值，依次类推。从而求得反应总级数 $n=\alpha+\beta+\gamma+\cdots$。

5.3　温度对反应速率的影响

以上讨论了恒温下反应物浓度和反应速率的关系。对于多数化学反应来说，温度对反应速率的影响比浓度的影响更显著，如室温下反应 $H_2(g)+\frac{1}{2}O_2(g)\longrightarrow H_2O(l)$ 的 $\Delta_rG_m^\ominus=-237.13\,\mathrm{kJ\cdot mol^{-1}}$，根据热力学的观点，该反应在指定状态下向右进行的趋势很大。但事实上，在常温下将纯净的 $H_2(g)$ 和 $O_2(g)$ 按物质的量比 2∶1 的比例混合后，根本看不出反应发生。若升温至 1073K 时，则反应以爆炸方式瞬间完成。前面所讨论的速率方程表示式

$-\dfrac{dc_A}{dt}=k_A c_A^{\alpha} c_B^{\beta}\cdots$除浓度项之外就是速率系数 k_A，因此温度对反应速率的影响可归结为温度对反应速率系数的影响。

5.3.1 范特霍夫规则

1884 年范特霍夫根据实验事实总结一条近似规律：温度每升高 10K，反应速率系数约为原来的 2～4 倍，这个规则称为**范特霍夫规则**。即

$$\frac{k_{T+10\mathrm{K}}}{k_T}\approx 2\sim 4 \tag{5.3.1}$$

这个规则虽不很精确，但对粗略的估计还是有价值的。实验发现并不是所有的反应都符合上述近似规则，就目前所知，温度与反应速率的关系大致有如图 5.3.1 所表示的几种类型。

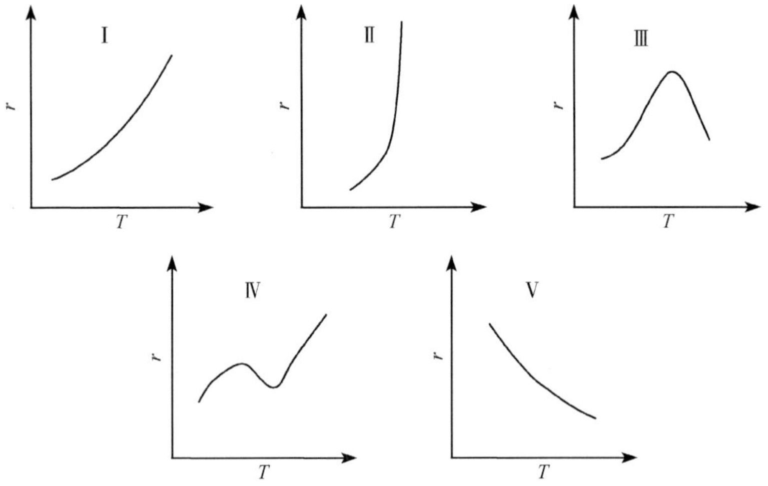

图 5.3.1 反应速率和温度关系的几种类型

第Ⅰ种类型是常见类型，反应速率随温度的升高而逐渐加快，它们之间有指数的关系；第Ⅱ种类型为爆炸反应，开始温度影响不大，若温度达到燃点时，反应以极快的速率进行；第Ⅲ种类型为酶催化反应(温度太高太低都不利于酶的活性)或某些受吸附控制的多相催化反应；第Ⅳ种类型为碳和某些烃类的氧化反应，温度升高时，副反应较多而使反应复杂化；第Ⅴ种类型是一种“反常”的类型，温度升高速率反而下降，如 $2NO+O_2 \longrightarrow 2NO_2$ 就属于这种类型。

5.3.2 阿伦尼乌斯方程

1889 年，阿伦尼乌斯(Arrhenius)在研究温度对反应速率的影响规律时，提出如下著名的**阿伦尼乌斯方程**

$$k=A\mathrm{e}^{-E_a/RT} \tag{5.3.2}$$

式(5.3.2)中，R 为摩尔气体常量；E_a 为阿伦尼乌斯活化能，通常简称为**活化能**(activation energy)，单位为 $\mathrm{kJ\cdot mol^{-1}}$；$A$ 称为**指前参量**(pre-exponential parameter)，又称表观频率因子，其单位与 k 相同。

阿伦尼乌斯认为速率系数与温度的关系或许类似于平衡常数与温度的关系，因此可写出阿伦尼乌斯方程微分式

$$\frac{\mathrm{d}\ln k}{\mathrm{d}T}=\frac{E_a}{RT^2} \tag{5.3.3}$$

若温度变化范围不大，E_a 可作为常数。设温度 T_1 时的速率系数为 k_1，温度 T_2 时的速率系数为 k_2，对式(5.3.3)积分可得阿伦尼乌斯方程的积分形式

$$\ln\frac{k_2}{k_1}=\frac{E_a}{R}\left(\frac{1}{T_1}-\frac{1}{T_2}\right) \tag{5.3.4}$$

利用式(5.3.4)可由已知数据求 E_a、T 或 k。

阿伦尼乌斯方程的不定积分式为

$$\ln k=-\frac{E_a}{RT}+\ln A \tag{5.3.5}$$

若以 $\ln k$ 对$\frac{1}{T}$作图，应得一直线。由直线的斜率和截距可求得活化能 E_a 和指前参量。在温度不太高时，阿伦尼乌斯方程式(5.3.2)～式(5.3.5) 适应于基元反应，可写成 $r=kc_A^{\alpha}c_B^{\beta}c_C^{\gamma}\cdots$形式的复合反应的速率方程。图 5.3.1 中第Ⅰ种类型符合阿伦尼乌斯方程，第Ⅱ～Ⅳ类型不符合阿伦尼乌斯公式，类型Ⅴ可以用阿伦尼乌斯方程，只不过活化能为负值。

大量实验(特别是溶液中反应)表明，即使温度变化范围不大，$\ln k$ 对$\frac{1}{T}$也不是严格的直线关系，说明阿伦尼乌斯方程中活化能与温度有关，这时下列方程能更好符合实验数据：

$$k=AT^B\exp\left(-\frac{E}{RT}\right) \quad 或 \quad \ln k=\ln A+B\ln T-\frac{E}{RT} \tag{5.3.6}$$

式(5.3.6)中，A、B、E 均由实验确定。

5.3.3　阿伦尼乌斯活化能

阿伦尼乌斯方程微分式定义活化能为

$$E_a=RT^2\frac{\mathrm{d}\ln k}{\mathrm{d}T} \tag{5.3.7}$$

这一概念的提出及阿伦尼乌斯方程的建立大大促进了化学动力学的发展。应当指出，关于活化能的定义，目前尚未完全统一。随着反应速率理论的发展，人们对活化能概念的理解也逐步深化。阿伦尼乌斯假想，在一个反应体系中，反应物可分为**活化分子**(activated molecule)和非活化分子，并且认为只有活化分子的碰撞才能发生化学反应，而非活化分子的碰撞是不能发生化学反应的。当环境对体系提供能量时，非活化分子吸收能量可转化为活化分子。因此，阿伦尼乌斯认为非活化分子转化为活化分子所需的摩尔能量就是活化能。随后托尔曼(Tolman)进一步对基元反应的活化能作了统计力学解释，给定的反应为大量分子集合体系，反应物分子各处于不同的运动能级，它们的能量不同，各分子将显示出不同的反应性能。托尔曼用统计力学方法推导出的活化能为

$$E_a=\langle E_m^*\rangle-\langle E_m\rangle \tag{5.3.8}$$

式(5.3.8)中，$\langle E_m^*\rangle$为活化反应物分子的平均摩尔能量；$\langle E_m\rangle$是反应物分子的平均摩尔能量；E_a 为这两个统计平均能量的差值。虽然$\langle E_m^*\rangle$与$\langle E_m\rangle$均随温度变化而略有变化，但两者的变化几乎彼此抵消，所以 E_a 和温度关系不大。

设反应 $A \longrightarrow P$，温度为 T 时，处于平均能量$\langle E_m(A)\rangle$的反应物 A 必须获得能量 E_a 变成

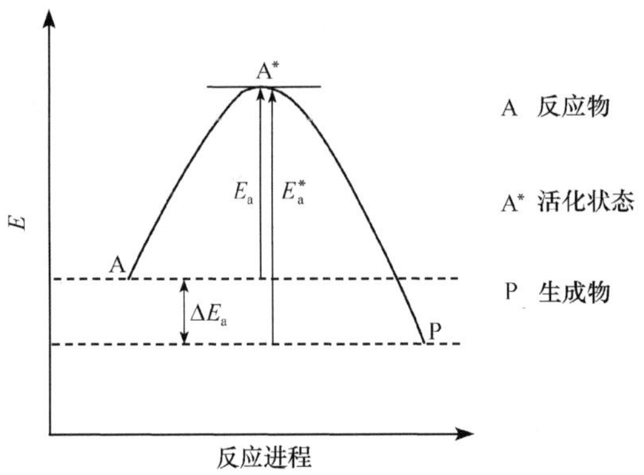

图 5.3.2　活化能与活化状态

活化状态 A^*，才能越过能垒变成产物 P，如图 5.3.2 所示。同理，温度 T 时，处于平均能量 $\langle E_m(P)\rangle$ 的产物必须获得能量 E_a^* 后才能越过能垒逆向变为反应物 A。正向反应的活化能为 $E_a=\langle E_m^*(A)\rangle-\langle E_m(A)\rangle$，逆反应的活化能为 $E_a^*=\langle E_m^*(A)\rangle-\langle E_m(P)\rangle$，从反应物到生成物的能量变化为 ΔE_a，即为摩尔反应热力学能。所以

$$\Delta E_a=E_a-E_a^*=\langle E_m(P)\rangle-\langle E_m(A)\rangle=\Delta_r U_m^\ominus \tag{5.3.9}$$

上述活化能和活化状态的概念与图示，对反应速率理论的发展起了很大的作用。对一般的化学反应，活化能的数值为 40～400kJ · mol^{-1}。化学反应速率与活化能密切相关，降低活化能可以显著地提高反应速率。

【例 5.3.1】　一恒容反应 $A\longrightarrow P$ 的机理为：$A\xrightarrow{k_1}P$，$P\xrightarrow{k_{-1}}A$，试证明式(5.3.9)。

证明
$$\frac{d\ln k_1}{dT}=\frac{E_a}{RT^2},\quad \frac{d\ln k_{-1}}{dT}=\frac{E_a^*}{RT^2}$$

两式相减得
$$\frac{d\ln k_1}{dT}-\frac{d\ln k_{-1}}{dT}=\frac{E_a}{RT^2}-\frac{E_a^*}{RT^2}$$

$$\frac{d\ln\dfrac{k_1}{k_{-1}}}{dT}=\frac{E_a-E_a^*}{RT^2}\qquad 而\ K_c=\frac{k_1}{k_{-1}}$$

因此
$$\frac{d\ln K_c}{dT}=\frac{E_a-E_a^*}{RT^2}\tag{1}$$

范特霍夫方程为
$$\frac{d\ln K_c}{dT}=\frac{\Delta_r U_m^\ominus}{RT^2}\tag{2}$$

由式(1)、式(2)得，$E_a-E_a^*=\Delta_r U_m^\ominus$，即对于基元反应正反应活化能与逆反应活化能的差值就是标准摩尔反应热力学能。若 $E_a>E_a^*$，$\Delta_r U_m^\ominus>0$ 是吸热反应，反之 $E_a<E_a^*$，$\Delta_r U_m^\ominus<0$ 是放热反应。无论是吸热反应还是放热反应，反应物分子都必须活化，达到活化态 A^*，才能变成产物。

5.3.4　阿伦尼乌斯实验活化能在复合反应中的表现——表观活化能

阿伦尼乌斯方程不仅适用于基元反应，而且也适用于多数的复合反应。对基元反应，阿伦尼乌斯方程中各项的物理意义都很明确，但对复合反应，其活化能就没有基元反应中那样明确的意义了。这时 E_a 称为复合反应的**表观活化能**(apparent activation energy)。

如果复合反应的速率系数与温度关系服从阿伦尼乌斯方程，那么复合反应的表观活化能与各基元反应活化能的关系由复合反应速率系数与各基元反应速率常数的关系所决定。例如，

$$k=\frac{k_1k_2}{k_3^{\ 1/2}}=\frac{A_1A_2}{A_3^{\ 1/2}}\exp\left[\frac{-\left(E_{a,1}+E_{a,2}-\dfrac{1}{2}E_{a,3}\right)}{RT}\right]=A\exp\left(\frac{-E_a}{RT}\right)$$

其中 $A=\dfrac{A_1A_2}{A_3^{\ 1/2}}$，$E_a=E_{a,1}+E_{a,2}-\dfrac{1}{2}E_{a,3}$，$k$ 和 E_a 分别是复合反应的表观速率系数和表观活化

能，A 为**表观指前参量**(apparent pre-exponential parameter)，或称复合反应指前参量。

5.3.5 活化能的计算

1. 由实验数据求活化能

(1) 作图法。测得几个不同温度下的反应速率系数，根据式(5.3.5)，以 $\ln k$ 对 $\frac{1}{T}$ 作图即可得一直线，其斜率为 $-\frac{E_a}{R}$，则 $E_a=-R\times$斜率。

(2) 数值计算法。利用式(5.3.4)，只要将两个温度下的速率系数值代入，即可算出反应的活化能。

【例 5.3.2】 恒容气相反应 $A(g) \longrightarrow D(g)$ 的速率系数 k 与温度 T 具有如下关系式

$$\ln(k/s^{-1})=24.00-\frac{9622}{T/K}$$

(1) 确定此反应的级数；

(2) 计算此反应的活化能；

(3) 欲使 A(g) 在 10min 内转化率达到 90%，则反应温度应控制在多少？

解 (1) 因为速率系数的单位为 s^{-1}，所以此反应为一级反应。

(2) 阿伦尼乌斯公式的不定积分式

$$\ln k=-\frac{E_a}{RT}+\ln A$$

与 $\ln(k/s^{-1})=24.00-\frac{9622}{T/K}$ 对比，得

$$E_a=9622K\times R=80.0kJ\cdot mol^{-1}$$

(3) $t=10min$，转化率 $\alpha_A=0.9$，则

$$k(T)=\frac{1}{t}\ln\frac{1}{1-\alpha_A}=\left(\frac{1}{10\times 60}\ln\frac{1}{0.1}\right)s^{-1}=3.8\times 10^{-3}s^{-1}$$

将此 k 值代回到经验式，得

$$T=\left(\frac{9622}{24.00-\ln k}\right)K=325.5K$$

2. 基元反应活化能的估算

除了用各种实验方法获得 E_a 外，人们还提出一些经验规则。从反应所涉及的化学键估算基元反应的活化能，虽然结果比较粗糙，但对分析速率问题还是有很大帮助的。

(1) 对于基元反应

$$A—A+B—B \longrightarrow 2(A—B) \qquad E_a\approx(\varepsilon_{AA}+\varepsilon_{BB})L\times 30\%$$

其中 ε_{AA}、ε_{BB} 分别为破坏一个化学键 A—A 和一个化学键 B—B 的能量；L 为阿伏伽德罗常量。

(2) 对于分子分解为自由基的基元反应

$$A_2+M \longrightarrow 2A\cdot+M \qquad E_a\approx\varepsilon_{AA}L$$

(3) 对于自由基之间的复合基元反应

$$A\cdot + A\cdot + M \longrightarrow A_2 + M \qquad E_a \approx 0$$

如果自由基处于激发态,则反应时还会放出能量,使表观上 E_a 呈负值。

(4) 对于自由基与分子间的基元反应

$$A_2 + B\cdot \longrightarrow AB + A\cdot \qquad E_a \approx \varepsilon_{AA} L \times 5.5\%$$

3. 理论计算活化能

主要是通过量子力学方法,建立多维势能面,寻找活化能。随着计算机技术的发展,这方面研究日益增多。这为活化能求解和反应机理研究提供了许多有益的帮助。

5.4 典型的复合反应

复合反应(complex reaction)通常是指两个或两个以上的基元反应的组合。典型的复合反应有三类:**对行反应**(opposing reaction)、**平行反应**(parallel reaction)和**连串反应**(consecutive reaction)。而这些反应还可以进一步组合成更复杂的反应如**链反应**(chain reaction)。复合反应的动力学特征在于反应级数与化学计量数的绝对值不一定一致,而且更多的是无级数反应,其动力学求解十分困难。因此,本节讨论复合反应中最典型的上述三种形式的复合反应及链反应,对它们的动力学只作原则上的介绍,着重讨论其动力学的规律。

5.4.1 对行反应

正向和逆向同时进行的反应称为对行反应,或称对峙反应。严格来说,化学反应均为对行反应。当逆向反应速率系数与正向反应速率系数相比可忽略不计时,动力学上可将此反应作为单向反应来处理。

简单的对行反应其正逆反应都是一级反应,如分子内部重排和异构化反应等。下面以正逆反应都是一级反应为例,导出其速率方程。

$$\begin{array}{lccc} & A & \underset{k_{-1}}{\overset{k_1}{\rightleftharpoons}} & B \\ t=0 & c_{A,0} & & 0 \\ t=t & c_A & & c_{A,0}-c_A \\ t=\infty & c_{A,e} & & c_{A,0}-c_{A,e} \end{array}$$

其中 $c_{A,0}$ 为 A 的初始浓度,$c_{A,e}$ 为 A 的平衡浓度。正反应引起 A 的消耗速率 $=k_1 c_A$,逆反应引起 A 的生成速率 $=k_{-1}c_B=k_{-1}(c_{A,0}-c_A)$。由此可得 A 的净消耗速率

$$-\frac{dc_A}{dt}=k_1 c_A - k_{-1}(c_{A,0}-c_A) \qquad (5.4.1)$$

$t=\infty$,反应达到平衡,正、逆反应的速率相等。所以

$$-\frac{dc_{A,e}}{dt}=k_1 c_{A,e} - k_{-1}(c_{A,0}-c_{A,e})=0 \qquad (5.4.2)$$

$$\frac{c_{B,e}}{c_{A,e}}=\frac{c_{A,0}-c_{A,e}}{c_{A,e}}=\frac{k_1}{k_{-1}}=K_c \qquad (5.4.3)$$

由式(5.4.1)减式(5.4.2)得

$$-\frac{\mathrm{d}c_A}{\mathrm{d}t}=k_1(c_A-c_{A,e})+k_{-1}(c_A-c_{A,e})=(k_1+k_{-1})(c_A-c_{A,e}) \tag{5.4.4}$$

当 $c_{A,0}$ 一定时，$c_{A,e}$ 为常数，则 $\frac{\mathrm{d}c_A}{\mathrm{d}t}=\frac{\mathrm{d}(c_A-c_{A,e})}{\mathrm{d}t}$，因此

$$-\frac{\mathrm{d}(c_A-c_{A,e})}{\mathrm{d}t}=(k_1+k_{-1})(c_A-c_{A,e}) \tag{5.4.5}$$

将式(5.4.5)整理并作积分

$$-\int_{c_{A,0}}^{c_A}\frac{\mathrm{d}(c_A-c_{A,e})}{c_A-c_{A,e}}=\int_0^t(k_1+k_{-1})\mathrm{d}t$$

得

$$\ln\frac{c_{A,0}-c_{A,e}}{c_A-c_{A,e}}=(k_1+k_{-1})t \tag{5.4.6}$$

当 $k_{-1}=0$，$c_{A,e}=0$，即不存在逆反应时，有

$$\ln\frac{c_{A,0}}{c_A}=k_1t$$

由式(5.4.5)可得，$\ln(c_A-c_{A,e})$-t 呈直线关系，从直线斜率求出 k_1+k_{-1}，再与式(5.4.3)联立可求出 k_1 和 k_{-1}。对行反应的 c-t 关系如图5.4.1所示。

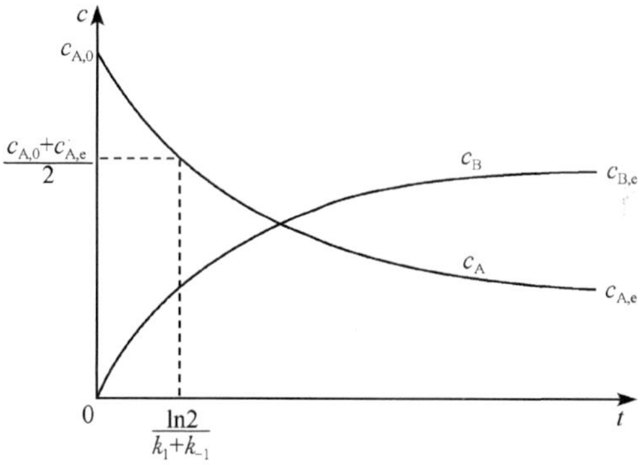

图 5.4.1　对行反应的 c-t 曲线($k_1=2k_{-1}$)

由图可见，随反应时间的增长，c_A 不可能减少至零，c_B 也不可能增加至 A 的初始浓度 $c_{A,0}$。反应经过足够长的时间后，它们将分别趋于平衡浓度，此即对行反应的动力学特征。当一级对行反应的 $c_A-c_{A,e}=\frac{1}{2}(c_{A,0}-c_{A,e})$ 时，即 $c_A=\frac{c_{A,0}+c_{A,e}}{2}$，代入式(5.4.6)得半衰期

$$t_{1/2}=\frac{\ln 2}{k_1+k_{-1}} \tag{5.4.7}$$

由式(5.4.7)可知半衰期与初浓度无关。

根据阿伦尼乌斯方程，反应速率随温度的变化率取决于活化能的大小。选择适当的温度，可以使对行反应尽量向预期的方向进行，而又不使反应速率太慢。

由式(5.4.4)可看出，一级对行反应的速率为(k_1+k_{-1})与$(c_A-c_{A,e})$两项的乘积。对 $E_{a_1}>E_{a_{-1}}$，即正向进行吸热时的反应来说，上述两项都随温度升高而增大。因此适当升高温度，既可增大反应速率，又有利于反应的正向进行。对 $E_{a_1}<E_{a_{-1}}$，即正向进行放热时的反应，(k_1+k_{-1})项仍随温度升高而增大，但$(c_A-c_{A,e})$项随温度升高而减小。在反应初期，c_A 较大，$(c_A-c_{A,e})$减少不多，反应速率随温度升高而增大；在反应后期，c_A 较小，$(c_A-c_{A,e})$减少很多，则反应速率随温度升高而减小。这里就存在一个选择最佳反应温度的问题。

图 5.4.2 为不同转化率时二氧化硫氧化反应的相对速率与温度的关系。放热对行反应的速率在某一温度下有极大值，这时的温度工业上称最佳反应温度 T_{max}。T_{max}与反应的初浓度和转化率有关。当反应物初浓度固定时，T_{max}随转化率的增大而减小。

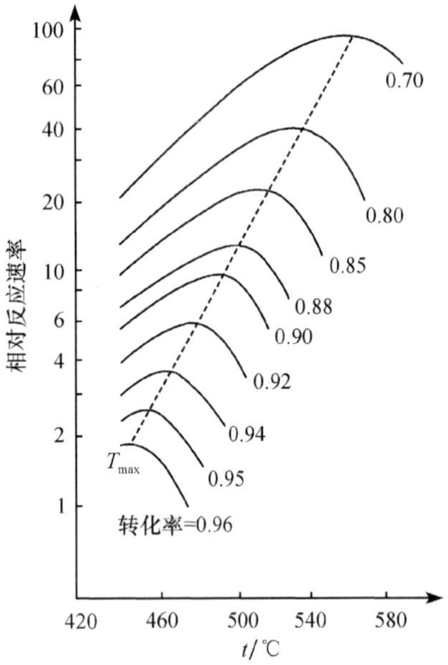

图 5.4.2　不同转化率时二氧化硫氧化反应的相对速率与温度的关系

【例 5.4.1】 某对行反应 $A \underset{k_{-1}}{\overset{k_1}{\rightleftharpoons}} B$，由两个一级基元反应构成，已知 $k_1=1\times10^{-4}\ s^{-1}$，$k_{-1}=0.25\times10^{-4}\ s^{-1}$，反应开始时只有反应物 A，其浓度为 $c_{A,0}=1.00 mol\cdot dm^{-3}$。求(1)A 和 B 浓度相等时所用的时间；(2)经过 6000s 后 A 和 B 的浓度。

解　(1) 由式(5.4.3)得 $\dfrac{c_{B,e}}{c_{A,e}}=\dfrac{c_{A,0}-c_{A,e}}{c_{A,e}}=\dfrac{k_1}{k_{-1}}=\dfrac{1}{0.25}=4$，因此有 $c_{A,e}=0.2c_{A,0}$，将 $c_{A,e}=0.2c_{A,0}$ 和 $c_A=0.5c_{A,0}$ 代入式(5.4.6) $\ln\dfrac{c_{A,0}-c_{A,e}}{c_A-c_{A,e}}=(k_1+k_{-1})t$，解得 $t=7847s$。

(2) 在指定时间后 A 和 B 的浓度都与反应物的初浓度有关。将 $c_{A,e}=0.2c_{A,0}$ 和 $t=6000s$ 代入 $\ln\dfrac{c_{A,0}-c_{A,e}}{c_A-c_{A,e}}=(k_1+k_{-1})t$，整理后得

$$c_A=0.578c_{A,0}=0.578\times1.00 mol\cdot dm^{-3}=0.578 mol\cdot dm^{-3}$$

$$c_B=c_{A,0}-c_A=0.422c_{A,0}=0.422\times1.00 mol\cdot dm^{-3}=0.422 mol\cdot dm^{-3}$$

5.4.2　平行反应

当反应物同时进行两个或两个以上不同的反应时，称为**平行反应**。这类反应在有机化学中是非常普遍的。例如，甲苯的硝化可以同时产生邻位、对位和间位硝基甲苯

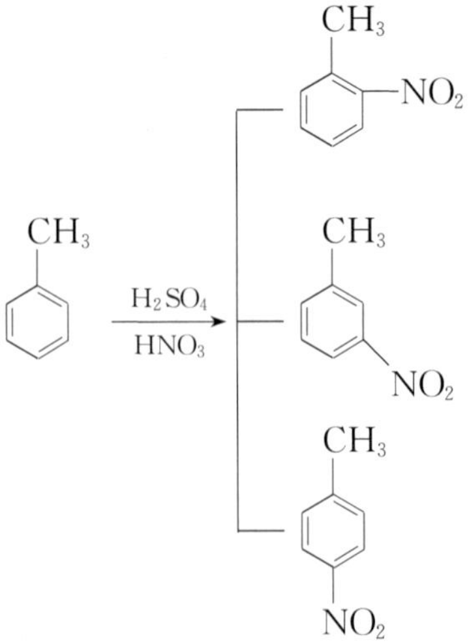

为了讨论方便，设有如下简单的平行反应

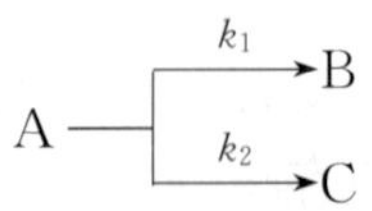

其中两个反应都是一级反应，并设开始只有反应物 A

	A	B	C
$t=0$	$c_{A,0}$	0	0
$t=t$	c_A	c_B	c_C

则

$$\frac{dc_B}{dt}=k_1c_A \tag{5.4.8}$$

$$\frac{dc_C}{dt}=k_2c_A \tag{5.4.9}$$

反应开始时 $c_{B,0}=c_{C,0}=0$，由计量关系知

$$c_A+c_B+c_C=c_{A,0}$$

对 t 求导，得

$$\frac{dc_A}{dt}+\frac{dc_B}{dt}+\frac{dc_C}{dt}=0$$

所以

$$-\frac{dc_A}{dt}=\frac{dc_B}{dt}+\frac{dc_C}{dt}=k_1c_A+k_2c_A$$

即

$$-\frac{dc_A}{dt}=(k_1+k_2)c_A \tag{5.4.10}$$

整理上式并积分，得

$$-\int_{c_{A,0}}^{c_A}\frac{dc_A}{c_A}=\int_0^t(k_1+k_2)dt$$

$$\ln\frac{c_{A,0}}{c_A}=(k_1+k_2)t \tag{5.4.11a}$$

或

$$c_A=c_{A,0}e^{-(k_1+k_2)t} \tag{5.4.11b}$$

将式(5.4.11b)分别代入式(5.4.8)和式(5.4.9)并积分，得

$$c_B=c_{A,0}[1-e^{-(k_1+k_2)t}]\frac{k_1}{k_1+k_2} \tag{5.4.12}$$

$$c_C=c_{A,0}[1-e^{-(k_1+k_2)t}]\frac{k_2}{k_1+k_2} \tag{5.4.13}$$

由以上两式可得

$$\frac{c_B}{c_C}=\frac{k_1}{k_2} \tag{5.4.14}$$

即在任一瞬间两产物浓度之比都等于两反应速率系数之比。

联立式(5.4.11a)和式(5.4.14)，就能求出 k_1 和 k_2。该平行反应的 c-t 关系如图5.4.3 所示。

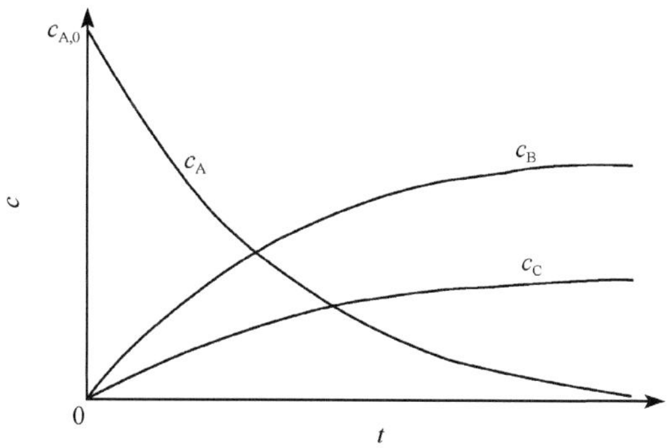

图 5.4.3　平行反应的 c-t 曲线($k_1=2k_2$)

对于级数相同的平行反应，若反应开始时没有产物，其产物浓度之比等于速率系数之比，而与反应物初始浓度及时间无

关,这是平行反应的一个特征。几个平行反应的活化能往往不同,温度升高有利于活化能大的反应,温度降低有利于活化能小的反应。所以,工业生产上经常选择最适宜温度和适当催化剂来加速人们所需要的反应。例如,甲苯的氯化,低温(30~50℃)使用 $FeCl_3$ 催化剂,主要是苯环上取代;高温(120~170℃)下用光激发,则主要是侧链取代。

【例 5.4.2】 已知下列平行反应是由两个一级反应组成,其速率系数与温度的函数关系为

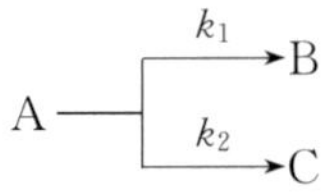

$$A \longrightarrow \begin{array}{c} \xrightarrow{k_1} B \\ \xrightarrow{k_2} C \end{array}$$

$$\lg \frac{k_1}{s^{-1}} = -\frac{2000}{T/K} + 4$$

$$\lg \frac{k_2}{s^{-1}} = -\frac{4000}{T/K} + 8$$

(1) 试证明该反应总的活化能 E_a 与生成 B 反应的活化能 E_1 和生成 C 反应活化能 E_2 的关系为

$$E_a = \frac{k_1 E_1 + k_2 E_2}{k_1 + k_2}$$

(2) 计算 400K 时的 E_a;

(3) 在 400K 的密闭容器中,$c_{A,0} = 0.10 mol \cdot dm^{-3}$,反应经过 10s 后剩余的百分数是多少?

解 (1)总反应的速率系数为

$$k_A = k_1 + k_2 \qquad (1)$$

上式对 T 求导得

$$\frac{dk_A}{dT} = \frac{dk_1}{dT} + \frac{dk_2}{dT} \qquad (2)$$

因为

$$\frac{d\ln k_i}{dT} = \frac{dk_i}{k_i dT} \qquad \frac{d\ln k_i}{dT} = \frac{E_i}{RT^2}$$

可得

$$\frac{dk_i}{dT} = \frac{k_i E_i}{RT^2}$$

所以,式(2)可变为

$$\frac{k_A E_a}{RT^2} = \frac{k_1 E_1}{RT^2} + \frac{k_2 E_2}{RT^2} = \frac{k_1 E_1 + k_2 E_2}{RT^2}$$

将式(1)代入上式得

$$E_a = \frac{k_1 E_1 + k_2 E_2}{k_1 + k_2}$$

(2) $E_1 = 2000KR\ln10 J \cdot mol^{-1} = (2000 \times 8.314 \times \ln10) J \cdot mol^{-1} = 38.29 kJ \cdot mol^{-1}$

$E_2 = 4000KR\ln10 J \cdot mol^{-1} = (4000 \times 8.314 \times \ln10) J \cdot mol^{-1} = 76.58 kJ \cdot mol^{-1}$

$T = 400K$ 时

$$\lg(k_1/s^{-1}) = -2000/400 + 4 = -1.0 \qquad k_1 = 0.1 s^{-1}$$

$$\lg(k_2/s^{-1}) = -4000/400 + 8 = -2.0 \qquad k_2 = 0.01 s^{-1}$$

$$E_a = \frac{k_1 E_1 + k_2 E_2}{k_1 + k_2} = \frac{0.1 \times 38.29 + 0.01 \times 76.58}{0.1 + 0.01} kJ \cdot mol^{-1} = 41.77 kJ \cdot mol^{-1}$$

(3) $T = 400K, c_{A,0} = 0.10 mol \cdot dm^{-3}, t = 10s$

由式(5.4.11)

$$\ln \frac{c_{A,0}}{c_A} = (k_1 + k_2)t$$

得

$$(k_1 + k_2)t = \ln \frac{c_{A,0}}{c_{A,0}(1-\alpha_A)} = \ln \frac{1}{1-\alpha_A}$$

$$(0.1+0.01)\times 10=\ln\frac{1}{1-\alpha_A}$$

$$1-\alpha_A=0.3329$$

即反应 10s 后 A 剩余 33.29%。

5.4.3　连串反应

如果一个反应的某产物是另一个非逆向反应的反应物，如此组合的反应称为连串反应。例如，苯的氯化反应

$$C_6H_6+Cl_2 \longrightarrow C_6H_5Cl+HCl$$

$$C_6H_5Cl+Cl_2 \longrightarrow C_6H_4Cl_2+HCl$$

$$C_6H_4Cl_2+Cl_2 \longrightarrow C_6H_3Cl_3+HCl$$

$$\cdots$$

为了方便讨论，假设由两个一级反应构成的连串反应如下

$$A \xrightarrow{k_1} B \xrightarrow{k_2} C$$

$$\begin{array}{llll} t=0 & c_{A,0} & 0 & 0 \\ t=t & c_A & c_B & c_C \end{array}$$

对于 A

$$-\frac{dc_A}{dt}=k_1c_A$$

整理并积分后得

$$\ln\frac{c_{A,0}}{c_A}=k_1t \quad 或 \quad c_A=c_{A,0}e^{-k_1t} \qquad (5.4.15)$$

对于 B

$$\frac{dc_B}{dt}=k_1c_A-k_2c_B \qquad (5.4.16)$$

将式(5.4.15)代入上式

$$\frac{dc_B}{dt}=k_1c_{A,0}e^{-k_1t}-k_2c_B$$

即

$$\frac{dc_B}{dt}+k_2c_B=k_1c_{A,0}e^{-k_1t} \qquad (5.4.17)$$

积分后得

$$c_B=\frac{k_1c_{A,0}}{k_2-k_1}(e^{-k_1t}-e^{-k_2t}) \qquad (5.4.18)$$

又因 $c_A+c_B+c_C=c_{A,0}$，所以

$$c_C=c_{A,0}-c_A-c_B$$

将式(5.4.15)和式(5.4.18)代入上式得

$$c_C=c_{A,0}\left[1-\frac{1}{k_2-k_1}(k_2e^{-k_1t}-k_1e^{-k_2t})\right] \qquad (5.4.19)$$

图 5.4.4 为一级连串反应 c_A、c_B 和 c_C 与时间 t 的关系曲线。

反应物浓度 c_A 随时间增长而减小，符合一级反应积分速率方程，最终产物浓度 c_C 随时间

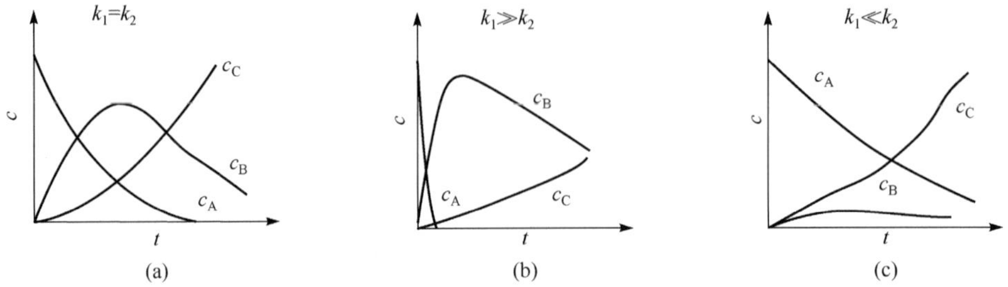

图 5.4.4　连串反应的 c-t 曲线

的增长而增大；中间产物浓度 c_B 开始时随时间增长而增大，经过一极大值后则随时间增长而减小，这是连串反应中间产物浓度变化的特征。

中间产物浓度所能达到的极大值记为 $c_{B,max}$，相应的反应时间记为 t_{max}，将式(5.4.18)求导并令其为 0

$$\frac{dc_B}{dt}=\frac{k_1}{k_2-k_1}c_{A,0}\left[(k_2 e^{-k_2 t}-k_1 e^{-k_1 t})\right]=0$$

解得

$$t_{max}=\frac{\ln\dfrac{k_2}{k_1}}{k_2-k_1} \tag{5.4.20}$$

$$c_{B,max}=c_{A,0}\left(\frac{k_1}{k_2}\right)^{\frac{k_2}{k_2-k_1}} \tag{5.4.21}$$

如果中间产物 B 为目标产物，那么 t_{max} 为结束反应的最佳时间。

5.4.4　链反应

链反应是指只要用某种方法(如光、热、辐射等)引发，它便通过活性组分(如自由基)相继发生一系列的连串反应，其发展方式就像锁链一样进行下去，因此称链反应。链反应的发现与发展标志着化学动力学的一个新的发展阶段，成为化学动力学中的一个重要分支。根据链的传递方式不同，可以把链反应分为直链反应和支链反应。

1. 直链反应的特征

实验表明，在一定条件下，$H_2+Cl_2 \longrightarrow 2HCl$ 是链反应，其反应机理为

$$Cl_2+M \xrightarrow{k_1} 2Cl\cdot+M \quad (1) \qquad \text{链的引发}$$

$$\left.\begin{aligned} Cl\cdot+H_2 &\xrightarrow{k_2} HCl+H\cdot \quad (2) \\ H\cdot+Cl_2 &\xrightarrow{k_3} HCl+Cl\cdot \quad (3) \end{aligned}\right\} \qquad \text{链的传递}$$

$$2Cl\cdot+M \xrightarrow{k_4} Cl_2+M \quad (4) \qquad \text{链的终止}$$

从此例可见，链反应一般分为三个阶段：链的引发、链的传递和链的终止。

链的引发(chain initiation)：利用加热、光照或加入引发剂等办法来产生活性粒子(自由原子或自由基)，如反应(1)。Cl_2 分子与一个能量大的分子 M 相碰撞而解离为两个自由原子 $Cl\cdot$，由于链的引发要吸收能量，所以它是链反应最困难的阶段。

链的传递(chain propagation):活性粒子参加反应,同时产生新的活性粒子。新的活性粒子又参加反应,重新产生活性粒子,如此不断地进行下去。这样的过程称为链的传递。链的传递是链反应的主体,如反应(2),Cl· 自由基很活泼,与 H_2 反应生成产物 HCl,同时生成一个自由原子 H·。H· 也很活泼,在反应(3)中与 Cl_2 反应生成产物 HCl,同时生成一个自由原子 Cl·。Cl· 又按(2)式与 H_2 反应,再生成 H·,如此循环往复,一直进行下去。

链的终止(chain termination):活性粒子碰到器壁或惰性粒子上,由于消耗了一些能量而失去活性,使这一条链终止,如反应(4),两个 Cl· 自由基与不活泼的 M 或器壁相碰撞而变为 Cl_2。

在链的传递过程中,一个活性粒子参加反应后,只产生一个新的活性粒子的链反应称**直链反应**(straight chain reaction)。上述条件下,H_2 和 Cl_2 的气相反应就是一个直链反应。

2. 支链反应与爆炸界限

爆炸是瞬间即完成的高速化学反应。它的研究对化工安全生产、经济建设和国防建设具有重要意义。爆炸反应分如下两种:一为**热爆炸**(thermal explosion),一为**链爆炸**(chain explosion)。①如果某一恒温下在接近绝热的小空间内进行放热的反应,则造成体系温度升高,促使反应速率加快,温度进一步升高,如此不断进行,最后导致爆炸,这就是热爆炸。②发生爆炸的更重要原因是支链反应形成的链爆炸。前面介绍的直链反应是消耗一个活性粒子(传递物)的同时再生成一个活性粒子,活性粒子不增不减,所以反应稳步进行。而支链反应则是消耗掉一个活性粒子的同时再生成两个或更多的活性粒子,如此 1 变为 2,2 变为 4,4 变为 8,迅猛发展,一瞬间达到爆炸的程度。人们把一个活性粒子参加反应,产生两个或两个以上的活性粒子的反应称为**支链反应**(side chain reaction),如图 5.4.5 所示。

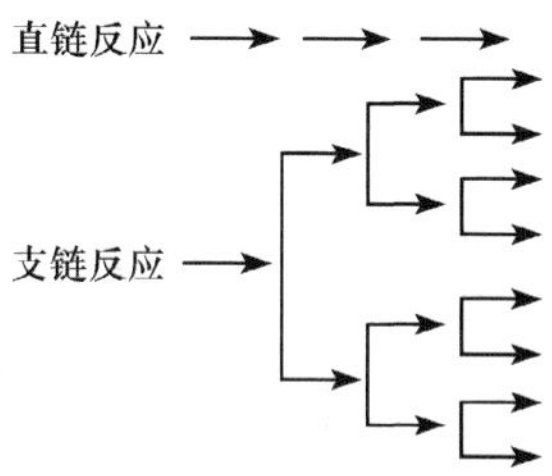

图 5.4.5　直链和支链反应

H_2 和 O_2 发生支链反应的参考机理如下

$H_2+M \longrightarrow 2H\cdot+M$	(1)		链的引发
$H\cdot+O_2+H_2 \longrightarrow H_2O+\cdot OH$	(2)	直链反应	链的传递
$\cdot OH+H_2 \longrightarrow H_2O+H\cdot$	(3)	直链反应	链的传递
$H\cdot+O_2 \longrightarrow \cdot OH+O\cdot$	(4)	链的分支	
$O\cdot+H_2 \longrightarrow \cdot OH+H\cdot$	(5)	链的分支	
$2H\cdot+M \longrightarrow H_2+M$	(6)		链的终止
$\cdot OH+H\cdot+M \longrightarrow H_2O+M$	(7)		链的终止
$H\cdot+$器壁$\longrightarrow$销毁	(8)		链的终止
$\cdot OH+$器壁$\longrightarrow$销毁	(9)		链的终止

在支链反应中,由于活性粒子产生较多,致使反应速率急剧增加,所以支链反应常导致爆炸。但并不是所有支链反应在任何情况下都发生爆炸,只要控制得好,也可平稳进行而不发生爆炸。图 5.4.6 是 H_2 和 O_2 混合气体的爆炸界限与温度、压力的关系。由图 5.4.6(a)可见,当压力低于 p_1 即 AB 段,反应进行得平稳;当压力为 $p_1 \sim p_2$,反应速率很快,发生爆炸或燃烧;当压力为 $p_2 \sim p_3$ 即 CD 段,反应速率减慢,不发生爆炸;当压力超过 p_3,又发生爆炸。

上述两个压力和温度的关系可用图 5.4.6(b)表示,图中 ab 是低的爆炸界限,bc 是高的爆炸界限,cd 是第三爆炸界限。第三爆炸界限以上的爆炸是热爆炸(对于 H_2 和 O_2 混合气体反

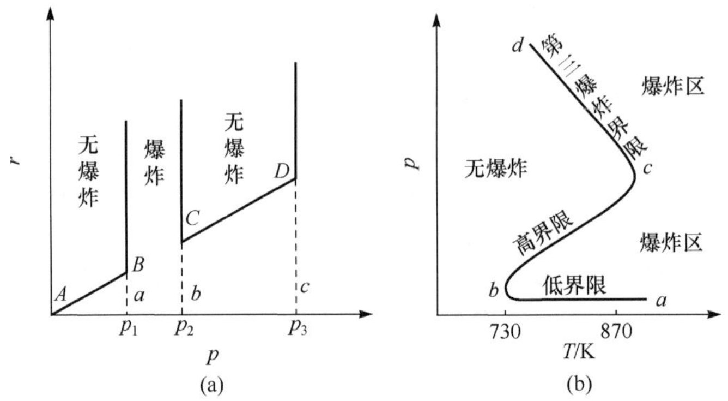

图 5.4.6 H_2 ∶ O_2(2 ∶ 1)混合气体的爆炸界限

应,存在 cd 线。是否所有的爆炸反应都存在第三爆炸界限,目前还不能肯定)。发生上述现象的原因是在反应中存在发展和中断步骤。低压时,体系中自由原子很容易扩散到器壁上而销毁,因而减少了链的传递者(活性粒子),反应不会进行得很快。当压力逐渐增大后,在容器中分子有效碰撞次数增加,因此链的发展速度大大加快,直至发生爆炸。当压力超过 p_2 时,反应速率反而变慢,这是由于体系内分子的浓度增加,容易发生三分子的碰撞而使自由原子消失。例如

$$O\cdot + O\cdot + M \longrightarrow O_2 + M$$

$$O\cdot + O_2 + M \longrightarrow O_3 + M$$

很多可燃气体都有一定的爆炸界限,因此在使用这些气体时要十分注意。表 5.4.1 列出了一些可燃气体在空气中的爆炸界限。

表 5.4.1 一些可燃气体常温常压下在空气中的爆炸界限(用体积分数表示)

可燃气体	爆炸界限	可燃气体	爆炸界限
H_2	0.04～0.74	CH_4	0.053～0.14
NH_3	0.16～0.27	C_2H_6	0.032～0.125
CS_2	0.013～0.44	C_3H_8	0.024～0.095
CO	0.125～0.74	C_4H_{10}	0.019～0.084
CH_3OH	0.073～0.36	C_5H_{12}	0.016～0.078
C_2H_5OH	0.043～0.19	C_2H_2	0.025～0.80
$(C_2H_5)_2O$	0.019～0.48	C_2H_4	0.030～0.29
$CH_3COOC_2H_5$	0.021～0.085	C_6H_6	0.014～0.067

矿井瓦斯爆炸是一种链反应,就其本质来说,是一定浓度的甲烷和空气作用而产生的激烈氧化反应。瓦斯爆炸产生的高温高压促使爆源附近的气体以极大的速度向外冲击,造成人员伤亡,破坏巷道和器材设施,扬起大量煤尘并使之参与爆炸,产生更大的破坏力。另外,爆炸后生成大量的有害气体,会造成人员中毒死亡。

5.5 复合反应速率的近似处理和反应机理的确定

对行反应、平行反应和连串反应可进一步组合成一些更复杂的复合反应。这些反应获得积分方程有时非常困难,因此常采用近似方法进行简化处理。

5.5.1　复合反应速率的近似处理

1. 稳态近似

以最简单的连串反应 $A \xrightarrow{k_1} B \xrightarrow{k_2} C$ 为例，当 $k_2 \gg k_1$ 时，可以认为在反应过程中 B 的浓度始终很小，因而其浓度随时间的变化率也极其微小，换言之，在较长时间的反应过程中可认为中间物 B 的生成速率近似等于其消耗速率，于是有

$$\frac{\mathrm{d}c_B}{\mathrm{d}t}=k_1 c_A - k_2 c_B \approx 0 \tag{5.5.1}$$

这就是对中间物 B 作**稳态**(steady state，以 SS 代表)**近似**。由上式可解出

$$c_{B,SS}=\frac{k_1}{k_2}c_A \tag{5.5.2}$$

式(5.5.2)中，$c_{B,SS}$表示通过稳态近似求得的中间物 B 的浓度。c_B 的准确解是式(5.4.18)，即

$$c_B=\frac{k_1 c_{A,0}}{k_2-k_1}(e^{-k_1 t}-e^{-k_2 t})$$

然后结合条件 $k_2 \gg k_1$，得

$$c_B \approx \frac{k_1}{k_2}c_{A,0}(1-e^{-k_2 t}) \tag{5.5.3}$$

由式(5.5.2)和式(5.5.3)可得 $c_{B,SS}$和 c_B 的相对偏差为

$$\frac{c_{B,SS}-c_B}{c_{B,SS}}=e^{-k_2 t} \tag{5.5.4}$$

由式(5.5.4)可见，k_2 和 t 的值越大($k_2 t \gg 1$)，$c_{B,SS}$和 c_B 的差别越小。所以，连串反应 $A \xrightarrow{k_1} B \xrightarrow{k_2} C$ 中间物达到稳态的条件是：$k_2 \gg k_1$，$t \gg 1/k_2$(时间足够长)。由 $k_2 \gg k_1$ 知，中间物很活泼，它容易消耗却难以生成，因此，符合这样的中间物一般为自由原子、自由基或激发态物种。这时第一步反应的活化能较高，后一步不需或只需很小的活化能，如一些链反应就存在这种情况。这样对不稳定的中间物 X 就可以用稳态近似来处理

$$\frac{\mathrm{d}c_X}{\mathrm{d}t}=\text{生成 X 的速率}-\text{消耗 X 的速率}\approx 0 \tag{5.5.5}$$

在反应过程中出现多少种中间物，就有多少个这样的代数方程，从而可解出 $c_{X,SS}$来代替 c_X，使复杂动力学问题处理得到简化。

2. 平衡态近似

一个由一系列步骤按一定顺序连续进行的化学反应，如果有一步的步骤对总反应有强烈影响，即其反应速率最慢，那么总反应的速率就等于这最慢一步的速率，因而，其他步骤以对行反应存在的话，则都处于近似的化学平衡状态，这就是**平衡态近似法**(equilibrium approximation)。最慢的一步称为反应的**速控步**(rate-controlling step)或**决速步**(rate-determining step)。例如，反应 $A+B \longrightarrow D$ 的机理为

$$A+B \underset{k_{-1}}{\overset{k_1}{\rightleftharpoons}} C \qquad (1) \qquad (\text{快})$$

$$C \xrightarrow{k_2} D \qquad (2) \qquad (\text{慢})$$

根据上面平衡态近似，反应(1)处于近似的化学平衡，正向、逆向反应速率应近似相等

$$k_1 c_A c_B = k_{-1} c_C$$

即

$$\frac{c_C}{c_A c_B} = \frac{k_1}{k_{-1}} = K_c$$

$$c_C = K_c c_A c_B = \frac{k_1}{k_{-1}} c_A c_B \quad (5.5.6)$$

总反应速率等于速控步骤的速率

$$r = \frac{dc_D}{dt} = k_2 c_C = \frac{k_1 k_2}{k_{-1}} c_A c_B \quad (5.5.7)$$

令 $k = \frac{k_1 k_2}{k_{-1}}$ 得速率方程

$$r = \frac{dc_D}{dt} = k c_A c_B \quad (5.5.8)$$

可见，利用速控步和平衡态近似可大大简化求解过程，避免了复杂的微分方程的求解。

【例 5.5.1】 设反应 $A \longrightarrow C$ 的机理为

$$A \underset{k_{-1}}{\overset{k_1}{\rightleftharpoons}} B \overset{k_2}{\longrightarrow} C$$

若 $t=0$ 时，$c_A = c_{A,0}$，$c_B = c_C = 0$，讨论稳态近似和平衡态近似的使用条件。

解 上述反应的中间物 B 的浓度随时间的变化率为

$$\frac{dc_B}{dt} = k_1 c_A - (k_2 + k_{-1}) c_B \quad (1)$$

若$\frac{dc_B}{dt} \approx 0$，则

$$c_{B,ss} = \frac{k_1 c_A}{k_2 + k_{-1}} \quad (2)$$

要使 c_B 很小，则要求 $k_1 \ll k_2 + k_{-1}$，这就是使用稳态近似的条件，当然，还要加上时间足够长条件。

由于 A 和 B 之间已经达成近似的化学平衡，所以 $c_B = \frac{k_1}{k_{-1}} c_A$，而在反应中要维持这一关系，从式(2)可以看出，这时要满足 $k_{-1} \gg k_2$，这就是使用平衡态近似的条件，当然也必须满足稳态近似的条件。

5.5.2 微观可逆性原理和精细平衡原理

1. 微观可逆性原理

微观可逆性原理来源于力学(经典的和量子力学的)方程的时间反演对称性，它是力学中的一个原理。在化学动力学中，**微观可逆性原理**(principle of microreversibility)可表述为：一个基元反应的逆反应必然也是一个基元反应，而且正、逆反应应通过相同的过渡态。根据微观可逆性原理可知，氨的分解反应$2NH_3 \longrightarrow N_2 + 3H_2$ 不可能是基元反应，因它的逆反应是不可能发生的 4 分子反应。

2. 精细平衡原理

将微观可逆性原理用于宏观的平衡体系时，必然得出如下结论：平衡体系中，每一基元反

应的正向速率必等于逆向速率。这就是**精细平衡原理**(principle of fine chemical equilibrium)。它是一个独立的原理,表明这种平衡是一种动态平衡,该平衡被每一个基元反应的正逆过程以相同速率进行所维持。例如,平衡体系中,对于 $A \xrightarrow{k_1} B$ 的基元反应,必有 $B \xrightarrow{k_{-1}} A$ 的逆反应,因而可表示为 $A \underset{k_{-1}}{\overset{k_1}{\rightleftharpoons}} B$,且 $k_1 c_A = k_{-1} c_B$。

如果让 A 通过另一途径,即先变为中间物 C,C 再变为 B,然后 B 变为 A,这就构成一个循环过程,如图 5.5.1(a)所示。

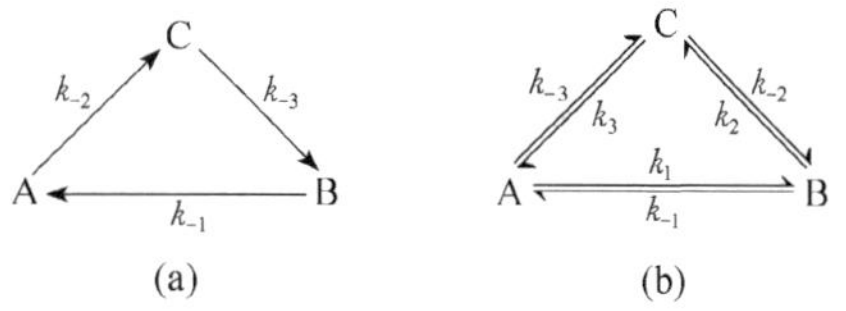

图 5.5.1　循环反应中两种不同的平衡

图 5.5.1(a)循环过程,如能达到平衡,A 的浓度也应保持不变,但这违背了精细平衡原理,因而是不可能的。只能发生图 5.5.1(b)所示的循环过程。并且

$$\frac{k_1}{k_{-1}} = \frac{c_B}{c_A}, \quad \frac{k_2}{k_{-2}} = \frac{c_C}{c_B}, \quad \frac{k_3}{k_{-3}} = \frac{c_A}{c_C} \tag{5.5.9}$$

$$\frac{k_1 k_2 k_3}{k_{-1} k_{-2} k_{-3}} = 1 \tag{5.5.10}$$

如果体系未达到平衡,就不能运用上述原理。微观可逆性原理和精细平衡原理是各基元反应间达到平衡时必须遵守的原理。

5.5.3　反应机理的确定

反应速率方程的形式取决于反应的机理。从这个角度讲,速率方程是微观机理的宏观表现。透彻地了解反应机理,有助于从更高层次上认识反应规律,掌握各种反应千差万别的内在原因。因此,反应机理的研究是化学动力学研究的主要任务之一。正确地推测反应机理是一项难度很大的工作,它与许多新的实验技术和物质结构的知识密切相关。到目前为止,人们对反应机理的认识还十分肤浅,有待随着科学技术的发展而进一步提高。此处只介绍拟定机理的一般方法。一般来说,推测一个反应机理可分为准备阶段和拟定反应机理两个阶段。

1. 准备阶段

首先查阅前人得出的有关反应机理的资料,在此基础上还必须做实验来确定反应速率方程,通常主要是:确定反应级数和速率系数;搞清速率系数随温度的变化关系;确定反应的表观活化能。通过这些工作明确反应的宏观规律。为了给拟定的反应机理提供更详尽的资料,还要有目的、有计划地进行化学分析和仪器分析实验。一般包括以下几个方面:

(1) 通过各种方法如化学分析、吸收光谱、顺磁共振、质谱、电泳等来检测各种可能出现的中间产物。

(2) 利用示踪原子技术判断化学反应过程中部分化学键的断裂位置。

(3) 判断反应是否由于光照而引起,并确定光的频率以及该频率的光所破坏的化学键。

(4) 向反应体系加入少量 NO 等具有未成对电子的、易捕获自由基的物质,观察反应速率是否下降来判断反应是否可能为链反应。

2. 拟定反应机理

根据准备阶段所获得的认识,对反应机理提出假设,这种假设必须考虑如下一些因素:

（1）速率因素：由所假设的反应机理推导出的速率方程必须与实验速率方程一致。

（2）能量因素：由所假设的反应机理估算出来的表观活化能必须与实验活化能一致；在考虑若干个可能的反应机理时，则以活化能最低者发生的概率最大；当活化能处于同一水平时，浓度高者发生的可能性大。

（3）结构因素：所假设的反应机理中所有物质（含中间物或过渡态）及基元反应都与结构化学规律（如分子轨道对称守恒原理、微观可逆性原理等）相符合。

所拟定的反应机理必须满足上述三个因素才有可能正确，不满足的一定是不正确的。

【例 5.5.2】 Br_2 和 H_2 气相反应 $H_2+Br_2 \longrightarrow 2HBr$，实验得到的速率方程为

$$r=\frac{dc_{HBr}}{dt}=\frac{kc_{H_2}c_{Br_2}^{\frac{1}{2}}}{1+k'\frac{c_{HBr}}{c_{Br_2}}}$$

式中，k、k'在一定温度下为常数。为解释实验结果，有人曾提出如下机理：

$$Br_2+M \xrightarrow{k_1} 2Br\cdot+M \qquad (1) \qquad \text{链的引发}$$

$$Br\cdot+H_2 \xrightarrow{k_2} H\cdot+HBr \qquad (2) \qquad \text{链的传递}$$

$$H\cdot+Br_2 \xrightarrow{k_3} Br\cdot+HBr \qquad (3)$$

$$H\cdot+HBr \xrightarrow{k_4} Br\cdot+H_2 \qquad (4) \qquad \text{链的阻滞}$$

$$2Br\cdot+M \xrightarrow{k_5} Br_2+M \qquad (5) \qquad \text{链的终止}$$

试验证机理的合理性。

解　反应(4)和(2)为对峙反应，这可解释 HBr 对反应的阻碍作用；反应(3)和(4)争夺 H·，这可解释Br_2可缓解 HBr 对反应的阻碍作用。由基元反应的质量作用定律可得

$$\frac{dc_{HBr}}{dt}=k_2c_{Br\cdot}c_{H_2}+k_3c_{H\cdot}c_{Br_2}-k_4c_{H\cdot}c_{HBr} \tag{a}$$

根据稳态近似法得

$$\frac{dc_{Br\cdot}}{dt}=2k_1c_Mc_{Br_2}-k_2c_{H_2}c_{Br\cdot}+k_3c_{Br_2}c_{H\cdot}+k_4c_{H\cdot}c_{HBr}-2k_5c_Mc_{Br\cdot}^2=0 \tag{b}$$

$$\frac{dc_{H\cdot}}{dt}=k_2c_{H_2}c_{Br\cdot}-k_3c_{Br_2}c_{H\cdot}-k_4c_{H\cdot}c_{HBr}=0 \tag{c}$$

由以上两式得

$$k_1c_Mc_{Br_2}=k_5c_Mc_{Br\cdot}^2 \tag{d}$$

上式表示达到稳态时，链的引发速率和链的终止速率相等。这时体系中链的数目不变，这样的链反应为直链反应。

由上式进一步可得

$$c_{Br\cdot}=\left(\frac{k_1}{k_5}\right)^{1/2}c_{Br_2}^{\frac{1}{2}} \tag{e}$$

将式(e)代入式(c)得

$$c_{H\cdot}=\left(\frac{k_1}{k_5}\right)^{1/2}\cdot\frac{k_2c_{H_2}c_{Br_2}^{\frac{1}{2}}}{k_3c_{Br_2}+k_4c_{HBr}} \tag{f}$$

将式(a)与式(c)相减，并将式(f)代入得

$$r=\frac{dc_{HBr}}{dt}=2k_2\left(\frac{k_1}{k_5}\right)^{1/2}\cdot\frac{c_{H_2}c_{Br_2}^{\frac{1}{2}}}{1+\frac{k_4c_{HBr}}{k_3c_{Br_2}}} \tag{g}$$

上式与实验结果相同，可以认为所提出的反应机理是合理的。对比实验结果可得

$$k=2k_2\left(\frac{k_1}{k_5}\right)^{1/2} \qquad k'=\frac{k_4}{k_3}$$

在化学动力学的发展中，往往会出现这样一些现象：有时一个反应机理能对当时的各种实验事实进行解释，并认为是正确的。可是随着科学的不断发展和新的实验现象或理论的提出，而代之以新的反应机理。有时，一个反应的若干实验现象能同时被几个反应机理解释，而长期得不到一个公认的、比较合理的反应机理。曾经流传这样一句话："我们不能证明一个反应机理的成立，只能反证一个反应机理的不成立"。这正反映了化学动力学的以上情况。但应当看到，从微观动力学的理论发展和分子束等实验技术的应用成果来看，直接证明反应机理的时代已经到来。可以预见，逐步揭开反应机理之谜一定能够实现。

5.6　化学反应速率理论简介

现已测出了许多反应的速率系(常)数，关于温度对反应速率的影响也有了比较多的了解，如阿伦尼乌斯方程就较好地说明了反应速率和温度的关系。为什么有这些宏观规律，理论上必须给予回答。更重要的是能否从理论上预言化学反应的速率系(常)数。化学反应的速率系(常)数的理论计算是一项十分艰巨的工作，自 19 世纪以来，这方面的研究非常引人注目，先后发展了碰撞理论、过渡态理论和单分子反应理论等动力学研究中的基本理论。下面对这些理论作一简要介绍。

5.6.1　简单碰撞理论

简单碰撞理论(simple collision theory)是路易斯(Lewis)在阿伦尼乌斯提出的活化能概念基础上，根据分子运动理论提出来的，它是计算双分子反应速率常数 k 最早的理论。

1. 简单碰撞理论的基本假设

以双分子基元气相反应 $A+B \longrightarrow P$ 为例，气体反应碰撞理论有如下基本假设：

(1) 气体反应中，分子可看作硬球，除碰撞外分子间不存在相互作用。

(2) 分子必须相互碰撞才可能发生反应。

(3) 并非每次碰撞都能发生反应，许多碰撞是无效的，只有沿碰撞分子中心线方向的平动能超过一定值 ε_c 的分子碰撞才能引起化学反应。ε_c 称为**阈能**(threshold energy)，能发生反应的分子称为活化分子，活化分子的碰撞称为**有效碰撞**(effective collision)或**活化碰撞**(activated collision)。

(4) 在反应过程中，反应分子的速率分布始终遵守**麦克斯韦-玻尔兹曼**(Maxwell-Boltzmann)分布。

单位时间、单位体积内发生的有效碰撞次数就是化学反应的速率。

2. 分子碰撞频率

1) 碰撞截面

当 A、B 分子碰撞时分子中心的最小距离为

$$d_{AB}=r_A+r_B \tag{5.6.1}$$

式(5.6.1)中，r_A、r_B 分别为 A、B 的分子半径。

认为 B 分子与 A 分子相碰时，只要 B 分子的质心落在图 5.6.1 中的虚线圆内，就算 B 分子与 A 分子相碰撞了。通常将该区域称为**碰撞截面**(collision cross section)(图 5.6.1 所示的虚线圆面积)，以符号 σ 表示，对刚性小球分子

$$\sigma=\pi d_{AB}^2=\pi(r_A+r_B)^2 \tag{5.6.2}$$

假设 B 不动，当以 A 的质心为圆心的碰撞截面，沿 A 前进的方向运动时，单位时间内在空间要扫过一个圆柱形的体积 $\pi(r_A+r_B)^2u_{AB}$。其中，u_{AB}为 A、B 分子的相对运动速率

$$u_{AB}=\left(\frac{8k_BT}{\pi\mu}\right)^{\frac{1}{2}} \tag{5.6.3}$$

式 (5.6.3)中，μ 是 A 和 B 分子的折合质量；k_B 为玻尔兹曼常量。

$$\mu=\frac{m_Am_B}{m_A+m_B} \tag{5.6.4}$$

凡中心在此圆柱内的 B，都能与 A 相撞，如图 5.6.2 所示。

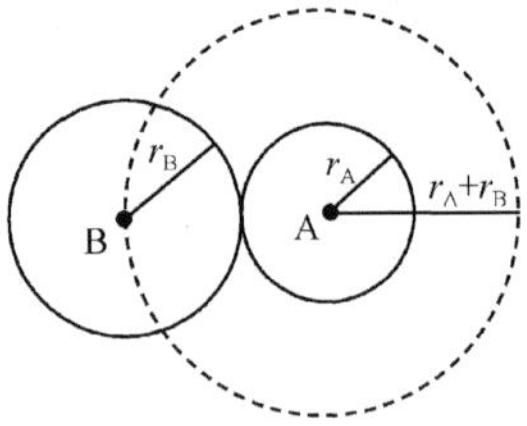

图 5.6.1　硬球分子的碰撞截面

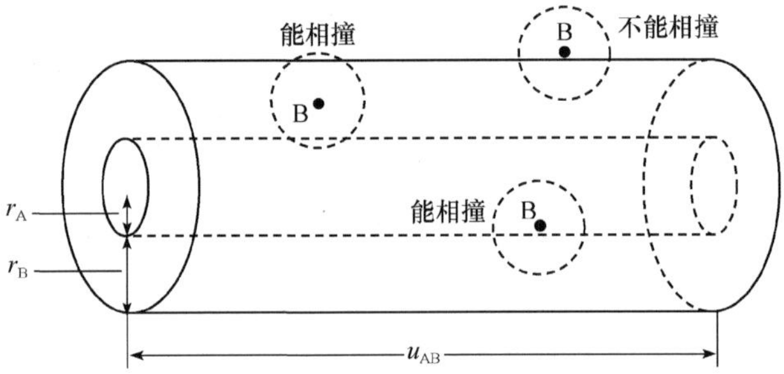

图 5.6.2　单位时间碰撞截面在空间扫过的体积(外圆柱体)

2) 气相分子中的碰撞频率 Z_{AB}

单位时间、单位体积内所有同种分子 A 或所有异种分子 A 和 B 发生的分子碰撞总次数，称为碰撞频率，分别用 Z_{AA}和 Z_{AB}表示。令 $C_A=N_A/V$、$C_B=N_B/V$ 分别为单位体积中 A、B 的分子数即分子浓度，A、B 的相对运动速率为 u_{AB}，则碰撞频率 Z_{AB}一定与碰撞截面、相对运动速率及单位体积中的分子数的乘积成正比，即

$$Z_{AB}=\sigma\, u_{AB}C_AC_B \tag{5.6.5}$$

把式(5.6.3)代入式(5.6.5)得

$$Z_{AB}=\sigma\left(\frac{8k_BT}{\pi\mu}\right)^{\frac{1}{2}}C_AC_B \tag{5.6.6}$$

3. 有效碰撞分数 q

根据碰撞理论的基本假定，只有活化分子的碰撞才能发生反应，人们把有效碰撞次数与总碰撞数的比值称为有效碰撞分数，它等于活化分子数 N_i 在总分子数 N 中所占的比例。根据**玻尔兹曼能量分布定律**

$$q=\frac{N_i}{N}=e^{-E_c/RT} \tag{5.6.7}$$

式(5.6.7)中，E_c为**摩尔阈能**(molar threshold energy)。$E_c=L\varepsilon_c$，ε_c 为阈能，L 为阿伏伽德罗常量。

4. 简单碰撞理论的数学表达式

根据碰撞理论的基本假定，对上述给定的双分子反应，其反应速率可表示为

$$-\frac{\mathrm{d}C_{\mathrm{A}}}{\mathrm{d}t}=Z_{\mathrm{AB}}q=\sigma\left(\frac{8k_{\mathrm{B}}T}{\pi\mu}\right)^{\frac{1}{2}}C_{\mathrm{A}}C_{\mathrm{B}}\mathrm{e}^{-E_{\mathrm{c}}/RT} \tag{5.6.8}$$

单位体积中的分子数换成物质的量浓度，则

$$c_{\mathrm{A}}=\frac{C_{\mathrm{A}}}{L},\quad c_{\mathrm{B}}=\frac{C_{\mathrm{B}}}{L} \tag{5.6.9}$$

则
$$-\frac{\mathrm{d}(Lc_{\mathrm{A}})}{\mathrm{d}t}=\sigma\left(\frac{8k_{\mathrm{B}}T}{\pi\mu}\right)^{\frac{1}{2}}L^2c_{\mathrm{A}}c_{\mathrm{B}}\mathrm{e}^{-E_{\mathrm{c}}/RT}$$

于是
$$-\frac{\mathrm{d}c_{\mathrm{A}}}{\mathrm{d}t}=\sigma\left(\frac{8k_{\mathrm{B}}T}{\pi\mu}\right)^{\frac{1}{2}}Lc_{\mathrm{A}}c_{\mathrm{B}}\mathrm{e}^{-E_{\mathrm{c}}/RT}$$
$$=\pi(r_{\mathrm{A}}+r_{\mathrm{B}})^2\left(\frac{8k_{\mathrm{B}}T}{\pi\mu}\right)^{\frac{1}{2}}Lc_{\mathrm{A}}c_{\mathrm{B}}\mathrm{e}^{-E_{\mathrm{c}}/RT}$$

即

$$-\frac{\mathrm{d}c_{\mathrm{A}}}{\mathrm{d}t}=L\pi(r_{\mathrm{A}}+r_{\mathrm{B}})^2\left(\frac{8k_{\mathrm{B}}T}{\pi\mu}\right)^{\frac{1}{2}}\mathrm{e}^{-E_{\mathrm{c}}/RT}c_{\mathrm{A}}c_{\mathrm{B}} \tag{5.6.10}$$

对于双分子基元反应 $\mathrm{A}+\mathrm{B}\longrightarrow\mathrm{P}$，质量作用定律为

$$-\frac{\mathrm{d}c_{\mathrm{A}}}{\mathrm{d}t}=k_{\mathrm{A}}c_{\mathrm{A}}c_{\mathrm{B}}$$

此式与式(5.6.10)对比得

$$k_{\mathrm{A}}=L\pi(r_{\mathrm{A}}+r_{\mathrm{B}})^2\left(\frac{8k_{\mathrm{B}}T}{\pi\mu}\right)^{\frac{1}{2}}\mathrm{e}^{-E_{\mathrm{c}}/RT} \tag{5.6.11}$$

式(5.6.10)即为简单碰撞理论的数学表达式。显然，对于同类双分子反应，有

$$-\frac{\mathrm{d}c_{\mathrm{A}}}{\mathrm{d}t}=4L\pi r_{\mathrm{A}}^2\left(\frac{8k_{\mathrm{B}}T}{\pi\mu}\right)^{\frac{1}{2}}\mathrm{e}^{-E_{\mathrm{c}}/RT}c_{\mathrm{A}}^2$$
$$=16L\pi r_{\mathrm{A}}^2\left(\frac{k_{\mathrm{B}}T}{\pi m_{\mathrm{A}}}\right)^{\frac{1}{2}}\mathrm{e}^{-E_{\mathrm{c}}/RT}c_{\mathrm{A}}^2$$

5. 简单碰撞理论与阿伦尼乌斯方程的比较

阿伦尼乌斯活化能的定义

$$E_{\mathrm{a}}=RT^2\frac{\mathrm{d}\ln k}{\mathrm{d}T}$$

将式 (5.6.11)代入上式，得

$$E_{\mathrm{a}}=RT^2\left(\frac{1}{2T}+\frac{E_{\mathrm{c}}}{RT^2}\right)$$

即

$$E_{\mathrm{a}}=\frac{1}{2}RT+E_{\mathrm{c}} \tag{5.6.12}$$

在室温下，大多数的反应 $E_a \gg \frac{1}{2}RT$，所以，$E_a \approx E_c$。事实也是如此，多数反应的 $\ln k$ 对 $\frac{1}{T}$ 作图，在温度变化不太大的范围内可得一直线。因此，可用 E_a 近似代替 E_c，但它们的来源和意义并不相同。

将阿伦尼乌斯方程 $k_A = Ae^{-E_c/RT}$ 与式(5.6.11)比较得指前参量为

$$A = L\pi(r_A + r_B)^2\left(\frac{8k_BT}{\pi\mu}\right)^{\frac{1}{2}} e^{\frac{1}{2}} \tag{5.6.13}$$

对简单的气体反应，碰撞理论的计算结果与实验值符合较好，但对大多数化学反应，其理论计算所得的速率常数高于实验值，有的甚至差别非常大。其原因在于碰撞理论把分子间的复杂作用看成是没有内部结构的钢球之间的简单机械碰撞，以反应分子能量的大小作为发生反应的唯一判据。

为此，在公式中引入一校正因子 P

$$k_A = PL\pi(r_A + r_B)^2\left(\frac{8k_BT}{\pi\mu}\right)^{\frac{1}{2}} e^{-E_c/RT} \tag{5.6.14}$$

式(5.6.14)中，P 称为概率因子，包含了减少分子有效碰撞的方位、能量传递速率和空间位阻等影响因素。对简单分子的反应 P 值约为 1，复杂分子的反应 P 值则很小，一般为 $1 \sim 10^{-8}$，少数分子反应 $P > 1$。概率因子 P 无法从理论上计算，只能从实验中测出，所以用碰撞理论计算速率常数仍存在困难。

6. 小结

碰撞理论把分子看成是没有内部结构的钢球，模型过于简单。这也使这个理论的准确程度有一定的局限性。但它揭示了质量作用定律的本质，即反应物浓度增加使反应速率加快是由于分子碰撞次数增加，同时，该理论对阿伦尼乌斯经验式中的指数项、指前因子和阈能都提出了较明确的物理意义。但用碰撞理论来计算 k 值时，阈能还必须由实验活化能求得。因此，这一理论还是半经验的。尽管如此，它所提出的一些概念至今仍十分有用。它为我们描绘了一幅虽然粗糙但十分明确的反应图像，为速率理论的发展奠定了基础。

5.6.2 过渡态理论

化学反应总是伴随着新键的生成和旧键的断裂，要成功地计算速率常数，必须考虑分子之间的相互作用，碰撞理论显然过于简化。1935 年以后，埃林(Eyring)、波兰尼(Polanyi)在量子力学和统计力学基础上提出了**过渡态理论**(transition state theory，TST)(又称活化络合物理论)。该理论避免了碰撞理论的不足，提供另一途径来进行速率系数的理论计算，只需知道分子的某些基本性质，如振动频率、核间距离等，即可计算反应的速率常数，因此该理论又称**绝对反应速率理论**(absolute rate theory，ART)。

1. 过渡态理论的基本假设

(1) 反应体系的势能是原子之间相对位置的函数。

(2) 化学反应分子不是只通过简单碰撞就变成产物，而是要经历一个价键重排的过渡阶段。处于这一过渡阶段的分子称为**过渡态**(transition state，TS)或**活化络合物**(activated complex)。

(3) 活化络合物的势能高于反应物和产物的势能。此势能是反应进行时必须克服的势垒，但它又较其他任何可能的中间态的势能低。

(4) 过渡态与反应物分子处于某种平衡状态，总反应的速率取决于过渡态的分解速率。

2. 过渡态的反应势能模型

原子间相互作用表现为原子间有势能 E_p 存在，势能值是原子的核间距的函数。

$$E_p = E_p(r) \tag{5.6.15}$$

势能函数的获取通常有两种方法：一是原则上可用量子力学进行计算；二是用经验公式表示。莫尔斯(Morse)的势能公式是处理双原子分子最常用的经验公式

$$E_p(r) = D_e\left[e^{-2a(r-r_0)} - 2e^{-a(r-r_0)}\right] \tag{5.6.16}$$

式(5.6.16)中，r_0 是分子中原子间的平衡核间距；D_e 是势能曲线的阱深；a 是与分子结构特性有关的常数。根据莫尔斯的经验公式可以画出莫尔斯势能曲线，如图 5.6.3 所示。体系的势能在平衡核间距 r_0 处有最低点。当 $r<r_0$ 时，核间存在排斥力，当 $r>r_0$ 时，核间存在吸引力，即化学键力。

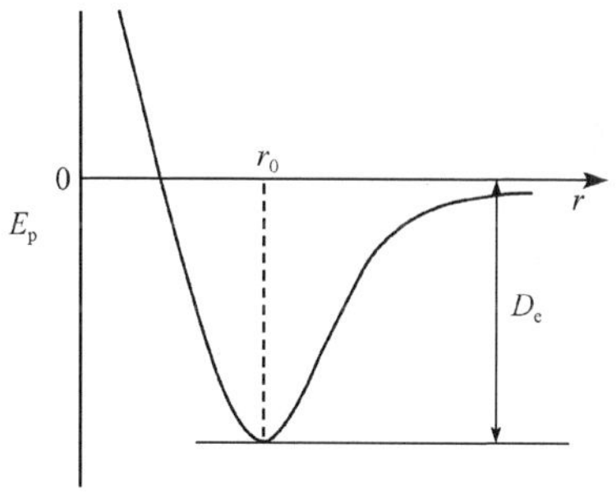

图 5.6.3　双原子分子莫尔斯势能曲线

以基元反应 $A+BC \longrightarrow AB+C$ 为例

$$A+BC \rightleftharpoons [A\cdots B\cdots C]^{\neq} \longrightarrow AB+C$$

当原子 A 接近双原子分子 BC 时，A 与 B 接近并产生一定的作用力，同时 BC 之间的键减弱，生成不稳定的 $[A\cdots B\cdots C]^{\neq}$，或用 $X^{\neq}$ 表示，称为活化络合物或过渡态。此时旧键尚未断裂，新键尚未生成，经过此过渡态后，活化络合物再分解为生成物。在这个过程中，反应体系的势能变化要用三个参数来描述，即 $E_p = E_p(r_{AB}, r_{BC}, r_{AC})$ 或 $E_p = E_p(r_{AB}, r_{BC}, \angle ABC)$，如图 5.6.4 所示。其能量要用四维空间的一个曲面来表示，此曲面称为**势能面**(potential energy surface)。由于四维空间图不能画出，若将表示势能参数中的一个固定，设 $\angle ABC = 180°$，即 A、B、C 三个原子的原子核在同一条直线上进行**直线碰撞**(collinear collision)，此时过渡态为线型分子，则势能变化可用三维空间的曲面表示，如图 5.6.5 所示。

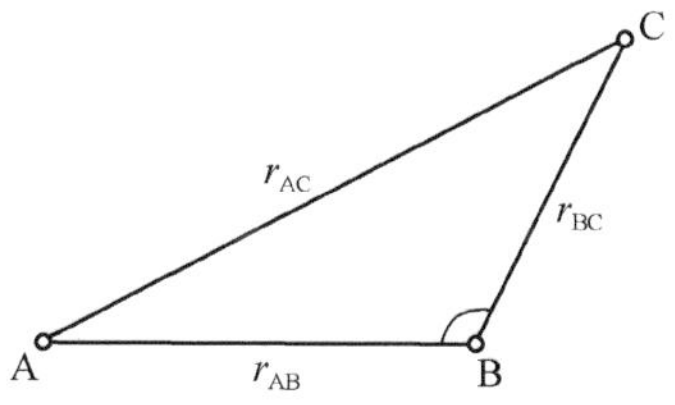

图 5.6.4　三原子体系的核间距

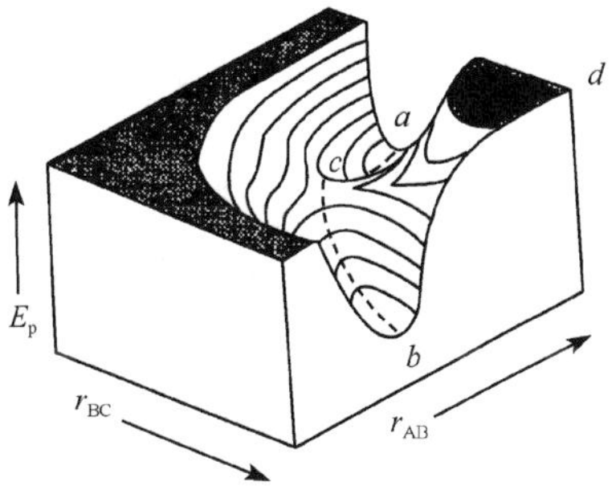

图 5.6.5　$A+BC \longrightarrow AB+C$ 反应势能面示意图

势能值随着 r_{AB} 和 r_{BC} 的变化而变化，这些不同的点在空间构成了高低不平的曲面，犹如起伏的山峰，整个势能面类似于马鞍形的双抛物面。此势能面有两个山谷，山谷的两个谷口分别对应于反应的初态和终态，即图中 a 点和 b 点。连接这两个山谷间的山脊点(ab 连线上的 c 点)是势能面上的**鞍点**(saddle point)，它对两边的山峰而言是最低点，而对于从 a 点到 b 点的

势能深谷(反应途径)来说又是最高点。在反应中体系选择这一经过鞍点的途径是需要活化能最小的途径,称为**反应坐标**(reaction coordinate)。鞍点与体系始态 a 点的势能之差为过渡态理论中反应的活化能。

若把势能面上的等势能线(类似于地图上的等高线)投影到底面上,就得到图 5.6.6。图中的实线表示等势能线,它代表相同能量的投影。每条线标明了能量的数值,数值越大,势能越高(为了比较大小,图中的数字都是虚拟的数值)。图 5.6.6 中,d 点 r_{AB}、r_{BC} 较大,表示原子 A、B、C 间的距离较远,三者处于自由原子状态,势能较高。因此,d 点相当于一个山顶。由 d 点向 a 移动,表示 r_{AB} 一定,而且 A 和 B 之间保持较远的距离,所以 A 对 B、C 的作用可以忽略,这时 r_{BC} 渐小,即原子 B 和 C 逐渐靠近,由于其为配对电子的吸引,势能随着 r_{BC} 的减小而逐渐减小,到 a 点势能最低,表明这时 BC 形成稳定分子,a 点相应的 r_{BC} 表示这个稳定分子 BC 的键长。再由 a 点向 e 移动,表示稳定分子 BC 的核间距缩短,由于斥力迅速增大,势能激增。同理,可分析 d 点向 f 的移动。沿虚线 acb 势能最低,所以是两个山谷的谷底。两个山谷的谷底也是斜坡式的,越靠近 c 越高,c 处为最高点,相当于马鞍的中心,即鞍点。

若以反应坐标为横坐标,势能为纵坐标,作平行于反应坐标的势能面的剖面图,如图 5.6.7 所示。从图可以看出,从反应物 A+BC 到生成物 AB+C,沿反应坐标通过鞍点进行,这是能量最低的通道,但必须越过势能垒 ε_b,ε_b 是活化络合物与反应物两者最低势能的差值。势能垒的存在从理论上表明了实验活化能 E_a 的实质。

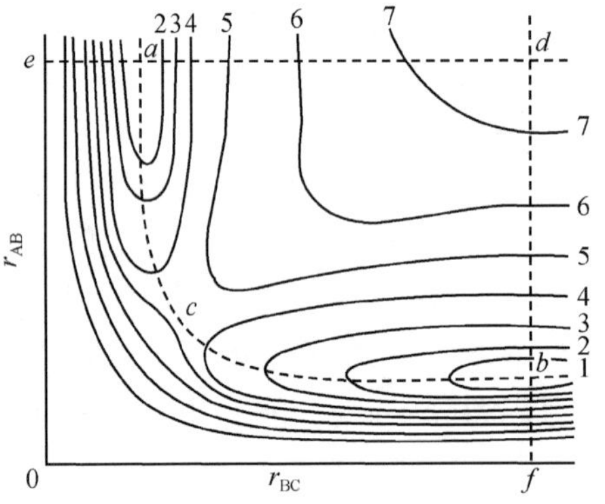

图 5.6.6　势能面投影示意图

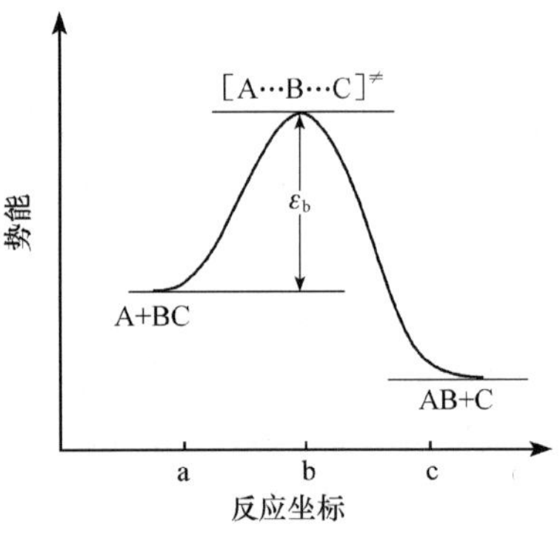

图 5.6.7　势能面的剖面图

3. 过渡态理论的速率常数表示式和过渡态理论的热力学处理

为求过渡态理论的速率常数表示式,引入一些假定:反应物分子与活化络合物能快速达成平衡,活化络合物的分解为反应的控速步骤。用方程表示为

$$A+BC \underset{\text{快速平衡}}{\overset{K_c^{\neq}}{\rightleftharpoons}} [A\cdots B\cdots C]^{\neq} \underset{\text{慢}}{\overset{k_2}{\longrightarrow}} AB+C$$

反应速率取决于最慢一步反应,因此该反应的速率可表示为

$$r=k_2 c_{X^{\neq}} \tag{5.6.17}$$

式(5.6.17)中,$c_{X^{\neq}}$ 表示活化络合物[A···B···C]$^{\neq}$ 的浓度。又

$$c_{X^{\neq}}=K_c^{\neq} c_A c_{BC}$$

所以

$$r=k_2 K_c^{\neq} c_A c_{BC}=k c_A c_{BC}$$

其中

$$k=k_2 K_c^{\neq} \tag{5.6.18}$$

为了得到 k 的计算式，必须求出 k_2 和 $K_c^{\neq}$。

活化络合物分子很不稳定，设 $[A\cdots B\cdots C]^{\neq}$ 是线型分子，平动和转动不会使它分解，只有振动可能使它分解。线型三原子分子有 4 个振动自由度，两个弯曲振动，一个对称伸缩振动和一个不对称伸缩振动。其中，弯曲振动和对称伸缩振动不会使分子分解，而沿着反应轴方向的不对称伸缩振动，只要振动一次就会造成不牢固的 B…C 键断裂。设不对称伸缩振动的频率为 ν，则单位时间内 ν 就可以造成 ν 个活化分子分解，这就是反应速率常数，即 $k_2=\nu$。由统计热力学知识 $\nu=\dfrac{k_B T}{h}$，代入得

$$k_2=\frac{k_B T}{h} \tag{5.6.19}$$

式(5.6.19)中，h 为普朗克常量。将式(5.6.19)代入式(5.6.18)得

$$k=\frac{k_B T}{h}K_c^{\neq} \tag{5.6.20}$$

此式即为过渡态理论的基本公式。只要用热力学方法求出 $K_c^{\neq}$ 的值，就可以计算速率常数 k 值。

以气相双分子基元反应为例

$$A(g)+BC(g)\xrightleftharpoons[\text{快速平衡}]{K_c^{\neq}}[A\cdots B\cdots C]^{\neq}(g)$$

通过热力学方法推导可得 $K_c^{\ominus}=K_c^{\neq}(c^{\ominus})^{2-1}$，对于 n 分子反应，则有

$$K_c^{\ominus}=K_c^{\neq}(c^{\ominus})^{n-1} \tag{5.6.21}$$

因此，在形成活化络合物时，以浓度为标度的标准摩尔活化吉布斯函数 $\Delta_r^{\neq}G_m^{\ominus}(c^{\ominus})$ 为

$$\Delta_r^{\neq}G_m^{\ominus}(c^{\ominus})=-RT\ln[K_c^{\neq}(c^{\ominus})^{n-1}]$$

或

$$K_c^{\neq}=(c^{\ominus})^{1-n}\exp\left[\frac{-\Delta_r^{\neq}G_m^{\ominus}(c^{\ominus})}{RT}\right] \tag{5.6.22}$$

将式(5.6.22)代入式(5.6.20)，得

$$k=\frac{k_B T}{h}(c^{\ominus})^{1-n}\exp\left[\frac{-\Delta_r^{\neq}G_m^{\ominus}(c^{\ominus})}{RT}\right] \tag{5.6.23}$$

根据热力学函数间的关系，恒温时有 $\Delta G=\Delta H-T\Delta S$，代入式(5.6.23)，得

$$k=\frac{k_B T}{h}(c^{\ominus})^{1-n}\exp\left[\frac{\Delta_r^{\neq}S_m^{\ominus}(c^{\ominus})}{R}\right]\exp\left[-\frac{\Delta_r^{\neq}H_m^{\ominus}(c^{\ominus})}{RT}\right] \tag{5.6.24}$$

式(5.6.24)中，$\Delta_r^{\neq}S_m^{\ominus}(c^{\ominus})$ 和 $\Delta_r^{\neq}H_m^{\ominus}(c^{\ominus})$ 分别代表各物质用物质的量浓度为标度时的**标准摩尔活化熵**(standard molar entropy of activation)和**标准摩尔活化焓**(standard molar enthalpy of activation)。式(5.6.23)和式(5.6.24)表明：若能计算出活化自由能或活化熵与活化焓，可求算出反应的速率常数。它们是过渡态理论的热力学公式，能适用于任何形式的基元反应。

温度不太高时，$\Delta_r^{\neq}H_m^{\ominus}(c^{\ominus})\approx E_a$，将式(5.6.24)与阿伦尼乌斯公式相比，就得到阿伦尼乌斯公式的指前参量 A 为

$$A=\frac{k_B T}{h}(c^{\ominus})^{1-n}\exp\left[\frac{\Delta_r^{\neq}S_m^{\ominus}(c^{\ominus})}{R}\right] \tag{5.6.25}$$

可以看出阿伦尼乌斯公式经验常数 A 原来与活化熵有关。

对于气相反应，标准态为 $p^{\ominus}=100\text{kPa}$，假设气体为理想气体，$p_B=c_BRT$。通过推导可得

计算速率系数 k 值的另一表达

$$k=\frac{k_\mathrm{B}T}{h}\left(\frac{p^\ominus}{RT}\right)^{1-n}\exp\left[\frac{-\Delta_\mathrm{r}^{\neq}G_\mathrm{m}^\ominus(p^\ominus)}{RT}\right] \tag{5.6.26}$$

$$k=\frac{k_\mathrm{B}T}{h}\left(\frac{p^\ominus}{RT}\right)^{1-n}\exp\left[\frac{\Delta_\mathrm{r}^{\neq}S_\mathrm{m}^\ominus(p^\ominus)}{R}\right]\exp\left[-\frac{\Delta_\mathrm{r}^{\neq}H_\mathrm{m}^\ominus(p^\ominus)}{RT}\right] \tag{5.6.27}$$

虽然过渡态理论提出的有关势能面、活化络合物、活化焓、活化熵和势能垒的概念已得到广泛的应用，但是也应该看到，对于复杂的反应体系，过渡态的结构难以确定，其势能的变化情况计算比较困难。所以，速率理论的完善还有许多艰苦、细致的工作要做。

5.6.3　单分子反应理论

1922 年林德曼(Lindermann)等提出了单分子反应的碰撞理论，很好地解释了为什么单分子反应会出现不同的反应级数，以及碰撞后出现时间停滞的原因。

设总反应为 $\mathrm{A}\longrightarrow\mathrm{P}$，则该理论认为反应机理为

$$\mathrm{A}+\mathrm{A}\underset{k_{-1}}{\overset{k_1}{\rightleftharpoons}}\mathrm{A}^*+\mathrm{A} \qquad (1)$$

$$\mathrm{A}^*\xrightarrow{k_2}\mathrm{P} \qquad (2)$$

其中 A^* 为活化分子。式(1)并不是化学反应，是反应物分子 A 通过碰撞而获得能量，变为活化分子 A^*，A^* 可以通过碰撞失活，再变成普通分子，也可能变成产物分子。但活化分子转变为产物分子之前，有一个分子内部传能的过程，使能量集中到要断裂的键上，因而在碰撞后与反应之间有一段时间停滞。

活化分子变为产物的速率

$$r=\frac{\mathrm{d}c_\mathrm{P}}{\mathrm{d}t}=k_2c_{\mathrm{A}^*} \tag{5.6.28}$$

分子活化的速率为

$$\frac{\mathrm{d}c_{\mathrm{A}^*}}{\mathrm{d}t}=k_1c_\mathrm{A}^2$$

分子消活化的速率为

$$-\frac{\mathrm{d}c_{\mathrm{A}^*}}{\mathrm{d}t}=k_{-1}c_\mathrm{A}c_{\mathrm{A}^*}$$

则分子活化的净速率为

$$\frac{\mathrm{d}c_{\mathrm{A}^*}}{\mathrm{d}t}=k_1c_\mathrm{A}^2-k_{-1}c_\mathrm{A}c_{\mathrm{A}^*}-k_2c_{\mathrm{A}^*}$$

当反应达到稳态后，活化分子的数目保持不变。由稳态近似法得$\frac{\mathrm{d}c_{\mathrm{A}^*}}{\mathrm{d}t}=0$，从而

$$c_{\mathrm{A}^*}=\frac{k_1c_\mathrm{A}^2}{k_{-1}c_\mathrm{A}+k_2} \tag{5.6.29}$$

式(5.6.29)代入式(5.6.28)得

$$r=\frac{\mathrm{d}c_\mathrm{P}}{\mathrm{d}t}=k_2c_{\mathrm{A}^*}=\frac{k_1k_2c_\mathrm{A}^2}{k_{-1}c_\mathrm{A}+k_2} \tag{5.6.30}$$

式(5.6.30)为林德曼单分子反应理论推出的结果。

当 $k_2 \gg k_{-1}c_A$ 时，第(2)步进行得很快，忽略 $k_{-1}c_A$，反应呈现二级反应

$$r=\frac{dc_P}{dt}=k_1c_A^2$$

当 $k_2 \ll k_{-1}c_A$ 时，即分子消活化的速率很快，而转化为产物很慢，忽略 k_2，反应呈现一级反应

$$r=\frac{dc_P}{dt}=\frac{k_1k_2}{k_{-1}}c_A=kc_A$$

通常在高压情况下，分子间碰撞机会多，消活化的速率较快，反应呈现为一级反应；同一反应，若在低压下进行，由于碰撞而消活化的机会较少，相对来说，活化分子分解为产物的速率大，反应呈现为二级。例如，环丙烷转化为丙烯的反应及偶氮甲烷的分解反应就符合这样的规律。

5.7 光化学反应动力学

一些反应是在光的作用下进行的，称为**光化学反应**(photochemical reaction)。研究光化学反应规律的科学称为光化学。光化学所涉及的光的波长为 100～1000nm，即紫外至近红外波段。自然界中有许多光化学反应，如植物在光的作用下进行的光合作用，使二氧化碳和水反应生成碳水化合物和氧气。

$$6CO_2+6H_2O\xrightarrow[\text{叶绿素}]{h\nu}C_6H_{12}O_6+6O_2$$

又如，照相胶片的感光作用

$$AgBr\xrightarrow{h\nu}Ag+\frac{1}{2}Br_2$$

光的照射是光化学反应进行的主要条件。光化学反应有许多特殊的规律，为了便于讨论，将其他反应称为热化学反应。对同一个化学反应，有可能既是光化学反应又是热化学反应。例如，HI 分解反应：$2HI\longrightarrow H_2+I_2$，若在加热条件下进行是热化学反应，若在光的作用下进行则是光化学反应。但在这两种条件下，它们的机理不同，所遵循的规律也不相同。以前所讨论的都是热化学反应，本节主要介绍光化学反应并比较它与热化学反应的区别。

5.7.1 光化学反应的初级过程、次级过程和猝灭

光化学反应是从反应物吸收光能开始的，反应体系吸收光能的过程被称为光化学的**初级过程**(primary process)。初级过程使分子或原子中的电子由基态变为较高能量的激发态(式中上角 * 表示激发态)；若光子能量很高，也可以使分子解离。例如

$$Hg+h\nu\longrightarrow Hg^*$$

$$Br_2+h\nu\longrightarrow 2Br\cdot$$

其中，h 为普朗克常量；ν 为光的频率；$h\nu$ 为一个光子的能量。这两个反应均是初级过程。

初级过程的产物继续发生的其他过程为光化学反应的**次级过程**(secondary process)，如猝灭、荧光和磷光等。次级反应若产生自由原子或自由基，则将会发生链反应。

激发态分子或原子是很不稳定的，寿命约为 10^{-8}s，若不与其他粒子碰撞，它就会自动回到基态而放出光子，这种发光称为**荧光**(fluorescence)。由于 10^{-8}s 的时间很短，因此切断光

源，荧光立即停止。但有的被照射物质在切断光源后仍能继续发光，有时甚至延续若干秒或更长时间，这种光称为**磷光**(phosphorescence)。激发态分子或原子若与其他分子碰撞，就能将过剩能量传给被碰撞分子，使其激发甚至解离，也可能与相撞分子反应。例如

$$Hg^* + Tl \longrightarrow Hg + Tl^*$$

$$Hg^* + O_2 \longrightarrow HgO + O\cdot$$

$$Hg^* + H_2 \longrightarrow Hg + 2H\cdot$$

激发态分子与其他分子或器壁碰撞后发生无辐射的失活而回到基态，则称为**猝灭**(quenching)，猝灭导致次级反应停止。

当一个反应混合物在光照下，若反应物对光不敏感(不能直接吸收某些波长的光)，则不发生反应。但加入另一种物质后，该物质能吸收这种光并且将能量转移给反应物分子使之活化或反应，而自身不发生化学变化。这种起传递光能作用的物质称为**光敏剂**(photosensitizer)，有光敏剂引发的反应称为**光敏反应**(photosensitized reaction)。在光敏反应中，有的光敏剂分子吸光后以碰撞的方式将能量转移给反应物分子；有的光敏剂分子吸光后参与反应，改变了原来反应的途径，其作用与催化剂类似，形成产物后再将光敏剂分子释放出来。一个常见的例子是植物的光合作用。CO_2 和 H_2O 分子都不能直接吸收波长为 400～800nm 的太阳光，而必须依赖叶绿素作为光敏剂方可发生光合作用。寻找合适的光敏剂对合理利用太阳能有重大意义。例如，H_2O 分解成氢气和氧气，所需能量约为 $286kJ\cdot mol^{-1}$，太阳能足以使其分解，可是在太阳光照射下的水却丝毫看不到氢气和氧气生成，关键是缺乏光敏剂。目前，催化光解水制氢已是国内外研究的热点。

5.7.2 光化学基本定律

光化学反应必须遵循光化学基本定律。

光化学第一定律(first law of photochemistry)又称**格罗塞斯-德雷珀**(Grotthus-Draper)定律，其内容为：只有被反应体系所吸收的光才能有效地引起光化学反应，不被吸收的光则不能引起光化学反应。

光化学第二定律(second law of photochemistry)又称**爱因斯坦**(Einstein)**光化当量定律**，该定律认为：在光化学初级过程中，体系吸收一个光子就能活化一个反应物分子(或原子)。

因此，活化 1mol 反应物分子就需要吸收 1mol 光子的能量，1 个光子的能量为

$$\varepsilon = h\nu \tag{5.7.1}$$

因此 1mol 光子的能量为

$$E_m = Lh\nu = \frac{Lhc}{\lambda} \tag{5.7.2}$$

$$E_m = \frac{6.02205\times10^{23}mol^{-1}\times6.62618\times10^{-34}J\cdot s\times2.99792\times10^8m\cdot s^{-1}}{\lambda}$$

$$=(0.1196m/\lambda)J\cdot mol^{-1}$$

式(5.7.2)中，λ 是光的波长，单位为 m；E_m 的单位为 $J\cdot mol^{-1}$。

为了度量所吸收的光子对光化学反应所起的作用，需要引入量子效率的概念，即参加反应的分子数或反应产生的分子数与被吸收的光子数之比，以符号 ϕ 表示。

在光化学反应初级过程中，反应物吸收一个光子而使一个分子或原子活化，但并不意味着一个分子或原子就能发生光化学反应。活化的分子或原子也可能不发生反应而以各种形式释

放出能量后重新回到基态，也有可能引起多个反应物分子或原子发生反应。也就是说，光化当量定律只能严格地适用于初级过程。对于不同的光化学反应，量子效率往往相差很大。某些气相光化学反应的量子效率列于表 5.7.1 中。

表 5.7.1　某些气相光化学反应的量子效率

光化学反应	λ/nm	量子效率	备　注
$2NH_3 \longrightarrow N_2 + 3H_2$	210	0.25	随压力而变
$SO_2 + Cl_2 \longrightarrow SO_2Cl_2$	420	1	
$2HBr \longrightarrow Br_2 + H_2$	207～252	2	
$2HI \longrightarrow I_2 + H_2$	207～282	2	
$CO + Cl_2 \rightleftharpoons COCl_2$	400～436	约 10^3	随温度升高而降低，且与反应的压力有关
$Cl_2 + H_2 \rightleftharpoons 2HCl$	400～436	10^3～10^6	随 p_{H_2} 及杂质而变

【例 5.7.1】 用波长为 253.7×10^{-9} m 的光分解气体 HI，反应如下

$$2HI(g) \xrightarrow{h\nu} H_2(g) + I_2(g)$$

实验表明，吸收 307J 的光能可使 1.30×10^{-3} mol 的 HI(g) 分解。试求量子效率 ϕ。

解　被吸收光子的物质的量

$$n = \frac{E}{E_m} = \frac{307}{(0.1196/253.7\times10^{-9})} \text{mol} = 6.51\times10^{-4} \text{mol}$$

$$\phi = 1.30\times10^{-3}/6.51\times10^{-4} = 1.996$$

量子效率近似等于 2，表明一个 HI 分子吸收一个光子后，可使两个 HI 分子发生反应。推断反应机理如下

$$HI + h\nu \longrightarrow H\cdot + I\cdot$$

$$H\cdot + HI \longrightarrow H_2 + I\cdot$$

$$I\cdot + I\cdot \longrightarrow I_2$$

5.7.3　光化学反应的特点

光化学反应与热反应不同：

(1) 在热化学反应中，反应物分子依赖分子碰撞，因此热化学反应的速率与反应物浓度有关，而光化学反应的速率通常与反应物浓度无关。在光化学初级过程中，反应物分子吸收光量子而活化，在反应物量充足的条件下，光化学反应的速率与吸收光的强度 I_a 成正比，对反应物呈零级反应。

(2) 等温、等压和不做非体积功的条件下，热化学反应总是朝着体系吉布斯函数降低的方向进行，光化学反应既可朝着体系吉布斯函数降低的方向进行，如 $H_2 + Cl_2 \xrightarrow{h\nu} 2HCl$，也可朝吉布斯函数增大的方向进行，如在等温、等压条件下，光可以将水分解为氢气和氧气。

(3) 入射光的波长和强度一般不影响热化学反应的平衡，但它们对光化学反应有很大的影响。热化学反应中的 $\Delta_r G_m^{\ominus}$ 不能用来计算光化学反应的平衡常数。

(4) 热化学反应的速率一般随温度的升高而增大，而光化学反应的速率受温度的影响较小，初级过程反应速率取决于吸收光子的速率，次级过程反应又常涉及自由基参加的反应，活化能很小，温度对光化学反应的速率常数影响不大。因此，对热化学反应的动力学和化学平衡的处理方法不可简单套用在光化学反应上。

5.7.4 光化学反应动力学与光化学平衡

1. 光化学反应动力学

光化学反应速率公式的推导，只有第一步初级过程有其本身的特殊性，其余与热化学反应基本相同。

设一光化学反应

$$A_2 \xrightarrow{h\nu} 2A$$

根据实验，拟定反应机理如下

$A_2 + h\nu \xrightarrow{\phi_1} A_2^*$	(1)活化，得活化分子 A_2^*	初级过程
$A_2^* \xrightarrow{k_2} 2A$	(2)活化分子解离	次级过程
$A_2^* + A_2 \xrightarrow{k_3} 2A_2$	(3)失活	次级过程

式中，$h\nu$ 代表光子，初级过程的速率仅取决于吸收光子的速率，即正比于所吸收光的强度 I_a（单位时间、单位体积内吸收光子的物质的量）。

根据稳态近似法可得

$$\frac{dc_{A_2^*}}{dt} = \phi_1 I_a - k_2 c_{A_2^*} - k_3 c_{A_2^*} c_{A_2} = 0$$

由上式可得

$$c_{A_2^*} = \frac{\phi_1 I_a}{k_2 + k_3 c_{A_2}}$$

则总的速率方程为

$$r = \frac{1}{2}\frac{dc_A}{dt} = k_2 c_{A_2^*} = \frac{\phi_1 k_2 I_a}{k_2 + k_3 c_{A_2}}$$

一个分子 A_2 吸收一个光子可生成两个产物分子 A，因此反应的量子效率为

$$\phi = \frac{\frac{1}{2}\frac{dc_A}{dt}}{I_a} = \frac{\phi_1 k_2}{k_2 + k_3 c_{A_2}}$$

【例 5.7.2】 有人实验测得氯仿的光氯化反应

$$CHCl_3 + Cl_2 + h\nu \longrightarrow CCl_4 + HCl$$

的速率方程为 $r = \frac{d[CCl_4]}{dt} = k[Cl_2]^{1/2} I_a^{1/2}$，为解释此速率方程，拟定如下机理

$$Cl_2 + h\nu \xrightarrow{\phi_1} 2Cl\cdot \qquad (1)$$

$$Cl\cdot + CHCl_3 \xrightarrow{k_2} \cdot CCl_3 + HCl \qquad (2)$$

$$\cdot CCl_3 + Cl_2 \xrightarrow{k_3} CCl_4 + Cl\cdot \qquad (3)$$

$$2\cdot CCl_3 + Cl_2 \xrightarrow{k_4} 2CCl_4 \qquad (4)$$

试根据上述反应机理推导速率方程，看能否得到与实验一致的结果。

解

$$\frac{d[CCl_4]}{dt} = k_3[\cdot CCl_3][Cl_2] + 2k_4[\cdot CCl_3]^2[Cl_2]$$

由稳态近似法

$$\frac{\mathrm{d}[\mathrm{Cl}\cdot]}{\mathrm{d}t}=2\phi_1 I_a-k_2[\mathrm{Cl}\cdot][\mathrm{CHCl_3}]+k_3[\cdot\mathrm{CCl_3}][\mathrm{Cl_2}]=0$$

$$\frac{\mathrm{d}[\cdot\mathrm{CCl_3}]}{\mathrm{d}t}=k_2[\mathrm{Cl}\cdot][\mathrm{CHCl_3}]-k_3[\cdot\mathrm{CCl_3}][\mathrm{Cl_2}]-2k_4[\cdot\mathrm{CCl_3}]^2[\mathrm{Cl_2}]=0$$

两式相加得

$$\phi_1 I_a-k_4[\cdot\mathrm{CCl_3}]^2[\mathrm{Cl_2}]=0$$

即

$$[\cdot\mathrm{CCl_3}]=\left(\frac{\phi_1 I_a}{k_4[\mathrm{Cl_2}]}\right)^{1/2}$$

将上式代入 CCl_4 速率方程得

$$\frac{\mathrm{d}[\mathrm{CCl_4}]}{\mathrm{d}t}=k_3\left(\frac{\phi_1 I_a}{k_4[\mathrm{Cl_2}]}\right)^{1/2}[\mathrm{Cl_2}]+2k_4\left(\frac{\phi_1 I_a}{k_4[\mathrm{Cl_2}]}\right)[\mathrm{Cl_2}]$$

$$=k_3\left(\frac{\phi_1}{k_4}\right)^{1/2}[\mathrm{Cl_2}]^{1/2}I_a^{1/2}+2\phi_1 I_a=k[\mathrm{Cl_2}]^{1/2}I_a^{1/2}+2\phi_1 I_a$$

式中

$$k=k_3\left(\frac{\phi_1}{k_4}\right)^{1/2}$$

在光化学反应中，反应物的分子数总是远大于吸收的光子数，所以 $2\phi_1 I_a$ 可以略去。于是

$$\frac{\mathrm{d}[\mathrm{CCl_4}]}{\mathrm{d}t}=k[\mathrm{Cl_2}]^{1/2}I_a^{1/2}$$

推导所得与实验测定结果一致。

2. 光化学平衡

设反应 $\mathrm{A+B\xrightarrow{光}C+D}$ 是在吸收光能的条件下进行的。若产物对光不敏感，则它按热化学反应又回到反应物，即

$$\mathrm{C+D\xrightarrow{热}A+B}$$

因此，当正、逆反应速率相等时，则达到平衡

$$\mathrm{A+B\underset{热}{\overset{光}{\rightleftharpoons}}C+D}$$

若正、逆反应都对光敏感，则要达到另一种平衡：

$$\mathrm{A+B\underset{光}{\overset{光}{\rightleftharpoons}}C+D}$$

以上两种平衡都是光化平衡。例如

$$\mathrm{2C_{14}H_{10}}(蒽)\underset{热}{\overset{光}{\rightleftharpoons}}\mathrm{C_{28}H_{20}}(二聚体)$$

$$\mathrm{2SO_3\underset{光}{\overset{光}{\rightleftharpoons}}2SO_2+O_2}$$

以蒽的二聚为例，可简写为

$$\mathrm{2A}\underset{k_{-1}}{\overset{I_a}{\rightleftharpoons}}\mathrm{A_2}$$

$$正反应速率=2\phi_1 I_a$$

$$逆反应速率=k_{-1}c_{\mathrm{A_2}}$$

平衡时

$$2\phi_1 I_a=k_{-1}c_{\mathrm{A_2}}$$

或
$$c_{A_2}=\frac{2\phi_1 I_a}{k_{-1}}$$

即平衡浓度 c_{A_2} 与吸收光的强度成正比。当 I_a 一定时，则双蒽浓度为一常数(光化学平衡常数)，与蒽的浓度无关。若光源断开，则光化学平衡立即被破坏，转入正常的热化学反应平衡状态。

5.8 催化剂对反应速率的影响

5.8.1 催化反应中的基本概念

少量的一种(或几种)物质加入某化学反应体系中，可以显著加快反应的速率，而自身在化学反应前后数量及化学性质都不改变，则该物质称为这一反应的**催化剂**(catalyst)，这类反应称为**催化反应**(catalytical reaction)。从化学反应动力学角度来看，与浓度、温度一样，催化剂只是影响化学反应速率的一种因素，但催化剂的作用尤为显著。有人曾统计，现代化学工业产品 80%以上是由催化过程来生产，生物体内的各种生化反应是靠酶催化来进行的。催化反应可分三大类：①**均相催化**(homogenous catalysis)，催化剂和反应物为同一相，如酸对酯类水解的催化；②**多相催化**(heterogeneous catalysis)，催化剂和反应物不在同一相中，如 V_2O_5 对 SO_2 氧化为 SO_3 的催化；③**酶催化**(enzyme catalysis)，或称**生物催化**。以酶为催化剂的反应，如淀粉发酵酿酒，用微生物发酵生产抗生素等。

5.8.2 催化作用的基本特征

三类不同催化反应的机理各不相同，但它们具有如下共同的基本特征。

1. 催化剂不能改变反应的平衡规律(方向和限度)

对定温、定压下 $\Delta_r G_m>0$ 的反应，加入催化剂也不能促使其发生反应。因此，当一化学反应在指定条件下经热力学定律判明不能生成预期的产物时，试图使反应进行是徒劳的。加入催化剂不能改变 $\Delta_r G_m^\ominus$，由 $\Delta_r G_m^\ominus=-RT\ln K^\ominus$ 可知，不能改变反应的平衡常数；由于 $K_c=k_1/k_{-1}$，所以催化剂加快正反应速率的同时也必然加快逆反应速率，而且正、逆反应速率系数是按相同倍数增加的。根据这个原理，一个对正反应有效的催化剂一定对逆反应也有效。

2. 催化剂具有选择性

不同类型的反应需要不同的催化剂，如氧化反应的催化剂和脱氢反应的催化剂是不同的。即使是同一种反应物，若选择不同的催化剂，也可能得到不同的产物。例如

C_2H_5OH：

$$C_2H_5OH \xrightarrow[200\sim250℃]{Cu} CH_3CHO+H_2$$
$$C_2H_5OH \xrightarrow[350\sim360℃]{Al_2O_3} C_2H_4+H_2O$$
$$C_2H_5OH \xrightarrow[140℃]{Al_2O_3} C_2H_5OC_2H_5+H_2O$$
$$C_2H_5OH \xrightarrow[400\sim450℃]{ZnO\cdot Cr_2O_3} CH_2=CH-CH=CH_2+H_2O+H_2$$
$$C_2H_5OH \xrightarrow[700℃]{\text{无催化剂}} \begin{cases} C_2H_4+H_2O(20\%) \\ CH_3CHO+H_2(80\%) \end{cases}$$

工业生产中选择性定义为

$$\text{选择性}=\frac{\text{转化为目的产品的该反应物的量}}{\text{某反应物转化的总量}}\times 100\%$$

3. 催化剂参与化学反应，能改变化学反应的机理，使反应按活化能较小的途径进行

若某一反应为 $A+B \longrightarrow AB$，在体系中加入催化剂 C，其反应机理为

$$A+C \longrightarrow AC(\text{中间体})$$

$$AC+B \longrightarrow AB+C$$

催化剂 C 参与反应，形成了中间体，使反应沿着活化能较小的新途径进行。

4. 许多催化剂对杂质很敏感

有时少量的杂质就能显著影响催化剂的效能，在这些物质中，能使催化剂的活性、选择性、寿命和稳定性增强者为助催化剂或促进剂，而使催化剂的上述性质减弱者为阻化剂或抑制剂。某些物质少量进入催化剂后可以使催化剂失去活性，称为催化剂中毒，这些物质称为毒物。例如，在铂催化 $H_2+1/2O_2 \longrightarrow H_2O$ 反应中，少量的杂质就可使铂中毒，完全丧失催化活性。催化剂的中毒可以是永久性的，也可以是暂时性的，后者只要将毒物除去，催化剂效率仍可恢复。

5.8.3　催化反应的一般机理

催化剂的催化机理随不同的催化剂和催化反应而异。通常是催化剂与反应物分子形成了不稳定的中间化合物（或络合物），或发生了物理或化学的吸附作用，通过改变反应途径、降低反应的活化能来增大反应速率。这些不稳定的中间产物继续反应后，催化剂复原。

下面讨论催化剂生成中间产物的反应机理。设有催化反应 $A+B \xrightarrow{k} AB$，其催化机理可表示为

$$A+K \underset{k_2}{\overset{k_1}{\rightleftharpoons}} AK \qquad (1)$$

$$AK+B \xrightarrow{k_3} AB+K \qquad (2)$$

其中 K 为催化剂，AK 为反应物和催化剂生成的中间产物。设第一步是快速平衡，第二步是速控步骤。由于第一步是快速平衡，因此

$$\frac{k_1}{k_2}=K_c=\frac{c_{AK}}{c_A c_K}$$

总反应的速率为

$$r=\frac{dc_{AB}}{dt}=k_3 c_{AK} c_B$$

将 c_{AK} 表达式代入上式得

$$r=\frac{dc_{AB}}{dt}=k_3 c_{AK} c_B=\frac{k_1 k_3}{k_2} c_K c_A c_B=k c_A c_B \qquad (5.8.1)$$

式(5.8.1)中，$k=\frac{k_1 k_3}{k_2} c_K$，若 k_1、k_2、k_3 都符合阿伦尼乌斯方程，则

$$k=\frac{k_1k_3}{k_2}c_K=\left(\frac{A_1A_3}{A_2}c_K\right)\exp\frac{-(E_1+E_3-E_2)}{RT}$$

反应的表观活化能和表观指前参量分别为

$$E_a=E_1+E_3-E_2$$

$$A=\frac{A_1A_3}{A_2}c_K$$

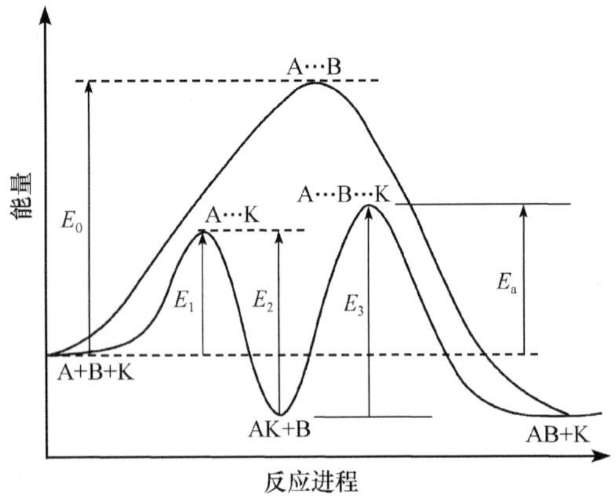

图 5.8.1 催化反应活化能与反应途径

图 5.8.1 为上述反应机理的活化能示意图。非催化反应要克服活化能 E_0 的高能峰，而在催化剂的存在下，反应途径改变了，只需克服两个较小的能峰 E_1 和 E_3，通常 E_1、E_2 和 E_3 的数值均比 E_0 小，所以催化反应控速步骤的活化能比非催化反应的活化能小。

应当指出，并非所有能降低活化能的物质都能使反应显著加速而成为催化剂。催化剂的表观指前参量中含有催化剂的浓度 c_K，而在反应体系中 c_K 通常是很小的。但多数催化剂能使反应活化能降低 80kJ · mol^{-1} 以上，通常远远超过 c_K 较低对反应速率的不利影响。

5.8.4 均相催化反应

催化剂和反应物在同一相中的催化反应称为均相催化反应，有气相催化和液相催化两种。气相催化反应多数是链反应，催化剂具有引发自由基的功能；液相催化反应包括酸碱催化、配位催化、自由基引发催化等。

1. 酸碱催化

酸碱催化反应通常是离子型反应，其本质在于质子的转移。有许多离子型有机反应，如酯的水解、醇醛缩合、脱水、水合等，大多可被酸或碱催化。

酸碱催化可分为**专属酸碱催化**（specific acid-base catalysis）和**广义酸碱催化**（general acid-base catalysis）。前者是以 H^+ 或 OH^- 为催化剂的反应。广义酸碱催化是以广义酸碱为催化剂的催化反应。例如，硝基胺的水解既可被专属碱 OH^- 催化，也可被广义碱 CH_3COO^- 催化

$$NH_2NO_2+OH^-\longrightarrow NHNO_2^-+H_2O$$

$$NHNO_2^-\longrightarrow N_2O+OH^-$$

或

$$NH_2NO_2+CH_3COO^-\longrightarrow NHNO_2^-+CH_3COOH$$

$$NHNO_2^-\longrightarrow N_2O+OH^-$$

$$CH_3COOH+OH^-\longrightarrow CH_3COO^-+H_2O$$

通常，酸催化的机理是反应物 S 接受质子 H^+，形成质子化物 SH^+，不稳定的中间产物 SH^+ 再放出 H^+，生成产物 P，即

$$S+HA(\text{酸催化剂})\longrightarrow SH^++A^-$$

$$SH^{+}+A^{-}\longrightarrow P(\text{产物})+HA$$

反应的第一步是催化剂分子把质子转移给反应物，因此催化剂的效率与其失去质子的能力，即与酸的强度有关。

碱催化的机理是碱接受反应物的质子，使反应物变为不稳定的中间产物，再进一步生成产物并使碱复原，即

$$S(\text{反应物})+B(\text{碱催化剂})\longrightarrow HB^{+}+S^{-}$$

$$HB^{+}+S^{-}\longrightarrow P(\text{产物})+B$$

2. 络合催化

络合催化是催化剂与反应物中发生反应的基团直接形成配位键构成活性中间络合物，从而加速了反应。络合催化剂一般为过渡金属化合物，因为过渡金属原子或离子具有空价 d 电子轨道，而反应物通常是不饱和烃。例如，乙烯直接氧化成乙醛的反应，是典型的络合催化反应

$$C_2H_4+PdCl_2+H_2O\longrightarrow CH_3CHO+Pd+2HCl$$

$$2CuCl_2+Pd\longrightarrow PdCl_2+2CuCl$$

$$2CuCl+2HCl+\frac{1}{2}O_2\longrightarrow 2CuCl_2+H_2O$$

总的结果是

$$C_2H_4+\frac{1}{2}O_2\xrightarrow[CuCl_2]{Pd}CH_3CHO$$

5.8.5 多相催化反应

多相催化主要是用固体催化剂催化气相反应或液相反应。由几个步骤组成，包括反应物接近催化剂表面和产物离开催化剂表面的传质过程或扩散过程、吸附和解吸、表面反应等。整个反应的速率由某一步或某几步控制。

固体表面吸附是多相催化的一个重要步骤，这方面内容将在表面化学中讨论。固体催化剂具有容易回收、易于活化、便于连续流动操作等优点。多相催化反应在化工生产中得到了广泛的应用。

5.8.6 酶催化反应

1. 酶催化反应的特征

酶是具有催化能力的蛋白质，是生物体内催化反应中催化剂的总称，它在生物体的新陈代谢过程中有重要作用。例如，蛋白质、糖类、脂肪等的分解与合成基本上都是酶催化反应。酶除了具有一般催化剂的共性外，还有以下特点：

(1) 高度的选择性。在酶催化反应中，能与酶结合并受酶催化作用的反应物分子称为这种酶的底物。某些酶对底物要求很专一，如脲酶能迅速将尿素转化为氨和二氧化碳，而对其他取代物(如甲基尿素)则无作用；从酵母中分离出的脱氢酶，只催化 L-乳酸脱氢而不影响 D-乳酸。但也有些酶选择性较低，如转氨酶、蛋白水解酶等，可以催化某一类底物的反应。

(2) 高度的催化活性。酶反应的催化效率比一般无机物或有机物催化剂的效率高许多，有的高 $10^6 \sim 10^{12}$ 倍。例如，过氧化氢酶能在 1s 内分解 10 万个 H_2O_2 分子。

(3) 反应条件温和。酶催化反应一般在常温常压条件下进行，介质为中性或者近中性，反应物的浓度往往比较低。例如，植物的根瘤菌或其他固氮菌可以在常温常压下固定空气中的氮，使之转化为氨态氮。

由于酶是蛋白质，对外界条件很敏感，高温、强酸、强碱、紫外线、重金属盐都能使酶失去活性，丧失催化能力。

2. 酶催化反应动力学

研究表明，酶催化反应的速率与底物浓度、酶浓度、温度、pH、抑制剂、激活剂等因素有关。米歇里斯(Michaelis)和门坦 (Menten) 提出中间物学说来阐述酶催化反应的机理，即在酶催化反应中，酶 E 与底物 S 先形成一种不稳定的中间物——酶底复合物，这是一步快反应。然后酶底复合物再分解得到产物 P，并释放出酶 E，这是一步慢反应。整个反应可表示为

$$S+E \underset{k_-}{\overset{k_+}{\rightleftharpoons}} ES \xrightarrow{k_2} E+P$$

其中 k_+、k_- 和 k_2 分别是三个相应过程的速率常数，总反应的速率为

$$r=\frac{dc_P}{dt}=k_2 c_{ES} \tag{5.8.2}$$

ES 分解为 P 的速率很慢，因此对 ES 可采用稳态近似法处理

$$\frac{dc_{ES}}{dt}=k_+ c_S c_E-k_- c_{ES}-k_2 c_{ES}=0$$

$$c_{ES}=\frac{k_+}{k_-+k_2}c_S c_E=\frac{1}{K_M}c_S c_E \tag{5.8.3}$$

式(5.8.3)中，$K_M=\frac{k_-+k_2}{k_+}$ 称为**米氏常数**(Michaelis constant)。由式(5.8.3)知：$K_M=\frac{c_S c_E}{c_{ES}}$，它相当于酶底复合物的不稳定常数。

一般 c_E 的浓度很难准确测量，而酶的初始浓度(或总浓度)已知，根据物料衡算得

$$c_{E,0}=c_E+c_{ES} \quad 或 \quad c_E=c_{E,0}-c_{ES} \tag{5.8.4}$$

将式(5.8.4)代入式 (5.8.3)得

$$c_{ES}=\frac{1}{K_M}c_S(c_{E,0}-c_{ES})$$

或

$$c_{ES}=\frac{c_{E,0}c_S}{K_M+c_S}$$

将上式代入式(5.8.2)得总反应速率

$$r=k_2\frac{c_S c_{E,0}}{K_M+c_S} \tag{5.8.5}$$

式(5.8.5)为**米歇里斯-门坦方程**(Michaelis-Menten equation)。

若以反应速率为纵坐标，以底物浓度为横坐标，按式(5.8.5)作图，则得图 5.8.2。当 c_S 很小时，$c_S+K_M \approx K_M$，$r=\frac{k_2}{K_M}c_{E,0}c_S$，反应对 c_S 而言是一级反应，这一结论与实验事实是一致的；

当 $c_S\to\infty$，反应速率趋于极大(r_{max})，即 $r_{max}=k_2c_{E,0}$，此时反应速率与酶的总浓度成正比，而与 c_S 的浓度无关，对 c_S 而言是零级反应。将 $r_{max}=k_2c_{E,0}$ 代入式(5.8.5)得

$$\frac{r}{r_{max}}=\frac{c_S}{K_M+c_S} \tag{5.8.6}$$

当 $r=\frac{r_{max}}{2}$ 时，$K_M=c_S$，这表明当反应速率达到最大速率一半时，底物的浓度等于米氏常数。K_M 是酶的特征常数，它反映了酶与底物的亲和力，其值越小，酶的活性越高。将式(5.8.6)重排可得

$$\frac{1}{r}=\frac{K_M}{r_{max}}\cdot\frac{1}{c_S}+\frac{1}{r_{max}} \tag{5.8.7}$$

以 $\frac{1}{r}$ 对 $\frac{1}{c_S}$ 作图，所得直线的截距为 $\frac{1}{r_{max}}$，斜率为 $\frac{K_M}{r_{max}}$，二者联立可得出 K_M 和 r_{max}，或直线外推至横坐标轴上，可得 K_M，如图 5.8.3 所示。

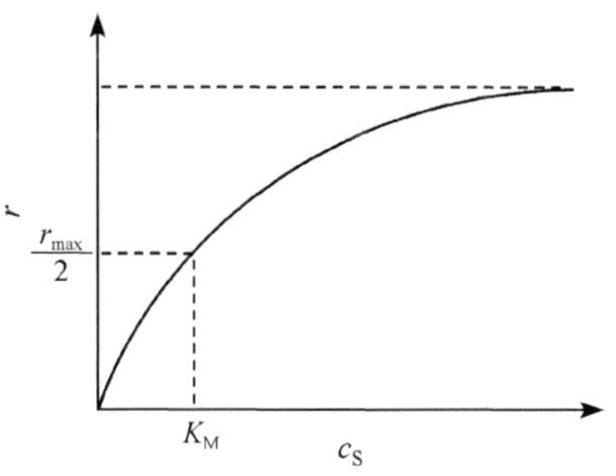

图 5.8.2　典型的酶催化反应速率曲线

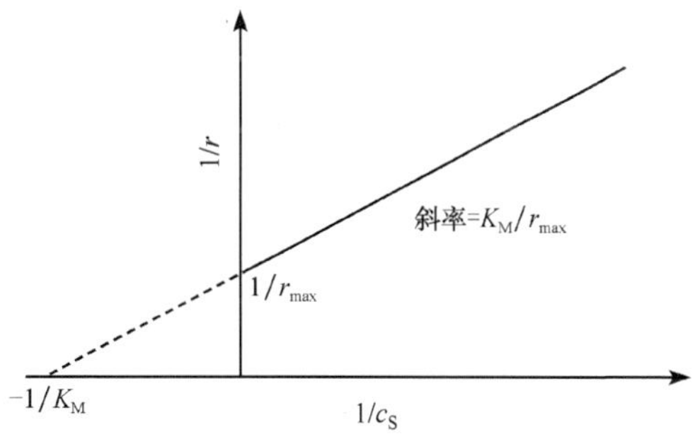

图 5.8.3　K_M 值的求算

许多酶催化反应都能满足式(5.8.5)，但酶催化反应的速率除与底物浓度、酶浓度有关外，还与抑制剂、pH 等因素有关。下面介绍酶的抑制机理。

研究酶的抑制机理对于了解生理过程和药物作用有重要的意义。抑制作用有多种类型，其中之一称为竞争抑制。这类抑制剂与底物分子的结构很相似，它可以占据酶上的活性中心(酶分子中能起催化作用的特殊基团或局部区域)，因而与底物发生竞争。用 I 代表抑制剂，则反应机理可表示为

$$E+S\underset{k_{-1}}{\overset{k_1}{\rightleftharpoons}}ES\xrightarrow{k_2}E+P$$

$$E+I\underset{k_{-3}}{\overset{k_3}{\rightleftharpoons}}EI$$

$$c_E=c_{E,0}-c_{ES}-c_{EI} \tag{5.8.8}$$

令

$$K_M=\frac{c_Ec_S}{c_{ES}},\qquad K_I=\frac{c_Ec_I}{c_{EI}}$$

代入式(5.8.8)，$\frac{K_Mc_{ES}}{c_S}=c_{E,0}-c_{ES}-\frac{c_Ic_E}{K_I}$，整理后得

$$c_{ES}=\frac{c_{E,0}}{\frac{K_M}{c_S}+1+\frac{K_Mc_I}{K_Ic_S}}$$

于是反应速率表示为

$$r=k_2c_{ES}=\frac{k_2c_{E,0}}{\frac{K_M}{c_S}+1+\frac{K_Mc_I}{K_Ic_S}} \tag{5.8.9}$$

当 c_S 很大时，$r_{max}=k_2c_{E,0}$，这与没有抑制的情况相同。式(5.8.9)也可以表示为

$$r=\frac{r_{max}c_S}{c_S+K_M\left(1+\frac{c_I}{K_I}\right)}$$

或

$$\frac{1}{r}=\frac{K_M}{r_{max}}\left(1+\frac{c_I}{K_I}\right)\frac{1}{c_S}+\frac{1}{r_{max}} \tag{5.8.10}$$

将 $\frac{1}{r}$ 对 $\frac{1}{c_S}$ 作图，所得直线的截距与没有抑制剂的情况相同，但直线的斜率却不相同，见式(5.8.7)。图 5.8.4 表示竞争抑制剂对 r 和 K_M 的影响，比较式(5.8.7)和式(5.8.10)可得

$$K_M'=K_M\left(1+\frac{c_I}{K_I}\right)$$

K_M' 和 K_M 分别表示有抑制剂和没有抑制剂时的米氏常数。

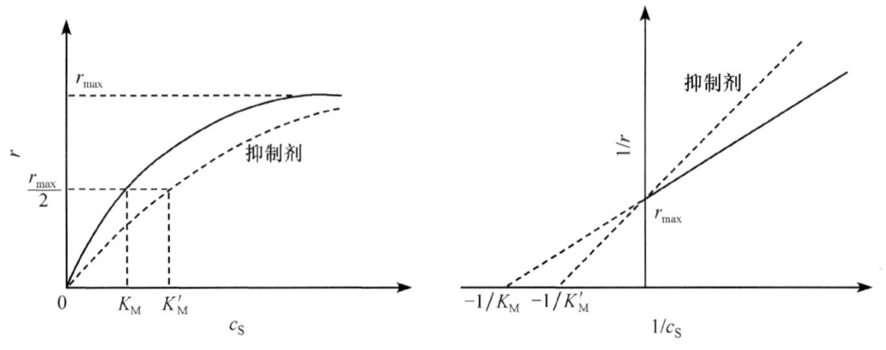

图 5.8.4　竞争抑制剂对 r 和 K_M 的影响

3. pH 对酶催化反应速率的影响

酶的活性受环境 pH 的影响。在一定条件下，能使酶产生最大活力的 pH 称为酶的最适 pH。一些酶相对活性与 pH 的关系如图 5.8.5 所示。最适 pH 可用实验的方法确定，它的大小随底物的种类和浓度、缓冲溶液的种类和浓度等条件而变化。因此，最适 pH 是酶的一个特性参数，但并不是常数，只是在某特定的条件下才为一确定的数值。

pH 对酶催化反应的作用是复杂的。它不但影响酶的稳定性，而且还影响酶的活性中心有关基团的解离状态。在非最适 pH 范围内，底物不易与酶结合，或结合后不易生成产物。在实际工作中，如测定酶的活力时，必须加入适当的缓冲溶液来维持最适 pH。

5.8.7　自催化反应和化学振荡

自催化反应和化学振荡属于非线性化学动力学研究范畴。**非线性化学动力学**(no-linear chemical kinetics)研究的内容是化学反应体系在远离平衡条件下，由于体系中非线性过程的

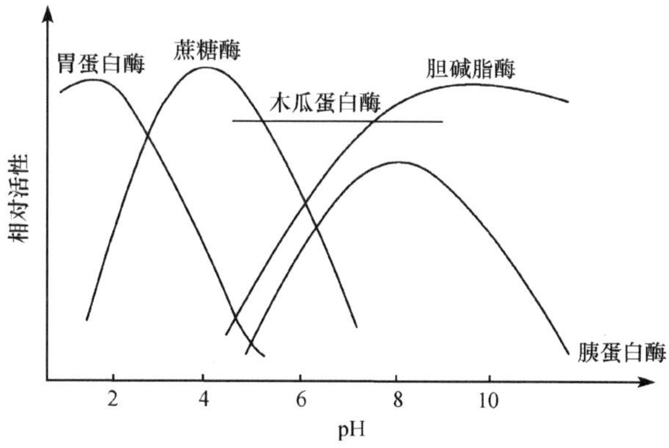

图 5.8.5　某些酶的 pH-活性曲线

作用而导致的各类非线性动力学行为，如**化学振荡**(chemical oscillation)、**化学混沌**(chemical chaos)、**化学波**(chemical wave)等。

对于给定条件下的反应体系，反应开始后逐渐形成并积累了某种产物或中间体，化学反应的这些生成物之一具有催化功能，使反应经过一段诱导期后出现反应速率大大加快的现象，这种作用称为**自催化作用**(autocatalysis)。

简单的自催化反应常包含三个连续进行的动力学步骤，如

$$A \xrightarrow{k_1} B+C \qquad (1)$$

$$A+B \xrightarrow{k_2} AB \qquad (2)$$

$$AB \xrightarrow{k_3} 2B+C \qquad (3)$$

在式(1)中，起始反应物 A 较缓慢地分解为 B 和 C，产物 B 具有催化功能，与反应物 A 络合，如(2)所示。然后，AB 再分解为产物 C，同时释放出 B，如(3)所示。在反应过程中一旦有 B 生成，反应就自动加速。自催化反应常见于均相催化，其特征之一是存在诱导期。某些自催化反应有可能使反应体系中某些物质的浓度随时间(或空间)发生周期性的变化，即发生化学振荡。人们已证明，要发生持续的振荡现象，必须满足以下三个条件：①体系存在自催化型反应；②反应必须是敞开体系，且远离平衡态；③体系必须有两个稳态存在。化学振荡反应之所以引起人们的关注，是因为已发现振荡现象与许多生命过程相关，如动物心脏的有节律的跳动，葡萄糖转化为 ATP(三磷酸腺苷)的糖酵解循环中的振荡反应等。

5.9　溶液中化学反应动力学

溶液中溶质分子同样需要碰撞才能发生反应。在溶液中，溶剂与反应物之间既存在着碰撞传能、相互吸引等物理作用，又可能存在着溶剂对反应起催化等化学作用，甚至溶剂本身也可参加反应。因此，溶液中反应比气相中反应更复杂，这就是至今尚未建立起令人满意的溶液反应动力学的原因。

溶液中每个分子的运动都受到相邻分子的阻碍，每个溶质分子都可看作被周围的溶剂分子包围着，即被关在由周围溶剂分子所构成的笼子中，偶尔冲出一个笼子后又很快进入其他笼子中。这种现象称为**笼效应**(cage effect)。两个分子扩散到同一个笼中相互接触，则称为**遭遇**(encounter)。

溶剂分子的存在虽然限制了反应分子的远距离移动,减少了与远距离分子的碰撞机会,但增加了近距离反应分子的重复碰撞。总的碰撞频率并未减低。据粗略估计,在水溶液中,对于一对无相互作用的分子,在一次遭遇中它们在笼中的时间为 $10^{-12}\sim10^{-11}$ s,在这段时间内要进行 100～1000 次的碰撞。偶尔有机会跃出这个笼子,扩散到别处,又会进入另一个笼子。溶液中分子的碰撞与气体分子的碰撞不同,后者的碰撞是连续的,而前者是分批进行的。一次遭遇相当于一批碰撞,它包含着多次的碰撞。就单位时间内的总碰撞次数而论,它们大致相同,不会有数量级上的差异。因此溶剂的存在不会使活化分子减少。A 和 B 若发生反应则必须通过扩散进入同一笼子中,反应物分子通过溶剂分子所构成的笼子所需要的活化能一般不会超过 $20\text{kJ}\cdot\text{mol}^{-1}$,而分子碰撞反应的活化能却一般为 $40\sim400\text{kJ}\cdot\text{mol}^{-1}$。由于扩散作用的活化能小得多,所以扩散作用一般不会影响反应的速率。但也有不少反应的活化能很小,如自由基的复合反应,水溶液中的离子反应等,它们的反应速率取决于分子的扩散速率。

溶剂对反应速率的影响是一个极其复杂的问题,一般来说有以下几个方面的规律。

(1) 溶剂的介电常数对于有离子参加的反应的影响:溶剂的介电常数越大,离子间的引力越弱。因此,介电常数大的溶剂常不利于离子间的化合反应。

(2) 溶剂的极性对反应速率的影响:若生成物的极性比反应物大,则极性溶剂常能促进反应的进行;反之,若反应物的极性比生成物大,则极性溶剂抑制反应的进行。

(3) 溶剂化的影响:一般来说,反应物与生成物在溶液中都能或多或少地形成溶剂化物。若溶剂与任一种反应物分子生成不稳定的中间化合物而使活化能降低,则可以使反应速率加快。反之,若溶剂分子与反应物生成比较稳定的化合物,则一般能使活化能增高,而减慢反应速率。

(4) 离子强度的影响(原盐效应):在稀溶液中,若反应物都是电解质,则反应速率与溶液的离子强度有关。即第三种电解质的存在对反应速率有影响,这种效应称为**原盐效应**(primary salt effect)。

5.10 快速反应研究技术和微观反应动力学

5.10.1 快速反应研究技术

快速反应(fast reaction)通常指半衰期小于 1s 的反应。常规方法不适用于研究快速反应的主要原因是反应物的混合过程太慢,反应物尚未混合均匀反应就已经进行完毕。许多离子反应、自由基反应、酶催化反应等都是快速反应。对于快速反应,要求用特殊的测量方法。随着科学技术的发展,对快速反应动力学的研究已有不少实验方法,见表 5.10.1。

表 5.10.1 一些快速反应的实验方法和应用范围

实验方法	适用的半衰期范围/s
传统方法	$10^{0}\sim10^{8}$
流动法	$10^{-3}\sim10^{2}$
弛豫法	$10^{-10}\sim1$
跳浓弛豫法	$10^{-6}\sim1$
跳温弛豫法	$10^{-7}\sim1$
场脉冲法	$10^{-10}\sim10^{-4}$
击波管法	$10^{-9}\sim10^{-3}$
动力学波谱法	$<10^{-10}$

下面对快速混合法、闪光光解技术和弛豫法作简单介绍。

1. 快速混合法

快速混合法又称流动法，可分为间歇流动法和连续流动法。图 5.10.1 和图 5.10.2 分别为两种流动法的装置示意图。

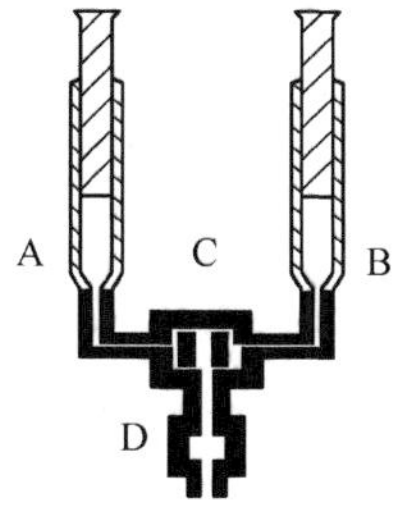

图 5.10.1　间歇流动法装置示意图

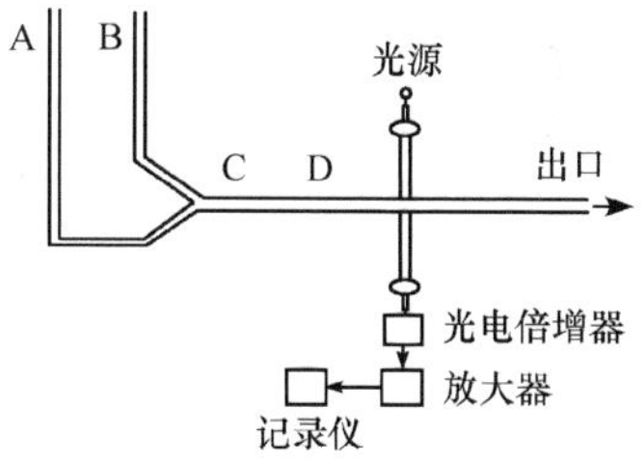

图 5.10.2　连续流动法装置示意图

在间歇流动法中，两种反应物被活塞 A、B 高速压入混合器 C，在 C 中高速充分混合均匀后立即进入反应器 D。整个混合过程在 10^{-3}s 内完成。测定体系的某种与反应物组分浓度有关而易于转成电信号的物理量（如透光率），用示波器显示这一与浓度相关的电信号即可得到浓度随时间的变化关系，进而求得反应的其他动力学参数。

在连续流动法中，两种反应物分别在入口 A、B 连续高速进入混合器 C，并在反应管道 D 形成一浓度梯度。利用可移动的检测器在管道的不同位置处来测定与浓度相关的物理量，即可得到浓度随时间的变化关系，进而求得反应的其他动力学参数。

2. 弛豫法

弛豫法（relaxation method）是快速反应动力学研究中的一种常用方法。其基本原理是先让反应体系达到平衡，然后突然改变体系的某一与平衡有关的物理性质，如温度、压力、浓度、电场等，使体系原有的平衡受到破坏，并在新的条件下趋向新的平衡。用物理法（如分光光度法）测定浓度的变化，并记录新条件下达到新的平衡所需的时间（弛豫时间），就可求出反应的各动力学参数。近代的一些实验仪器，如有自动记录设备的核磁共振（NMR）波谱仪、电子自旋共振（ESR）波谱仪及跟踪电导变化的振荡器等能在极短时间内反映出体系发生变化的信息。弛豫方法的优点是彻底免除了反应物的混合过程。只要控制体系偏离平衡的程度足够小，不管反应级数如何，体系趋向新的平衡的过程都符合一级反应积分速率方程

$$\Delta c = \Delta c_0 \exp\left(\frac{-t}{\tau}\right) \tag{5.10.1}$$

式中，Δc 为 t 时刻某一反应组分的浓度距新的平衡浓度差；Δc_0 为 Δc 的初始值；τ 为 s 松弛时间，也称弛豫时间。

3. 闪光光解技术

自从 20 世纪 40 年代末问世以来，**闪光光解**（flash photolysis）技术已经发展成为一种研究快速反应的十分有效的手段。用一支能瞬间产生高能量（强闪光）的石英闪光管，对反应体系进行骤发的强光照射，产生一种极强的扰动，这种研究反应动力学的方法称为闪光光解技

术。反应体系在极短的时间内吸收很高的能量，引起电子激发，发生化学反应。对光解产物（主要是自由原子和自由基碎片）用核磁共振、紫外光谱等技术进行测定，并检测这些碎片随时间的衰变行为。现在用超短脉冲激光器代替石英闪光管，可以检测出半衰期为 $10^{-9}\sim10^{-2}$ s 的自由基。

5.10.2 微观反应动力学

微观反应动力学（microscopic reaction kinetics）是从微观角度即从分子水平上研究基元反应过程，具体来讲就是研究单个分子发生反应碰撞前后反应物分子和产物分子的动态性质，所以也称**分子反应动态学**（molecular reaction dynamics）。

20 世纪 50 年代至 80 年代，由于交叉分子束和激光等技术的开发、计算机的广泛应用以及反应速率理论研究的逐步深入，微观反应动力学在理论和实验上都取得了飞速的发展，仅 1986～2002 年就有 7 次诺贝尔化学奖颁给了与此相关的化学家，可见其前沿性和创新性。

1. 交叉分子束实验技术

交叉分子束（crossed molecular beam）技术是目前分子反应碰撞研究中最强有力的工具。常用的交叉分子束装置如图 5.10.3 所示，它是由束源、速度选择器、散射室、检测器和产物分析器等几个主要部分组成。

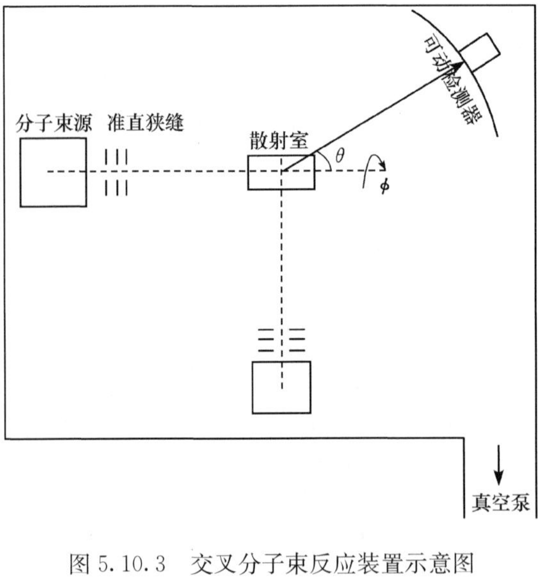

图 5.10.3 交叉分子束反应装置示意图

分子束是在抽成高真空的容器中飞行的十分稀薄的一束分子流。它由束源中发射出来。早期使用的束源是小的加热炉，如金属钾原子束是由加热炉把金属钾气化为蒸气，从束源小孔中射出。目前多用超音速喷嘴束源，源内压力可高于大气压几十倍，突然以超音速绝热向真空膨胀，分子由随机的热运动变为定向有序束流，具有较大的平动能。同时，由于膨胀后温度很低，可使分子转动和振动处于基态。这种分子束的速度分布比较窄，不需要外加速度选择器，喷嘴源本身通过其压力的调解就能起到速度选择的作用。速度选择器是由一系列带齿的圆盘组成，它可以控制分子束的速度以达到选择分子平动能量的要求。散射室又称反应室，两束分子在那里发生正交碰撞，散射室保持很高的真空度，一般小于 10^{-4} Pa。在如此低的压力下分子的平均自由程约为 50m，远大于装置的尺寸，这样分子间的再次碰撞可以忽略。在散射室周围有多个窗口，可让探测激光束进入反应散射区域进行检测，同时通过窗口接收来自产物粒子辐射的光学信号以分析产物的能量状态。检测器的灵敏度是分子束实验成功与否的关键因素之一。所以，直到 20 世纪 50 年代高灵敏度的检测器研制成功以后，分子束的研究才得以迅速发展。例如，电子轰击式电离四极质谱仪及速度分析器常被用来测量分子束反应产物的角度分布、平动能分布以及内部能量的分布。

在 20 世纪 60 年代，赫希巴赫(Herschbach)和李远哲、波拉尼(Polanyi)实现了在单次碰撞下研究单个分子间发生的反应的设想，他们将激光、光电子能谱与分子束结合，使化学家有可能在电子、原子、分子和量子层次上研究化学反应所出现的各种动态，以探究化学反应和化学相互作用的微观机理和作用机制，揭示化学反应的基本规律。赫希巴赫、李远哲和波拉尼在分子束实验中曾做出了杰出的贡献，为此共同荣获 1986 年诺贝尔化学奖。

2. 态-态反应

简单碰撞理论、过渡态理论从不同角度推导了计算基元反应速率常数的公式。然而，反应物分子进行碰撞时可以有不同的碰撞速度、碰撞角度，分子可以有不同的量子状态，而反应产物分子也可以有不同的运动速度和不同的量子状态。所以，基元反应还是很复杂的。对于参加反应的分子都详尽到分子状态的反应，称为**态-态反应**(state-to-state reaction)。例如，态-态反应

$$K(n)+CH_3I(u,v)\xrightarrow{k(n,u,v)}KI(u',v')+\cdot CH_3(n') \qquad (5.10.2)$$

式(5.10.2)括号中，n 和 n' 表示原子和自由基的能态；u 和 u' 表示碰撞分子的相对运动速率(取决于分子平动能的大小)；v 和 v' 为振动量子数(取决于分子的振动能级)。$k(n,u,v)$ 为微观反应速率常数，通过获取各种可能的**微观反应速率常数**(microscopic rate coefficient of reaction)，就可运用统计方法计算出宏观反应的速率常数。

3. 由交叉分子束实验技术得到的动力学信息

(1) 由交叉分子束实验得到有关态-态反应的最显著的动力学信息是产物的**角度分布**(angular distribution)。图 5.10.4、图 5.10.5、图 5.10.6 画出了三个反应在**质心坐标**(center of mass coordinates)下，相对于入射原子的方向产物分子散射的角度分布。对于反应 $K+I_2 \longrightarrow KI+I\cdot$，产物分子 KI 的散射方向与原子 K 的入射方向一致，呈向前散射模型，活化络合物为直线构型：K…I…I。反应 $K+CH_3I \longrightarrow KI+\cdot CH_3$ 的产物 KI 分子散射的优势方向与 K 原子入射方向相反，是一种向后散射模型，活化络合物的最佳构型是 K、I、C 三原子呈直线排列。对于反应 $O+Br_2 \longrightarrow OBr+Br\cdot$，其产物的角度分布在空间呈现各向同性的散射。这是由于在反应过程中形成中间络合物寿命比自身的转动周期(1～5ps)长。络合物转动时体系的能量可以分散在不同运动模式上，一旦该长寿命络合物衰变，产物分子则以旋转轴为中心按随机方式前后对称飞散开。

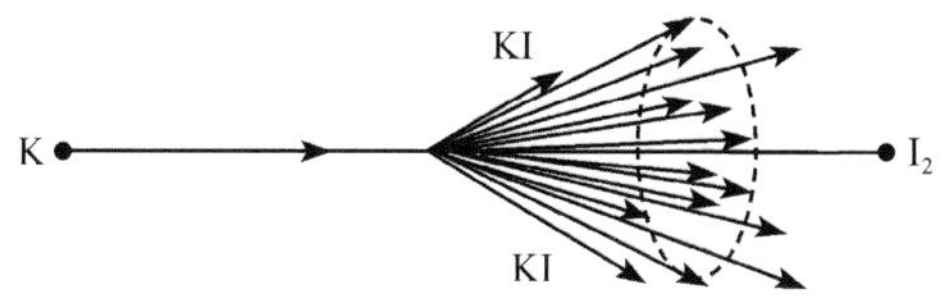

图 5.10.4 反应 $K+I_2 \longrightarrow KI+I\cdot$ 中产物分子 KI 散射示意图(向前散射)

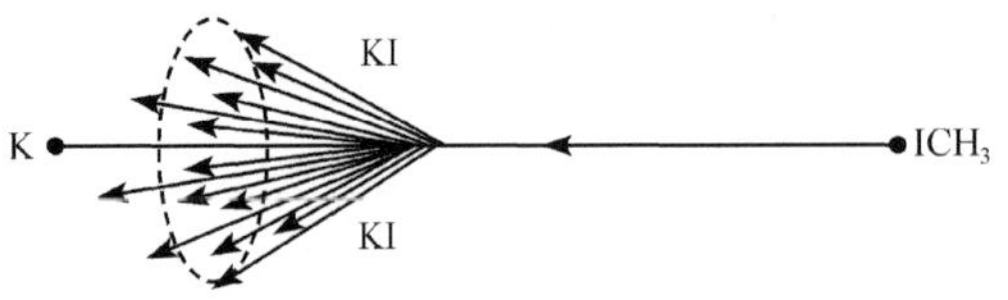

图 5.10.5 反应 $K+CH_3I \longrightarrow KI+\cdot CH_3$ 中产物分子 KI 的散射示意图(向后散射)

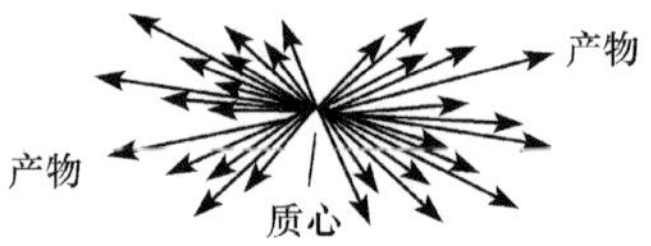

图 5.10.6 反应 $O+Br_2 \longrightarrow OBr+Br\cdot$ 中产物分子的散射示意图(向前向后散射)

(2) 反应能量的选择性。交叉分子束实验研究表明:对于反应 $F+H_2 \longrightarrow HF+H\cdot$,提供平动能比振动能更有效;对于反应 $D+H_2 \longrightarrow HD+H\cdot$,在 300K 时当 H_2 处于振动基态时反应速率系数为 $1.8\times10^5\ dm^3\cdot mol^{-1}\cdot s^{-1}$,若将 H_2 振动激发,则速率系数为 $5.9\times10^9\ dm^3\cdot mol^{-1}\cdot s^{-1}$,竟增加了 3 万多倍;对于反应 $K+HCl \longrightarrow KCl+H\cdot$,发现 HCl 分子的转动能增加,反应速率反而下降。

(3) 最优定向碰撞。用六极电场使 CH_3I 分子束中的分子取向,然后与另一束分子流(Rb)交叉碰撞。若 Rb 直接进攻 CH_3I 的 I 端,则形成"头"构型 $Rb\cdots I\cdots CH_3$,有利于取代反应生成 $RbI+\cdot CH_3$;若 Rb 进攻 CH_3I 的 CH_3 端,则形成"尾"构型 $Rb\cdots CH_3\cdots I$,这时不会有反应发生。交叉分子束实验证实化学反应中位阻效应的存在。扎里(Zare)等开辟了一条研究分子碰撞方位影响的新途径:把一束 Sr 原子射入充有 HF 气体的反应室,若 HF 处于振动基态,则观测不到反应发生;若用 HF 激光器产生的激光照射反应室,可得到处于振动激发态的 HF,这时反应为

$$Sr+HF(振动激发) \longrightarrow SrF+H\cdot$$

由于激光是偏振光,只有朝特定方向的 HF 分子才能优先被激发(实际上是用激光将 HF 分子变成可反应的取向分子)。实验发现 Sr 原子与它前进方向垂直的 HF 分子相碰可优先发生反应,说明该活化络合物的最优几何构型是角状的。

4. 飞秒化学

20 世纪 70 年代,基于快速激光脉冲的飞秒光谱技术发展十分迅速,时间标度达到了飞秒(10^{-15}s)数量级。随之发展起来的**飞秒化学**(femtochemistry)有着极其重要的理论意义和研究价值。用飞秒激光技术来研究超快过程和过渡态可以说是 20 世纪化学动力学发展的一个重大突破。泽维尔(Zewail)从 20 世纪 80 年代开始,利用超短激光创立了飞秒化学,从而使人们对过渡态的研究有了可靠的手段。泽维尔也因用飞秒化学研究化学反应的过渡态而获得了 1999 年的诺贝尔化学奖。

【科技直通车】

催化剂发展简史及前沿

最早的催化反应可以追溯到公元前,中国广泛使用的酒曲酿酒,其实质是酶(酒曲中所含的酶制剂)将谷物原料糖化后催化发酵制酒。18 世纪中叶,催化剂在化工领域应用的开端是英国化学家 Roebuck 的"铅室法"(以催化剂二氧化氮制取硫酸)。1835 年,"催化"的概念首次由瑞典化学家 Berzelius 提出。1909 年,首个催化领域的诺贝尔化学奖授予了 Ostwald,他解释了催化反应的本质,提出催化剂只能加速反应,而不能影响反应的平衡。催化史上的里程碑

标志是 1918 年诺贝尔化学奖授予了德国物理化学家 Haber，表彰其通过研发新型催化剂实现了合成氨的大规模生产。20 世纪以来，催化工艺发展迅速，比较著名的例子如：20 年代的“费-托合成”（德国化学家 Fischer 和 Tropsch），将一氧化碳和氢气用铁系催化剂转化为汽油等以石蜡烃为主的液体燃料；50 年代使用齐格勒-纳塔（Ziegler-Natta）催化剂实现烯烃定向聚合等。现代炼油工业和化学化工生产过程中超过 80%的化学反应都需要催化剂。开发催化效率更高的绿色环保催化剂不仅能满足当代工业的需求，也是促进化学合成进步和社会可持续发展的主要因素。

利用性能优异的催化剂可以高选择性、高产率地合成所需要的产品，不会产生其他副产物，同时催化剂使用寿命长、稳定性好。目前属于研发前沿的催化剂包括下述多种：核壳纳米催化剂、磁性纳米复合催化剂、沸石分子筛、混合金属氧化物、集成纳米催化剂、金属-有机框架（MOFs 和 MixMOFs）、共价有机框架（COFs）和碳基纳米催化剂等。其中碳基催化剂材料（其结构如图 5.11.1 所示）就是一个庞大的材料体系，它具备卓越的化学和机械稳定性、良好的导电导热性、表面可调、易于处理和生产成本低等特性。目前，国际上的研究前沿主要集中在石墨烯、石墨炔、富勒烯、碳纳米管、石墨氮碳化物（g-C_3N_4）等领域。

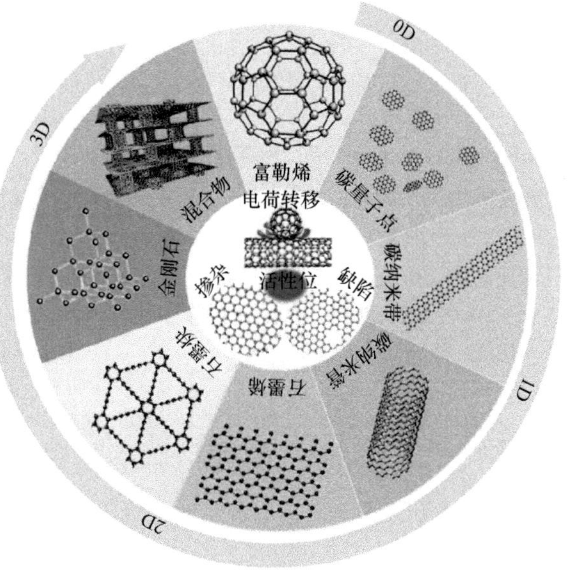

图 5.11.1　碳基催化剂材料结构图

【科技人物】

李灿院士：“催化”世界中书写精彩人生

说到催化领域有责任、有成就的科学家不得不提的就是李灿院士，他科研成果丰硕，率领团队攻克了多项世界催化前沿课题。

他研究出三元催化剂并利用原位分子光谱确定了汽车尾气稀土催化剂的氧化机理，其研究论文成为众多研究者研究尾气催化剂的基础。他通过高低温原位光谱和同位素示踪技术观测到了甲烷在催化剂表面的活化吸附态及其结构畸变，并获得了中国青年科学家奖。1998 年，他研制成功了我国首台用于催化体系的紫外拉曼光谱仪，并在分子筛合成、积碳、杂原子分子筛等方面相继取得进展，获得了国家科技发明二等奖。他率领团队于 2012 年在世界性难题太阳光催化分解水制氢领域取得进展，揭示了提高光催化作用的本质。2018 年，他研制出国际上第一台以 457nm 激光为光源的短波长手性拉曼光谱仪。他 2003 年当选为中国科学院院士；2005 年当选为第三世界科学院院士；2008 年当选为欧洲人文和自然科学院外籍院士，并当选为国际催化学会理事会主席，是该学会创立半个多世纪以来当选理事会主席的第一位中国科学家，也是出任此职务的第一位发展中国家科学家。他还先后当选为第 11、12 届全国政协委员。

2020 年 6 月，李灿院士因在太阳能利用和转化领域的杰出贡献，在第二届国际清洁能源创新使命领跑者颁奖大会上荣获“创新领军者”称号，是全球获此殊荣的 21 人中唯一一位中国科学家。

参考资料及课外阅读材料

高盘良，赵新生. 1993. 过渡态实验研究的进展. 大学化学，8(4)：1
韩世纲. 1991. 过渡态速率理论中的标准态. 化学通报，4：42
金巨玳，张报安. 1989. 反应速率控制步骤定义的更新. 化学通报，10：50
兰峥岗，王鸿飞. 2000. 飞秒化学的先驱者——记诺贝尔化学奖得主 Ahmed H. Zewail 教授. 化学通报，1：1
李大珍. 1980. 浅谈关于活化能的两个问题. 化学教育，5：14
李远哲. 1987. 化学反应动力学的现状与将来. 化学通报，1：1
罗渝然. 1983. 过渡态理论的进展. 化学通报，10：8
申明. 2020. 李灿院士：“催化”世界中书写精彩人生. 中关村，(7)：72-74
宋心琦. 1986. 光化学原理及其应用. 大学化学，1(2)：1
徐政久，李作骏. 1987. 论化学动力学中稳态处理. 化学通报，6：47
杨思伟. 2022. 基于密度泛函理论的掺杂型碳基催化剂的设计与机理研究. 长春：吉林大学
姚兰英，彭蜀晋. 2005. 化学动力学的发展与百年诺贝尔化学奖. 今日化学，20(1)：59
Oyama S T，Somorjai G A. 1988. Homogeneous，hetero generous and enzymatic catalysis. J Chem Educ，65(9)：765

思 考 题

1. 是非题(判断下列说法是否正确并说明理由)。

(1) 反应速率系数 k_A 与反应物 A 的浓度无关。

(2) 在同一反应中各物质的变化速率是相同的。

(3) 反应级数只能是 1、2、3。

(4) 反应级数不一定是简单的正整数；反应分子数只能是正整数，一般不大于 3。

(5) 一个反应进行完全所需时间是半衰期的 2 倍。

(6) 对于理想气体，若 $-\frac{dc_A}{dt}=k_c c_A^n$，$-\frac{dp_A}{dt}=k_p p_A^n$，则有 $k_c=k_p(RT)^{1-n}$。

(7) 若反应 $A+B \longrightarrow C+D$ 的速率方程为 $r=kc_Ac_B$，则反应一定是双分子反应。

(8) 若反应 $A+B \longrightarrow C+D$ 的速率方程为 $r=kc_Ac_B$，则反应一定不是双分子反应。

(9) 若反应 $A+B \longrightarrow C+D$ 的速率方程为 $r=kc_A^{0.6}c_B^{1.4}$，则反应一定不是双分子反应。

(10) 光化学反应的量子效率不可能大于 1。

(11) 在势能面上，以鞍点的势能最高。

(12) 化学反应的活化能是一个与温度无关的量。

(13) 对一般服从阿伦尼乌斯方程的反应速率系数，温度越高，反应速率系数越大，所以升高温度有利于生成更多产物。

(14) 对行反应 $A \underset{k_2}{\overset{k_1}{\rightleftharpoons}} P$，在一定温度下达到平衡时，$k_1 = k_2$。

(15) 平行反应

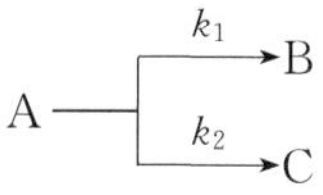

$\dfrac{k_1}{k_2}$ 值不随温度的变化而变化。

(16) 复合反应的速率取决于最慢的一步。

(17) 催化剂不能改变化学反应的标准平衡常数。

(18) 总包反应是由若干基元反应组成，所以反应的分子数是基元反应分子数之和。

(19) 在常温常压下将氢气与氧气混合，数日后未检测到有任何变化，因此在该条件下，氢气与氧气的混合物是热力学稳定的。

(20) 破坏臭氧的反应机理 $NO + O_3 \longrightarrow NO_2 + O_2$，$NO_2 + O \longrightarrow NO + O_2$ 中，NO 是反应的中间体。

2. 填空题。

(1) 在一定温度下，反应 $A + B \longrightarrow D$ 的反应速率可表示为 $-\dfrac{dc_A}{dt} = k_A c_A c_B$，也可表示为 $\dfrac{dc_D}{dt} = k_D c_A c_B$。速率系数 k_A 和 k_D 的关系为________。

(2) 有一级反应，速率系数等于 $2.06 \times 10^{-3} \text{min}^{-1}$，则 25min 后有________原始物质分解；分解 90%需时间为________。

(3) 在一定温度下，反应物 A(g)进行恒容反应，速率系数 $k_A = 2.0 \times 10^{-3} \text{mol}^{-1} \cdot \text{dm}^3 \cdot \text{s}^{-1}$，A(g)的初始浓度 $c_{A,0} = 0.05 \text{mol} \cdot \text{dm}^{-3}$。此反应的级数 $n =$________，反应物 A(g)的半衰期 $t_{1/2} =$________。

(4) 在恒温、恒容条件下，反应 $A(g) + B(s) \longrightarrow C(s)$，$t = 0$ 时，$p_{A,0} = 800\text{kPa}$；$t_1 = 20\text{s}$ 时，$p_{A,1} = 400\text{kPa}$；$t_2 = 40\text{s}$ 时，$p_{A,2} = 200\text{kPa}$；$t_3 = 60\text{s}$ 时，$p_{A,3} = 100\text{kPa}$；此反应的级数 $n =$________，反应物 A(g)的半衰期 $t_{1/2} =$________，反应速率系数 $k =$________。

(5) 温度为 800K，某理想气体恒容反应的速率系数 $k_c = 25.00 \text{mol}^{-1} \cdot \text{dm}^3 \cdot \text{s}^{-1}$，若改用压力表示反应速率时，则反应速率系数 $k_p =$________。

(6) 在一定温度下，某反应为 $2A \longrightarrow 3B$，则 $-\dfrac{dc_A}{dt}$ 和 $\dfrac{dc_B}{dt}$ 之间的关系为________。

(7) 反应 $A \longrightarrow B$，若 A 完成反应的时间是其反应掉一半所需时间的 2 倍，则该反应是________级反应。

(8) 比较相同温度相同类型的反应(1)和反应(2)，发现活化能 $E_1 > E_2$，但反应速率系数却是 $k_1 > k_2$，其原因是________。

(9) 阿伦尼乌斯活化能 E_a 与反应碰撞理论阈能 E_c 之间的关系是________。

(10) 某总包反应为 $2A \underset{k_{A2}}{\overset{k_{A1}}{\rightleftharpoons}} B \xrightarrow{k_2} C$，则 $\dfrac{dc_B}{dt} =$________。

(11) 平行反应

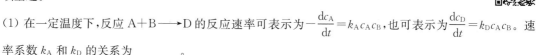

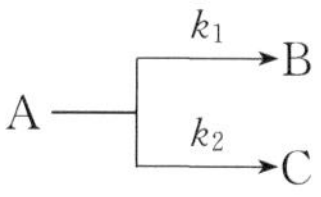

若 $E_1 < E_2$，$A_1 = A_2$，则升高温度，B 的产率________。

(12) 下列各量①速率系数；②活化能；③反应物的转化率；④$\Delta_r G_m^\ominus$，催化剂能改变的量是________。

(13) 复杂反应表观速率系数 k 与各基元反应速率常数间的关系为 $k = k_2(k_1/2k_4)^{1/2}$，则表观活化能与各基

元活化能 E_i 间的关系为_____。

(14) 链反应的一般步骤是①_____；②_____；③_____。链反应可分为_____反应和_____反应。

(15) 过渡态理论认为反应首先生成_____，反应速率等于_____。

(16) 氢和氧反应爆炸的原因是_____。

(A) 生成双自由基的支链反应　　　　(B) 自由基消除

(C) 直链速率增加　　　　　　　　(D) 在较高压力下发生热爆炸

(17) 爆炸反应有_____爆炸和_____爆炸。

(18) 碰撞理论认为反应速率为_____。

(19) 光化学反应分为两个过程：_____过程是初级过程，_____过程是次级过程。

3. 问答题。

(1) 合成氨反应 $N_2 + 3H_2 \rightleftharpoons 2NH_3$，$N_2$、$H_2$ 和 NH_3 的速率系数之间的关系是什么？

(2) 什么是基元反应？什么是反应机理？

(3) 一级反应有哪些特征？反应速率方程为 $-\dfrac{dc_A}{dt} = k_A c_A^2$ 的二级反应有哪些特征？

(4) 确定反应级数有哪些常用的方法？

(5) 温度主要是通过改变反应速率方程中的哪一项来影响反应速率的？

(6) 列出两个热力学数据和动力学数据相联系的关系式，并做必要的说明。

(7) 对于反应

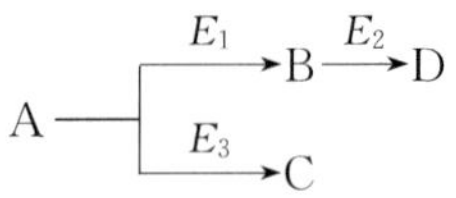

若 $E_1 > E_3$，$E_2 > E_1$，B 为目标产物，应如何控制反应温度？

(8) A 的消耗过程为一平行反应

$$A \longrightarrow \begin{cases} \xrightarrow{k_1} B \\ \xrightarrow{k_2} C \\ \xrightarrow{k_3} D \end{cases}$$

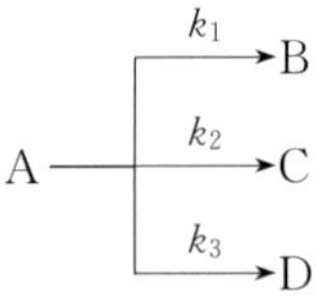

三个基元反应的活化能分别为 E_1、E_2 和 E_3，则 A 的消耗过程的表观活化能如何计算？

(9) 一个具有复合机理的反应，其正、逆向的速率是否一定相同？

(10) 对于复杂反应，任一中间产物 B 在什么条件下才能对其用稳态近似法处理？

(11) 发生爆炸反应的主要原因是什么？

(12) 活化能的物理意义是什么？温度对活化能有无影响？在催化反应中，催化剂对活化能有无影响？说明理由。

(13) 催化剂能够加快反应的主要原因是什么？酶催化剂除了具有一般催化剂的特点外，还有哪些特征？

(14) 简单碰撞理论与过渡态理论的基本假设是什么？如何评价这两种理论？

(15) 什么是势能面，什么是过渡态？

(16) 什么是原盐效应？

(17) 既然一个光子活化一个分子，为什么量子效率有时大于 1？

(18) 光化反应 $A + h\nu \longrightarrow C + D$ 的速率与哪些因素有关？

(19) 为什么催化剂不能使 $\Delta_r G_m > 0$ 的反应进行，而光化学反应却可以？

(20) 自催化反应的特征是什么？实现化学振荡需要满足哪些条件？

习　　题

1. 下列复合反应分别由所示的若干基元反应组成，根据质量作用定律写出复合反应中$\frac{dc_A}{dt}$、$\frac{dc_B}{dt}$、$\frac{dc_C}{dt}$、$\frac{dc_D}{dt}$与各物质浓度的关系。

(1) $A \xrightarrow{k_1} B \underset{k_3}{\overset{k_2}{\rightleftharpoons}} C$；$A \xrightarrow{k_4} D$　　(2) $A \underset{k_2}{\overset{k_1}{\rightleftharpoons}} B \quad B+C \xrightarrow{k_3} D$

(3) $2A \underset{k_2}{\overset{k_1}{\rightleftharpoons}} B \xrightarrow{k_3} C$　　(4) $A \underset{k_2}{\overset{k_1}{\rightleftharpoons}} 2B$

2. 钋的同位素进行β放射时，经 14 天后，此同位素的放射性降低 6.85%。
(1) 求速率系数 k；
(2) 100 天后，放射性降低多少？
(3) 蜕变掉 90%的钋需要多少时间？

3. 在一定温度下，某溶液反应为一级反应。已知初始速率 $r_0=1.00\times10^{-5}\text{mol}\cdot\text{dm}^{-3}\cdot\text{s}^{-1}$，1h 后的速率为 $3.26\times10^{-6}\text{mol}\cdot\text{dm}^{-3}\cdot\text{s}^{-1}$。试求
(1) 速率系数 k；
(2) 反应物半衰期；
(3) 反应物初始浓度。

4. 二甲醚的气相分解反应是一级反应：

$$CH_3OCH_3(g) \longrightarrow CH_4(g)+H_2(g)+CO(g)$$

777.2K 时把二甲醚充入真空定容反应球内，测得球内压力的变化，数据如下

t/s	0	390	777	1587	3155
p_t/kPa	41.3	54.4	65.1	83.2	103.9

试求该反应在 777.2K 时反应速率系数 k_1 及半衰期 $t_{1/2}$。

5. 放射性^{14}C的一级衰变的半衰期约为 5720a，1974 年考查一具古尸上裹的亚麻布碎片，其$^{14}C/^{12}C$比值为正常的 67.0%，此尸体约何时埋葬？

6. $H_2O_2(aq)$在催化剂作用下分解为水和氧气的反应为一级反应

$$H_2O_2(aq) \longrightarrow H_2O(l)+\frac{1}{2}O_2(g)$$

在恒温恒压下，用量气管测定不同时刻氧气的体积，试推导反应速率系数与氧气体积的关系式。

7. 反应 $A(g)+B(g) \longrightarrow 2D(g)$ 对 A 和 B 均为一级，当反应物初始浓度 $c_{A,0}=c_{B,0}=5.0\text{mmol}\cdot\text{dm}^{-3}$时，反应的初始速率$\left(-\frac{dc_A}{dt}\right)_{t=0}=100.0\text{mmol}\cdot\text{dm}^{-3}\cdot\text{s}^{-1}$，求 k_A 和 k_D。

8. 已知反应 $A+2B+C \longrightarrow$ 产物，若初始反应物浓度 $c_{A,0}=0.2\text{mol}\cdot\text{dm}^{-3}$，$c_{B,0}=c_{C,0}=0.4\text{mol}\cdot\text{dm}^{-3}$时，测得 A 反应掉一半所需时间为 100min，设该反应对 A 和 B 均为一级，对 C 为零级，求 A 转化率达 90%所需的时间。

9. 某反应 $A+B \longrightarrow C+D$，在 25 ℃时的速率系数为 $6.6\text{mol}^{-1}\cdot\text{dm}^3\cdot\text{s}^{-1}$。A 和 B 的初始反应浓度分别为 $c_{A,0}=0.0060\text{mol}\cdot\text{dm}^{-3}$，$c_{B,0}=0.0030\text{mol}\cdot\text{dm}^{-3}$时，求 B 反应掉 99%所需的时间。

10. 一个二级反应：$2A+3B \longrightarrow P$，若 A 和 B 的初始浓度分别为 $c_{A,0}$和 $c_{B,0}$，t 时刻的浓度分别为 c_A 和 c_B，且设 $c_{B,0}\neq3/2c_{A,0}$。写出反应速率系数的表达式。

11. 在某化学反应中随时检测物质 A 的含量，1h 后发现 A 已作用了 80%，2h 后 A 还剩余多少没有作用？设

该反应对 A 来说是：①一级反应；②二级反应(设 A 与另一反应物 B 的初始浓度相同)；③零级反应(求 A 作用完所需的时间)。

12. 氰酸铵在水溶液中转化为尿素的反应为

$$NH_4OCN \longrightarrow CO(NH_2)_2$$

测得下列数据，试确定反应级数。

$c_{A,0}/(mol \cdot dm^{-3})$	0.05	0.10	0.20
$t_{1/2}/h$	37.03	19.15	9.45

13. 在 T、V 一定的容器中，某气体的初始压力为 100kPa，发生分解反应的半衰期为 20s，若初始压力为 10kPa，则该气体发生分解反应的半衰期为 200s，求此反应的级数和速率系数。

14. 对于反应 $2NO_2 \longrightarrow N_2 + 2O_2$，测得如下动力学数据，试确定此反应的级数。

$c_{NO_2}/(mol \cdot dm^{-3})$	$-\frac{dc_{NO_2}}{dt}/(mol \cdot dm^{-3} \cdot s^{-1})$
0.0225	0.0033
0.0162	0.0016

15. 气态乙醛在 518℃时的热分解反应如下

$$CH_3CHO(g) \longrightarrow CH_4(g) + CO(g)$$

此反应在密闭容器中进行，初始压力为 48.39kPa，压力增加值与时间的关系如下

t/s	42	105	242	840	1440
$\Delta p/kPa$	4.53	9.86	17.86	32.53	37.86

试求反应级数和速率系数(浓度以 $mol \cdot dm^{-3}$ 为单位，时间以 s 为单位)。

16. 实验发现某抗生素在人体血液中分解呈现简单级数反应，给某病人在上午 8 点注射一针抗生素，然后在不同时刻 t 测定抗生素在血液中的浓度 c(以 $mg/100cm^3$ 表示)，得到如下数据

t/h	4	8	12	16
$c/(mg/100cm^3)$	0.480	0.326	0.222	0.151

(1) 确定反应级数；

(2) 求反应的速率系数 k 和半衰期 $t_{1/2}$；

(3) 若抗生素在血液中浓度不低于 $0.37mg/100cm^3$ 才为有效，约何时该注射第二针？

17. 环氧乙烷的热分解是一级反应：$C_2H_4O \longrightarrow CH_4 + CO$，377℃时，半衰期为 363min。

(1) 在 377℃，C_2H_4O 分解掉 99%需要多少时间？

(2) 若原来 C_2H_4O 为 1mol，377℃经 10h，生成 CH_4 多少？

(3) 若此反应在 417℃时半衰期为 26.3min，求反应的活化能。

18. 已知反应 $B \longrightarrow C + D$ 在一定范围内，其速率系数与温度的关系为

$$\lg(k_B/min^{-1}) = \frac{-4000}{T/K} + 7.0000$$

(1) 求反应的活化能和指前参量；

(2) 要使 B 在 30s 反应掉 50%，如何控制反应温度？

19. 某化合物的分解是一级反应，该反应的活化能为 $144.3kJ \cdot mol^{-1}$。已知 557K 时反应速率系数为 $3.3 \times 10^{-2}s^{-1}$。现要控制反应在 10min 内转化率达 90%，如何控制反应温度？

20. 某药物分解 30% 即为失效。若将此药物置于 3℃ 的冰箱中,保存期为 2 年。某人购回此药,因在室温(25℃)下搁置两周,试通过计算判断此药是否失效。已知该药物分解百分数与浓度无关,且分解活化能为 130.0kJ • mol^{-1}。

21. 已知 A(g)——→B(g) 为一级反应,实验数据如下

温度/K	初始浓度	时间/s	速率/($\times 10^{-4}$mol • dm^{-3} • s^{-1})
413	$c_{A,0}$	500	4.44
		1000	3.29
433	$c'_{A,0}$	500	6.06
		1000	3.68

求该反应的活化能。

22. 某一级对行反应

$$A \underset{k_{-1}}{\overset{k_1}{\rightleftharpoons}} B$$

当 $t=0$ 时,$c_{A,0}=0.366$mol • dm^{-3},$c_{B,0}=0$;当 $t=506$h 时,$c_A=0.100$mol • dm^{-3};当 $t=\infty$ 时,$c_{A,e}=0.078$mol • dm^{-3}。求 k_1 和 k_{-1} 的值。

23. 对两个一级反应组成的平行反应:

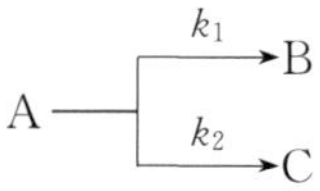

$$A \begin{cases} \xrightarrow{k_1} B \\ \xrightarrow{k_2} C \end{cases}$$

若 A 的初始浓度 $c_{A,0}=0.238$mol • dm^{-3},在 500K 下反应经过 5150s,测得 $c_C/c_B=1.24$,$c_A=0.126$mol • dm^{-3}。
(1) 求该平行反应的两个速率系数 k_1 和 k_2 的值;
(2) 当 A 转化掉其初始浓度的 80%,需要多少时间?

24. 已知两个一级反应组成的平行反应:

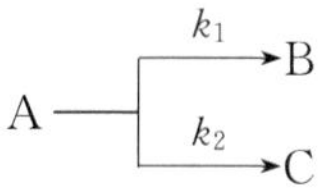

$$A \begin{cases} \xrightarrow{k_1} B \quad (1) \\ \xrightarrow{k_2} C \quad (2) \end{cases}$$

的活化能分别为 108.8kJ • mol^{-1} 和 83.7kJ • mol^{-1},指前量 A 均为 1.00×10^{13} s^{-1}。
(1) 当提高反应温度时,哪一个反应速率增加得较快?
(2) 提高反应温度,能否使 $k_1 > k_2$?
(3) 当温度由 300K 增至 600K,问产物中 B 和 C 的分布发生了怎样的变化?

25. 某连串反应:

$$L\text{-}2,3\text{-}4,6\text{-二丙酮古罗糖酸} \xrightarrow{k_1} 抗坏血酸 \xrightarrow{k_2} 分解产物$$

在 50℃ 时,$k_1=4.2\times 10^{-3}$min^{-1},$k_2=0.020\times 10^{-3}$min^{-1}。求在 50℃ 时生产抗坏血酸最适宜的反应时间和相应的最大产率。

26. 某连串反应 $A \xrightarrow{k_1} B \xrightarrow{k_2} C$,其中 $k_1=0.1$min^{-1},$k_2=0.2$min^{-1},$c_{A,0}=1.00$mol • dm^{-3},$c_{B,0}=c_{C,0}=0$。
(1) 求 B 的浓度达最大值时的反应时间;
(2) B 的浓度达最大值时的 c_A、c_B 和 c_C。

27. 气相反应 $H_2+Cl_2 \longrightarrow 2HCl$ 的机理如下

$$Cl_2+M \xrightarrow{k_1} 2Cl \cdot +M$$

$$Cl \cdot +H_2 \xrightarrow{k_2} HCl+H \cdot$$

$$H \cdot +Cl_2 \xrightarrow{k_3} HCl+Cl \cdot$$

$$2Cl\cdot + M \xrightarrow{k_4} Cl_2 + M$$

试证：$\dfrac{dc_{HCl}}{dt} = 2k_2\left(\dfrac{k_1}{k_4}\right)^{1/2} c_{H_2} c_{Cl_2}^{1/2}$。

28. 反应 $C_2H_6 + H_2 \longrightarrow 2CH_4$ 的可能机理如下

$$C_2H_6 \overset{K}{\rightleftharpoons} 2CH_3\cdot \quad（快速）$$

$$CH_3\cdot + H_2 \xrightarrow{k_2} CH_4 + H\cdot$$

$$H\cdot + C_2H_6 \xrightarrow{k_3} CH_4 + CH_3\cdot$$

试证：$\dfrac{dc_{CH_4}}{dt} = 2k_2 K^{\frac{1}{2}} c_{C_2H_6}^{\frac{1}{2}} c_{H_2}$。设反应可对 H 作稳态近似法处理。

29. 高温下乙醛气相热分解反应 $CH_3CHO \longrightarrow CH_4 + CO$ 的机理如下

$$CH_3CHO \xrightarrow{k_1} CH_3\cdot + CHO\cdot \qquad E_{a,1} \qquad (1)$$

$$CH_3\cdot + CH_3CHO \xrightarrow{k_2} CH_4 + CH_3CO\cdot \qquad E_{a,2} \qquad (2)$$

$$CH_3CO\cdot \xrightarrow{k_3} CH_3\cdot + CO \qquad E_{a,3} \qquad (3)$$

$$CH_3\cdot + CH_3\cdot \xrightarrow{k_4} C_2H_6 \qquad E_{a,4} \qquad (4)$$

（1）用稳态近似法导出以 CH_4 的生成速率表示的乙醛气相热分解反应的速率方程；

（2）导出热分解反应表观活化能 E_a 与各基元反应活化能之间的关系。

30. 设反应 $A + C \longrightarrow D$ 为一气相反应，其机理如下

$$A \underset{k_2}{\overset{k_1}{\rightleftharpoons}} B$$

$$B + C \xrightarrow{k_3} D$$

写出复合反应的速率方程，并证明此反应在高压下是一级反应，低压下是二级反应（B 为中间物，其浓度很小）。

31. NO_2 分解为二级反应，其在 603K 和 627K 下的速率系数分别为 $755dm^3 \cdot mol^{-1} \cdot s^{-1}$ 和 $1700dm^3 \cdot mol^{-1} \cdot s^{-1}$。

（1）求 603K 至 627K 温度范围内的平均活化能 $\overline{E_a}$；

（2）由简单碰撞理论的数学公式推导出 E_a 与 E_c 的关系式；

（3）求上述过程的 E_c。

32. 在 500K 时，反应 $H\cdot + CH_4 \xrightarrow{k_3} H_2 + CH_3\cdot$ 的指前参量 $A = 10^{13} cm^3 \cdot mol^{-1} \cdot s^{-1}$，求反应的活化熵 $\Delta^{\neq} S^{\ominus}$。

33. 在 480nm 的光照下，H_2 和 Cl_2 反应生成 HCl，H_2 反应的量子效率约为 1×10^6，每吸收 1J 光能可生成多少 HCl?

34. 按酶催化的反应的米歇里斯-门坦方程：

$$r = k_2 \frac{c_S c_{E,0}}{K_M + c_S}$$

（1）写出反应初始速率 r_0 的表达式；

（2）证明当底物初始浓度 $c_{S,0} = K_M$ 时，$r_0 = \dfrac{r_{max}}{2}$；

（3）证明当 $c_{S,0} = K_M$ 时，$\dfrac{c_{ES}}{c_{E,0}} = \dfrac{1}{2}$。

35. 酶(E)作用在某一底物(S)上生成产物 P，现实验测定不同 $c_{S,0}$ 时反应的初始速率，数据如下：

$c_{S,0}/(\times 10^3 mol \cdot dm^{-3})$	1.25	2.50	5.00	20.0
$r_0/(\times 10^3 mol \cdot dm^{-3} \cdot s^{-1})$	0.028	0.048	0.080	0.155

已知 $c_{E,0} = 2.80 \times 10^{-9} mol \cdot dm^{-3}$，试计算 K_M 和 k_2。

第6章　电　化　学

电化学(electrochemistry)是研究化学现象与电现象之间关系以及化学能与电能相互转换规律的科学。它不仅与无机化学、有机化学和化学工程等学科有关,还渗透到能源、环境和生物等学科领域。自1799年伏特(Volta)发明电池并开始用直流电进行各种电现象研究至今,电化学研究已深入到分子水平,取得了长足的发展。当代电化学与其他学科相结合,出现了界面电化学、催化电化学、生物电化学、环境电化学等不少新领域。

电化学是具有重要应用背景和前景的学科,除了在电化学基础上研究电能和化学能之间相互转化的电池、电解等产业部门外,在能源、材料、生命、环境和信息等科学中,均占有重要的地位。本章主要从电解质溶液、可逆电池电动势和不可逆电极过程三方面来阐述电化学领域的基础知识,并对生物电化学和环境电化学内容作简要介绍。

6.1　电解质溶液的导电性质

6.1.1　电解质溶液的导电机理和法拉第定律

1. 电解质溶液的导电机理

能导电的物质称为导体,导体分为两类:第一类导体为电子导体,靠自由电子在电场作用下的定向迁移而导电,如金属、石墨及某些金属的化合物等;第二类导体为**离子导体**(ionic conductive body),靠离子的定向迁移而导电,如电解质溶液或熔融电解质等。物理化学中主要研究第二类导体。

电化学反应是在电子导体和离子导体的两相界面上进行的氧化还原反应。离子导体是构成电化学体系、完成电化学反应必不可少的部分,有时离子导体本身就是电化学反应物质。对电解质溶液的导电机理的研究有助于正确理解电化学体系中化学能和电能的相互转化规律。

电解质溶液的连续导电过程必须在电化学装置中实现,而且总是伴随着电化学反应和化学能与电能的相互转换。

能够实现电解质溶液导电的电化学装置分为**电解池**(electrolytic cell)和**原电池**(primary cell)两类。习惯上把电能转化为化学能的装置称为电解池,而把化学能转化为电能的装置称为原电池。不论电解池还是原电池,均是由**电极**(electrode)和电解质溶液构成的多相体系。通常把发生氧化反应的电极称为**阳极**(anode),发生还原反应的电极称为**阴极**(cathode);电势高的电极称为**正极**(positive electrode),电势低的电极称为**负极**(negative electrode)。该规定对原电池、电解池均适用,见表6.1.1。

表6.1.1　电极命名的对应关系

原电池		电解池	
正极(电势高)	阴极(还原电极)	正极(电势高)	阳极(氧化电极)
负极(电势低)	阳极(氧化电极)	负极(电势低)	阴极(还原电极)

当电流通过电解池或原电池时，电解质溶液中的正、负离子在电场作用下进行定向迁移，并在电极上发生氧化还原反应，如图 6.1.1 所示。以图 6.1.1(a)电解 HCl 为例。该电解池由连接外电源的两个 Pt 电极插入 HCl 溶液构成，在外电场作用下，H^+ 向阴极（负极）迁移，同时，Cl^- 则向阳极（正极）迁移。当 H^+ 到达阴极后，从 Pt 电极表面夺取电子发生还原反应

$$2H^+(aq)+2e^- \longrightarrow H_2(g)$$

同时，Cl^- 到达阳极后释放电子给 Pt 电极，发生氧化反应

$$2Cl^-(aq) \longrightarrow Cl_2(g)+2e^-$$

借助于电极与电解质溶液界面上的氧化还原反应，电流在电极和溶液界面处构成通路，从而连同外电路一起形成一个闭合回路。

上述两电极上发生的有电子得失的化学反应称为**电极反应**(reaction of electrode)，两个电极反应的总结果为**电池反应**(cell reaction)。总的结果是电解池得到电功 W'，并发生了 $\Delta_r G_{T,p}>0$ 的反应：$2HCl(aq) \longrightarrow H_2(g)+Cl_2(g)$。

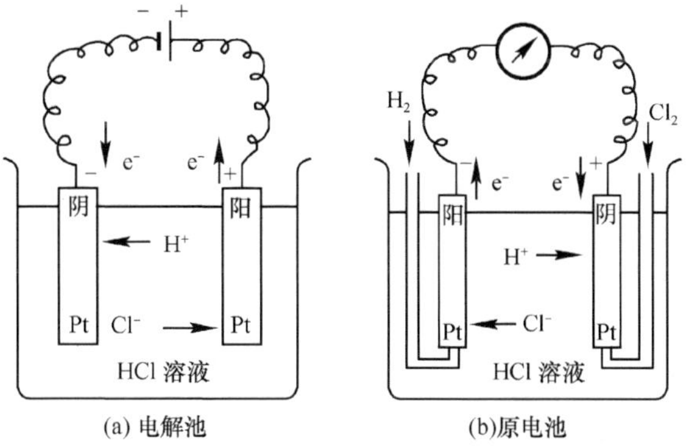

图 6.1.1 电化学装置示意图

可见电解质溶液导电机理为

(1) 正、负离子通过定向迁移共同承担电流在电解质溶液内部的传导。

(2) 两电极分别发生氧化还原反应，导致电子得失，从而使电极与电解质溶液界面的电流得以连续。

2. 法拉第定律

1833 年，法拉第(Faraday)在大量实验结果的基础上提出了著名的**法拉第定律**(Faraday's law)：①在电极发生电极反应的物质的量与通过电极的电量成正比；②对于串联电池，每一个电解池的每一个电极上发生电极反应的物质的量相等。电极反应可表示为

$$\text{氧化态}+ze^- \longrightarrow \text{还原态}$$

或

$$\text{还原态} \longrightarrow \text{氧化态}+ze^-$$

式中，z 为电极反应的电荷数，取正值。当电极反应的反应进度为 $d\xi$ 时，通过电极元电荷（一个质子的电荷）的物质的量为 $zd\xi$。通过的电荷数则为 $Lzd\xi$（L 为阿伏伽德罗常量），因为每个元电荷的电量为 e，所以通过电极的电量为

$$dQ=(Lz\,d\xi)e=zF\,d\xi$$

或

$$Q=zeL\xi=zF\xi \tag{6.1.1a}$$

式(6.1.1a)中，F 称为法拉第常量，定义如下

$$F = Le = 6.022\,141\,99 \times 10^{23}\,\text{mol}^{-1} \times 1.602\,176\,462 \times 10^{-19}\,\text{C}$$

$$= 96\,485.34\,\text{C} \cdot \text{mol}^{-1} \approx 96\,485\,\text{C} \cdot \text{mol}^{-1}$$

若通过电池的电流强度为 I，通电时间为 t，电极反应的物质的量为 Δn_{B}，则

$$Q = It = zF\xi = zF\left(\frac{\Delta n_{\text{B}}}{\nu_{\text{B}}}\right) = zF\left(\frac{\Delta m_{\text{B}}}{\nu_{\text{B}} M_{\text{B}}}\right)$$

$$\Delta n_{\text{B}} = \frac{It\nu_{\text{B}}}{zF} \tag{6.1.1b}$$

$$\Delta m_{\text{B}} = \frac{It\nu_{\text{B}} M_{\text{B}}}{zF} \tag{6.1.1c}$$

式(6.1.1a)～式(6.1.1c)为法拉第定律的数学表达式。

以含有单位元电荷的物质作为物质的量的基本单元，如 H^+、$\frac{1}{2}Cu^{2+}$、$\frac{1}{3}PO_4^{3-}$ 等，因此当 1mol 电子的电量通过电极时，电极上得失电子的物质的量也是 1mol。例如，$\frac{1}{2}Cu^{2+} + e^- \longrightarrow \frac{1}{2}Cu$，即 1mol e^- 使 1mol$\left(\frac{1}{2}Cu^{2+}\right)$还原为 1mol$\left(\frac{1}{2}Cu\right)$。

法拉第定律虽然是法拉第在研究电解作用时总结出来的，但实际上该定律无论是对电解池中的过程，还是原电池中的过程都是适用的。该定律不受电解质浓度、温度、压力、电极材料、溶剂的性质等因素的影响，没有使用的限制条件，实验越精确，所得结果与法拉第定律符合越好，它是自然界中最准确的定律之一。

6.1.2　离子的电迁移和迁移数

如前所述，当电流通过电解质溶液时，正离子向阴极迁移，负离子向阳极迁移，由正、负离子共同完成导电任务。由于正、负离子迁移速率的差别，电解质溶液中正、负离子迁移的电量并不相当，并由此造成电解质在两极附近的数量的变化。这个过程用图 6.1.2 来示意说明。

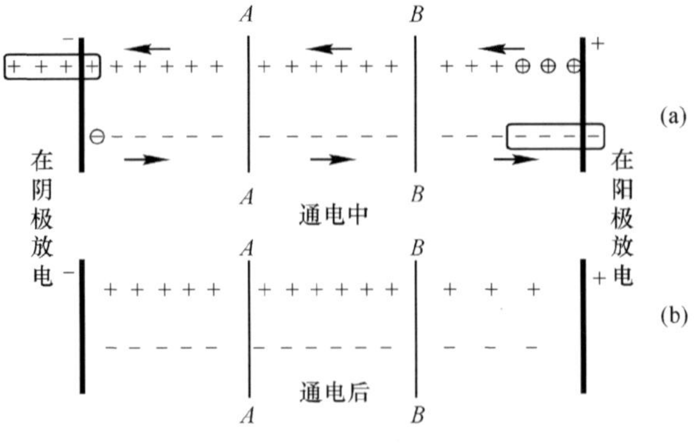

图 6.1.2　离子的电迁移现象

设想在两个惰性电极之间充满 1-1 型电解质溶液。现以两个假想界面 AA 和 BB 将电解质溶液分为阴极区、中间区和阳极区。每部分均含有 6mol 正离子和 6mol 负离子，分别用+、

一号的数量来表示两种离子的物质的量。现将两电极接上直流电源，并假设有(4×96 485)C 的电量通过。根据法拉第定律，阴极上，正离子得到 4mol 电子发生还原反应，还原态产物在阴极上析出；阳极上，负离子失去 4mol 电子发生氧化反应，氧化态产物在阳极上析出，如图 6.1.2(a)所示。在溶液中，若正离子的迁移速率是负离子的三倍，则在任一平面上有 3mol 正离子和 1mol 负离子通过。通电完毕后，中间区溶液的浓度仍保持不变。由于发生电极反应，阴极区和阳极区电解质的物质的量均有下降，但下降的程度不同：阴极区内减少的电解质的量等于负离子迁出阴极区的物质的量(1mol)；阳极区内减少的电解质的量等于正离子迁出阳极区物质的量(3mol)，如图 6.1.2(b)所示。

通过上述分析可得到以下结论：

(1) 向阴、阳两极方向迁移的正、负离子的物质的量的总和恰好等于通入溶液的总的电量与 F 之比。

(2) $\dfrac{\text{正离子的迁移速率 } r_+}{\text{负离子的迁移速率 } r_-}=\dfrac{\text{正离子所传导的电量 } Q_+}{\text{负离子所传导的电量 } Q_-}=\dfrac{\text{正离子迁出阳极区的物质的量}}{\text{负离子迁出阴极区的物质的量}}$

离子在电场中的运动速率除了与离子的本性(如离子半径、所带电荷、离子的水化程度等)、溶液的浓度、溶剂的性质、温度等因素有关外，还与电场的**电势梯度**(electric potential gradient)$\mathrm{d}E/\mathrm{d}l$ 有关。当其他因素一定时，离子的迁移速率与电势梯度成正比，即

$$r_+=U_+\frac{\mathrm{d}E}{\mathrm{d}l},\quad r_-=U_-\frac{\mathrm{d}E}{\mathrm{d}l} \tag{6.1.2}$$

式(6.1.2)中，U_+、U_- 称为正、负离子的**电迁移率**，又称为**离子淌度**(ionic mobility)。其物理意义是电势梯度为单位数值时离子的迁移速率，单位是 $\mathrm{m^2\cdot s^{-1}\cdot V^{-1}}$，它可以用于比较各种离子的迁移能力。当进一步把溶液确定为室温(25℃)下无限稀释的水溶液时，离子电迁移率就只取决于离子的本性而具有确定的值。此时，正、负离子迁移率分别以 U_+^∞ 和 U_-^∞ 表示，这将比离子的迁移速率更为客观、标准。25℃时一些离子在无限稀释水溶液中的离子电迁移率见表 6.1.2。

表 6.1.2　25℃一些离子在无限稀释水溶液中的离子电迁移率

正离子	$U_+^\infty/(\times 10^8\mathrm{m^2\cdot s^{-1}\cdot V^{-1}})$	负离子	$U_-^\infty/(\times 10^8\mathrm{m^2\cdot s^{-1}\cdot V^{-1}})$
H^+	36.30	OH^-	20.52
K^+	7.62	SO_4^{2-}	8.27
Ba^{2+}	6.59	Cl^-	7.91
Na^+	5.19	NO_3^-	7.40
Li^+	4.01	HCO_3^-	4.61

由于正、负离子迁移的速率不同，所带电荷不同，因此它们在迁移电量时所分担的份额也不相同。把离子 B 所运载的电流与通过溶液的总电流之比称为离子 B 的**迁移数**(transport number)，用 t_B 表示，即

$$t_\mathrm{B}=\frac{I_\mathrm{B}}{I} \tag{6.1.3}$$

对于只含有一种正离子和一种负离子的电解质溶液而言，正、负离子的迁移数分别为

$$\left.\begin{aligned} t_+ &= \frac{I_+}{I_+ + I_-} = \frac{Q_+}{Q_+ + Q_-} = \frac{r_+}{r_+ + r_-} = \frac{U_+}{U_+ + U_-} = \frac{\text{正离子迁出阳极区的物质的量}}{\text{发生电极反应的物质的量}} \\ t_- &= \frac{I_-}{I_+ + I_-} = \frac{Q_-}{Q_+ + Q_-} = \frac{r_-}{r_+ + r_-} = \frac{U_-}{U_+ + U_-} = \frac{\text{负离子迁出阴极区的物质的量}}{\text{发生电极反应的物质的量}} \end{aligned}\right\} \quad (6.1.4)$$

由式(6.1.4)得：$t_+ + t_- = 1$。

凡是影响离子迁移速率的因素（如溶液浓度、温度和溶剂性质等）都会影响离子的迁移数。实验室中依据上述原理可测定离子迁移数，常用的方法有希托夫（Hittorf）法，此外还有界面移动法、电动势法等。

6.1.3　电解质溶液的电导及其应用

1. 电导、电导率

电解质溶液的导电能力通常用电阻的倒数即**电导**（electric conductance）表示，符号为 G，单位为西门子，用 S 或 Ω^{-1} 表示。$G = \frac{1}{R}$。由欧姆定律得

$$R = \frac{U}{I}, \quad R = \rho \frac{l}{A}$$

式中，ρ 为**电阻率**（resistivity），或称**比电阻**（specific resistance），单位为 $\Omega \cdot m$；l 为导体的长度；A 为导体的截面积。因此

$$G = \frac{1}{R} = \frac{I}{U} \quad 或 \quad G = \frac{1}{\rho}\frac{A}{l} \tag{6.1.5}$$

式(6.1.5)中，R 为溶液的电阻；l 为浸入溶液中的两电极间距离；A 为浸入溶液中的电极面积。

电阻率的倒数为**电导率** κ（electrolytic conductivity）或**比电导**（specific conductance），即

$$\kappa = \frac{1}{\rho}$$

则

$$G = \kappa \frac{A}{l} \tag{6.1.6}$$

对于均匀导体，当导体的长度为 1m，截面积为 $1m^2$ 时，它的电导就是电导率，即边长为 1m、体积为 $1m^3$ 的导体的电导。对于电解质溶液，κ 的物理意义是当两平行电极面积各为 $1m^2$，两电极间距离为 1m 的单位体积（$1m^3$）中电解质溶液的电导，也可看成是单位体积（$1m^3$）电解质溶液的电导。κ 的单位是 $S \cdot m^{-1}$，如图 6.1.3 所示。电解质溶液的电导率与电解质的种类、溶液浓度及温度等诸因素均有关。

2. 摩尔电导率

在体积一定的电解质溶液中，正、负离子的多少与溶液浓度有关，这时表征电解质溶液导电能力的物理量必须考虑浓度的影响，为了便于对不同浓度或不同类型电解质的导电能力进行比较，定义了**摩尔电导率** Λ_m（molar conductivity）

$$\Lambda_m = \frac{\kappa}{c} \tag{6.1.7}$$

式(6.1.7)中，c 为电解质溶液的物质的量浓度，其单位为 $mol \cdot m^{-3}$，由于 κ 的单位是 $S \cdot m^{-1}$，所以 Λ_m 单位是 $S \cdot m^2 \cdot mol^{-1}$。由电导率和摩尔电导率的定义可知，摩尔电导率的物理意义是：相距为 1m 的两平行电极之间含 1mol 电解质的溶液所具有的电导，如图 6.1.4 所示。

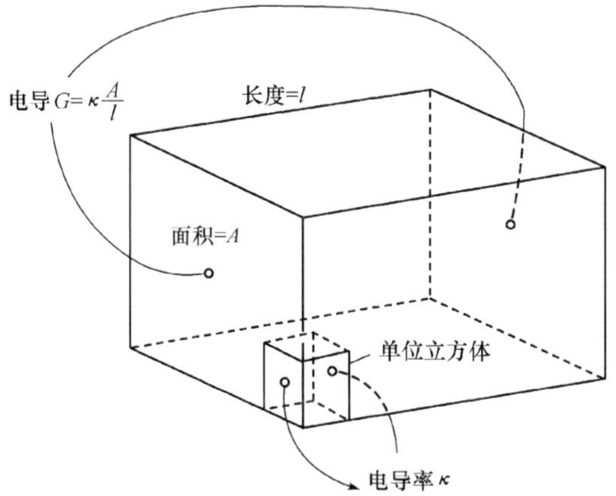

图 6.1.3　电导率定义示意图

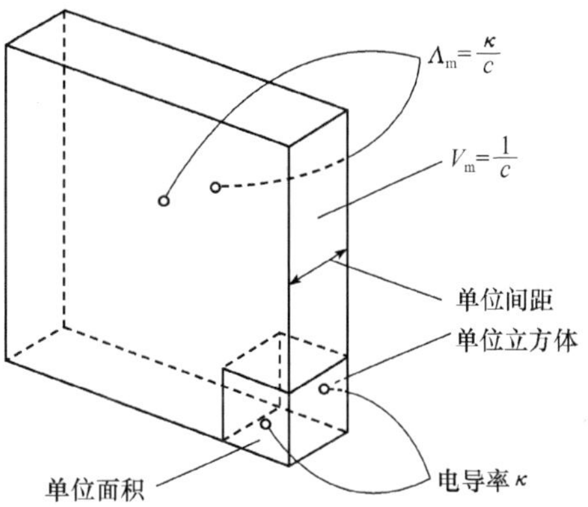

图 6.1.4　摩尔电导率定义示意图

应该指出，在表示电解质溶液的摩尔电导率时，应表明物质的基本单元，否则摩尔电导率的物理意义不明确。例如，应该写明 Λ_{m,K_2SO_4} 或 $\Lambda_{m,\frac{1}{2}K_2SO_4}$。

3. 电导的测定

测量电解质溶液的电导，实际上是测量其电阻。一般采用韦斯顿(Wheatstone)交流电桥法测定电解质溶液的电阻，如图 6.1.5 所示。图中 K 为用以抵消电导池电容的可变电容器；T 为检零器，一般为示波器或耳机；R_1 为可变电阻；R_x 为电导池中待测溶液的未知电阻，AB 为均匀的滑线电阻，R_3、R_4 分别为 AD、DB 段的电阻。测量时需用一定频率的交流电源(通常取其频率为 1000Hz)，而不能使用直流电，这是因为直流电通过电解质溶液时会发生电解而使电极附近溶液浓度发生改变，并可能在电极上析出物质而改变电极的本质。

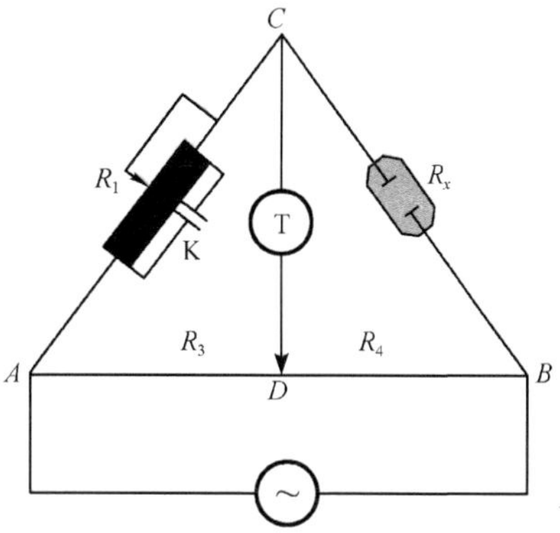

图 6.1.5　测量溶液电阻的韦斯顿电桥

测量时，接通电源，选择一定的电阻 R_1，移动接触点 D，直至 CD 间的电流为零。这时电桥处于平衡，有

$$\frac{R_1}{R_x}=\frac{R_3}{R_4} \tag{6.1.8}$$

因此溶液的电导为

$$G_x=\frac{1}{R_x}=\frac{R_3}{R_1R_4}=\frac{AD}{DB}\frac{1}{R_1} \tag{6.1.9}$$

由此，可求出待测溶液的电导率

$$\kappa_x=G_x\frac{l}{A}=\frac{1}{R_x}\frac{l}{A}=\frac{1}{R_x}K_{\text{cell}} \tag{6.1.10}$$

式(6.1.10)中，K_{cell}为**电导池常数**(constant of a conductivity cell)，$K_{cell}=\frac{l}{A}$，单位为 m^{-1}。对于一个固定的电导池，l 和 A 都是定值，因此 K_{cell} 为一常数。

直接测量电导池中两极之间的距离 l 和电极面积 A 不精确，因此通常将已知电导率的电解质溶液(用来测量电导池常数的电解质溶液通常为 KCl 水溶液，其电导率前人已精确测出，KCl 水溶液的电导率列于表 6.1.3 中)注入该电导池中，测定其电阻，计算出 K_{cell} 值。然后，再将待测溶液注入此电导池中测其电阻，即可由式(6.1.10)求出待测溶液的电导率，并可根据式(6.1.7)计算其摩尔电导率。

表 6.1.3　25℃时不同浓度 KCl 水溶液的电导率 κ

$c/(mol \cdot dm^{-3})$	0.001	0.01	0.1	1.0
$\kappa/(S \cdot m^{-1})$	0.0147	0.1411	1.229	11.2

【例 6.1.1】 25℃时，在一电导池中装有 $0.01mol \cdot dm^{-3}$ 的 KCl 溶液，测得电阻为 161.9Ω，若装以 $0.050mol \cdot dm^{-3}$ 的$\frac{1}{2}K_2SO_4$ 溶液，则所测电阻为 326.0Ω。求该电导池常数及 $0.050mol \cdot dm^{-3}$ 的$\frac{1}{2}K_2SO_4$ 溶液的电导率和摩尔电导率。

解　电导池常数

$$K_{cell}=\frac{l}{A}=\kappa_{KCl}R_{KCl}=(0.1411\times161.9)m^{-1}=22.84m^{-1}$$

$0.050mol \cdot dm^{-3}$ 的$\frac{1}{2}K_2SO_4$ 溶液的电导率

$$\kappa_{\frac{1}{2}K_2SO_4}=G\frac{l}{A}=\frac{1}{R}\frac{l}{A}=\frac{K_{cell}}{R}=\left(\frac{22.84}{326.0}\right)S \cdot m^{-1}=0.0701S \cdot m^{-1}$$

摩尔电导率

$$\Lambda_{m,\frac{1}{2}K_2SO_4}=\frac{\kappa_{\frac{1}{2}K_2SO_4}}{c}=\left(\frac{0.0701}{0.050\times10^3}\right)S \cdot m^2 \cdot mol^{-1}=0.001\ 40S \cdot m^2 \cdot mol^{-1}$$

4. 电导率、摩尔电导率与电解质的物质的量浓度的关系

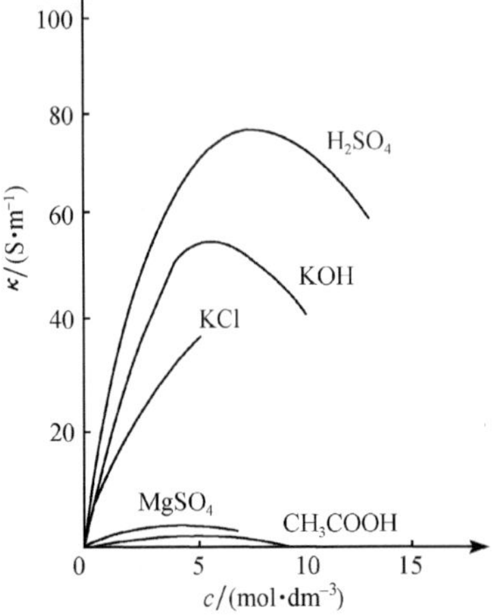

图 6.1.6　电导率与物质的量浓度的关系

1) 电导率与电解质的物质的量浓度的关系

图 6.1.6 给出了几种不同电解质的水溶液的电导率随电解质的物质的量浓度变化的关系曲线。由图可见

(1) 强酸的电导率最大，强碱次之，盐类较低，它们都是强电解质。这是因为 H^+ 和 OH^-(尤其 H^+)的电迁移率远远大于其他离子。至于弱电解质就更低了，这是因为单位体积中参加导电的离子很少。

(2) 很多强电解质溶液曲线上存在极大点。这表示电解质的物质的量浓度从两个相反的方向影响电导率。电解质溶液的物质的量浓度越大，溶液中的

离子数目越多,可使电导率增大,但当浓度增加到一定程度后,离子数目虽然增多,但离子间的静电相互作用明显增大,因而使离子的移动速率下降,电导率反而下降。

对弱电解质而言,电导率虽然也随浓度的增大有所增加,但变化并不明显。这是因为溶液浓度增大时,虽然单位体积中电解质分子数增加了,但解离度却随之减小,因此使溶液中离子数目变化并不显著所致。

2) 摩尔电导率与电解质的物质的量浓度的关系

图 6.1.7 给出了一些电解质的摩尔电导率随电解质的物质的量浓度变化的关系曲线。由图可见,无论是强电解质还是弱电解质,溶液的摩尔电导率均随电解质的物质的量浓度的减小而增大,这是由于溶液的浓度降低时离子间吸引力减弱,离子运动速率增加,因此摩尔电导率增大。但强、弱电解质的变化规律也是不同的。科尔劳乌施(Kohlrausch)根据大量实验结果得出结论:对浓度极稀的溶液(通常浓度<0.001mol·dm^{-3}),强电解质溶液的摩尔电导率 Λ_m 与电解质的物质的量浓度的平方根呈线性关系,即

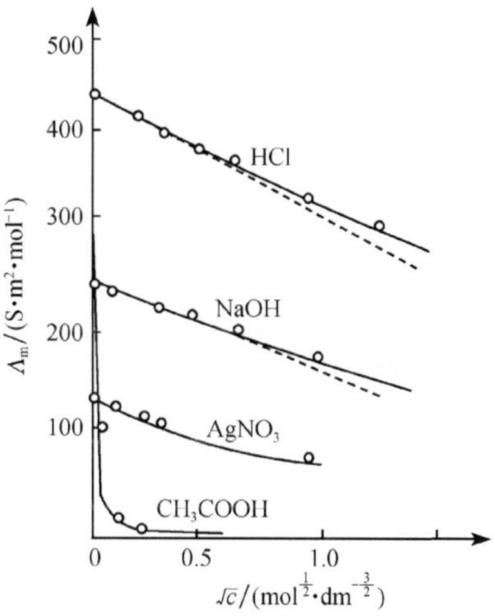

图 6.1.7 摩尔电导率与物质的量浓度的关系

$$\Lambda_m = \Lambda_m^{\infty}(1-\beta\sqrt{c}) \qquad (6.1.11)$$

式(6.1.11)中,β 为经验常数;Λ_m^{∞} 为电解质溶液无限稀释时的摩尔电导率,也称为**极限摩尔电导率**(limiting molar conductivity)。强电解质的 Λ_m^{∞} 可用外推法求出,但弱电解质如 HAc 的 Λ_m^{∞} 则不能用外推法求出。从实验值直接求弱电解质的 Λ_m^{∞} 遇到了困难,科尔劳乌施的离子独立运动定律解决了这个问题。

5. 离子独立运动定律

科尔劳乌施比较一系列电解质的无限稀释摩尔电导率值(表 6.1.4)时发现

(1) 在同一温度下的无限稀释溶液中,具有相同负离子的钾盐和锂盐溶液的 Λ_m^{∞} 差值相等,而与负离子的本性无关。

(2) 在同一温度下的无限稀释溶液中,具有相同正离子的氯化物、硝酸盐溶液的 Λ_m^{∞} 差值相等,而与正离子的本性无关。

表 6.1.4 25℃时一些强电解质的无限稀释摩尔电导率

电解质	$\Lambda_m^{\infty}/(S\cdot m^2\cdot mol^{-1})$	差 值	电解质	$\Lambda_m^{\infty}/(S\cdot m^2\cdot mol^{-1})$	差 值
KCl	0.014 986	34.8×10^{-4}	HCl	0.042 616	4.9×10^{-4}
LiCl	0.011 503		HNO_3	0.042 13	
KNO_3	0.014 50	34.9×10^{-4}	KCl	0.014 986	4.9×10^{-4}
$LiNO_3$	0.011 01		KNO_3	0.014 496	
$KClO_4$	0.014 004	34.1×10^{-4}	LiCl	0.011 503	4.9×10^{-4}
$LiClO_4$	0.010 598		$LiNO_3$	0.011 01	

表 6.1.4 表明无限稀释时离子的导电能力取决于离子本性而与共存的其他离子的性质无关，因此，在一定溶剂和一定温度下，任何一种离子的 Λ_m^∞ 均为一定值。

根据实验结果可得如下结论：在无限稀释的溶液中，离子独立运动互不影响，每一种离子对电解质溶液的导电都有恒定的贡献。这就是科尔劳乌施提出的电解质溶液**离子独立运动定律**(law of independent migration of ions)。通电后，电量的传递由正、负离子分担，因此，电解质 $M_{\nu_+}A_{\nu_-}$ 的 Λ_m^∞ 可以写成

$$\Lambda_m^\infty = \nu_+\lambda_{m,+}^\infty + \nu_-\lambda_{m,-}^\infty \tag{6.1.12}$$

式(6.1.12)中，$\lambda_{m,+}^\infty$、$\lambda_{m,-}^\infty$ 分别为正、负离子无限稀释时的摩尔电导率；ν_+ 和 ν_- 分别为电解质 $M_{\nu_+}A_{\nu_-}$ 全部解离时正、负离子的化学计量数。

利用有关强电解质的 Λ_m^∞ 值可求出一种弱电解质的 Λ_m^∞。例如

$$\begin{aligned}\Lambda_{m,HAc}^\infty &= \lambda_{m,H^+}^\infty + \lambda_{m,Ac^-}^\infty \\ &= (\lambda_{m,H^+}^\infty + \lambda_{m,Cl^-}^\infty) + (\lambda_{m,Na^+}^\infty + \lambda_{m,Ac^-}^\infty) - (\lambda_{m,Na^+}^\infty + \lambda_{m,Cl^-}^\infty) \\ &= \Lambda_{m,HCl}^\infty + \Lambda_{m,NaAc}^\infty - \Lambda_{m,NaCl}^\infty\end{aligned}$$

也可通过下面式子来求 $\Lambda_{m,HAc}^\infty$

$$\begin{aligned}\Lambda_{m,HAc}^\infty &= \lambda_{m,H^+}^\infty + \lambda_{m,Ac^-}^\infty \\ &= \left(\lambda_{m,H^+}^\infty + \frac{1}{2}\lambda_{m,SO_4^{2-}}^\infty\right) + (\lambda_{m,Na^+}^\infty + \lambda_{m,Ac^-}^\infty) - \left(\lambda_{m,Na^+}^\infty + \frac{1}{2}\lambda_{m,SO_4^{2-}}^\infty\right) \\ &= \frac{1}{2}\Lambda_{m,H_2SO_4}^\infty + \Lambda_{m,NaAc}^\infty - \frac{1}{2}\Lambda_{m,Na_2SO_4}^\infty\end{aligned}$$

表 6.1.5 列出了 25℃时水溶液中某些离子的无限稀释摩尔电导率 Λ_m^∞ 值。

表 6.1.5　25℃时一些离子无限稀释时的摩尔电导率

正离子	$\lambda_{m,+}^\infty/(\times 10^4 S\cdot m^2\cdot mol^{-1})$	负离子	$\lambda_{m,-}^\infty/(\times 10^4 S\cdot m^2\cdot mol^{-1})$
H^+	349.82	OH^-	198.0
Li^+	38.69	Cl^-	76.34
Na^+	50.11	Br^-	78.4
K^+	73.52	I^-	76.8
NH_4^+	73.4	NO_3^-	71.44
Ag^+	61.92	CH_3COO^-	40.9
$\frac{1}{2}Ca^{2+}$	59.50	ClO_4^-	68.0
$\frac{1}{2}Ba^{2+}$	63.64	$\frac{1}{2}SO_4^{2-}$	79.8
$\frac{1}{2}Mg^{2+}$	53.06		

从表 6.1.5 发现 H^+ 和 OH^- 的 Λ_m^∞ 特别大。一种解释是：在电场作用下，水溶液中单个的溶剂化的质子的传导是通过一种快速的链式质子传递机理，而非质子本身从溶液的一端迁向另一端。OH^- 的迁移机理与 H_3O^+ 相似。两者在电场中的传递如图 6.1.8 所示。

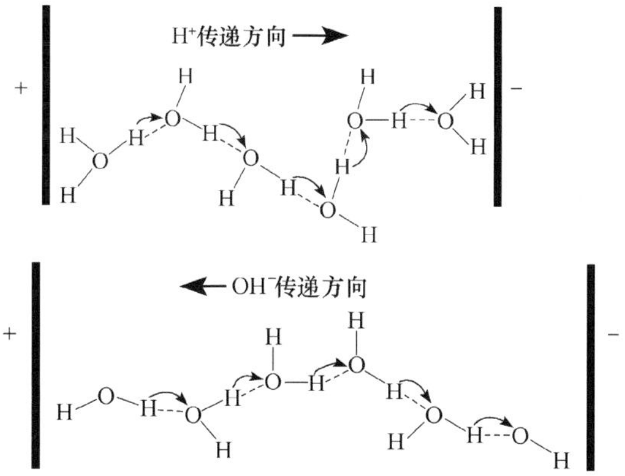

图 6.1.8　H^+ 和 OH^- 在电场中的传递方式

电解质的摩尔电导率是所有正、负离子对电导率贡献的总和，因此离子的迁移数也可以看作某种离子的摩尔电导率占电解质的摩尔电导率的分数。1-1 型电解质在无限稀释时有

$$t_+^\infty=\frac{\lambda_{m,+}^\infty}{\Lambda_m^\infty},\quad t_-^\infty=\frac{\lambda_{m,-}^\infty}{\Lambda_m^\infty} \tag{6.1.13}$$

对于浓度不太高的 1-1 型强电解质溶液，下面式子近似成立

$$t_+=\frac{\lambda_{m,+}^\infty}{\Lambda_m},\quad t_-=\frac{\lambda_{m,-}^\infty}{\Lambda_m} \tag{6.1.14}$$

6. 电导测定的一些应用

1) 电导滴定

滴定中关键问题之一是确定滴定终点。**电导滴定**(conductometric titration)就是滴定过程中利用体系电导的突变来确定滴定终点的方法。电导滴定可以用于酸碱中和反应、氧化还原反应、沉淀反应等各类反应。电导滴定不需要指示剂，因此对颜色较深或浑浊的溶液尤为适用。以中和滴定为例，如图 6.1.9 为用强碱 NaOH 滴定强酸 HCl 的滴定曲线。在滴定前，溶液中 H^+ 较多，溶液的电导 G 较高；但随着 NaOH 的加入，H^+ 和 OH^- 结合成 H_2O，溶液中导电能力强的 H^+ 减少了，导电能力弱的 Na^+ 增加，所以溶液的导电能力逐渐降低。当达到滴定终点时，图 6.1.9 中 B 点的溶液导电能力最低。此后，由于强碱 NaOH 中的 OH^- 存在，并具有较高的导电能力，随着强碱 NaOH 的过量程度增加，电导 G 值又升高。

图 6.1.10 为用弱碱 NH_4OH 滴定弱酸 HAc 的滴定曲线。滴定前，由于 HAc 的解离度很小，因此电导 G 很小。滴加少量的 NH_4OH 后，生成少量的 NH_4^+ 和 Ac^-，其中 Ac^- 会抑制 HAc 的解离，因此溶液的电导下降。当继续滴加 NH_4OH 时，随着生成 NH_4^+ 和 Ac^- 的增多，它们对电导的贡献逐渐占主导地位，因而溶液的电导逐渐增加。达到终点，由于溶液中大量的 NH_4^+ 抑制了 NH_4OH 的解离，溶液的电导不再增大，滴定曲线几乎成水平。作水平线段的延长线与上升曲线的切线，其交点即为滴定终点，如图 6.1.10 中 B 点。在终点附近，盐类的水解作用使终点处的转折不够尖锐，但不会影响结果。

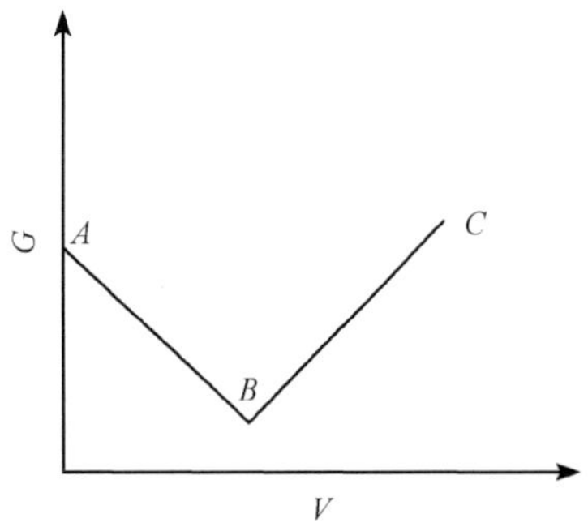

图 6.1.9　强碱滴定强酸的电导滴定曲线

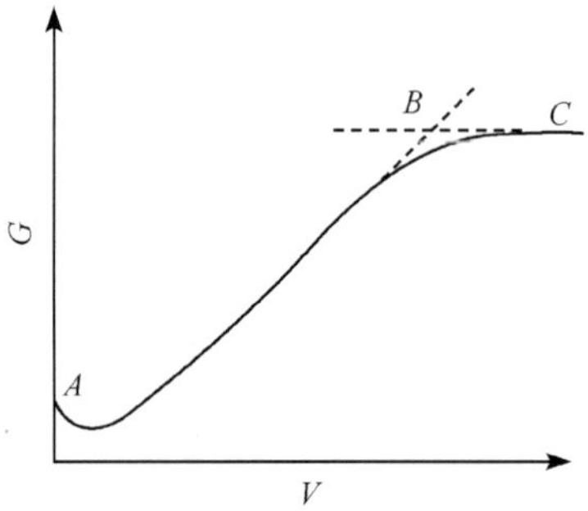

图 6.1.10　弱碱滴定弱酸的电导滴定曲线

2）求算弱电解质的解离度及解离平衡常数

对弱电解质来说，其解离度比较小，摩尔电导率很低。但在无限稀释的情况下，可以认为弱电解质全部解离而且离子间无相互作用。因此，Λ_m 与 Λ_m^∞ 之间的差别就可近似地看成是由弱电解质部分解离与全部解离产生的离子数目不同所致，弱电解质的**解离度**(degree of dissociation)可表示为

$$\alpha=\frac{\Lambda_m}{\Lambda_m^\infty} \tag{6.1.15}$$

自 α 可进一步求得**解离平衡常数**(dissociation constant)。对 1-1 型弱电解质，设其初浓度为 c，则

	AB $\rightleftharpoons$	A^+ +	B^-
开始时	c	0	0
平衡时	$c(1-\alpha)$	$c\alpha$	$c\alpha$

解离平衡常数为

$$K_c^\ominus=\frac{\frac{c}{c^\ominus}\alpha^2}{1-\alpha} \tag{6.1.16}$$

代入 $\alpha=\frac{\Lambda_m}{\Lambda_m^\infty}$ 后得

$$K_c^\ominus=\frac{\frac{c}{c^\ominus}\left(\frac{\Lambda_m}{\Lambda_m^\infty}\right)^2}{1-\frac{\Lambda_m}{\Lambda_m^\infty}}=\frac{\frac{c}{c^\ominus}\Lambda_m^2}{\Lambda_m^\infty(\Lambda_m^\infty-\Lambda_m)} \tag{6.1.17}$$

实验表明，弱电解质的解离度越小，该式越准确，这就是**奥斯特瓦尔德稀释定律**(Ostwald's dilution law)。

3）测定微溶盐的溶度积

微溶盐(如 AgCl、$BaSO_4$ 等)在水中的溶解度极小，一般难以直接测定其数值，但用电导测定法可以方便地求出其溶解度。通常先测定纯水的电导率 κ_{H_2O}，再用此纯水配制待测微溶盐的饱和溶液，然后测定该饱和溶液的电导率 $\kappa_{溶液}$，显然，微溶盐的电导率 $\kappa_{盐}=\kappa_{溶液}-\kappa_{H_2O}$。由于微溶盐的溶解度极小，溶液极稀，可以认为 $\Lambda_{m,盐}\approx\Lambda_{m,盐}^\infty=\nu_+\lambda_{m,+}^\infty+\nu_-\lambda_{m,-}^\infty$。从而可得微溶盐饱和溶液物质的量浓度 $c_{饱和}$ 为

$$c_{饱和}=\frac{\kappa_{盐}}{\Lambda_m^\infty}=\frac{\kappa_{溶液}-\kappa_{H_2O}}{\nu_+\lambda_{m,+}^\infty+\nu_-\lambda_{m,-}^\infty} \tag{6.1.18}$$

式(6.1.18)中，$c_{饱和}$单位是 mol · m^{-3}。由式(6.1.18)进而可得微溶盐的溶度积，举例说明如下。

【例 6.1.2】 25℃时测得 AgCl 饱和溶液的电导率是 3.41×10^{-4} S · m^{-1}，所用纯水的电导率是 1.60×10^{-4} S · m^{-1}，计算 AgCl 在该温度下物质的量浓度和溶度积。

解 查表 6.1.5 得

$$\lambda_{m,Ag^+}^\infty=61.92\times10^{-4}\,S\cdot m^2\cdot mol^{-1} \qquad \lambda_{m,Cl^-}^\infty=76.34\times10^{-4}\,S\cdot m^2\cdot mol^{-1}$$

$$\Lambda_{m,AgCl}^\infty=(61.92+76.34)\times10^{-4}\,S\cdot m^2\cdot mol^{-1}=1.383\times10^{-2}\,S\cdot m^2\cdot mol^{-1}$$

由式(6.1.18) 可求 AgCl 在该温度下的浓度

$$c_{饱和}=\frac{\kappa_{AgCl}}{\Lambda_{m,AgCl}^\infty}=\frac{\kappa_{溶液}-\kappa_{H_2O}}{\lambda_{m,+}^\infty+\lambda_{m,-}^\infty}=\frac{(3.41-1.60)\times10^{-4}}{1.383\times10^{-2}}\,mol\cdot m^{-3}$$

$$=1.31\times10^{-2}\,mol\cdot m^{-3}=1.31\times10^{-5}\,mol\cdot dm^{-3}$$

所求 AgCl 的溶度积为

$$K_{sp}^\ominus=\frac{c_{Ag^+}}{c^\ominus}\cdot\frac{c_{Cl^-}}{c^\ominus}=\left(\frac{1.31\times10^{-5}}{1}\right)^2=1.72\times10^{-10}$$

4) 检验水的纯度

在科学研究和生产过程中常需要高纯度的水，对水质检测的一个指标就是测量水的电导率。普通蒸馏水的电导率约为 1.0×10^{-3} S · m^{-1}，重蒸水(蒸馏水经用 $KMnO_4$ 和 KOH 溶液处理除去 CO_2 及有机杂质后，在石英器皿中重新蒸馏 1～2 次所得)和去离子水的电导率一般小于 1.0×10^{-4} S · m^{-1}，所以只要测定水的电导率值就可知其纯度是否符合要求。

电导测定除以上几个方面外还有许多应用，如化学研究中，用电导测定法判断化合物的纯度，测定反应速率；在农业中，常用电导法测土壤浸提液的电导率来判断其含盐量；在生物与医学科学中，用电导法测定蛋白质的等电点，根据电导区分人的健康皮肤与不健康皮肤；食品、石油等工业中，用电导滴定法判断乳状液的类型；在环境科学中，用电导滴定法对环境中 SO_2 等气体含量进行分析。

6.2 电解质溶液的热力学性质

6.2.1 电解质溶液的活度

电解质溶液与分子溶液不同，由于离子间存在远程的静电作用力，即使浓度很稀，其热力学性质也偏离理想稀溶液，因此需引入电解质溶液活度和**活度因子**(activity factor)的概念。

1. 电解质活度

在讨论非理想溶液中物质的化学势时，以活度代替浓度，原则上这同样适用于电解质溶液。

参照非理想溶液化学势的定义，电解质及正、负离子的化学势可分别表示为

$$\left.\begin{aligned}\mu_B&=\mu^\ominus+RT\ln a_B\\ \mu_+&=\mu_+^\ominus+RT\ln a_+\\ \mu_-&=\mu_-^\ominus+RT\ln a_-\end{aligned}\right\} \tag{6.2.1}$$

式(6.2.1)中,a_B、a_+和a_-分别为电解质及正、负离子的活度;$\mu_B^\ominus$、$\mu_+^\ominus$、$\mu_-^\ominus$分别为电解质及正、负离子的标准化学势。正离子活度a_+和负离子活度a_-分别为

$$a_+=\gamma_+\frac{b_+}{b^\ominus}\qquad a_-=\gamma_-\frac{b_-}{b^\ominus}\tag{6.2.2}$$

式(6.2.2)中,γ_+和γ_-分别为正、负离子活度因子;b_+和b_-分别为正、负离子的质量摩尔浓度。由于溶液总是电中性的,在电解质溶液中,正、负离子总是同时存在,向电解质溶液中单独添加正离子或负离子都是做不到的,式(6.2.1)也只是正、负离子化学势形式上的定义。由于单种离子化学势的绝对值不能测定,为此,将电解质作为整体来处理。

设任一强电解质$M_{\nu_+}A_{\nu_-}$,在溶液中完全解离

$$M_{\nu_+}A_{\nu_-}\longrightarrow\nu_+M^{z+}+\nu_-A^{z-}$$

其中z_+和z_-分别为正、负离子的价数。

将电解质作为一个整体,当T、p不变时,其化学势μ_B为

$$\mu_B=\nu_+\mu_++\nu_-\mu_-\tag{6.2.3}$$

将式(6.2.1)和式(6.2.2)代入得

$$\mu_B^\ominus+RT\ln a_B=\nu_+\mu_+^\ominus+\nu_-\mu_-^\ominus+RT\ln(a_+^{\nu_+}a_-^{\nu_-})$$

令$\mu_B^\ominus=\nu_+\mu_+^\ominus+\nu_-\mu_-^\ominus$,可得

$$a_B=a_+^{\nu_+}a_-^{\nu_-}\tag{6.2.4}$$

式(6.2.4)即为电解质活度与正、负离子活度之间的关系。

2. 平均离子活度和平均离子活度因子

由于在电解质溶液中正、负离子总是同时存在,单种离子的活度或活度因子均无法直接由实验测定,所以引入**平均离子活度因子**(ionic mean activity factor)$\gamma_\pm$以及与之相关的**平均离子活度**$a_\pm$(ionic mean activity)和平均离子质量摩尔浓度$b_\pm$。

$$\left.\begin{aligned}\gamma_\pm&=(\gamma_+^{\nu_+}\gamma_-^{\nu_-})^{1/\nu}\\a_\pm&=(a_+^{\nu_+}a_-^{\nu_-})^{1/\nu}\\b_\pm&=(b_+^{\nu_+}b_-^{\nu_-})^{1/\nu}\end{aligned}\right\}\tag{6.2.5}$$

式(6.2.5)中,$\nu=\nu_++\nu_-$。根据以上定义,显然有

$$a_B=a_\pm^\nu\tag{6.2.6}$$

平均离子活度$a_\pm$、平均离子活度因子$\gamma_\pm$和平均离子质量摩尔浓度$b_\pm$的关系为

$$a_\pm=\gamma_\pm\frac{b_\pm}{b^\ominus}\quad(当 b\to0 时,\gamma_\pm\to1)\tag{6.2.7}$$

对强电解质$M_{\nu_+}A_{\nu_-}$,若其浓度为b,由于完全解离,正离子浓度$b_+=\nu_+b$,负离子浓度$b_-=\nu_-b$,代入式(6.2.5)可得$b_\pm$与电解质的质量摩尔浓度b的关系为

$$b_\pm=[(\nu_+b)^{\nu_+}(\nu_-b)^{\nu_-}]^{1/\nu}\quad 或\quad b_\pm=(\nu_+^{\nu_+}\nu_-^{\nu_-})^{1/\nu}b\tag{6.2.8}$$

平均离子活度因子$\gamma_\pm$可由实验测定,常用的实验方法有蒸气压法、凝固点降低法和电动势法等。

6.2.2 电解质溶液的离子强度

用各种方法测定强电解质的平均离子活度因子$\gamma_\pm$,一般所得的结果均能较好地吻合。大

量实验结果表明：影响强电解质的平均离子活度因子 $\gamma_\pm$ 的两个主要因素是浓度和离子价数，其中离子价数比浓度的影响更显著。表 6.2.1 列出了 25℃时水溶液中不同质量摩尔浓度下一些电解质的平均离子活度因子值。

表 6.2.1　25℃、$p^\ominus$ 下水溶液中电解质的平均离子活度因子 $\gamma_\pm$

$\frac{b}{b^\ominus}$	0.001	0.005	0.010	0.050	0.100	0.500	1.000	2.000	4.000	10.000
HCl	0.965	0.928	0.905	0.830	0.797	0.757	0.811	1.009	1.762	10.4
NaCl	0.966	0.929	0.904	0.823	0.778	0.682	0.658	0.671	0.783	
KCl	0.965	0.927	0.901	0.815	0.769	0.650	0.605	0.575	0.582	
HNO_3	0.965	0.927	0.902	0.823	0.785	0.715	0.720	0.783	0.982	
NaOH			0.899	0.818	0.766	0.693	0.679	0.700	0.890	
$CaCl_2$	0.888	0.783	0.727	0.574	0.517	0.448	0.495	0.792	2.934	43.1
Na_2SO_4	0.887		0.714		0.453		0.204			
K_2SO_4	0.89	0.78	0.71	0.52	0.43					
H_2SO_4	0.830	0.639	0.544	0.340	0.265	0.154	0.130	0.124	0.171	
$CdCl_2$	0.819	0.623	0.524	0.304	0.228	0.100	0.066	0.044		
$BaCl_2$	0.88	0.77	0.72	0.56	0.49	0.39	0.39			
$CuSO_4$	0.74	0.53	0.41	0.21	0.16	0.068	0.0423			
$ZnSO_4$	0.734	0.477	0.387	0.202	0.148	0.063	0.043	0.035		

由表 6.2.1 数据可知

(1) 在稀溶液中，电解质的平均离子活度因子 $\gamma_\pm$ 随浓度降低而增加，当浓度无限稀释时达极限值 1。在一般情况下 $\gamma_\pm$ 总是小于 1，但当浓度增加到一定程度时，$\gamma_\pm$ 值可能随浓度的增加而变大，甚至大于 1，这种现象是由于离子的水化作用使较浓溶液中的许多水分子被束缚在离子周围的水化层内不能自由移动，相当于使溶剂量相对减少而造成的。

(2) 在稀溶液中，对相同价型的电解质而言，浓度相同时，其 $\gamma_\pm$ 的值近似相等。

(3) 不同价型的电解质，即使浓度相等，其 $\gamma_\pm$ 并不相同，正、负离子价数的乘积越大，$\gamma_\pm$ 偏离 1 程度越大(与理想稀溶液的偏差越大)。

为了体现离子价数和浓度对 $\gamma_\pm$ 的影响，1921 年路易斯(Lewis)提出了**离子强度**(ionic strength)的概念，并进一步提出了电解质平均离子活度因子与离子强度的经验关系式。离子强度 I_b 的定义为

$$I_b = \frac{1}{2}\sum b_B z_B^2 \tag{6.2.9}$$

式(6.2.9)中，z_B 和 b_B 分别为离子 B 的离子价数和质量摩尔浓度；I_b 的单位是 $mol \cdot kg^{-1}$。路易斯根据实验进一步指出：$\gamma_\pm$ 与 I_b 的经验关系式为

$$\ln\gamma_\pm = -常数\sqrt{I_b/b^\ominus} \tag{6.2.10}$$

【例 6.2.1】 同时含有 $0.02mol \cdot kg^{-1}$ KCl 和 $0.02mol \cdot kg^{-1}$ K_2SO_4 的水溶液，其离子强度是多少？

解 $b_{K^+} = (0.02+2\times0.02)mol \cdot kg^{-1} = 0.06mol \cdot kg^{-1}$，$z_{K^+}=1$

$b_{Cl^-} = 0.02mol \cdot kg^{-1}$，$z_{Cl^-}=-1$，$b_{SO_4^{2-}} = 0.02mol \cdot kg^{-1}$，$z_{SO_4^{2-}}=-2$

$$I_b = \frac{1}{2}\sum b_B z_B^2 = \frac{1}{2}[0.06\times1^2 + 0.02\times(-1)^2 + 0.02\times(-2)^2]\text{mol}\cdot\text{kg}^{-1}$$
$$= 0.08\text{mol}\cdot\text{kg}^{-1}$$

【例 6.2.2】 利用表 6.2.1 所列数据计算 25℃，0.010mol·kg^{-1} Na_2SO_4水溶液中平均离子活度和电解质 Na_2SO_4的活度。

解
$$\nu_+ = 2, \nu_- = 1, b_+ = \nu_+ b, b_- = \nu_- b$$
$$b_\pm = (b_+^{\nu_+} b_-^{\nu_-})^{1/(\nu_+ + \nu_-)} = [(2b)^2 b]^{1/(2+1)} = 4^{1/3} b = 0.0159\text{mol}\cdot\text{kg}^{-1}$$
或
$$b_\pm = (\nu_+^{\nu_+} \nu_-^{\nu_-})^{1/(\nu_+ + \nu_-)} b = (2^2\times1^1)^{1/(2+1)} b = 0.0159\text{mol}\cdot\text{kg}^{-1}$$

由表 6.2.1 所列数据可知，25℃，0.01mol Na_2SO_4水溶液中平均离子活度因子 $\gamma_\pm = 0.714$，于是得
$$a_\pm = \gamma_\pm \frac{b_\pm}{b^\ominus} = 0.714\times\frac{0.0159}{1} = 0.0114$$
$$a_B = a_\pm^\nu = a_\pm^3 = 1.46\times10^{-6}$$

6.2.3 强电解质溶液理论简介

1. 德拜-休克尔离子互吸理论

1923 年，德拜(Debye)和休克尔(Hückel)对很稀的强电解质溶液提出**离子氛**(ionic atmosphere)模型。基本假设如下：

(1) 任何浓度的电解质溶液中，电解质都完全解离(仅限非缔合式电解质溶液)。

(2) 在稀溶液中，离子不极化，可视为点电荷，其电场是球形对称的；离子在静电作用下的分布符合玻尔兹曼分布，电荷密度与电势之间的关系遵从静电学中的泊松(Poisson)方程。

(3) 离子之间的作用力主要是静电作用力，其他的作用力可以略去不计。

(4) 溶液的介电常数可由纯溶剂的介电常数来代替。

(5) 离子间的相互吸引能小于热运动动能。

上述假设认为强电解质在溶液中是完全解离的，强电解质溶液对理想稀溶液规律的偏差主要来源于离子间的相互作用，而离子间的相互作用又以库仑力为主。

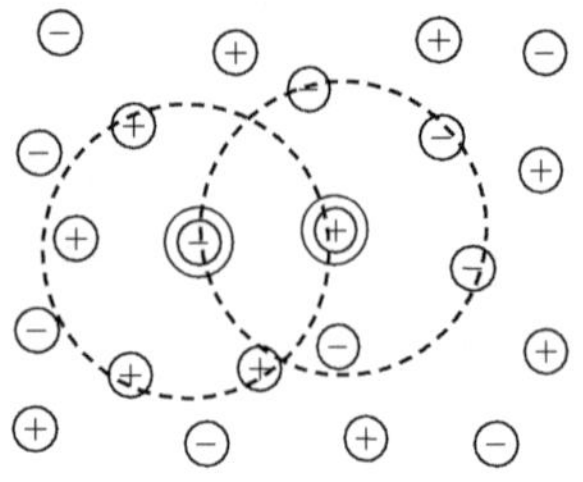

图 6.2.1 离子氛模型示意图

分析离子间静电引力和离子热运动的关系，进而将十分复杂的离子间作用简化为强电解质溶液的离子氛模型来研究(图 6.2.1)。可以设想正、负离子之间的静电引力使离子倾向于晶格那样有规则的排列，而离子热运动则使离子倾向于混乱的分布。由于热运动不足以抵消静电引力的影响，结果形成在一定时间间隔里，每个离子的周围，异电性离子的密度大于同电性离子的密度，即在中心离子的周围形成一个按统计规律分布的如同大气式的球形异电性“离子氛”，越接近中心离子，异电性离子越多。必须指出的是，溶液中每个离子均是中心离子，同时又是其他异电性离子的离子氛的组成部分。此外，由于离子处于不停的热运动之中，可使原有离子氛不断消失，而新的离子氛不断形成，也就是说离子氛在不断地改组和变化。因此，离子氛只能看作时间统计平均的结果。

显然，以上几点假定只有在稀溶液中才是正确的。德拜和休克尔通过离子氛模型成功地把电解质溶液中众多离子间复杂的相互作用归结为中心离子与离子氛之间的作用，这就把研

究的问题大大简化了。

2. 德拜-休克尔极限公式

以离子氛模型为基础，借助于玻尔兹曼分布定律和泊松方程，德拜-休克尔成功导出了离子活度因子和离子强度的公式

$$\lg\gamma_{\mathrm{B}}=-Az_{\mathrm{B}}^{2}\sqrt{I_b/b^{\ominus}} \tag{6.2.11}$$

当温度、溶剂一定时，A 为定值。在 25℃时，水溶液中 $A=0.509$。

由于单种离子的活度因子无法由实验测得，需将它转换成平均活度因子的形式，即

$$\lg\gamma_{\pm}=-A|z_+z_-|\sqrt{I_b/b^{\ominus}} \tag{6.2.12}$$

式(6.2.11)和式(6.2.12)均称为**德拜-休克尔极限公式**(Debye-Hückel's limiting equation)。

如图 6.2.2 所示，德拜-休克尔极限公式适用于离子强度 $I_b<0.01\mathrm{mol\cdot kg^{-1}}$ 的稀溶液，当 $I_b>0.01\mathrm{mol\cdot kg^{-1}}$ 时，实验值明显偏离极限公式所确定的虚线，并且，电解质溶液的离子价数越高，偏离越大。后来德拜和休克尔对较浓的电解质溶液的推导过程作了适当修正，不把离子看成点电荷，考虑到离子的直径，可以把式(6.2.12)修正为

$$\lg\gamma_{\pm}=-\frac{A|z_+z_-|\sqrt{I_b/b^{\ominus}}}{1+aB\sqrt{I_b/b^{\ominus}}} \tag{6.2.13}$$

式(6.2.13)中，a 是平均离子有效直径；A、B 为与温度、溶剂有关的常数，在很稀的溶液中，$aB\sqrt{I_b/b^{\ominus}}\ll 1$，上式还原为式(6.2.12)。

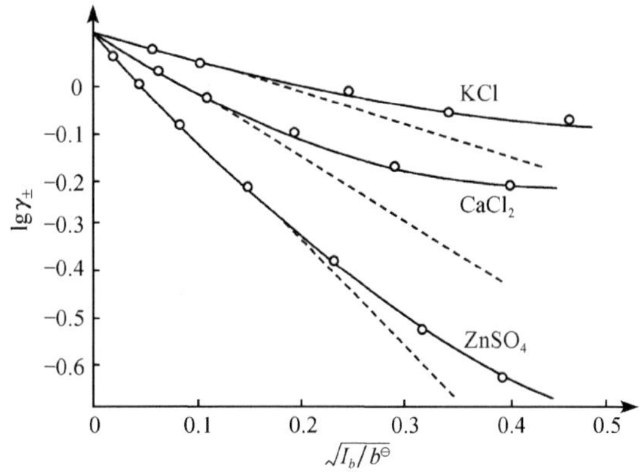

图 6.2.2　25℃时一些电解质溶液的 $\lg\gamma_{\pm}$ 与 $\sqrt{I_b/b^{\ominus}}$ 的关系

对 25℃时的水溶液，$aB\approx 1$，式(6.2.13)可简化为

$$\lg\gamma_{\pm}=-\frac{A|z_+z_-|\sqrt{I_b/b^{\ominus}}}{1+\sqrt{I_b/b^{\ominus}}} \tag{6.2.14}$$

式(6.2.14)的适用范围较大，可用于离子强度 $I_b<0.1\mathrm{mol\cdot kg^{-1}}$ 的溶液。

【例 6.2.3】 利用德拜-休克尔极限公式，计算 25℃时 $0.0050\mathrm{mol\cdot kg^{-1}}$ $BaCl_2$ 水溶液中，$BaCl_2$ 的平均离子活度因子。

解

$$I_b=\frac{1}{2}\sum b_{\mathrm{B}}z_{\mathrm{B}}^{2}$$

$$=\frac{1}{2}\times(0.0050\times 2^2+2\times 0.0050\times 1^2)\mathrm{mol\cdot kg^{-1}}$$

$$=0.015\text{mol}\cdot\text{kg}^{-1}$$

$$\lg\gamma_{\pm}=-A|z_+z_-|\sqrt{I_b/b^{\ominus}}$$

$$=-0.509\times|2\times(-1)|\times\sqrt{0.0150}=-0.1247$$

$$\gamma_{\pm}=0.750$$

6.3　电化学体系

6.3.1　电化学体系及其相间电势差

1. 电化学体系

如图 6.1.1 所示，在两相或多相间存在电势差的体系称为**电化学体系**（electrochemical system）。原电池和电解池都是电化学体系。电化学体系主要研究两方面的问题：①研究**电化学体系的热力学**（thermodynamics of electrochemical system），即研究电化学体系中没有电流通过时的性质，或有关化学反应的平衡规律；②研究**不可逆电极过程**（irreversible electrode process），即研究电化学体系中有电流通过时的性质。

凡是有两相界面（无论有无电荷转移），就有电荷量相等而符号相反的双电层，在它们之间就存在电势差。

2. 电化学体系中的相间电势差

常见的相界面间电势差有以下几种。

1）电极与溶液界面电势差

将一金属（M）浸入含有该种金属离子（M^{z+}）的溶液中时，可产生两种不同情况，这取决于溶液的浓度和金属的性质。若金属离子的水化能较大而金属晶格能较小，则金属溶解使其离子脱离金属溶入液相，并将电子留在金属上，导致金属带负电。随着金属的溶解，金属表面负电荷不断增加，对正离子的吸引作用不断增强，从而使金属离子的溶解速率减慢。当金属的溶解速率与溶液中金属离子沉积到金属表面的速率相等时，就形成了**双电层**（electric double layer）（详见第 8 章），此时金属表面带过剩的负电荷，溶液中有过剩正电荷。双电层由两部分构成，贴近界面的是紧密层，厚度通常为 $10^{-10}\sim10^{-9}$ m（图 6.3.1 中虚线），扩散在溶液中的是扩散层。双电层的存在导致金属与溶液相界面间产生电势差，此电势差为电极与溶液界面电势差。例如，铜-锌电池，即丹尼尔（Daniel）电池[图 6.3.2(a)]，锌片插入 $ZnSO_4$ 溶液，铜片插入 $CuSO_4$ 溶液，为防止两种溶液直接混合，其间用只允许离子通过的多孔隔板隔开。金属锌晶格能较小、锌离子的水化能较大，导致金属锌易溶解而其离子脱离金属溶入液相，并将电子留在金属锌片上，导致金属锌带负电（电势低为负极），使金属锌与硫酸锌溶液的界面形成双电层，从而产生电势差。

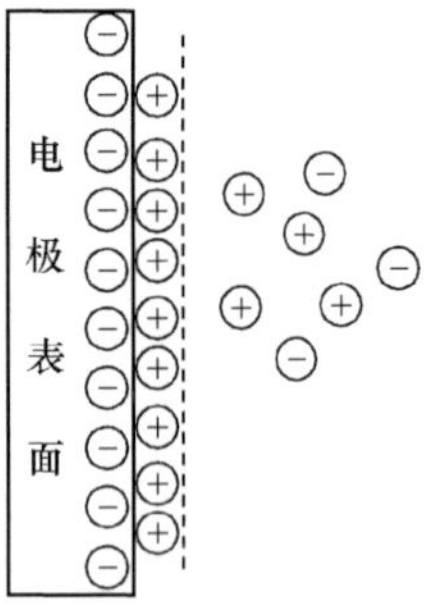

图 6.3.1　电极与溶液界面电势差

相反，若金属离子的水化能较小而金属晶格能较大，溶液中的金属离子向金属表面沉积，平衡后，金属表面带正电，溶液中有过剩负电荷。金属电极表面的电荷层与溶液中多余的反号离子层共同形成了双电层。例如，铜-锌电池[图 6.3.2(a)]的铜片插入 $CuSO_4$ 溶液，铜的晶格能较大、铜离子的水化能较小，平衡时铜表面带正电，溶液中有过剩负电荷，铜片与 $CuSO_4$ 溶液界面间形成双电层，从而产生电势差。显然，丹尼尔电池是一个多相间存在电势差的电化学体系。

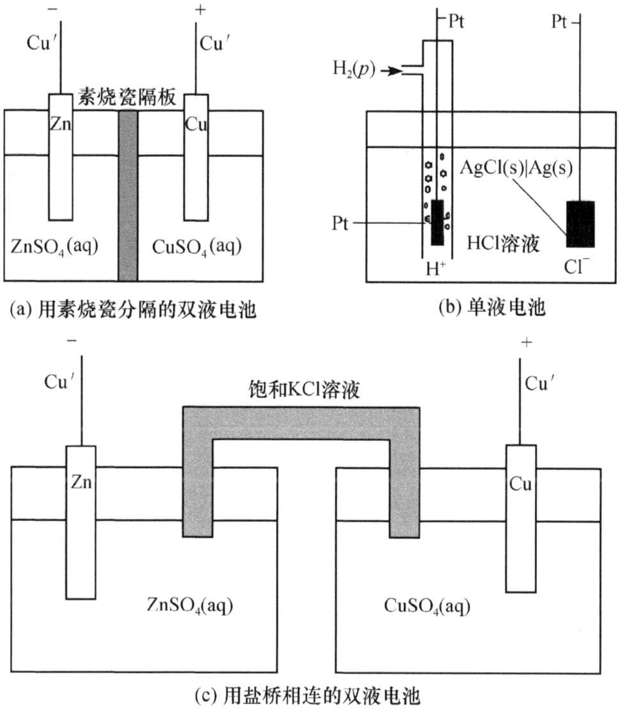

图 6.3.2 原电池示意图

电极与溶液间产生界面电势差，还有其他复杂的原因。例如，电极表面吸附表面活性粒子也会形成双电层，产生电势差。

2）液接电势

由于溶液中离子的扩散速率不同，引起正、负离子在相界面两侧分布不均，使两种不同的电解质溶液或是电解质相同但浓度不同的溶液界面上形成双电层，由此产生微小的电势差称为**液接电势**(liquid junction potential)，也称**扩散电势**(diffuse potential)。

例如，浓度相等的不同电解质溶液 KCl 和 HCl 溶液接界时，K^+ 和 H^+ 分别向另一侧扩散，如图 6.3.3(a)所示。已知 H^+ 的迁移速率比 K^+ 快得多，因此造成右侧 Cl^- 过剩而带负电，左侧则因有过剩的 H^+ 而带正电。于是在接界处产生电势差，电势差的产生使 H^+ 的扩散速率减慢，同时使 K^+ 的扩散速率加快。当两种离子的扩散速率相等时，界面上便形成稳定的双电层结构，相应的电势差就是液接电势。

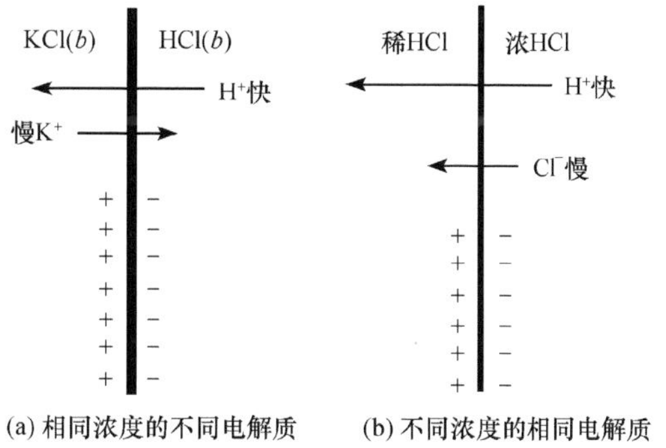

图 6.3.3 液体接界电势示意图

两浓度不同的 HCl 溶液接界时，HCl 会由浓的一侧向稀的一侧扩散，如图 6.3.3(b)所示。由于 H^+ 的迁移速率大于 Cl^- 的迁移速率，因此在左侧出现过剩的 H^+ 而带正电，在右侧有过剩的 Cl^- 而带负电，同样在溶液接界处形成双电层，产生电势差。到达稳定状态后，两种离子以恒定的速率扩散，电势差保持恒定。

液接电势通常不超过 0.03V，但是测定时不可忽略。另外，由于扩散是不可逆过程，它的存在将引起电池的不可逆性，因而难以由实验测得稳定的数值。实验常用**盐桥**(salt bridge)消除液体接界电势。盐桥一般是用饱和 KCl 溶液装在倒置的 U 形管中构成，为避免溶液流出，常用凝胶如琼脂将其冻结在 U 形管中。由于盐桥中电解质 KCl 的浓度很高，插入溶液时，扩散主要来自于盐桥中的 Cl^- 和 K^+。因盐桥中正、负离子电迁移率很接近，从而在盐桥两端界面上产生的扩散电势很小，而且盐桥两端电势差方向相反，相互抵消，使用盐桥后常可把液接电势降低到几毫伏以下。若电池中的电解质含有与盐桥中的电解质发生反应或生成沉淀的离子，如含有 Ag^+，则要改用 NH_4NO_3 或 KNO_3 溶液作盐桥。

3) 接触电势

不同金属的电子逸出功不同，当不同金属接触时，电子在接触面上分布是不均匀的，缺少电子的一面带正电，电子过剩的一面带负电。当达到动态平衡后，在金属接界上产生的电势差称为**接触电势**(contact potential)。

在电化学界面，通常所涉及的电势差为 0.1～1V，双电层的厚度为 10^{-10}～10^{-9} m，产生的电场强度高达 10^8～10^{10} V·m^{-1}。除电化学体系外，人们还没有发现一个实际电场能产生如此大的电场强度，这种通过化学双电层所产生的强电场必然对电荷载体产生一个非常大的推用力。

总之，电化学体系的特点是自发电荷分离、形成界面电势差、超薄双电层、超强电场、特殊的多相体系。

6.3.2 电池的书写方法及电池反应

1. 电池的书写方法

为了方便，一个实际的电池装置常用一些易理解的符号和写法来表达，称为**电池图式**(或称电池组成、电池表示式)，一般惯例如下

(1) 写在左边的电极发生氧化反应，为负极；写在右边的电极发生还原反应，为正极。

(2) 用单垂线“|”表示相与相之间的界面，用单根虚垂线“┆”表示可混液体之间的接界。

(3) 用双垂线“‖”表示盐桥，表示溶液与溶液之间的接界电势通过盐桥降低到可以略而不计。

(4) 组成电池的物质用化学符号表示，要注明相态(s、l、g、aq)、温度和压力(如不写明，一般指 25℃和标准压力)，若是气体要注明压力和依附的惰性电极，所用的电解质溶液要注明活度。

有时在不引起误解的情况下，也可简化不写。例如，H_2(g)和 Zn(s)，可简写作 H_2 和 Zn；$H^+(aq, a_{H^+}=1)$ 可写作 $H^+(a_{H^+}=1)$，因为一般电池中的溶液均是水溶液，所以符号“aq”也可以不写。如果只是为了定性地写出电池而不进行任何定量计算，具体的活度和压力数据也可以不写。例如

图 6.3.2(a)的电池表示式：Cu′|Zn(s)|$ZnSO_4$(aq)┆$CuSO_4$(aq)|Cu(s)。

图 6.3.2(c)的电池表示式：Cu′|Zn(s)|$ZnSO_4$(aq)‖$CuSO_4$(aq)|Cu(s)，有时 Cu′端

略写。

图 6.3.2(b)的电池表示式：$Pt|H_2(p)|HCl(a_{HCl})|AgCl(s)|Ag(s)$。

根据物质发生的变化，电池分为**化学电池**(chemical cell)和**浓差电池**(concentration cell)。

(1) 在放电时发生的净变化是化学反应的电池，可分为**无液接界电池**(non-liquid junction cell)(单液电池)和**有液接界电池**(liquid junction cell)(双液电池)。无液接界电池是两个电极插在同一个电解质溶液中构成的电池，不存在液体接界电势；有液接界电池是两个电极插在不同电解质溶液中构成的电池，存在液体接界电势。

(2) 在放电时电池内发生的净变化不是化学反应，而是物质从高浓度向低浓度的转移过程，这种方式构成的电池称为**浓差电池**(concentration cell)。典型的浓差电池有两类，即电解质浓差电池和电极浓差电池。**电解质浓差电池**(electrolyte concentration cell)是由两个相同的电极插入两个电解质相同而活度不同的溶液中组成的电池。**电极浓差电池**(electrode concentration cell)则是由化学性质相同而活度不同的两个电极浸在同一溶液中组成的电池。

不论是自发的化学反应还是自发的物理扩散过程，它们都具有做功本领，而电池则是将这种做功本领转化为电能的装置。从这一角度来看，浓差电池与化学电池并无本质上的区别，它们都反映了自发过程的共同特征。原电池的分类(另有其他分类，此不作介绍)如图 6.3.4 所示。

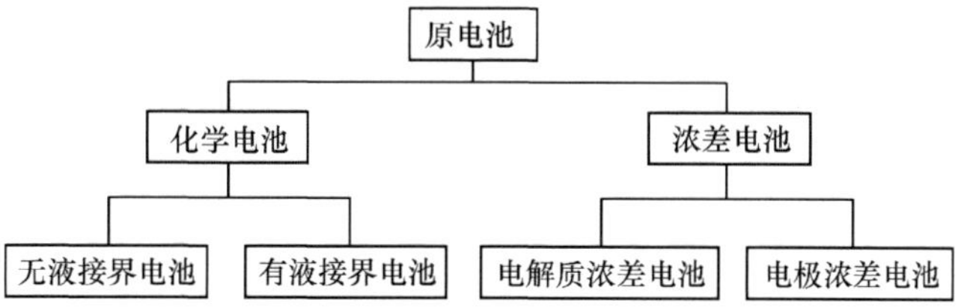

图 6.3.4　原电池的分类

不同电池的书写举例如下

1) 化学电池

有液接界电池(双液电池)：$Cu'|Zn(s)|ZnSO_4(aq)\,⋮\,CuSO_4(aq)|Cu(s)$。

无液接界电池(单液电池)：$Pt|H_2(p)|HCl(a_{HCl})|AgCl(s)|Ag(s)$。

2) 浓差电池

电解质浓差电池(双液电池)：$Pt|H_2(p)|HCl(a_1)\,⋮\,HCl(a_2)|H_2(p)|Pt$。

电极浓差电池(单液电池)：$Pt|H_2(p_1)|HCl(a)|H_2(p_2)|Pt$。

2. 电池反应

由电池表示式写对应的电池反应，首先分别写出负极上发生氧化反应和正极上发生还原反应的电极反应，然后将两个电极反应加起来即为整个电池的电池反应。

例如，图 6.3.2(a)两电极上反应为

负极反应(左侧)：　$Zn(s) \longrightarrow Zn^{2+}(a_{Zn^{2+}}) + 2e^-$　(失去电子，氧化反应)

正极反应(右侧)：　$Cu^{2+}(a_{Cu^{2+}}) + 2e^- \longrightarrow Cu(s)$　(得到电子，还原反应)

电池反应：　$Zn(s) + Cu^{2+}(a_{Cu^{2+}}) \longrightarrow Zn^{2+}(a_{Zn^{2+}}) + Cu(s)$

图 6.3.2(b)的两电极上反应为

负极反应(左侧)： $\frac{1}{2}H_2(p) \longrightarrow H^+(a_{H^+}) + e^-$ (失去电子,氧化反应)

正极反应(右侧)：$AgCl(s) + e^- \longrightarrow Ag(s) + Cl^-(a_{Cl^-})$ (得到电子,还原反应)

电池反应：$\frac{1}{2}H_2(p) + AgCl(s) \longrightarrow Ag(s) + H^+(a_{H^+}) + Cl^-(a_{Cl^-})$

在书写电极和电池反应时必须符合物料平衡和电荷平衡。

3. 将一个化学反应设计成电池

设计电池的方法是将给定反应分解成两个电极反应,把发生氧化反应的物质组成电极放在电池左边作为负极,发生还原反应的物质放在电池右边作为正极,使两个电极反应的总和等于该反应,然后按顺序从左到右依次列出各个相。

【例 6.3.1】 将下列反应设计成电池

$$(1)\ Zn(s) + H_2SO_4(aq) \longrightarrow H_2(p) + ZnSO_4(aq)$$

$$(2)\ Ag^+(a_{Ag^+}) + Cl^-(a_{Cl^-}) \longrightarrow AgCl(s)$$

解 (1) 负极反应:$Zn(s) \longrightarrow Zn^{2+} + 2e^-$

正极反应:$2H^+ + 2e^- \longrightarrow H_2(p)$

根据规定,电池表达式为

$$Zn(s)|ZnSO_4(aq)\|H_2SO_4(aq)|H_2(p)|Pt$$

(2) 该反应中有关元素的价态无变化。由反应产物 AgCl(s)和反应物 $Cl^-(a_{Cl^-})$来看,与电极 $Cl^-(a_{Cl^-})|AgCl(s)|Ag(s)$相对应,电极反应为 $Ag(s) + Cl^-(a_{Cl^-}) \longrightarrow AgCl(s) + e^-$。所给反应与该电极反应的差为

$$Ag^+ + e^- \longrightarrow Ag$$

即另一个电极为 $Ag^+(a_{Ag^+})|Ag(s)$,因此该化学反应对应的电池为

$$Ag(s)|AgCl(s)|Cl^-(a_{Cl^-})\|Ag^+(a_{Ag^+})|Ag(s)$$

6.3.3 电池的电动势

电池的电动势是电流为零(达到平衡)时各相间界面上电势差的代数和。例如,铜-锌电池

$$Cu'|Zn(s)|ZnSO_4(aq) \vdots CuSO_4(aq)|Cu(s)$$

其电动势 E 为

$$E = [\phi(Cu) - \phi(CuSO_4,aq)] + [\phi(CuSO_4,aq) - \phi(ZnSO_4,aq)] + [\phi(ZnSO_4,aq) - \phi(Zn)] + [\phi(Zn) - \phi(Cu')]$$

$$E = \Delta_{CuSO_4,aq}^{Cu}\phi + \Delta_{ZnSO_4,aq}^{CuSO_4,aq}\phi - \Delta_{ZnSO_4,aq}^{Zn}\phi + \Delta_{Cu'}^{Zn}\phi \tag{6.3.1}$$

式(6.3.1)中,$\Delta_{CuSO_4,aq}^{Cu}\phi$ 和 $\Delta_{ZnSO_4,aq}^{Zn}\phi$ 分别是铜、锌电极与溶液界面间的电势差;$\Delta_{Cu'}^{Zn}\phi$ 为金属间的接触电势(电极与金属导线);$\Delta_{ZnSO_4,aq}^{CuSO_4,aq}\phi$ 为液接电势。

若金属间的接触电势很小,略去不计,液接电势用盐桥基本消除,则有

$$E = \Delta_{CuSO_4,aq}^{Cu}\phi - \Delta_{ZnSO_4,aq}^{Zn}\phi \tag{6.3.2}$$

6.4 可逆电池与可逆电极

原电池是化学能转变为电能的装置,简称为电池。若转变过程是以热力学可逆方式进行的,则称为可逆电池。在恒温、恒压可逆条件下,体系吉布斯函数的降低等于体系对外所做的

最大非体积功，即

$$-\Delta_r G_{T,p} = -W_r' \tag{6.4.1}$$

如果电池可逆放电，非体积功只有电功，则可逆电功等于电池电动势与电量的乘积。若电子转移数为 z，则发生反应进度为 $\Delta\xi$ 时通过电池的电量为 $zF\Delta\xi$，$W_r' = -zFE\Delta\xi$。而

$$\Delta_r G_{T,p} = \sum_B \nu_B \mu_B \Delta\xi = (\Delta_r G_m)_{T,p} \Delta\xi$$

因此有

$$(\Delta_r G_m)_{T,p} = -zEF \tag{6.4.2}$$

式(6.4.2)是将热力学和电化学联系在一起的重要关系式，E 为可逆电池电动势；F 为法拉第常量。$(\Delta_r G_m)_{T,p}$的单位为 $J \cdot mol^{-1}$。式(6.4.2)意义为：既能通过可逆电池电动势的测定等电化学方法来研究热力学问题，又能通过热力学的知识来研究某化学能转变为电能的最高限度，从而为改善电池性能或研制新的电池提供理论依据。

6.4.1 可逆电池与不可逆电池

可逆电池(reversible cell)是一个十分重要的概念，因为只有可逆电池才能和热力学相联系。可逆电池必须满足下列条件

(1) 电池反应必须是可逆的，即电池的充电反应和放电反应互为逆反应。

(2) 能量转换必须可逆，即电池工作时通过的电流应十分微小，这样才能保证电池内的反应是在无限接近平衡条件下进行的。

(3) 电池中发生的其他过程(如离子迁移等)必须是可逆的。

若电池工作时不符合上述可逆条件，即为**不可逆电池**(irreversible cell)。例如，铜-锌电池，如图 6.3.2(a)所示，设其电动势为 E，将其与一个电动势为 $E_{外}$ 的外电源相连，使电池的负极与外电源的负极相连，正极与正极相连。当 $E > E_{外}$ 时，则铜-锌电池对外放电，其电极反应和电池反应为

负极反应(锌电极)：$Zn(s) \longrightarrow Zn^{2+}(a_{Zn^{2+}}) + 2e^-$

正极反应(铜电极)：$Cu^{2+}(a_{Cu^{2+}}) + 2e^- \longrightarrow Cu(s)$

电池反应：$Zn(s) + Cu^{2+}(a_{Cu^{2+}}) \longrightarrow Zn^{2+}(a_{Zn^{2+}}) + Cu(s)$

当 $E < E_{外}$ 时，则外加电动势对铜-锌电池充电，此时电极反应和电池反应改为

阴极反应(锌电极)：$Zn^{2+}(a_{Zn^{2+}}) + 2e^- \longrightarrow Zn(s)$

阳极反应(铜电极)：$Cu(s) \longrightarrow Cu^{2+}(a_{Cu^{2+}}) + 2e^-$

电池反应：$Zn^{2+}(a_{Zn^{2+}}) + Cu(s) \longrightarrow Zn(s) + Cu^{2+}(a_{Cu^{2+}})$

由此可见，该电池反应是可逆的(充电反应和放电反应互为逆反应)。若通过电池的电流为无限小，则能量转换也是可逆的。由于在液体接界处的扩散过程是不可逆的，从严格意义上讲该电池并不是可逆的。但若用盐桥连接$CuSO_4$ 和$ZnSO_4$ 溶液，如图 6.3.2(c)所示，可将丹尼尔电池近似按可逆电池处理。并不是所有的电池都是可逆的，如将铜和锌插入硫酸溶液中所构成的电池

放电时电池反应为：$Zn + 2H^+ \longrightarrow Zn^{2+} + H_2$

充电时电池反应为：$Cu + 2H^+ \longrightarrow Cu^{2+} + H_2$

因此，它是不可逆电池。总之，可逆电池必须同时满足上述三个条件，缺一不可。

6.4.2 可逆电极类型

可逆电池的电极应由可逆电极构成，可逆电极主要有如下三类。

1. 第一类电极：包括金属电极、汞齐电极和气体电极

(1) 金属电极：是将金属浸在含有该种金属离子的溶液中所构成的电极。例如，锌插入 $ZnSO_4$ 溶液中，可表示为 $ZnSO_4(aq)|Zn(s)$，其电极反应为

$$Zn^{2+}+2e^{-}\longrightarrow Zn(s)$$

电极上的氧化反应和还原反应互为逆反应。

(2) 汞齐电极：一些活泼金属如钠、钾、镁、钙等与水作用强烈，不能用其纯金属作电极，而是将它们分别溶于汞中形成金属汞齐，汞不参与电极反应，仅起传递电子作用。现举钠汞齐电极为例，其电极表示式为

$$Na^{+}(a_{Na^{+}})|Na(Hg)(a_{Na})$$

电极反应为

$$Na^{+}(a_{Na^{+}})+Hg(l)+e^{-}\longrightarrow Na(Hg)(a_{Na})$$

钠汞齐 Na(Hg)中钠的活度 a_{Na} 不一定等于 1，a_{Na} 值随 Na 在 Hg 中溶解的量的变化而异。

(3) 气体电极：是利用气体在溶液中的离子化倾向安排的电极，如卤素电极、氢电极、氧电极等。例如，氯气电极：$Cl^{-}(a_{Cl^{-}})|Cl_2(g,p)|Pt$，电极反应为

$$Cl_2(g,p)+2e^{-}\longrightarrow 2Cl^{-}(a_{Cl^{-}})$$

氢电极的结构是把镀有铂黑的铂片插入含有 H^{+} 的溶液中，并将干燥氢气不断冲打到铂片上，使吸附达到平衡，如图 6.4.1 所示。

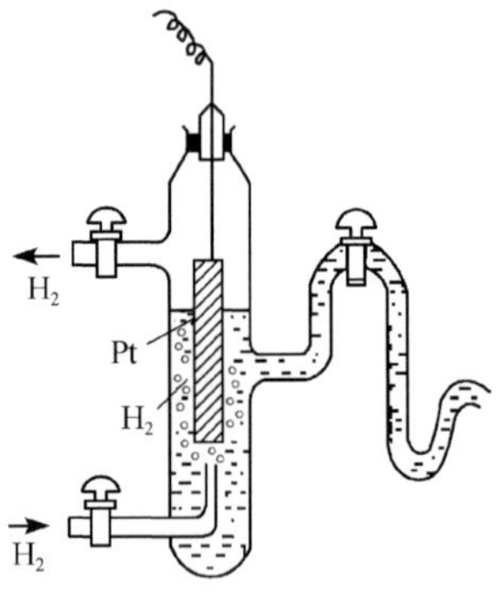

图 6.4.1　氢电极的构造

该电极表示式：$H^{+}(a_{H^{+}})|H_2(g,p)|Pt$，电极反应为

$$2H^{+}(a_{H^{+}})+2e^{-}\longrightarrow H_2(g,p)$$

通常所说的氢电极是在酸性溶液中，但也可把镀铂黑的铂片插入碱性的溶液中并通入氢气，此时构成碱性溶液中的氢电极：$H_2O,OH^{-}(a_{OH^{-}})|H_2(g,p)|Pt$，电极反应为

$$2H_2O+2e^{-}\longrightarrow H_2(g,p)+2OH^{-}(a_{OH^{-}})$$

氧电极在结构上与氢电极类似，也是将镀铂黑的铂片插入酸性或碱性的溶液中，但通入的是氧气。

酸性氧电极：$H_2O,H^{+}(a_{H^{+}})|O_2(g,p)|Pt$

电极反应：$O_2(g,p)+4H^{+}(a_{H^{+}})+4e^{-}\longrightarrow 2H_2O(l)$

碱性氧电极：$H_2O,OH^{-}(a_{OH^{-}})|O_2(g,p)|Pt$

电极反应：$O_2(g,p)+2H_2O(l)+4e^{-}\longrightarrow 4OH^{-}(a_{OH^{-}})$

2. 第二类电极：包括金属-微溶盐电极和金属-微溶氧化物电极

金属-微溶盐电极：这类电极是在金属上覆盖一薄层该金属的一种微溶盐，然后将其浸入含有该微溶盐负离子的溶液中而构成的。这类电极的特点是不对金属离子可逆，而是对微溶盐的负离子可逆。最常用的有甘汞电极和银-氯化银电极。甘汞电极中，金属为汞，微溶盐为 $Hg_2Cl_2(s)$，溶液为 KCl 溶液，电极表示为 $Cl^{-}(a_{Cl^{-}})|Hg_2Cl_2(s)|Hg(l)|Pt$，电极反应为

$$Hg_2Cl_2(s)+2e^- \longrightarrow 2Hg(l)+2Cl^-(a_{Cl^-})$$

银-氯化银电极为 $Cl^-(a_{Cl^-})|AgCl(s)|Ag(s)$，电极反应为

$$AgCl(s)+e^- \longrightarrow Ag(s)+Cl^-(a_{Cl^-})$$

金属-微溶氧化物电极：在金属表面覆盖一薄层该金属的氧化物，然后浸在含有 H^+ 或 OH^- 的溶液中而构成的电极。例如，银-氧化银电极、汞-氧化汞电极、锑-氧化锑电极。

以银-氧化银电极为例，碱性溶液中电极可表示为 $H_2O, OH^-(a_{OH^-})|Ag_2O(s)|Ag(s)$，电池反应为：$Ag_2O(s)+H_2O+2e^- \longrightarrow 2Ag(s)+2OH^-(a_{OH^-})$。酸性溶液中，电极表示为 $H_2O, H^+(a_{H^+})|Ag_2O(s)|Ag(s)$，电池反应为：$Ag_2O(s)+2H^+(a_{H^+})+2e^- \longrightarrow 2Ag(s)+H_2O$。

第二类电极有较重要的意义：有许多负离子，如 SO_4^{2-} 没有对应的第一类电极，但可形成第二类电极；还有一些负离子，如 Cl^-，虽有对应的第一类电极，也常制成第二类电极，因为后者比较容易制备而且使用方便。

3. 氧化还原电极

氧化还原电极是由惰性金属如铂片(Pt)插入含有某种离子的两种不同氧化态的溶液中而构成的电极。任何电极上发生的反应都是氧化反应或还原反应，应指出这里的氧化还原电极是专指不同价态的离子之间相互转化而言，电极金属片只起输送电子的作用。例如，电极 $Fe^{3+}(a_{Fe^{3+}}), Fe^{2+}(a_{Fe^{2+}})|Pt$，电极反应为

$$Fe^{3+}(a_{Fe^{3+}})+e^- \longrightarrow Fe^{2+}(a_{Fe^{2+}})$$

醌氢醌电极 $H^+|C_6H_4O_2 \cdot C_6H_4(OH)_2|Pt$，电极反应为

$$C_6H_4O_2+2H^++2e^- \longrightarrow C_6H_4(OH)_2$$

6.4.3　电池电动势的测定

1. 电池电动势的测定

原电池的电动势为没有电流通过时两极间的电势差。电池的电动势不能直接用伏特计来测量。因为将伏特计与电池接通后，伏特计必须有电流通过才能显示读数，此时电池发生化学反应，而使溶液的浓度发生变化。另外，电池本身存在内阻，当电流通过时会产生电势降。这些均使电池电动势发生变化。因此，用伏特计所测得的只是外电路上电势降，只有在没有电流通过时才能准确测定原电池的电动势。**波根多夫对消法**(Poggendorff compensation method)是人们常用的测定原电池电动势的方法。

测定原电池电动势原理是在外电路上连一个与待测电池电动势大小相等而方向相反的电池，以对抗原电池的电动势，使电路中并无电流通过，如图 6.4.2 所示。AB 为均匀并具有刻度的滑线电阻，R 为可变电阻。工作电池 W 与 AB 构成一个通路，K 是双向开关，S 是标准电池，X 是待测电池，G 为高灵敏度检流计。

测量时，让 S 与 W 回路相通，调节 R，使电流计 G 指示为零，以校准 AB 滑线单位长度的电势降，使 E_S 与 AC_1 电势降相等；固定可变电阻 R，再通过电键 K 使 W 回路与 X 连通，使 AC_2 电势降与 E_X 对消，即得 X 的电动势

$$E_X = E_S \cdot \frac{AC_2}{AC_1}$$

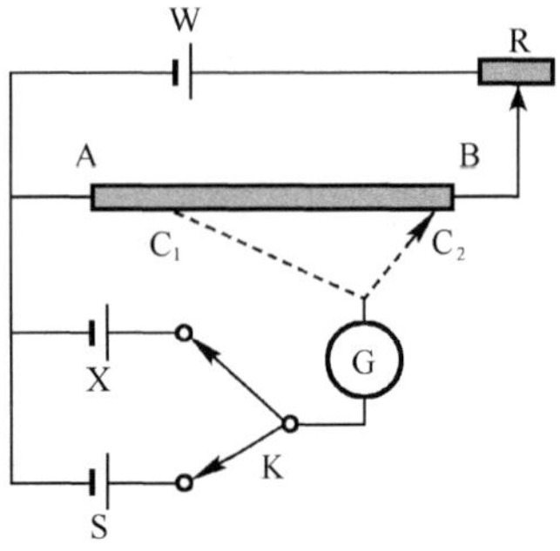

图 6.4.2　对消法测电动势原理图

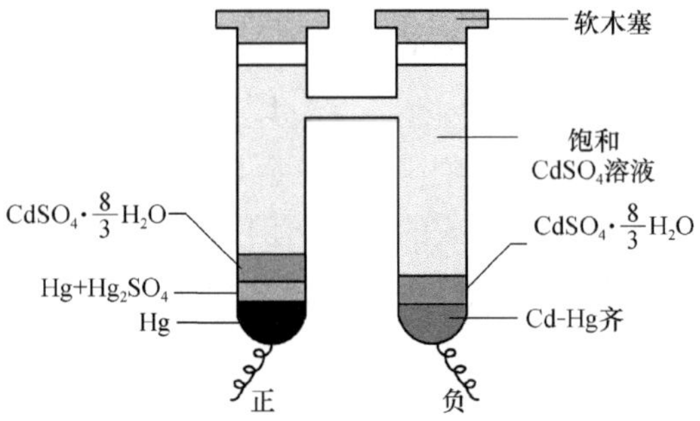

图 6.4.3　韦斯顿(Weston)标准电池

2. 韦斯顿标准电池

韦斯顿(Weston)标准电池是一个高度可逆的电池,是国际上规定的作为电动势测量标准的电池。如图 6.4.3 所示,电池负极是含质量分数 12.5%镉的镉汞齐,将其浸入硫酸镉溶液中,该溶液为 $CdSO_4\cdot\frac{8}{3}H_2O$ 晶体的饱和溶液。正极为 Hg 与 Hg_2SO_4 的糊状物,此糊状物也浸入硫酸镉的饱和溶液中,在糊状物下面放少量汞。电池表示式为

$$12.5\%\text{Cd(汞齐)}\,|\,CdSO_4\cdot\frac{8}{3}H_2O(s)\,|\,CdSO_4\text{ 饱和溶液}\,|\,Hg_2SO_4(s)\,|\,Hg$$

负极反应：　$\text{Cd(汞齐)}+SO_4^{2-}+\frac{8}{3}H_2O(l)\longrightarrow CdSO_4\cdot\frac{8}{3}H_2O(s)+2e^-$

正极反应：　$Hg_2SO_4+2e^-\longrightarrow 2Hg(l)+SO_4^{2-}$

电池反应：$\text{Cd(汞齐)}+Hg_2SO_4(s)+\frac{8}{3}H_2O(l)\longrightarrow CdSO_4\cdot\frac{8}{3}H_2O(s)+2Hg(l)$

此电池在不同温度下的电动势可由下式求出

$$E=\{1.018\,646-[40.6(t/℃-20)+0.95(t/℃-20)^2-0.01(t/℃-20)^3]\times10^{-6}\}\text{V}$$

根据上式可知,韦斯顿标准电池电动势受温度的影响很小。韦斯顿标准电池电动势能够多年内维持稳定不变,且接近 1.0186V,常用作计量标准。

6.5　电化学体系的热力学

6.5.1　电池反应的能斯特方程

化学反应 $0=\sum_B \nu_B B$ 的恒温方程为

$$\Delta_r G_m=\Delta_r G_m^{\ominus}+RT\ln\prod_B a_B^{\nu_B}$$

它适用于各类反应,当然也适用于可逆电池反应。将 $\Delta_r G_m=-zEF$、$\Delta_r G_m^{\ominus}=-zE^{\ominus}F$ 代入上式,整理得

$$E=E^{\ominus}-\frac{RT}{zF}\ln\prod_B a_B^{\nu_B} \tag{6.5.1}$$

式(6.5.1)称为电池反应的**能斯特方程**(Nernst equation)。式(6.5.1)是原电池的基本方程式,表示一定温度下可逆电池的电动势与参加电池反应的各组分活度之间的定量关系。

6.5.2　电极反应的能斯特方程

1. 电极电势

由于目前还无法从实验上测出任一电极与溶液界面上的电势差,因此,用求各个相界面上电势差的代数和来确定电池电动势的方法实际上是行不通的。若选定一个电极作为基准,求出各种电极与这个电极之间的电势差,同时设法消除液体接界电势和金属间接触电势,这些电势差就作为各种电极的相对电势差。有了它们则任意电池的电动势可方便地求出。

为确定不同电极的相对电极电势,目前国际上采用的标准电极是**标准氢电极**(standard hydrogen electrode)。标准氢电极的结构是把镀铂黑的铂片插入含有氢离子 $a_{H^+}=1$ 的溶液中,并用标准压力 $p^{\ominus}$ 为 100kPa 的干燥氢气不断冲打到铂片上,使氢气被吸附并达平衡,这就构成了标准氢电极,如图 6.4.1 所示。标准氢电极作负极,其电极表示式为 $Pt|H_2(p^{\ominus})|H^+(a_{H^+}=1)$,规定其电极电势为零,即 $E^{\ominus}(H^+|H_2)=0$。对于任意给定的电极,使其与标准氢电极组合为如下电池

标准氢电极 ‖ 待测电极

此电池的电动势即为该待测电极的氢标电极电势,简称为**电极电势**(electrode potential),并用 $\varphi_{电极}$ 来表示。若该待测电极实际上进行的反应是还原反应,则 $\varphi_{电极}$ 为正值;若该待测电极实际上进行的是氧化反应,则 $\varphi_{电极}$ 为负值。由于本书规定把待测电极放在右方,所以这里的 $\varphi_{电极}$ 实际上是还原电势,当 $\varphi_{电极}$ 为正值时,表示该待测电极的还原倾向大于标准氢电极。

2. 电极反应的能斯特方程

下面以铜电极与标准氢电极组成电池为例讨论电极反应的能斯特方程。

$$Pt|H_2(p^{\ominus})|H^+(a_{H^+}=1)\,\|\,Cu^{2+}(a_{Cu^{2+}})|Cu(s)$$

负极反应:　$H_2(p^{\ominus}) \longrightarrow 2H^+(a_{H^+}=1)+2e^-$

正极反应:　$Cu^{2+}(a_{Cu^{2+}})+2e^- \longrightarrow Cu$

电池反应:　$H_2(p^{\ominus})+Cu^{2+}(a_{Cu^{2+}}) \longrightarrow Cu+2H^+(a_{H^+}=1)$

根据电池能斯特方程,该电池电动势为

$$E=E^{\ominus}-\frac{RT}{2F}\ln\frac{a_{H^+}^2 a_{Cu}}{a_{Cu^{2+}}a_{H_2}}=E^{\ominus}-\frac{RT}{2F}\ln\frac{1\times1}{a_{Cu^{2+}}(p_{H_2}/p^{\ominus})}=E^{\ominus}-\frac{RT}{2F}\ln\frac{1}{a_{Cu^{2+}}}$$

根据标准氢电极电势的规定,有 $E=\varphi_{Cu^{2+}|Cu}$。因此得

$$\varphi_{Cu^{2+}|Cu}=E^{\ominus}-\frac{RT}{2F}\ln\frac{1}{a_{Cu^{2+}}}$$

当 $a_{Cu^{2+}}=1$ 时,$\varphi_{Cu^{2+}|Cu}=E^{\ominus}$,即得铜电极的标准电极电势,用符号 $\varphi^{\ominus}_{Cu^{2+}|Cu}$ 表示,因此有

$$\varphi_{Cu^{2+}|Cu}=\varphi^{\ominus}_{Cu^{2+}|Cu}-\frac{RT}{2F}\ln\frac{1}{a_{Cu^{2+}}}$$

25℃、$a_{Cu^{2+}}=1$ 时,测得电池的电动势为 0.3417V,因此铜电极在 25℃时的标准电极电势为 0.3417V。用同样的方法可以求出其他各种电极在 25℃时的标准电极电势,即参加电极反应的各组分都处于标准态时的电极电势。一些电极的标准电极电势列于表 6.5.1 中。

推广到任意电极,设其电极反应通式为

$$\text{氧化态} + ze^- \longrightarrow \text{还原态}$$

其电极电势为

$$\varphi_{\text{电极}} = \varphi_{\text{电极}}^{\ominus} - \frac{RT}{zF}\ln\frac{a_{\text{还原态}}}{a_{\text{氧化态}}} \tag{6.5.2}$$

式(6.5.2)称为电极反应的能斯特方程。

表 6.5.1 25℃、$p^{\ominus}$时一些电极的标准电极电势

电　极	电极反应	$\varphi^{\ominus}$/V
$Na^+ \mid Na$	$Na^+ + e^- \longrightarrow Na$	−2.71
$OH^- \mid H_2 \mid Pt$	$2H_2O + 2e^- \longrightarrow H_2 + 2OH^-$	−0.827 7
$Zn^{2+} \mid Zn$	$Zn^{2+} + 2e^- \longrightarrow Zn$	−0.762 0
$Fe^{2+} \mid Fe$	$Fe^{2+} + 2e^- \longrightarrow Fe$	−0.447
$Cd^{2+} \mid Cd$	$Cd^{2+} + 2e^- \longrightarrow Cd$	−0.403 2
$SO_4^{2-} \mid PbSO_4(s) \mid Pb$	$PbSO_4(s) + 2e^- \longrightarrow Pb + SO_4^{2-}$	−0.359 0
$Ni^{2+} \mid Ni$	$Ni^{2+} + 2e^- \longrightarrow Ni$	−0.257
$I^- \mid AgI(s) \mid Ag$	$AgI + e^- \longrightarrow Ag + I^-$	−0.152 41
$Sn^{2+} \mid Sn$	$Sn^{2+} + 2e^- \longrightarrow Sn$	−0.137 7
$Pb^{2+} \mid Pb$	$Pb^{2+} + 2e^- \longrightarrow Pb$	−0.126 4
$H^+ \mid H_2 \mid Pt$	$2H^+ + 2e^- \longrightarrow H_2$	0
$Br^- \mid AgBr(s) \mid Ag$	$AgBr + e^- \longrightarrow Ag + Br^-$	0.071 16
$Cl^- \mid AgCl(s) \mid Ag$	$AgCl + e^- \longrightarrow Ag + Cl^-$	0.222 16
$Cl^- \mid Hg_2Cl_2(s) \mid Hg$	$Hg_2Cl_2 + 2e^- \longrightarrow 2Hg + 2Cl^-$	0.267 91
$Cu^{2+} \mid Cu$	$Cu^{2+} + 2e^- \longrightarrow Cu$	0.341 7
$OH^- \mid Ag_2O(s) \mid Ag$	$Ag_2O + H_2O + 2e^- \longrightarrow 2Ag + 2OH^-$	0.342
$OH^- \mid O_2 \mid Pt$	$O_2 + 2H_2O + 4e^- \longrightarrow 4OH^-$	0.401
$Cu^+ \mid Cu$	$Cu^+ + e^- \longrightarrow Cu$	0.521
$I^- \mid I_2(s) \mid Pt$	$I_2 + 2e^- \longrightarrow 2I^-$	0.535 3
$Fe^{3+}, Fe^{2+} \mid Pt$	$Fe^{3+} + e^- \longrightarrow Fe^{2+}$	0.771
$Hg_2^{2+} \mid Hg$	$Hg_2^{2+} + 2e^- \longrightarrow 2Hg$	0.797 1
$Ag^+ \mid Ag$	$Ag^+ + e^- \longrightarrow Ag$	0.799 4
$Br^- \mid Br_2(l) \mid Pt$	$Br_2 + 2e^- \longrightarrow 2Br^-$	1.066
$H^+ \mid O_2 \mid Pt$	$4H^+ + O_2 + 4e^- \longrightarrow 2H_2O$	1.229
$Cl^- \mid Cl_2(g) \mid Pt$	$Cl_2 + 2e^- \longrightarrow 2Cl^-$	1.357 93

6.5.3 电动势的计算

1. 由电极反应的能斯特方程计算

对可逆电池，由于根据式(6.5.2)所计算的电极电势是还原电极电势，而电池的负极发生氧化反应，所以电池电动势写为

$$E = \varphi_{\text{右}} - \varphi_{\text{左}} \tag{6.5.3}$$

式(6.5.3)中，$\varphi_{右}$ 为右侧电极电势；$\varphi_{左}$ 为左侧电极电势。例如，下列电池的电动势

$$Cu'|Zn(s)|ZnSO_4(aq)\,\vdots\,CuSO_4(aq)|Cu(s)$$

$$E=\varphi_{Cu^{2+}|Cu}-\varphi_{Zn^{2+}|Zn}$$

2. 由电池反应的能斯特方程计算

用能斯特方程计算时，首先写出电极反应和电池反应，从表中查得标准电极电势，并按下式计算标准电池电动势

$$E^{\ominus}=\varphi_{右}^{\ominus}-\varphi_{左}^{\ominus} \tag{6.5.4}$$

然后根据电池反应的能斯特方程式(6.5.1)进行计算。

【例 6.5.1】 计算在 25℃时下列化学电池的电动势：

(1) $Pt|H_2(g,p^{\ominus})|HCl(b=0.1mol\cdot kg^{-1},\gamma_{\pm}=0.80)|AgCl(s)|Ag$；

(2) $Ag|AgBr|Br^-(a=0.34)\parallel Fe^{3+}(a=0.1),Fe^{2+}(a=0.02)|Pt$。

解 (1) 本题为单液化学电池

负极反应：$\frac{1}{2}H_2(p^{\ominus})\longrightarrow H^+(a_{H^+})+e^-$

正极反应：$AgCl+e^-\longrightarrow Ag+Cl^-(a_{Cl^-})$

电池反应：$\frac{1}{2}H_2(p^{\ominus})+AgCl(s)\longrightarrow Ag(s)+H^+(a_{H^+})+Cl^-(a_{Cl^-})$

方法 1：电动势由电极反应的能斯特方程计算

$$E=\varphi_{右}-\varphi_{左}=\varphi_{Cl^-|AgCl|Ag}-\varphi_{H^+|H_2}$$

$$=\left(\varphi_{Cl^-|AgCl|Ag}^{\ominus}-\frac{RT}{F}\ln\frac{a_{Ag}a_{Cl^-}}{a_{AgCl}}\right)-\left[\varphi_{H^+|H_2}^{\ominus}-\frac{RT}{F}\ln\frac{\left(\frac{p_{H_2}}{p^{\ominus}}\right)^{\frac{1}{2}}}{a_{H^+}}\right]$$

$$=\varphi_{Cl^-|AgCl|Ag}^{\ominus}-\varphi_{H^+|H_2}^{\ominus}-\frac{RT}{F}\ln(a_{H^+}\cdot a_{Cl^-})$$

$$=\varphi_{Cl^-|AgCl|Ag}^{\ominus}-\varphi_{H^+|H_2}^{\ominus}-\frac{2RT}{F}\ln a_{\pm}$$

$$=\varphi_{Cl^-|AgCl|Ag}^{\ominus}-\varphi_{H^+|H_2}^{\ominus}-\frac{2RT}{F}\ln\left(\gamma_{\pm}\frac{b_{\pm}}{b^{\ominus}}\right)$$

因为

$$\frac{b_{\pm}}{b^{\ominus}}=\frac{(b_+^{\nu_+}b_-^{\nu_-})^{1/(\nu_++\nu_-)}}{b^{\ominus}}=\frac{(0.1\times0.1)^{1/2}}{1}=0.1$$

所以

$$E=\left[0.222\,16-0-\frac{2\times8.314\times298.15}{96\,485}\ln(0.80\times0.1)\right]V=0.3519V$$

方法 2：电动势用电池反应能斯特方程计算

$$E=E^{\ominus}-\frac{RT}{F}\ln\frac{a_{Ag}a_{Cl^-}a_{H^+}}{a_{AgCl}\left(\frac{p_{H_2}}{p^{\ominus}}\right)^{\frac{1}{2}}}$$

因为纯固体物质活度为 1，$p_{H_2}=p^{\ominus}$，所以 $E=E^{\ominus}-\frac{RT}{F}\ln(a_{Cl^-}\cdot a_{H^+})$，结果与方法 1 同。

(2) 本题为双液化学电池

负极反应： $Ag+Br^-(a_{Br^-}=0.34) \longrightarrow AgBr(s)+e^-$

正极反应： $Fe^{3+}(a_{Fe^{3+}}=0.1)+e^- \longrightarrow Fe^{2+}(a_{Fe^{2+}}=0.02)$

电池反应： $Ag+Br^-(a_{Br^-}=0.34)+Fe^{3+}(a_{Fe^{3+}}=0.1) \longrightarrow AgBr(s)+Fe^{2+}(a_{Fe^{2+}}=0.02)$

$$E^\ominus=\varphi^\ominus_{Fe^{3+},Fe^{2+}|Pt}-\varphi^\ominus_{Br^-|AgBr|Ag}=(0.771-0.071\ 16)V=0.700V$$

电动势用电池反应能斯特方程计算

$$E=E^\ominus-\frac{RT}{zF}\ln\frac{a_{Fe^{2+}}}{a_{Br^-}a_{Fe^{3+}}}$$

$$=\left(0.700-\frac{8.314\times298.15}{96\ 485}\ln\frac{0.02}{0.34\times0.1}\right)V=0.714V$$

3. 浓差电池电动势的计算

【例 6.5.2】 计算下列浓差电池的电动势。

(1) $Pt|H_2(p_1)|H^+(a_{H^+})|H_2(p_2)|Pt$；

(2) $Ag|AgCl|Cl^-(a_1)\|Cl^-(a_2)|AgCl|Ag$；

(3) $Ag|AgCl|Cl^-(a_1)\vdots Cl^-(a_2)|AgCl|Ag$。设液体接界电势为 $\Delta\phi_{液体接界}$。

解 (1) 本题为气体电极浓差电池

负极反应： $\frac{1}{2}H_2(p_1) \longrightarrow H^+(a_{H^+})+e^-$

正极反应： $H^+(a_{H^+})+e^- \longrightarrow \frac{1}{2}H_2(p_2)$

电池反应： $\frac{1}{2}H_2(p_1) \longrightarrow \frac{1}{2}H_2(p_2)$

电池电动势为(用电池反应的能斯特方程)

$$E=E^\ominus-\frac{RT}{F}\ln\frac{(p_2/p^\ominus)^{1/2}}{(p_1/p^\ominus)^{1/2}}=E^\ominus-\frac{RT}{2F}\ln\frac{p_2}{p_1}$$

因为 $E^\ominus=\varphi^\ominus_{右}-\varphi^\ominus_{左}=\varphi^\ominus_{H^+|H_2}-\varphi^\ominus_{H^+|H_2}=0$，所以

$$E=-\frac{RT}{2F}\ln\frac{p_2}{p_1}$$

(2) 本题为电解质浓差电池

负极反应： $Ag+Cl^-(a_1) \longrightarrow AgCl(s)+e^-$

正极反应： $AgCl(s)+e^- \longrightarrow Ag+Cl^-(a_2)$

电池反应： $Cl^-(a_1) \longrightarrow Cl^-(a_2)$

电池电动势为(用电极反应的能斯特方程)

$$E=\varphi_{右}-\varphi_{左}=\left(\varphi^\ominus_{Cl^-|AgCl|Ag}-\frac{RT}{F}\ln\frac{a_2a_{Ag}}{a_{AgCl}}\right)-\left(\varphi^\ominus_{Cl^-|AgCl|Ag}-\frac{RT}{F}\ln\frac{a_1a_{Ag}}{a_{AgCl}}\right)$$

$$=-\frac{RT}{F}\ln\frac{a_2}{a_1}=\frac{RT}{F}\ln\frac{a_1}{a_2}$$

所得结果表明，只有离子从高浓度向低浓度转移的电池才是不可逆的。

(3) 电池反应同(2)，由电动势概念得

$$E=\frac{RT}{F}\ln\frac{a_1}{a_2}+\Delta\phi_{液体接界}$$

6.5.4 电动势测定的应用

利用电动势数据及其测量来解决科学研究、生产以及其他实际问题的方法称为电动势法。由于电动势的测量精确度高，许多重要的基础数据往往用电动势法求取，该法也可用作重要的分析手段，制成各式各样的仪器（如 pH 计等），进行各种专门的测量。电动势法的一般程序是先将指定的化学反应设计成电池，然后做成电池并测定电池电动势，最后根据电动势值计算欲求的各量。因此只有那些可能变成电池的反应才可用电动势法。下面介绍一些具体的应用。

1. 标准电动势与电池反应的平衡常数

在恒温、恒压条件下，对一个可逆电池反应，有

$$\Delta_r G_m = -zEF$$

当反应物和产物都处于标准态时

$$\Delta_r G_m^{\ominus} = -zE^{\ominus} F$$

根据热力学，$\Delta_r G_m^{\ominus}$ 与标准平衡常数 $K^{\ominus}$ 的关系为

$$\Delta_r G_m^{\ominus} = -RT\ln K^{\ominus}$$

因此得

$$E^{\ominus} = \frac{RT}{zF}\ln K^{\ominus} \quad 或 \quad K^{\ominus} = \exp\left(\frac{zFE^{\ominus}}{RT}\right) \tag{6.5.5}$$

可见，化学反应的标准平衡常数 $K^{\ominus}$ 与电池的电动势 $E^{\ominus}$ 之间存在着对数关系。由式(6.5.5)可由 $E^{\ominus}$ 计算化学反应的标准平衡常数。

2. 电池电动势与热力学量 $\Delta_r H_m$、$\Delta_r S_m$、Q_r 的关系

由热力学 $\left(\frac{\partial \Delta_r G_m}{\partial T}\right)_p = -\Delta_r S_m$，又由 $\Delta_r G_m = -zEF$，所以有

$$\Delta_r S_m = zF\left(\frac{\partial E}{\partial T}\right)_p \tag{6.5.6}$$

式(6.5.6)中，$\left(\frac{\partial E}{\partial T}\right)_p$ 称为原电池电动势的温度系数，由式可知，如测出 $\left(\frac{\partial E}{\partial T}\right)_p$，即可求出电池反应的熵变 $\Delta_r S_m$。

由热力学知恒温时 $\Delta_r G_m = \Delta_r H_m - T\Delta_r S_m$，所以

$$\Delta_r H_m = -zEF + zFT\left(\frac{\partial E}{\partial T}\right)_p \tag{6.5.7}$$

原电池在可逆条件下进行放电过程的热为

$$Q_r = T\Delta_r S_m = zFT\left(\frac{\partial E}{\partial T}\right)_p \tag{6.5.8}$$

【例 6.5.3】 在 273K 韦斯顿标准电池的电动势为 1.0186V，$\left(\frac{\partial E}{\partial T}\right)_p = -4.16\times10^{-5}\,V\cdot K^{-1}$，求该电池在 293K 时电池反应的 $\Delta_r G_m$、$\Delta_r H_m$、$\Delta_r S_m$、Q_r 和 W_r'。

解 293K 时电池电动势为 E，则

$$\left(\frac{\partial E}{\partial T}\right)_p \approx \frac{E-E_1}{T-T_1} = -4.16\times10^{-5}\,V\cdot K^{-1}$$

$$\frac{E-1.0186\text{V}}{(293-273)\text{K}}=-4.16\times10^{-5}\text{V}\cdot\text{K}^{-1},E=1.0178\text{V}$$

设反应 $z=2$,则

$$\Delta_r G_m=-zEF=(-2\times96\ 485\times1.0178)\text{J}\cdot\text{mol}^{-1}=-196.40\text{kJ}\cdot\text{mol}^{-1}$$

$$\Delta_r S_m=zF\left(\frac{\partial E_m}{\partial T}\right)_p=[2\times96\ 485\times(-4.16\times10^{-5})]\text{J}\cdot\text{mol}^{-1}\cdot\text{K}^{-1}$$
$$=-8.03\text{J}\cdot\text{mol}^{-1}\cdot\text{K}^{-1}$$

$$\Delta_r H_m=-zEF+zFT\left(\frac{\partial E}{\partial T}\right)_p$$
$$=[-196.40+293\times(-8.03\times10^{-3})]\text{kJ}\cdot\text{mol}^{-1}$$
$$=-198.75\text{kJ}\cdot\text{mol}^{-1}$$

$$Q_r=T\Delta_r S_m=[293\times(-8.03\times10^{-3})]\text{kJ}\cdot\text{mol}^{-1}=-2.35\text{kJ}\cdot\text{mol}^{-1}$$

$$W_r'=\Delta_r G_m=-196.40\text{kJ}\cdot\text{mol}^{-1}$$

3. 求电解质的平均离子活度因子 $\gamma_\pm$

根据能斯特方程,电池电动势与参加反应的各物质的活度有关,因此通过测定电池电动势就可以计算电解质活度和活度因子。

【例 6.5.4】 25℃测得电池 $Zn|ZnCl_2(b=0.0050\text{mol}\cdot\text{kg}^{-1})|Hg_2Cl_2(s)|Hg$ 的电动势 $E=1.2270\text{V}$,其他数据查表 6.5.1。求 $0.005\text{mol}\cdot\text{kg}^{-1}$ $ZnCl_2$溶液的平均离子活度、平均离子活度因子和 $ZnCl_2$活度。

解　电池反应为

$$Zn(s)+Hg_2Cl_2(s)\longrightarrow 2Hg+Zn^{2+}(0.0050\text{mol}\cdot\text{kg}^{-1})+2Cl^-(0.0100\text{mol}\cdot\text{kg}^{-1})$$

$$E^\ominus=\varphi^\ominus_{Cl^-|Hg_2Cl_2(s)|Hg}-\varphi^\ominus_{Zn^{2+}|Zn}=[0.267\ 91-(-0.7620)]\text{V}=1.0299\text{V}$$

$$E=E^\ominus-\frac{RT}{zF}\ln a_{Zn^{2+}}a^2_{Cl^-}=E^\ominus-\frac{RT}{2F}\ln a^3_\pm$$

$$\ln a_\pm=\frac{2F(E^\ominus-E)}{3RT}=\frac{2\times96\ 485\times(1.0299-1.2270)}{3\times8.314\times298.15}=-5.1146$$

$$a_\pm=0.006\ 00$$

$$a_B=a^3_\pm=2.16\times10^{-7}$$

$$\gamma_\pm=\frac{a_\pm}{\frac{b_\pm}{b^\ominus}}=\frac{0.006\ 00}{\sqrt[3]{4}\times0.0050}=0.756$$

4. 求微溶盐的活度积 $K^\ominus_{sp}$

求微溶盐的活度积 $K^\ominus_{sp}$,其实质就是求微溶盐溶解过程的平衡常数。若将微溶盐的溶解反应作为一个电池反应,并将该反应设计成一个电池,则可利用电池电动势求算其 $K^\ominus_{sp}$,微溶盐在水中溶解形成离子过程的标准吉布斯函数的变化与微溶盐的活度积的关系是

$$\Delta_r G^\ominus_m=-RT\ln K^\ominus_{sp}=-zE^\ominus F$$

$$\ln K^\ominus_{sp}=\frac{zE^\ominus F}{RT}$$

【例 6.5.5】 试求微溶盐 AgBr 在 25℃时的活度积 $K_{sp}^{\ominus}$。

解　根据 AgBr 的溶解反应 $AgBr(s) \longrightarrow Ag^+ + Br^-$，可设计如下电池

$$Ag|AgNO_3 \| KBr|AgBr(s)|Ag$$

负极反应：　$Ag \longrightarrow Ag^+ + e^-$

正极反应：　$AgBr(s) + e^- \longrightarrow Ag + Br^-$

电池反应：　$AgBr(s) \longrightarrow Ag^+ + Br^-$

在 25℃时电池的标准电动势为

$$E^{\ominus} = \varphi_{右}^{\ominus} - \varphi_{左}^{\ominus} = (0.071\,16 - 0.7994)\text{V} = -0.7282\text{V}$$

$$\ln K_{sp}^{\ominus} = \frac{zE^{\ominus}F}{RT} = \frac{1\times(-0.7282)\times 96\,485}{8.314\times 298.15} = -28.34$$

$$K_{sp}^{\ominus} = 4.90\times 10^{-13}$$

5. 判断反应方向

判断反应方向可举例如下。

【例 6.5.6】 判断反应 $AgBr + Cl^-(a_{Cl^-}=0.01) \longrightarrow AgCl + Br^-(a_{Br^-}=0.01)$ 能否进行。

解　将所给反应设计成如下电池

$$Ag(s)|AgCl(s)|Cl^-(a_{Cl^-}=0.01) \| Br^-(a_{Br^-}=0.01)|AgBr(s)|Ag(s)$$

负极反应：　$Ag + Cl^-(a_{Cl^-}=0.01) \longrightarrow AgCl(s) + e^-$

正极反应：　$AgBr(s) + e^- \longrightarrow Ag + Br^-(a_{Br^-}=0.01)$

电池反应：　$AgBr + Cl^-(a_{Cl^-}=0.01) \longrightarrow AgCl + Br^-(a_{Br^-}=0.01)$

查表 $\varphi_{Cl^-|AgCl|Ag}^{\ominus} = 0.222\,16\text{V}$，$\varphi_{Br^-|AgBr|Ag}^{\ominus} = 0.071\,16\text{V}$，该电池电动势

$$E = E^{\ominus} - \frac{RT}{F}\ln\frac{a_{AgCl}\cdot a_{Br^-}}{a_{AgBr}\cdot a_{Cl^-}} = E^{\ominus} - \frac{RT}{F}\ln\frac{a_{Br^-}}{a_{Cl^-}} = E^{\ominus} - \frac{RT}{F}\ln\frac{0.01}{0.01} = E^{\ominus}$$

$$= \varphi_{Br^-|AgBr|Ag}^{\ominus} - \varphi_{Cl^-|AgCl|Ag}^{\ominus} = (0.071\,16 - 0.222\,16)\text{V} = -0.1510\text{V}$$

电池电动势为负，$\Delta_r G_m = -zEF > 0$，因此该反应不能从左到右进行。

6. 电势滴定

电势滴定法即用电池电动势的突变来指示滴定终点的方法，可用于酸碱中和、沉淀生成、氧化还原等各类滴定反应。把含有待分析的离子溶液作为电池溶液，用一个对该种离子可逆的电极与参比电极组成电池。在滴定过程中，被滴定溶液中的离子的量将随着试剂的加入而不断变化；在接近滴定终点时，少量滴定液可引起被测离子浓度改变很多倍，因此电池电动势也会随之发生突变。记录电池电动势的变化，用电池电动势 E 对滴定液体积 V 作图（或以 dE/dV 对 V 作图），曲线上斜率最大处（或折点）即为达到滴定终点时所需滴定液的体积。

7. 溶液 pH 的测定

按定义，$pH = -\lg a_{H^+}$，求 pH 实际上是确定 a_{H^+} 的大小。由于单种离子的活度无法确知，所以在测定 pH 时必须作某些假设和近似，通常所测的 pH 只是近似值。用电动势法测定溶液的 pH 时，组成电池时必须有一个电极是已知电极电势的参比电极，通常是甘汞电极（见

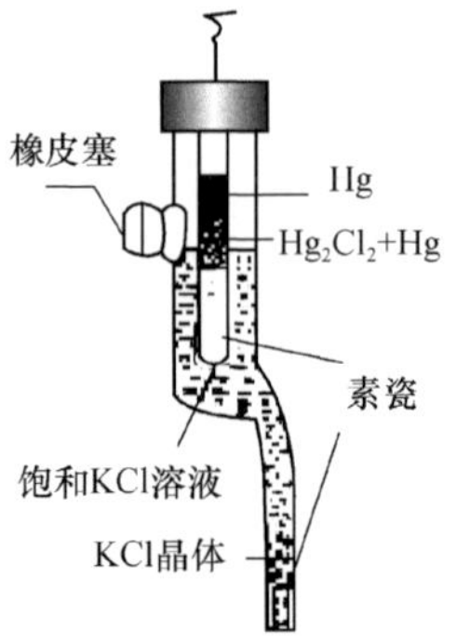

图 6.5.1　饱和甘汞电极的结构

下面介绍)。此法测定 pH 的关键在于选择对氢离子可逆的电极,这类电极包括氢电极、醌氢醌电极、玻璃电极及锑电极等。

由于氢电极制备困难、使用严格,常用简便、稳定、制备方便的参比电极来代替氢电极。甘汞电极是最常用的参比电极,其结构如图 6.5.1 所示。在内管的导线下装一层汞,下面再装一层汞和甘汞的糊状物。下部用素瓷塞塞住,这样不仅能防止管中物流出,而且能使内管物与外管中的 KCl 溶液相接触。甘汞电极应用非常广泛,已变成商品在市场上出售。常用甘汞电极有三种,见表 6.5.2。

表 6.5.2　甘汞电极的电极电势

$c_{KCl}/(mol \cdot dm^{-3})$	$\varphi_{甘汞}/V$	$\varphi_{甘汞,298.15K}/V$
0.1	$0.3335-7\times10^{-5}(t/℃-25)$	0.3335
1.0	$0.2799-2.4\times10^{-4}(t/℃-25)$	0.2799
饱和	$0.2410-7\times10^{-4}(t/℃-25)$	0.2410

1) 氢电极测 pH

通常将氢电极与甘汞电极组成下列电池

$$Pt|H_2(p^{\ominus})|待测 pH 溶液(a_{H^+})\|甘汞电极$$

电动势为

$$E=\varphi_{甘汞}-\varphi_{H^+|H_2}$$

其中

$$\varphi_{H^+|H_2}=\varphi^{\ominus}_{H^+|H_2}-\frac{RT}{F}\ln\frac{(p_{H_2}/p^{\ominus})^{\frac{1}{2}}}{a_{H^+}}=-\frac{RT}{F}\ln\frac{1}{a_{H^+}}$$

所以

$$E=\varphi_{甘汞}+\frac{RT}{F}\ln\frac{1}{a_{H^+}}=\varphi_{甘汞}+\frac{2.303RT}{F}(\lg1-\lg a_{H^+})$$

25℃时

$$E=(\varphi_{甘汞}+pH\times0.059\ 16V)$$

$$pH=\frac{E-\varphi_{甘汞}}{0.059\ 16V}$$

氢电极对 pH 由 0～14 的溶液都可适用,但实际上有很多不便之处。例如,要求氢气很纯且要维持恒定压力,在溶液中不能有氧化剂、还原剂,有些物质如蛋白质、胶体物质等易于吸附在铂电极上,会使电极不灵敏、不稳定而产生误差。

2) 醌氢醌电极测 pH

醌氢醌电极也可用于测溶液 pH,这种电极比较简单。即在溶液中加入少量醌氢醌,它是由等分子醌和氢醌所形成的化合物,在水中溶解度很小,20℃时饱和溶液浓度约为 $0.005mol \cdot dm^{-3}$,因此易达到平衡。醌氢醌水溶液中存在下述平衡

$$\underset{醌氢醌}{C_6H_4O_2 \cdot C_6H_4(OH)_2} \rightleftharpoons \underset{醌}{C_6H_4O_2}+\underset{氢醌}{C_6H_4(OH)_2}$$

醌氢醌电极是氧化还原电极，若将少量这种化合物加入含有 H^+ 的待测溶液中，并插入惰性电极(如 Pt 或 Au 丝)，则电极发生如下反应

$$C_6H_4O_2+2H^++2e^-\longrightarrow C_6H_4(OH)_2$$

其电极电势为

$$\varphi_{醌氢醌}=\varphi^{\ominus}_{醌氢醌}-\frac{RT}{2F}\ln\frac{a_{氢醌}}{a_{醌}\ a^2_{H^+}}$$

在稀溶液中，$a_{氢醌}$ 和 $a_{醌}$ 的活度因子均为 1，且浓度比等于 1。又 25℃时 $\varphi^{\ominus}_{醌氢醌}=0.6995V$，因此上式可变为

$$\varphi_{醌氢醌}=0.6995V-\frac{RT}{F}\times\ln\frac{1}{a_{H^+}}$$
$$=(0.6995-0.059\ 16pH)V$$

通常将此电极与摩尔甘汞电极组成如下原电池

摩尔甘汞电极 ‖ 醌氢醌的饱和溶液(pH<7.1)|Pt

$E=\varphi_{右}-\varphi_{左}=(0.6995-0.059\ 16\times pH)V-0.2799V=(0.4196-0.059\ 16pH)\ V$，即

$$pH=\frac{0.4196-E/V}{0.059\ 16}$$

当溶液 pH>7.1 时，醌氢醌电极则变为负极，显然计算公式与上式不同。醌氢醌电极不能用于碱性溶液，若溶液 pH>8.5，氢醌分子按酸式解离，改变了分子状态的浓度，在计算待测溶液的 pH 时就会产生大的误差。此外，在碱性溶液中氢醌容易氧化，这也会影响测定的结果。

3) 玻璃电极测 pH

玻璃电极是测定 pH 最常用的一种指示电极。它是一种对 H^+ 的选择性电极。由于该电极不受溶液中存在的氧化剂、还原剂的干扰，也不受各种“毒物”的影响，所以得到了广泛的应用。玻璃电极主要组成部分是一个特制的玻璃球形薄膜，膜内装有一定浓度的缓冲溶液或 $0.1mol\cdot kg^{-1}$ HCl 溶液，以 AgCl 电极作为内参比电极同向引线，然后将其放入待测溶液中便构成玻璃电极。玻璃电极膜的组成一般是 72% SiO_2、22% Na_2O 和 6% CaO，它适用于 pH 为 1～9。如果改变组成，其使用范围可达 pH=1～14。玻璃电极构造如图 6.5.2 所示。玻璃电极的电极电势为

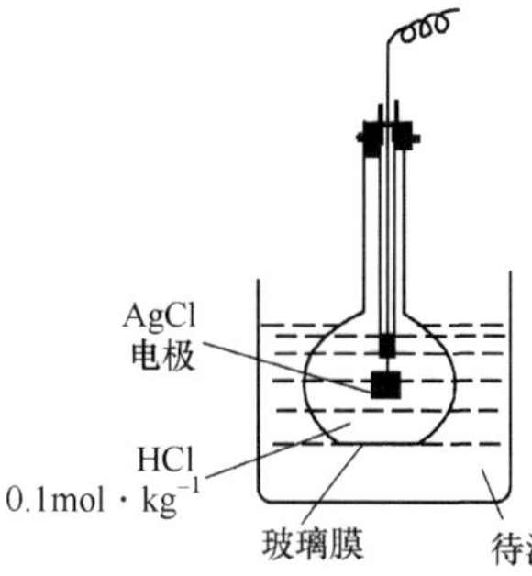

图 6.5.2 玻璃电极

$$\varphi_{玻璃}=\varphi^{\ominus}_{玻璃}-\frac{RT}{F}\ln\frac{1}{a_{H^+}}=\varphi^{\ominus}_{玻璃}-\frac{RT}{F}2.303pH$$

当玻璃电极与甘汞电极组成电池时，通过测定 E 值，就能求出溶液的 pH。电池组成为

玻璃电极|溶液(a_{H^+})‖甘汞电极

在 25℃时，电动势为

$$E=\varphi_{甘汞}-\varphi_{玻璃}=\varphi_{甘汞}-\left(\varphi^{\ominus}_{玻璃}-\frac{RT}{F}\ln\frac{1}{a_{H^+}}\right)$$
$$=\varphi_{甘汞}-(\varphi^{\ominus}_{玻璃}-pH\times0.059\ 16V)$$

$$pH=\frac{E-\varphi_{甘汞}+\varphi^{\ominus}_{玻璃}}{0.059\ 16V}$$

其中 $\varphi^{\ominus}_{玻璃}$ 对某给定的玻璃电极为一常数，对于不同的玻璃电极，由于玻璃膜的组成和制备方法不同，以及不同使用程度后表面状态的改变，导致其 $\varphi^{\ominus}_{玻璃}$ 值也不尽相同。因此，实际测量时需要用已知 pH 的标准缓冲溶液对玻璃电极的 $\varphi^{\ominus}_{玻璃}$ 标定后再使用。

设 pH_S 和 pH_X 分别为标准缓冲溶液和待测溶液的 pH。首先将标准缓冲溶液与甘汞电极组成电池

$$Ag|AgCl(s)|HCl(0.1mol\cdot kg^{-1})|玻璃膜|标准缓冲溶液(a_{H^+})_S \| 甘汞电极$$

测定其电动势为 E_S，则

$$E_S=\varphi_{甘汞}-(\varphi^{\ominus}_{玻璃}-pH_S\times 0.059\ 16V)$$

然后将待测溶液与甘汞电极组成电池

$$Ag|AgCl(s)|HCl(0.1mol\cdot kg^{-1})|玻璃膜|待测溶液(a_{H^+})_X \| 甘汞电极$$

测定其电动势为 E_X，得

$$E_X=\varphi_{甘汞}-(\varphi^{\ominus}_{玻璃}-pH_X\times 0.059\ 16V)$$

由以上两式可得

$$pH_X=pH_S+\frac{E_X-E_S}{0.059\ 16V}$$

若是在任意温度下使用，则可推出如下公式

$$pH_X=pH_S+\frac{(E_X-E_S)F}{2.303RT}$$

由于玻璃薄膜的电阻很大，一般可达 10～100MΩ，这样大的内阻通过电池的电流必然很小，因此不能使用普通的电位差计，而要用放大的装置。这种借助于玻璃电极专门用来测量溶液 pH 的仪器就称为 pH 计。

6.6 不可逆电极过程

前面讨论了电化学体系的热力学，即平衡规律。它要求电路中通过的电流趋于零，此时电极上的反应才是可逆的，这方面的研究有着重要的理论意义。然而在具体的电化学过程中，不论是电解池还是原电池，都不可能在通过的电流趋于零的情况下运行，因为 $I\to 0$ 意味着没有任何生产价值。因此，在实际过程中电极是有电流通过的，即实际的电极过程是不可逆电极过程，这种情况下的电极电势为不可逆电极电势。

研究不可逆电极过程及其规律是十分重要的，只有具备可逆和不可逆两方面的知识，才能比较全面地分析、解决电化学的问题。

6.6.1 分解电压

常压下在硫酸水溶液中放入两个 Pt 电极，组成如图 6.6.1 所示的电解池。其中，V 是伏特计，G 是安培计，R 是可变电阻。当逐渐增加外加电压时，同时记录相应的电流，便可绘制成如图 6.6.2 所示的电流-电压曲线。由图可见，在实验开始时，因外加电压很小，所以几乎没电流通过；此后电压增加，电流略有增加；而当电压增加到某一数值以后，曲线的斜率急增；继续增加电压，电流就随电压直线上升。

在电解池中进行的电极和电池反应式为

阳极反应：　$H_2O(l)\longrightarrow 2H^+(a_{H^+})+\frac{1}{2}O_2(p)+2e^-$

阴极反应：$2H^+(a_{H^+})+2e^- \longrightarrow H_2(p)$

电池反应：$$H_2O(l) \longrightarrow H_2(p)+\frac{1}{2}O_2(p)$$

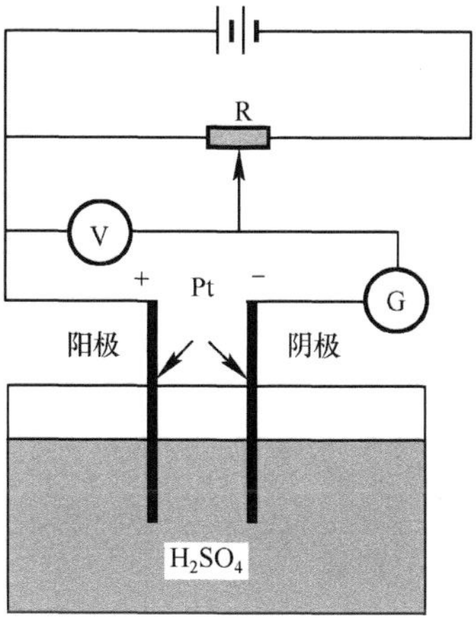

图 6.6.1 分解电压的测定

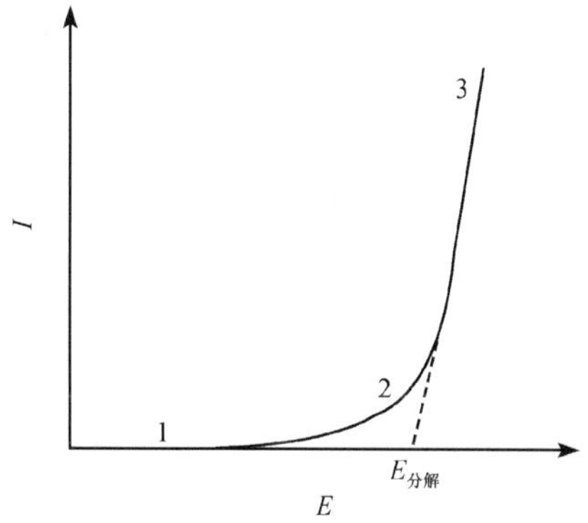

图 6.6.2 测定分解电压时的电流-电压曲线

当开始加外电压时，尚没有氢气和氧气生成，随后稍增大外电压，电解池便产生了少量溶解态的 H_2 和 O_2，构成了一个原电池

$$Pt|H_2(p) | H_2SO_4(b)|O_2(p)|Pt$$

负极反应：$$H_2(c_{H_2}) \longrightarrow 2H^+(a_{H^+})+2e^-$$

正极反应：$$2H^+(a_{H^+})+\frac{1}{2}O_2(c_{O_2})+2e^- \longrightarrow H_2O(l)$$

电池反应：$$H_2(c_{H_2})+\frac{1}{2}O_2(c_{O_2}) \longrightarrow H_2O(l)$$

这个原电池产生了一个与外加电压方向相反的电动势 E_b。电极附近溶解态的 H_2 和 O_2 浓度极小，不能成为气体逸出，但会扩散到溶液的其他部分。由于电极附近的产物扩散掉了，需要通过极微小的电流使电极产物得到补充。若继续增大外加电压，就有 H_2 和 O_2 继续产生并向溶液中扩散，因而电流也有少许增加，这种情况相应于图 6.6.2 中 I-E 曲线上的 1～2 段。随着 H_2 和 O_2 不断增加，对抗外加电压的电动势也不断增加，直到增加 c_{H_2} 和 c_{O_2} 导致 p_{H_2} 和 p_{O_2} 等于外界的大气压力时，电极上便开始有气泡逸出，此时电动势 E_b 达到最大值 $E_{b,max}$，不再继续增加。若此时再继续增大外加电压，则只增加溶液中的电势降 $(E_{外}-E_{b,max})=IR_{电解池}$，因而使电流剧增。这种情况对应于图 6.6.2 中 I-E 曲线上的 2～3 段的直线部分。

将直线部分外延到电流为零处所得的电压就是 $E_{b,max}$，这是使某电解质溶液能显著析出电解产物所必需的最小外加电压，即**分解电压**(decomposition voltage)。分解电压随电极材料、电解液、温度等因素而变化。

表 6.6.1 中列出一些实验测试结果。数据表明，用铂片作电极时，HNO_3、H_2SO_4 和 NaOH 溶液的分解电压 $E_{分解}$ 都很相近，这是由于它们的电解产物都是氢气和氧气，实质上都是电解水的结果。表中的 E 即相应的原电池的电动势，可由能斯特方程计算得出。从理论上讲 $E_{b,max}=E$，但实际上 $E_{分解}>E$，超出部分是由于电极的极化作用所致。实际分解电压可表

示为

$$E_{分解}=E+\eta_{阳}+\eta_{阴}+IR \quad (6.6.1)$$

式(6.6.1)中，$\eta_{阳}$ 和 $\eta_{阴}$ 分别为阳极超电势和阴极超电势(后面进一步介绍)；IR 为由于溶液的内阻引起的电势降。

表 6.6.1 几种浓度为电解质溶液的分解电压(室温，铂电极)

电解质	c / (mol · dm^{-3})	电解产物	$E_{分解}$/V	E/V
HCl	1	H_2和Cl_2	1.31	1.37
HNO_3	1	H_2和O_2	1.69	1.23
H_2SO_4	0.5	H_2和O_2	1.67	1.23
NaOH	1	H_2和O_2	1.69	1.23
$CuSO_4$	0.5	Cu 和O_2	1.49	0.51
$NiCl_2$	0.5	Ni 和Cl_2	1.85	1.64

图 6.6.2 中的 I-E 曲线所表示的关系是两个电极的电势变化的总结果，无法从这条曲线来了解每个电极的特性。为此必须讨论电流密度 i 与电极电势的关系。

6.6.2 极化作用和超电势

1. 极化作用

当电极上无电流通过时，电极处于平衡状态，与之相对应的电势是平衡(或可逆)电极电势。随着电极上电流密度的增加，电极的不可逆程度越来越大，电极电势偏离平衡电极电势也越来越大。当有电流通过电极时，电极电势偏离平衡电极电势的现象称为电极的**极化**(polarization)。常把某一电流密度下的实际电极电势 $\varphi_{实}$(不可逆电极电势)与其平衡电极电势 $\varphi_{平}$(可逆电极电势)之差的绝对值称为**超电势**(overpotential)，以 η 表示

$$\eta=|\varphi_{实}-\varphi_{平}| \quad (6.6.2)$$

显然，η 的数值反映了极化程度的大小。

2. 极化产生的原因

产生极化的原因分为三类。

1) 电阻极化

电流通过时，在电极表面常会生成一层氧化物薄膜或其他膜层，电阻较大，因此必须有一部分电压用来克服由此产生的电势降 IR，称为电阻极化，相应的超电势称为电阻超电势。

2) 浓差极化

由于电极附近的浓度与电解质本体溶液中的浓度不同而产生的极化称为**浓差极化**(concentration polarization)，由此产生的超电势称为**浓差超电势**。

以 Ag^+ 的阴极还原过程为例，将两支银电极插入 $AgNO_3$ 溶液，当电流通过电极时，溶液中阴极附近的 Ag^+ 首先到电极上放电，相应的电极反应为 $Ag^+ + e^- \longrightarrow Ag$。若本体溶液中的 Ag^+ 来不及补充上去，则电极附近的 Ag^+ 浓度将低于它在本体溶液中的浓度，从而使电极电势偏离平衡电极电势。阴极电极电势为

$$\varphi_{阴}=\varphi^{\ominus}_{Ag^+|Ag}-\frac{RT}{F}\ln\frac{1}{a_{Ag^+}}$$

Ag^+ 浓度的降低使电极电势更负。一般用搅拌溶液或升高温度的方法来减小浓差极化，但由于电极表面扩散层的存在，因此不可能将其完全除去。

3）电化学极化

仍以 Ag^+ 的阴极还原过程为例，将两支银电极插入 $AgNO_3$ 溶液，当电流通过电极时，由于电极反应的速率有限，因而当外电源将电子供给电极以后，Ag^+ 来不及立即被还原而及时消耗掉所供电子，结果使电极表面上积累了多于平衡状态的电子，电极表面上电子数量的增多使阴极电极电势变得更负。这种由于电化学反应本身迟缓而引起的极化称为**电化学极化**（electrochemical polarization），由此产生的超电势称为活化超电势。

综上所述，极化的结果使阴极电极电势变得更负。同理分析可得，极化的结果使阳极电极电势变得更正。

3. 极化曲线

实验证明，电极电势与**电流密度**（current density）（电流与浸入溶液的电极面积之比）有关。描述电流密度与不可逆电极电势的关系曲线称为**极化曲线**（polarization curve）。

1905 年塔费尔（Tafel）曾提出一个经验式，表明氢超电势与电流密度的关系，称为**塔费尔公式**

$$\eta=a+b\lg i \tag{6.6.3}$$

式(6.6.3)中，a 和 b 为经验常数；i 为电流密度。

由阴极平衡电极电势 $\varphi_{阴,平}$ 减去由实验测得的不同电流密度下的阴极电极电势 $\varphi_{阴,实}$，即为不同电流密度下的阴极超电势

$$\eta_{阴}=\varphi_{阴,平}-\varphi_{阴,实} \tag{6.6.4}$$

对于阳极，由测得不同电流密度下的阳极电极电势 $\varphi_{阳,实}$ 减去阳极平衡电极电势 $\varphi_{阳,平}$，即为不同电流密度下的阳极超电势

$$\eta_{阳}=\varphi_{阳,实}-\varphi_{阳,平} \tag{6.6.5}$$

阴极超电势和阳极超电势均为正值。

在电解池中，阳极是正极、阴极是负极，阳极的电极电势比阴极的电极电势高，因此在电流密度与电极电势图中，阳极极化曲线在阴极极化曲线的右边，如图 6.6.3 (a)所示。只有外加电压即分解电压 $E_{分解}$ 大于可逆电池电动势时，才会有一定电流通过电池；电解池工作时，所通过电流密度越大，不可逆程度越高，电极上所需的外加电压就越大，相同时间内消耗的电功也越多。

在原电池中，阳极是负极、阴极是正极，阳极的电极电势比阴极的电极电势低。因此，在电流密度与电极电势图中，阳极极化曲线在阴极极化曲线的左边，如图 6.6.3(b)所示。原电池工作时，端点的电势差随着电流密度的增大而减小，即随着电池放电，电流密度的增大，相同时间内所做出的电功减小。

超电势的存在使电解过程消耗能量增多。由于氢超电势很高，因此可使很多比较活泼的金属，如铁、锌等在阴极上还原，而不产生氢气。

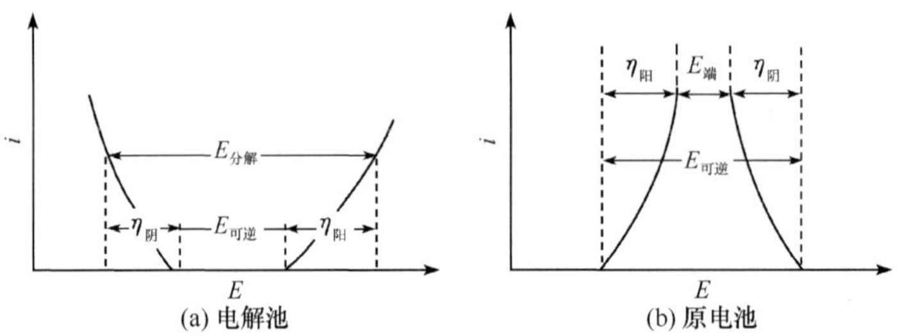

图 6.6.3　极化曲线

6.6.3　电极反应的竞争

对一个指定的电解池，每一种离子从溶液中析出时的电极电势称为相应物质的**析出电势**(evolution or deposition potential)。它所对应的是实际电极电势。在一定温度下，析出电势既与溶液的浓度有关，也与超电势有关。因此，析出电势是前面提到过的 $\varphi_{实}$(含超电势)，而不是 $\varphi^{\ominus}$ 和 $\varphi_{平}$。

在电解质溶液中通常含有许多种离子，各种物质的析出电势一般并不相同。原则上正离子都可以到阴极去放电，负离子都可以到阳极去放电。但由于各离子的析出电势不同，它们到电极上放电顺序有先有后。

外加电压与析出电势的关系为

$$E=\varphi_{阳,实}-\varphi_{阴,实} \tag{6.6.6}$$

若阳极上析出电势越低，阴极上析出电势越高，则需要的外加电压就越小。因此，当电解池的外加电压从零开始逐渐增大时，在阳极上总是析出电势较低的物质先析出，即按照析出电势从低到高的顺序依次析出。在阴极上则是析出电势较高的物质先析出，即按照析出电势从高到低的顺序依次析出。

用电解的方法可以把析出电势相差较大的离子从溶液中进行分离。

【例 6.6.1】　在 25℃、标准压力下，用石墨为阳极，铂为阴极，电解含 $CdCl_2$(0.0100mol·kg^{-1})和 $CuCl_2$(0.0200mol·kg^{-1})水溶液，假设电解过程超电势可忽略不计，且活度因子均为 1。已知 $\varphi^{\ominus}_{Cd^{2+}|Cd}=-0.4032V$，$\varphi^{\ominus}_{Cu^{2+}|Cu}=0.3417V$，$\varphi^{\ominus}_{Cl^{-}|Cl_2}=1.35973V$，$\varphi^{\ominus}_{H^{+}|O_2}=1.229V$。假定溶液为 pH=7。

(1) 哪种金属在阴极先析出？

(2) 第二种金属析出时，至少要加多少电压？

(3) 第二种金属析出时，第一种金属离子在溶液中的活度是多少？

(4) 实际上 O_2(g)在石墨上是有超电势的，设其超电势为 0.6V，在此条件下，阳极上将首先发生什么反应？

解　(1) Cd^{2+}、Cu^{2+}、H^{+} 都向阴极迁移，均有可能被还原。

$$Cd^{2+}+2e^{-}\longrightarrow Cd$$
$$Cu^{2+}+2e^{-}\longrightarrow Cu$$
$$2H^{+}+2e^{-}\longrightarrow H_2(g)$$

它们的析出电势分别为

$$\varphi_{Cd^{2+}|Cd}=\varphi^{\ominus}_{Cd^{2+}|Cd}+\frac{RT}{2F}\ln a_{Cd^{2+}}=\left(-0.4032+\frac{8.314\times298.15}{2\times96\,485}\ln0.0100\right)V=-0.462V$$

$$\varphi_{Cu^{2+}|Cu}=\varphi^{\ominus}_{Cu^{2+}|Cu}+\frac{RT}{2F}\ln a_{Cu^{2+}}=\left(0.3417+\frac{8.314\times298.15}{2\times96\,485}\ln0.0200\right)V=0.291V$$

$$\varphi_{H^+|H_2}=\varphi^{\ominus}_{H^+|H_2}+\frac{RT}{F}\ln a_{H^+}=\left(\frac{8.314\times298.15}{96\ 485}\ln10^{-7}\right)V=-0.414V$$

所以阴极 Cu 先析出。

(2) 阳极上可能反应的有 H_2O、Cl^-，阳极平衡电极电势的计算如下

$$\varphi_{H^+|O_2}=\varphi^{\ominus}_{H^+|O_2}+\frac{RT}{F}\ln a_{H^+}=\left(1.229+\frac{8.314\times298.15}{96\ 485}\ln10^{-7}\right)V=0.815V$$

$$\varphi_{Cl^-|Cl_2}=\varphi^{\ominus}_{Cl^-|Cl_2}-\frac{RT}{F}\ln a_{Cl^-}=\left(1.357\ 93-\frac{8.314\times298.15}{96\ 485}\ln0.0600\right)V=1.43V$$

所以阳极上首先是 H_2O 氧化为 O_2。氧化反应为

$$H_2O\longrightarrow 2H^++\frac{1}{2}O_2+2e^-$$

总反应为

$$Cu^{2+}+H_2O\longrightarrow Cu(s)+2H^++\frac{1}{2}O_2(g)$$

溶液中的 H^+ 浓度随 Cu^{2+} 的不断析出而增加，当 Cd^{2+} 开始析出时，Cu^{2+} 已基本反应完

$$b_{H^+}=2\times0.0200mol\cdot kg^{-1}=0.0400mol\cdot kg^{-1}$$

此时

$$\varphi_{H^+|O_2}=\varphi^{\ominus}_{H^+|O_2}+\frac{RT}{F}\ln a_{H^+}=\left(1.229+\frac{8.314\times298.15}{96\ 485}\ln0.0400\right)V=1.146V$$

当 Cd^{2+} 开始析出时，$\varphi_{Cd^{2+}|Cd}=-0.462V$，则

$$E_{分解}=\varphi_{H^+|O_2}-\varphi_{Cd^{2+}|Cd}=[1.146-(-0.462)]V=1.608V$$

(3) 当 Cd^{2+} 开始析出时，$\varphi_{Cd^{2+}|Cd}=\varphi_{Cu^{2+}|Cu}$，即

$$-0.462V=\varphi^{\ominus}_{Cu^{2+}|Cu}+\frac{RT}{2F}\ln a_{Cu^{2+}}=\left(0.3417+\frac{8.314\times298.15}{2\times96\ 485}\ln a_{Cu^{2+}}\right)V$$

$$a_{Cu^{2+}}=7.1\times10^{-28}$$

即 Cu^{2+} 的活度为 7.1×10^{-28}。

(4) 考虑 H^+、$O_2(g)$ 在石墨上有超电势，因此

$$\varphi_{H^+|O_2}=\varphi^{\ominus}_{H^+|O_2}+\frac{RT}{F}\ln a_{H^+}+\eta_{O_2|石墨}=\left(1.229+\frac{8.314\times298.15}{96\ 485}\ln10^{-7}+0.60\right)V=1.42V$$

由于 $\varphi_{H^+|O_2}<\varphi_{Cl^-|Cl_2}$，所以 O_2 先析出，但当 Cl^- 浓度很大时，有可能先析出 Cl_2。

6.7 生物电化学

生物电化学(bioelectrochemistry)是 20 世纪 70 年代以来由电化学、生物化学和生理学等多学科交叉形成的一门独立的学科。这门学科发展很快，它应用电化学的原理和实验方法来研究生物体系在分子和细胞水平上的电荷与能量传输的规律以及其对生物体系活性性能的影响。生物电化学内容十分丰富，本节仅对生物体的电现象、生物膜电势和生物传感器作初步介绍。

6.7.1 生物电现象

人类对生物电现象的注意可追溯到古埃及，但对动物体内具有内在电荷的科学研究则始于 1773 年 John Walsh(1725—1795) 发现电鱼带电。后来，人们又发现用电流直接刺激肌肉可引起肌肉收缩。于是医生在临床上用电刺激来治疗肌肉麻痹。1786 年，著名的意大利医生与生理学家伽尔伐尼(Galvani)在一次实验中偶然观察到，挂在铁栅栏铜钩上的蛙腿在风的吹

动下左右摇晃时，一旦碰到铁栅栏，蛙腿就猛烈收缩一次。伽尔伐尼在排除了当时已知电源(大气雷电、摩擦起电等)的作用后，认为有一种新的电源，它是动物体内产生的电，称为“动物电”。青蛙的神经和肌肉带有不同的电荷，两者界面间存在电势差，当蛙腿与铁栅栏接触时，铁栅栏和铜钩充当导体而接通了神经和肌肉，因此生物电流通过此回路时刺激蛙腿肌肉而引起收缩。1791 年他发表了著名著作《论肌肉运动中的电效应》。伽尔伐尼的“动物电”学说引起了很大的争论。意大利著名的物理学家伏特对此提出不同意见，认为只要具备三件东西，即两种不同的金属及完成电路的导体就能产生电流。由于伽尔伐尼连接标本所用的金属性质不同，蛙肌充当了第三者，便形成了电路，产生电流刺激标本引起肌肉收缩，以此来否认“动物电”的存在。伽尔伐尼为证明自己的观点于 1794 年设计了“无金属收缩实验”，即将一个神经肌肉标本的神经的一部分搭在另一个肌肉标本的损伤处，另一部分与肌肉标本的完整部分接触，使神经既与肌肉标本的损伤处又与完整部位接触，也引起该神经所支配的肌肉发生收缩，这一新实验有力地证明了“动物电” 的存在。这一发现也是电生理学的开端。伏特在“动物电” 的研究中也发明了第一个人造电源——伏特电池，这是科学史上的重大进步。

6.7.2 膜电势

许多人造膜、天然膜和生物体内的细胞膜对离子有高度选择性，即只允许一种或少数几种离子透过。将一个只允许某种离子通过的膜，放在两种不同浓度的该离子的溶液之间，离子将进行扩散(离子迁移)，导致在膜的两边形成电势差，这种电势差称为**膜电势(位)**(membrane potential)。生物体内的每一个细胞都被厚度为 6～10nm 的薄膜即细胞膜包围。细胞膜内外都充满一定浓度的电解质的溶液。

设用适当的实验装置将细胞内、外液体组成如下电池

$$\underset{\beta\text{相}}{Ag(s)|AgCl(s)|KCl(aq)|\text{内液}}|\text{细胞膜}|\underset{\alpha\text{相}}{\text{外液}|KCl(aq)|AgCl(s)|Ag(s)}$$

膜电势与两侧离子浓度有关，可表示为

$$E=\varphi_{右}-\varphi_{左}=\varphi_{\alpha}-\varphi_{\beta}=\frac{RT}{F}\ln\frac{a_{K^+,(\beta)}}{a_{K^+,(\alpha)}}$$

生物学上习惯用下式表示膜电势

$$E_{膜}=\varphi_{内}-\varphi_{外}=\frac{RT}{F}\ln\frac{a_{K^+,(外)}}{a_{K^+,(内)}}$$

在静止的神经细胞膜内液体中 K^+ 的浓度是膜外的 35 倍，若假定活度因子均为 1，25℃时所产生的电势差即膜电势为

$$E_{膜}=\varphi_{内}-\varphi_{外}=\frac{RT}{F}\ln\frac{a_{K^+,(外)}}{a_{K^+,(内)}}=\frac{RT}{F}\ln\frac{1}{35}=-91\text{mV}$$

实际测得神经细胞的膜电势约为－70mV，这是由于活机体内溶液并不是处于平衡状态造成的。实验发现细胞两侧有－30～－100mV 的电势差，细胞内侧电势低于外侧。例如，静止肌肉细胞膜电势约为－90mV，肝细胞膜电势约为－40mV。由于活机体内存在界面电势差，所以它符合电化学体系的定义。

实验表明，当一个刺激沿神经细胞传递或肌肉细胞收缩时，膜电势会暂时变成正值，神经刺激通过神经膜电势变化来传递。肌肉收缩则通过肌肉细胞膜电势改变来进行传递，人们的思维过程以及视觉、听觉和触觉等都与膜电势的变化有关。了解这些电势差是如何维持和如

何变化的已引起人们越来越多的关注。

膜电势的存在意味着每个细胞膜上都有一个双电层，相当于一些电偶极子分布于细胞表面。这里以心脏的收缩为例，当心脏收缩或松弛时，心脏细胞的膜电势同步变化，心脏总的偶极矩以及心脏所产生的电场也随之变化。**心动电流图**(electrocardiogram，ECG)简称心电图，就是测量人体表面几组对称点之间由于心脏跳动所引起的电势差随时间变化的情况，从而判断心脏的各个部位工作是否正常。类似的还有监测骨架肌肉电活性的**肌动电流图**(electromyogram，EMG)以及监测头皮上两点的电势差随时间的变化来了解大脑神经细胞电活性的**脑电图**(electroencephalogram，EEG)等。

根据膜电势的变化规律可以研究生物机体的活动情况，当前膜电势的理论与应用研究已成为生物电化学研究中的一个十分活跃的领域。

6.7.3 生物传感器

传感器是能感受指定的被测量并按照一定规律将其转化成可用信号的器件或装置，它通常由敏感元件、转化元件及相应的机械结构和电子线路所组成。其中敏感元件在信息处理系统中占有十分重要的地位。

酶是首选的可用作对有机物呈特异响应的传感器的敏感材料。生物体除酶外，还有抗原、抗体、激素等，把它们固定在膜上也能作为敏感元件。此外，固定化的细胞、细胞器以及动植物组织切片和微生物等也有类似作用。人们将这类用固定化的生物体成分(酶、抗原、抗体、激素)或生物体本身(细胞、细胞器、组织)作为敏感元件的传感器称为**生物传感器**(biosensor)。根据组合的不同可做成各种各样的生物传感器。

根据生物活性物质的类别，生物传感器可以分为酶传感器、免疫传感器、DNA 传感器、组织传感器和微生物传感器等；根据检测原理，生物传感器可分光学生物传感器、电化学生物传感器及压电生物传感器等；根据所监测的物理量、化学量或生物量而分为热传感器、光传感器、胰岛素传感器等；根据其用途分为免疫传感器、药物传感器等。

酶传感器(enzyme sensor)由酶电极发展而来，一般的酶传感器是由酶膜(或酶电极)和电化学检测装置组成。其测定原理是：①先将酶固定化，将酶膜浸入待测的溶液中，催化待测物的氧化或还原反应；②通过检测电流或电势(位)的方法确定反应过程某一反应物的消耗或生成物产生的量，由此求出待测物的浓度。以葡萄糖氧化酶(GOD)传感器(在铂电极的表面先涂上一层氧气可以通过的高分子膜，然后在其上面贴一层葡萄糖氧化酶膜构成)为例，在 GOD 的催化下，葡萄糖($C_6H_{12}O_6$)被氧化生成葡萄糖酸和过氧化氢

$$C_6H_{12}O_6+\frac{3}{2}O_2+2H_2O\xrightarrow{GOD}C_6H_{12}O_7+2H_2O_2$$

根据此反应，可通过氧电极(测氧的消耗)、过氧化氢电极(测 H_2O_2 的产生)和 pH 电极(测酸度变化)来间接测定葡萄糖的含量。葡萄糖氧化酶传感器用于检测血糖和尿糖，已用于糖尿病临床检验。在军事上，乙酰胆碱酯酶传感器可以检测出 $0.1\times10^{-3}\sim0.5\times10^{-3}\,mg\cdot dm^{-3}$的沙林，这一方法至今仍被各国普遍应用于神经性毒剂的报警器中。现已研制出多种酶传感器，可用于检测尿素、氨基酸、胆甾醇、磷脂等。

微生物传感器(microbial sensor)是由固定化微生物膜和转换器紧密结合而成。常用的微生物有细菌和酵母菌。微生物的固定方法主要有吸附法、包埋法、共价交联法等，其中以包埋法用得最多。固定时需采用温和的固定化条件，以便保持微生物生理功能不变。载体有胶原、

醋酸纤维素和聚丙烯胺酰凝胶等。转换器件可以是电化学电极或场效应晶体管等，其中以电化学电极为转换器的称为微生物电极。微生物电极的应用范围十分广泛，现已应用于食品与发酵工业、环境监测等领域。例如发酵工业，因为发酵过程中常存在对酶的干扰物质，并且发酵液往往不是清澈透明的，不适于用光谱等方法测定，应用微生物传感器则极有可能消除干扰，并且不受发酵液浑浊的限制；同时，由于发酵工业是大规模的生产，微生物传感器因具有成本低、设备简单的特点占有极大的优势。根据测量信号的不同，微生物电极可分为电流型和电位型两类。电流型微生物电极经转换器件转换后输出电流信号，这类电极大多是以氧电极作为转换器件，根据氧化还原产生的电流值测定被测物。电位型微生物电极经转换器件转换后输出电势信号，常用氨电极、CO_2电极和玻璃电极等作转换器。一些电流型微生物电极的应用见表 6.7.1。

表 6.7.1　电流型微生物电极

检测对象	微生物	固定方法	电化学器件	稳定性/d	响应时间/min	测量范围/($mg \cdot dm^{-3}$)
甲醇	未鉴定菌	吸附法	氧电极	30	10	5～20
葡萄糖	Pseudomonas Fluorescens	包埋法	氧电极	14	10	5～20
L-抗坏血酸	Enterobacter agglomeranans	吸附法	氧电极	11	3	0.004～0.7
维生素 B_1	Lactobacillus fermenti	吸附法	燃料电池型电极	60	360	10～100
胆固醇	Nocardia erythropolis	包埋法	氧电极	28	2～7	0.015～0.13

克拉克(Clark) 和莱昂斯(Lyons)最先提出生物传感器的设想。生物传感器作为直接或间接检测生物分子、生理过程等相关参数的新方法，具有灵敏度高、选择性好、响应快速、操作简便、样品量少、可微型化、价格低廉等特点，已在生物医学、环境检测、食品、医药等众多领域展现出十分广阔的应用前景。

6.8　环境电化学

随着人口增长和科技进步，自然资源和自然环境受到日益严重的破坏，环境问题已成为举世瞩目的问题。电化学在环境科学中的应用非常广泛，现在已形成一门新的学科——环境电化学。在此仅对电化学处理污染物、电化学技术在环境监测中的应用和电化学技术在环境保护中的应用作一初步介绍。

6.8.1　电化学处理污染物

1. 电化学处理污染物的主要方法

电解法处理废水的研究始于 20 世纪 40 年代，其处理污染物的方法主要有：①电化学氧化，分为直接氧化和间接氧化两种，属于阳极反应。直接氧化是通过阳极氧化使污染物直接转化为无害物质；间接氧化则是通过阳极反应产生具有强氧化作用的中间物质或发生阳极反应之外的中间反应，使被处理污染物氧化，最终转化为无害物质。②电化学还原：通过阴极还原反应去除环境污染物，该法主要用于氯代烃的脱氯和重金属的回收。③电吸附：利用电极作为吸附表面，像传统吸附过程一样进行化学物质的回收。它可以用来分离水中低浓度的有机物和其他物质。④电凝聚：也称电浮选，即依靠电场的作用，通过电解装置的电极反应，产生直径很小的气泡，用以吸附系统中直径很小的颗粒物质，使之分离；或者在电浮选过程中，选用铝质或铁质的可溶性阳极，利用电解来氧化铁屑、铁板、铝板等生成 Fe^{2+}、Fe^{3+} 或 Al^{3+}，再凝聚成 $Fe(OH)_2$、$Fe(OH)_3$、$Al(OH)_3$ 等沉淀物，以实现污染物的分离。⑤电沉积：利用电解液中不同金属组分的电势差使自由态或结合态的溶解性金属在阴极析出。适宜的电势是电沉积发生的关键。无论金属处于何种状态，均可根据溶液中离子活度的大小，由能斯特方程确定电势的高低，同时溶液组成、温度、超电势和电极材料等也会影响电沉积过程。⑥电渗析：依靠在电场作用下选择性透过膜的独特功能，使离子从一种溶液进入另一种溶液中，达到对离子化污染物的分离和浓缩。⑦电化学膜分离：利用膜两侧的电势差进行的分离过程，常用于气态污染物的分离。⑧光电化学氧化：也称为电助光催化，通过半导体材料吸收可见光和紫外光的能量，产生“电子-空穴”对，并储存多余的能量，使得半导体粒子能够克服热动力学反应的屏障，作为催化剂使用，进行一些催化反应。

2. 电化学方法在处理环境污染物中的应用

1）含无机污染物废水的处理

在电镀、冶金及印刷等工业中产生的废水含大量重金属离子，一般采用沉淀法进行处理。但是，对于碱性溶液中的络合金属离子，沉淀法并不十分有效。应用电化学处理技术可以将废水中的金属离子浓度控制在满意的水平。

2）含有机污染物废水的处理

电化学方法可以将有机污染物完全降解为 CO_2 和 H_2O，此过程被称为“电化学燃烧”，如对酚类、含氮有机染料、氰化物等的处理。有些有机污染物也可以不完全降解，即发生间接电化学反应，利用电极反应产生强氧化作用的中间物质，将有机污染物（不可降解物质）氧化转变为可降解物，然后再进行生物处理，最终将其彻底降解。表 6.8.1 列出了一些电化学方法在处理有机污染液方面的应用。

表 6.8.1 电化学方法在处理有机污染液方面的一些应用

污染物	相关工业	电 极
酚类有机物	印染、塑胶、医药、炼油、炼焦	石墨、PbO_2、SnO_2/Ti、TiO_2/Ti
染料	漂染工业等	钛涂层石墨电极、PbO_2、MgO
卤代化合物	杀虫剂、除草剂等	Ti、PbO_2、碳纤维电极
表面活性剂	表面活性剂	石墨、氧化铷涂层钛电极
芳香胺类有机物	印染、石油、橡胶、造纸等	PbO_2

3）废气的处理

化工厂、热电厂等在生产中会排放出许多有毒、有害物质（如 Cl_2、H_2S、SO_2、NO、CO_2 等）的气体。采用电化学方法可净化这些废气。该过程包含两个步骤：首先，通过吸附或吸收过程将气态污染物转移到液相（一般为水溶液），然后用电化学还原或氧化将其转化为无害物质。

例如，将 Cl_2 还原为 Cl^-，N_2O 还原为 NH_3，SO_2 氧化为 H_2SO_4 或还原为 S。这种转换既能直接发生在电极上，也能通过间接电氧化还原完成。此外，电化学膜分离技术已成功地用于仅由 H_2S 和 N_2 组成的气体、模拟煤气以及模拟天然气的脱硫。

6.8.2 电化学技术在环境监测中的应用

化学污染物的监测应及时、准确、全面地反映环境质量和污染源现状及发展趋势，这些将为环境管理和规划、污染防治提供科学依据。下面对电化学方法在环境监测中的应用作一简单介绍。

1. 离子选择性电极

离子选择性电极也可称为离子传感器。其构造的主要部分是离子选择性膜，由于膜电势随被测定离子的浓度的变化而变化，因此通过对离子选择性膜电势的测定可以得到被测离子的浓度。按膜的性质和状态，离子传感器可分为固体膜离子选择电极、流动载体离子选择电极和气敏电极。

目前，电化学气敏电极可以用于检测环境中的许多气体，如 O_2、CO、H_2S、NH_3、Cl_2、HCN、NO_x、SO_x、汽车尾气等。

2. 溶出伏安法

溶出伏安法是以电解富集和溶出测定相结合的一种重要的痕量分析方法，它首先将工作电极固定在产生极限电流的电势上进行电解，使被测物质富集在电极上，然后反方向改变电势，使富集在电极上的物质重新溶出。溶出伏安法根据工作电极反应类型分为阳极溶出伏安法和阴极溶出伏安法。它对某些物质的测定有很高的灵敏度，较好的精密度、准确度，仪器设备简单易得。现有多种元素可以用溶出伏安法进行测定，检测限可达 10^{-11} mol · dm^{-3}。阴极吸附溶出伏安法能成功地测定环境中重要的元素，其测定类型、检测限见表 6.8.2。

表 6.8.2 阴极溶出伏安法测定环境中重要成分

分析物	试剂[a]	缓冲溶液(pH)[b]	检测限/(mg · dm^{-3})	扫描类型[c]
As	铜	1mol · dm^{-3} HCl	3	DP
Cd	8-羟基喹啉	HEPES(7.8)	0.1	DP
Pb	8-羟基喹啉	HEPES(7.8)	0.3	DP
U	8-羟基喹啉	PIPES (6.8)	0.2	DP
Cr	DTPA	乙酸盐	0.5	

a. DTPA：二亚乙基三胺五乙酸；b. HEPES：*N*-羟基乙基哌嗪-*N'*-2-乙烷-磺酸，PIPES：哌嗪-*N*，*N'*-双-2-乙基磺酸；c. DP，60s 累计时间。

6.8.3 电化学技术在环境保护中的应用

1. 电化学能源——清洁能源

众所周知，石油和煤用于发电和交通运输已造成严重的环境问题，不但影响人类健康，产生温室效应，而且由此引发的酸雨会使农作物减产和土地荒漠化，而电化学方法是提供清洁能源的新途径。化学电源按活性物质的保存方式可分为 3 种主要类型：一次电池、二次电池(蓄电池)和燃料电池。由于一次电池不易回收,随着环保和节约地球有限资源的要求,近年来人们将研究重点置于二次电池和燃料电池,原有的一次电池也向二次电池转换。

1) 车载电源

用电池可提供无污染、低噪声的动力,构建零排放绿色汽车,消除因使用汽油而造成的空气污染。铅酸蓄电池是人们长期使用的传统二次电池,其特点是电池比能量低、充电速度慢、寿命不长。新型电池在比能量和寿命上均优于铅酸蓄电池,如镍氢电池比能量高、充电快,是目前开发的主攻方向之一。

2) 燃料电池

燃料电池本质上是一种发电装置,它的两个电极源源不断地从外界吞进氢气、甲烷、甲醇等常用的燃料和空气(或纯氧),在两个电极上分别发生化学反应,同时向外电路(负载)输送电能。燃料电池具有能量转换效率高、污染小、可靠性强、比能量大等优点。依电解质不同可分为5类:碱性燃料电池(AFC)、质子交换膜燃料电池(PEMFC)、磷酸盐燃料电池(PAFC)、熔融碳酸盐燃料电池(MCFC)和固体氧化物燃料电池(SOFC)。燃料电池主要应用于航空航天发电、车辆和军舰等研究领域。各类燃料电池性能见表6.8.3。

表6.8.3 各类燃料电池性能

电池类型	AFC	PEMFC	PAFC	MCFC	SOFC
阳极	Pt/Ni	Pt/C	Pt/C	Ni/Al	Ni/ZrO_2
阴极	Pt/Ag	Pt/C	Pt/C	Li/NiO	$Sr/LaMnO_3$
电解质	KOH、NaOH	全氟磺酸膜	H_3PO_4	K_2CO_3或Li_2CO_3	氧化钇、氧化锆
燃料	纯氢	纯氢、净化重整气	重整气	净化煤气、重整气、天然气	净化煤气、天然气
工作温度/℃	室温～200	室温～100	100～200	600～700	800～1 000
启动时间	几分钟	<5s	几分钟	>10min	>10min
规模/kW	1～100	1～300	1～2 000	250～2 000	1～100
寿命水平/h	10 000	10 000	15 000	13 000	7 000
应用方向	航天飞机 短期飞船	军用潜艇 洁净电站 卫星飞船	洁净电站	洁净电站	洁净电站

以化学电源为基础的人类文明社会已经到来,化学电源将继续为可持续发展和保护环境做出更大贡献。

2. 有机电合成工艺——清洁生产工艺

有机电合成技术是用电化学法合成有机物,其实质是借助电极传递电子,使有机物氧化或还原。它是电化学、有机化学和化学反应工程的交叉学科。有机电合成被称为“古老的方法,崭新的技术”。

进行有机电合成要有以下3个基本条件:①持续、稳定的供电(直流)电源;②满足“电子转移”的电极;③可完成电子转移的介质。

有机电合成的优点是:①在许多场合具有选择性和特异性;②不需要使用价格较贵的氧化剂和还原剂;③反应可在常温、常压温和的条件下进行;④节能;⑤污染物少甚至无污染,是绿色合成的重要途径之一,被称为绿色工业;⑥反应容易控制,便于实现生产的自动化。

有机电合成的应用领域为：①L-半胱氨酸、α-氨基酸、环氧化合物、染料中间体等有机化合物的合成；②仿生合成；③特殊性能高分子材料的合成；④生物活性物质的合成；⑤农药、医药、食品添加剂等精细化工产品的生产。

现在人类面临的环境、健康、能源、资源的可持续发展问题更加严峻，有机电合成相对于传统有机合成有很多的优势，因此有机电合成必将成为21世纪化学各基础学科和应用技术研究的热点。

【科技直通车】

电解的应用

1. 化学物质制备

利用电解氧化还原制备化学物质历史悠久，如以汞为阴极、石墨为阳极在阴阳离子选择性隔膜电解槽中电解硫酸钠，阴极可得到氢气，阳极可得到氧气，还可制备氢氧化钠和硫酸。

电解制备的优点是：

(1) 产物易于提纯，不需要额外加入氧化剂或还原剂。

(2) 选择合适的电极材料、电流密度和溶液的成分，可扩大电解的适用范围，可控制条件使原来一步完成的反应控制在电解的某一中间步停止，有时又可把多步的反应通过电解一步完成，得到所需产品。

(3) 不需额外加热，室温下即可操作；电化学反应中可以通过加电压的方式加快反应，增加1V电压与热化学反应升温300K的效果相当；通过电势控制可选择性地析出溶液中的所需物质；尽量减少副反应等。其缺点是需要足够的电力，且要达到同样的产量，与普通三维化学反应器相比，二维的电化学反应器需要更多的反应设备。

电解制备已经从无机物制备发展到有机物的加氢、氧化、卤化等领域，甚至在高分子材料的电化学合成方面也有相关应用。

2. 高分子材料电镀

为了节约金属、降低成本并减轻产品重量，在人们的日常生活如装潢、建筑以及车辆工程、航空航天等领域越来越多地采用高分子材料代替金属。但高分子材料没有金属光泽，有些还不能导电，为了改进其性能，可以在尼龙、ABS、聚四氟乙烯等材料上进行电镀。其步骤是首先将材料表面去油、粗化并进行表面活性处理，然后使其表面通过化学沉积形成超薄导电层，再把该材料(镀件)置于阴极，在电镀槽中镀上金属。电镀后的材料不仅有了金属光泽，更重要的是能导电、导磁，并具备了焊接性能，有了金属和高分子材料的取长补短，电镀后材料的机械性能、热稳定性能和抗老化性能等都大有提高。

3. 铝及其合金的电化学氧化和表面着色

金属铝及其合金因其导电、导热、延展性好及质轻等特性在机械制造、轻工业和电子产业等领域应用广泛。但也因其色泽单一、太软、不耐磨、表面氧化膜过薄(仅4μm)、不耐腐蚀等而使用受限。

通过阳极氧化可改变铝及其合金铝的性能。在酸性电解液(硫酸、铬酸、草酸等)中将铝或其合金作为阳极，选择不同的外加电流和条件，可在铝及其合金表面形成5～20μm的氧化膜，甚至可形成60～200μm厚的硬质阳极氧化膜，从而提高铝及其合金的硬度和耐磨性(250～500kg/mm^2)、耐热性(熔点可高达2320K)、绝缘性(击穿电压高达2000V)、抗蚀性(在3% NaCl盐雾中经几千小时而不腐蚀)和绝热性等，使其在航空航天、电子电气等工业上应用广泛。铝及其合金的表面膜层具有大量的微孔，既可吸附润滑剂用于发动机汽缸及其他耐磨零件，还可吸附染料制成色彩多样的铝制品，用于轻工业和建筑装潢等方面。

4. 电解加工

利用阳极氧化溶解和阴极还原析出的原理进行的加工称为电解加工，它具有加工速度快、表面质量好、无论多硬多韧的金属都能加工、无需机械切削、工具阴极无损耗、可成批加工的特点，特别是制备新型复杂结构、难加工材料具有优势。炮管膛线、航空发动机的涡轮叶片、锻型腔、深孔、等截面叶片和整体叶轮等都可采用电解加工制备。将电解加工和其他加工工艺复合可综合多种工艺的优势，特别是在特种加工领域独树一帜，包括高频窄脉冲电流电解加工、柔性电解加工、小间隙电解加工、电解复合加工等。例如，电解磨削就是一种电解复合加工工艺，如图6.9.1所示。将电化学阳极溶解与机械磨削结合，可使阳极氧化速度更快，同时通过磨削消除氧化产生的钝化膜，提高加工效率。

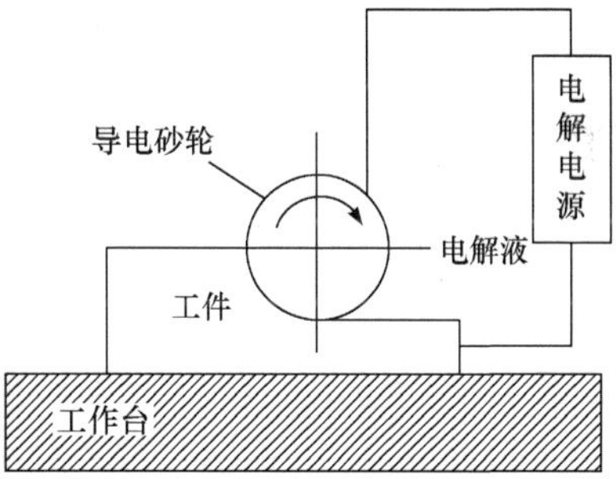

图6.9.1 电解磨削原理图

因高效、高表面质量和高精度的特点，加上计算机控制技术的应用，结合绿色环保电解液的理念，电解加工有望在小型、精密、光整等微精加工领域展现强大的竞争力。

燃料电池

燃料电池涉及化学热力学、电化学、催化、材料及控制等领域，具有“零排放”的优势，能将反应的化学能转化为电能，不受卡诺定理的限制，能量转化效率高。因此，各国都在大力推进燃料电池的发展以应对能源危机和燃油汽车带来的环境问题。对中国而言，随着家庭用车的不断增加，燃油汽车造成的环境压力不断增大，另外，对石油的需求量也逐年上升，给能源安全带来了严峻挑战，因此优化能源结构势在必行。氢能热值高、储量广、来源多，氢燃料电池汽车成为研发的重点。《新能源汽车产业发展规划(2021—2035年)》中明确指出推动燃料电池汽车完成商业化转型。表6.9.1是燃料电池各部件要求及目前应对策略。

表6.9.1 燃料电池各部件要求及目前应对策略

部 件	要 求	目前应对策略	成 本
交换膜	导电性好、化学稳定性高、热稳定性好、强度/柔韧性好、反应气体透气率低、湿度保持	采用多孔材料、碳纳米管与全氟磺酸树脂复合的增强膜等	较高
催化层	Pt用量小、导电性好、电化学稳定性高、催化性能好	研发Pt合金催化剂、非Pt催化剂；改进催化剂载体；优化制备方法，利用形貌控制提高催化剂活性	极高

续表

部　件	要　求	目前应对策略	成　本
扩散层	强度/柔韧性好、合适的孔结构、导电/导热性好、亲水疏水性合适	采用支撑层＋微孔层设计，其中支撑层采用多孔碳布或碳纸，微孔层采用导电炭黑＋憎水剂	一般
双极板	导电性/导热性好、强度/柔韧性好、气密性好、电化学稳定性高	采用石墨碳板、复合双极板或金属双极板（车用燃料电池适用）	较高

燃料电池电堆包括膜电极和双极板。膜电极的研究包括质子交换膜、催化剂和扩散层等方向。目前常用作交换膜的有多孔材料、碳纳米管与全氟磺酸树脂复合增强膜等，它们具备导电性好、化学稳定性高、热稳定性好、强度/柔韧性好、反应气体透气率低和湿度保持等特性。常用的催化剂有Pt合金催化剂、非Pt催化剂等，还可利用形貌控制提高催化剂的活性。常用的双极板有石墨碳板、复合双极板、金属双极板等，它们具备导电/导热性好、强度/柔韧性好、气密性好、电化学稳定性高等特点。燃料电池汽车的发展不仅带动燃料电池系统的发展，还将带动驱动电机系统、辅助储能系统、储氢系统等一系列产业链的发展。

参考资料与课外阅读资料

毕希，孙仁金，张涵. 2023. 中国氢燃料电池汽车产业发展影响因素及对策分析. 现代化工，43(10)：1-6

陈薇，邓冰葱. 2004. 电化学在环境工程领域中的应用. 化学与粘合，25(4)：226

高丕英. 2005. 德拜-休克尔活度因子方程中 A 与 B 值的探讨. 大学化学，20(5)：40

侯峰岩，王为. 2003. 电化学技术与环境保护. 化工进展，22(4)：471

刘迎春，叶湘滨. 1998. 现代新型传感器原理与应用. 北京：国防工业出版社，126-127

刘宗巍，史天泽，郝瀚，等. 2018. 中国燃料电池汽车发展问题研究. 汽车技术，(1)：1-9

李青，周雍茂. 2002. 环境污染物的电化学处理技术. 江苏化工，30(6)：47

卢基林，庞代文. 1998. 生物电化学简介. 大学化学，13(2)：30

王胜天，许宏鼎，李景虹. 2002. 环境电分析化学. 分析化学，30(8)：1005

谢平会，刘鹰，刘禹，等. 2001. 微生物传感器. 传感器技术，20(6)：4

徐丰. 1987. 什么是生物电化学. 化学通报，3：60

杨绮琴，方北龙，童叶翔. 2001. 应用电化学. 广州：中山大学出版社

尹飞鸿，蒋丽伟，何亚峰，等. 2018. 电解加工新工艺及发展趋势. 机械设计与制造工程，47(1)：13-17

Lim H，Winnick J. 1984. Electrochemical removal and concentration of hydrogen sulfidefrom coal gas. J Eelectrochem Soc，131(3)：562

Weaver D，Winnick J. 1991. Evaluation of cathode materials for the electrochemical membrane H_2S seperator. J Electrochem Soc，l38(6)：1626

思　考　题

1. 是非题（判断下列说法是否正确并说明理由）。

（1）通过96 485C电量时，正好使1mol物质电解。

（2）电解质的无限稀释摩尔电导率 Λ_m^∞ 可以由 Λ_m 对 $\sqrt{c}$ 作图外推至 $\sqrt{c}=0$ 得到。

（3）离子独立运动定律适用的条件是理想稀溶液。

（4）若 $a_{CaF_2}=0.5$，则 $a_{Ca^{2+}}=0.5$，$a_{F^-}=1$。

（5）当电流通过电解质溶液时，若正、负离子的迁移速率之比为2∶3，则正离子的迁移数是0.667。

(6) $Al_2(SO_4)_3$ 的化学势 μ 与 Al^{3+} 的化学势 μ_+、SO_4^{2-} 的化学势 μ_- 的关系为 $\mu=3\mu_+ +2\mu_-$。

(7) 恒温、恒压下 $\Delta G>0$ 的反应一定不能进行。

(8) 用对消法测定电池的电动势时，主要是为了消除电极上的副反应。

(9) 电池在恒温、恒压可逆放电时与环境交换的热为零。

(10) 某一电池反应，若算得其电池电动势为负值时，表示此电池反应不可能进行。

(11) 就单个电极来说，阴极极化的结果电极电势变得更负，阳极极化的结果电极电势变得更正。

(12) 原电池端点的电势差随着电流密度的增大而增大。

2. 填空题。

(1) 电池 Zn(s)|$ZnSO_4$(aq)‖$CuSO_4$(aq)|Cu(s)对外放电时锌电极是________极或________极，电池充电时铜电极是________极或________极。

(2) 一电导池测得物质的量浓度为 0.1mol·dm^{-3}的 A 溶液和 0.01mol·dm^{-3}的 B 溶液的电阻分别为 500Ω 和 1000Ω，则它们的摩尔电导率之比 $\Lambda_{m,A}/\Lambda_{m,B}=$________。

(3) 25℃时，$\lambda^{\infty}_{m,H^+}=349.82\times10^{-4}$ S·m^2·mol^{-1}，$\lambda^{\infty}_{m,OH^-}=198.0\times10^{-4}$ S·m^2·mol^{-1}，水的离子积 $K_w=1.008\times10^{-14}$，则 25℃时纯水的电导率为________。

(4) 25℃时，某溶液中 $FeCl_3$ 的质量摩尔浓度为 0.02mol·kg^{-1}，HCl 的质量摩尔浓度为 0.001mol·kg^{-1}，则溶液中 $FeCl_3$ 的 $b_\pm=$________，HCl 的 $b_\pm=$________。

(5) 若 $LaCl_3$ 溶液的质量摩尔浓度为 0.228mol·kg^{-1}，则溶液的离子强度为________。

(6) 在电解质 NaCl、HCl、HAc、NaOH 中________的极限摩尔电导率不能用外推法求得。

(7) 溶液中含有质量摩尔浓度为 0.01mol·kg^{-1}的 KCl 和质量摩尔浓度为 0.02mol·kg^{-1}的 $BaCl_2$ 溶液，则溶液的离子强度为________。

(8) 浓度为 b 的 $Al_2(SO_4)_3$ 溶液中，若正、负离子的活度因子分别为 γ_+ 和 γ_-，则 $\gamma_\pm=$________，$a_\pm=$________。

(9) 25℃时，质量摩尔浓度为 0.02mol·kg^{-1}的 NaCl、$CaCl_2$、$LaCl_3$ 三种电解质水溶液，平均离子活度因子最小的是________。

(10) 电池 Ag|AgCl(s)|Cl^-‖Ag^+|Ag 可选________作盐桥。

(11) 用电动势法测定微溶盐 AgCl(s)的溶度积，所设计的可逆电池为________。

(12) 25℃时，标准电极电势 $\varphi^{\ominus}_{Fe^{3+},Fe^{2+}|Pt}=0.771$V，$\varphi^{\ominus}_{Fe^{2+}|Fe}=-0.447$V，则 $\varphi^{\ominus}_{Fe^{3+}|Fe}=$________。

(13) 25℃时，反应 $H_2(g)+\frac{1}{2}O_2(g)\longrightarrow H_2O(l)$ 对应的电池的标准电动势为 1.229V，则反应 $2H_2O(l)\longrightarrow 2H_2(g)+O_2(g)$ 对应的电池的标准电动势为________。

(14) 已知某电池反应的 $\Delta_rG^{\ominus}_m=a+bT+cT^2$，该电池动势的温度系数为________，反应焓变 $\Delta_rH^{\ominus}_m=$________。

(15) 若原电池 Ag|AgCl(s)|HCl(aq)|$Cl_2(p)$|Pt 的电池反应可写成以下两种形式

$$Ag(s)+\frac{1}{2}Cl_2(g)\longrightarrow AgCl(s) \qquad (1) \qquad \Delta_rG_m(1) \qquad E(1)$$

$$2Ag(s)+Cl_2(g)\longrightarrow 2AgCl(s) \qquad (2) \qquad \Delta_rG_m(2) \qquad E(2)$$

则 $\Delta_rG_m(1)$________ $\Delta_rG_m(2)$，$E(1)$________ $E(2)$。

(16) 电池 Cu(s)|$CuSO_4(a_1)$‖$CuSO_4(a_2)$|Cu(s)的电动势 $E>0$，则 a_1 ________ a_2。

(17) 电池 Pt|$Cl_2(p_1)$|HCl(aq)|$Cl_2(p_2)$|Pt 的电动势 $E>0$，则 p_1 ________ p_2。

(18) 25℃时，标准电极电势 $\varphi^{\ominus}_{Ag^+|Ag}=0.7994$V，则反应 $H_2(g)+2Ag^+\longrightarrow 2Ag+2H^+$ 的 $\Delta_rG^{\ominus}_m$ ________。

(19) 25℃时，以石墨为阳极，铁为阴极，电解质是物质的量浓度为 0.5mol·dm^{-3}的 NaOH 溶液，氢在铁上的超电势为 0.2V，氢在铁上的析出电势为________。

(20) 电解时，在阴极上首先放电的是极化后还原电极电势的最________者。

(21) 电极极化的主要原因是________。

(22) 无论电解池还是原电池，极化的结果都将使阳极的电极电势________，阴极的电极电势________。

3. 问答题。

(1) 对电解池来说，负极就是阴极、正极就是阳极，为什么原电池负极是阳极、正极是阴极？

(2) 对正、负离子的迁移速率相等和正离子迁移速率为负离子迁移速率的 2 倍情况，分别绘出离子迁移现象图。

(3) 溶液电导的测定方法与固体电导的测定方法有何不同？能否直接利用电压表和电流表根据欧姆定律进行溶液电导的测量？

(4) 什么是极限摩尔电导率？既然溶液已经"无限稀释"，试解释该溶液为什么还会导电。

(5) 在电极上发生反应的离子一定是主要迁移电量的那种离子吗？为什么？

(6) 金属-溶液界面电势差与电极电势是否是一回事？

(7) 标准氢电极的电极电势真的为零吗？

(8) 什么是盐桥？为什么它能减小液接电势？能减小到什么程度？

(9) 怎样用实验方法测定氯化银 AgCl(s)的标准摩尔生成焓？

(10) 怎么判断浓差电池的正负极？有无规律可循？

(11) 电池可能在以下三种情况下放电

(a)电流趋近于零；(b)有一定大小的工作电流；(c)短路。

试问上述三种情况：(a)电池的电动势相同吗？在放电过程中改变吗？(b)电池的工作电压相同吗？(c)如果电池的温度系数为正，能判断电池放电时是吸热还是放热吗？

(12) 什么是电解池的理论分解电压？如何计算？什么是分解电压，它在数值上与理论分解电压有无差别？

(13) H_2SO_4、HNO_3、NaOH 和 KOH 溶液的实际分解电压数据为何很接近？

(14) 电解时正、负离子分别在阴、阳极上放电，其放电先后次序有何规律？若用电解方法将不同的金属离子分离，需控制什么条件？

习　题

1. 以 0.1A 的电流电解 $CuSO_4$ 溶液，通电 10min 后，问阴极上可析出多少质量的铜？在铂阳极上又可获得多少体积的氧气(25℃，100kPa)？设副反应可以忽略。

2. 在 18℃时用同一电导池测得 0.001mol · dm^{-3} 的 K_2SO_4 和 0.01mol · dm^{-3} KCl 溶液的电阻分别为 712.2Ω 和 145.00Ω。试求(1)电导池常数；(2)0.001mol · dm^{-3} 的 K_2SO_4 溶液的摩尔电导率。已知 0.01mol · dm^{-3} KCl 溶液的电导率为 0.122 05S · m^{-1}。

3. 求 25℃时纯水的电导率。已知 25℃时水的离子积 $K_w = 1.008\times10^{-14}$，NaOH、HCl 和 NaCl 的 Λ_m^∞ 分别等于 0.024 811S · m^2 · mol^{-1}、0.042 616S · m^2 · mol^{-1} 和 0.012 645S · m^2 · mol^{-1}。

4. 在 25℃时，0.05mol · dm^{-3} HAc 溶液的电导率为 3.68×10^{-2} S · m^{-1}。在相同温度下，H^+ 和 Ac^- 的无限稀释摩尔电导率为 349.82×10^{-4} S · m^2 · mol^{-1} 和 40.9×10^{-4} S · m^2 · mol^{-1}，试求 HAc 的解离度和解离平衡常数。

5. 25℃时，纯水和 $SrSO_4$ 饱和水溶液的电导率分别为 1.496×10^{-4} S · m^{-1} 和 1.482×10^{-2} S · m^{-1}，试求 $SrSO_4$ 饱和水溶液的浓度。已知，$\lambda_{m,Sr^{2+}}^\infty = 1.189\times10^{-2}$ S · m^2 · mol^{-1}，$\lambda_{m,SO_4^{2-}}^\infty = 1.596\times10^{-2}$ S · m^2 · mol^{-1}。

6. 25℃时，纯水的密度为 997kg · m^{-3}，根据第 3 题纯水电导率的计算结果，试计算水在 25℃时的解离度。

7. 试计算下列溶液的平均离子活度和电解质活度。

(1) 0.01mol · kg^{-1}的 KCl($\gamma_\pm = 0.902$)；

(2) 0.1mol · kg^{-1}的 $MgCl_2$($\gamma_\pm = 0.528$)；

(3) 0.001mol · kg^{-1}的 $K_3Fe(CN)_6$($\gamma_\pm = 0.808$)。

8. 计算由 NaCl、$CuSO_4$ 和 $LaCl_3$ 各 0.005mol 溶于 1kg 水时所形成溶液的离子强度。

9. 在 25℃时，某混合溶液 $NaNO_3$ 的质量摩尔浓度为 0.01mol·kg^{-1}，$Mg(NO_3)_2$ 的质量摩尔浓度为 0.001mol·kg^{-1}，应用德拜-休克尔极限公式，计算 25℃时 $Mg(NO_3)_2$ 的平均离子活度因子。

10. 浓度为 1.00×10^{-2}mol·dm^{-3}的某一元酸 HA 在 25℃时的解离度为 0.0810，应用德拜-休克尔极限公式，计算一元酸 HA 的平均离子活度因子和该一元酸的解离平衡常数，设 $\rho=1.000$kg·dm^{-3}。

11. 将下列化学反应设计成电池，并以电池图式表示。

(1) $Fe^{2+}(a_{Fe^{2+}})+Ag^{+}(a_{Ag^{+}})\longrightarrow Fe^{3+}(a_{Fe^{3+}})+Ag(s)$

(2) $Sn^{2+}(a_{Sn^{2+}})+2Fe^{3+}(a_{Fe^{3+}})\longrightarrow Sn^{4+}(a_{Sn^{4+}})+2Fe^{2+}(a_{Fe^{2+}})$

(3) $H_2(p_{H_2})+\dfrac{1}{2}O_2(p_{O_2})\longrightarrow H_2O(l)$

(4) $Ag(s)+\dfrac{1}{2}Cl_2(p_{Cl_2})\longrightarrow AgCl(s)$

(5) $Ag^{+}+Cl^{-}\longrightarrow AgCl(s)$

12. 实验测得 25℃时电池 Pt|H_2(g,100kPa)|HCl(0.075 03mol·kg^{-1})|Hg_2Cl_2(s)|Hg(l)的电动势为 0.4119V，求 0.075 03mol·kg^{-1} HCl 水溶液的 $\gamma_{\pm}$。

13. 已知 $\varphi^{\ominus}_{Cu^{2+}|Cu}=0.3417V$，$\varphi^{\ominus}_{Cu^{2+},Cu^{+}|Pt}=0.1624V$，求 $\varphi^{\ominus}_{Cu^{+}|Cu}$。

14. 在 25℃时，试从标准摩尔生成吉布斯函数计算下列电池的电极电势

$$Ag(s)|AgCl(s)|NaCl(a=1)|Hg_2Cl_2(s)|Hg(l)$$

已知 AgCl(s)和 Hg_2Cl_2(s)的标准摩尔生成吉布斯函数分别为−109.79kJ·mol^{-1}和−210.75kJ·mol^{-1}。

15. 试设计一个电池能进行如下反应

$$Fe^{2+}(a_{Fe^{2+}})+Ag^{+}(a_{Ag^{+}})\rightleftharpoons Fe^{3+}(a_{Fe^{3+}})+Ag(s)$$

(1) 写出电池表达式；

(2) 计算上述电池在 25℃时的平衡常数 $K_a^{\ominus}$；

(3) 若将过量磨细的银粉加到质量摩尔浓度为 0.05mol·kg^{-1}的 $Fe(NO_3)_3$ 溶液中，求当反应达到平衡后 Ag^+ 的浓度。(设活度因子均等于 1)。

16. 已知电池 Pt|H_2(101.325kPa)|HCl(0.1mol·kg^{-1})|Hg_2Cl_2(s)|Hg(l)的电动势与温度 T 的关系为 $E/V=0.0694+1.881\times10^{-3}(T/K)-2.9\times10^{-6}(T/K)^2$。试求

(1) 写出电池反应；

(2) 计算 25℃时该反应的 $\Delta_r G_m$、$\Delta_r H_m$ 以及电池恒温可逆放电时该反应过程的热 Q_r。

17. 25℃时 AgBr 的溶度积 $K_{sp}^{\ominus}=4.88\times10^{-13}$，$\varphi^{\ominus}_{Ag^{+}|Ag}=0.7994V$，$\varphi^{\ominus}_{Br^{-}|Br_2(l)}=1.065V$，求 25℃时，(1)银-溴化银电极的标准电极电势 $\varphi^{\ominus}_{Br^{-}|AgBr(s)|Ag}$；(2)AgBr(s)的标准摩尔生成吉布斯函数。

18. 测得下述电池在 25℃时电动势为 $E=0.052V$，试计算溶液的 pH。

$$Hg(l)|Hg_2Cl_2(s)|KCl(饱和)\parallel H^{+}(pH=?)|Q\cdot H_2Q|Pt$$

其中 Q 和 H_2Q 分别表示醌和氢醌。

19. 根据 25℃时下面两个电池时电动势，求胃液的 pH。

$$Pt|H_2|H^{+}(a=1)\parallel KCl(0.1mol\cdot kg^{-1})|Hg_2Cl_2(s)|Hg(l)\qquad E=0.3338V$$

$$Pt|H_2|胃液\parallel KCl(0.1mol\cdot kg^{-1})|Hg_2Cl_2(s)|Hg(l)\qquad E=0.4200V$$

20. 25℃时，$2H_2O(g)\longrightarrow 2H_2(g)+O_2(g)$的 $K^{\ominus}=9.7\times10^{-81}$，水的饱和蒸气压为 3.167kPa。试求 25℃时电池 Pt|$H_2(p^{\ominus})$|H_2SO_4(0.01mol·kg^{-1})|$O_2(p^{\ominus})$|Pt 的标准电动势。

21. 已知电池 Pt|$H_2(p^{\ominus})$|NaOH(aq)|HgO(s)|Hg 在 25℃时的电动势为 0.9261V，电池 Pt|$H_2(p^{\ominus})$|H_2SO_4(aq)|$O_2(p^{\ominus})$|Pt 在 25℃时的电动势为 1.229V。求 HgO 的在 25℃时的分解压。

22. 写出下列浓差电池的电池反应，并计算 25℃时的电动势。

(1) Pt|$Cl_2(p^{\ominus})$|$Cl^{-}(a_{Cl^{-}}=1)$|$Cl_2(2p^{\ominus})$|Pt

(2) Pt|$Cl_2(p^{\ominus})$|$Cl^{-}(a_{Cl^{-}}=0.1)\parallel Cl^{-}(a'_{Cl^{-}}=0.01)$|$Cl_2(p^{\ominus})$|Pt

23. 在25℃时，当电流密度为0.1A·cm^{-2}时，H_2(g)和O_2(g)在Ag(s)电极上的超电势分别为0.87V和0.98V。现将Ag(s)电极插入0.01mol·kg^{-1}的NaOH溶液中进行电解。试问此条件下在两个Ag(s)电极上首先发生什么反应？此时外加电压是多少？（设活度因子为1）。已知$\varphi^{\ominus}_{OH^-|Ag_2O|Ag}=0.342V$，$\varphi^{\ominus}_{OH^-|O_2}=0.401V$，$\varphi^{\ominus}_{Na^+|Na}=-2.71V$。

24. 25℃时，在下列条件下，可否在铜上镀锌？电镀液：$b_{Zn^{2+}}=0.1mol\cdot kg^{-1}$，pH=5。

(1) 可逆时($i\to 0$)；

(2) $i=100A\cdot m^{-2}$，此时氢在铜上的超电势为0.584V。

第 7 章　表 面 现 象

在多相体系中，相与相之间存在界面。人们将密切接触的两相之间的过渡区（约几个分子的厚度）称为**界面**（interface）。根据物质可能的气、液、固三种聚集状态，相界面分为五种，即气-液、气-固、液-液、液-固和固-固界面。习惯上把气-液和气-固界面称为**表面**（surface）。任何一相，由于其界面层的分子与体相中分子的受力状况和能量状态不同，导致在相界面层存在特殊的界面现象，通常称作表面现象。表面现象在生物、医学、农学、气象等学科以及石油、选矿、纺织、日用化工等工业中有重要的意义和广泛的应用。

体系的表面性质会影响体系的整体性质，当表面面积较小时，这种影响很小，但当体系分散程度很高时，表面现象是不能忽视的。把物质分散成细小微粒的程度称为**分散度**（dispersion degree）。分散程度通常用**比表面**（specific surface）来表示，包括**体积表面**（volume surface）A_V或**质量表面**（massic surface）A_m，其定义为单位体积（或质量）的物质所具有的表面积

$$A_V=\frac{A_s}{V}\quad 或\quad A_m=\frac{A_s}{m}$$

其中 A_s 代表体积为 V（或质量为 m）的物质所具有的总表面积。显然其数值随着物质分散程度的增加而增大。

对一定量的物质而言，分散度越高，其表面积就越大，表面效应就越明显。许多表面性质是同表面活性质点的数量直接关联，而活性质点多是因为有大的比表面积，即具有大的体积表面 A_V或质量表面 A_m。例如，衡量固体催化剂的催化活性，其质量（或体积）表面的大小是重要的指标之一，如活性炭的质量表面可高达 $10^6 m^2 \cdot kg^{-1}$，硅胶或活性氧化铝的质量表面也可高达 $5\times10^5 m^2 \cdot kg^{-1}$；叶绿素具有较大的质量表面 A_m，从而可以提供较多的活性点，提高光合作用的量子效率；在人体内红细胞的总表面积可达 $1500m^2$，在血液通过肺部毛细血管的短暂时间内，由于红细胞有极大的吸收氧的表面积，使其与氧有充分的接触而保证血红蛋白与氧结合；纳米级超细颗粒的活性氧化锌由于具有巨大的质量表面而可作为隐形飞机的表面涂层；胶体体系的粒子尺度为 $10^{-9}\sim10^{-7}m$，具有很大的比表面积，也突出地表现出表面效应。本章从物理化学的基本原理出发，对界面的特殊性质和现象进行分析和讨论。

7.1　表面张力和表面吉布斯函数

7.1.1　表面功、表面吉布斯函数

对凝聚相而言，表面层分子与内部分子的受力情况是不同的。图 7.1.1 是气-液平衡时分子在液体表面和内部受力情况示意图。

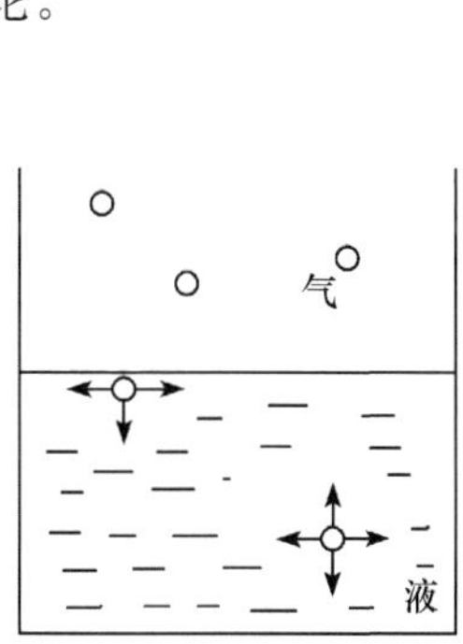

图 7.1.1　液体表面和内部分子受力情况示意图

处于液体内部的任一分子所受周围分子的引力是球形对称的，各个相反方向上的力彼此间互相抵消，其所受合力为零，因此液体内分子可以无规则移动而不消耗能量。但表面层中分子

的受力情况则与内部的分子大不相同,液体内部分子对表面层中分子的引力远大于上方的气体分子对它们的引力,总的来说,表面层中的分子恒受到垂直指向液体内部的拉力,因而液体表面都有自动缩小的趋势。由于体积一定的几何形体中球形的表面积最小,因此水银珠、荷叶上的水珠总是趋向于形成球状。要扩大液体表面,即把一部分分子从液体内部移到表面上,就需要克服向内的拉力而消耗功(环境对体系做非体积功),此功即为**表面功**(surface work),即扩展表面而做功。表面扩展完成后,表面功转化为表面分子的势能,可见,表面上的分子比内部分子具有更高的能量。

在温度、压力和组成恒定的条件下,可逆扩展表面积所消耗的功 $\delta W'_{\mathrm{r}}$应与增加的表面积 $\mathrm{d}A_{\mathrm{s}}$成正比,设比例系数为 σ,则有

$$\delta W'_{\mathrm{r}}=\sigma \mathrm{d}A_{\mathrm{s}} \tag{7.1.1}$$

式(7.1.1)中,$\delta W'_{\mathrm{r}}$表示环境对体系做的功,称为表面功。根据 $\mathrm{d}G_{T,p,n_{\mathrm{B}}}=\delta W'_{\mathrm{r}}$,所以上式可变为

$$\sigma=\left(\frac{\partial G}{\partial A_{\mathrm{s}}}\right)_{T,p,n_{\mathrm{B}}} \tag{7.1.2}$$

式(7.1.2)中,σ 的物理意义是:恒温、恒压条件下增加单位表面积所引起的体系吉布斯函数的变化。即恒温、恒压及组成不变条件下单位表面积的表层分子比相同数量的内部分子多余的吉布斯函数,因此称 σ 为**表面吉布斯函数**(surface Gibbs function)(或称**比表面能**),单位为 $\mathrm{J\cdot m^{-2}}$。当固体或液体被高度分散时,表面能将相当可观。例如,将 1g 水分散成 2.40×10^{24} 个半径为 10^{-9}m 的小水滴时,所得总表面积为 $3.00\times10^{3}\mathrm{m}^2$,已知 20℃时水的比表面能为 $0.072\ 88\mathrm{J\cdot m^{-2}}$,所以表面能约为$(3.00\times10^{3}\times0.072\ 88)\mathrm{J}\approx219\mathrm{J}$。又如,固体粉尘爆炸就是由于表面能过高使体系处于极不稳定状态所致。

7.1.2 表面张力

早在表面吉布斯函数的概念被提出之前的一个世纪,就有人提出表面张力的概念。液膜自动收缩、液滴自动成球形和毛细现象等,都使人们确信有一种作用在液体表面的力。

把一个系有棉线圈的金属环,在皂液中浸一下,然后取出,这时金属环上形成肥皂液膜,液膜上的线圈是松弛的,线的两边受大小相等、方向相反的力作用着,如图 7.1.2(a)所示。如果用针刺破线圈内的液膜,线圈两边的受力不再平衡,立即绷紧成圆形,如图 7.1.2(b)所示。

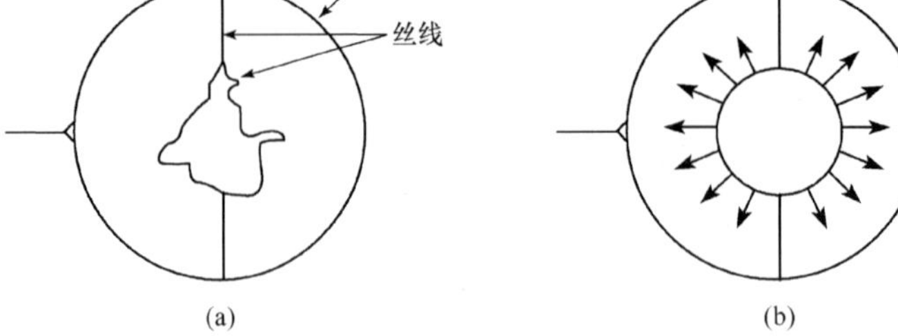

图 7.1.2 表面张力的作用

在一个金属丝弯成的 U 形框架上做肥皂液膜,如图 7.1.3 所示,另一根金属丝可在框架上滑动。实验表明,若要保持液膜不收缩,则必须在金属丝下面挂一重物(质量为 m_2)。若重物 m_2与质量为 m_1的可滑动金属丝的重力之和与液膜向上的收缩力相等,则金属丝保持平衡而不再滑动。以上现象表明,液体表面存在一种使液面收缩的力。这种收缩力的总和与表面

边缘的长度成正比。很薄的肥皂膜在金属丝闭合框架的正反两面各具有一个液体的表面，若可滑动金属丝的长度为 l，那么液膜的收缩力所作用的边界总长度为 $2l$。因此，当两力平衡，且可滑动的金属丝与框之间的摩擦力可忽略不计时，应有

$$F=(m_1+m_2)g=\sigma 2l$$

即

$$\sigma=\frac{F}{2l} \tag{7.1.3}$$

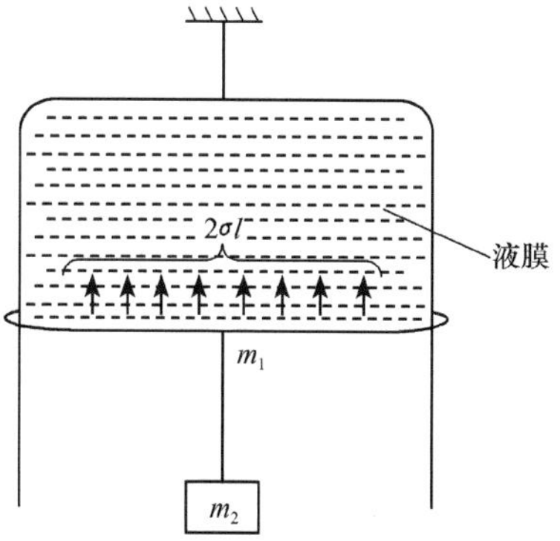

图 7.1.3　表面张力示意图

式(7.1.3)中，σ 为比例系数，称为**界面张力**(interface tension)，单位为 $N \cdot m^{-1}$。其物理意义是：界面单位长度的收缩力，此力沿界面切线方向作用于边界上，并垂直于边界。气-液界面的界面张力也称**表面张力**(surface tension)。界面张力的单位与表面吉布斯函数的单位 $J \cdot m^{-2}$ 是等同的，因 $1J=1N \cdot m$，因此 $1J \cdot m^{-2}=1N \cdot m^{-1}$。表面吉布斯函数与界面张力虽然数值相同，但其物理意义不同，它们从不同角度反映了体系的表面特征。

7.1.3　表面的热力学性质

1. 表面张力的广义热力学定义

前面在讨论热力学基本关系式时，假定只有体积功，当考虑到体系做非体积功——表面功时，其公式应相应增加 dA_s 一项，则热力学基本方程式应为

$$dU = TdS - pdV + \sigma dA_s + \sum_{B=1}^{k} \mu_B dn_B \tag{7.1.4}$$

$$dH = TdS + Vdp + \sigma dA_s + \sum_{B=1}^{k} \mu_B dn_B \tag{7.1.5}$$

$$dA = -SdT - pdV + \sigma dA_s + \sum_{B=1}^{k} \mu_B dn_B \tag{7.1.6}$$

$$dG = -SdT + Vdp + \sigma dA_s + \sum_{B=1}^{k} \mu_B dn_B \tag{7.1.7}$$

由上述关系式得

$$\sigma=\left(\frac{\partial U}{\partial A_s}\right)_{S,V,n_B}=\left(\frac{\partial H}{\partial A_s}\right)_{S,p,n_B}=\left(\frac{\partial A}{\partial A_s}\right)_{T,V,n_B}=\left(\frac{\partial G}{\partial A_s}\right)_{T,p,n_B} \tag{7.1.8}$$

从式(7.1.8)可得出，σ 是在指定相应变量和组成不变的条件下，增加单位表面积时体系相应的热力学函数的增量。

2. 表面熵

对于组成不变的恒容或恒压体系，式(7.1.6)和式(7.1.7)可分别表示为

$$dA_{V,n_B}=-SdT+\sigma dA_s \tag{7.1.9}$$

$$dG_{p,n_B}=-SdT+\sigma dA_s \tag{7.1.10}$$

根据全微分性质，表面熵为

$$\left(\frac{\partial S}{\partial A_s}\right)_{T,V,n_B}=-\left(\frac{\partial \sigma}{\partial T}\right)_{A_s,V,n_B} \tag{7.1.11}$$

$$\left(\frac{\partial S}{\partial A_s}\right)_{T,p,n_B}=-\left(\frac{\partial \sigma}{\partial T}\right)_{A_s,p,n_B} \tag{7.1.12}$$

式(7.1.11)和式(7.1.12)中,右边为实验可测量。一般$\frac{\partial \sigma}{\partial T}$为负值,因此表面熵为正值,说明在恒温、恒容或恒温、恒压条件下,增加表面积是熵增加过程。

3. 表面能和表面焓

(1) 表面能。$\left(\frac{\partial U}{\partial A_s}\right)_{T,V,n_B}$称为表面热力学能,简称表面能。对于组成不变的恒容体系

$$dU_{V,n_B}=TdS+\sigma dA_s$$

结合式(7.1.11)得

$$\left(\frac{\partial U}{\partial A_s}\right)_{T,V,n_B}=\sigma-T\left(\frac{\partial \sigma}{\partial T}\right)_{A_s,V,n_B} \tag{7.1.13}$$

式(7.1.13)说明表面形成过程中,能量增加包括两项,即等式第一项以功的形式得到的能量和第二项以热的形式得到的能量。对于组成不变的恒温、恒容体系,扩大表面积是吸热过程。

(2) 表面焓。$\left(\frac{\partial H}{\partial A_s}\right)_{T,p,n_B}$称为表面焓。同理,对于组成不变的恒压体系

$$dH_{p,n_B}=TdS+\sigma dA_s$$

结合式(7.1.12)得

$$\left(\frac{\partial H}{\partial A_s}\right)_{T,p,n_B}=\sigma-T\left(\frac{\partial \sigma}{\partial T}\right)_{A_s,p,n_B} \tag{7.1.14}$$

式(7.1.14)说明,对于组成不变的恒温、恒压体系,扩大表面积是吸热过程。

7.1.4 影响表面张力的因素

表面张力σ是强度性质,对表面张力的影响因素有物质的本性、温度、压力、溶液的组成等。

1. 物质的本性

表7.1.1列出了一些物质的表(界)面张力数据。从表中可以看出,不同物质具有不同的表面张力,这主要是由于不同物质的分子间作用力不同,因此表面张力和分子的本性有关。对非极性有机液体(共价键),σ值一般较小,如辛烷在293K时,$\sigma=21.62\text{mN}\cdot\text{m}^{-1}$,其分子间相互作用力主要是色散力。对有氢键形成的液体,表面张力较大,如水在293K时,$\sigma=72.88\text{mN}\cdot\text{m}^{-1}$。熔融的盐以及熔融的金属,分子间分别以离子键和金属键相互作用,因此它们有很高的表面张力,如汞在293K时,$\sigma=486.5\text{mN}\cdot\text{m}^{-1}$。一般地,表面张力大小顺序为:$\sigma_{\text{金属键}}>\sigma_{\text{离子键}}>\sigma_{\text{极性共价键}}>\sigma_{\text{非极性共价键}}$。

一种液体与不互溶的其他液体形成液-液界面时,因界面层分子所处的力场取决于两种液体,因此不同的液-液界面的界面张力也有所不同。

表 7.1.1 一些物质的表(界)面张力数据

物质	T/K	σ/(mN·m^{-1})	物质	T/K	σ/(mN·m^{-1})
He	1	0.365	$KClO_3$(s)	641	81
H_2	20	2.01	$NaNO_3$(s)	581	116.6
N_2	75	9.41	Hg	293	486.5
O_2	77	16.48		298	485.5
苯	293	28.88		303	484.5
	303	27.56	Ag	1373	878.5
氯仿	298	26.67	Cu	熔点	1300
甲醇	293	22.50	Ti	1950	1588
乙醇	293	22.39	Pt	熔点	1800
	303	21.55	Fe	熔点	1880
辛烷	293	21.62	水-正丁醇	293	1.8
庚烷	293	20.14	水-乙酸乙酯	293	6.8
水	273	75.64	水-苯甲醛	293	15.5
	293	72.88	Hg-水	293	415
	298	71.97		298	416
	373	58.85			

2. 温度

大多数液体物质的表面张力随温度升高而线性下降。但在临界温度以前(距临界温度30K以内),有明显偏差。一般线性经验关系式的最简形式为

$$\sigma=\sigma_0(1-bT) \tag{7.1.15}$$

式(7.1.15)中,σ_0 为经验常数。此外,另一个经验关系式为

$$\sigma=\sigma_0\left(1-\frac{T}{T_c}\right)^n \tag{7.1.16}$$

式(7.1.16)中,T_c 为液体物质的临界温度;σ_0、n 为经验常数,与液体性质有关。当温度趋于临界温度时,饱和液体与饱和蒸气的性质趋于一致,相界面趋于消失,此时液体的表面张力趋于零。

3. 压力

压力对表面张力的影响原因比较复杂。增加气相的压力可使气相的密度增大,减小液体表面分子受力不对称程度;此外可使气体更多地溶于液体,改变液相组分。这些因素的综合结果一般使表面张力下降。通常每增加 1MPa 压力,表面张力约降低 1mN·m^{-1}。例如,20℃时,101.325kPa 下四氯化碳的表面张力为 26.8mN·m^{-1},而在 1MPa 下为 25.8mN·m^{-1}。

7.2　弯曲液面的性质

7.2.1　弯曲液面的附加压力

1. 弯曲液面的附加压力

用一个细管吹一肥皂泡后，若不堵住管口，肥皂泡很快缩小成一液滴。这一现象说明，肥皂泡液膜内外存在压力差。这种压力差是由于弯曲液面引起的。在液体的表面取一圆形面积 AB，如图 7.2.1 所示。对于面积 AB，表面张力作用在 AB 的边界线上，表面张力的方向是和液面相切并与 AB 的边界线相垂直。若液面 AB 是水平的，则表面张力也是水平的，作用在圆周各方向的表面张力相互抵消，合力为零，此时液体内部的压力等于液面所受的外压。若液体表面是弯曲的，作用在圆 AB 周边的表面张力不在一水平面上，而产生一个垂直于液体表面的合力。对于凸面液体，其合力指向液体内部，好像液面紧压在液体上，形成额外压力，即附加压力，因此当曲面保持平衡时，液体内部的压力大于外部的压力；对凹面液体，合力的方向则指向液体外部，好像液面要被拉出来，因此当曲面保持平衡时，液体内部受到的压力小于外部压力。将弯曲液面凹面一侧的压力以 $p_{内}$ 表示，凸面一侧的压力以 $p_{外}$ 表示，弯曲液面内外的压力差称为**附加压力**（excess pressure），用符号 Δp 表示，即有

$$\Delta p = p_{内} - p_{外}$$

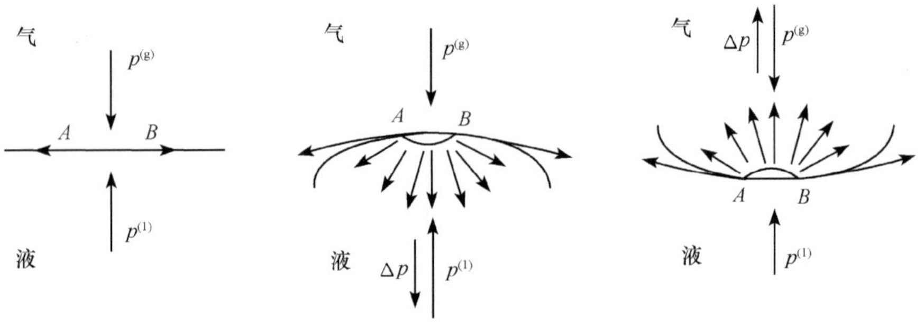

(a)平液面　　(b) 凸液面　　(c) 凹液面

图 7.2.1　弯曲液面的附加压力

这样定义后，凹面一侧的压力总是大于凸面一侧的压力，即附加压力 Δp 总是一个正值。附加压力的方向指向凹面曲率中心。对于液珠（凸液面），弯曲液面的液体的附加压力为

$$\Delta p = p_{内} - p_{外} = p^{(l)} - p^{(g)} \tag{7.2.1}$$

对于气泡（凹液面），弯曲液面的气体的附加压力为

$$\Delta p = p_{内} - p_{外} = p^{(g)} - p^{(l)} \tag{7.2.2}$$

2. 拉普拉斯方程

弯曲液面附加压力的大小与液体的表面张力及液面曲率半径的大小有关，可推导如下：设有一个 α 相、β 相和弯曲的界面相 σ 组成的体系，已经达到平衡。各相压力分别为 $p^{(\alpha)}$、$p^{(\beta)}$ 和 $p^{(\sigma)}$［可令 $p^{(\sigma)}$ 与 $p^{(\alpha)}$ 相等］，各相体积分别为 $V^{(\alpha)}$、$V^{(\beta)}$ 和 $V^{(\sigma)}$［$V^{(\sigma)}=0$］，界面相的界面张力为 σ，面积为 A_s。如图 7.2.2 所示，α 相是纯液体的液滴，β 相为气体。设体系总体积恒定且各相之

间无物质交换，由热力学基本方程得体系的亥姆霍兹函数变化为

$$dA = -S^{(\alpha)}dT - S^{(\beta)}dT - p^{(\alpha)}dV^{(\alpha)} - p^{(\beta)}dV^{(\beta)} + \sigma dA_s$$

恒温时

$$dA = -p^{(\alpha)}dV^{(\alpha)} - p^{(\beta)}dV^{(\beta)} + \sigma dA_s$$

若体系总体积不变，$dV^{(\beta)} = -dV^{(\alpha)}$，代入上式得

$$dA = -p^{(\alpha)}dV^{(\alpha)} + p^{(\beta)}dV^{(\alpha)} + \sigma dA_s$$

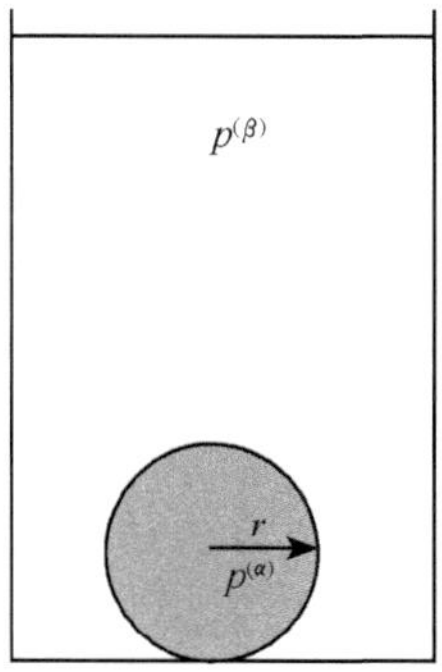

图 7.2.2 存在弯曲液面的体系

在组成恒定、恒温、恒容且不做其他功时，平衡判据为 $dA=0$，则有

$$0 = -p^{(\alpha)}dV^{(\alpha)} + p^{(\beta)}dV^{(\alpha)} + \sigma dA_s$$

上式整理可得

$$p^{(\alpha)} = p^{(\beta)} + \sigma\left(\frac{dA_s}{dV^{(\alpha)}}\right) \tag{7.2.3}$$

式(7.2.3)为存在弯曲界面时的力平衡条件，称为**拉普拉斯方程**(Laplace equation)。由于上式中涉及的都是状态函数，所以其应用不受推导时的恒容条件限制。

1) 气体中半径为 r 的球形液滴

$V^{(l)} = \dfrac{4\pi r^3}{3}$，$dV^{(l)} = 4\pi r^2 dr$，$A_s = 4\pi r^2$，$dA_s = 8\pi r dr$，$dA_s/dV^{(l)} = 2/r$，代入式(7.2.3)，得

$$p^{(l)} = p^{(g)} + \frac{2\sigma}{r} \tag{7.2.4}$$

若液滴不是球形，它的两个主曲率半径为 r_1 和 r_2，可推导得

$$p^{(l)} = p^{(g)} + \sigma\left(\frac{1}{r_1} + \frac{1}{r_2}\right) \tag{7.2.5}$$

2) 液体中半径为 r 的球形气泡

$V^{(g)} = \dfrac{4\pi r^3}{3}$，$dV^{(g)} = 4\pi r^2 dr = -dV^{(l)}$，$A_s = 4\pi r^2$，$dA_s = 8\pi r dr$，因此有 $dA_s/dV^{(l)} = -2/r$，代入式(7.2.3)，得

$$p^{(l)} = p^{(g)} - \frac{2\sigma}{r} \tag{7.2.6}$$

比较式(7.2.1)、式(7.2.2)和式(7.2.4)、式(7.2.6)得

$$\Delta p = \frac{2\sigma}{r} \tag{7.2.7}$$

式(7.2.4)、式(7.2.5)、式(7.2.6)和式(7.2.7)都称为拉普拉斯方程。它表明弯曲液面的附加压力与液体表面张力成正比，与曲率半径成反比。注意：弯曲液面为空气中肥皂泡液膜，由于气泡有两个气液界面，而且内外液表面膜的曲率半径近似相等，由式(7.2.7)知，$\Delta p = \dfrac{4\sigma}{r}$；水平面液面，$r=\infty$，所以 $\Delta p = 0$。

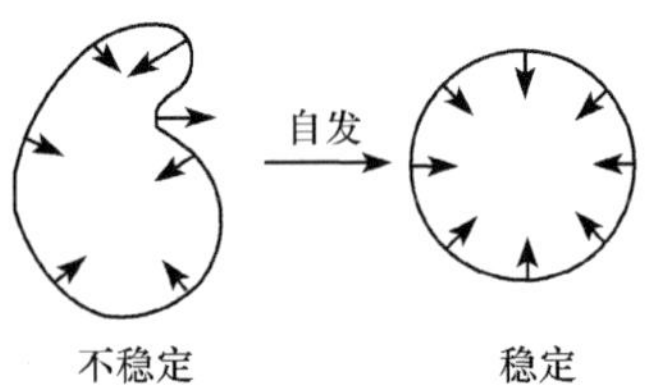

图 7.2.3　不规则液滴表面边缘附加压力方向示意

用上述知识可解释自由液滴(不受外力场的影响)通常都呈球形。若液滴为不规则形状,如图 7.2.3 所示,则曲面表面不同各点的曲率半径不同,所受到的附加压力的大小和方向不同。在凸面处附加压力指向液滴内部,而凹面处附加压力的指向则相反,这种不平衡力合力作用下,迫使液滴自动调整形状,最终呈球形。因为只有球形,其表面各点的曲率半径才相同,各处的附加压力也相同,彼此相互抵消,液滴才会稳定存在。

7.2.2　表面张力的测定方法

表面张力的测定方法方法有很多,如毛细管上升法、吊环法、吊片法、滴体积法(滴重法)、气泡最大压力法、悬滴法等。下面对毛细管上升法和气泡最大压力法进行简要介绍。

1. 毛细现象与毛细管上升法

毛细管上升法是现有表面张力的测定方法中研究得最早,在理论和实践中都比较成熟的一种方法。

毛细管插入液体中时,管内外液面形成高度差的现象称为毛细现象。该现象是证明表面张力存在的一个典型例子。正是由于表面张力引起弯曲液面的附加压力使得与毛细管壁润湿的液体沿毛细管上升。如图 7.2.4 所示,将毛细管插入液体中,由于弯曲液面的附加压力使得液体沿毛细管上升,直到上升液柱产生的静压力 $p_{静}$ 与附加压力 Δp 的大小相等,则达到平衡

$$p_{静}=(\rho_{液}-\rho_{气})gh\approx\rho_{液}gh \tag{7.2.8a}$$

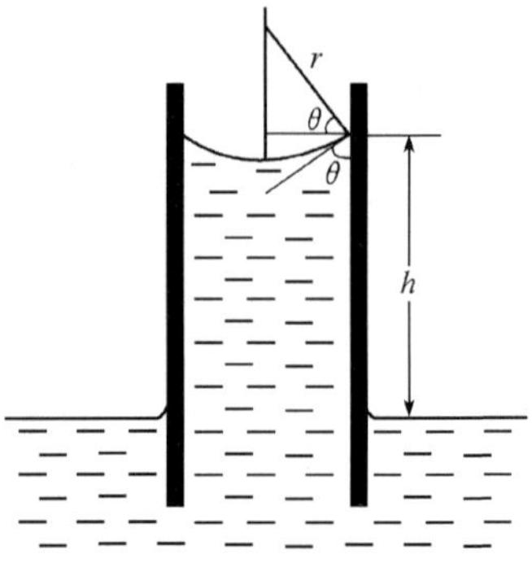

图 7.2.4　毛细现象

式(7.2.8a)中,$\rho_{液}$ 为液体的密度,单位为 $kg \cdot m^{-3}$;h 为液柱上升的高度,单位为 m;g 为重力加速度,单位为 $m \cdot s^{-2}$。设毛细管半径为 R',表面张力为 σ 的液体在毛细管中形成凹液面(当液体可以润湿毛细管,即呈凹形液面),凹液面的曲率半径为 r,有:$\Delta p=\dfrac{2\sigma}{r}$,$r\cos\theta=R'$,因此

$$\Delta p=\frac{2\sigma\cos\theta}{R'} \tag{7.2.8b}$$

由式(7.2.8a)和式(7.2.8b)得

$$\rho_{液}gh=\frac{2\sigma\cos\theta}{R'}$$

即

$$h=\frac{2\sigma\cos\theta}{\rho_{液}gR'} \tag{7.2.8c}$$

若液体不能润湿毛细管(如玻璃管插在汞中,蜡管插在水中),管内液体呈凸形液面,则毛细管内液面下降,低于平液面,液体下降的深度也可以用式(7.2.8c)来计算。读者可以自己推导证明。因此,可通过测定液体在毛细管中上升或下降的 h,结合液体密度等数据,由

式(7.2.8c)即可得到液体的表面张力 σ。

在土壤中存在许多毛细管,水在其中呈凹形液面。天旱时,农民通过锄地来保持土壤的水分。这是由于锄地切断了地表土壤间隙(毛细管),可防止土壤水分沿毛细管上升而蒸发。

2. 气泡最大压力法

如图 7.2.5 所示,通过 A 瓶放水抽气减压(或使用其他减压装置)使空气(或惰性气体)缓慢通过毛细管上端进入接触液面的毛细管,通过测定毛细管下端口在出泡过程中泡内外的最大压力差来推算液体表面张力的方法称为气泡最大压力法。

实验时使毛细管管口与被测液体的表面刚好接触,然后通过 A 瓶减压。如图 7.2.6 所示,随着毛细管内外压差的增大,毛细管下端口出现的气泡所对应的曲率圆半径开始由大变小,直到形成半球形(这时曲率半径 r 与毛细管半径 R' 相等),曲率圆半径 r 达到最小值(这时压差最大),经过一个最小值后 r 又逐渐变大,直至气泡破裂。当气泡内外压差最大时,压力计的最大液柱差为 h,则

$$\Delta p_{\max}=\rho g h=\frac{2\sigma}{r}$$

或

$$\sigma=\frac{r}{2}\rho g h \tag{7.2.9}$$

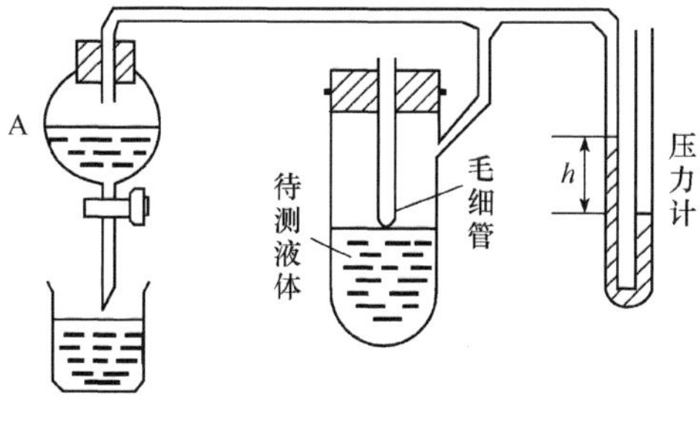

图 7.2.5 气泡最大压力法测定液体表面张力

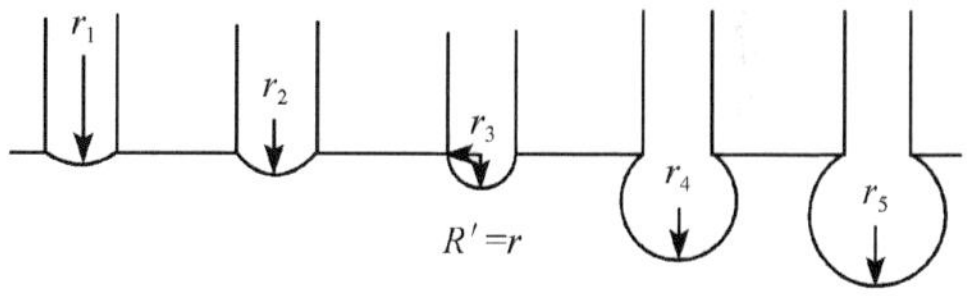

图 7.2.6 气泡从管端产生时曲率半径的变化
(r 表示气泡的曲率半径;R' 表示毛细管的半径)

实验时若用同一支毛细管和压力计对表面张力分别为 σ_1 和 σ_2 的两种液体进行测试,其相应的液柱差分别为 h_1 和 h_2,则根据式(7.2.9)可得

$$\frac{\sigma_1}{\sigma_2}=\frac{h_1}{h_2} \tag{7.2.10}$$

由此可以从已知表面张力的液体来求待测液体的表面张力。

7.2.3 开尔文方程

1. 液体的饱和蒸气压与液体压力的关系

在一定温度和外压下,纯液体有一定的饱和蒸气压,这是指蒸气与水平液面呈平衡时饱和蒸气的压力。实验表明,小液滴上的饱和蒸气压要高于相应平面上的蒸气压,这不仅与物质的本性、温度及外压有关,还与液滴的大小,即曲率半径有关。

设温度 T 时纯液体(l)与纯蒸气(g)达到平衡,则液体的压力等于蒸气的压力,即饱和蒸气压 p^*。根据相平衡条件有

$$\mu^{(g)}(T,p^*)=\mu^{(l)}(T,p^*) \tag{7.2.11}$$

同样温度下，由于界面弯曲或由于气相中有惰性气体，液体的压力 $p^{(l)}$ 不再等于平面液体蒸气的压力 p^*，设相应的蒸气压力为 p_r^*，根据相平衡条件有

$$\mu^{(g)}(T,p_r^*)=\mu^{(l)}[T,p^{(l)}] \tag{7.2.12}$$

式(7.2.12)和式(7.2.11)相减，得

$$\mu^{(g)}(T,p_r^*)-\mu^{(g)}(T,p^*)=\mu^{(l)}[T,p^{(l)}]-\mu^{(l)}(T,p^*)$$

因为

$$\left(\frac{\partial\mu}{\partial p}\right)_T=V_m$$

所以

$$\int_{p^*}^{p_r^*}V_m^{(g)}\,dp^{(g)}=\int_{p^*}^{p^{(l)}}V_m^{(l)}\,dp^{(l)}$$

假设蒸气服从理想气体状态方程 $V_m^{(g)}=RT/p^{(g)}$，且恒温下液体的摩尔体积 $V_m(l)$ 不随压力而改变，积分上式得

$$\ln\frac{p_r^*}{p^*}=\frac{V_m^{(l)}[p^{(l)}-p^*]}{RT} \tag{7.2.13}$$

由式(7.2.13)可见，液体的饱和蒸气压 p_r^* 随液体压力 $p^{(l)}$ 升高而增大。

2. 开尔文方程

对式(7.2.13)讨论如下：

(1) $p^{(l)}>p^*$，毛细管中凸面液体、小液滴属于这种情况，分别如图 7.2.7(a)和图 7.2.7(b)所示。平衡时，由拉普拉斯方程得

$$p^{(l)}=p_r^*+\frac{2\sigma}{r}$$

代入式(7.2.13)得

$$\ln\frac{p_r^*}{p^*}=\frac{V_m^{(l)}\left(p_r^*+\frac{2\sigma}{r}-p^*\right)}{RT}$$

由于 $V_m(l)=\frac{M}{\rho}$，考虑到一般情况下 $p_r^*-p^*\ll\frac{2\sigma}{r}$，因此有

$$\ln\frac{p_r^*}{p^*}=\frac{2\sigma M}{RT\rho r} \tag{7.2.14}$$

式(7.2.14)中，M 为液体的摩尔质量；ρ 为液体的密度。它表明饱和蒸气压 p_r^* 随毛细管中凸面液体半径或小液滴半径的减小而增加。可用于计算毛细管中凸面液体、小液滴液体饱和蒸气压，称为**开尔文方程**(Kelvin equation)。

(2) $p^{(l)}<p^*$，毛细管中凹面液体属于这种情况，如图 7.2.7(c)所示。平衡时，由拉普拉斯方程得

$$p^{(l)}=p_r^*-\frac{2\sigma}{r}$$

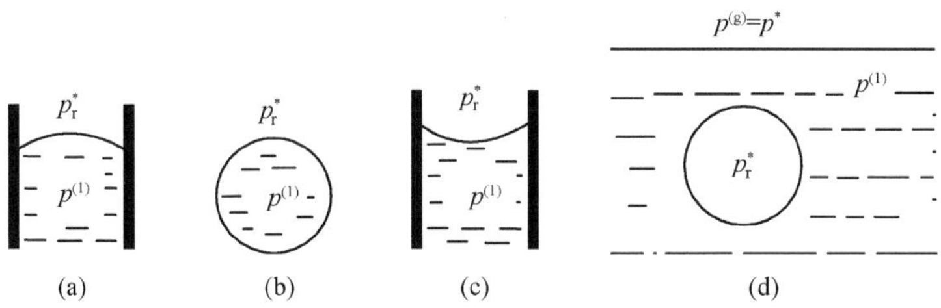

图 7.2.7 几种弯曲液面

代入式(7.2.13)得

$$\ln\frac{p_r^*}{p^*}=\frac{V_m^{(l)}(p_r^*-\frac{2\sigma}{r}-p^*)}{RT}=-\frac{V_m^{(l)}\left(p^*-p_r^*+\frac{2\sigma}{r}\right)}{RT}$$

由于 $V_m(l)=\frac{M}{\rho}$，考虑到一般情况下 $p^*-p_r^*\ll\frac{2\sigma}{r}$，因此有

$$\ln\frac{p_r^*}{p^*}=-\frac{2\sigma M}{RT\rho r} \tag{7.2.15}$$

式(7.2.15)为计算毛细管中凹面液体饱和蒸气压的开尔文方程。式中，M 为液体的摩尔质量；ρ 为液体的密度。它表明毛细管中凹面液体的饱和蒸气压小于同温度下平面液体的饱和蒸气压，且 p_r^* 随凹面液体半径的减小而降低。

(3) $p^{(l)}=p^*$，小气泡附近压力为 p^* 的液体属于此类，如图 7.2.7(d)所示。这里 $p^{(l)}$ 为气泡附近液体所受压力，等于气相压力 $p^{(g)}(=p^*)$ 和液相静压力之和，若气泡与液面的距离不是很大，后一项常可忽略，因此有

$$\ln\frac{p_r^*(\text{小气泡})}{p^*}=\frac{V_m^{(l)}[p^{(l)}-p^*]}{RT}=0$$

即气泡中的饱和蒸气压与平面液体相同。

3. 开尔文方程应用举例

1) 毛细管凝结

运用开尔文公式可以解释许多表面效应。例如，在毛细管内，某液体若能润湿管壁，管内液面将呈凹面。在某温度下，蒸气对平液面尚未达到饱和，但对毛细管内凹液面来讲，可能已经达到饱和，此时蒸气在毛细管内凝结为液体，这种现象称为**毛细管凝结**(capillary condensation)。

2) 微小晶体的溶解度

开尔文方程也可以用于固体，根据亨利定律，溶质的蒸气压与其在溶液中的活度成正比

$$p_B=ka_B$$

可类似开尔文方程的推导得

$$\ln\frac{a_r}{a_0}=\frac{2\sigma_{l\text{-}s}M}{RT\rho_s r} \tag{7.2.16}$$

式(7.2.16)中，a_0、a_r 分别为大粒晶体和半径为 r 的微小晶体在温度 T 时溶解成饱和溶液的活度；M 和 ρ_s 分别为固体的摩尔质量和密度；$\sigma_{l\text{-}s}$ 为溶液与固体间的界面张力。由式(7.2.11)

可以看出，在指定温度时，晶体颗粒越小其溶解度越大。

在结晶操作中，一般物质沉淀析出粒子时有大有小，经过一定时间后，小粒子会逐渐溶解而消失，大粒子会逐渐长大，使粒子大小趋于一致。这种现象称为晶体的陈化或老化。

7.2.4 亚稳状态和新相的形成

1. 过饱和蒸气

过饱和蒸气之所以存在是由于凝结时，新生成的极微小液滴的蒸气压远高于平液面上的饱和蒸气压(由开尔文方程可得)。如图 7.2.8 所示，曲线 OC 为液体饱和蒸气压曲线，曲线 $O'C'$ 为微小液滴蒸气压曲线。当温度压力为 p_A 时的蒸气降温至 t_A(A 点)，蒸气对通常液体已经达到饱和状态，但对小液滴却未达到饱和状态。因此在 A 点不能凝结出微小的液滴。可以看出，若蒸气的过饱和程度不高，对微小液滴还未达到饱和状态时，微小液滴既不可能产生，也不可能存在。这种按相平衡条件应凝结而未凝结的蒸气称为**过饱和蒸气**(supersaturated vapor)。如果在蒸气中不存在任何可以作为凝结中心的粒子，则可以达到很大的过饱和度而不会有液体凝结出来。但是，如果有微小的粒子(如灰尘的微粒)存在，则使得凝结液滴的初始曲率半径增大，蒸气就可以在较低的过饱和度时在这些微粒的表面上凝结出来。人工降雨就是基于这个原理，即当云层中的水蒸气达到饱和或过饱和状态时，在云层中用飞机喷洒微小的颗粒，此时的颗粒就成为水的凝结中心，使新相(水滴)生成时所需的过饱和度大大降低，这时云层中的水蒸气就容易凝结成水滴而落向大地。

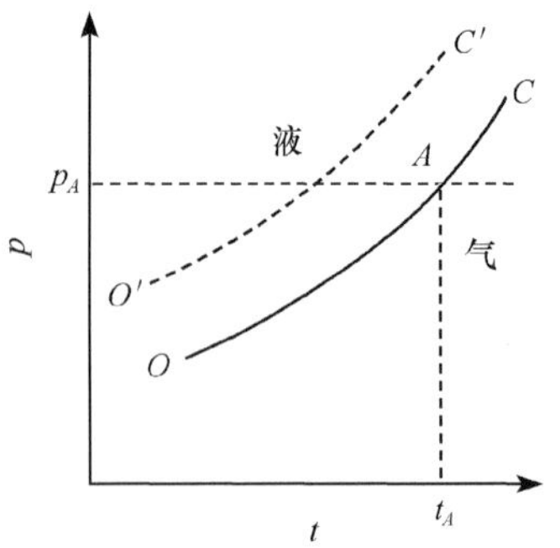

图 7.2.8 产生蒸气过饱和现象示意图

2. 过热液体

若在液体中没有提供新相种子(气泡)的物质存在，液体在沸腾温度时将难以沸腾。这主要是因为液体沸腾时不仅在液体表面气化，而且在液体内部要自动生成极微小的气泡(新相)。但弯曲液面的附加压力将使气泡难以形成。

【例 7.2.1】 如图 7.2.9 所示，在 101.325kPa、100℃的纯水中，在液面下 0.0500m 处，若要存在一个半径为 1.00μm 的小气泡，需要克服多大的压力？这样的水的沸点为多少？已知 100℃时纯水的表面张力为 58.85mN · m^{-1}，密度为 958.1kg · m^{-3}。假设水的摩尔蒸发焓 $\Delta_{vap}H_m$ 为 40.66kJ · mol^{-1}，且随温度变化可忽略。水蒸气可看作为理想气体。

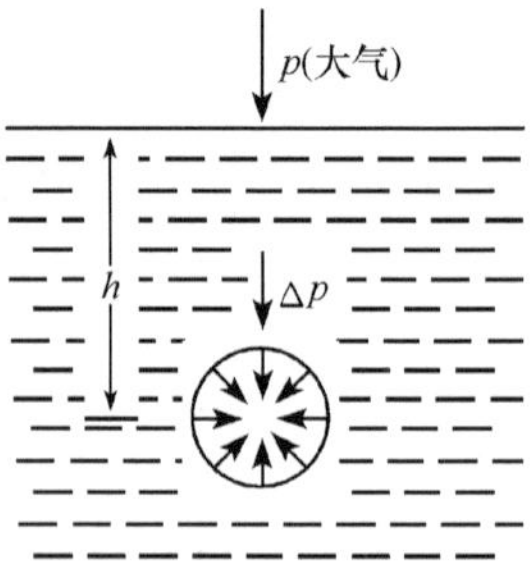

图 7.2.9 产生过热液体示意图

解 弯曲液面对小气泡的附加压力为

$$\Delta p=\frac{2\sigma}{r}=\left(\frac{2\times 58.85\times 10^{-3}}{1.00\times 10^{-6}}\right)\text{Pa}=117.7\text{kPa}$$

小气泡所受的静压力为

$$p_{静}=\rho gh=(958.1\times 9.8\times 0.0500)\text{Pa}=0.47\text{kPa}$$

小气泡存在时需克服的压力为

$$p^{(g)}=p_{大气}+p_{静}+\Delta p=(101.325+0.47+117.7)\text{kPa}=219.5\text{kPa}$$

因为

$$\ln\frac{p_2}{p_1}=\frac{\Delta_{\rm vap}H_{\rm m}}{R}\left(\frac{1}{T_1}-\frac{1}{T_2}\right)$$

有

$$\ln\frac{219.5}{101.325}=\frac{40.66\times10^3}{8.314}\left(\frac{1}{373.15}-\frac{1}{T_2/\mathrm{K}}\right)$$

得

$$T_2=396.5\mathrm{K}$$

相当于123.3℃。

以上计算结果表明：小气泡若要存在，则气泡内的压力要达到219.5kPa，此值远高于100℃时水的饱和蒸气压，所以100℃小气泡不可能真实存在。要使小气泡存在，则必须继续加热水，使小气泡内蒸气压达到或超过它应克服的压力时，小气泡才可能存在。则水的温度必定高于它的正常沸点，当水温达到123.3℃时水才能沸腾。

这种按相平衡条件应当沸腾而未沸腾的液体称为**过热液体**(overheated liquid)。计算表明，弯曲液面的附加压力是造成液体过热的主要原因。在实际操作时，为防止液体过热而导致暴沸现象，可在加热前事先在液体中放入一些素烧瓷片或毛细管等物作为气泡生成的"种子"。因为这些多孔性物质内孔中已有许多曲率半径较大的气体存在，加热时能绕过产生极微小气泡的困难阶级，而直接从中产生较大气泡，从而降低或避免液体的过热现象产生。

3. 过冷液体

在一定温度下，微小晶体的饱和蒸气压恒大于普通晶体的饱和蒸气压，这是液体产生过冷现象的主要原因。这可以通过图7.2.10来说明，曲线*CD*线为平面液体的饱和蒸气压曲线，曲线*AO*为普通晶体的饱和蒸气压曲线。由于微小晶体的饱和蒸气压恒高于普通晶体的饱和蒸气压，因此，微小晶体的饱和蒸气压曲线*BD*一定在*AO*线的上边。微小晶体的熔点t'低于普通晶体的熔点$t_{熔}$。当液体冷却时，其饱和蒸气压沿*CD*线下降，到*O*点时与普通晶体的蒸气压相等，按照相平衡条件，应当有晶体析出。但由于新生成的晶粒(新相)极微小，此蒸气压对微小晶体还未达到饱和状态，所以，不会有晶体析出。温度必须继续下降到正常熔点以下的*D*点时，才能达到微小晶体的饱和状态而开始凝固。这种按相平衡条件应当凝固而未凝固的液体，称为**过冷液体**(supercooling liquid)。

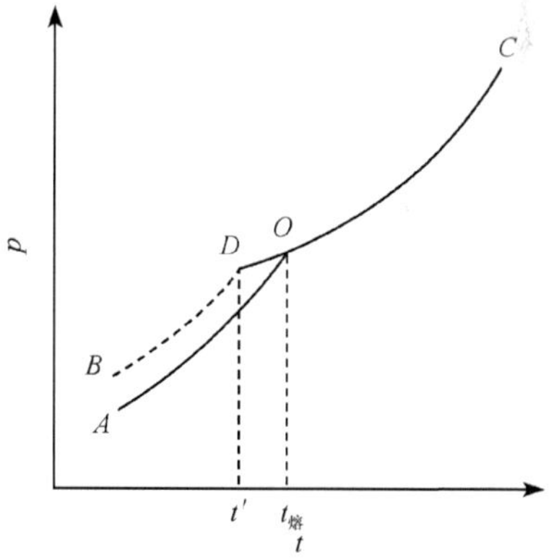

图7.2.10　产生过冷液体示意图

例如，纯水可以冷却到−40℃不结冰，在过冷水中加入一点冰，则很快结晶。在过冷的液体中加入一点小晶体作为新相种子，即"晶种"，则能使液体迅速凝固成晶体。

4. 过饱和溶液

由式(7.2.16)可知，微小晶体的溶解度比大块晶体更大一些，已达到饱和浓度的溶液对微小晶体来说并没有饱和，也就不可能有晶体析出。这种在一定温度下，按相平衡条件应当有晶体析出而未析出晶体的溶液，称为**过饱和溶液**(supersaturated solution)。在实验中常加入小晶体作为新相种子,防止溶液的过饱和程度过高,来获取较大颗粒的晶体。

前面介绍的过热、过冷、过饱和现象都是热力学不稳定状态,但是它们又能在一定条件下较长时间内稳定存在,这种状态被称为**亚稳状态**(metastable state)。亚稳状态是由于新相种子生成困难而引起的,若为即将形成的新相提供新相种子或形成新相的核,则可以破坏体系所处的亚稳状态。

7.3　溶液表面吸附

7.3.1　溶液的表面张力与浓度关系

在一定的温度、压力下,纯液体的表面张力是一定的。将溶质加入溶剂中后,液体的表面张力会发生改变,所形成溶液的表面张力不仅与温度、压力有关,而且与溶质的种类及溶液浓度有关。在水溶液中,表面张力随浓度的变化大致分三种类型,如图 7.3.1 所示。

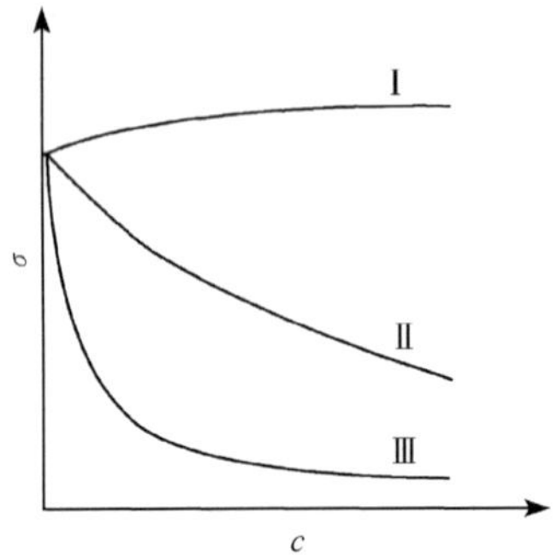

图 7.3.1　液体的表面张力与浓度的关系

第一种类型(图 7.3.1 中曲线Ⅰ)其水溶液的表面张力随溶液浓度增加以近于直线的关系而稍有升高。属于这类的溶质主要是无机盐(如 NaCl)、非挥发性的酸(如 H_2SO_4)或碱(如 NaOH)及蔗糖、甘油等多羟基有机物。

第二种类型(图 7.3.1 中曲线Ⅱ)其水溶液的表面张力随浓度增大而下降。属于这一类的溶质主要是一元醇、醛、酮、酸、酯等有机物。

第三种类型(图 7.3.1 中曲线Ⅲ)溶液表面张力在溶液浓度很低时急剧下降,至一定浓度后溶液表面张力随浓度变化很小。以十二烷基硫酸钠(化学式为 $C_{12}H_{25}OSO_3Na$)为例,25℃时,当 $C_{12}H_{25}OSO_3Na$ 水溶液的浓度从 0 增加到 $8\times10^{-3}\,mol\cdot dm^{-3}$时,表面张力从 $7.20\times10^{-2}\,N\cdot m^{-1}$降至 $3.9\times10^{-2}\,N\cdot m^{-1}$。这是因为溶质溶于水后极性的亲水基团"$—OSO_3^-$"与水发生强烈的水合作用而被拉入水相,"$—C_{12}H_{25}$"为非极性的亲油基团,与水分子之间仅存在微弱的范德华作用力,因其具有强烈的憎水性而倾向于翘出水面进入非极性的空气或有机溶剂(油相)中。习惯上,人们常把只需少量物质,就能显著降低水的表面张力,且到一定浓度后表面张力降低缓慢或不变的这类两亲物质(既含亲水基团又含亲油基团)称为**表面活性剂**(surface active agent)。属于这一类的溶质主要是由长度大于 8 个碳原子的直长链和足够强的亲水基团构成的极性有机化合物,如长链的羧酸盐、硫酸盐、磺酸盐、苯磺酸盐和季铵盐等。

7.3.2　单位界面过剩量

进一步考察以上三种类型溶液,发现溶质在界面层有相对浓集和贫化现象,这种现象称为吸附。第一种类型(图 7.3.1 中曲线Ⅰ)溶液表面张力上升,发现溶质在表面层相对地贫化,即发生了负吸附,此时表面层中溶质所占的比例比本体溶液小。非表面活性物质即为此类溶质。第二、三种类型(图 7.3.1 中曲线Ⅱ和曲线Ⅲ)溶液表面张力降低,发现溶质在表面层相对地浓集,即发生了正吸附。为了定量表示上述现象,吉布斯提出了单位界面过剩量的概念。

设有一个 α 和 β 两个体相以及一个界面层构成的实际体系,如图 7.3.2(a)所示,对于任一

组分 B 在界面层中的数量可表示为

$$n_B^{(界面层)}=n_B-n_{B,实际}^{(\alpha)}-n_{B,实际}^{(\beta)} \tag{7.3.1}$$

式(7.3.1)中，n_B 为体系中组分 B 的总量；$n_{B,实际}^{(\alpha)}=V_{实际}^{(\alpha)}c_B^{(\alpha)}$；$n_{B,实际}^{(\beta)}=V_{实际}^{(\beta)}c_B^{(\beta)}$；$V_{实际}^{(\alpha)}$ 和 $V_{实际}^{(\beta)}$ 分别是实际体系中 α 相和 β 相的体积，体系的总体积为 $V_{总}=V_{实际}^{(\alpha)}+V_{实际}^{(\beta)}+V_{界面层}$；$c_B^{(\alpha)}$ 和 $c_B^{(\beta)}$ 分别是 α 相和 β 相中组分 B 的物质的量浓度。实验证明，两相交界处不是数学上的几何平面，通常是一个约有几个分子厚度的过渡层，其强度性质又是由 α 相逐渐变化到 β 相的，因此分界线 AA' 和 BB' 的位置难以准确地确定，这就使式(7.3.1)确定的 $n_B^{(界面层)}$ 带有任意性。为了克服这一困难，吉布斯 1878 年提出界面模型：

(1) 将界面层抽象为一个没有厚度和体积的几何平面，称为界面相，以 σ 表示，如图 7.3.2(b) 所示的 SS'。

(2) α 相和 β 相的强度性质与实际体系中 α 相和 β 相的强度性质完全相同，组分 B 的物质的量浓度分别是 $c_B^{(\alpha)}$ 和 $c_B^{(\beta)}$，两相分别是 $V^{(\alpha)}$ 和 $V^{(\beta)}$，显然 $V^{(\alpha)}\neq V_{实际}^{(\alpha)}$，$V^{(\beta)}\neq V_{实际}^{(\beta)}$，$V_{总}=V^{(\alpha)}+V^{(\beta)}$。

(3) 引入界面过剩量和单位界面过剩量。平面界面相中仍然有各种物质，对于任一组分 B，其物质的量为 $n_B^{(\sigma)}$，成为界面过剩量，定义为

$$n_B^{(\sigma)}=n_B-n_B^{(\alpha)}-n_B^{(\beta)}=n_B-V^{(\alpha)}c_B^{(\alpha)}-V^{(\beta)}c_B^{(\beta)}$$

或

$$\left.\begin{aligned}n_1^{(\sigma)}&=n_1-n_1^{(\alpha)}-n_1^{(\beta)}=n_1-V^{(\alpha)}c_1^{(\alpha)}-V^{(\beta)}c_1^{(\beta)}\\ n_2^{(\sigma)}&=n_2-n_2^{(\alpha)}-n_2^{(\beta)}=n_2-V^{(\alpha)}c_2^{(\alpha)}-V^{(\beta)}c_2^{(\beta)}\end{aligned}\right\} \tag{7.3.2}$$

式(7.3.2)中，1 和 2 分别代表溶剂和溶质。n_1 和 n_2 分别代表体系中溶剂和溶质的总的物质的量。

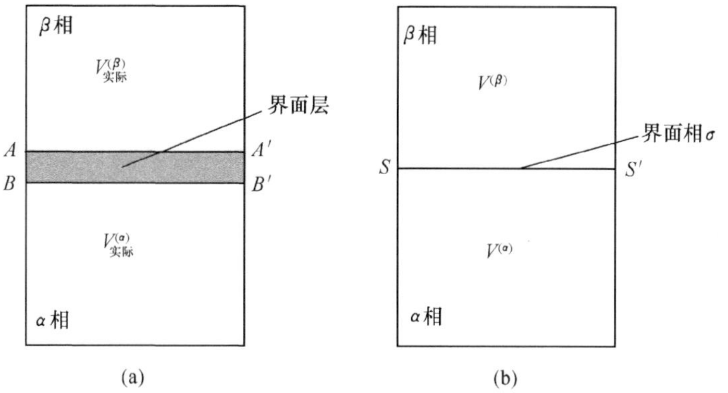

图 7.3.2　实际体系与吉布斯界面模型

单位界面过剩量用符号 Γ_B 表示，定义为

$$\Gamma_B=\frac{n_B^{(\sigma)}}{A_s} \tag{7.3.3}$$

Γ_B 的单位为 $mol\cdot m^{-2}$。

(4) 引入**吉布斯单位界面过剩量**。由于 $V^{(\alpha)}$ 和 $V^{(\beta)}$ 随 SS' 的位置而变化，使 $n_B^{(\sigma)}$ 带有任意性。吉布斯建议以溶剂 1 为参照来定义溶质 B 的相对单位界面过剩量，称为**吉布斯单位界面过剩量**，符号为 $\Gamma_B^{(1)}$，显然 $\Gamma_1^{(1)}=0$。可以证明 $\Gamma_B^{(1)}$ 是一个不变量，它与 SS' 的位置变化无关。

由于 $\Gamma_B^{(1)}$ 与 SS' 的位置变化无关，因此可以任意选择一个最方便的位置。对相界面的选

择可通过图 7.3.3 来理解。如图 7.3.3(a)，若将分界面 SS' 置于 S_1 或 S_2 不同的位置，就会使 $V^{(\alpha)}$ 和 $V^{(\beta)}$ 不同，则 $c_B^{(\alpha)}V^{(\alpha)}$ 和 $c_B^{(\beta)}V^{(\beta)}$ 值不同，显然 $n_B^{(\sigma)}$ 会因 SS' 所处的位置不同而变化。选定 SS' 面所处的位置，使图 7.3.3(b)中面积 a 等于面积 b，结果使组分 1 的界面过剩量为 0，即 $\Gamma_1^{(1)}=0$。这时的 Γ_2 即被定义为溶质 2 的 $\Gamma_2^{(1)}$。由图 7.3.3(c)中阴影的面积可进一步得到 $\Gamma_2^{(1)}$。

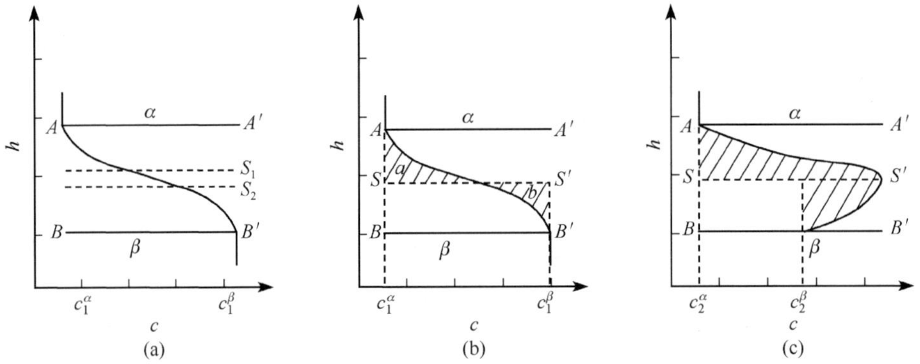

图 7.3.3　吉布斯相界面的选择

$$\Gamma_B^{(1)}=\Gamma_B(\Gamma_1=0) \tag{7.3.4}$$

7.3.3　吉布斯等温吸附方程

根据热力学基本公式

$$dG=-SdT+Vdp+\sigma dA_s+\sum_{B=1}^{k}\mu_B dn_B \tag{7.3.5}$$

恒温恒压下，对 σ 相有

$$dG^\sigma=\sigma dA_s+\sum_{B=1}^{k}\mu_B dn_B^{(\sigma)} \tag{7.3.6}$$

因为是热力学平衡体系，组分 B 在各相的化学势相等，因此 μ_B 无需表明是哪个相的。

又根据偏摩尔量集合公式，对吉布斯函数有

$$G=\sum_{B=1}^{k}n_B\mu_B$$

对 σ 相有

$$G^\sigma=\sigma A_s+\sum_{B=1}^{k}n_B^{(\sigma)}\mu_B \tag{7.3.7}$$

对式(7.3.7)微分，得

$$dG^\sigma=\sigma dA_s+A_s d\sigma+\sum_{B=1}^{k}n_B^{(\sigma)}d\mu_B+\sum_{B=1}^{k}\mu_B dn_B^{(\sigma)} \tag{7.3.8}$$

由式(7.3.6)和式(7.3.8)得

$$A_s d\sigma+\sum_{B=1}^{k}n_B^{(\sigma)}d\mu_B=0$$

或

$$d\sigma=-\sum_{B=1}^{k}\frac{n_B^{(\sigma)}}{A_s}d\mu_B=-\sum_{B=1}^{k}\Gamma_B d\mu_B \tag{7.3.9}$$

式(7.3.9)为吉布斯多组分体系表面张力公式。

如采用吉布斯单位界面过剩量 $\Gamma_B^{(1)}$，$\Gamma_1^{(1)}=0$，式(7.3.9)简化为

$$d\sigma=-\sum_{B=1}^{k}\Gamma_B^{(1)}d\mu_B \tag{7.3.10}$$

$\Gamma_B^{(1)}$ 是相对于组分1(通常为溶剂)的相对单位界面过剩量。对于二元体系，则有

$$d\sigma=-\Gamma_1 d\mu_1-\Gamma_2 d\mu_2=-\Gamma_2^{(1)}d\mu_2 \tag{7.3.11}$$

或

$$\Gamma_2^{(1)}=-\left(\frac{\partial\sigma}{\partial\mu_2}\right)_T \tag{7.3.12}$$

式(7.3.10)、式(7.3.11)和式(7.3.12)即**吉布斯等温方程**(Gibbs adsorption isotherm equation)，也称吉布斯吸附等温式。又

$$\mu_2=\mu_2^{\ominus}(T)+RT\ln a_2$$
$$d\mu_2=RT d\ln a_2$$

代入式(7.3.12)得

$$\Gamma_2^{(1)}=-\frac{1}{RT}\left(\frac{\partial\sigma}{\partial\ln a_2}\right)_T$$

或

$$\Gamma_2^{(1)}=-\frac{a_2}{RT}\left(\frac{\partial\sigma}{\partial a_2}\right)_T \tag{7.3.13}$$

当溶液的浓度较稀，可用浓度 c_2 代替活度 a_2，则式(7.3.13)写为

$$\Gamma_2^{(1)}=-\frac{c_2}{RT}\left(\frac{\partial\sigma}{\partial c_2}\right)_T \tag{7.3.14}$$

式(7.3.13)和式(7.3.14)也是吉布斯等温方程。

为简便起见，有时省去上下标，将式(7.3.13)和式(7.3.14)式简写为

$$\Gamma_2=-\frac{a}{RT}\left(\frac{\partial\sigma}{\partial a}\right)_T,\qquad \Gamma_2=-\frac{c}{RT}\left(\frac{\partial\sigma}{\partial c}\right)_T \tag{7.3.15}$$

由吉布斯吸附等温式知

(1) 当 $\left(\frac{\partial\sigma}{\partial c_2}\right)_T<0$，$\Gamma_2>0$，溶液的表面层必然发生正吸附，此时表面层中溶质所占的比例比本体溶液大。表面活性物质即为此类溶质。

(2) 当 $\left(\frac{\partial\sigma}{\partial c_2}\right)_T>0$，$\Gamma_2<0$，溶液的表面层必然发生负吸附，此时表面层中溶质所占的比例比本体溶液小。非表面活性物质即为此类溶质。

吉布斯吸附等温式原则上可用于任何界面，但实际应用较多的是气-液和液-液界面。运用吉布斯吸附等温式可以计算溶质在溶液表面的吸附量，常用方法有两种：

(1) 实验方法。测定不同浓度 c_2 时溶液的表面张力 σ，以 σ 对 c_2 作图，然后用图解法分别求得 σ-c_2 曲线上某指定浓度 c_2 时的切线斜率 $\left(\frac{d\sigma}{dc_2}\right)_T$，代入式(7.3.15)，便可计算出浓度 c_2 时的溶质的表面吸附量 Γ_2，由此得到 Γ_2-c_2 曲线，称作吸附等温线。

(2) 数学解析法。利用溶液的表面张力 σ 和浓度之间的经验公式，求得 $\left(\frac{d\sigma}{dc_2}\right)_T$，代入

式(7.3.15),便可计算出溶质在溶液表面的吸附量 Γ_2。

根据希什科夫斯基(Szyzkowski)经验公式 $\frac{\sigma_0-\sigma}{\sigma_0}=b\ln\left(1+\frac{c}{a}\right)$,可讨论吸附量随浓度变化的规律。由希什科夫斯基经验公式对浓度微分得

$$-\left(\frac{\mathrm{d}\sigma}{\mathrm{d}c}\right)_T=\frac{b\sigma_0}{a+c}$$

将上式代入吉布斯吸附公式

$$\Gamma_2=-\frac{c}{RT}\left(\frac{\partial\sigma}{\partial c}\right)_T=\frac{b\sigma_0}{RT}\frac{c}{(a+c)}$$

温度恒定,$\frac{b\sigma_0}{RT}$ 为常数,令 $K=\frac{b\sigma_0}{RT}$,则上式可写作

$$\Gamma_2=\frac{Kc}{a+c} \tag{7.3.16}$$

(1) 当浓度很小时,$c\ll a$,$c+a\approx a$ 则

$$\Gamma_2=K'c$$

在浓度很低时表面吸附量 Γ_2 与 c 成正比关系,Γ_2 随 c 的增大而增大。

(2) 当浓度较大,使 $c\gg a$ 时,$c+a\approx c$ 则

$$\Gamma_2=K=\Gamma_\infty$$

当浓度增大到一定程度时,吸附量趋于极限值 Γ_∞,若继续增大浓度,吸附量不再改变,这表明溶质在表面吸附已达饱和,所以 Γ_∞ 被称为饱和吸附量。在一般情况下,含有表面活性物质的溶液的 Γ_2-c 曲线如图 7.3.4 所示。

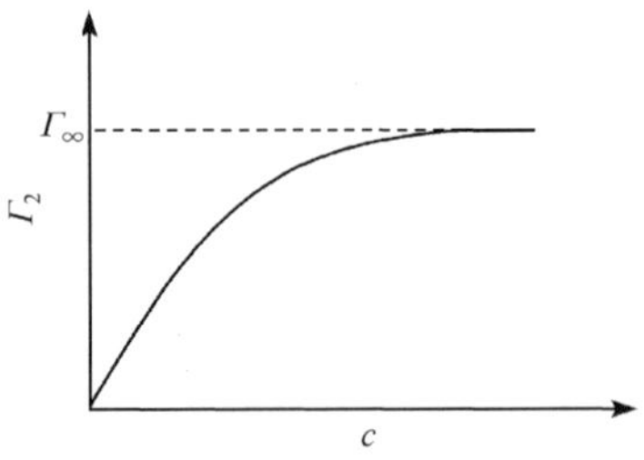

图 7.3.4 含有表面活性物质的溶液的 Γ_2-c 曲线

7.3.4 表面活性物质分子在两相界面上的定向排列

表面活性物质的分子具有两亲结构,分子的一端是极性的亲水基团,其亲水作用使分子的极性端进入水中;另一端是非极性的亲油基团,一般为高碳的碳氢链,其憎水作用则使分子离开水相朝向空气。

对脂肪酸同系物的研究表明,当溶液表面层吸附达饱和时,同系物中不同化合物的饱和吸附量是相同的,和碳氢链的长短无关。可以想象,合理的解释应当是:表面上脂肪酸的合理排列应是脂肪酸分子定向地把羧基朝向水相,而把碳氢链指向空气,脂肪酸分子在表面定向排列成单分子膜,如图 7.3.5 所示。

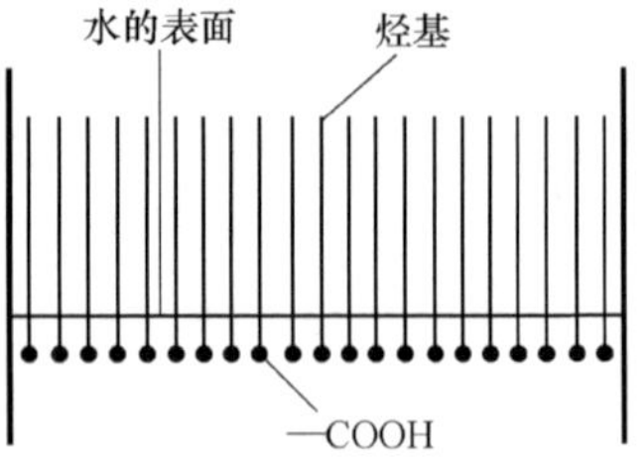

图 7.3.5 脂肪酸分子在水溶液表面的定向排列

许多实验都证实了表面活性物质分子在表面定向排列的结论。当达到饱和吸附时,可以把吸附量当作单位面积上溶质的物质的量。所以,可以由饱和吸附量 Γ_∞(单位为 $\mathrm{mol\cdot m^{-2}}$)计算出紧密排列时每个分子所占据的面积。$\frac{1}{\Gamma_\infty}$ 即为每摩尔分子所占的溶液表面积,因此在饱和吸附时一个表面活性物质分子所占的面积 A_m 约为

$$A_m=\frac{1}{L\Gamma_\infty} \tag{7.3.17}$$

式(7.3.17)中，L 是阿伏伽德罗常量。

【例 7.3.1】 已知 25℃时，丁酸水溶液的表面张力可以表示为

$$\sigma=\sigma_0-a\ln(1+bc)$$

其中 σ_0 为纯水的表面张力，$a=13.1\times10^{-3}\,\mathrm{N\cdot m^{-1}}$，$b=19.62\mathrm{dm^3\cdot mol^{-1}}$。试求

(1) 该溶液中丁酸的表面过剩量与浓度的关系；

(2) $c=0.200\mathrm{mol\cdot dm^{-3}}$时的表面吸附量是多少？

(3) 当丁酸的浓度足够大时，饱和吸附量 Γ_∞ 是多少？

(4) 求液面上每个丁酸分子占据的面积是多少？

解 (1) 根据吉布斯吸附等温式有

$$\Gamma_2=-\frac{c}{RT}\left(\frac{\partial\sigma}{\partial c}\right)_T$$

因为 $\sigma=\sigma_0-a\ln(1+bc)$，则

$$\left(\frac{\partial\sigma}{\partial c}\right)_T=-a\frac{\mathrm{d}[\ln(1+bc)]}{\mathrm{d}c}=-\frac{ab}{1+bc}$$

所以

$$\Gamma_2=-\frac{c}{RT}\left(-\frac{ab}{1+bc}\right)=\frac{abc}{RT(1+bc)}$$

(2) 当 $c=0.200\mathrm{mol\cdot dm^{-3}}$时，表面吸附量为

$$\Gamma_2=\frac{abc}{RT(1+bc)}=\left(\frac{13.1\times10^{-3}\times19.62\times0.200}{8.314\times292.15\times(1+19.62\times0.200)}\right)\mathrm{mol\cdot m^{-2}}=4.30\times10^{-6}\mathrm{mol\cdot m^{-2}}$$

(3) 当丁酸的浓度足够大时，$bc\gg1$，此时的吸附量与浓度无关，为饱和吸附量 Γ_∞

$$\Gamma_2=\frac{abc}{RT(1+bc)}\approx\frac{a}{RT}$$

$$\Gamma_\infty=\Gamma_2=\frac{a}{RT}=\left(\frac{13.1\times10^{-3}}{8.314\times292.15}\right)\mathrm{mol\cdot m^{-2}}=5.39\times10^{-6}\mathrm{mol\cdot m^{-2}}$$

(4) 液面上每个丁酸分子占据的面积为

$$A_m=\frac{1}{L\Gamma_\infty}=\left(\frac{1}{6.022\times10^{23}\times5.39\times10^{-6}}\right)\mathrm{m^2}=30.8\times10^{-20}\mathrm{m^2}$$

7.4 铺展与润湿

7.4.1 液-液界面的铺展

一种液体在另一种不互溶的液体表面自动展开成膜的过程称为**铺展**(spreading)。某液体 A 能否在不互溶的液体 B 上铺展，取决于各液体的表面张力 σ_A 和 σ_B 以及两液体之间的界面张力 $\sigma_{A\text{-}B}$ 的大小。图 7.4.1 是液滴 A 在另一液体 B 上的情况。考虑三个相接界 O 点处，σ_A 和 $\sigma_{A\text{-}B}$ 的作用是力图维持液滴成球形(由于地心引力球形可能形成透镜形状)，而 σ_B 的作用则是力图使液滴铺展开来。因此，如果

$$\sigma_B>\sigma_A+\sigma_{A\text{-}B} \tag{7.4.1}$$

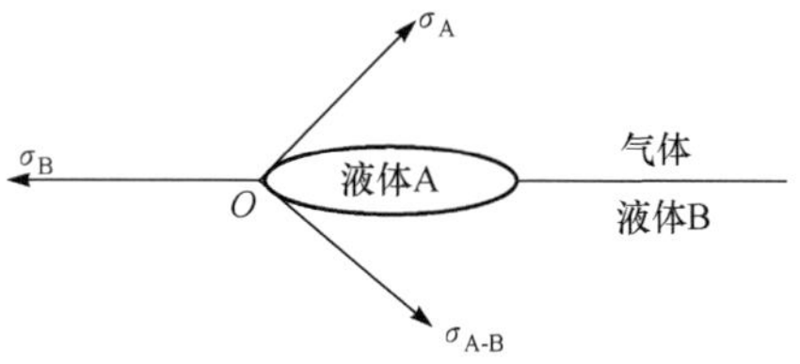

图 7.4.1 液滴 A 与液体 B 的表(界)面张力

那么,液体 A 可以在液体 B 上铺展开,否则,不能铺展。例如,B 为水,A 为有机液体,σ_B 一般很大,在水的界面上,大多数有机液体 A 都可铺展成薄膜。

某液体 A 能否在不互溶的液体 B 上铺展,也可以从体系表面吉布斯函数变化来分析:设液体 A 和 B 不互溶,A 在液体 B 表面上铺展的过程中液体 B 的表面消失,形成了液体 A 的表面和 A、B 之间的新界面(图 7.4.2)。在一定温度、压力下,铺展单位表面积时,体系的表面吉布斯函数变化为

$$\Delta G_{T,p}=\sigma_A+\sigma_{A\text{-}B}-\sigma_B \tag{7.4.2}$$

当 $\Delta G_{T,p}<0$,液体 A 可以在液体 B 表面铺展。实际应用中,用铺展系数来判断某液体能否铺展。定义

$$s=-\Delta G_{T,p} \quad 或 \quad s=\sigma_B-\sigma_A-\sigma_{A\text{-}B} \tag{7.4.3}$$

s 称为**铺展系数**(spreading coefficient)。$s>0$,液体 A 可以在液体 B 表面铺展。若 $s\leqslant 0$,则不能铺展。实际上两种液体完全不互溶的情况不多见,常是接触后相互溶解而达到饱和。在这种情况下,判断两种液体相互关系所用的表面张力数据应改为溶解了少量 B 的液体 A 的表面张力和被 A 饱和了的 B 的表面张力。

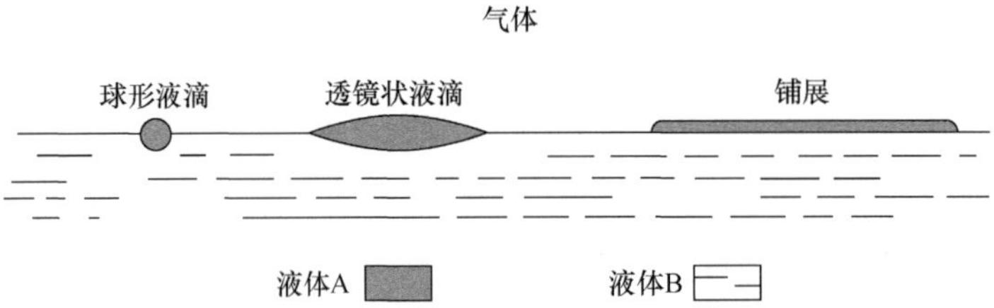

图 7.4.2 液滴 A 在另一液体 B 上铺展

【例 7.4.1】 20℃时,将一滴己醇滴在洁净的水面上,已知 $\sigma_水=0.072\ 88\text{N}\cdot\text{m}^{-1}$,$\sigma_{己醇}=0.0248\text{N}\cdot\text{m}^{-1}$,$\sigma_{己醇\text{-}水}=0.0068\text{N}\cdot\text{m}^{-1}$。当己醇和水相互饱和后,$\sigma'_水=0.0285\text{N}\cdot\text{m}^{-1}$,$\sigma'_{己醇}=\sigma_{己醇}$,$\sigma'_{己醇\text{-}水}=\sigma_{己醇\text{-}水}$。试推断己醇在水面上开始和终了的形状。

解

$$s_{己醇\text{-}水}=\sigma_水-\sigma_{己醇}-\sigma_{己醇\text{-}水}$$

$$=(0.072\ 88-0.0248-0.0068)\text{N}\cdot\text{m}^{-1}=0.0413\text{N}\cdot\text{m}^{-1}>0$$

因此,开始时己醇在水面上铺展成膜。

$$s'_{己醇\text{-}水}=\sigma'_水-\sigma'_{己醇}-\sigma'_{己醇\text{-}水}$$

$$=(0.0285-0.0248-0.0068)\text{N}\cdot\text{m}^{-1}=-0.0031\text{N}\cdot\text{m}^{-1}<0$$

因此,已经在水面上铺展的己醇又缩回成透镜状液滴。

7.4.2 固体表面的润湿

液体表面与固体表面的亲和性是随物质的不同而变化的。例如,水的表面对玻璃表面的亲和性较强,两者接触后形成的液-固界面结合得较牢固,人们就称水对玻璃润湿。反之,若液体表面和固体表面亲和性较差,如水和石蜡,则称水对石蜡不润湿。润湿是一个很常见、很重要的现象,没有润湿就没有生命。润湿是许多工业技术的基础,如机械的润滑、洗涤、印染、药剂等都与润湿有关。有时需要反润湿,如选矿、防水织物等。

广义上讲,液体在固体表面的**润湿**(wetting)是指固体表面上一种流体(一般为空气,或其

他气体,也可以是液体)被另一种流体(常见为水或水溶液)取代的过程。润湿的热力学定义:若固体与液体接触后,体系(固体+液体)的吉布斯函数 G 降低,则固体能被液体润湿。根据润湿程度不同可分为三类:沾湿(adhesional wetting)、浸湿(immersional wetting)和铺展润湿(spreading wetting),如图 7.4.3 所示。

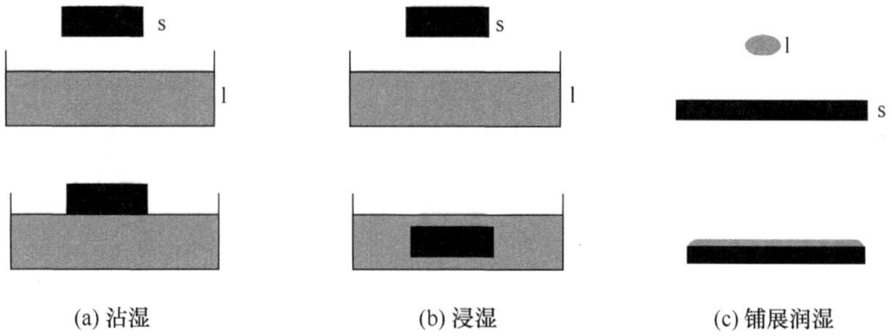

图 7.4.3　液体在固体上的润湿过程

1. 沾湿

沾湿是将气-液界面与气-固界面变为液-固界面的过程,即固体和液体接触形成液-固界面的过程。如图 7.4.3(a)所示。设界面均为单位面积,在恒温、恒压条件下,沾湿过程的吉布斯函数变化为

$$\Delta G_a = \sigma_{l\text{-}s} - \sigma_{g\text{-}s} - \sigma_{g\text{-}l} \tag{7.4.4}$$

式(7.4.4)中,$\sigma_{l\text{-}s}$、$\sigma_{g\text{-}s}$和 $\sigma_{g\text{-}l}$分别表示液-固、气-固和气-液的界(表)面吉布斯函数。若沾湿过程为自发的,则有 $\Delta G_a < 0$。

沾湿过程的逆过程,即把单位面积已被沾湿的液-固界面分开形成气-固和气-液过程所需的功,称为沾湿功。显然

$$W'_a = -\Delta G_a \tag{7.4.5}$$

此功是体系得到的最小功。W'_a越大,表示固液界面结合越牢,也即沾湿效果越强。

2. 浸湿

浸湿是将固体浸入液体形成液-固界面的过程。例如,将纸、布或其他物质浸入液体。此过程中,气-固界面完全为液-固界面所代替,而气-液界面没有变化,如图 7.4.3(b)。设界面均为单位面积,在恒温、恒压条件下,浸湿过程的吉布斯函数变化为

$$\Delta G_i = \sigma_{l\text{-}s} - \sigma_{g\text{-}s} \tag{7.4.6}$$

浸湿过程的逆过程,即把单位面积已被浸湿的液-固界面分开形成气-固界面过程所需的功,称为浸湿功。显然

$$W'_i = -\Delta G_i \tag{7.4.7}$$

此功是体系得到的最小功。W'_i反映液体在固体表面上取代气体的能力。

3. 铺展润湿

铺展润湿是少量液体铺展在固体表面上形成薄膜的过程。如图 7.4.3(c)它实际上是液-

固界面取代气-固界面，同时又增大气-液界面的过程。若少量液体在铺展前以小液滴存在的表面积与其铺展后的面积相比可以忽略不计。设界面均为单位面积，在恒温、恒压条件下，铺展润湿过程的吉布斯函数变化为

$$\Delta G_s = \sigma_{l\text{-}s} + \sigma_{g\text{-}l} - \sigma_{g\text{-}s} \tag{7.4.8}$$

若铺展过程自发进行，则需满足

$$\Delta G_s < 0$$

$$s = -\Delta G_s = \sigma_{g\text{-}s} - \sigma_{l\text{-}s} - \sigma_{g\text{-}l} \tag{7.4.9}$$

s 称为铺展系数。可见，液体在固体表面铺展的必要条件是 $s \geqslant 0$。s 越大，铺展性能越好。若 $s<0$，则不能铺展。

目前，$\sigma_{g\text{-}l}$可以通过实验测定，而 $\sigma_{g\text{-}s}$和 $\sigma_{l\text{-}s}$还无法直接测定，因此上面有些公式都只是理论上的分析。人们发现润湿现象还与接触角有关，而接触角可由实验测定，因此根据上述理论分析，结合实验测定的 $\sigma_{g\text{-}l}$和接触角等数据，常作为解释各种润湿现象的依据。

7.4.3 接触角

当一液滴在固体表面上不完全展开，在气、液、固三相会合点，固液界面的水平线和气液界面切线之间通过液体内部的夹角为 θ(如图 7.4.4)，称为**接触角**(contact angle)，当液滴在固体表面呈平衡状态时，则在 O 点处必有

$$\sigma_{g\text{-}s} = \sigma_{l\text{-}s} + \sigma_{g\text{-}l}\cos\theta \tag{7.4.10}$$

或

$$\cos\theta = \frac{\sigma_{g\text{-}s} - \sigma_{l\text{-}s}}{\sigma_{g\text{-}l}} \tag{7.4.11}$$

式(7.4.11)称为**杨氏方程**(Young's equation)。

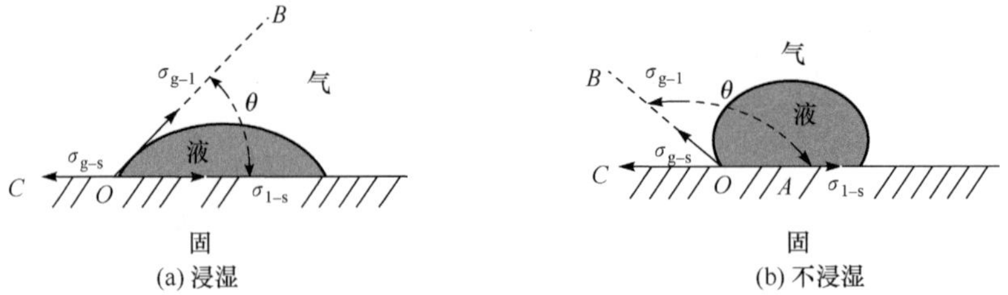

图 7.4.4 接触角和各界面张力的关系

将式(7.4.10)代入式(7.4.4)、式(7.4.6)、式(7.4.8)得

沾湿过程 $\qquad \Delta G_a = -\sigma_{g\text{-}l}(\cos\theta + 1)$ (7.4.12)

浸湿过程 $\qquad \Delta G_i = -\sigma_{g\text{-}l}\cos\theta$ (7.4.13)

铺展过程 $\qquad \Delta G_s = -\sigma_{g\text{-}l}(\cos\theta - 1)$ (7.4.14)

若一润湿过程可以进行，则此过程必有 $\Delta G<0$。因 $\sigma_{g\text{-}l}>0$，这时接触角满足下列条件

沾湿过程 $\qquad \theta < 180^\circ$

浸湿过程 $\qquad \theta < 90^\circ$

铺展过程 $\qquad \theta = 0^\circ$或不存在

上式表明，只要 $\theta<180°$，沾湿过程即可进行。由于任何液体在固体表面上的接触角总是小于 180°，所以沾湿过程是任何液体和固体间都能进行的过程。

习惯上，人们常用接触角来判断液体对固体润湿：$\theta<90°$，液体可润湿固体；$\theta>90°$，液体不可以润湿固体；$\theta=0°$或不存在，液体完全润湿固体；$\theta=180°$，液体完全不润湿固体。

能被液体润湿的固体，称为亲液性固体，如玻璃、石英、硫酸盐等；不被液体润湿的固体称为憎液性固体，如石蜡、某些植物的叶和石墨等。

7.5 表面活性剂

表面活性剂是一类应用极为广泛的物质，其特点是在很低浓度时就能大大降低溶剂的表(界)面张力，并能改变体系的界面组成与结构。表面活性剂在溶液中达到一定浓度后，会形成不同类型的分子有序组合体。这些特性使表面活性剂在石油、纺织、农药、医药、食品、化妆品、涂料、油墨、燃料、造纸、环保、洗涤、采矿和金属加工等各个领域都得到了广泛应用。不仅如此，生命活动也与生物体内的天然表面活性剂的作用紧密相关。其相关内容的研究对生命现象规律的探索、仿生技术的发展都将具有极为重要的意义。

从分子结构来看，表面活性剂分子是由亲水(憎油)的极性基团和亲油(憎水或疏水)的非极性基团(一般是碳氢链)构成的。亲水极性基团和亲油非极性基团占据表面活性剂分子的两端，形成一种不对称的结构。因此，表面活性剂分子具是有两亲性质的物质，常称为两亲分子。例如，肥皂的亲水基是羧酸钠(—COONa)，洗衣粉(烷基苯磺酸钠)的亲水基是磺酸钠(—SO_3Na)，分别如图 7.5.1(a)和图 7.5.1(b)所示。

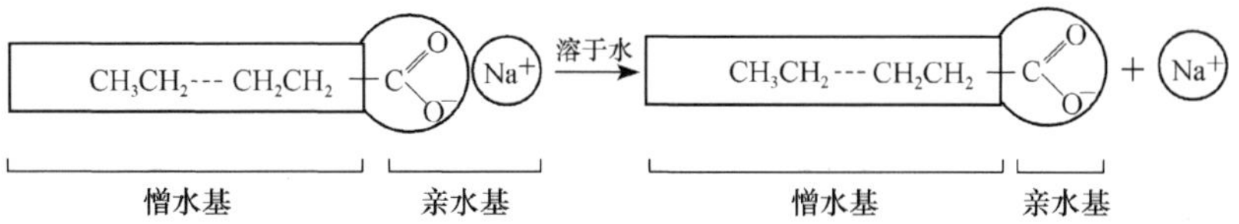

(a) 肥皂

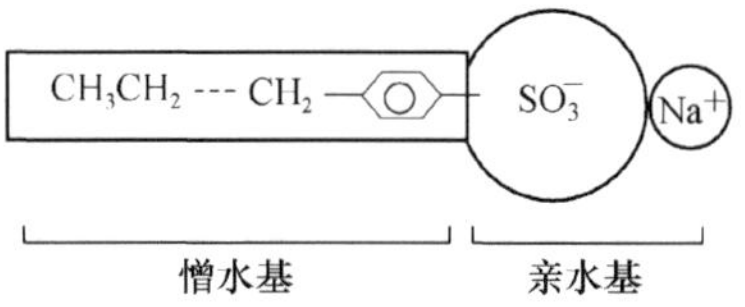

(b) 洗衣粉有效成分(十二至十四烷基苯磺酸钠)

图 7.5.1 肥皂和洗衣粉有效成分的亲油基和亲水基示意图

由于表面活性剂的种类繁多，因而分类方法也很多。可以从表面活性剂的用途、物理性质或化学结构等角度来分类，但通常是按其化学结构进行分类，即根据亲水基的类型和其电性的不同来区分。当表面活性剂溶于水时，凡能发生解离的称为离子型表面活性剂，并根据亲水基的带电情况进一步分为阳离子型、阴离子型和两性型表面活性剂；而在水中不能解离为离子的称为非离子型表面活性剂。表面活性剂按离子类型的分类法可归纳在图 7.5.2 中。除了人工合成的以外，在食品、化妆品、医药、生物等领域还常使用许多天然的表面活性剂，如磷脂(如卵磷脂)、甾类(如胆甾醇)、水溶性胶(如阿拉伯胶)、藻朊酸盐等。

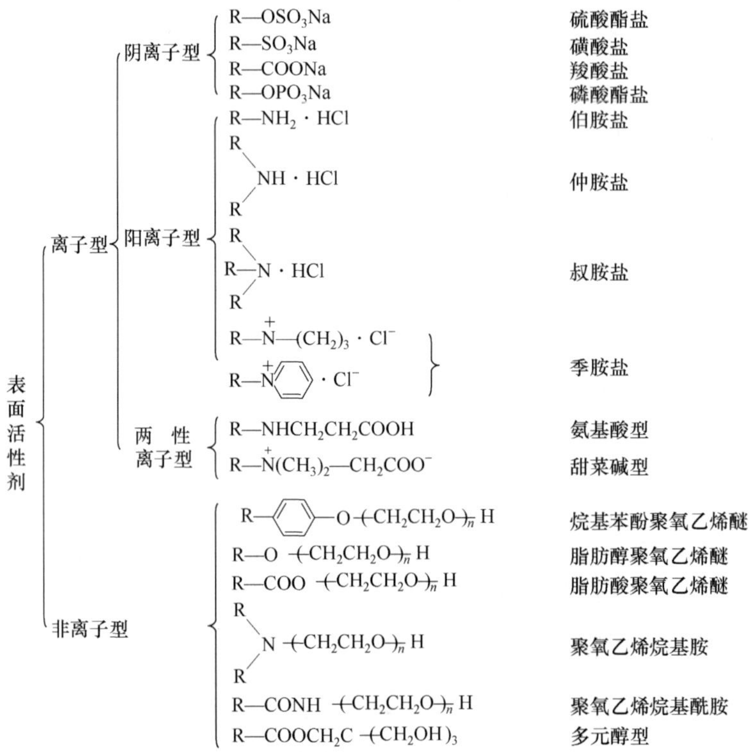

图 7.5.2　表面活性剂按离子类型的分类

7.5.1　表面活性剂溶液的物理化学特性

1. *表面活性剂溶液的 HLB 值*

由于表面活性剂具有润湿、分散、乳化、渗透、洗涤、起泡、消泡、匀染、固色、柔软、抗静电、防腐蚀和杀菌等多方面功能，对改善各类产品性能起重要作用，因此被誉为“工业味精”。如何使表面活性剂起到某一种作用，即如何从种类繁多的表面活性剂中选择最合适者，这是一个很实际的问题。一般认为可将表面活性剂分子的亲水性和亲油性作为一项重要的依据。1949年，格里芬(W. C. Griffin)提出了用**亲水亲油平衡值**(hydrophile and lipophile balance，HLB值)来比较各种表面活性剂的亲水性(或疏水性)。例如，聚乙二醇和多元醇型非离子表面活性剂的 HLB 值可用下式估算

$$\mathrm{HLB}=\frac{\text{亲水基部分的摩尔质量}}{\text{表面活性剂的摩尔质量}}\times\frac{100}{5}$$

$$=(\text{亲水基质量分数})\times\frac{100}{5} \tag{7.5.1}$$

石蜡完全没有亲水基，HLB=0，完全是亲水基的聚乙二醇的 HLB=20，其他非离子型表面活性剂的 HLB 值为 1～20。显然，HLB 值越大，表示亲水性越强；反之，HLB 值越小，则亲油性越强。根据 HLB 值可知表面活性剂在水中的分散情况和某些用途，见表 7.5.1。

表 7.5.1 表面活性剂的 HLB 值与性质的对应关系

表面活性剂加水后的性质	HLB 值	应用
不分散	0	
	2	W/O 乳化剂* 润湿剂
	4	
分散得不好	6	
不稳定乳状分散体系	8	洗涤剂 增溶剂 （洗涤剂、增溶剂合称 O/W 乳化剂*）
稳定乳状分散体系	10	
半透明至透明分散体系	12	
透明溶液	14	
	16	
	18	

* 乳化剂的分类参阅 7.6 节内容。

非离子型表面活性剂的 HLB 值为 1～20，阴离子型和阳离子型表面活性剂的 HLB 值则为 1～40。HLB 值的估算方法有以下几种。

1）基数法

基数法是戴维斯(Davies)在 1957 年提出的。该法把表面活性剂结构分解为一些基团，每个基团对 HLB 值都有各自的贡献。

计算公式为

$$\text{HLB}=7+\sum(\text{各个基团的 HLB 值}) \tag{7.5.2}$$

表 7.5.2 列出了一些基团的 HLB 值。

表 7.5.2 一些基团的 HLB 值

亲水基	HLB 值	亲油基	HLB 值*
$—OSO_3Na$	38.7	$—\underset{\vert}{\overset{\vert}{C}}H—$	−0.475
—COOK	21.1	$—CH_2—$	−0.475
—COONa	19.1	$—CH_3$	−0.475
$—SO_3Na$	11.0	═CH—	−0.475
—N(叔胺)	9.4	$—CF_2—$	−0.870
酯(失水山梨醇环)	6.8	$—CF_3$	−0.870
酯(自由)	2.4	苯环	−1.662
—COOH	2.1	$—CH_2CH_2CH_2O—$	−0.15
—OH(自由)	1.9	$—\underset{CH_3}{\underset{\vert}{C}H}—CH_2—O—$	−0.15
—O—	1.3		
—OH(失水山梨醇环)	0.5	$—CH_2—\overset{CH_3}{\overset{\vert}{C}H}—O—$	−0.15
$\text{⁅}CH_2CH_2O\text{⁆}$	0.33		

* 负值表示基团的亲油性。

例如，计算十二烷基磺酸钠的 HLB 值

$$\text{HLB}=7+11-12\times0.475=12.3$$

式(7.5.2)对聚氧乙烯醚类表面活性剂计算结果往往偏低。

2) 质量分数法

本法适用于计算有聚氧乙烯基的非离子型表面活性剂的 HLB 值,计算公式为

$$\mathrm{HLB}=\frac{\text{亲水基质量}}{\text{亲水基质量}+\text{亲油基质量}}\times 20 \tag{7.5.3}$$

例如,计算 OP-10(壬基酚聚氧乙烯醚-10)的 HLB 值。其亲水基—$O(CH_2CH_2O)_{10}H$ 的相对分子质量为 457,其亲油基 C_9H_{19}——的相对分子质量为 203,则

$$\mathrm{HLB}=\frac{\text{亲水基质量}}{\text{亲水基质量}+\text{亲油基质量}}\times 20=\frac{457}{457+203}\times 20=13.8$$

由于确定表面活性剂 HLB 值计算公式均为经验性的,所得 HLB 值只能作为参考。若要得到某种表面活性剂比较确切的 HLB 值,可以通过实验方法来获得。HLB 值的实验方法有分配系数法、气相色谱法和溶解度估测法等。

必须注意的是:HLB 值的确定仅是从表面活性剂本身的性质出发,而没有考虑环境,如温度、表面活性剂与水相以及和其他另一相(如油、气、固)的相互作用,而实际上,这些相互作用的影响是相当重要的。因此,选择表面活性剂时,可以参考 HLB 值,但不能将它作为唯一的依据。

2. 胶束的形成

表面活性剂分子在溶液表面产生正吸附,并有规则地定向排列在两相的界面层上。实验发现加入很少量的表面活性剂能使溶液的表面张力显著下降,而当溶液浓度增加到一定值后,表面张力几乎不再变化(参见图 7.3.1 曲线Ⅲ)。这一现象可以通过表面活性剂在溶液表面的吸附并定向排列和在溶液中形成胶束来得到解释。

经研究证明,表面活性剂的浓度较低时,以单个分子形式存在,由于其两亲性质,这些分子少数被吸附在水的表面上作定向排列,使空气和水的接触面减少,引起水的表面张力显著降低。当溶液浓度逐渐增大时,不但多数的表面活性剂分子很快地聚集到水的表面上而形成单分子层,而且也会有三三两两的表面活性剂分子分散在水中,它们相互接触,自动地结合为具有特殊结构的聚集体。其极性基朝向水,而憎水基靠在一起,这样的聚集体称为胶束(micelle)(图 7.5.3)。

当表面活性剂浓度增大到饱和吸附时,即液面上刚排满一层定向排列的单分子膜,此时溶液表面张力降至最低,这种情况相当于表面张力与表面活性剂浓度的关系曲线上的转折处。

表面活性剂在水溶液中形成胶束所需的最低浓度称为**临界胶束浓度**(critical micelle concentration),以 CMC 表示。继续增加表面活性剂的量,当超过临界胶束浓度后,由于表面上早已形成紧密定向排列的单分子层表面膜,只能增加溶液中胶束的数量。胶束是亲水性的,不具有表面活性,因此,当超过临界胶束浓度后,增加表面活性剂的量,不能使表面张力进一步降低,在表面张力与表面活性剂浓度的关系曲线上呈现出水平线段。这时的溶液称为胶束溶液。形成胶束后,非极性基团相互靠紧并被包藏在胶束内部,脱离了与水分子的接触或者接触面积很小,只剩下亲水基团方向朝外,与水几乎没有排斥作用,使胶束可以在水中比较稳定地存在。胶束的形状会随表面活性剂浓度的增大而变化,可以是球状、棒状或层状。若向表面活性剂溶液中添加比例合适的其他成分,则溶液中还会呈现出除胶束以外的多种结构形式的分子有序组合体,如图 7.5.4 所示。

临界胶束浓度的存在已经被 X 射线衍射图谱所证实,它和表面活性剂在液面上开始形成

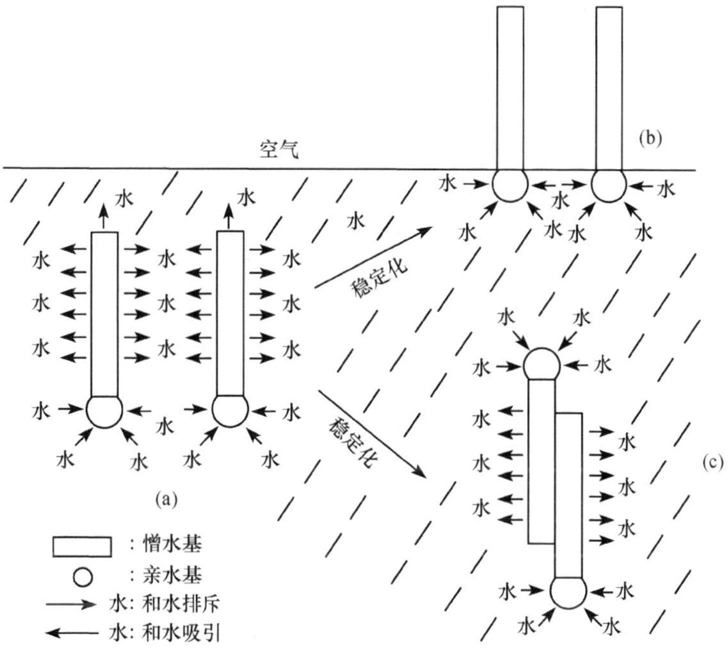

图 7.5.3　表面活性剂聚集到水的表面上和溶液内形成胶束

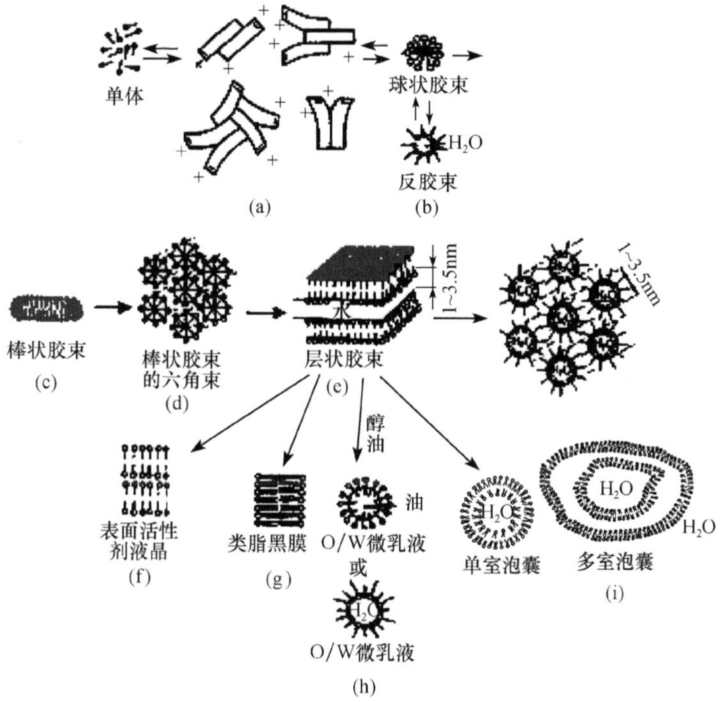

图 7.5.4　表面活性剂溶液中胶束的结构形成示意图

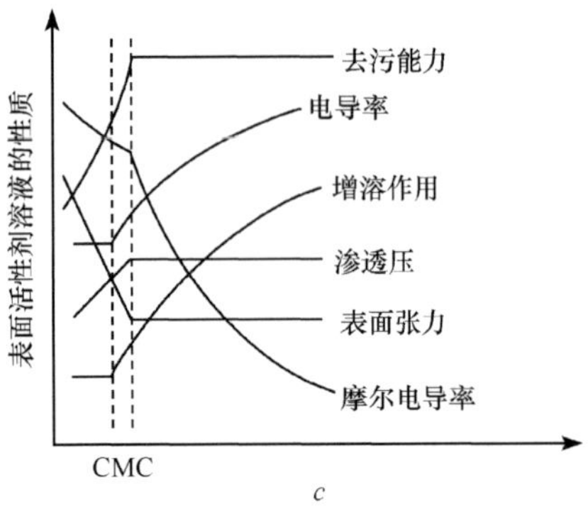

图 7.5.5 表面活性剂溶液的性质与浓度关系示意图

饱和吸附层所对应的浓度是一致的。临界胶束浓度可以用各种不同方法来测定,对于同一种表面活性剂由于测量方法的不同,所得到的 CMC 值略有差异。因此,一般所给的 CMC 值是一个临界胶束浓度的范围,如离子型表面活性剂的 CMC 一般为 $1\sim10\text{mmol}\cdot\text{dm}^{-3}$。在临界胶束浓度范围前后,不仅溶液的表面张力有显著变化,而且由于水溶液中的粒子数目变动很大,导致溶液的其他许多理化性质也有很大变化,如电导率、渗透压、去污能力等,如图 7.5.5 所示。因此可以通过测定上述性质随浓度增加而发生显著变化时的转折点来确定某物质的 CMC 值。常用的方法有渗透压、光散射、电导、表面张力、染料吸收法等。

7.5.2 表面活性剂的一些重要作用

1. 润湿作用(wetting action)

在生产和生活中,人们常需改变某种液体对固体的润湿程度,使用表面活性剂(或润湿剂等)常能够得到预期的效果。

1) 农药

大多数的作物茎叶表面、害虫体表常有一层疏水性很强的蜡质层,水很难润湿。而且大多数化学农药本身难溶于水,因此在农药加工和使用过程中,必须加入少量表面活性剂作为润湿剂(如烷基硫酸盐、烷基苯磺酸盐等阴离子表面活性剂和烷基酚聚氧乙烯醚、脂肪醇聚氧乙烯醚等)来改进药液对作物表面的润湿程度,使药液在枝叶表面上易于铺展,待水分蒸发后,叶面上能留下均匀的一薄层农药。否则,润湿性不好,枝叶表面上的药液会聚成液滴状,就很容易滚落下来,或待水分蒸发后,在叶面上留下若干断断续续的药剂斑点,直接影响杀虫效果。

2) 防水

塑料薄膜和油布制成的雨衣不透气,穿久了很不舒服。普通的棉布因纤维中有醇羟基而呈亲水性,所以很容易被水润湿,不能防雨。若用表面活性剂处理棉布,使其极性基与醇羟基结合,而非极性基伸向空气,使接触角 θ 增大而使原来的润湿变为不润湿,从而制成既能防水又可透气的轻便雨衣。实验证明,用季铵盐类和含氟表面活性剂处理过的棉布可经大雨冲淋 7 天而不透湿。

在建筑行业中,常加入防水剂(如高级脂肪酸酯、硅酮、油酸盐、合成树脂等)以改变混凝土的润湿性能来提高防水的效果。

3) 泡沫浮选

许多重要的金属(如 Mo、Cu 等)在矿脉中的含量很低,因此在冶炼之前必须设法提高其品位。泡沫浮选是达到这一目的的最常用方法。浮选过程大致如下:先将品位较低的原矿磨成粉末(0.01~0.1mm),再倾入大水池中,加入捕集剂和起泡剂等表面活性剂。捕集剂的极性基吸附在亲水性矿物表面上,即极性基团朝向矿物表面,而非极性基朝外,于是矿物就具有憎水性表面(图 7.5.6)。不断加入捕集剂,固体表面的憎水性随之增强,达到饱和后,在固体表面形成很强的憎水性薄膜。然后在水池底部通入空气,由于溶液中存在气泡剂,会产生大量气泡，有用矿石粒子就附着在气泡上浮到水面，经灭泡和浓缩即可得到富集的矿，而不含矿物的泥沙、岩石等矿渣则留在水底而被除去。若矿石中含有多种金属，可用不同的捕集剂和其他助剂使各种矿物分别浮起而被捕收。

矿物粒子要能漂浮，其接触角θ要求至少要大于50°，而固体表面只要有5%被捕集剂覆盖，就能满足此要求，所以捕集剂的用量一般较少。

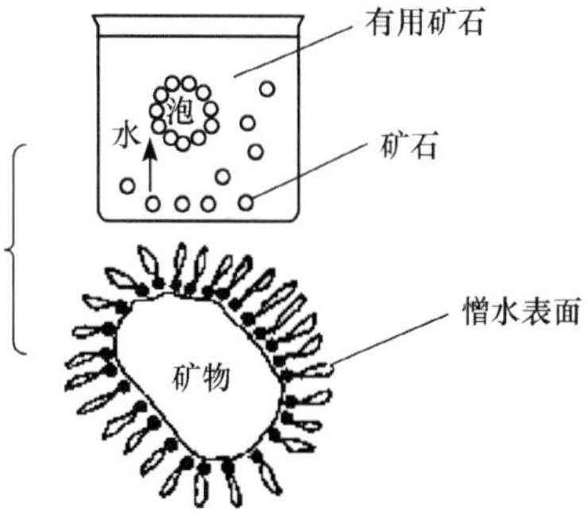

图 7.5.6 泡沫浮选的基本原理

4）采油

原油储于地下砂岩的毛细孔中，由于油与砂岩的接触角通常都大于水和砂岩的接触角，因此，在生产油井附近钻一些注水井，注入有表面活性剂的“活性水”以改变岩层的润湿特性，以便于原油被泵入岩层中的水置换出来，从而提高注水的驱油效率，增加原油产量。

2. 起泡作用（foaming action）

这里只讨论气相分散在液相中的泡沫。这种泡是由含有表面活性剂的液相薄膜包裹着的气体构成。泡沫则是很多气泡的聚集体，如图7.5.7所示。专门用来产生泡沫的表面活性剂称为起泡剂。目前对于起泡的作用机理尚不能解释得很清楚，大体说来有以下四个方面。

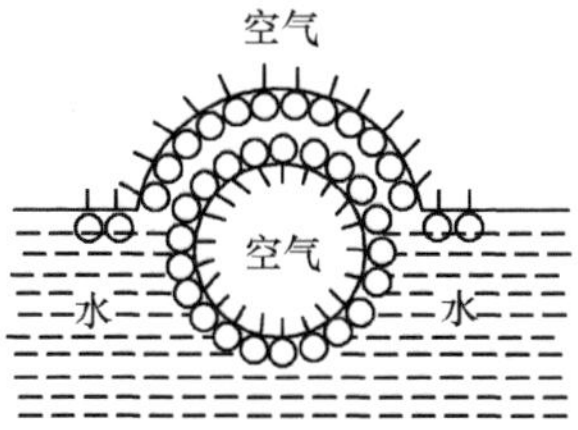

图 7.5.7 气泡结构示意图

（1）降低表面张力：形成泡沫时体系的界面面积增加了很多，表面活性剂能降低气-液表面张力而使体系得以稳定。

（2）在包围气体的液膜上形成双层结构：亲水基在液膜内形成水化层，液相的黏度增高，使液膜稳定。

（3）起泡剂的亲油基相互吸引、拉紧，使液膜的强度提高。

（4）离子型表面活性剂因解离而使泡沫荷电，它们之间的相互排斥力阻碍了它们的接近与聚集。

泡沫的应用相当广泛，如上述利用泡沫浮选可以富集有用矿物、消防中的泡沫灭火、日常生活中的洗涤等都与泡沫的作用有关。

3. 增溶作用

在表面活性剂水溶液的浓度达到或超过临界胶束浓度时，它能溶解相当量的几乎不溶于水的非极性有机化合物，形成完全透明、外观与真溶液相似的溶液。例如，100mL 10%的油酸钠水溶液中可以溶解10mL苯而不呈现浑浊。这种由于表面活性剂的存在而使本来不溶或微溶于溶剂的物质溶解或使其溶解度增大的现象称为**增溶作用**（solubilization）。

大量研究结果证明，表面活性剂和有机增溶物的性质不同，增溶方式也不相同，可分为以下几种方式。

（1）非极性增溶：油性物质溶于胶束内部的疏水基团。

（2）极性-非极性增溶：像醇那样两亲结构的有机物穿插到原胶束的离子或分子之间，形成混合胶束。

（3）吸附增溶：胶束的亲水基在水的界面上，像通常的吸附那样吸附高分子物质。

增溶作用既不同于溶解作用又不同于乳化作用，它具有下列几个显著特点。

(1) 表面活性剂浓度高于其临界胶束浓度，即可发生增溶作用，而且浓度越高，胶束数量越多，增溶效果越显著。

(2) 增溶的发生是一个自发过程，增溶后被增溶物的化学势降低，使体系更趋向稳定。

(3) 无论采用什么方法，达到平衡后的增溶结果都是一样的。例如，一种物质在肥皂溶液中的饱和溶液可从两个方向得到，从过饱和溶液稀释或从物质的逐渐被增溶而达到饱和，实验证明所得结果完全相同。

(4) 增溶后的溶液不存在两相，溶液是透明的，但增溶作用与真正的溶解作用也不相同。真正的溶解过程会使溶剂的依数性质(如熔点、渗透压等)有很大的改变，但有机物被增溶后，对溶剂的依数性质影响很小。这是因为增溶过程中被增溶物并未拆开成为分子或离子，而是分子整体溶入胶束，所以溶液中质点总数没有增多，只是胶束胀大了。这一事实已通过 X 射线衍射法研究得到证实。

增溶作用应用广泛，如用肥皂、洗涤剂去除油脂污垢的过程中，增溶作用是去污作用中很重要的一部分；一些生理现象也与增溶作用有关，如脂肪不能被小肠直接吸收，通过胆汁的增溶作用才能被有效地吸收。

4. 乳化作用

乳化作用(emulsification)是表面活性剂的一个很重要的作用，将在 7.6 节中讨论。

5. 洗涤作用

去除油污的洗涤作用(washing action)除了机械搓洗作用外，它与上面提到的润湿、起泡、乳化、增溶等多种作用有关。污垢可分为油污、尘土或它们的混合污垢，不同的污垢应用不同的洗涤剂。在表面活性剂的溶液中，首先由于表面活性剂的润湿作用，而使表面活性剂溶液进入到污染的纤维中间，这样就减弱了污垢在纤维上的附着力，加上搓洗的机械作用，污垢就可能从纤维表面上脱落而悬浮在水相中被水冲走，同时，由于洗涤剂的乳化作用，促使油污与纤维隔离，有些污垢就进入洗涤剂的胶束中而发生增溶作用，这样污垢被洗涤剂保护起来不会再附着到纤维上去，而且洗涤剂在洁净的纤维表面能形成吸附保护膜，防止污物重新在织品表面上沉积。关于起泡作用，一般认为和洗涤作用本身没有太大的直接关系。如果有泡沫，搓洗时显得易于使劲或省力，因此在实际使用上常把它看作是好洗涤剂的重要因素。

综上所述，在制备洗涤剂的过程中必须考虑下列几个因素：①洗涤剂必须具有良好的润湿性能，它能与被清洁的固体表面有充分的接触；②能有效地降低被清洗固体与水及污垢与水的界面张力，使污垢与固体的沾湿功变小而使污垢容易脱落；③有一定的起泡或增溶作用，能及时把除下来的污物分散；④能在洁净固体表面形成保护膜而防止污物重新沉积。

7.6　乳状液和微乳液

7.6.1　乳状液

乳状液与工农业生产和生活实际有着密切的关系，下面对乳状液的类型、鉴别、制备、应用等内容进行介绍。

1. 乳状液的类型和鉴别

乳状液(emulsion)是由一种或几种液体以小液滴形式分散在另一种与其不相溶的液体中而形成的多相分散体系。将苯和水放在试管内,无论如何用力摇荡,静止后苯与水很快分离。但是,若向试管内加入一些表面活性剂(如肥皂),再摇荡就形成牛奶一样的乳白液体。仔细观察发现此时苯以很小的液滴形式分散在水中,这种液体在相当长的时间内保持稳定,这就是乳状液。可见,两种不互溶的液体不能形成乳状液,要形成乳状液必须有第三者起稳定作用。这种起稳定作用的物质称为乳化剂,属于表面活性剂。

其中被分散的液体为分散相,起分散作用的另一种液体为分散介质。分散相小液滴的直径一般在 10^{-7}m 以上,属于粗分散体系,用显微镜可以清楚地观察到。由于小液滴对可见光的反射和折射,大多数乳状液在外观上为不透明或半透明的乳白色。乳状液的分散相与分散介质之间存在巨大的相界面,因此它具有多相性和聚结不稳定性,属于热力学上的不稳定体系。

在实际中,具有广泛用途的乳状液总是一相为水,以符号 W 表示,另一相为有机液体,统称为“油”,以符号 O 表示。水和油可以形成两种不同类型的乳状液。一种是分散介质为水,分散相为油,称为油/水型或水包油型乳状液,以符号 O/W 表示;另一种是分散介质为油,分散相为水,称为水/油型或油包水型乳状液,以符号 W/O 表示。例如,牛奶、豆浆等是 O/W 型乳状液,原油则是 W/O 型乳状液。还有一种多重乳化剂,又称**复乳**(multimulsion),它是W/O 型乳状液分散在水中或 O/W 型乳状液分散在油中形成的分散体系,分别用 W/O/W 或 O/W/O表示。

通常将形成乳状液时被分散的相称为**内相**(inner phase),而作为分散介质的相称为**外相**(outer phase),显然内相是不连续的,而外相是连续的。两种乳状液在外观上并无多大区别,确定乳状液是 O/W 型还是 W/O 型,最简单的方法是凭触觉,有油腻感的往往是 W/O 乳状液,但更客观的是用下列方法进行鉴别。

1) 稀释法

乳状液能被其外相液体稀释,因此凡是其性质与乳状液外相相同的液体就能稀释乳状液。例如,牛奶能被水稀释,所以它是 O/W 型乳状液。

2) 染料法

用微量的水溶性(或油溶性)染料加入乳状液中,看是液滴着色还是分散介质着色。例如,向乳状液中加数滴亚甲基蓝水溶性染料,若被染成均匀的蓝色,则为 O/W 型乳状液;若内相被染成蓝色(这可在显微镜观察下观察),则为 W/O 型乳状液。

3) 电导法

乳状液的电导取决于分散介质,而通常水的导电性比油好,所以 O/W 型乳状液有较好的导电性能,而 W/O 型乳状液的导电性能很差。

乳状液的制备通常采取分散法,即将液体以微小粒子分散在另一液体中。常用胶体磨、超声波乳化器、搅拌器、均化器等乳化设备来制备乳状液。

2. 乳状液的稳定性

为什么加入少量的添加剂能形成相对稳定的乳状液?下面对乳状液的稳定性进行一些简要介绍。

1）降低界面张力

将一种液体分散在与其不互溶的另一种液体中，必然导致体系相界面面积的增加，界面吉布斯函数增大，这是分散体系不稳定的根源。若加入少量的表面活性剂，则在两相界面层产生正吸附，从而显著降低了界面吉布斯函数，稳定性增加。

2）形成定向楔的界面

乳化剂分子具有一端亲水而另一端亲油的特性，其两端的横截面常大小不等。当乳化剂分子吸附在油-水界面上时，常呈现“大头”朝外，“小头”朝内的几何构型，就像一个个楔子密集地钉在圆球上。采取这样的几何构型，不仅可使分散相液滴的表面积最小，界面吉布斯函数最低，而且可以使界面膜更牢固。从而有效地将内相液滴保护起来，阻止其在碰撞过程中聚集长大，使得乳状液稳定。例如，K、Na 等一价碱金属皂类，含金属离子的一端是亲水的“大头”，作为乳化剂时能稳定 O/W 型乳状液，如图 7.6.1 所示。Ca、Mg、Zn 等二价金属皂类，含金属离子的一端是亲水的“小头”，作为乳化剂时能稳定 W/O 型乳状液，如图 7.6.2 所示。

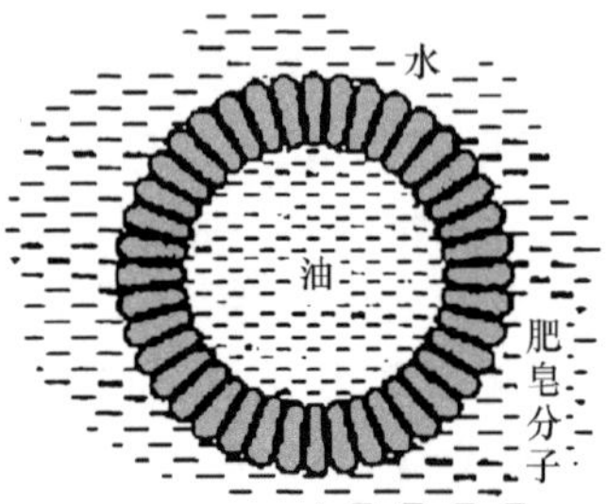

图 7.6.1　O/W 型乳状液

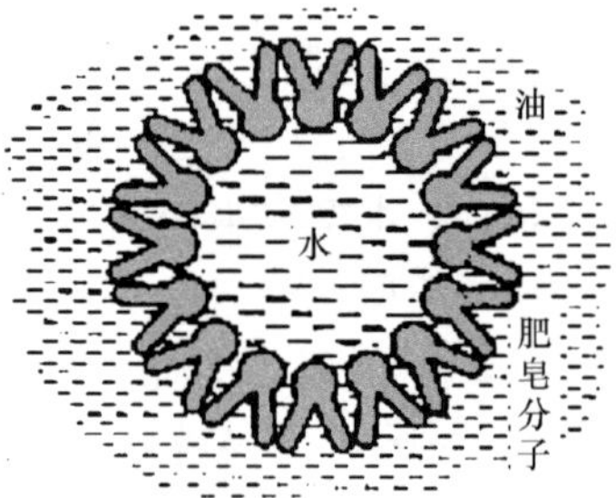

图 7.6.2　W/O 型乳状液

3）形成扩散双电层

用离子型表面活性剂作为乳化剂，表面活性剂在界面吸附时，疏水基碳氢链插入到油相中，极性亲水部分在水相中，其他无机反离子与之形成扩散双电层（详见第 8 章）。在同一体系中，液滴带有相同符号电荷，液滴的双电层排斥作用阻止了液滴相互碰撞聚结，从而增强了乳状液的稳定性。

4）界面膜的稳定作用

乳化过程也可理解为分散相液滴表面的成膜过程，界面膜的厚度，特别是膜的强度和韧性，对乳状液的稳定性起着重要的作用。

5）固体微粉末的稳定作用

分布在乳状液界面层中的固体微粒也能起到稳定剂的作用。根据固体粉末对水或油的润湿程度不同，可以形成不同类型的乳状液。光滑的圆球形粒子在油-水界面上的分布情况如图 7.6.3所示。以 $\sigma_{O\text{-}W}$、$\sigma_{O\text{-}S}$和 $\sigma_{W\text{-}S}$分别代表油-水、油-固和水-固界面张力，θ 为油-水界面和水-固界面的夹角。平衡时杨氏方程为：$\cos\theta=(\sigma_{O\text{-}S}-\sigma_{W\text{-}S})/\sigma_{O\text{-}W}$。若接触角 $\theta<90°$，水能润湿固体，大部分固体粒子浸入水中。接触角 $\theta>90°$，油能润湿固体，大部分固体粒子浸入油中。

由空间效应可知，为了能使固体粒子在分散相的周围排列成紧密的固体膜，固体粒子的大部分应当处在分散介质之中，如图 7.6.4 所示。亲水性的固体微粒如黏土、Al_2O_3，可形成 O/W型乳状液；而亲油性的固体微粒如炭黑、石墨粉等，可作为 W/O 型乳状液的稳定剂。其

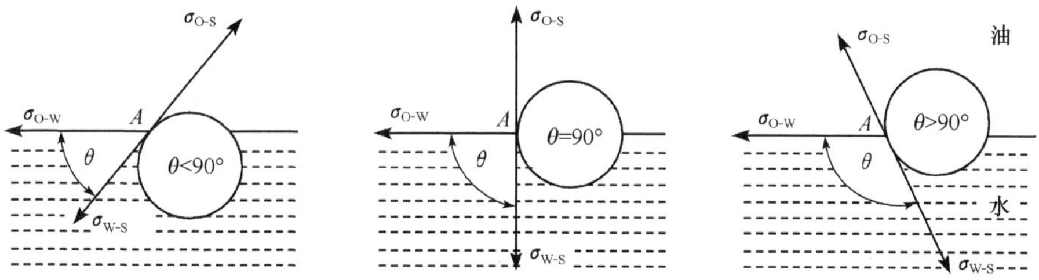

(a) 形成O/W型乳状液　(b) 形成W/O型乳状液或O/W型乳状液　(c) 形成W/O型乳状液

图 7.6.3　在油-水界面上固体粒子分布的情况

中固体微粒的尺寸应远小于分散相的尺寸。固体微粒的表面越粗糙、形状越不对称，越有利于形成牢固的固体膜，使乳状液更稳定。

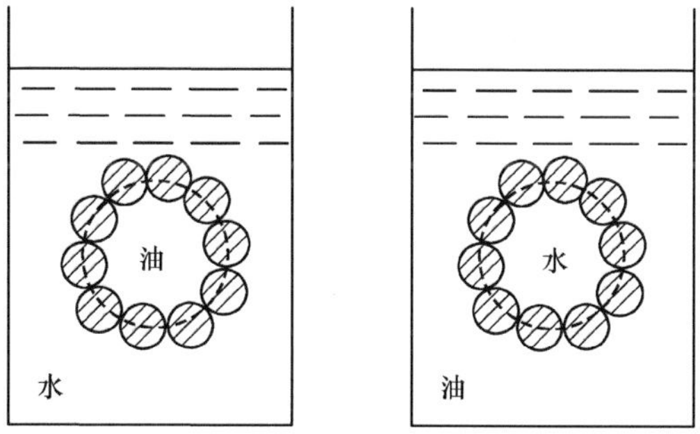

(a)　(b)

图 7.6.4　固体微粒乳化作用示意图

3. 乳化剂的选择

乳化剂或表面活性剂的选择主要依靠经验。除上述一般原理外，表面活性剂的 HLB 值是一个重要的参考。通常 O/W 型采用 HLB 值较大的表面活性剂，W/O 型则采用 HLB 值较小的表面活性剂。

4. 乳状液的破坏

在许多实际生产过程中常需要破坏乳状液，以使其中的油、水两相完全分离，这就是**破乳**(de-emulsification)。例如，原油、毛纺业中洗羊毛的废水、化工厂生产中不易分层不相混溶的两液体都应该设法破乳。由于乳状液稳定性原因很复杂，所以破乳的方法也各不相同，下面介绍几种常见的破乳方法。

(1) 加入不能形成坚固保护膜的物质，将原来的乳化剂顶替出来，如异戊醇，它的表面活性更强，但因碳氢链太短而无法形成牢固的界面膜。

(2) 加入类型相反的乳化剂，使原来的乳状液变得不稳定而遭破坏，此类反型乳化剂就称为破乳剂，如向 O/W 型的乳状液中加入 W/O 型的乳化剂。

(3) 加入某些能与乳化剂发生化学反应的物质，消除乳化剂的保护作用。例如，在以油酸钠为稳定剂的乳状液中加入无机酸，使油酸钠变成不具有乳化作用的油酸，从而削弱和破坏了乳化剂的乳化能力，达到破乳的目的。

(4) 加热法，升高温度可以降低乳化剂在油-水界面上的吸附量，减弱保护膜对乳状液的保护作用，并降低分散介质的黏度。

(5) 机械法，主要包括沉降、离心、搅拌等方法。

(6) 高压电场法，由于油的电阻率很大，对于 W/O 型乳状液，在高压电场作用下，油中的小水滴被极化，一端带正电，另一端带负电，彼此合并为大水滴，最后在重力作用下分为两层。

总之，破乳的方法多种多样，在许多情况下，往往不能采用单一的方法，有时需多种方法联用，方能达到满意的效果。

7.6.2 微乳液

1. 微乳液的概述

微乳液(microemulsion)或称微乳，为两种不相溶的液体在表面活性剂界面膜的作用下形成的热力学稳定的、各向同性的、透明的均相分散体系。分散相粒子的直径为 10～100nm。在特殊条件下，由水、油和极性有机物也可以形成微乳液，这种无表面活性剂的微乳反应结束后产物更容易分离，它们的应用正引起人们越来越多的关注。

乳状液有两种基本类型，即 O/W 型和 W/O 型乳状液，而微乳液除了有 O/W 型微乳液和 W/O 型微乳液(也称为反相微乳液)外，还有第三种类型——油、水双连续型，又称为中相微乳。

微乳液的结构就是由表面活性剂的定向单层为主形成的界面膜将不相混溶的两种液体分隔成微小的区域，此微小区域可以是孤立的，如图 7.6.5(a)和图 7.6.5(b)；也可以是分布于油相中管状网络的双连续相，如图 7.6.5(c)。

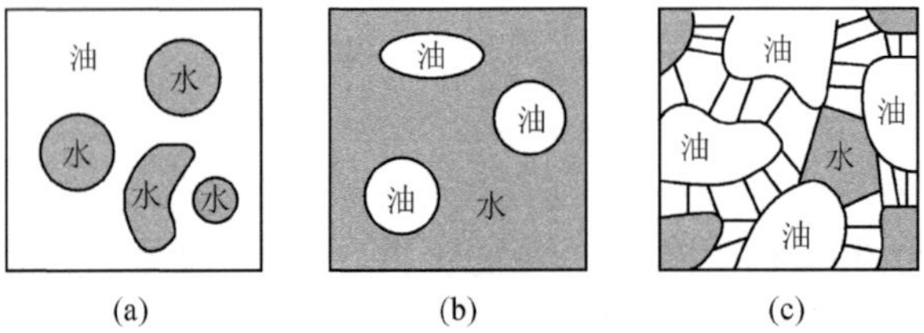

图 7.6.5 微乳液的三种结构示意图

2. 微乳液的性质

(1) 微乳液是热力学稳定体系。微乳液和乳状液的最本质的区别是微乳液是自发形成的热力学稳定体系，即使是在超离心场下也不分层。

(2) 微乳液的分散程度大、均匀。据光散射、超离心沉降及电子显微镜等方法的研究发现，微乳液分散相液滴非常细小而且均匀，粒径一般为几纳米到 100nm。

(3) 微乳液的增溶量大。微乳液的增溶量大于肿胀的胶束。

(4) 微乳液具有超低界面张力。中相微乳是胶束溶液和乳状液都没有的状态，它可同时增溶大量的油和水。

(5) 微乳液体系的流动性大，黏度小。

3. 微乳液的应用

由于微乳液具有许多优良性质，它在采油、洗涤、化妆品、农药、药品、润滑油、纺织工业等领域都有较为广泛的应用。目前在纳米材料的制备、微乳液的聚合及离子迁移、富集等方面的研究成为热点。下面介绍其部分应用。

1）微乳液作为反应介质

在有机合成中，经常遇到非极性有机物和无机盐的有效接触问题。通常反应在油水界面上进行，因此反应受界面面积的限制。由于微乳液对疏水的有机物和极性无机盐都有很好的相溶性，所以可以用来作为反应介质而解决相溶性的问题。门格（Menger）研究了微乳体系中三氯甲苯水解成苯甲酸的反应，发现在十六烷基三甲基溴化铵作用下，水解只需要1.5h即可完成，但无表面活性剂时需要60h才能完成。

纳米粒子是当前新兴材料的重要领域，用W/O（或O/W）型微乳液作为反应介质，在水核（或油核）中生成的固体粒子被液滴的内核尺寸有效地限制在纳米级范围，同时体系中的表面活性剂对粒子所起的保护作用能有效地阻止粒子的聚集。微乳液作为微反应器已成为制备纳米材料的重要方法之一。

2）微乳法分离蛋白质

对于生化物质的分离，要求不能破坏其生物活性。由于这个特殊的要求，一些常用的化工单元操作如精馏、蒸馏、蒸发、干燥等常不能采用，因为它们常在高温下操作，会破坏生物活性，同时由于生化物质（生物产品）一般有相当大的黏度，应用过滤和超滤等方法也会有困难。传统的液/液萃取也不适合生化产品的分离，因为蛋白质、酶等与有机溶剂接触时会变性而丧失其生物功能，而W/O型微乳液可以克服这些缺点，因为W/O型微乳液中纳米级的小水滴由一层表面活性剂分子包围，该小水滴又称“水池”，蛋白质、酶等通过与表面活性剂作用而进入该“水池”中并受到水壳层的保护，从而使蛋白质、酶的生物活性不会改变，这是微乳液萃取分离生化物质的显著优点，也是其诱人之处。

3）微乳化妆品

现代化妆品含有多种类型的功能成分，有油溶性的，也有水溶性的。常采用乳化的办法做成外观精美、使用方便、便于成分功能发挥的剂型。微乳剂型有很大优势，它不仅具有外观透明的优点，还有便于各种成分发挥其功能的好处。一些需要透过皮肤吸收的成分，因微乳粒子小于乳状液而更容易被吸收。

4）微乳清洁剂

目前洗涤用品包括肥皂、洗衣粉和液体洗涤剂等，这些洗涤用品对污垢的清洗均发挥着重要作用。而微乳液洗涤剂具有非常低的界面张力，十分强的润湿、乳化和增溶能力，能够很好地渗透到固体表面和织物毛细孔中，可有效地分散污物，使洗涤效果比传统的洗涤剂要好得多。

5）微乳燃料

目前，各种燃料油燃烧时有机物的挥发和排放都造成了很大的环境污染，配制微乳型燃油可以改善环境并具有更高的燃烧效能。

6）微乳剂型药物

微乳液作为药物载体优点如下：①为各向同性的透明液体，热力学稳定，且可过滤灭菌，易于制备和保存；②低黏度，注射时不会引起疼痛；③药物分散性好，吸收迅速，可提高生物利用度；④水包油型微乳可作为疏水性药物的载体，油包水型微乳可延长水溶性药物的释放时间，起到缓释作用；⑤对于易水解的药物，采用油包水型微乳可起到保护的作用。

7.7 两亲分子的有序组合体

两亲分子组成的有序组合体一般分为两类：一类是在界面上形成的超薄膜，如单分子膜、LB膜、双层类脂膜(BLM)等；另一类是在溶液中形成的集合体，如胶束、囊泡、微乳液、溶致液晶等。其中，两亲分子以一定的方式进行缔合而形成各种有序组合体，如在结构、形态及尺寸上各异的一级排列和以组合体为基本单元进行二级以上排列等。两亲分子也可以形成特定形态的超分子结构，使体系显示出许多独特的性质与功能。由于构成有序组合体的两亲分子的组成、结构及形成条件可以选择与调节，因此能够获得形态和大小不同、性质和功能各异的各种分子聚集体。两亲分子有序组合体已引起人们的广泛兴趣，它们为生命科学的研究提供了最适宜的模拟体系，也为材料、能源和环境等领域高新技术的发展提供了新的途径。

7.7.1 不溶性表面膜

1. 单分子膜

1765年，富兰克林(Franklin)在约2000m^2的池塘水面上倒了约4mL的植物油，他发现油在水面上铺展开，形成厚度约为2.5nm的很薄油层，此厚度与油分子的伸展长度相当。其后，波克尔斯(Pockels)和瑞利(Rayleigh)进一步研究又发现某些难溶物质铺展在液体表面上所形成的膜，确实约有一个分子的厚度，所以这种膜就被称为**单分子层表面膜**(unimolecular film或monolayer)。

微溶或不溶于水的两亲分子(如一些长链的脂肪酸、醇等)极易在水面上铺展开，形成极性基朝向水、非极性基指向空气作定向排列的不溶性单分子膜。由于表面膜中分子之间的相互作用不同，单分子膜以不同的二维空间状态存在，可以使我们根据表面膜压的测定来了解有关分子的大小、形状和它们定向排列的情况。

1) 表面压

研究表面膜表面压的重要仪器是朗缪尔膜天平(它可以测定表面压随膜面积的变化)，如图7.7.1所示。一块浮动的云母隔板A(浮片)将洁净水面W和单分子膜的水面M隔开，通过滑尺B改变单分子膜面积。作用在A上的力可以通过连接在它上面的扭力丝测定。将此力除以A的长度，得表面压(π)。表面压是作用在浮片A上的单位长度的力。改变膜面积，测定云母片所受的力随膜面积的变化即可得到膜的表面压π与成膜分子平均占有面积a的关系，即π-a曲线。

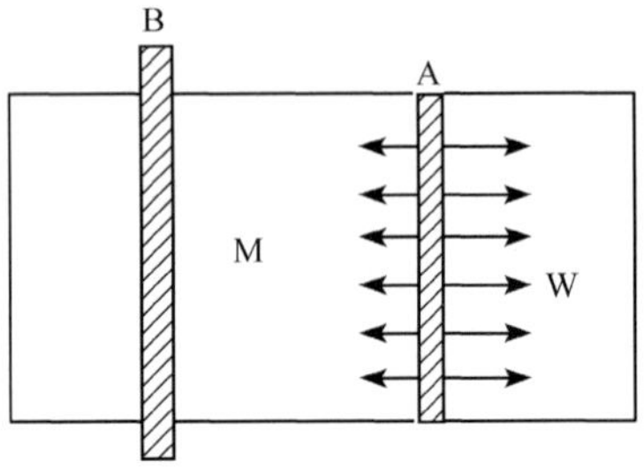

图7.7.1 膜天平示意图

表面压是表面张力作用的结果。A的右边是干净的水，设其表面张力为σ_0，A的左边是含有不溶性两亲分子的水，设其表面张力为σ，显然，$\sigma_0>\sigma$，浮片A受到不平衡力的作用，所以产生了表面压。

若长度为l的浮片移动了dx的距离，则不溶性表面膜对浮片所做的功就等于体系吉布斯函数的减少，即

$$\pi l dx = (\sigma_0 - \sigma) l dx$$

$$\pi = \sigma_0 - \sigma \tag{7.7.1}$$

式(7.7.1)的物理意义是表面压等于形成不溶性表面膜时水的表面自由能的降低值，或纯溶剂的表面张力与覆盖了膜之后的表面张力之差。显然，表面压的单位与表面张力的单位相同。

2) 不溶性单分子膜的各种状态

当膜被压缩时，表面压逐渐增大。不溶性表面膜是二维的，其状态以 π-a(面积)曲线来表示，如图 7.7.2 所示。

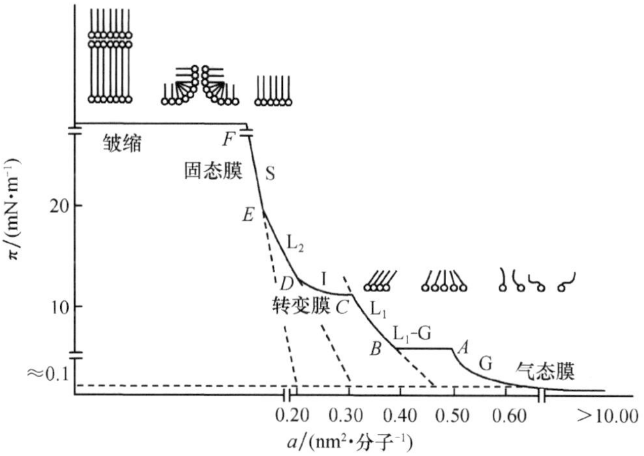

图 7.7.2 不溶性单分子膜的各种状态

由于不溶性两亲分子的运动被限制在水平面上的二维空间内，除有与三维空间类似的气、液和固聚集状态外，还有三维空间不存在的一些状态(气态扩张膜、液态扩张膜和转变膜)。

(1) 气态膜(G)。此时，π 很小($<0.1 mN \cdot m^{-1}$)，a 很大。表面膜具有良好的可压缩性，π 和 a 之间的关系可用类似于理想气体状态方程的式子表示

$$\pi a = k_B T \tag{7.7.2}$$

$$\pi A_s = nRT \tag{7.7.3}$$

式(7.7.2)和式(7.7.3)中，k_B为玻尔兹曼常量；T 为热力学温度；A_s 为物质的量为 n 的成膜分子所占面积。这种不溶性表面膜称为理想气态膜，成膜物质以单个分子的形式平躺在表面上自由移动。

(2) 气-液平衡状态。如图 7.7.2 所示，若将气态膜压缩至 A 点后，a 值将不断减小，而 π 值保持不变。即曲线的 AB 水平段，体系处于二维空间的气-液平衡状态，膜呈现不均匀性。水平段的表面压可当作不溶膜的饱和蒸气压。

(3) 液态扩张膜(L_1)。B 点之后曲线再次发生转折，随面积 a 减小，膜压 π 值显著上升，表明成膜分子相当靠近，有明显的侧向相互作用。图 7.7.2 中 BC 段为液态扩张膜。这种膜本质上是液态的，但比三维空间的液体的可压缩性大得多。

(4) 转变膜(I)。转变膜又称中间膜，液态扩张面积减小到一定程度，π-a 曲线会出现突然转折，如图 7.7.2中 CD 段。它是扩张膜与凝聚膜间的过渡区域。转变膜具有不均匀性及比液态扩张膜更高的可压缩性，但又不像气-液平衡状态时出现水平线段，因此，它不具有典型的一级相变的 π-a 关系。

(5) 液态凝聚膜(L_2)。对转变膜进一步压缩，其表面压 π 随成膜分子占有面积 a 的减小

呈直线上升。图 7.7.2 中 DE 段为液态凝聚膜，此时每个成膜分子的平均占有面积约比固态膜大 20%。将此直线外延到 $\pi=0$ 处，可得到构成液态凝聚膜的分子的平均面积，如直链脂肪酸的分子平均面积约为 0.25nm²。

(6) 固态凝聚膜(S)。进一步压缩表面膜，这时分子排列非常紧密，与晶体相似，因此称为固态凝聚膜，简称固态膜。如图 7.7.2 中 EF 段。将此直线外延到 $\pi=0$ 处，这时的平均分子面积被称为成膜物质的极限分子面积。例如，直链脂肪酸同系物($C_{12}\sim C_{26}$)的极限分子面积约为 0.205nm²，与同系物的链长无关，表明此时分子是定向直立排列在水的表面上。

对固态膜继续加压，最终会导致膜的破裂。可观察到随着压缩膜面积的减小，膜压不变的现象。此恒定值或最大值称为膜的破裂压。破裂压高的膜说明膜的强度大。

值得说明的是，不是任何成膜物质任何条件下都可以全部有以上状态。单分子层表面膜的可能存在的状态除随成膜物质的表面浓度变化外，还与成膜物质的分子结构、分子大小、底液的成分和温度等因素有关。

3) 不溶性表面膜的一些应用

(1) 测定成膜物质的摩尔质量和分子横截面积。将成膜物质的溶液定量地滴加到液面上，当溶剂挥发后成膜物质展开成单分子膜。在 π 很低时，膜呈气态，则有

$$\pi A_s = nRT = \frac{m}{M}RT \tag{7.7.4}$$

式中，m 和 M 分别为成膜物质的质量与摩尔质量。该法的优点是测定时间短、所需样品量极少。若将表面膜压缩形成液态或固态凝聚膜，则可通过 π-a 曲线上的直线外延到 $\pi=0$ 处，得到分子的横截面积。

(2) 表面膜反应。成膜物参与化学反应可以分为两类：一类为成膜物之间的反应，如表面聚合反应；另一类为成膜分子与底液或气相中的某组分发生的反应，如油脂在碱溶液中的水解反应是在相界面上进行的。表面膜中分子的定向和聚集状态对界面反应有很大影响，如十六酸乙酯在凝聚膜中的水解速率是未形成凝聚膜时速率的几分之一。此现象可解释为未发生凝聚时，$CH_3(CH_2)_{14}$—与 CH_3CH_2—疏水基均在表面上，而压缩表面形成凝聚膜时，CH_3CH_2—被挤到酯基的下面，形成了空间位阻，导致水解反应速率下降。

(3) 抑制水分蒸发。在干旱地区，将不溶性单分子膜铺展在水库、湖泊或水稻田的水面上，不仅可抑制水的蒸发，而且可减少因水蒸发而损失的热量。例如，将不溶性单分子膜用于农田，在抑制水蒸发的同时，还有液面增温的作用。这可使早稻插秧期提前，促进秧苗生长，并能防旱，对提高水稻产量有利。应用效果较好的成膜物质是 β-羟己基二十二烷基醚。

此外，不溶性表面膜在生物膜的模拟、混合单分子膜的性能、非线性光学、分子器件、电极修饰等方面的研究中也有着重要价值。

2. LB 膜

朗缪尔-布拉杰特(Langmuir-Blodgett)在 1920 年和 1935 年先后将单分子膜通过简单的办法转移到固体表面(又称基底)上，并且可以多层重叠，建立了一种单分子膜堆积技术，称为 LB 膜技术。

利用 LB 膜技术在固体表面上所获得的单分子层或多分子层膜被称为 **LB 膜**。LB 膜的制备是将不溶性两亲分子(通常是脂肪酸及相应的盐类、芳香化合物、稠环有机物等)在底液(又称亚相)上铺展成单分子膜，将固体(如玻璃、单晶体、半导体或金属等)基板放入膜中，或从膜

中提出，这样单分子膜被转移到固体基板上。根据固体基板的不同性质和多次插入或提出膜的转移方式不同可得到如图 7.7.3 所示的 X 型、Y 型和 Z 型三种不同结构的 LB 膜。

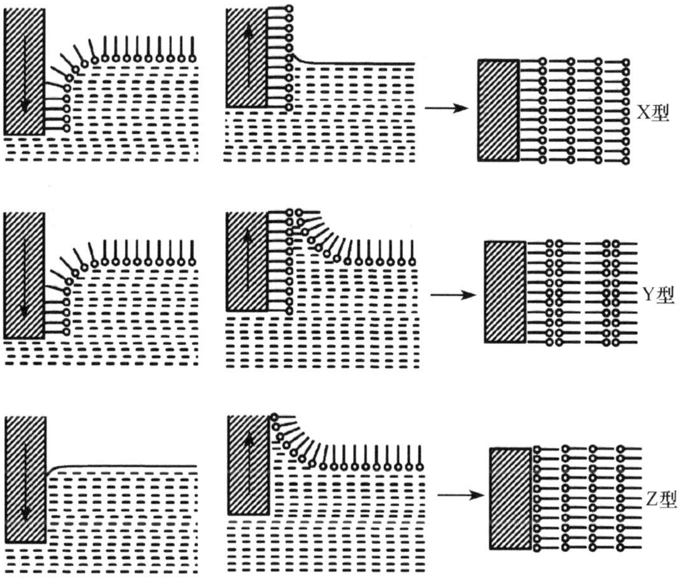

图 7.7.3 X 型、Y 型、Z 型 LB 膜的形成过程和结构
圆圈表示亲水部分(头)，棒代表长链烃(尾)

若移动浮片(图 7.7.1)先将表面活性剂在水面上铺成单分子膜，然后把板缓缓浸入水中，提出，重复铺膜、浸入、提出动作，可形成 X 型的 LB 膜；若先铺膜，然后将板浸入，再铺膜，提出，重复铺膜、浸入、铺膜、提出动作，可形成 Y 型的 LB 膜；若先将板浸入，再铺膜，然后提出，重复此浸入、铺膜、提出动作，可形成 Z 型的 LB 膜。

在进行膜转移时必须维持足够的膜压，因为只有凝聚膜才能达到好的转移效果。

利用此技术进行分子组装，发展新型电子材料，研制具有实用功能的分子电子器件和仿生原件等，已成为目前高新科学技术发展中的一个热点。在生物膜的功能模拟研究中，由叶绿素、维生素、磷脂和胆固醇等各类物质所形成的 LB 膜，可用以研究生物膜中的电子传递、能量传递、物质跨膜输运等过程。利用 LB 膜技术制成的仿生薄膜可作为生物传感器。此外，光色互变的 LB 膜可作为光记忆材料，非线性光学的 LB 膜可制成频率转换、参数放大、开关效应和电光调制等特殊器件。

由此可见，LB 膜在生物学、光电子学科学、信息科学等现代高科技领域均具有广阔的应用前景。对于 LB 膜存在稳定性较低，膜与固体基底结合不牢等问题，目前尚在研究中。

3. 双层类脂膜

生物膜在生命过程中起着十分重要的作用，它是由镶嵌着蛋白质分子的类脂双分子层构成。随着蛋白质结构和性质的不同，蛋白质分子可通过多种方式结合于双分子层上，参与双分子层的形成(图 7.7.4)。有的跨越膜，穿插其中[图 7.7.4(a)]，有的通过疏水效应而锚定在双分子膜上[图 7.7.4(b)]，有的其锚定作用是通过结合在蛋白质上的脂肪酸的碳氢链实现[图 7.7.4(c)]，有的还可能通过蛋白质的疏水凹陷与成膜材料疏水基相互作用[图 7.7.4(d)]，还有的蛋白质因带电基团与成膜材料带有异号电荷的电性吸引[图 7.7.4(e)]而结合。由于生物膜的成膜原料常是类脂化合物(lipid),而形成的双分子膜往往是黑色的,因此又称其为**双层类脂膜**(bilayer lipid membrane,BLM)或**类脂黑膜**(black lipid membrane)。从界面化学的观点出发,可将生物膜看作是由双分子膜类脂相将两个水相分开所构成的三相体系,即细胞内液/细胞膜/细胞外液。因此,利用各种不同的天然成膜物质,如卵磷脂、蛋白类脂、氧化胆固醇等,在不同 pH 和盐浓度下,采用适当的制膜技术,可以人为地制备出不同性质的双层类脂膜。

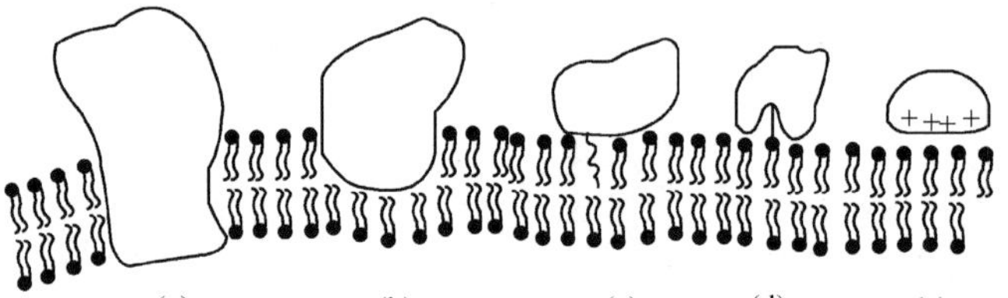

图 7.7.4 蛋白质与双分子层结合的几种模

双层类脂膜具有与生物膜相近的厚度、电性质、渗透性和可激发性。通过双层类脂膜与药物的相互作用,可了解药物与膜的结合对离子通道状态的影响和触发的药理作用。通过双层类脂膜的光电效应模拟光合作用,可考察其中电子传递和电荷分离的机理;对于离子的选择性输运过程是膜的最重要功能之一,双层类脂膜则提供了定量研究透过性的模型。

7.7.2 囊泡与脂质体

囊泡是由两亲分子尾对尾结合形成的封闭体系,其内部包含水或水溶液。囊泡分单室和多室两种类型,如图 7.7.5 所示。单室囊泡只有一个封闭双层包裹着水相;多室囊泡则是由多个两亲分子封闭双层形成的同心球球形(或椭球形或扁球形)的排列,其中心部分及各个双层之间都包有水的连续相。囊泡的形状可通过电子显微镜进行观察,大多呈球形、椭球形或扁球形。其大小一般为 30～100nm,也有大到 10μm 的大囊泡。囊泡的大小与制备方法有关,通常用来形成囊泡的方法有溶胀法、乙醚注射法、超声法、挤压法等。

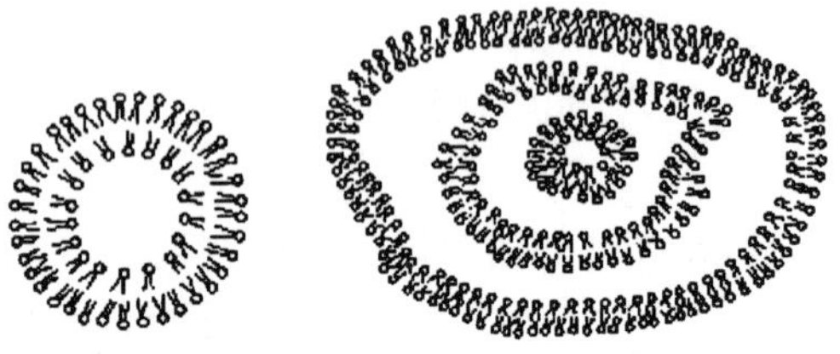

(a) 单室囊泡 (b) 多室囊泡

图 7.7.5 单室囊泡和多室囊泡

溶胀法是将两亲性化合物在水中溶胀,自发形成囊泡;乙醚注射法是将两亲性化合物制成乙醚溶液,然后注射到水中,待乙醚挥发后便形成囊泡。这两种方法可以认为是自发形成的囊泡,一般比较稳定。用超声法或挤压法也可以形成囊泡,这种囊泡一般不稳定,失去外力后,囊泡易解体。

囊泡的最大特点是包容性,它将亲水性物质包容在中心部位或极性层之间,将疏水物质包容在碳氢链夹层之中。这种包容性使囊泡同时具有运载水溶性和非水溶性药物的能力,可提高药效。尤其是脂质体是无毒的,可以生物降解。将药物包容在脂质体中,可防止酶和免疫系统对它的破坏,同时由于脂质体在生物循环体中存留的时间比单纯的药物长,因而在脂质体逐渐降解时可达到对药物的缓慢释放,延长药效;若在脂质体上引入特殊基团,可以将药物导向特殊器官,大大减少药物用量,这称为药物的靶向性。这些是药学制药业研究的前沿。此外,囊泡可以用于研究和模拟生物膜,也可以为一些化学反应及生物化学反应提供适宜的微环境。

7.7.3　液晶

早在1888年，奥地利植物学家莱尼茨尔(Reinitzer)在加热胆甾醇的苯甲酯和乙酸酯的结晶时，发现它不是直接由晶体变为液体，而是加热到145.5℃时先熔化成浑浊黏稠状液体，直至温度升到178.5℃时才突然全部变成清亮的液体。在145.5～178.5℃，物质处于既非固体，也非液体的特殊中间态。1889年，德国物理学家莱曼(Lehmann)使用自己设计的附有加热装置的偏光显微镜对这些酯类化合物进行了观察。他发现这些浑浊液体具有各向异性晶体所特有的双折射性。于是，他把这种化合物命名为Flüssiger Kristall，德语即"液晶"之意。

液晶是液态的晶体，也就是说，物质的**液晶态**(mesogenic state or mesophase)是介于三维有序晶态与无序晶态之间的一种中间态，既具有各向异性的晶体所特有的双折射性，又具有液体的流动性。处于液晶态的物质，其分子排列存在位置上的无序性，但在取向上仍有一维或二维的长程有序性，因此液晶又可称为"位置无序晶体"或"取向有序液体"。液晶一般可分**热致液晶**(thermotropic liquid crystals)和**溶致液晶**(lyotropic liquid crystals)两类。在显示应用领域，使用的是热致液晶。

热致液晶指在一定温度范围内呈现液晶态，即这种物质的晶体在加热熔化形成各向同性的液体之前形成液晶相。热致液晶又有许多类型，主要有**向列型**(nematics)、**近晶型**(smectics)和**胆甾型**(cholesterics)。向列型液晶也称丝状液晶，其分子是刚性的棒状，这种棒状分子沿同一方向取向，但各分子重心的分布无长程有序性；近晶型液晶也称层状液晶，其分子也为刚性棒状，其分子排列除了取向有序外，还有由分子重心组成的层状结构，分子是二维有序排列；胆甾型液晶，具有扭转分子层结构。

溶致液晶是一种只有在溶于某种溶剂时才呈现液晶态的物质，通常是由两亲分子与溶剂组成的二元或多元均相体系。随着两亲分子的结构、浓度和体系温度的变化，溶致液晶可有层状、六角和立方液晶等不同的类型，分别如图7.7.6中的(a)、(b)和(c)。溶致液晶是两亲分子在溶液中形成有序组合体的一种重要形式。构成溶致液晶的两亲分子包括磷脂等生物分子、各类合成表面活性剂及两亲性大分子聚合物等，溶剂通常是水或其他极性有机溶剂(如乙二醇、甘油、甲酰胺等)。

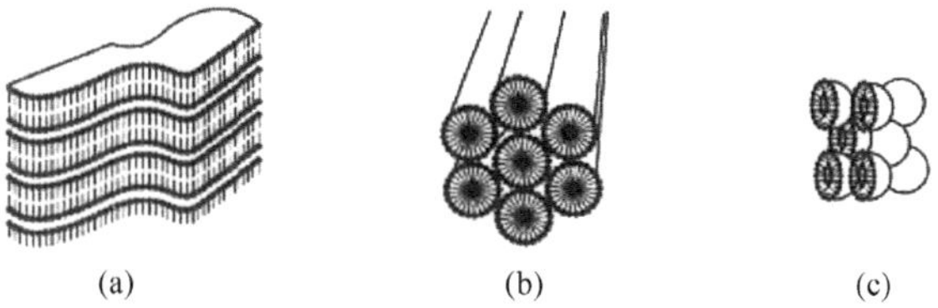

图7.7.6　溶致液晶类型

层状液晶是由层状胶团叠合而成，六角液晶是由长棒状胶团平行紧密排列而成，立方液晶则是由椭球形或短棒状胶团作立方点阵排列而成。人们通过偏光显微镜观察、小角X射线衍射和核磁共振等方法，可以确定液晶相的结构类型、晶格参数以及两亲分子排列的有序参数等。溶致液晶具有很高的体相黏度，在光学性质、传质性质和导电性质上均表现出各向异性。

研究发现，在生物体中存在大量的液晶态结构，如生物的许多器官与组织(人的皮肤、大脑、肌肉和眼睛视网膜等)、植物的叶绿体、甲壳虫的甲壳质等都具有液晶态的有序排列。许多生理现象和某些病态与液晶的形成和变化有关,如皮肤的老化与真皮组织层状液晶的含水量及两亲分子层对水的渗透有关,胆结石的形成与胆汁中溶致液晶的组成和含量发生变化有关。开展溶致液晶的研究,对人们进一步了解生命过程、生理现象、药物作用的机制等都有重要意义。

7.8 固体表面的吸附

固体表面是不均匀的,固体表面通常不是理想的晶面,而是有各种缺陷,它存在着平台、台阶、台阶拐弯处的扭折、错位、多层原子所形成的峰与谷以及表面杂质等。因而固体表面与液体表面有一重要的共同点,即表面层质点受力是不对称的,这使固体表面具有表面张力和过剩的表面自由能。但固体表面与液体表面有一重要的区别,即固体表面上质点几乎是不能移动的,这使得固体不能像液体那样通过收缩表面来降低表面吉布斯函数,不过固体可以从表面的外部吸引气体分子到表面,以减小表面层质点受力不对称程度,降低表面吉布斯函数。在恒温恒压条件下,吉布斯函数降低的过程是自发过程。所以固体表面自发地将气体富集到其表面,使气体在固体表面的浓度不同于气相中的浓度。这种在相界面上某种物质的浓度不同于其体相浓度的现象称为**吸附**(adsorption)。具有吸附能力的固体称为**吸附剂**(adsorbent),吸附剂一般具有大的比表面和一定的吸附选择性,如实验室常用的固体干燥剂硅胶就是水蒸气的吸附剂,被吸附的物质称为**吸附质**(adsorbate)。

固体表面的吸附现象很早就被人们发现和利用。例如,在制糖工业中用活性炭来处理糖液,以吸附其中的杂质来得到洁白的产品,此法至少已经有上百年的历史;工业上分子筛富氧就是利用某些分子筛(4A、5A、13X 等)优先吸附氮气的性质来提高空气中氧的浓度;防毒面具中的活性炭优先吸附氯气、二氧化硫等有害气体从而达到净化空气、防毒的目的;在催化领域中,固体表面的吸附是多相催化反应的必经步骤;此外,贵金属、天然产物的分离、提纯,药物有效成分的吸附和控制释放,污水处理,细胞膜的吸氧作用等都与吸附作用有关。因此,讨论固体表面上的吸附及其规律性具有特别重要的意义。

7.8.1 物理吸附和化学吸附

按照吸附分子与固体表面的作用力的性质不同,可将吸附区分为物理吸附和化学吸附两种类型。

固体表面与被吸附分子之间由于范德华力(定向力、诱导力和色散力的总称)而产生吸附称为**物理吸附**(physisorption)。物理吸附的实质是一种物理作用,在吸附过程中没有电子转移,不发生化学键的生成与断裂,也没有原子重排等,类似于气体的液化和蒸气的凝聚。由于范德华力弱,所以吸附热绝对值较小,与气体的液化热相近,一般小于 $40\text{kJ}\cdot\text{mol}^{-1}$。物理吸附可以是单分子层也可以是多分子层的,因为分子间范德华力普遍存在,所以物理吸附一般没有选择性,即一种吸附剂可以吸附许多不同种类的气体。此外物理吸附基本不需要活化能(即使需要也很小),因此物理吸附的吸附速率和解吸速率都很快,且一般不受温度的影响,也就是说,吸附在低温下即可发生,其吸附是可逆的。

固体表面与被吸附分子之间由于化学键力的作用而产生吸附称为**化学吸附**(chemisorption)。与物理吸附不同,在化学吸附过程中,可以发生电子转移、原子重排、化学键的断裂与形成等过程。化学吸附因为靠的是化学键力,吸满单分子层后固体表面原子的剩余价力就达饱和了,不再与其他分子成键,因此化学吸附是单分子层的。化学吸附过程发生键的断裂与形成,因此化学吸附热绝对值的数量级与化学反应热相近。化学吸附由于在吸附剂和吸附质之间形成化学反应,因此,化学吸附具有很强的选择性,即一种吸附剂只对某些物质才会发生吸附作用。此外,化学吸附的吸附与解吸速率都较小,温度升高时吸附速率和解吸速率均增加,表明与化学反应一样,化学吸附需要一定的活化能,在较高温度下吸附才能发生,其吸附是不可逆的。可见,化学吸附实质上可以看成是固体表面上的化学反应,其原动力来自于固体表面上的原子与气体分子间的化学键力。为了便于比较,将两种吸附的特点列于表 7.8.1。

表 7.8.1 物理吸附和化学吸附的区别

性　质	物理吸附	化学吸附
吸附力	范德华力	化学键力
吸附热	小,近于液化热	大,近于反应热
吸附层	单分子层或多分子层	单分子层
选择性	无或很差	较强
稳定性	不稳定,易解吸	比较稳定,不易解吸
吸附速率	较快,不受温度影响,一般不需要活化能,易达平衡	较慢,温度升高则速率加快,需活化能,不易达平衡

物理吸附和化学吸附不是截然分开的,两者往往同时发生。例如,氧在金属 W 表面上的吸附,有的氧是以分子状态被吸附(物理吸附),有的氧是以原子状态被吸附(化学吸附),还有一些氧是以分子状态被吸附在氧原子上面形成多层吸附。在不同温度下,起主导作用的吸附性质可以发生变化。例如,氢在镍上的吸附,在低温时发生物理吸附,而高温时发生化学吸附。

7.8.2 吸附曲线与吸附热力学

1. 吸附量

研究指定条件下的吸附量是一项重要的课题。吸附量 Γ 的定义为:在一定的温度、压力下,气体在固体表面达到吸附平衡(吸附速率等于脱附速率)时,单位质量吸附剂所吸附气体物质的量 n 或体积 V(一般换算成标准状况下的体积)

$$\Gamma=\frac{n}{m} \quad 或 \quad \Gamma=\frac{V}{m} \tag{7.8.1}$$

式(7.8.1)中,Γ 的单位分别为 $mol \cdot kg^{-1}$ 或 $m^3 \cdot kg^{-1}$。

2. 吸附曲线

吸附曲线是反映吸附量与温度和吸附平衡时吸附质分压的关系曲线,即

$$\Gamma=f\,(T,p)$$

为了便于找出规律,常固定一个变量而求出另外两个变量之间的关系。

吸附等压线 $\Gamma=f\,(T)$是吸附质平衡分压一定时,吸附温度和吸附量之间的关系曲线,如图 7.8.1(a)所示。吸附等压线的重要用途之一是判别吸附类型。由于一般情况下,吸附过程放热,所以温度升高时吸附量应降低。物理吸附很容易达到平衡,因此实验结果表现出其吸附

量随温度升高而下降的规律；化学吸附在低温时很难达到平衡，随温度升高化学吸附速率加快，吸附量增加，直到平衡，平衡后吸附量随温度升高而下降。图 7.8.1(b)中虚线是物理吸附向化学吸附转变而未达到平衡的状态。总之，不论是物理吸附还是化学吸附，达到平衡时吸附量均随温度升高而降低。

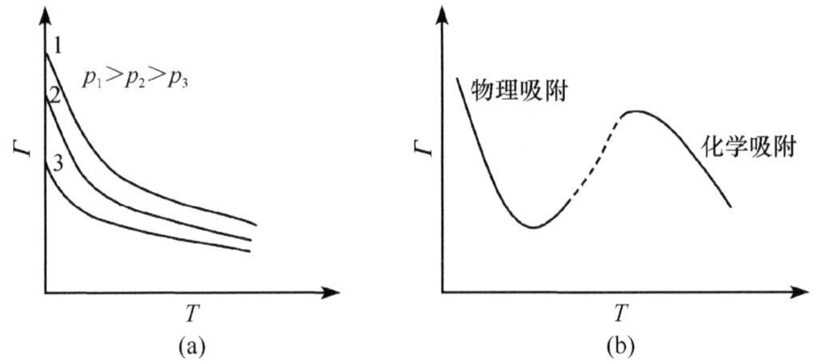

图 7.8.1　吸附等压线

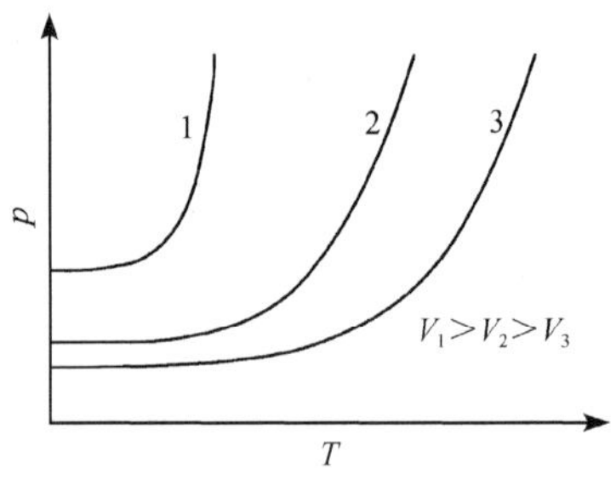

图 7.8.2　吸附等量线

吸附等量线 $p=f(T)$是吸附量一定时，吸附温度和吸附质平衡分压之间的关系曲线，见图 7.8.2，其主要应用是计算吸附热，从而由吸附热的大小来判断吸附作用的强弱。

吸附等温线 $\Gamma=f(p)$是在恒定温度下，平衡吸附量与被吸附气体压力的关系曲线。各种吸附等温线大致有以下五种类型，如图 7.8.3 所示。图中纵坐标代表吸附量，横坐标为相对压力，p_s 是在该温度下被吸附物质的饱和蒸气压，p 是吸附平衡时的压力。

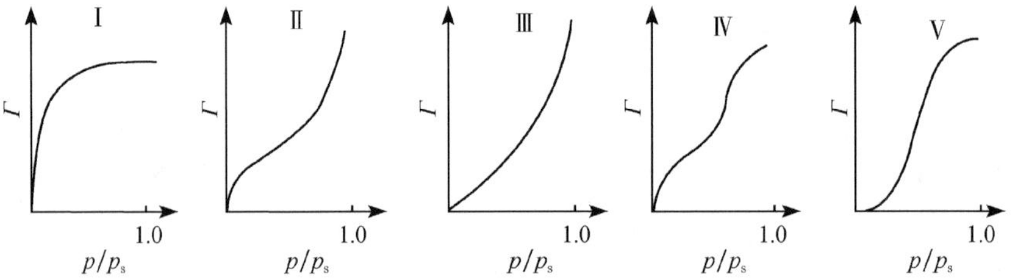

图 7.8.3　五种类型的吸附等温线

类型Ⅰ吸附等温线(如 78K 时 N_2 在活性炭上的吸附)表现为吸附量随压力的升高很快达到一个极限值，这类吸附为单分子层的吸附，称为朗缪尔型吸附，化学吸附等温线一般属于类型Ⅰ，均匀细孔结构的固体(如分子筛)上的气体物理吸附也属于类型Ⅰ。

类型Ⅱ吸附等温线(如 78K 时 N_2 在硅胶或铁催化剂上的吸附)为多分子层物理吸附，低压时为单分子层吸附，高压时形成多分子层吸附，这种类型的吸附较常见，通称 S 型等温线。

类型Ⅲ吸附等温线(如 352K 时 Br_2 在硅胶上的吸附)和类型Ⅴ吸附等温线(如 373K 时水蒸气在木炭上的吸附)均在比压较低部分是向右凹的，说明单分子层的吸附力较弱，这两种吸附类型比较少见。

类型Ⅳ吸附等温线(如 323K 时苯蒸气在氧化铁凝胶上的吸附)的低压部分与类型Ⅱ吸附

等温线相似，表明单分子层吸附较快，高压部分与类型Ⅴ吸附等温线相似，表明有毛细管凝结现象发生，吸附的上限主要取决于总孔体积和有效直径。

由吸附等温线，可以了解吸附剂的表面性质、孔分布性质以及吸附剂与吸附质的相互作用的有关信息，因而有重要的实际意义。

3. 吸附热力学

恒压下，升高温度，吸附量总是降低，这意味着吸附是放热过程，即吸附焓 ΔH 总是负值，这可用热力学公式 $\Delta G = \Delta H - T\Delta S$ 解释。由于吸附过程是自发过程，所以 $\Delta G<0$，气体分子被吸附后，一般混乱度比气态时小，因此 $\Delta S<0$，所以，吸附焓 $\Delta H<0$。反之，脱附过程必定是吸热的。人们常将吸附热数值绝对值的大小作为吸附强度的一种度量。

吸附热数值是了解固体表面和吸附质分子之间结合力强弱的重要参数(吸附越强，吸附热就越大)，还可以为人们提供有关表面均一性的信息。

7.8.3 气-固吸附等温式

常用的吸附等温式为：朗缪尔公式、弗伦因德利希公式和 BET 公式。

1. 朗缪尔吸附等温式

1916 年朗缪尔根据大量吸附实验数据，从动力学观点出发，提出固体对气体的吸附理论，一般称为**单分子层吸附理论**(theory of adsorption of unimolecular layer)，其基本假设是：

(1) 固体表面对气体分子的吸附是单分子层吸附。由于固体表面原子力场不饱和，有剩余价力，即固体表面有吸附力场存在。只要气体分子碰撞到固体的空白表面上，进入到此力场作用的范围内(大约相当于分子的直径大小)，就有可能被吸附；当固体表面覆盖一层吸附分子后，固体表面由于力场得到饱和便不能再吸附其他分子。因此，吸附是单分子层的。

(2) 固体表面是均匀的。固体表面各处的吸附能力相同，吸附热是常数，不随覆盖程度而改变。

(3) 被吸附在固体表面上的分子之间无相互作用力。因此，气体的吸附和脱附(解吸)不受周围被吸附分子的影响。

(4) 吸附平衡是吸附和脱附的动态平衡。达到平衡时吸附速率和脱附速率相等。

一定温度下，用 θ 表示固体表面被覆盖的分数，称为覆盖率，即

$$\theta = \frac{\text{已被吸附质覆盖的固体表面积}}{\text{固体总的表面积}}$$

$(1-\theta)$则表示尚未被覆盖的分数。达到吸附平衡时，应有如下关系

$$\text{吸附速率} = k_1 p(1-\theta)$$

$$\text{脱附速率} = k_{-1}\theta$$

式中，k_1 和 k_{-1} 为分别代表吸附和脱附的速率系数。

吸附达到平衡时，这两个吸附速率相当，即

$$k_1 p(1-\theta) = k_{-1}\theta$$

$$\theta = \frac{k_1 p}{k_{-1} + k_1 p}$$

令$\dfrac{k_1}{k_{-1}}=b$，则得

$$\theta=\frac{bp}{1+bp} \tag{7.8.2}$$

式(7.8.2)中，b 称为**吸附平衡常数**(equilibrium constant of adsorption)，b 值越大代表固体表面对气体的吸附能力越强。式(7.8.2)称为**朗缪尔吸附等温式**(Langmuir adsorption isotherm)。

现以 Γ_∞ 代表当单分子层饱和时的吸附量，Γ 代表压力为 p 时的实际吸附量，则表面覆盖率 $\theta=\dfrac{\Gamma}{\Gamma_\infty}$，代入式(7.8.2)得

$$\frac{\Gamma}{\Gamma_\infty}=\frac{bp}{1+bp} \qquad \Gamma=\Gamma_\infty\frac{bp}{1+bp} \tag{7.8.3}$$

朗缪尔吸附等温式只适用于单分子层吸附，它能较好地描述图 7.8.3 中Ⅰ型吸附等温线在不同压力范围的吸附特征。由式(7.8.3)可以看到

(1) 当压力足够低或吸附很弱时，$bp\ll1$，则 $\Gamma=\Gamma_\infty bp$，即 Γ 与吸附气体压力 p 成正比关系，这与图 7.8.3Ⅰ型中的低压部分相符。

(2) 当压力足够高或吸附很强时，$bp\gg1$，则 $\Gamma\approx\Gamma_\infty$，表明吸附量为一常数，不随压力而变化，这反映单分子层吸附达到饱和的极限情况，这与图 7.8.3Ⅰ型中的高压部分相符。

(3) 当压力适中时或吸附中等强度时，$\Gamma=\Gamma_\infty\dfrac{bp}{1+bp}=\Gamma_\infty bp^n\,(0<n<1)$，$\Gamma$ 与 p 的关系为曲线，这与图 7.8.3Ⅰ型中的中压部分相符。

将式(7.8.3)重排后得

$$\frac{1}{\Gamma}=\frac{1}{\Gamma_\infty}+\frac{1}{\Gamma_\infty bp} \tag{7.8.4}$$

这是朗缪尔吸附等温式的另一种写法。以$\dfrac{1}{\Gamma}$对 $1/p$ 作图得一直线，斜率为$\dfrac{1}{\Gamma_\infty b}$，截距为$\dfrac{1}{\Gamma_\infty}$，由斜率与截距可求出 Γ_∞ 和 b 的数值。

【例 7.8.1】 在 25℃时，N_2的不同平衡压力下，实验测得 1kg 活性炭吸附的 N_2体积数据(已换算成标准状况)如下

p/kPa	1.7305	3.0584	4.5343	7.4967
V/dm^3	3.043	5.082	7.047	10.310

运用作图法求朗缪尔吸附等温式中的常数 b 和 Γ_∞。

解
$$\frac{1}{\Gamma}=\frac{1}{\Gamma_\infty}+\frac{1}{\Gamma_\infty bp}$$

由题给数据得

$1/(p/\text{kPa})$	0.5779	0.3270	0.2205	0.1334
$1/[\Gamma/(dm^3\cdot kg^{-1})]$	0.3286	0.1968	0.1419	0.0970

以 $1/[\Gamma/(dm^3\cdot kg^{-1})]$对 $1/(p/\text{kPa})$作图，对数据进行线性拟合得

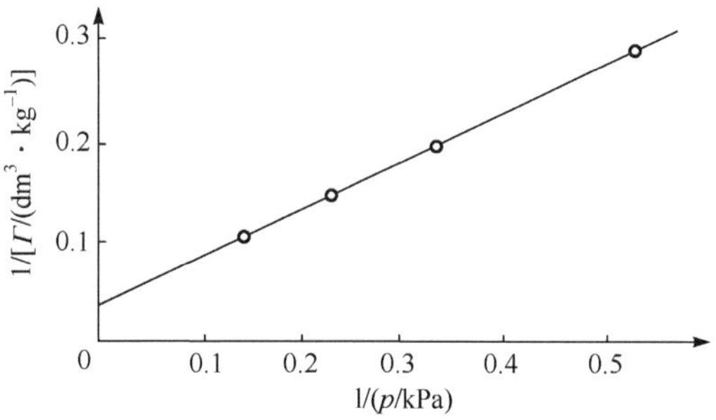

直线的截距 $=1/[\Gamma_\infty/(\mathrm{dm^3\cdot kg^{-1}})]=0.0270$；直线的斜率 $=\dfrac{\mathrm{dm^3\cdot kg^{-1}\cdot kPa^{-1}}}{\Gamma_\infty b}=0.521$

所以饱和吸附量：$\Gamma_\infty=37.0\mathrm{dm^3\cdot kg^{-1}}$

$$b=[1/(0.521\times 37.0)]\mathrm{kPa^{-1}}=0.0519\mathrm{kPa^{-1}}$$

对于混合气体，在固体表面上发生竞争吸附时，假设吸附仍然保持单分子层，则可用类似方法导出多组分混合气体在表面上吸附时 B 组分的朗缪尔吸附等温式

$$\theta_B=\frac{b_B p_B}{1+\sum_B b_B p_B} \tag{7.8.5}$$

式中，θ_B 为 B 组分在固体表面的覆盖率；b_B 和 p_B 分别为 B 组分的吸附平衡常数与平衡分压。

朗缪尔吸附等温式适用于大多数化学吸附和低压高温下的物理吸附。但应该指出，在推导朗缪尔吸附等温式时所作的假设大多数是不完全符合实际情况的。例如，大多数固体表面并不均匀，脱附速率与被吸附分子所处位置有关；被吸附分子间的相互作用力一般是较大的，因而不能忽略；吸附热与覆盖度有关；被吸附分子可以在固体表面上移动，特别是高温下的物理吸附表现得尤为明显。虽然如此，朗缪尔吸附等温式较好地描述了图 7.8.3 中Ⅰ型吸附等温线，其推导过程中首次对固气吸附机理作了形象描述，对后来吸附理论的发展起到了重要的奠基作用。朗缪尔由于在表面化学方面的发现和研究而荣获 1932 年诺贝尔化学奖。

2. 弗伦因德利希吸附等温式

弗伦因德利希(Freundlich)吸附等温式开始是以经验式提出来的，后来才给予理论上说明，并能由理论模型推导得出。该模型修正了朗缪尔对固体表面绝对均匀的假设，而把固体表面上的吸附中心按吸附热的不同分成若干种类型，每一种吸附中心具有一定的吸附热。若假定吸附热是以指数形式而随覆盖度变化，则可推导出弗伦因德利希吸附等温式

$$\Gamma=kp^{\frac{1}{n}} \tag{7.8.6}$$

式(7.8.6)中，Γ 为气体在固体表面的吸附量；p 为气体的平衡压力；k 和 n 为与温度、吸附剂、吸附质种类等有关的常数。将式(7.8.6)取对数，则得

$$\lg\Gamma=\lg k+\frac{1}{n}\lg p \tag{7.8.7}$$

即以 $\lg\Gamma$ 对 $\lg p$ 作图应得一直线，由直线的斜率和截距可求出 n 和 k 值，n 的数值一般大于 1，对一定的吸附质，k 与吸附剂的性质有关，k 值越大，吸附剂的吸附性能越好。

弗伦因德利希吸附等温式用于物理吸附和化学吸附的中压部分，所得结果能很好地与实验数据相符，其形式简单，应用较为广泛。其不足之处是应用于吸附等温线的低压部分和高压部分时有较大的偏差。

3. BET 吸附公式

大多数固体对气体的吸附往往发生多分子层吸附。为此，布龙瑙尔(Brunauer)、埃米特(Emmett)和特勒尔(Teller)三人于 1938 年在朗缪尔单分子层吸附模型的基础上，提出了**多分子层吸附理论**(theory of adsorption of polymolecular layer)，简称为 BET 吸附理论。

BET 吸附理论接受了朗缪尔吸附理论中(2)～(4)假设，改进之处是认为固体表面吸附一层分子之后，由于分子间普遍存在范德华力，还可以发生多分子层吸附，但第一层吸附和以后各层的吸附有本质的不同。第一层吸附是气体分子与固体表面直接发生的作用，而第二层以后的各层是已被吸附的分子依靠自身的范德华力再吸引同类分子的作用，第二层及以后各层的吸附热都相同，其大小接近于气体的凝聚热。在恒温下，在多分子层吸附达平衡后，气体的吸附量 Γ 应等于各层吸附量的总和，如图 7.8.4 所示。基于这些假定，可推导出二常数(Γ_∞ 和 C)BET 公式为

$$\Gamma=\Gamma_\infty\frac{Cp}{(p_s-p)\left[1+(C-1)\dfrac{p}{p_s}\right]} \tag{7.8.8}$$

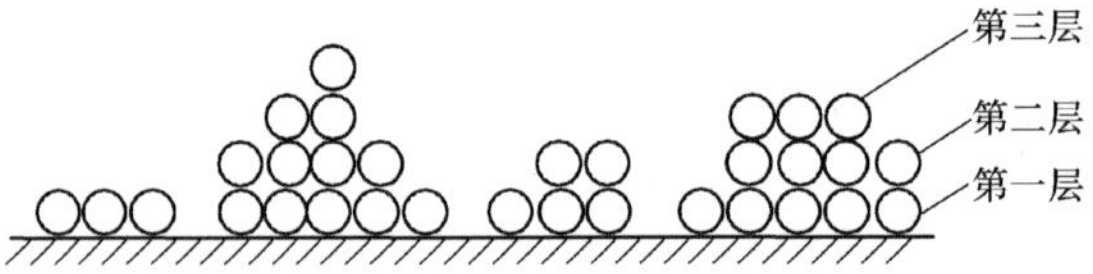

图 7.8.4　多分子层吸附示意图

或

$$\frac{p}{\Gamma(p_s-p)}=\frac{1}{\Gamma_\infty C}+\frac{(C-1)}{\Gamma_\infty C}\frac{p}{p_s} \tag{7.8.9}$$

式中，Γ 为气体平衡压力为 p 时的吸附量；Γ_∞ 表示吸附剂被盖满一层时的吸附量；p_s 为实验温度下被吸附气体的饱和蒸气压；C 为与吸附热有关的常数。BET 公式对图 7.8.3 中的Ⅰ、Ⅱ、Ⅲ类吸附等温线都能给予说明，并可用于测定和计算固体吸附剂的质量比表面。

以实验测定的 $\dfrac{p}{\Gamma(p_s-p)}$ 对 $\dfrac{p}{p_s}$ 作图，应得一直线，直线的斜率是 $\dfrac{C-1}{\Gamma_\infty C}$，截距是 $\dfrac{1}{\Gamma_\infty C}$，由此得：$\Gamma_\infty=\dfrac{1}{斜率+截距}$。

从 Γ_∞ 值可以计算铺满单分子层时的分子个数。若已知每个吸附质分子的所占面积为 A_m，就可求出吸附剂的总表面积 A_s 和比表面积

$$A_s=A_mLn=A_mL\frac{\Gamma_\infty(\text{STP})}{V_m(\text{STP})} \tag{7.8.10}$$

式(7.8.10)中，L 为阿伏伽德罗常量；n 为吸附剂被盖满一层时吸附质的物质的量；$V_m(\text{STP})$ 为在 STP 下气体的摩尔体积($22.414\times10^{-3}\,\text{m}^3\cdot\text{mol}^{-1}$)；$\Gamma_\infty(\text{STP})$ 为质量为 m 的吸附剂在温度为 T、压力为 p 下吸满一层时气体的体积换算成 STP 下的值。

比表面对于固体吸附剂和催化剂来说是一个很重要的物理量，它能很好地衡量固体的吸附能力和催化性能，因而测定固体比表面是一项很重要的工作。

用 BET 法测定固体比表面应在低温下进行，常用的吸附质是 N_2，N_2 分子所占面积为

$16.2\times10^{-20}\,m^2$。最好在接近液态氮沸腾时的温度(78K)下进行，BET二常数公式的应用范围在$\dfrac{p}{p_s}$为0.05～0.35，否则产生较大偏差。相对压力低时，表面的不均匀性显得突出，而相对压力过高时，吸附分子间的相互作用不能忽略，以及在压力较高时多孔性吸附剂的孔径因吸附多分子层而变细后，易于发生蒸气在毛细管中的凝聚现象，也使结果产生偏差。

虽然BET公式考虑了多分子层吸附，比朗缪尔吸附理论进了一步，但是由于BET理论没有考虑固体的不均匀性以及同层分子间的相互作用，因此应用时要严格遵守使用条件。

7.8.4 固体自溶液中的吸附

前面讨论的都是固体吸附剂在气相中吸附，固体在溶液中的吸附则比它对气体的吸附复杂得多，因为溶液各个组分均能被固体表面所吸附，而固体与溶质、固体与溶剂和溶剂与溶质间均存在着相互作用，所以其吸附等温线是表观的，称为复合等温线。

1. 吸附量的测定

测定固体表面吸附溶质的量，通常是在恒温条件下，将一定量的固体吸附剂加入到一定量已知浓度的溶液中，振荡使其充分混合，达到吸附平衡后，再分析溶液的浓度。从吸附前后溶液浓度的变化可以求出单位质量固体吸附剂所吸附溶质的量Γ

$$\Gamma=\frac{x}{m}=\frac{V(c_0-c)}{m} \tag{7.8.11}$$

式(7.8.11)中，m为吸附剂的质量(g)；x为被吸附剂所吸附的溶质的物质的量(mol)；V为溶液的体积(单位为dm^3)；c_0和c分别为吸附前后溶液的物质的量浓度($mol\cdot dm^{-3}$)。值得指出的是，根据上式计算的吸附量是假设溶剂未被吸附，因此所得到的吸附量通常是溶质的表观吸附量。对于稀溶液，这种计算误差不大，但对浓度高的溶液就不可靠了。由于溶液中溶质和溶剂同时被吸附，要测定吸附量的绝对值是很困难的，这个问题至今尚未解决。另外，所计算的吸附量有时会呈负值，表明这时该吸附剂更容易吸附溶剂分子而较难吸附溶质分子。

2. 吸附等温线

人们发现固体自溶液中吸附的等温线，有的可以用弗伦因德利希公式来表示

$$\Gamma=\frac{x}{m}=kc^{\frac{1}{n}} \tag{7.8.12}$$

$$\lg\Gamma=\lg k+\frac{1}{n}\lg c \tag{7.8.13}$$

式(7.8.12)和式(7.8.13)中，Γ为吸附量；c为平衡浓度。和固体吸附气体一样，k和n是经验常数，其大小与温度、吸附剂及溶液的性质有关。由实验结果，作出$\lg\Gamma$对$\lg c$的直线图，可分别求得n和k。

有些稀溶液体系，也可用朗缪尔公式来表示，这时的吸附近似于单分子层吸附

$$\Gamma=\Gamma_\infty\frac{bc}{1+bc} \tag{7.8.14}$$

式(7.8.14)中，Γ为吸附量；c为吸附平衡时的物质的量浓度；Γ_∞近似看作单分子层的饱和吸附量；b为与溶质和溶剂的吸附热有关的常数。因具体体系不同，所得到的吸附等温线是各式

各样的。

一般来说，固体在溶液中，极性吸附剂易自非极性溶剂的溶液中优先吸附极性组分，非极性吸附剂易自极性溶剂的溶液中优先吸附非极性组分；溶质在溶剂中的溶解度越小越易被吸附。此外，随温度升高大多数溶质的吸附量将减少。

固体在溶液中的吸附的应用极为广泛，如化工产品的脱色、水的净化、色谱分析、胶体的稳定等均与吸附有关，因此上述这些规律有助于人们进一步发展溶液吸附的定量理论。

【科技直通车】

微生物表面活性剂

微生物表面活性剂具有低毒、易降解等优势，是由微生物代谢、合成的结构特异、能降低表面张力的生物分子。其“微生物”之名是因为制备时必须通过微生物细胞(包括细胞外)产生，通过从头合成途径和/或底物组装，使生物体内产生微区变化或底物结构改变。其制备关键是微生物菌株的选择、底物类型和发酵技术，目前报道的菌株已达上百种。

根据其微观结构，可分为糖脂类、脂肽、脂蛋白类以及其他类型。微生物表面活性剂可用于生物降解的助剂，其作用机理为通过降低表面张力、促进乳化、增大水和油界面的面积，帮助生物细胞直接接触并最后吸收污染物液滴。在环境污染治理中，微生物表面活性剂具有较好的应用前景。此外，微生物表面活性剂还可以提高石油的采收率，用作食品的乳化剂、稳定剂、润湿剂、起泡剂和增稠剂等，还可以改善难耕地的亲水性，可用于生物农药，可用于改善鱼类养殖业的水质，并可作为生物医药制剂，其具体应用如表 7.9.1 所示。由于微生物表面活性剂的良好应用前景，一些表面活性剂生产厂家如 BASF-Cognis、Ecover、Urumqi Unite、Saraya 与 MG Intobio 等已开始投产，据报道，微生物表面活性剂的全球生产总值已逾千万美元，并以每年 4.3%的速度增长。在不远的将来，微生物表面活性剂(其在生物技术方面的潜在应用如表 7.9.1 所示)的生产将成为一个重要的生物化工行业。

表 7.9.1　微生物表面活性剂的一些潜在生物技术应用

行　业	应　用	具体作用
洗涤剂	衣物洗涤剂	改进洗涤性能和去除污垢
医药	药物和治疗	防粘剂、抗病毒剂、抗支原体剂、抗菌剂、抗真菌剂、抗肿瘤剂、抗癌剂、抗炎剂、抗凝血剂
农业	生物防涂、生物肥料	分散剂、乳化剂，清除植物病原体，改进土壤品质，为植物相关的有益微生物提高营养物质的生物利用度
化妆品	护肤品	起泡剂、乳化剂、清洁剂、抗菌剂
纳米技术	制备纳米粒子	吸附、乳化、分散、稳定作用
生物修复(治理)	去除土壤和水体污染物，清理漏油，微生物采油	乳化、吸附、分散、增溶，起泡剂、抗蚀剂，降低表面张力
食品	乳化、破乳，作为功能性成分	相分散，降低界面张力，稳定乳液，改善黏稠度，作为乳化剂，延长食品保存期，控制脂肪球凝聚

参考资料及课文阅读资料

白春礼．1989．扫描隧道显微镜在表面化学中的应用．大学化学，4(3)：1
顾惕人，朱玚瑶，李外郎，等．1994．表面化学．北京：科学出版社
郝建安，张晓青，杨波，等．2017．微生物表面活性剂应用新进展．生物技术，27(4)：396-402
李爱昌．1996．凯尔文公式的应用及液体过热现象解释的一些问题．大学化学，11(3)：59
李干佐，郭荣．1995．微乳液理论及其应用．北京：石油工业出版社
刘云圻．1988．LB 膜．化学通报，8：13
邰子厚，梁映秋．1997．有序分子膜．大学化学，12(3)：1
王笃金，吴瑾光，徐光宪．1995．反胶团或微乳液法制备超细颗粒的研究进展．化学通报，9：1
吴金添，苏文煅．1995．微小液滴化学势及其在界面化学中的应用．大学化学，10(2)：55
吴树森，章燕豪．1989．界面化学-原理与应用．上海：华东化工学院出版社
肖新进．2021．微生物表面活性剂的生产和潜在生物技术应用(续完)．日用化学品科学，44(11)：10-14
赵国玺．1991．表面活性剂物理化学．2 版．北京：北京大学出版社
周晴中，何艳梅．1994．模拟生物膜的聚合单层、双层和脂质体．大学化学，9(1)：25
周晴中，文重．1987．胶束催化与胶束模拟酶研究．化学通报，5：21
Fendlor J H. 1991. 膜模拟化学．程虎民，高月英，译．北京：科学出版社
Zhou N F. 1989. The availability of simple form of Gibbs adsorption equation for mixed surfactants. J Chem Educ，66(2)：137

思 考 题

1. 是非题(判断下列说法是否正确并说明理由)。

(1) 只有在比表面很大时才能明显地看到表面现象，所以体系表面增大是表面张力产生的原因。

(2) 对大多数液体来讲，当温度升高时，表面张力升高。

(3) 表面吉布斯函数与表面张力的符号相同，所以其物理意义也相同。

(4) 液体在毛细管内上升或下降取决于该液体的表面张力的大小。

(5) 液体表面张力的方向总是与液面相垂直。

(6) 弯曲液面的饱和蒸气压总是大于同温度下平液面的蒸气压。

(7) 弯曲液面产生的附加压力的方向总是指向曲面的切线方向。

(8) 一定温度下，水中大气泡比小气泡更难形成。

(9) 表面活性物质是指那些加入到溶液中，可以降低溶液表面张力的物质。

(10) 由于溶质在溶液的表面产生吸附，所以溶质在溶液表面的浓度大于它在溶液内部的浓度。

(11) 弗伦因德利希吸附等温式只能在高压条件下使用。

(12) 两亲分子能作为表面活性剂是因为在界面产生负吸附。

(13) BET 吸附等温式中的 Γ_∞ 代表的是饱和吸附量。

(14) 对一理想的水平面，其表面张力为零。

(15) 表面活性剂加入溶剂后，产生的结果是 $\frac{d\sigma}{dc}>0$ 的负吸附。

(16) 微乳液是热力学不稳定体系。

(17) LB 膜只能是单分子膜。

(18) 膜压力(或表面压)π 定义为纯液体的表面张力 σ_0 与覆盖膜后的表面张力 σ 之和。

2. 填空题。

(1) 液体表面层的分子总是受到指向________的力，而表面张力则是________。

(2) 在 298K 时，于 100kPa 的大气中，某液体中形成半径为 r 的气泡时，气泡内的压力为 200kPa，若在相同

温度、相同压力的空气中，将该液体吹成一个半径为 r 的气泡时，气泡内的压力为________。

(3) 空气中有一球形肥皂泡，其半径为 r_1，则泡内外的压力差 $\Delta p_1=$________；在肥皂水中有一球形肥皂泡其半径为 r_2，则泡内外的压力差 $\Delta p_2=$________。

(4) 产生过冷、过热和过饱和等________现象的原因是________。

(5) 298K 时正丁醇水溶液的表面张力对正丁醇浓度作图，其斜率为 $-0.103\mathrm{N\cdot m^{-1}\cdot mol^{-1}\cdot kg}$，正丁醇在浓度为 $0.02\mathrm{mol\cdot kg^{-1}}$ 时的表面超量为________。

(6) 物质水溶液的表面张力 σ 与溶质活度 a 的关系为 $\sigma=\sigma_0-A\ln(1+Ba)$，式中 σ_0 是水的表面张力，A、B 为常数，溶质的表面超量为________。

(7) 将一根玻璃毛细管插入水中，管内液面将________，若在管内液面处加热，则液面将________；将一根玻璃毛细管插入水银中，管内液面将________，若在管内液面处加热，则液面将________。

(8) 液滴越小，其饱和蒸气压________。

(9) 根据润湿程度不同可分为三类，即________、________、________。

(10) 一定温度和压力下，气体在固体表面的吸附为不可逆过程，在此过程中 ΔS ________ 0。

(11) 表面活性剂加入溶液中，使液体的表面张力________，这是由于________所致。

(12) 朗缪尔吸附等温式 $\theta=\dfrac{bp}{1+bp}$ 中 θ 的物理意义是________，该理论只适用于________，影响 b 的因素有________，该等温式所描述的吸附等温曲线的形状为________。(画出图形)。

(13) 测定固体比表面积较为经典的方法是________，该方法使用的公式中有________和________两参数，该公式只能在 $p/p_s=$________范围内使用。

(14) 某固体表面上吸附，温度为 400K 时进行得较慢，在 350K 时进行得更慢，这个吸附过程主要是________吸附。

(15) 如下图所示，将一半径为 r 的固体球体的一半浸没在液体中，设固体和液体的表面张力分别为 σ_s 和 σ_l，固液界面张力为 $\sigma_{s\text{-}l}$，则在恒温、恒压下，球在浸没前后的表面吉布斯函数变化为 $\Delta G_s=$________。

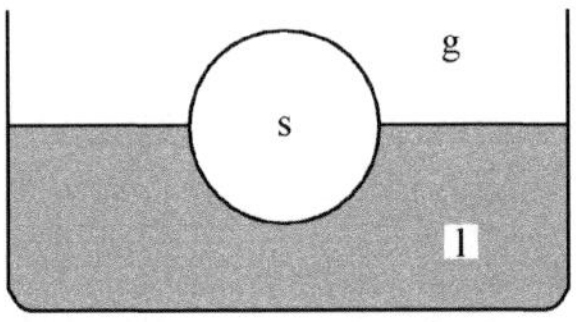

(16) 水和油可以形成两种不同类型的乳状液。一种是分散介质为水，分散相为油，称为________乳状液，以符号________表示；另一种是分散介质为油，分散相为水，称为________乳状液，以符号________表示；如牛奶、豆浆等是________乳状液，原油则是________乳状液。鉴别乳状液类型有________、________和________等方法。

(17) 微乳液除有________和________型外，还有________型微乳液，它是热力学________体系。

(18) 液晶一般可分________和________两类。在显示应用领域，使用的是________液晶。

3. 问答题。

(1) 为什么自由液滴或气泡通常呈球形？

(2) 一把小麦，用火柴点燃并不易着火。可是将它磨成细的面粉并分散在一定体积的空气里，却很容易着火，甚至会引起爆炸，如何解释这种现象？

(3) 为什么两块玻璃之间放一点水后很难拉开，而两块石蜡板之间放一点水后易于拉开？

(4) 如下图(a)、(b)所示，在毛细管中分别装有两种不同的液体，一种能润湿管壁，另一种不能润湿管壁。当在毛细管的一端加热时，液体应向哪个方向移动？为什么？

(a) (b)

(5) 矿泉水注入干燥玻璃杯中，为什么水面可略高出杯口？

(6) 下图中，A、B、C、D 和 E 是插入同一个水池中且直径相同的毛细管，其中 A 管内的高度 h 是平衡时的高度。①标出 B、C、D 和 E 毛细管中水面位置及凹凸情况；②如图所示，若预先将 A、B 和 C 中水面吸至 h 高度之上让其自动降下，其结果将如何？

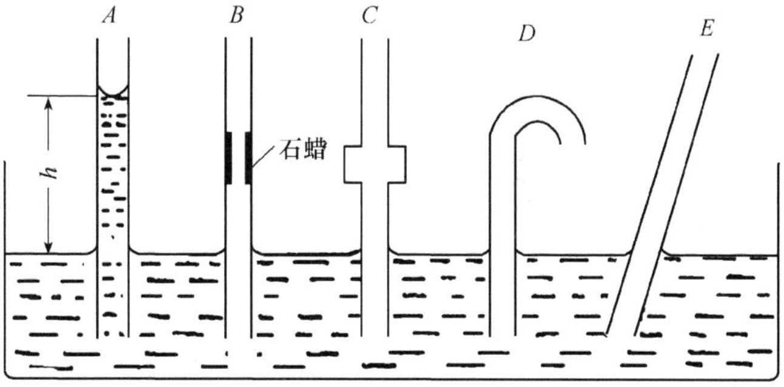

(7) 如图所示，在玻璃管口有两个大小不同的肥皂泡，若打开旋塞，使 A、B 内气体连通，问两泡的大小将会有何变化？最后达到平衡时的情况怎样的？

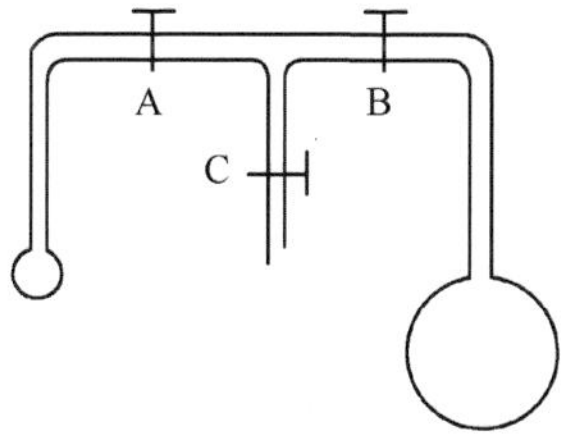

(8) 在一密闭容器中有两个大小不等的球形水滴，隔相当长时间后会发生什么现象？

(9) 用开尔文方程解释毛细管凝结现象。

(10) 同种物质，为什么小晶粒熔点比相同压力下大晶粒低？而溶解度比大晶粒大？纯液体、溶液和固体，如何降低表面能而达到稳定状态？

(11) 将水滴在洁净的玻璃上，水会自动铺展开来，此时水的表面积不是变小而是增大，这与液体力图缩小其表面的趋势是否矛盾？

(12) 由润湿过程知，铺展系数 $s=-\Delta G_s=\sigma_{g\text{-}s}-\sigma_{l\text{-}s}-\sigma_{g\text{-}l}=\sigma_{g\text{-}l}(\cos\theta-1)$，式中 θ 为接触角。当某液体能在固体上铺展时，有 $s>0$，则必须 $\cos\theta>1$ 或 $\sigma_{g\text{-}l}<0$，这显然是不可能的，对此如何解释？

(13) 判断 15℃时用活性炭吸附乙烯、乙烷、正戊烷等气体，哪种气体易吸附？(自查数据)。

(14) 为什么活性炭吸附毒气而基本上不吸附氧气？

(15) 试比较物理吸附和化学吸附，它们的根本区别是什么？

(16) 常用的破乳方法有哪些？

(17) 将放有油水的容器用力振荡后静置，会出现什么现象，为什么？

习　题

1. 设纯水的表面张力与温度的关系为 $\sigma/(\mathrm{N\cdot m^{-1}})=0.075\ 64-4.95\times10^{-6}\ T/\mathrm{K}$。
在 283K 时，可逆地使水的表面增加 $0.01\mathrm{m^2}$，并假定水的表面改变时其总体积不变，试求上述过程中 ΔU、ΔS、ΔG、Q 和 W。

2. 水蒸气骤冷会发生过饱和现象。在夏天的乌云中，用飞机撒干冰微粒，使气温骤降至 293K，水气的过饱和度 p_r^*/p^* 达 4。已知在 293K 时，水的表面张力为 $0.071\ 79\mathrm{N\cdot m^{-1}}$，密度为 $997\mathrm{kg\cdot m^{-3}}$，求在此时开始凝结水滴的半径。

3. 在 298K、101 325Pa 下，将直径为 $2.00\mu\mathrm{m}$ 的毛细管插入水中，问需要在管内加多大的压力才能防止水面上升？若不增加额外压力，让水面上升，达到平衡后管内液面上升多高？已知该温度下水的表面张力为 0.071 97N・m^{-1}，水的密度 ρ=997.0kg・m^{-3}，设接触角为 0°，重力加速度为 9.8m・s^{-2}。

4. 氧化铝瓷件上需要涂银，当加热至 1273K 时，试用计算接触角的方法判断液态银能否润湿氧化铝瓷件表面？已知该温度下 Al_2O_3(s)的表面张力为 1.0N・m^{-1}，Ag(l)的表面张力为 0.88N・m^{-1}，Al_2O_3(s)与 Ag(l)的界面张力为 1.77 N・m^{-1}。

5. 293K 时，根据下列表面张力的数据

界　面	苯-水	苯-气	水-气	汞-气	汞-水	汞-苯
$\sigma/(\times10^{-3}N\cdot m^{-1})$	35.0	28.9	72.7	483	375	357

试计算下列情况的铺展系数并判断能否铺展：(1)苯在水面上(未互溶前)；(2)水在汞面上；(3)苯在汞面上。

6. 已知 298K 时，乙醇水溶液的表面张力与活度间的关系为 $\sigma/(N\cdot m^{-1})=72\times10^{-3}-0.50\times10^{-6}c/(mol\cdot m^{-3})+0.20\times10^{-9}c^2/(mol\cdot m^{-3})^2$。试求浓度为 0.5mol・$m^{-3}$时的单位界面吸附量。

7. 用木炭吸附 CO(g)，当 CO(g)平衡分压分别为 24.0kPa、41.2kPa 时，对应的平衡吸附量分别为 $5.567\times10^{-3}dm^3\cdot kg^{-1}$、$8.668\times10^{-3}dm^3\cdot kg^{-1}$，设气体服从朗缪尔吸附等温式，试计算当固体表面覆盖率达 0.9 时，CO(g)平衡分压为多少？

8. 某纯气体 A_2 解离吸附：

$$A_2+2\left(-\overset{|}{S}-\right)\rightleftharpoons 2\left(-\overset{\overset{A}{|}}{S}-\right)$$

请按朗缪尔吸附模型证明在一定温度下达平衡时，固体表面覆盖度 θ 与 A_2 的压力的关系为

$$\theta=\frac{\sqrt{bp}}{1+\sqrt{bp}}\quad(b\text{ 为吸附平衡常数})$$

9. 设 $CHCl_3$(g)在活性炭上吸附服从朗缪尔吸附等温式，在 298K 时，当 $CHCl_3$(g)分压分别为 5.2kPa 和 13.5kPa 时，平衡吸附量分别为 0.0692$m^3\cdot kg^{-1}$和 0.0826$m^3\cdot kg^{-1}$(已换算成标准状态)，试求(1)活性炭的饱和吸附量；(2)求活性炭的比表面积。已知 $CHCl_3$(g)分子所占面积为 0.32nm^2。

10. 在液氮温度时，N_2(g)在 $ZrSiO_4$(s)上的吸附符合 BET 公式，今取 1.752×10^{-2}kg 样品进行吸附测定，N_2(g)在不同平衡压力下的被吸附体积(均已换算成标准状态)如表所示。

p/kPa	1.39	2.77	10.13	14.93	21.01	25.37	34.13	52.16	62.82
$V/(\times10^3dm^3)$	8.16	8.96	11.04	12.16	13.09	13.73	15.10	18.02	20.32

(1) 试计算形成单分子层所需氮气的体积；

(2) 已知每个 N_2(g)分子所占的面积是 0.162nm^2，求每克样品的表面积。

11. 在 298K 时，将含 1mg 蛋白质的水溶液铺展在质量分数为 0.0500 的硫酸铵溶液表面，当蛋白质水溶液的表面压为 0.100m^2时，测得其表面压为 $6.00\times10^{-4}N\cdot m^{-1}$，试计算该蛋白质的摩尔质量。

第 8 章　胶 体 化 学

胶体化学(colloid chemistry)是物理化学的一个重要组成部分，它是研究一类特殊分散体系的制备、稳定和破坏机制及其特性的科学。随着胶体化学的迅速发展，在 19 世纪初，它已成为一门独立的学科。这一方面是因为胶体体系的现象很复杂，有它自己独特的规律性，另一方面，它不仅与石油、造纸、冶金、橡胶、涂料、食品等工业有着密切关系，而且还是生物学、医学、药学、土壤学、农业科学、材料科学和环境科学等学科的重要理论基础。例如，人体的组织器官和体液(淋巴、血液等)都是含水的胶体，研究生理、病理和药物的作用机制等均需要胶体化学的知识。因此，了解和掌握胶体化学知识对进行与胶体化学相关领域的研究具有重要意义。

8.1　分散体系的分类和胶体的特征

8.1.1　分散体系的分类

将一种或多种物质以一定大小的粒子分散在另一种物质中所形成的体系称为**分散体系**(dispersed system)。其中被分散的物质称为**分散相**(dispersed phase)或不连续相，分散相所处的介质称为**分散介质**(dispersed medium)或连续相。

例如，将一把泥土放入水中，大颗粒的泥土很快下沉，可溶于水的无机盐类溶解了，水中还存在肉眼或一般显微镜观察不到的泥土小颗粒，它们既不下沉，也不溶解。将水称为分散介质，将所有泥土颗粒和无机盐类称为分散相。

分散相和分散介质可以是固体、液体、气体。它们形成的分散体系可以是均匀的单相体系，也可以是不均匀的多相体系。分散体系可根据分散相粒子大小或分散相和分散介质的聚集状态进行分类。分散体系按分散相粒子大小来分类，见表 8.1.1。

表 8.1.1　分散体系按分散相粒子大小分类

分散体系	粒子尺度	分散体系特征	实　例
分子分散体系 (真溶液)	$<10^{-9}$m	热力学稳定的均相体系；分散相粒子能通过滤纸和半透膜，扩散快，在超显微镜下不能观察到	食盐、蔗糖等水溶液
胶体分散体系 (溶胶和大分子溶液)	$10^{-9}\sim10^{-7}$m	热力学不稳定、动力学稳定的多相体系；分散相粒子能通过滤纸，但不能通过半透膜，扩散慢，在超显微镜下可观察到	硫磺溶胶
粗分散体系 (悬浮液、乳状液)	$>10^{-7}$m	热力学、动力学均不稳定的多相体系；分散相粒子不能通过滤纸，不渗析，不扩散，在显微镜下或肉眼可观察到	泥浆

1861 年始，创始人英国科学家格雷厄姆(Graham)提出了“胶体”的概念。将表 8.1.1 中分散相粒子尺度在 $10^{-9}\sim10^{-7}$m 范围的多相分散体系称为**胶体分散体系**(colloid dispersed system)，简称**胶体**(colloid)或溶胶，分散相称为**胶体粒子**或简称**胶粒**。需要指出的是，胶粒大

小的界限只是一种人为划分，有些属于粗分散体系范围的体系如泡沫、悬浮液等，有时也具有许多与胶体共同的性质，因此也作为胶体体系研究。

分散体系也可按分散相和分散介质的聚集状态来分类，见表 8.1.2。

表 8.1.2 分散体系按分散相和分散介质的聚集状态分类

分散介质	分散相	分散体系名称	实 例
气	液	气溶胶	云、雾
	固		烟、尘
液	气	泡沫	肥皂泡沫、奶酪
	液	乳状液	牛奶、人造黄油
	固	溶胶、悬浮液、软膏	硫磺溶胶、牙膏、药膏
固	气	固体泡沫	面包、泡沫塑料
	液	凝胶	珍珠
	固	固溶胶	合金、用金着色的红玻璃

以液体为分散介质的胶体分散体系，还可按分散相与分散介质之间的相互作用来区分，一类称为**憎液溶胶**(lyophobic sol)，另一类称为**亲液溶胶**(lyophilic sol)。憎液溶胶是指分散相与分散介质之间没有亲和力或亲和力很弱的溶胶。即分散相在分散介质中的溶解度是很微小的，它是微溶物固体小颗粒分散在分散介质中形成的溶胶，这类溶胶的分散相(一般为 10^3 左右个分子构成的小颗粒固体)与分散介质之间有明显的界面存在，因此体系具有很大的比表面积和很高的表面能。这类溶胶一般不能自动形成，即使形成也不稳定，常需要加入第三种物质作为稳定剂。憎液溶胶极易被破坏，溶胶被破坏后往往不能恢复原态，因此憎液溶胶是热力学不稳定、不可逆体系。亲液溶胶是指分散相与分散介质之间有很强亲和力的溶胶，即分散相在分散介质中的溶解度很大。亲液溶胶的分散相是以分子为分散单位形成的胶粒，分散相与分散介质之间无明显的界面存在。若用适当的方法使其沉淀，则当除去沉淀剂后再重新加入溶剂，体系能恢复原态，因此亲液溶胶是热力学稳定、可逆体系。例如，蛋白质、高聚物等大分子溶液体系，亲液溶胶也称为大分子(高分子)溶液。由于这类体系在性质上和憎液溶胶有显著差别，同时由于高分子化合物在实用和理论上的重要性，因此它已逐渐形成一个新的学科分支——高分子物理化学。本章讨论的体系大多为憎液溶胶体系。

8.1.2 胶体的基本特性

只有典型的憎液溶胶才能完全表现出胶体的三大基本特征，胶体的许多性质都与其基本特征有关。

(1) 胶体具有特有的分散度。由于胶粒的尺度为 $10^{-9}\sim10^{-7}$ m，这一尺度的粒子不能用肉眼或通过普通显微镜观察到，外观似均相真溶液，实际上是具有很大相界面的高度分散体系。

(2) 胶粒与分散介质之间有明显的相界面，造成了胶体体系的超微不均匀性，所以胶体分散体系具有多相性。

(3) 胶体分散相的颗粒小、比表面积大、表面能高，因此从热力学的角度看，胶粒有自动聚结在一起以降低表面能的趋势，即具有聚结不稳定性。

由于胶体分散体系是一个热力学不稳定体系，因此在制备胶体时为了防止胶粒间相互聚结成大粒子，需要加入除分散相、分散介质外的第三种物质，这类物质称为**稳定剂**（stabilizing agent），稳定剂通常是少量电解质，它的作用是防止胶粒相互聚集，使胶体能相对稳定地存在。

胶体是物质存在的一种特殊状态，它不是一种新的或特殊的物质。随着制备条件不同，可将一种物质制备成真溶液或胶体。例如，氯化钠能溶解于水中形成真溶液，若将氯化钠用适当的方法分散于苯中，则形成氯化钠的苯溶胶。硫磺能分散于乙醇中形成真溶液，若用适当的方法将硫磺分散在水中，则形成硫磺的水溶胶。

一般胶粒都是由大量的原子或分子所组成的具有一定尺度的粒子，构成粒子的原子或分子数目不同和制备条件不同，同一胶体体系中胶粒的大小是千差万别的。从理论上说，同一体系中很难找到两个大小组成完全相同的胶粒，因此我们在今后描述胶粒的一些相关物理量时，只能用平均值来表示。若胶粒大小基本一致，则称其为单分散体系，若胶粒大小相差较远，则称为多分散体系。

8.1.3　胶粒的几何结构

胶粒的对称性对胶体的性质起着举足轻重的作用。通常胶粒按其形状可分为球形、盘状和线型等。虽然胶粒在分散介质中的几何形状很复杂，在理论上往往把实际粒子视为具有简单几何形状的粒子处理。最简单的模型是球形，如乳胶（橡胶或塑料等聚合物在水中的分散体）、聚苯乙烯乳状液和液体的气溶胶中的胶粒都可认为是球形的，人体血朊粒子的形状也接近球形。偏离球形的胶粒可按椭球形模型处理，如许多蛋白质分子就近似于椭球形。氧化铁胶粒、黏土胶粒、蓝色金溶胶则可用片状或盘状模型处理。线型直链或支链高聚物分子、植物中的纤维素、动物的线状蛋白质等都具有无规线团模型结构。图 8.1.1 给出了胶粒的几种简单几何模型示意图。

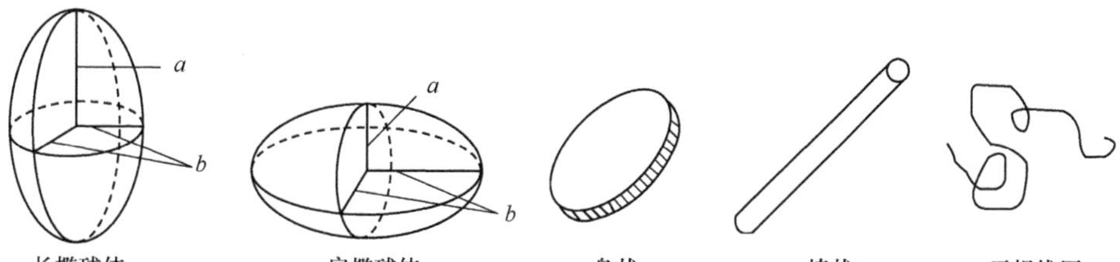

图 8.1.1　胶粒的几种简单几何模型示意图

8.2　胶体的制备与净化

胶粒的尺度为 $10^{-9} \sim 10^{-7}$ m，因此胶体的制备原则上可由分子或离子凝聚成胶粒，或由大块物质分散成胶粒。前一种制备方法称为凝聚法，后一种方法称为分散法。虽然两者方法不同，但均能制备出胶体体系，如图 8.2.1 所示。本节胶体的制备仅对憎液溶胶适用。

8.2.1　胶体制备的一般条件

分散相在分散介质中的溶解度微小是形成憎液溶胶的必要条件之一。只有分散相的溶解度微小，在分散法中形成的小粒子才不至于因溶解而消失；在凝聚法中还要求反应物浓度较小，使生成的难溶物晶粒很小且没有机会长大，这样才能得到所需尺度的胶粒。如果反应体系的反应物浓度很大，则可在瞬间生成大量细小的难溶物晶粒，此时由于所形成的晶粒相互距离近，胶粒间有可能联结在一起，因此最终可能形成半透明半固体状的凝胶。在乙醇和水的混合分散介质中硫氰酸钡 $Ba(SCN)_2$ 和硫酸镁 $MgSO_4$ 反应生成硫酸钡 $BaSO_4$ 的固体颗粒大小和反应物浓度的关系如图 8.2.2 所示。在反应物浓度为 $10^{-3}\sim10^{-4}mol\cdot dm^{-3}$时易形成胶体，在反应物浓度大于 $2\sim3mol\cdot dm^{-3}$时易形成凝胶。

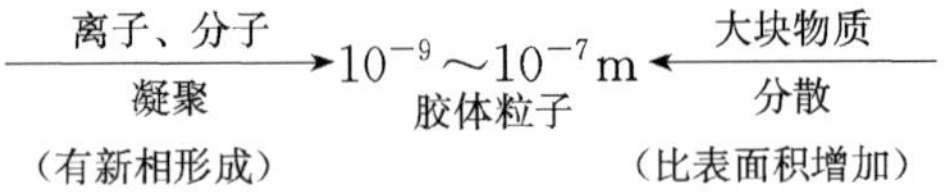

图 8.2.1　胶粒形成示意图

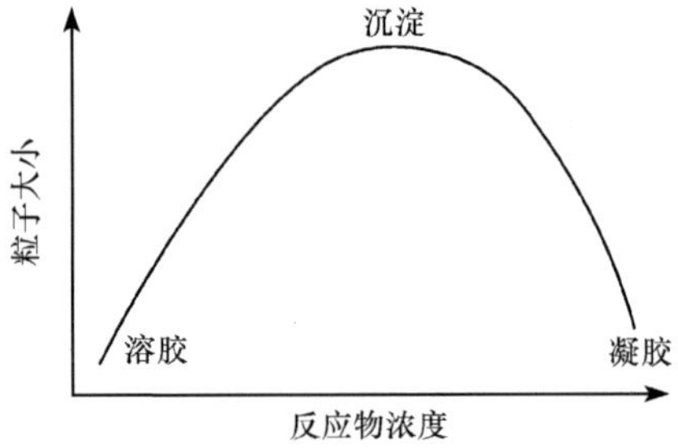

图 8.2.2　溶胶、沉淀、凝胶生成条件示意图

溶胶若要稳定存在则需要有适当的稳定剂。由于胶体是热力学不稳定体系，稳定剂的存在可使胶粒能够相对稳定存在。分散法中的稳定剂是外加的，凝聚法中的稳定剂是反应物本身或生成的某一产物。

8.2.2　胶体的制备

1. 分散法

将大块物质通过适当的方法使其粉碎到胶粒尺度范围的制备方法称为分散法。通常的分散手段有机械分散、电弧分散、超声波分散和胶溶等。

1）机械分散法

常见的机械分散装置有行星球磨、高压辊磨、胶体磨合气流粉碎机等。图 8.2.3 为盘式胶体磨示意图。两片靠得很近的磨盘或磨刀 B、C 是由坚硬耐磨的钨合金钢制成，当它们高速反向运转（$5000\sim20\ 000r\cdot min^{-1}$），大颗粒的固体就在其间被磨细。为了提高研磨效率和防止小颗粒重新聚结，通常自空心轴 A 处将稳定剂随分散相和分散介质一起加入，同时还要及时用合适的分级机将大小合适的粒子分离出来。此法获得的粒子大小为 1μm 左右，此法可用于颜料、药物、大豆、干血浆等的研磨。

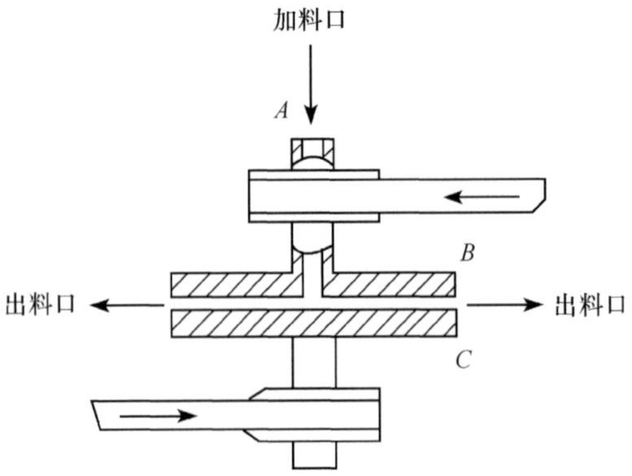

图 8.2.3　盘式胶体磨

目前，气流粉碎技术已用于药物、化工原料和各种填料等的分散。气流粉碎技术不仅可将粒子磨细至 1μm 以下，而且可以避免上述湿法研磨后产品干燥过程中分散相粒子的长大。

2）电弧分散法

电弧分散法主要用于制备金属如 Au、Pt 等的水溶胶。其方法是将欲分散的金属作电极，将电极浸在不断冷却的水中，通 5～10A 的直流电流，使产生电弧，在电弧作用下，电极表面金属气化，遇水冷却形成微小金属颗粒。若在水中加入少量碱，如氢氧化钠 NaOH 作稳定剂，则可形成稳定的溶胶。

3）超声波分散法

利用超声波（频率大于 16 000Hz）所产生的能量对被分散物质产生巨大的撕碎力，可使分散相以一定尺度均匀分散在分散介质中形成溶胶。超声波分散法主要用于制备乳状液，其方法如图 8.2.4 所示。高频电流通过电极 2，使石英片 1 发生相同频率的机械振荡，机械振荡经介质 3 传递到样品管 4 而达到分散的目的。

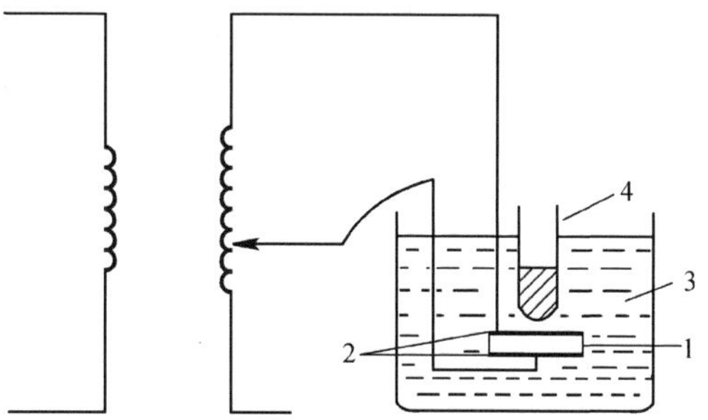

图 8.2.4 超声波分散法示意图

4）胶溶法

胶溶法是使某些新生成的沉淀重新分散到分散介质中形成溶胶的方法。使沉淀转化成溶胶的过程称为**胶溶作用**（deflocculation）。一般胶溶作用只发生于新鲜沉淀，沉淀老化后就不容易发生胶溶作用了。例如，在新鲜沉淀的氢氧化铁 $Fe(OH)_3$ 中加入适量稀三氯化铁 $FeCl_3$ 溶液，搅拌后可获得氢氧化铁溶胶。

2. 凝聚法

高度分散的憎液溶胶一般均由凝聚法制备。凝聚法原理是先形成以分子为分散单位的难溶物的过饱和溶液，然后使溶液中的分子相互结合成胶体尺度范围的粒子。按照过饱和溶液的形成过程，凝聚法可分为化学法和物理法。

1）化学凝聚法

化学凝聚法是利用化学反应生成物质的过饱和溶液再形成胶体。化学凝聚法的特点是不必外加稳定剂。反应物中适当过量电解质就可起到稳定剂的作用。

（1）**还原反应**：还原反应通常用于制备各种金属溶胶。例如，在碱性介质中用单宁 $C_{76}H_{52}O_{46}$ 还原金氯酸 $HAuCl_4$ 溶液制备金溶胶。

$$HAuCl_4 + 2CO_3^{2-} + OH^- \xrightarrow{\triangle} AuO_2^- + 2CO_2 + 4Cl^- + H_2O$$

$$2AuO_2^- + C_{76}H_{52}O_{46} + H_2O \xrightarrow{\triangle} 2Au + C_{76}H_{52}O_{49} + 2OH^-$$

金氯酸量少时生成粉红色至橙黄色金溶胶，金氯酸量稍多时生成深红色金溶胶。

（2）**氧化反应**：用硝酸 HNO_3 等氧化剂氧化硫化氢 H_2S 水溶液，得浅蓝色带乳光的硫磺水溶胶。

$$H_2S + 2HNO_3 \longrightarrow S + 2H_2O + 2NO_2\uparrow$$

（3）**水解反应**：水解反应多用于制备金属氢氧化物胶体。例如，将三氯化铁 $FeCl_3$ 饱和溶液滴入沸水中，$FeCl_3$ 剧烈水解，生成的氢氧化铁 $Fe(OH)_3$ 凝聚成红棕色溶胶。

$$FeCl_3 + 3H_2O \xrightarrow{\triangle} Fe(OH)_3 + 3HCl$$

（4）**置换反应**：置换反应多用于盐类胶体的制备。将 $FeCl_3$ 溶液滴加到亚铁氰化钾 $K_4[Fe(CN)_6]$ 稀溶液中，生成蓝色透明的普鲁士蓝胶体。继续滴加 $FeCl_3$ 胶体的蓝色则更深。

$$3K_4[Fe(CN)_6] + 4FeCl_3 \longrightarrow Fe_4[Fe(CN)_6]_3 + 12KCl$$

2）物理凝聚法

物理凝聚法是利用合适的物理过程使物质凝聚成胶粒。

（1）**溶剂置换法**：改变溶剂使物质溶解度急剧下降而形成胶粒。例如，将10%的松香乙醇溶液滴加到搅拌的水中，由于松香在水中几乎不溶，松香固体以胶粒尺度在水中析出，形成乳白色带蓝光的松香胶体。

（2）**蒸气凝聚法**：将蒸气在分散介质中凝聚成胶粒。例如，将高温汞蒸气不断通入冷水中就可以得到金属汞的胶体。此时少量的高温汞蒸气与水反应生成汞的氧化物是稳定剂。

8.2.3　胶体净化

最初制备的胶体中通常含有过多的电解质或其他杂质。例如，物理凝聚法制得的胶体中含大小不等的各类粒子，其中有一些可能超出了胶粒大小范围。化学凝聚法制备的胶体体系通常含有较多的电解质。适量的电解质可作为胶体的稳定剂，但是过多的电解质反而会降低胶体的稳定性。所以要获得比较稳定、纯净的胶体，必须对所制备的粗胶体加以净化。

粗胶体中的粗大颗粒可通过过滤、沉降或离心的方法将其除去。粗胶体中过多的电解质，则必须用渗析法或超过滤法除去。

1. 渗析法

渗析法（dialysis method）就是将需净化的溶胶放入用羊皮纸、乙酸纤维膜、低氮硝化纤维薄膜（如火棉胶）等制成的半透膜袋中，再置于纯分散介质中，由于这种膜的孔隙很小，因此胶粒不能通过半透膜，而小分子、离子等杂质可通过半透膜进入分散介质中，不断更换新的分散介质，可达到净化胶体的目的。半透膜材料的选择必须满足：不与胶体发生化学反应，不生成吸附物，不被分散介质溶胀、溶解。增加半透膜两边的浓度差（更换的新分散介质）、扩大渗析面积，适当提高渗析体系的温度也可提高渗析效率。

如图8.2.5所示，容器中部为待纯化胶体，两侧为纯分散介质，胶体与分散介质之间有半透膜相隔。胶体中的杂质通过半透膜进入分散介质，不断更换分散介质，可获得净化的胶体。渗析法净化胶体方法简单，但费时长，往往需要数十小时，有时甚至数十天。为了提高渗析速率，可在两半透膜靠分散介质一侧施加电场，在电场的作用下，胶体中杂质离子的迁移速率增加，渗析效率可提高几十倍以上，这样的渗析法称为电渗析法。

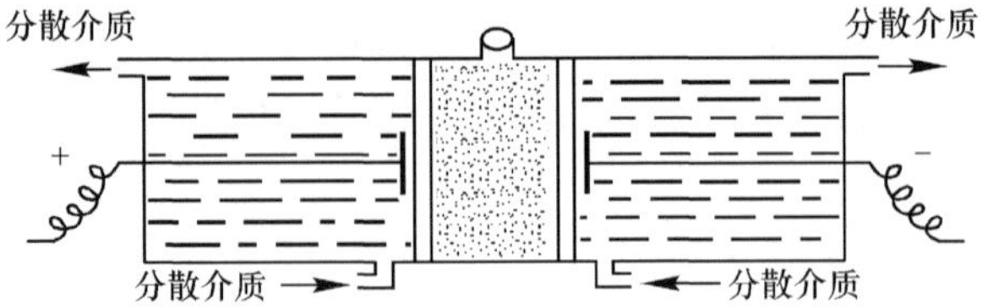

图8.2.5　渗析法和电渗析法示意图

电渗析装置中的半透膜若用离子交换膜代替，可用于制备高纯水和处理含盐废水。若用醋酸纤维膜或聚乙烯醇异相膜代替，则可用于海水淡化。食品工业中利用电渗析等技术可分离和提纯氨基酸。

2. 超过滤法

超过滤法(ultra-filtration method)就是利用孔径细小的薄膜或滤片代替普通滤纸,在压差作用下将胶粒与分散介质分离的方法。可溶性杂质可通过超过滤法与分散介质一起被除去,将被截获的胶粒立即分散到新的分散介质中则可获得净化溶胶。若所得胶体的纯度不够时可重复超过滤操作。超过滤所用的膜片材料可按待分离胶粒的大小选用滤纸、纺织品、动物膜、微孔滤膜、烧结玻璃和素瓷等。膜的强度不够时可用金属丝网或其他多孔性惰性物质作支持体。超过滤法不仅可以净化胶体,若选用不同孔径的滤膜进行多次过滤,还可分离多分散体系中不同大小范围的胶粒。和渗析法一样,借助外加电场作用以提高过滤效率的方法称为**电超过滤**,超过滤和电超过滤如图 8.2.6 所示。在布氏漏斗底部铺一张半透膜,漏斗内装入胶体,减压过滤。若在膜的两侧配以电极通直流电,可提高纯化效率。

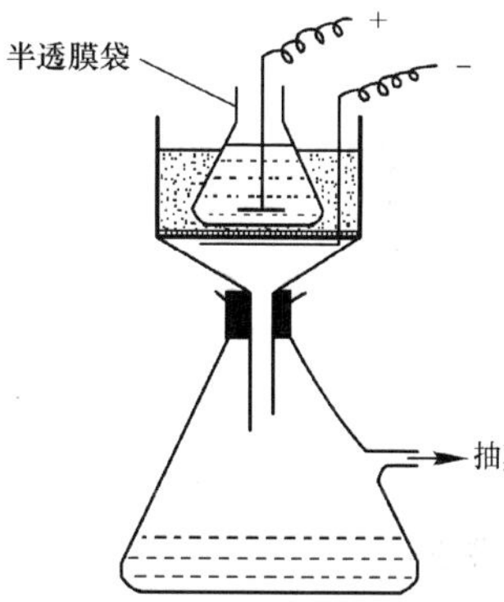

图 8.2.6 超过滤和电超过滤装置示意图

生物化学和微生物学中常用超过滤法分离和测定蛋白质、酶、细菌和病毒的大小。表 8.2.1列出了一些超过滤法测得的蛋白质和病毒粒子的大小。

表 8.2.1 一些蛋白质和病毒粒子的大小

蛋白质	粒子大小/nm	病 毒	粒子大小/nm
卵白朊	6	口蹄疫病毒	10
血清白朊	9	脑炎病毒	28
血红朊	10	淋巴结脑膜炎病毒	40～60
血清球朊	12	鸡瘟病毒	72
麻仁球朊	18	流行性感冒病毒	80～120
樫乌脲酶	50	假狂犬病病毒	130

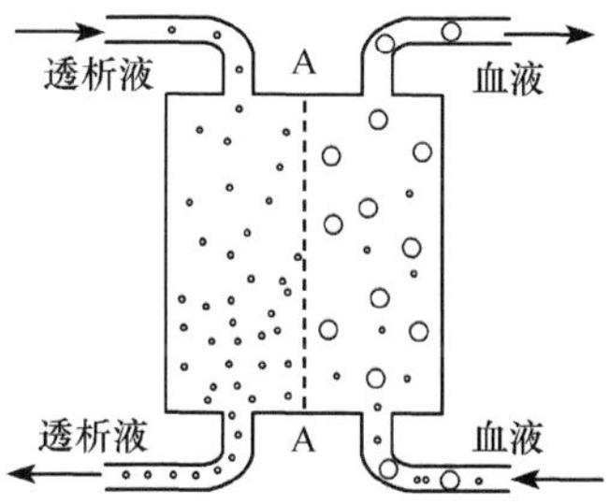

图 8.2.7 血液渗析作用示意图

渗析和超过滤法被广泛应用于化学工程、环境工程、食品工业、生物化学、药学和生物医学等方面。利用渗析和超过滤可分离中草药提取液中的高分子杂质,如植物蛋白、淀粉、黏液质、树胶、多聚糖等,从而可提取植物中的生物碱和中药的有效成分用于制备各种中药注射用针剂和其他中药制剂。生物医学工程中的人工肾就是用来部分或完全代替肾脏起到排泄人体代谢废物作用的体外血液透析设备,其作用如图 8.2.7 所示。

肾脏疾病从本质上看就是肾脏的血液过滤功能受损或失效而使血液中的蛋白质、红细胞等对人体有用的成分与血液中的代谢废物一起被排出体外、或代谢废物不能有效地被排泄、或根本无法排泄。血液透析仪起到了人的肾脏的作用。当严重肾病患者接受血透治疗时,其血液如图 8.2.7 所示方向流动,血液中的代谢废物如尿素、尿酸和其他有害小分子则通过用聚丙烯薄膜或聚甲基丙烯酸甲酯做成的半透膜 AB 进入透析液中,血液中的蛋白质等对人体有用的成分则被保留。同时血透仪还会利用半透膜两边的压力差对血液进行脱水,即起到超过滤的作用。

8.3　胶体的动力性质

胶体的**动力性质**(dynamic properties)主要指胶体体系中胶粒的不规则运动以及由此而产生的扩散、渗透以及在外力场作用下胶体浓度随高度的分布平衡等性质。

8.3.1　布朗运动

1827 年,英国植物学家布朗(Brown)在显微镜下观察到悬浮在水中的花粉粒子不断地处于无规则的**折线运动**(zigzag motion),如图 8.3.1(a)所示。后来实验发现其他微粒如炭末、矿石粉末和金属粉末等也有类似的现象,这类微粒的运动习惯上被称为**布朗运动**(Brownian movement)。

胶粒作布朗运动不需要消耗能量,它是体系中分子热运动的体现。由于分散介质分子处于不停的热运动状态,它们从不同的方向撞击分散相粒子。如果撞击次数巨大、分散相粒子又足够大,则任一瞬间分散介质分子从各个方向对分散相粒子的撞击力可彼此抵消;如果撞击次数有限、分散相粒子足够小(如胶粒),则各个方向的撞击彼此抵消的可能性很小,且每一时刻受到的合力方向及大小也不同,如图 8.3.1(b)所示,这个合力使胶粒不断改变无序运动的方向和速率。实验发现布朗运动的速率取决于分散相粒子的大小、分散介质的性质和体系的温度等。粒子越小、分散介质黏度越低、体系温度越高,则布朗运动速率就越大。

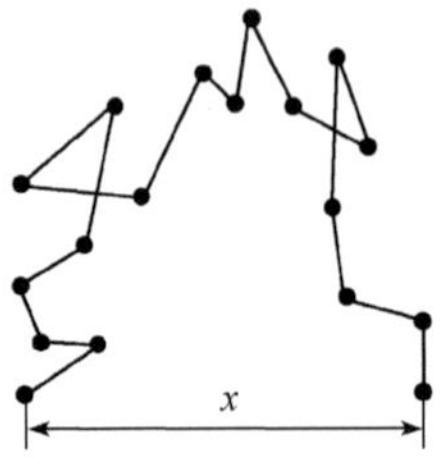

(a) 粒子的位移

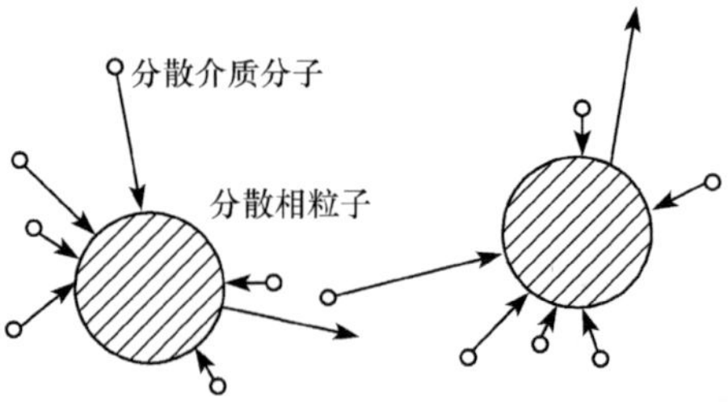

(b) 分散介质分子对分散相粒子的撞击

图 8.3.1　布朗运动

即使在同一体系中,每个胶粒的布朗运动也是不同的,因此如图 8.3.1(a)所示,在相同时间间隔内,每个粒子发生的位移也不相同。但是在一定条件下,一定时间间隔内所有粒子发生位移的平方的平均值——均方位移有定值。1905 年,爱因斯坦(Einstein)利用分子运动论的基本概念和公式并假定:胶粒是半径为 r 的球体、单位体积中分散相的粒子数(简称分散相浓度)很小、胶粒间距离很远且彼此独立、分散介质为连续相。推导出了时间间隔 t 内胶粒均方位移 $\overline{x^2}$ 与胶粒半径 r、分散介质黏度 η、体系温度 T 之间的关系为

$$\overline{x^2}=\frac{RT}{L}\cdot\frac{t}{3\pi\eta r} \tag{8.3.1}$$

式(8.3.1)称为**爱因斯坦-布朗运动公式**。式中,R 为摩尔气体常量;L 为阿伏伽德罗(Avogadro)常量。由于式(8.3.1)中的变量均可由实验测定,因此利用上式可求胶粒半径或

阿伏伽德罗常量。1908年，佩兰(Perrin)在290K时用半径为0.212μm的藤黄水溶胶进行实验，测得不同时间间隔内粒子在x轴方向的均方根位移，求得阿伏伽德罗常量为$5.5\times10^{23}\sim8\times10^{23}\,mol^{-1}$。这一方面证明了爱因斯坦-布朗运动公式的正确性，同时也为分子运动论提供了有力的实验依据。因此，在运动性质方面，胶体分散体系中的胶粒和分子分散体系中的分子的运动均服从分子运动论，所不同的是由于胶粒比一般分子大得多，因此运动强度较小。

8.3.2 扩散和渗透

胶粒的热运动在微观层次上表现为布朗运动，在宏观性质上则表现为扩散和渗透作用。布朗运动是本质，扩散和渗透作用是同一本质表现出的两种不同的现象。

胶粒与溶液中的质点一样，具有从分散相浓度高的区域向分散相浓度低的区域自动迁移的现象，此现象称为**扩散**(diffusion)。分散介质自分散相浓度低的区域向分散相浓度高的区域自动迁移，即分散介质自其高浓度区域向低浓度区域自动迁移的现象称为**渗透**(osmosis)。

1. 扩散

假设如图8.3.2所示，在容器中有一假想截面AB，在AB的左侧有分散相的浓度为c_1的胶体，右侧有分散相的浓度为c_2的胶体，若$c_1>c_2$，则胶粒的布朗运动可使胶粒自左向右扩散，扩散速率与AB截面的面积A以及沿x轴方向分散相的浓度梯度$\frac{dc}{dx}$成正比。若将扩散速率用此时间内通过AB截面的胶粒的质量dm表示，则有

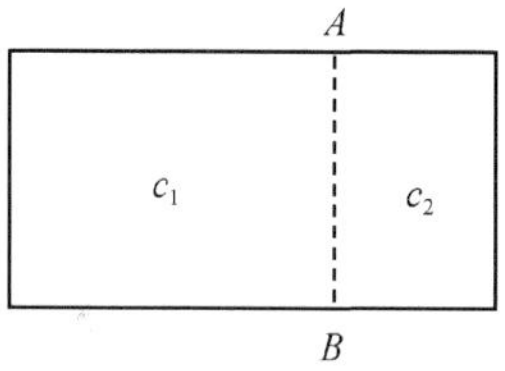

图8.3.2 扩散和渗透作用示意图

$$\frac{dm}{dt}=-DA\frac{dc}{dx} \tag{8.3.2}$$

式(8.3.2)称为平动扩散定律，即**菲克第一定律**(Fick's first law)。式中，比例系数D称为**扩散系数**(diffusion coefficient)，其物理意义为单位浓度梯度时，胶粒通过单位截面时的扩散速率。在温度、压力一定时，D仅与物质的本性有关，与体系分散相的浓度无关。因此，扩散系数D越大，表示质点的扩散能力越强。扩散系数的测定有自由界面法、多孔塞法(孔片法)和光子相关谱法等，其中以光子相关谱法最准确快捷。

爱因斯坦通过研究胶粒的布朗运动导出了扩散系数D与胶粒在分散介质中运动时的**阻力系数f**(coefficient of frictional)之间的关系为

$$D=\frac{RT}{Lf} \tag{8.3.3}$$

式(8.3.3)中，R为摩尔气体常量；T为体系温度；L为阿伏伽德罗常量；f为与胶粒质点大小和形状有关的量。若为非溶剂化球形胶粒，根据斯托克斯(Stokes)定律有

$$f=6\pi\eta r \tag{8.3.4}$$

式(8.3.4)中，η为介质的黏度；r为胶粒的半径。将式(8.3.4)代入式(8.3.3)得

$$D=\frac{RT}{L}\cdot\frac{1}{6\pi\eta r} \tag{8.3.5}$$

式(8.3.5)为**爱因斯坦-斯托克斯方程**，常称为**爱因斯坦第一扩散公式**。将式(8.3.5)与式(8.3.1)结合可得

$$D=\frac{\overline{x^2}}{2t} \tag{8.3.6}$$

式(8.3.6)称为**爱因斯坦-布朗位移方程**。$\overline{x^2}$可由实验测定求得，再由式(8.3.6)可求出D。若胶粒为球形粒子，则由式(8.3.5)可求出胶粒的半径r。若已知胶粒的密度ρ，则可求出球形胶粒的平均摩尔质量$\overline{M}$

$$\overline{M}=\frac{4}{3}\pi r^3\rho L=\frac{\rho}{162(\pi L)^2}\left(\frac{RT}{\eta D}\right)^3 \tag{8.3.7}$$

式(8.3.7)适用的条件除了菲克第一定律推导的条件外，还需要胶粒是球形粒子。若胶粒为非球形粒子，则由式(8.3.3)可求出胶粒的阻力系数f，再假设胶粒为球形胶粒，由式(8.3.7)求出胶粒的等效圆球半径r_0，将r_0代入式(8.3.4)可求出胶粒的等效圆球阻力系数f_0，由此可求得阻力系数比f/f_0。胶粒越不对称，则f/f_0偏离1的程度越大。实验测得的f一般比f_0大，因此f/f_0一般大于1。例如，核糖核酸的$f/f_0=1.40$，比较接近球形；烟草花叶病毒$f/f_0=3.12$，为雪茄形。

【例 8.3.1】 310K 时，测得人血朊水溶液中人血朊的扩散系数D为$7.28\times10^{-11}\,\mathrm{m^2\cdot s^{-1}}$，密度$\rho$为$1.34\times10^3\,\mathrm{kg\cdot m^{-3}}$，平均摩尔质量为$62.3\,\mathrm{kg\cdot mol^{-1}}$。已知该温度下水的黏度$\eta$为$1.01\times10^{-3}\,\mathrm{Pa\cdot s}$，求其阻力系数比。

解　由式(8.3.3)得人血朊的阻力系数f为

$$f=\frac{RT}{LD}=\left(\frac{8.314\times310}{6.022\times10^{23}\times7.28\times10^{-11}}\right)\mathrm{kg\cdot s^{-1}}=5.88\times10^{-11}\,\mathrm{kg\cdot s^{-1}}$$

由式(8.3.7)得人血朊的等效圆球半径r_0

$$r_0=\left(\frac{3\overline{M}}{4\pi\rho L}\right)^{\frac{1}{3}}=\left(\frac{3\times62.3}{4\times\pi\times1.34\times10^3\times6.022\times10^{23}}\right)^{\frac{1}{3}}\mathrm{m}=2.64\times10^{-9}\,\mathrm{m}$$

由斯托克斯方程求得f_0

$$f_0=6\pi\eta r_0=(6\times\pi\times1.01\times10^{-3}\times2.64\times10^{-9})\,\mathrm{kg\cdot s^{-1}}=5.02\times10^{-11}\,\mathrm{kg\cdot s^{-1}}$$

则阻力系数比f/f_0为

$$\frac{f}{f_0}=\frac{5.88\times10^{-11}}{5.02\times10^{-11}}=1.17$$

因此人血朊粒子的形状接近于球形。

【例 8.3.2】 20℃时实验测得某胶粒的布朗运动的数据如下

时间/s	20.0	40.0	60.0	80.0	100
$\overline{x^2}/(\times10^{10}\mathrm{m})$	2.56	5.664	8.644	11.42	13.69

已知介质的黏度$\eta=1.00\times10^{-3}\,\mathrm{Pa\cdot s}$，试计算：

(1) 该温度下胶粒的扩散系数；

(2) 胶粒的直径。

解　(1) 将已知数据经式(8.3.6)$D=\frac{\overline{x^2}}{2t}$计算后列表如下

$2t$/s	40.0	80.0	120.0	160.0	200
$\overline{x^2}/(\times10^{10}\mathrm{m})$	2.56	5.664	8.644	11.42	13.69
$D/(\times10^{12}\mathrm{m^2\cdot s^{-1}})$	6.40	7.08	7.20	7.14	6.85

求得该温度下胶粒的扩散系数的平均值为 $D=6.9\times10^{-12}\mathrm{m^2\cdot s^{-1}}$。

(2) 由式(8.3.5)得

$$r=\frac{RT}{6\pi\eta DL}$$
$$=\left(\frac{8.314\times293.15}{6\times\pi\times1.00\times10^{-3}\times6.9\times10^{-12}\times6.022\times10^{23}}\right)\mathrm{m}$$
$$=3.1\times10^{-8}\mathrm{m}$$
$$d=2r=(3.1\times10^{-8})\mathrm{m}\times2=6.2\times10^{-8}\mathrm{m}$$

该胶粒的扩散系数为 $6.9\times10^{-12}\mathrm{m^2\cdot s^{-1}}$，粒子直径为 $6.2\times10^{-8}\mathrm{m}$。

2. 渗透

若将图 8.3.2 中的假想截面 AB 换成半透膜，则分散介质会由低浓度 c_2 向高浓度 c_1 迁移，直到膜两边浓度相等为止。分散介质的这种迁移现象称为**渗透**。若要阻止分散介质的迁移，必须对浓度为 c_1 的分散体系加一定的压力，这个压力称为渗透压，用 Π 表示。溶胶的渗透压可借助第 3 章中稀溶液的渗透压公式 $\Pi=c_\mathrm{B}RT$ 计算。由于式(3.9.6)只适用于理想稀溶液，因此对一般小分子溶液，当溶质的质量分数低于 1%时可近似适用。憎液溶胶的浓度通常较低，可近似用式(3.9.6)计算。

【例 8.3.3】 求 298K 时质量分数为 0.0075 的硫化砷水溶胶的渗透压。已知球形硫化砷胶粒的半径为 10nm，密度为 $2.8\times10^3\mathrm{kg\cdot m^{-3}}$。

解 由渗透压计算公式 $\Pi=c_\mathrm{B}RT$ 得

$$\Pi=\frac{n_\mathrm{B}}{V_\mathrm{A}}RT=\frac{m_\mathrm{B}}{M_\mathrm{B}V_\mathrm{A}}RT$$
$$=\frac{m_\mathrm{B}}{\frac{4}{3}\pi r^3\rho LV_\mathrm{A}}RT$$

1kg 水溶胶中含硫化砷溶胶为 0.0075kg，水为 0.9925kg，则有

$$\Pi=\left[\frac{0.0075}{\frac{4}{3}\times\pi\times(10\times10^{-9})^3\times2.8\times10^3\times6.022\times10^{23}\times0.9925\times\frac{1}{997}}\times8.314\times298\right]\mathrm{Pa}$$
$$=2.6\mathrm{Pa}$$

由例题可见这一渗透压数值实际上是难以测量的。但是对于高分子或胶体电解质体系，可配制相对较高浓度的溶液，因此其渗透压就较大。然而这样的溶液已不属于稀溶液，因此计算时不能直接用式(3.9.6)，需要用迈克米兰(Mc Millan)和迈耶尔(Mayer)提出的非电解质高分子溶液渗透压公式计算。这部分内容将在本章大分子溶液一节介绍。

8.3.3 沉降和沉降平衡

若分散相的密度比分散介质大，则在重力的作用下分散相粒子会在分散介质中下沉，其结果使得胶体上部的浓度减小，下部的浓度增大，这一过程称为**沉降**(sedimentation)。同时，胶粒的布朗运动引起的扩散作用会使胶粒自下部浓度较大的区域向上部浓度较小的区域迁移。当这两种作用相等时，胶粒浓度随高度分布达到平衡，在重力场或外力场方向形成一定的浓度梯度，这种状态称为**沉降平衡**(sedimentation equilibrium)。

1. 沉降速率

实验发现胶粒在分散介质中的**沉降速率**(sedimentation rate)不仅与胶粒的本性和大小有关,还与体系的温度、分散介质的黏度等因素有关。假设球形胶粒在重力场中受的下沉重力 $4\pi r^3(\rho-\rho_0)g/3$ 与胶粒沉降时所受的阻力 $6\pi\eta rv$ 相等,即

$$4\pi r^3(\rho-\rho_0)g/3=6\pi\eta rv$$

此时胶粒以速率 v 匀速下降,有

$$v=\frac{2r^2(\rho-\rho_0)g}{9\eta} \tag{8.3.8}$$

式(8.3.8)中,r 为球形胶粒的半径;ρ 和 ρ_0 分别为分散相和分散介质的密度;g 为重力加速度;η 为介质的黏度。表 8.3.1 给出了不同大小的球形金属微粒在水中的沉降速率。

表 8.3.1　298K 时球形金属微粒在水中的沉降速率

粒子半径/nm	沉降速率/$(m\cdot s^{-1})$	沉降 1.0×10^{-2}m 所用时间
1.0×10^4	1.7×10^{-3}	5.9s
1.0×10^3	1.7×10^{-5}	9.8s
100	1.7×10^{-7}	16h
10	1.7×10^{-9}	68d
1	1.7×10^{-11}	19y

注:按 $\rho=1.0\times10^4 kg\cdot m^{-3}$,$\rho_0=1.0\times10^3 kg\cdot m^{-3}$,$\eta=1.15\times10^{-3}Pa\cdot s$ 的计算值。

由表中数据可见,胶粒半径越小沉降的速率就越小,尤其是高度分散体系,其胶粒沉降 1.0×10^{-2}m 需要几十天甚至几十年。同时,外界因素变化引起的对流现象又不时地妨碍着沉降达平衡,因此这类溶胶在重力场中可维持相当长的时间保持稳定而不沉降。这一方面说明了溶胶具有相对的稳定性——**动力稳定性**(dynamic stability),另一方面也说明了溶胶是不平衡体系。

式(8.3.8)是球形胶粒在分散介质中的沉降速率表达式。由于沉降速率与分散介质的黏度成反比,因此增加分散介质的黏度,可降低沉降速率,提高分散相在分散介质中的稳定性。化工生产、食品加工和医药行业中常利用增稠剂来提高分散体系的稳定性。

此外,由式(8.3.8)知,若能测出沉降速率 v,则可求出胶粒的半径 r。若已知胶粒的半径 r,通过测定一定时间内粒子沉降的距离,便可计算介质黏度 η。落球式黏度计就是根据这一原理设计的。

【例 8.3.4】 试计算 298K 时,在重力场中粒子半径分别为 1.0×10^4nm 和 10nm 的球形金属微粒在水中的沉降速率和沉降 1.0×10^{-2}m 所需要的时间。已知分散介质的密度 $\rho_0=1.0\times10^3 kg\cdot m^{-3}$、黏度 $\eta=1.15\times10^{-3}Pa\cdot s$、金属微粒的密度 $\rho=1.0\times10^4 kg\cdot m^{-3}$。由计算结果可获得什么启示?

解　粒子在重力场中达沉降平衡时,其沉降速率

$$v=\frac{2r^2(\rho-\rho_0)g}{9\eta}=\frac{\Delta x}{\Delta t}$$

金属微粒沉降 1.0×10^{-2}m 高度所需的时间 Δt

$$\Delta t=\frac{\Delta x}{v}$$

当 $r_1=1.0\times10^4$nm 时

$$v=\frac{2r^2(\rho-\rho_0)g}{9\eta}$$

$$=\left[\frac{2\times(1.0\times10^4\times10^{-9})^2\times(1.0\times10^4-1.0\times10^3)\times9.8}{9\times1.15\times10^{-3}}\right]\text{m}\cdot\text{s}^{-1}$$

$$=1.7\times10^{-3}\text{m}\cdot\text{s}^{-1}$$

$$\Delta t=\frac{\Delta x}{v}=\left(\frac{1.0\times10^{-2}}{1.7\times10^{-3}}\right)\text{s}=5.9\text{s}$$

当 $r_2=10\text{nm}$ 时

$$v=\frac{2r^2(\rho-\rho_0)g}{9\eta}$$

$$=\left[\frac{2\times(10\times10^{-9})^2\times(1.0\times10^4-1.0\times10^3)\times9.8}{9\times1.15\times10^{-3}}\right]\text{m}\cdot\text{s}^{-1}$$

$$=1.7\times10^{-9}\text{m}\cdot\text{s}^{-1}$$

$$\Delta t=\frac{\Delta x}{v}=\left(\frac{1.0\times10^{-2}}{1.7\times10^{-9}}\right)\text{s}=5.9\times10^6\text{s}=68\text{d}$$

计算结果就是表 8.3.1 中的数值。由于分散度高的体系（$r<10^{-7}\text{m}$）中粒子在重力场中的沉降速率太小，所以重力场中与沉降有关的实验测定只适于分散相粒子较大的体系（$r>10^{-7}\text{m}$），也称为粗分散体系。对高度分散的胶体，需要将其置于一个很大的外力场中加大沉降速率。利用超速离心机的高离心力作用（其离心力场可达 4×10^5 倍重力加速度），可加速粒子沉降，便于实验测定。这种方法在蛋白质、核酸病毒和大分子物质的平均摩尔质量测定中已得到广泛应用。

2. 沉降分析

由式(8.3.8)知，粒子大小不同其沉降速率也不同，因此对于多分散胶体体系，人们无法测出单个粒子的沉降速率，但是通过实验测定可以求出体系中不同大小粒子所占的质量分数（常称为粒度分布），这项工作称为**沉降分析**（sedimentation analysis）。

沉降分析是借助沉降天平进行的。常用的沉降天平是一种扭力天平，如图 8.3.3 所示。它记录的是沉降物质量与时间的关系。将被测试样置于一高型量筒中，沉降之前粒子在分散介质中是均匀分布的，半径相同的粒子以相同的速率沉降。若体系中只有一种大小的粒子，则随着时间推移，图 8.3.3 中托盘上沉积的粒子质量不断增加，到时间为 t_1 时，处于液面的粒子

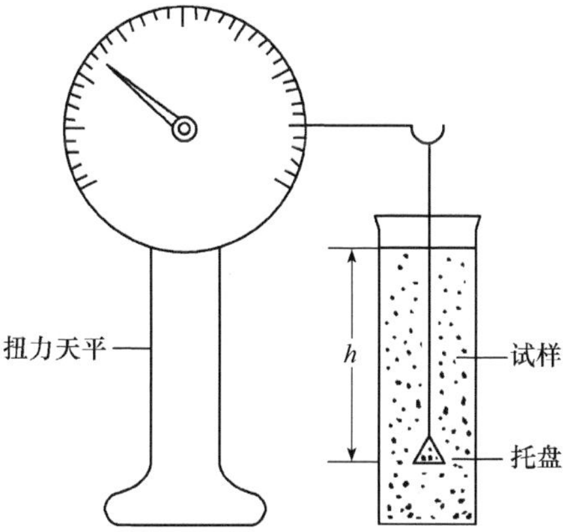

图 8.3.3 沉降分析装置示意图

也已沉降到托盘上，托盘上粒子的质量不再改变，沉降完成，如图 8.3.4(a)所示。

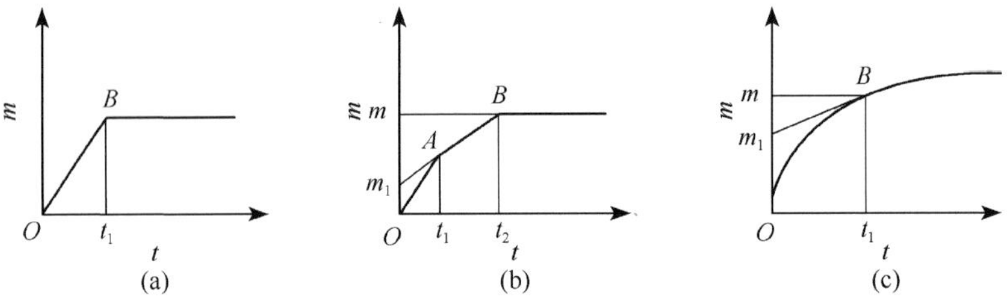

图 8.3.4　沉降曲线示意图

根据液面至托盘的距离 h 和时间 t_1 可求出沉降速率 $v=h/t_1$。若体系中含有两种半径的粒子，则其沉降曲线如图 8.3.4(b)所示。图中 OA 线段为两种粒子共同沉降的结果，至时间为 t_1 时，A 点处大粒子已沉降完毕，AB 线段为小粒子沉降，至时间为 t_2 时，B 点处小粒子也沉降完毕。AB 线段的延长线与质量坐标的交点为 m_1，m_1 的质量为第一种大粒子的质量。m 为总质量，因此 $(m-m_1)$ 为小粒子的质量。对于多级分散体系，其沉降曲线如图 8.3.4(c)所示。若时间为 t_1 时小盘内沉积了质量为 m_1 的胶粒，它的一部分是半径大于 r_1 的颗粒完全沉降在托盘上的质量 m_1，其半径 r_1 可由式(8.3.8)求得；另一部分是小于 r_1 的颗粒部分沉降在托盘上的质量，其值为这类粒子的沉降速率 $\frac{\mathrm{d}m}{\mathrm{d}t}$ 乘以沉降时间 t_1。因此，有

$$m=m_1+\frac{\mathrm{d}m}{\mathrm{d}t}\cdot t_1 \tag{8.3.9}$$

式(8.3.9)中，m 可由时间为 t_1 时沉降曲线上 B 点作与横轴平行线与纵轴相交点获得；$\frac{\mathrm{d}m}{\mathrm{d}t}$ 是 B 点的切线斜率，切线在纵坐标上的截距即为 m_1。由沉降曲线上不同的时间处的切线在纵轴上的截距，可由式(8.3.8)求出对应粒子的半径 r，再可求出体系中半径大于 r 的粒子所占的质量分数，由此可获得多分散体系的粒子大小分布。沉降分析在土壤学研究、颜料、硅酸盐工业及纳米材料等领域有着广泛的应用。

3. 沉降平衡

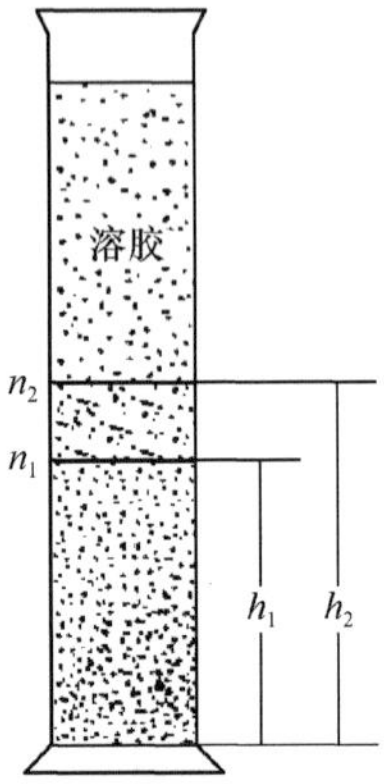

图 8.3.5　沉降平衡

在上述沉降分析中，若托盘上粒子的质量不再随时间而改变，则称多相分散体系达到了沉降平衡，此时沉降作用与扩散作用相当，如图 8.3.5 所示。多分散体系在达到沉降平衡后，在同一水平面内粒子的浓度不变，但是自容器底部向上，粒子的浓度逐渐变小，这种情况正如大气浓度随海拔高度分布情况一样。佩兰(Perrin)推导出重力场中胶粒达沉降平衡时粒子的浓度随高度的分布公式

$$\frac{n_2}{n_1}=\exp\left[-\frac{4}{3}\pi r^3(\rho-\rho_0)(h_2-h_1)\frac{gL}{RT}\right] \tag{8.3.10}$$

式(8.3.10)中，r 为胶粒半径；L 为阿伏伽德罗常量；ρ 和 ρ_0 分别为胶粒和分散介质的密度；$\frac{4}{3}\pi r^3\rho L$ 为胶粒的摩尔质量；n_1 和 n_2 分别为高度为 h_1 和 h_2 处粒子的浓度。粒子半径越大，其浓度随高度分布变化越明显。韦斯特格林(Westgren)采用大小均匀的金溶胶，测定两高度差为 10^{-3} m 处粒子的浓度，求得 $L=6.05\times10^{23}$ mol^{-1}。实验结果也表明胶粒的布朗运动与气体分子的热运动在本质上是相同的。表 8.3.2 给出了几种分散体系中粒子浓度随高度分布的变化情况。

表 8.3.2 几种分散体系中粒子浓度随高度分布的变化

体 系	粒子直径/nm	粒子浓度下降一半时的高度/m
氧气	0.27	5000
高度分散金溶胶	1.86	2.15
超微金溶胶	8.35	2.5×10^{-2}
粗分散金溶胶	186	2×10^{-6}
藤黄的悬浮体	230	3×10^{-5}

【例 8.3.5】 试计算 25℃时粒子直径为 1.0×10^{-8} m 的金溶胶浓度降低一半需要的高度差。已知金和水的密度分别为 $19.3\times10^3\text{kg}\cdot\text{m}^{-3}$ 和 $1.0\times10^3\text{kg}\cdot\text{m}^{-3}$。

解 由式(8.3.10)得

$$\Delta h=(h_2-h_1)=\frac{RT\ln\left(\frac{n_2}{n_1}\right)}{-\frac{4}{3}\pi r^3(\rho-\rho_0)gL}$$

$$=\left[\frac{8.314\times298.2\ln2}{\frac{4}{3}\times\pi\times(5.0\times10^{-9})^3\times(19.3-1.0)\times10^3\times9.8\times6.022\times10^{23}}\right]\text{m}$$

$$=0.03\text{m}$$

即该金溶胶浓度下降一半需要的高度差为 0.03m。

8.4 胶体的光学性质

胶体的光学性质是由胶粒对光的吸收和散射而产生的，它是胶体具有高度分散性和不均匀性的反映。研究胶体的光学性质对解释胶体的光学现象、观察胶体的运动、确定胶粒的大小和形状具有重要意义。

8.4.1 丁铎尔效应

让一束会聚的光线射入溶胶后，在入射光的侧面可看到一个发光的圆锥体。这一现象是 1869 年丁铎尔(Tyndall)所发现，因此称为**丁铎尔效应**(Tyndall effect)，如图 8.4.1 所示。

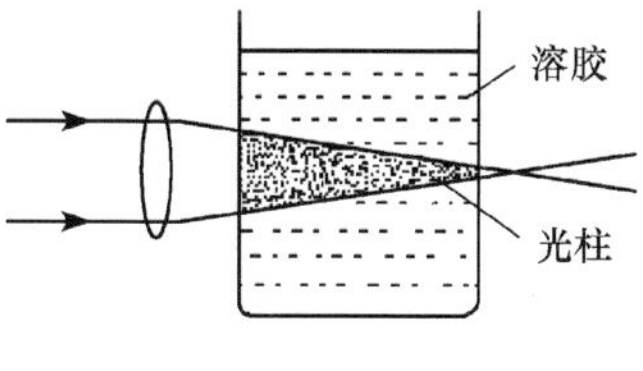

图 8.4.1 丁铎尔效应

后续研究发现，纯液体和真溶液由于密度或浓度的涨落也有丁铎尔效应，只是强度十分微弱，肉眼极难观察到。只有溶胶才有明显的丁铎尔效应，肉眼很容易观察到。因此，借助丁铎尔效应可简便地区别胶体和真溶液。丁铎尔效应的另一特点是侧面观察到的光柱颜色与透射方向的颜色不同，且通常是互补的。

可见光照射到分散体系时，可有三种不同的作用。

1）光的吸收

物体对光的选择性吸收主要取决于体系的化学结构。许多真溶液体系的颜色就是由于分散体系对可见光部分吸收后显示的互补色。一般溶胶体系对可见光的吸收都很弱，因此大多数溶胶是无色的。若溶胶吸收了某一波长的可见光，则透射光将显示出该波长的互补色。

2）光的散射

当分散相粒子的尺度小于入射光的波长时，则主要发生**光的散射**(light scattering)。此时光会绕过分散相粒子以不变的波长向各个方向散射，散射出来的光称为**散射光**(scattered light)或**乳光**(opalescence)。溶胶粒子的尺度为 $10^{-9}\sim10^{-7}$m，即 1～100nm，它比可见光波长 400～750nm 小，因此胶体体系可发生光散射作用而具有丁铎尔效应。若胶体体系的组成相同，但胶粒大小不同，它对光的散射作用也不同，可呈现出不同的颜色。

3）光的反射或折射

若分散相粒子的尺度大于入射光的波长，则主要发生反射或折射现象。粗分散体系就属于这类情况。

8.4.2 瑞利散射定律

当一束光通过分散体系时，在入射光以外的其他方向上观察到光的现象称为光的散射现象。当光照射到直径小于入射光波长的粒子上，入射光波激发粒子以与入射光相同频率发生振动，这时粒子就相当于次级光源向空间发射电磁波，形成散射光源。若是均匀介质如真溶液，则散射光波因相互干涉而抵消。若是不均匀的介质，如胶体体系，则散射光波不能相互干涉而抵消，因此产生光散射现象，这种散射称为**瑞利散射**(Rayleigh scattering)。

瑞利详细研究了丁铎尔现象后发现，无相互作用的非导电性球形胶粒的稀溶胶，在散射角 θ 方向的散射光强度 I_θ 与入射光强度 I_0 之间的关系可表示为

$$I_\theta=I_0\,\frac{9\pi^2C\nu^2}{2\lambda^4 l^2}\left(\frac{n_2^2-n_1^2}{n_2^2+2n_1^2}\right)^2(1+\cos^2\theta) \tag{8.4.1a}$$

散射光总强度为 I

$$I=\int I_\theta=I_0\,\frac{24\pi^3C\nu^2}{\lambda^4}\left(\frac{n_2^2-n_1^2}{n_2^2+2n_1^2}\right)^2 \tag{8.4.1b}$$

式(8.4.1)称为**瑞利散射公式**。只有当胶粒的尺度远小于入射光波长(约 $\lambda/20$)，且为球形非导电胶粒的稀溶液时上式才成立。式中，C 为单位体积中的胶粒数；ν 为单个胶粒的体积；λ 为入射光波长；l 为观察点与散射中心的距离；n_1、n_2 分别为分散介质与分散相的折射率。若为非球形的大粒子、粒子与分散介质的折射率差别较大时，则要用米氏(Mie)或德拜(Debye)散射理论研究。由瑞利散射定律可知

(1) 散射光强度 I 与入射光波长 λ 的四次方成反比。

即光的波长越短越容易被散射，因此长波长的光的透射力较强，短波长光散射力较强。由此可以解释，无色溶胶在侧面观察时呈浅蓝色(观察到的主要是散射光)，正面观察呈橙红色(观察到的主要是透射光)，如天空呈蓝色(观察到的主要是散射光)，日出日落时太阳呈红色(观察到的主要是透射光)，车辆在雾天行驶时所使用的雾灯是黄色的。

(2) 散射光强度 I 与分散相粒子体积的平方成正比。

若分散相粒子尺度太大，则只有反射光，若尺度太小，则散射光太弱，不易被观察到，因此丁铎尔效应可用于鉴别真溶液和溶胶。粒子直径为 5～100nm 时，胶粒越大，散射光强度越

强，根据散射光的强度可判断胶粒的大小，若是球形胶粒，则根据胶粒的密度、浓度，可求出胶粒的摩尔质量。胶粒大小不同，对光散射强度不同，呈现其互补色的颜色不同。表 8.4.1 给出了不同尺度银溶胶体系的颜色变化。

表 8.4.1 不同尺度银溶胶体系的颜色

胶粒直径/nm	透射光	散射光
10～20	黄	蓝
25～35	红	暗绿
35～45	红紫	绿
50～60	蓝紫	黄
70～80	蓝	棕红

(3) 散射光强度 I 与单位体积中胶粒数目成正比。

对半径为 r 的球形粒子，若分散相粒子的密度为 ρ，浓度为 c（单位为 $\mathrm{kg\cdot dm^{-3}}$），则有 $C=\dfrac{c}{\nu\rho}$，球形粒子的体积为 $\nu=\dfrac{4}{3}\pi r^3$，当其他条件不变时，式(8.4.1a)可写作

$$I=K'cr^3 \tag{8.4.2}$$

式(8.4.2)中，$K'=\dfrac{6\pi^3}{\rho\lambda^4 l^2}\left(\dfrac{n_2^2-n_1^2}{n_2^2+2n_1^2}\right)^2 I_0$。若控制两种溶胶的浓度 c 相等，则有

$$\frac{I_1}{I_2}=\left(\frac{r_1}{r_2}\right)^3 \tag{8.4.3}$$

若两种溶胶粒子的半径 r 相同，则有

$$\frac{I_1}{I_2}=\frac{c_1}{c_2} \tag{8.4.4}$$

由式(8.4.3)和式(8.4.4)可知，通过测定已知和未知胶体的散射光强度，即 I_1 和 I_2，可求出未知胶体中胶粒半径 r_2 或胶体浓度 c_2。乳光计就是根据这一原理设计的。其测量原理与比色计相似，只是乳光计中光源是从侧面照射溶胶，观测的是散射光的强度。

分散体系的光散射能力也常用**浊度**(turbidity)表示

$$I_t=I_0 e^{-\tau l} \tag{8.4.5}$$

式(8.4.5)中，I_0 和 I_t 分别为入射光和透射光强度；l 为样品池厚度；τ 为浊度。在固定样品池、光源、入射光波长、粒子大小的情况下，透射光强度随浊度 τ 增大而减小。浊度随分散体系中粒子浓度增大而增大。浊度测定在环境科学领域应用较广泛。

8.4.3 超显微镜在胶体体系中的应用

人的肉眼辨别物体的最小极限为 0.2mm，普通显微镜的可辨极限可达 200nm，要观察胶粒，则要借助**超显微镜**(ultra-microscope)。

超显微镜的原理是用普通显微镜观察胶体中的丁铎尔现象。用一束聚焦强光照射溶胶，在与入射光垂直方向的黑背景上用普通显微镜可观察到胶粒发出的散射光。此时胶粒成为一个个发光点，因此在黑背景下可以清楚地观察到胶粒的布朗运动。若分散相与分散介质的折射率差别较大，则胶粒尺度为 2～5nm 也能观察到闪烁亮点。如果胶粒表面水化作用强，如亲

液溶胶,则观察就不是很清楚。超显微镜观察到的是胶粒对入射光发生散射后的发光点,而不是胶粒本身,这种发光点通常比胶粒本身大很多倍。在超显微镜下我们既看不到胶粒的大小,也看不到胶粒的真正形状,要了解胶粒的真实形状和大小,还需借助**电子显微镜**(electron microscope)。超显微镜在胶体体系的研究中有许多应用。

1)测定胶粒平均半径

若用超显微镜对所测定体积 V 中的胶粒计数为 N 个,已知胶粒的浓度为 c(单位为 $\mathrm{kg \cdot dm^{-3}}$),则每个胶粒的质量为$\dfrac{cV}{N}$,若球形胶粒的半径为 r,密度为 ρ,则有

$$\frac{cV}{N}=\frac{4}{3}\pi r^3\rho \quad 或 \quad r^3=\frac{3}{4}\frac{cV}{N\pi\rho} \tag{8.4.6}$$

2)推测胶粒形状

若在超显微镜下观察胶粒的散射光是稳定的发光点,则预示粒子为球形、正四面体、正八面体等对称性较高的粒子。若观察到的发光点在分散体系流动时为稳定的光点,在分散体系静止时为闪光点,则为棒状胶粒。若在分散体系静止或流动时观察到的均是闪光点,则胶粒具有片状结构。

3)估计胶体的分散度

由于胶粒大小与散射光强度成正比,因此观察到的发光点散射光亮度均匀时,说明分散体系中胶粒大小也均匀,胶体接近单分散体系。若观察到的发光点亮度差别较大,则表明分散体系中胶粒的大小差别也大,为多分散体系。

4)对聚沉、沉降、电泳等现象的研究

若观察到的胶体体系的发光点的强度在逐渐增强,则说明胶粒在不断长大。因此通过研究光点的合并、胶粒在重力场或电场中的位移可获得相关信息。

8.5 胶体的电学性质

早在 1809 年俄国科学家卢斯(Reucc)就做了如图 8.5.1 的实验,他将两支玻璃管插在一块潮湿的黏土块上,将洗净的细砂覆盖在两管的底部,在两管中加入高度相等的清水,管内各插一电极,接通直流电,通电后发现插正极的玻璃管中水面下降且下部的水逐渐变浑浊,插负极的玻璃管中水面上升且仍为清水。造成这一现象的原因是黏土颗粒经玻璃管底的细砂移向了插正极的玻璃管,说明黏土颗粒带负电。大量的实验事实表明,溶胶粒子表面总带有电荷。胶体的电学性质将阐述胶粒表面电荷的由来、研究带电胶粒和分散介质与外电场的相互作用和关系。

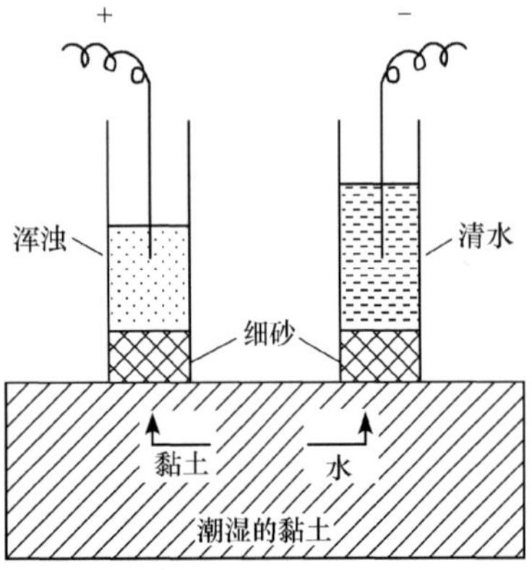

图 8.5.1 卢斯实验

8.5.1 胶粒表面电荷的由来

在分散介质中的胶粒带有电荷,胶粒表面电荷的来源大致可分为三类。

1)解离

黏土粒子中的硅酸盐在水中能解离生成 SiO_3^{2-} 而使黏土粒子带负电荷、分散介质带正电

荷。高分子电解质和缔合胶体带电也由解离引起。例如,蛋白质分子含有大量—COOH 和—NH_2基团,当分散介质的 pH 大于其**等电点**(isoelectric point)时,蛋白质带负电荷,反之则带正电荷。肥皂属缔合胶体(也称胶体电解质),在水中肥皂由许多可解离的小分子 RCOONa 缔合而成,RCOONa 解离使胶粒带负电荷。

2) 离子吸附

有些粒子虽然本身不能解离,但是可从分散介质中吸附 H^+、OH^-或其他离子而带电荷。凡是经化学反应制备的憎液溶胶,胶粒所带电荷均源于离子吸附。实验证明,能和组成胶粒的离子形成不溶物的离子最容易被胶粒表面吸附,这一规则称为**法扬斯**(Fajans)**规则**。例如,用 $AgNO_3$ 和 KI 反应制备 AgI 溶胶,由于 AgI 胶粒可吸附 Ag^+或 I^-,因此当 $AgNO_3$ 过量时,胶粒吸附 Ag^+而带正电;KI 过量时,胶粒吸附 I^-而带负电。由于阳离子的水合能力比阴离子强,容易存在于分散介质中,因此阴离子比阳离子能更容易吸附到固体表面。实验表明当介质中没有能和胶粒形成不溶物的离子时,胶粒一般吸附阴离子的可能性比较大,导致胶粒带负电荷。

3) 晶格取代

晶格取代是胶体中比较少见的特殊现象。例如,黏土粒子中氧化铝八面体晶格中 Al^{3+}往往有一部分被 Ca^{2+}或 Mg^{2+}取代,使黏土晶格带负电荷,为了维持电中性,黏土粒子表面要吸附阳离子。在水中黏土粒子表面的阳离子因水合作用而离开黏土表面进入分散介质,使黏土粒子带负电荷。

8.5.2　胶团的结构

胶粒由于上述种种原因而带有电荷,由于胶粒的大小通常为 1～100nm,所以每一个胶粒均是由许多分子或原子聚集而成的聚集体再带有一定的电荷。胶粒的结构可用结构示意图来表述。

例如,$AgNO_3$ 和 KI 反应制备 AgI 胶体,反应生成的 AgI 首先形成微溶性的晶粒,称为**胶核**(colloidal nucleus),它是胶粒的核心,是大量 AgI 分子的集合体,通常记作$(AgI)_m$,m 表示胶核中所含的 AgI 数目,它通常是一个很大的数值,约为 10^3左右,研究表明 AgI 胶核具有晶体结构。由于胶核很小,因此它的比表面积很大,会吸附溶液中其他离子以降低表面能。若制备过程中 $AgNO_3$ 过量,则 $AgNO_3$ 为稳定剂,根据法扬斯规则,AgI 胶核从溶液中选择性地吸附 n 个 Ag^+,n 的数值比 m 小得多。留在溶液中的 NO_3^- 由于受 Ag^+的静电引力而围绕在胶核周围。由于离子的热运动,只有$(n-x)$个 NO_3^- 与 x 个 Ag^+一起吸附在胶核周围,形成吸附层,胶核和吸附层构成胶粒(colloidal particle),此时的 AgI 胶粒用$\{(AgI)_m nAg^+ \cdot (n-x)NO_3^-\}^{x+}$表示,因此胶粒是带正电的粒子,$(n-x)$个 NO_3^- 为吸附层中的反离子。另外有 x 个 NO_3^- 由于热运动而扩散到较远的介质中,形成扩散层,x 为扩散层中反离子的数目。胶粒与扩散层中的反离子组成**胶团**,也称为**胶束**(colloidal micelle)。过量的 $AgNO_3$ 使 AgI 胶核能稳定存在形成胶体,因此 $AgNO_3$ 被称为稳定剂。若制备过程中 KI 过量,则 KI 为稳定剂,AgI 胶核优先吸附 I^-,使胶粒带负电,K^+为反离子,如图 8.5.2 所示。胶团的结构示意图仅表示胶团的主要性质,即使是同一种溶胶,其 m、n 和 x 的值也不尽相同,因此胶团没有固定的直径和质量,一般只能用平均值表示,胶团的结构和形状也影响胶体的性能。

通常认为胶团是电中性的,胶粒为带电粒子。在外电场的作用下,胶核携带着吸附层一起向电极运动,这就是带电胶粒在外电场中的定向运动。

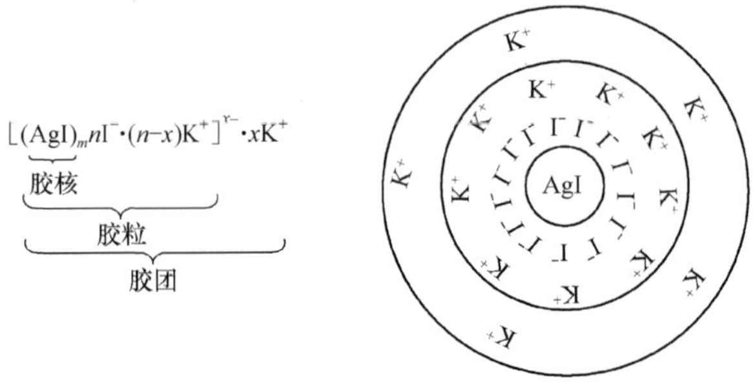

图 8.5.2 碘化银胶团结构示意图(KI 为稳定剂)

8.5.3 电动现象

在外电场的作用下带电胶粒和分散介质的定向运动及其相关现象称为胶体的**电动现象**(electro-kinetic phenomenon)。胶体的电动现象有电泳、电渗、沉降电势和流动电势。研究胶体的电动现象是胶体稳定性理论研究和发展的基础。

1. 电泳

带电胶粒在外电场作用下的定向迁移现象称为**电泳**(electrophoresis),此时分散相移动,而分散介质不动。这与电解质溶液中离子在外电场中的定向迁移现象在本质上是相同的。

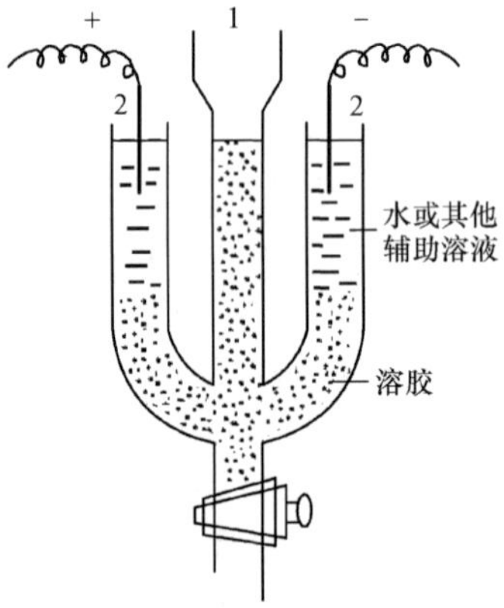

图 8.5.3 界面移动电泳仪示意图

研究电泳的方法主要分为界面移动电泳、区域电泳和显微电泳。界面移动电泳是将有色溶胶置于如图 8.5.3 所示的界面移动电泳仪中直接用肉眼观察溶胶界面的移动。若为无色溶胶,则在电泳仪的侧面用光照射,通过丁铎尔现象观察界面的移动。在实验时间 t 内界面移动的距离为 x,则电泳速率为 $u=\frac{x}{t}$。实验时从中间管 1 注入一定量水或其他辅助溶液,然后再从中间管注入待测溶胶至辅助溶液液面高于左右两侧管 2 的刻度上方后,用吸管从侧管 2 吸出溶胶和辅助溶液的相混液体至出现清晰界面,再在两侧管 2 中插入电极,保证电极与辅助溶液充分接触,接通电源,可以观察到溶胶与辅助液界面的相对移动现象。

例如,生物、医学研究中将细胞及细胞外液分别作为分散相和分散介质,由于构成细胞表面的蛋白质等的解离使细胞表面带电,细胞在外电场的作用下的移动称为细胞电泳。又如,实验发现鼠的肾与肝上的癌细胞的恶性程度越高,其电泳速率也越快,这说明癌细胞表面的电荷密度大,癌细胞间相互斥力就大,因此癌细胞易脱离原来位置发生转移。研究表明癌细胞表面电荷密度大是由于癌细胞表面比正常细胞有更多的神经氨酸。实验证明 $Fe(OH)_3$、$Al(OH)_3$ 和亚甲蓝等碱性染料带正电荷,金、硅酸等溶胶、淀粉颗粒和微生物等带负电荷。电泳实验测得胶粒的电迁移率为$(2\sim4)\times10^{-8}\,m^2\cdot s^{-1}\cdot V^{-1}$,这与普通离子的迁移率非常相近。由于胶粒的质量是普通离子的几千倍,因此证明胶粒不仅带电荷,而且所带的电荷量相当大。

胶体的制备条件,粒子的大小、形状以及表面带电荷量,溶液中电解质的种类、浓度,介质的 pH、温度以及所加的电压等均会影响胶粒的电泳速率。例如,制备 AgCl 溶胶时,加入的电解质不同,胶粒带的电荷种类不同。蛋白质在 pH 比等电点大或小的介质中也带不同种类的电荷。

纸上电泳是区域电泳的一种,医学上将血清样品点在湿的滤纸条上,如图 8.5.4 进行实验,此时蛋白质带负电荷。通电后,由于血清中不同蛋白质的颗粒大小和电荷密度不同,它们向正极运动的速率不同而彼此分离,将滤纸干燥,在染料中着色后获得图 8.5.5 的电泳图。

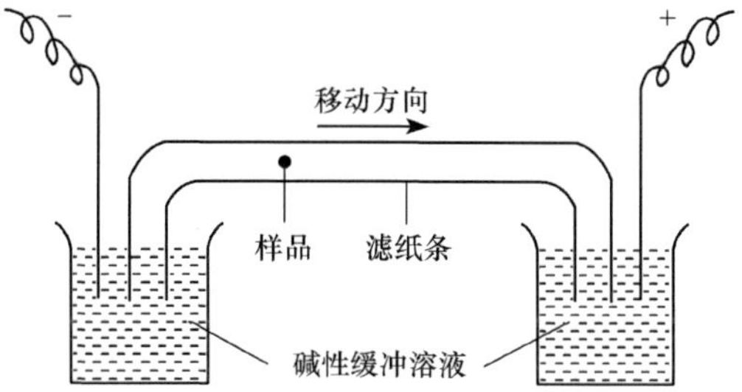

图 8.5.4 纸上电泳

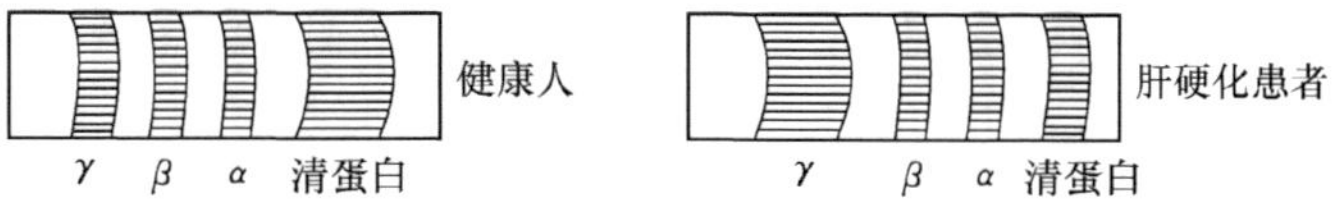

图 8.5.5 人体血清蛋白质的电泳图

若用聚丙烯酰胺凝胶、淀粉凝胶等代替滤纸,可提高分辨率。尤其是用凝胶柱分离时,由于凝胶具有三维空间的多孔性网状结构,对样品既有电泳作用,又有筛分作用,因此分辨率可大大提高,如用聚丙烯酰胺凝胶柱可从血清样品中分离出 25 种组分。

显微电泳就是在显微镜下直接观察胶粒的电泳速率。图 8.5.6 为**毛细管显微电泳**(capillary electrophoresis)示意图。实验时观察一个粒子移动一定距离(约 100nm)所需的时间(约 10s),由此计算电泳速率,控制电场强度可调节电泳速率,一般要测 20 次以上取平均值。

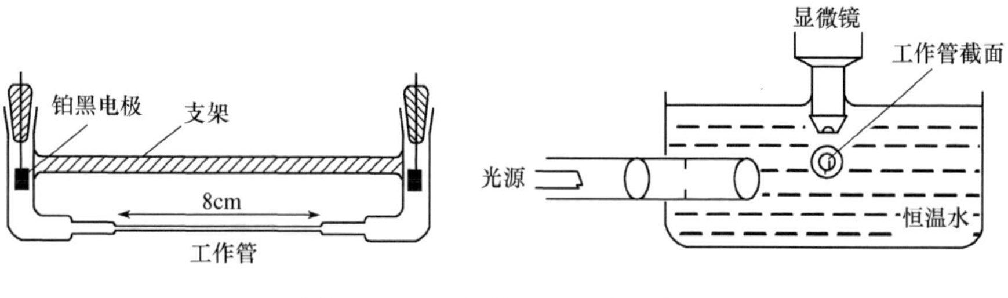

图 8.5.6 毛细管显微电泳示意图

除上述应用外,电泳在其他领域也有着广泛的应用。陶瓷工业利用电泳使高岭土中的黏土粒子与杂质分离而获得很纯的黏土,用以制造高质量和特殊用途陶瓷制品;电镀工业将镀件作为一电极,利用油漆稀乳液中油漆质点的电泳而均匀沉积到镀件表面达到电泳涂漆的目的。环境工程中的静电除尘就是利用了烟雾气溶胶中的灰尘等固体物在外电场中带电荷后产生的电泳现象而达到除尘的目的。

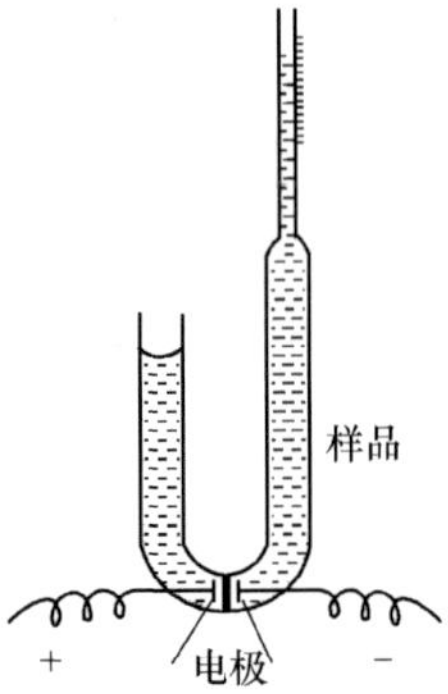

图 8.5.7 电渗示意图

2. 电渗

在电场作用下，半径为 $10^{-6}\sim10^{-7}$ cm 的毛细管内的液体沿管壁的相对运动现象称为**电渗**(electroosmosis)，这时毛细管与液体分别带有不同电荷。实际上用这样的毛细管做实验是不现实的，通常用充满液体的多孔性物质(如素瓷片、固体粉末压制成的多孔塞)进行实验。电渗实验中液体移动的方向与多孔塞的性质有关，当以水为介质时，若用滤纸、棉花等作多孔塞，则水向阴极移动，表明此时液体带正电荷；若用 Al_2O_3 等作多孔塞，则水向阳极移动，表明液体带负电荷。电渗示意图如图 8.5.7 所示，右侧样品管的液面由于电渗作用而不断上升。

电渗在科学研究中应用较多，在生产实际上应用较少，一般用于难过滤浆液(如纸浆、黏土浆)的脱水等。

3. 沉降电势

在外力场的作用下，带电胶粒对静止的分散介质作运动时所产生的电势为**沉降电势**(sedimentation potential)，它是电泳作用的逆过程。带电胶粒沉降时使得分散介质表面层与下层之间产生电势差。例如，储油罐中的油含有水滴，水滴的沉降易在表面油层与下层油层之间产生很高的沉降电势，这对易燃的油品是很危险的，因此常加入油溶性电解质增加油的导电性以消除沉降电势。

4. 流动电势

若在多孔物质如素瓷片、高分子膜的两边施以压差以强制液体通过，则在多孔物质两边产生的电势差称为**流动电势**(streaming potential)，它是电渗的逆过程。在用硅藻土、黏土等作为滤床进行过滤时，流动电势可沿管线造成危险，因此这种管线往往需要接地。喷气式飞机由于燃料油的高速喷出，也可诱导产生很大的流动电势。在多孔地层中，水通过泥层的小孔所产生的流动电势在油井电测工作中具有重要意义。

8.5.4 双电层理论和 ζ 电势

双电层理论的建立为解释电动现象产生的原因奠定了理论根据。胶粒表面电荷的分布情况与溶胶的电性质有关，因此有必要了解胶粒表面电荷的排列分布情况。自 1879 年亥姆霍兹提出**双电层**(electric double layer)的平板电容器模型、1910 年古依(Gouy)和 1913 年查普曼(Chapman)修正为**扩散双电层**(diffused electric double layer)模型、1924 年斯特恩(Stern)对扩散双电层模型作了进一步修正，双电层模型理论还在不断发展与完善中。其中斯特恩模型能解释更多的实验事实，但是由于定量计算上的困难，理论处理仍采用古依-查普曼模型。

1. 古依-查普曼扩散双电层模型

古依-查普曼认为若胶核吸附正离子而带正电荷后，由于静电作用会进一步吸附部分负离子，胶体中的负离子一方面受静电作用力而趋向胶核，另一方面受离子热运动的影响趋于扩散分布在胶核周围。两种作用的结果使得负离子的浓度在胶核表面 1～2 个离子厚度附近大一些，离胶核远处则小些，在离胶核 1～10nm 远处负离子的浓度趋于本体浓度，如图 8.5.8 所示。

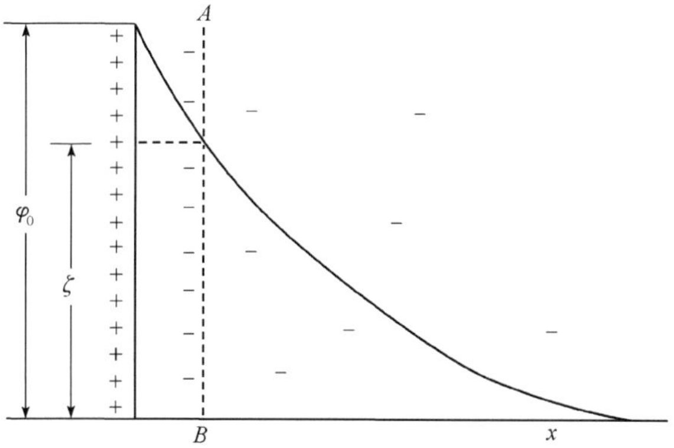

图 8.5.8　古依-查普曼扩散双电层模型

紧密排列在胶核附近的负离子构成紧密层，剩余的负离子构成扩散层，在扩散层中负离子的分布可用玻尔兹曼分布公式表示。紧密层和扩散层构成了双电层的一部分，它与胶核表面的正离子构成双电层。液固之间发生电动现象时移动的切面为图 8.5.8 中的 AB 面，也称为滑动面。滑动面与溶液本体间的电势差称为**电动电势**(electro-kinetic potential)，或称为 **ζ 电势**(zeta-potential)。胶核表面与液体内部的电势差称为**表面电势** φ_0，也称为**热力学电势**，显然 φ_0 与 ζ 电势不同。ζ 电势的数值与滑动面内负离子的量有关，进入滑动面内的负离子越多，则双电层厚度减小，ζ 电势也越小。但是古依-查普曼模型对 ζ 电势未给出更明确的物理意义，由古依-查普曼模型所得 ζ 电势与表面电势同号，极小值为零。但是实验发现有时 ζ 电势会随滑动面内负离子浓度的增加而变大，甚至可与 φ_0 反号。

2. 斯特恩扩散双电层模型

为了解释古依-查普曼模型不能解释的实验现象，斯特恩对古依-查普曼模型作了进一步修正。如图 8.5.9 所示，斯特恩认为由于离子是水化的，并且具有一定的体积，因此负离子由于静电引力和范德华引力被吸附到带电胶粒表面，这一吸附层被称为斯特恩层，其表面为斯特恩面。这种吸附称为**特性吸附**(specific adsorption)，它相当于单分子层吸附，其厚度 δ 取决于离子的水化半径和被吸附离子本身的大小。由于离子的水化作用，胶粒表面始终有一溶剂层，当胶粒与分散介质发生相对移动时，紧密层中的离子连同这一溶剂层一起移动，发生相对移动处的界面称为滑动面或切动面，切动面在斯特恩面的外侧。φ_δ 称为斯特恩电势，它是斯特恩面与溶液本体间的电势差，滑动面与溶液本体间的电势差称为 ζ 电势，可见此时，ζ 电势低于斯特恩电势。

在斯特恩层内离子间的吸附力较强，这种吸附力不仅改变了离子的水化作用而使靠近固体表面的离子没有水化，而且还阻止了离子由于热运动而脱离固体表面的倾向。斯特恩层内的吸附力不仅是静电引力，更主要的是范德华引力，因此离子越大，则越容易被吸附，易水化的离子则不易被吸附，已被吸附离子的性质将决定斯特恩电势 φ_δ 的值。固体如果吸附了与固体表面电荷相同的表面活性剂大离子，则由于范德华引力能克服静电排斥力而使同号表面活性剂离子进入斯特恩层，则 φ_δ 会大于 φ_0，如图 8.5.10(a)所示。固体如果吸附了与固体表面电荷相反的高价离子或多价表面活性剂离子，则可能引起固体表面电势符号发生变化，φ_δ 与 φ_0 的符号相反，如图 8.5.10(b)所示。

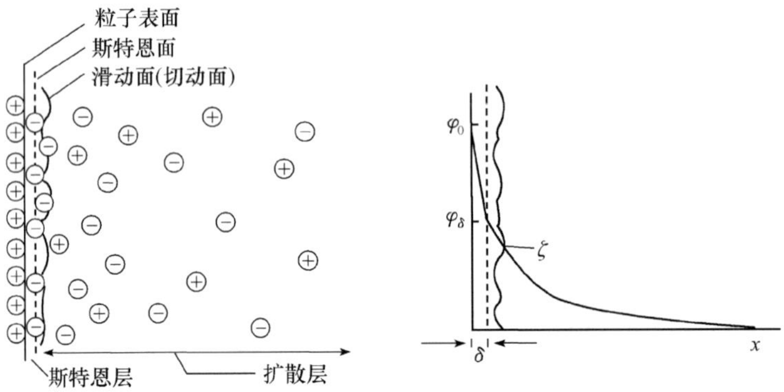

图 8.5.9　双电层的斯特恩模型

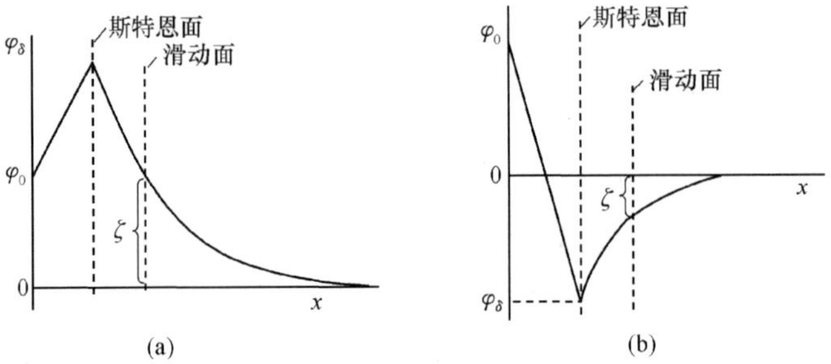

图 8.5.10　斯特恩电势的变化

胶粒的运动实际上是切动面(滑动面)相对于分散介质的运动，ζ 电势反映了胶粒表面带电荷的情况，因此 ζ 电势是一个重要的物理量。从原则上讲，胶体体系的任何一种电动现象都可用来测定和求算 ζ 电势，最方便常用的是用电泳或电渗速率求 ζ 电势。通过实验测定电泳或电渗的速率可求得 ζ 电势。由于外加电解质对电泳和电渗速率有影响，因此也可用于研究外加电解质对 ζ 电势的影响。

对非导电性胶粒研究表明，ζ 电势可表示为

$$\zeta=\frac{K\eta u}{4\varepsilon_0\varepsilon_r E} \tag{8.5.1}$$

式(8.5.1)中，η 为溶胶的黏度；u 为电泳或电渗速率；E 为电势梯度；ε_r 为分散介质的介电常数与真空介电常数之比，称为分散介质的**相对介电常数**(relative dielectric constant)；真空的介电常数 $\varepsilon_0=\dfrac{1}{\mu_0\times c^2}$，$\mu_0$ 为真空磁导率，c 为真空中的光速；K 为与粒子形状有关的常数，$1/K$ 具有长度单位，称为双电层参照厚度，简称为双电层厚度。若为球形胶粒进行电泳实验，则 $K=6$，代入式(8.5.1)有

$$\zeta=\frac{3\eta u}{2\varepsilon_0\varepsilon_r E} \tag{8.5.2}$$

式(8.5.2)称为休克尔(Hückel)公式。若为电渗实验和棒状胶粒进行电泳实验，则 $K=4$，代入式(8.5.1)有

$$\zeta=\frac{\eta u}{\varepsilon_0\varepsilon_r E} \tag{8.5.3}$$

式(8.5.3)称为亥姆霍兹-斯莫鲁霍夫斯基(Helmholz-Smoluchowski)公式。

【例 8.5.1】 电泳实验测得 Sb_2S_3 溶胶在两电极间的电势梯度为 $545V \cdot m^{-1}$ 的电场中通电 36 分 12 秒后溶胶界面向正极移动 3.20×10^{-2} m。已知该溶胶的黏度为 1.03×10^{-3} Pa · s，分散介质的相对介电常数 $\varepsilon_r=81.1$，试计算该 Sb_2S_3 溶胶的 ζ 电势。(1)设为球形胶粒；(2)设为棒状胶粒。

解 (1)若假设 Sb_2S_3 胶粒为球形粒子，则由式(8.5.2)得

$$\zeta=\frac{3\eta u}{2\varepsilon_0\varepsilon_r E}=\left[\frac{3\times1.03\times10^{-3}\times\frac{3.20\times10^{-2}}{(36\times60+12)}}{2\times8.85\times10^{-12}\times81.1\times545}\right]\text{V}$$

$$=0.0581\text{V}=58.1\text{mV}$$

由于溶胶界面向正极移动，因此胶粒带负电，因而实际上 $\zeta=-58.1$mV。

(2) 若假设 Sb_2S_3 胶粒为棒状粒子，则由式(8.5.3)得

$$\zeta=\frac{\eta u}{\varepsilon_0\varepsilon_r E}=\left[\frac{1.03\times10^{-3}\times\frac{3.20\times10^{-2}}{(36\times60+12)}}{8.85\times10^{-12}\times81.1\times545}\right]\text{V}$$

$$=0.0387\text{V}=38.7\text{mV}$$

因而实际上 $\zeta=-38.7$mV。由此可知，通过实验测定胶粒的 ζ 电势，与理论值比较，可估计胶粒的形状。

【例 8.5.2】 已知水和玻璃界面的 ζ 电势为 -0.050V，试问在 298.2K 时，在长度为 1.0m 的毛细管两端加 50V 的电压，求分散介质水通过毛细管的速率。已知水的黏度为 1.0×10^{-3} Pa · s，水的相对介电常数 ε_r 为 80。

解 由式(8.5.3)得介质水通过毛细管的速率

$$u=\frac{\zeta\varepsilon_0\varepsilon_r E}{\eta}$$

$$=\left(\frac{0.050\times8.85\times10^{-12}\times80\times\frac{50}{1.0}}{1.0\times10^{-3}}\right)\text{m}\cdot\text{s}^{-1}$$

$$=1.8\times10^{-6}\text{m}\cdot\text{s}^{-1}$$

8.6 胶体的稳定和聚沉

胶体的稳定是有条件的，当条件被破坏时，胶体中的胶粒就会合并、长大，胶粒由小变大的过程为**聚集过程**(aggregation)，由此长成的大粒子称为**聚集体**(aggregate)，聚集最终导致胶粒沉淀的过程为**聚沉**(coagulation)。

胶体的一大特点是其分散相与分散介质之间存在很大的相界面，体系的表面能高，所以胶粒具有自动聚集以降低体系表面能的趋势——具有聚结不稳定性。虽然胶体从本质上属于热力学不稳定体系，但胶体在一定时间内可以稳定存在，有时甚至长达数十年之久。这是由于胶粒的布朗运动使胶体能保持稳定存在——具有动力稳定性。尽管布朗运动可使胶粒不易在重力场中发生沉降，但布朗运动也不可避免地要发生胶粒的相互碰撞而导致聚沉。胶体稳定存在的事实表明：除布朗运动外，胶粒之间必定还存在一定的相互排斥作用等其他使胶体稳定的因素。

在化工产品乳胶、溶胶的生产,食品加工等过程中常涉及胶体的稳定。在三废处理中水的净化、微量成分回收利用等过程中常涉及胶体的破坏。因此,有必要从理论上研究胶体的稳定和聚沉。

8.6.1 胶体的稳定与 DLVO 理论

1940～1948 年,苏联学者德查金(Derjaguin)、朗道(Landau)和荷兰学者费尔韦(Verwey)、奥弗比克(Overbeek)分别独立提出了各种形状胶粒之间在不同情况下相互吸引能和相互排斥能的计算方法,由于四人处理问题的方法和所得结论大致相同,因此称为 **DLVO 理论**。DLVO 理论是目前对胶体稳定性解释比较完善的理论。

DLVO 理论认为胶粒之间存在着使其相互聚集的吸引力——范德华力,同时又有阻碍其聚结的相互排斥力——静电排斥力,当胶粒相互接近时,这两种相反作用力的大小就决定了胶体的稳定性。当胶粒之间吸引力占主导地位时,胶体就发生聚沉;当静电排斥力占优势时,胶体就处于稳定状态。

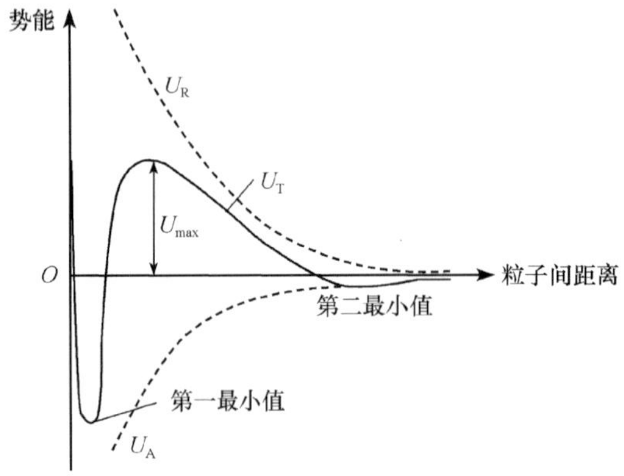

图 8.6.1　胶粒间相互作用势能与其距离间关系示意图

假设两胶粒之间**总势能**(total potential energy)U_T 是**吸引势能**(attractive energy)U_A 和**排斥势能**(repulsive energy)U_R 的代数和

$$U_T = U_A + U_R \tag{8.6.1}$$

这些能量与两溶胶粒子之间距离的关系如图 8.6.1 所示。

当两胶粒相距较远时,双电层未重叠,吸引势能 U_A 占优势,总势能 U_T 为负值;随着胶粒间距离变近到双电层发生重叠,排斥势能 U_R 占优势,总势能 U_T 变为正值。此时胶粒间的吸引势能 U_A 随胶粒距离变小其绝对值增加,当胶粒距离小到一定程度后,吸引势能 U_A 的绝对值迅速增大,并占优势,则总势能 U_T 开始下降,U_T 有一个最大值 U_{max}。U_{max}的存在阻碍了胶粒相互聚集,若胶粒相互靠近时能克服总势能垒 U_{max},则胶粒间由于 U_A 迅速增大而强烈吸附在一起,总势能 U_T 迅速降低至 U_T 的第一最小值处。总势能垒 U_{max}越低,胶粒克服势能垒聚集在一起的机会就越多,胶体越易聚沉。相反,如果总势能垒越高,则胶体相对稳定性就越高。一般胶粒的动能总是小于总势能垒 U_{max},这是胶体在一定时间内相对稳定的原因。U_{max}的大小与胶粒的表面电势、胶粒的大小和胶粒的对称性有关。如果胶粒尺度较大,如片状或棒状胶粒,则容易出现第二最小值,且深度也较大。这时胶粒可克服布朗运动效应而产生胶粒间的缔合作用,但由于此时胶粒间距离较远,吸引势能 U_A 的绝对值不大,外界条件改变时胶粒又会重新分离。例如,胶体制备中提到的胶溶法就是利用这一原理。由于这类聚沉可以完全逆转,称为**可逆聚沉**或**临时聚沉**。而落在第一最小值处的聚沉由于胶粒间的距离较近,聚沉不能逆转,称为**不可逆聚沉**或**永久聚沉**。

势能曲线的形状表明,要保持溶胶的稳定性,可采用增加 U_{max}高度和防止胶粒相互接近两种方法。归根结底是 U_A 和 U_R 的相对数值大小。

U_A:胶粒间的范德华引力本质上源于分子间的相互吸引力,胶粒间的范德华引力是构成胶粒的所有分子对吸引力贡献的总和。它与胶粒间距离的三次方成反比,因此这种吸引力是一种远程范德华引力。粒子间的吸引力随粒子间距离的减小而增加。对两半径为 r 的球形胶粒之间单位面积上的相互吸引势能 U_A 可表示为

$$U_A = -\frac{Ar}{12H} \tag{8.6.2}$$

式(8.6.2)中，H 为两质点表面间的最短距离；A 为哈梅克(Hamaker)常数，与粒子的性质如原子数、极化率等有关。在胶体中加入足够量的大分子化合物溶液可显著提高胶体的稳定性，其原因是①大分子化合物吸附到胶粒表面，使得胶粒间距变大，胶粒之间的吸引势能 U_A 的绝对值变小；②吸附的大分子化合物使胶粒的亲液能力增加；③大分子化合物提高了分散介质的黏度，减少了胶粒相互碰撞的机会。这些都提高了胶体的稳定性，这一现象称为大分子的保护作用。明胶、蛋白质等大分子化合物具有很好的亲水性，常被用作胶体的保护，如人体血浆中的磷酸钙就是由于血浆蛋白质的保护作用而稳定存在。胆盐和胆汁蛋白质可以维持微溶的胆固醇和胆红素钙盐处于稳定的悬浮状态，一旦它们的保护作用受损，则悬浮体被破坏，胆红素钙盐和胆固醇可能析出而导致胆结石。医药上用的蛋白银溶胶，由于蛋白质大分子的保护作用，当溶胶的浓度高达7%～25%仍能稳定存在，即使是干燥状态的蛋白银加水也能自动转变为银溶胶。

U_R：胶粒间的相互排斥力源于胶粒表面的双电层结构。当胶粒靠近到其双电层发生重叠时，胶粒表面电荷分布的对称性被破坏，使得带相同电荷的胶粒之间的静电排斥力变大，静电排斥力随双电层重叠程度的增加而增加。对两个半径为 r、相距为 H 的球形胶粒，在胶粒表面电势 φ_0 较低时，其排斥势能 U_R 为

$$U_R = \frac{1}{2}\varepsilon r \varphi_0 e^{-KH} \tag{8.6.3}$$

式(8.6.3)中，ε 为分散介质的介电常数；K 为离子氛半径的倒数；$1/K$ 为双电层厚度。因此，胶粒半径固定时，双电层厚度越大，胶粒表面电势 φ_0 越高，则排斥势能 U_R 越大，有利于胶体的稳定。胶体制备中加适当浓度的低价电解质就是基于此原理。

8.6.2 影响胶体聚沉的因素

影响胶体聚沉的因素很多，如外加的电解质的性质和浓度、胶体的浓度和温度等都可影响胶体的聚沉。其中以外加电解质对胶体聚沉的影响比较显著，相关的研究也最多。

1. 电解质对胶体聚沉作用的影响

胶体稳定性对电解质十分灵敏，少量外加电解质就能使胶体聚沉。使一定量的胶体在一定时间内完全聚沉所需电解质的最小浓度称为**聚沉值**(coagulation value)，又称**临界聚沉浓度**。聚沉值的倒数为**聚沉率**。显然聚沉值越小或聚沉率越大，则电解质对胶体的聚沉能力就越强。聚沉值是一个相对值，它与胶体的性质、浓度、温度等因素有关。当这些因素确定后，电解质对某一胶体的聚沉值也随之确定。

(1) 聚沉离子所带的电荷决定聚沉能力。电解质中起聚沉作用的离子所带的电荷与胶粒所带的电荷相反。异号离子价数越高，则聚沉值越小、聚沉率越高。这是由于加入的异号离子将扩散层中的异号离子排斥到紧密层中，从而压缩了胶粒表面的双电层，使胶粒的带电量减少，ζ 电势降低。也可认为由于双电层被压缩后其厚度减小，由式(8.6.3)知排斥势能 U_R 减小，U_R 减小导致图8.6.1中 U_{max} 势能垒降低，胶体变得不稳定，当 $U_A = U_R$ 时胶体发生完全聚

沉。舒尔茨和哈迪由实验数据总结得出聚沉值约与异号离子价数的六次方成反比，即

$$\left(\frac{1}{1}\right)^6 : \left(\frac{1}{2}\right)^6 : \left(\frac{1}{3}\right)^6 = 100 : 1.6 : 0.14$$

此规则称为**舒尔茨-哈迪规则**(Schultz-Hardy rule)。但是，当异号离子在胶粒表面发生强烈吸附或表面化学反应时此规则不适用。

(2) 聚沉离子的本性影响聚沉能力。价数相同的离子其聚沉能力也不一样，如正一价离子的硝酸盐的聚沉能力的排序为

$$H^+ > Cs^+ > Rb^+ > NH_4^+ > K^+ > Na^+ > Li^+$$

同价离子的聚沉能力的排列次序称为**感胶离子序**(lyotropic series)。它与水化离子半径从小到大的次序大致相等。当离子价态相同时，水化离子半径越小，越容易靠近胶粒，使双电层的厚度减小。

负一价离子有

$$F^- > Cl^- > Br^- > NO_3^- > I^-$$

(3) 有机化合物离子都具有很强的聚沉能力。当离子的价数一样时，有机化合物离子与胶粒之间有较强的范德华引力，因此容易在胶粒表面吸附，而具有较高的聚沉能力，见表 8.6.1。

表 8.6.1 有机化合物的聚沉作用

电解质	聚沉值/($mol \cdot m^{-3}$)	电解质	聚沉值/($mol \cdot m^{-3}$)
KCl	49.5	$(C_2H_5)NH_3^+Cl^-$	18.20
氯化苯胺	2.5	$(C_2H_5)_2NH_2^+Cl^-$	9.96
氯化吗啡	0.4	$(C_2H_5)_3NH^+Cl^-$	2.79
		$(C_2H_5)_4N^+Cl^-$	0.89

(4) 电解质的聚沉作用是正负离子共同作用的结果。与胶粒带相同电荷的电解质其价数越高，则电解质的聚沉能力越弱，其聚沉值越大。表 8.6.2给出了不同电解质对亚铁氰化铜负溶胶的聚沉值。

表 8.6.2 不同电解质对亚铁氰化铜溶胶的聚沉作用

电解质	聚沉值/($mol \cdot m^{-3}$)	电解质	聚沉值/($mol \cdot m^{-3}$)
KBr	27.5	K_2CrO_4	80.0
KNO_3	28.7	$K_2C_4H_4O_6$	95.0
K_2SO_4	47.5	$K_4[Fe(CN)_6]$	260.0

总之，电解质对溶胶的聚沉作用随电解质的性质、浓度、加入时间、条件等因素的改变而改变，但只要加入电解质的浓度达到一定值，均会使溶胶发生聚沉。现实生活中电解质使胶体聚沉的实例很多，如卤水中的 Ca^{2+}、Mg^{2+} 能使带负电荷的大豆蛋白质聚沉；江河入海口的小岛是海水中的电解质使河水中带负电的黏土粒子聚沉的结果。

【例 8.6.1】 用等体积的 $0.08mol \cdot dm^{-3}$ KI 和 $0.1mol \cdot dm^{-3}$ $AgNO_3$ 溶液混合制备 AgI 溶胶，试写出该溶胶的胶团结构示意图，并比较电解质 $CaCl_2$、$MgSO_4$、Na_2SO_4、$NaNO_3$ 对该溶胶聚沉能力的强弱。

解 由于 $AgNO_3$ 过量，胶核优先吸附 Ag^+ 而形成带正电荷的胶粒，胶团结构为

$$\underbrace{\underbrace{\{\underbrace{(AgI)_m}_{\text{胶核}} nAg^+ \cdot \underbrace{(n-x)NO_3^-}_{\text{紧密层}}\}^{x+}}_{\text{胶粒}} \cdot \underbrace{xNO_3^-}_{\text{分散层}}}_{\text{胶团}}$$

由于 AgI 胶粒带正电荷，因此起聚沉作用的应该是电解质中的负离子。根据舒尔茨-哈迪规则，二价负离子的聚沉能力强，有 $MgSO_4$、Na_2SO_4 > $CaCl_2$、$NaNO_3$。再根据感胶离子序有 Cl^- > NO_3^-，因此 $CaCl_2$ > $NaNO_3$。$MgSO_4$ 和 Na_2SO_4 具有相同的负离子，由于与胶粒具有相同电荷的离子价数越高，聚沉能力越弱，因此 Na^+ > Mg^{2+}。所以对 AgI 正溶胶聚沉能力强弱的顺序为

$$Na_2SO_4 > MgSO_4 > CaCl_2 > NaNO_3$$

2. 其他因素对胶体聚沉作用的影响

1）胶体的相互作用

带相反电荷胶体相互混合时也会发生聚沉。只是两种胶体的总电荷量相等时，才会完全聚沉，否则聚沉不完全或甚至不能发生。表 8.6.3 列出将氢氧化铁正溶胶（含 Fe_2O_3 为 $3.04g \cdot dm^{-3}$）与硫化砷负溶胶（含 As_2S_3 为 $2.07g \cdot dm^{-3}$）按不同比例相互混合时所观察到的实验现象。

表 8.6.3　胶体的相互聚沉作用

加入量/($\times 10^3 dm^3$)		实验现象	混合后胶粒带电性质
氢氧化铁正溶胶	硫化砷负溶胶		
9	1	无变化	正
8	2	放置一定时间后微显浑浊	正
7	3	立即浑浊发生沉淀	正
5	5	立即沉淀但不完全	正
3	7	几乎完全沉淀	零
2	8	立即沉淀但不完全	负
1	9	立即沉淀但不完全	负
0.2	9.8	只出现浑浊但无沉淀	负

胶体的相互聚沉在日常生活中也常见到，如明矾的净水作用是利用明矾在水中水解生成带正电荷的 $Al(OH)_3$ 胶体使水中带负电荷的黏土粒子聚沉，聚沉过程中同时夹带了其他机械杂质而达到净化水的目的。医学上可用血液能否相互凝结（聚沉）来判断血型，输血时要求血型匹配也与胶体的相互聚沉作用有关。

2）大分子化合物对胶体的敏化作用

大分子对胶体的保护作用需要大分子的浓度足够大，能够在胶粒表面吸附形成一定的厚度。若胶体中加入少量大分子化合物，则大分子无法在胶粒表面形成吸附层，反而在胶粒之间起联结作用而使胶粒发生聚沉，这种现象称为**敏化作用**（sensitization）。为了区别电解质的聚沉作用，也将大分子化合物引起的聚沉称为**絮凝作用**（flocculation）。例如，聚丙烯酰胺类聚电解质就是工业上常用的高效絮凝剂。

3）胶体的浓度和温度

胶体的浓度越大，温度越高，由于布朗运动导致胶粒发生碰撞的次数增加，有加速聚沉的趋势。

8.7　胶体的流变性

流变学(rheology)是研究在外力作用下物质**流动**(flow)和**变形**(deformation)的科学，应用于溶胶体系就是溶胶的**流变性质**(rheological property)。溶胶的流变性在生产实际中有重要作用。例如，涂料的适应性和食品的口感等在很大程度上与流变性质有关；生物体内血液黏度异常及流变性质的变化有助于发现和判断许多疾病；药物制剂的剂型，如乳膏剂、糊剂、乳剂、混悬剂等与其流变性质有关。胶体的流变性质主要与分散介质的黏度、胶体的浓度、胶粒的大小、形状及胶粒与分散介质之间的相互作用等因素有关。

8.7.1　胶体的黏度与流变曲线

流体的**黏度**(viscosity)是流体流动时的内摩擦大小的量度。流体在管道中流动时，从管道中心至管壁处，流体的流动速率逐渐变小，流动较慢的流体层阻滞着流动较快的流体层的运动而产生流动阻力。为了维持流体层能以一定的速率梯度流动，必须外加一个与阻力大小相等、方向相反的力，在单位流体层面积上所需要施加的这种力称为**切应力**(shearing force)，简称**切力**，用符号 τ 表示，单位为 $N \cdot m^{-2}$。这时所形成的稳定的速率梯度称为**切变速率**或**切速**，用符号 D 表示，单位为 s^{-1}。

研究表明纯液体、大多数小分子溶液和稀胶体体系的切力和切速之间符合关系式

$$\tau = \eta D \tag{8.7.1}$$

式(8.7.1)称为**牛顿公式**，比例系数 η 称为流体的黏度，其单位为 $Pa \cdot s$。组成确定的流体其黏度 η 仅与温度有关，温度确定时 η 有定值。凡符合式(8.7.1)的流体称为**牛顿流体**(Newtonian fluid)，只有在层流条件下才有牛顿流体。如图 8.7.1 曲线 a 所示，τ 和 D 呈正比关系。例如，在高切速时的血浆、血清和低浓度下的淀粉分散体可看作牛顿流体。对于非牛顿流体，$\tau = \tau(D)$ 有不同的函数关系，可分为**塑性流体**(plastic fluid，如图 8.7.1 曲线 b 所示)、**假塑性流体**(pseudoplastic fluid，如图 8.7.1 曲线 c 所示)、**胀性流体**(dilatant fluid，如图 8.7.1 曲线 d 所示)。这时的 $\tau = \eta_a D$，η_a 称为表观黏度(apparent viscosity)。

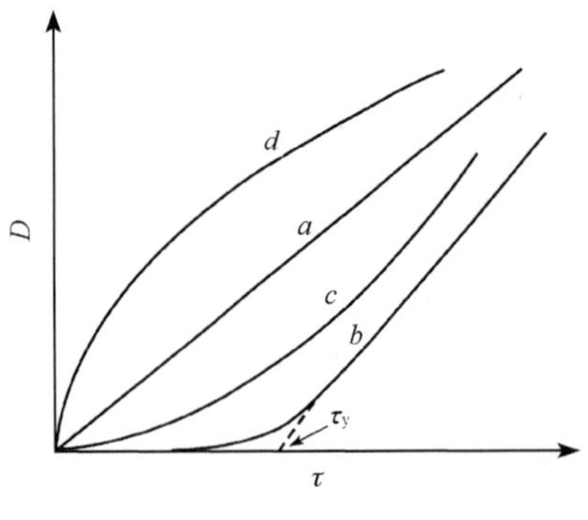

图 8.7.1　不同类型流体的切速与切力关系图

其中塑性和假塑性流体均具有**切稀作用**(shear thinning)，即流体的黏度随切速的增加而减小。这是由于这类体系中分散相粒子相互接触时形成了三维空间结构，在外力的作用下三维空间结构被破坏，流体的黏度下降。其中塑性流体在图 8.7.1 中有 τ_y 点，τ_y 是这类结构强弱的反映，只有当切力超过 τ_y 后，才能破坏结构而使体系流动。τ_y 称为**屈服值**(yield value)。牙膏、油漆、油墨、钻井泥浆等都是塑性流体。假塑性流体则没有 τ_y 值，它的黏度随切速的增加而减小，切稀作用明显。例如，较高浓度淀粉、甲基纤维素等大分子的水分散体。血液在低切速时为假塑性流体。胀性流体的黏度随切速的增加而增加，这种现象称为**切稠作用**(shear thickening)，这是由于随着切速增加，体系形成了一定的结构体。例如，40%～50%的高浓度淀粉分散体就是胀性流体。血液则为非牛顿流体，它的黏度与血液中的红细胞大小、形状、聚

集状态等因素有关。若是镰刀状贫血症患者的血液，则由于其血红细胞由圆盘状变为镰刀状而导致血液的黏度明显增高。

8.7.2　黏度的测定

在胶体科学中胶粒的浓度、形状和大小与胶体的性能密切相关，胶粒的这些性质与胶体的黏度直接相关。胶体体系的黏度是胶体性能的标志之一，黏度测定方法主要有毛细管法、转筒法、落球法和振动法等。

1. 毛细管法

在恒温条件下，用图 8.7.2 所示毛细管黏度计测定已知黏度 η_0 的液体流经毛细管（即流经刻度 a、b）的时间 t_0，在相同条件下，用同一支毛细管测定黏度为 η 的待测液体流经毛细管的时间 t。由于毛细管的长度 l、半径 r、毛细管内流体体积 V 对同一支毛细管为一常数，因此将**泊肃叶**（Poisenille）**公式** $\eta=\frac{\pi r^4 pt}{8lV}$ 应用于两种不同液体时有

$$\frac{\eta}{\eta_0}=\frac{\rho t}{\rho_0 t_0} \tag{8.7.2}$$

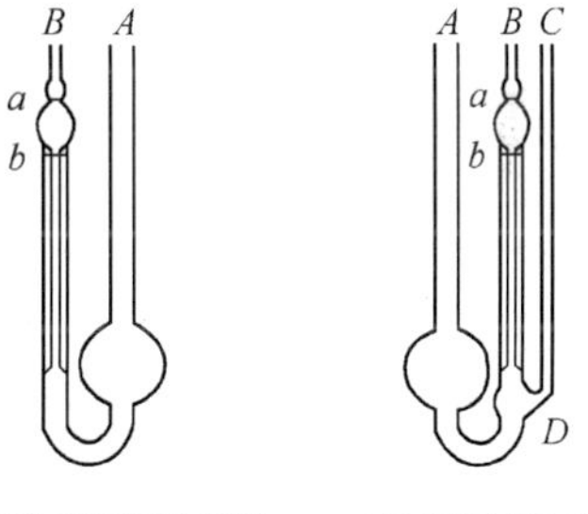

图 8.7.2　毛细管黏度计结构示意图

当溶液很稀，可假设 $\rho\approx\rho_0$ 时，则有

$$\eta=\frac{t}{t_0}\eta_0 \tag{8.7.3}$$

毛细管黏度计一般只适用于黏度小于 10Pa · s 的流体。其中三管黏度计尤其适用于黏度法测定大分子平均摩尔质量。工业生产中使用的毛细管黏度计是将毛细管变短变粗以减少测定时间，如工业用成品黏度计 Ford 杯等。

2. 转筒法

转筒式黏度计的工作原理如图 8.7.3 所示。在有一定间隙的两同心圆筒中充满待测液体。当外筒固定，内筒转动时可根据砝码质量、力臂长度、筒的侧面积求出切力，由不同转速下求得的切力便可得流变曲线，由此可确定流体的类型。它适用于黏度大于 10^3 Pa · s 的高黏度流体。若流体的黏度太低，则可改变圆筒表面的粗糙度、将内筒换成十字搅拌桨等以加大切力。

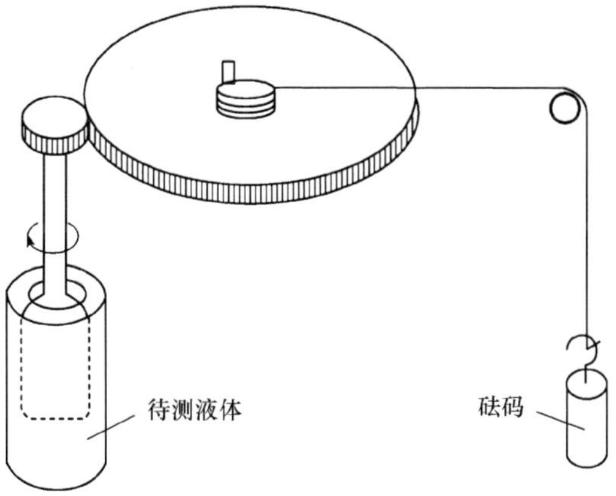

图 8.7.3　转筒式黏度计示意图

3. 落球法

落球法测定黏度是基于钢制小球在流体中的降落速率与流体的黏度成反比的原理。由斯托克斯（Stokes）方程可推导得

$$\eta=Kt(\rho-\rho_0) \tag{8.7.4}$$

式(8.7.4)中,K 为仪器常数,可用已知黏度的液体直接测定。$K=\frac{2gr^2}{9h}$,h 为半径为 r 的小球下降的距离,g 为重力加速度。t 为同一小球在被测流体中下降相同距离 h 需要的时间,ρ 和 ρ_0 分别为钢球和被测流体的密度。

8.7.3　稀溶胶的黏度

纯液体通常属于牛顿流体,但是若将溶胶质点分散于这种液体中,由于溶胶质点干扰了液体的流动导致黏度升高。若纯液体的黏度为 η_0,分散有胶粒的分散体系的黏度为 η,对较简单的稀溶胶体系,在层流状态下,爱因斯坦曾导出 $\eta=\eta_0(1+k\phi)$,ϕ 为分散相所占的体积分数,k 对球形粒子为 2.5,则有

$$\eta=\eta_0(1+2.5\phi) \tag{8.7.5}$$

当胶粒为球形刚性粒子,并能被分散介质润湿且 $\phi<3\%$时实验结果与式(8.7.5)相符。例如,实验用材料为玻璃小球、聚苯乙烯小球、真菌、孢子等的悬浮体时,实验结果符合式(8.7.5)。对 $\phi>3\%$的分散体系,由于分散相粒子间的相互作用等使黏度急剧增加,实验结果不符合式(8.7.5)。此时式(8.7.5)可从理论上修正为古茨-西姆哈(Guth-Simha)方程

$$\eta=\eta_0(1+2.5\phi+14\phi^2+\cdots) \tag{8.7.6}$$

但是实验测得 ϕ^2 前的系数为 5～8,这是由于胶粒溶剂化造成的。实验表明分散体系中质点越不对称、分散相质点越小或溶剂化作用越强、体系的温度越低,则分散体系的黏度越高。带电质点形成的分散体系,在受到切力的作用时要克服双电层的相互作用,因此黏度较高。大分子电解质溶液在浓度变稀时,由于其解离度增大也会引起体系黏度增加。

8.8　大分子溶液

一般有机化合物分子的相对分子质量小于 500,但是像蛋白质、纤维素等分子的相对分子质量很大,有的甚至可达几百万。斯陶丁格(Staudinger)把相对分子质量大于 10^4 的物质称为**大分子**(macromolecule)。大分子物质溶于溶剂后,虽然溶质是以分子为分散单位,但是由于大分子的分子太大,一个分子就足以达到胶体颗粒大小尺度,因此它具有胶体的一些性质。为区别大分子物质形成的胶体和其他胶体,有时也称大分子物质形成的胶体为亲液溶胶。它与憎液溶胶一样具有不能通过半透膜、扩散速率慢等性质,但是由于大分子溶液是以分子为分散单位,因此它是热力学稳定的单相体系,它的渗透压较小、丁铎尔效应较微弱。表 8.8.1 列出了憎液溶胶、大分子溶液和真溶液性质的比较。大分子溶液在医药上应用广泛,在人体新陈代谢中起重要作用的血浆、体液等都是大分子溶液,血浆代用液、脏器制剂、疫苗等也是大分子溶液。药物制剂中常用的增稠剂、增溶剂、乳化剂等许多也是大分子溶液。

表 8.8.1　憎液溶胶、大分子溶液和真溶液性质的比较

体系性质	憎液溶胶	大分子溶液	真溶液
分散相尺度	1～100nm	1～100nm	<1nm
分散相存在单位	胶粒	单分子	单分子
能否通过半透膜	不能	不能	能
是否为热力学稳定体系	不是	是	是
丁铎尔效应	强	微弱	微弱
黏度	小,与分散介质相似	大	小,与溶剂相似
聚沉后能否再分散	不能	能	能

8.8.1　大分子物质的平均摩尔质量

大分子物质既包括天然大分子物质如淀粉、蛋白质、纤维素及构成生物体的各种生物大分子物质，也包括人工合成的高聚物如酚醛树脂、离子交换树脂、生物医用高分子等物质。大分子物质及其溶液的性能与其摩尔质量密切相关。严格地说物质的摩尔质量只对构成体系的每个质点是完全均匀的单分散体系才有明确的意义。大分子物质随其生长或合成条件不同，每个分子的质量是不同的，因此大分子溶液通常都是多分散体系，所以用平均摩尔质量而不是大分子的摩尔质量表示，大分子化合物的平均摩尔质量及其分布直接反映了大分子化合物分子的大小及均匀性，依此可预测大分子化合物所构成材料的性能。

大分子化合物的平均摩尔质量随测定方法不同而异，常用平均摩尔质量的数学表达式和测定方法列于表 8.8.2 中。

表 8.8.2　各种平均摩尔质量的表示与测定方法

平均摩尔质量名称	数学表达式	测定方法
数均摩尔质量	$\overline{M}_n=\dfrac{\sum_B N_B M_B}{\sum_B N_B}=\sum_B x_B M_B$	凝固点降低法，沸点升高法 渗透压法，端基分析法
质均摩尔质量	$\overline{M}_m=\dfrac{\sum_B m_B M_B}{\sum_B m_B}=\sum_B w_B M_B$	光散射法
Z 均摩尔质量	$\overline{M}_Z=\dfrac{\sum_B m_B M_B^2}{\sum_B m_B M_B}=\dfrac{\sum_B Z_B M_B}{\sum_B Z_B}$	沉降平衡法
黏均摩尔质量	$\overline{M}_\eta=\left[\dfrac{\sum_B m_B M_B^\alpha}{\sum_B m_B}\right]^{\frac{1}{\alpha}}=\left[\sum_B w_B M_B^\alpha\right]^{\frac{1}{\alpha}}$	黏度法

对单分散体系，$\overline{M}_m=\overline{M}_n=\overline{M}_Z$；若为多分散体系，通常有 $\overline{M}_Z>\overline{M}_m>\overline{M}_n$，且分子大小分布越不均匀，三者的差别越大。由于数均摩尔质量 $\overline{M}_n$ 对大分子化合物中摩尔质量较低的部分比较敏感，而 $\overline{M}_m$ 和 $\overline{M}_Z$ 则对摩尔质量较高的部分较为敏感，因此可用 $\overline{M}_n$ 和 $\overline{M}_Z$ 的比值来估计大分子化合物的均匀程度，单分散体系的比值为 1。比值越大说明分子大小分布的范围越宽，聚合越不均匀。

【例 8.8.1】 在 0.100kg 摩尔质量为 100kg · mol^{-1} 的样品中分别加入(1)1.00g 摩尔质量为 1.00kg · mol^{-1} 的物质；(2)1.00g 摩尔质量为 1.00×10^4 kg · mol^{-1} 的物质。求两种情况下混合物的各种平均摩尔质量。

解　(1)由数均摩尔质量计算公式得第一种混合物的

$$\overline{M}_n=\frac{\sum_B N_B M_B}{\sum_B N_B}=\frac{n_1M_1+n_2M_2}{n_1+n_2}=\frac{m_1+m_2}{\dfrac{m_1}{M_1}+\dfrac{m_2}{M_2}}$$

$$=\left(\frac{0.100+1.00\times10^{-3}}{\dfrac{0.100}{100}+\dfrac{1.00\times10^{-3}}{1.00}}\right)\text{kg}\cdot\text{mol}^{-1}$$

$$=50.5\text{kg}\cdot\text{mol}^{-1}$$

由质均摩尔质量计算公式得第一种混合物的

$$\overline{M}_m=\frac{\sum_B m_B M_B}{\sum_B m_B}=\frac{m_1M_1+m_2M_2}{m_1+m_2}$$

$$=\left(\frac{0.100\times100+1.00\times10^{-3}\times1.00}{0.100+1.00\times10^{-3}}\right)\text{kg}\cdot\text{mol}^{-1}$$

$$=99.0\text{kg}\cdot\text{mol}^{-1}$$

由 Z 均摩尔质量计算公式得第一种混合物的

$$\overline{M}_Z=\frac{\sum_B m_B M_B^2}{\sum_B m_B M_B}=\frac{m_1M_1^2+m_2M_2^2}{m_1M_1+m_2M_2}$$

$$=\left(\frac{0.100\times100^2+1.00\times10^{-3}\times1.00^2}{0.100\times100+1.00\times10^{-3}\times1.00}\right)\text{kg}\cdot\text{mol}^{-1}$$

$$=100\text{kg}\cdot\text{mol}^{-1}$$

由计算结果知，若体系中混有少量摩尔质量较低的物质，$\overline{M}_n$ 明显降低，$\overline{M}_m$ 和 $\overline{M}_Z$ 基本不变。

(2) 用同样方法求得第二种混合物的

$$\overline{M}_n=101\text{kg}\cdot\text{mol}^{-1}$$

$$\overline{M}_m=198\text{kg}\cdot\text{mol}^{-1}$$

$$\overline{M}_Z=5.05\times10^3\text{kg}\cdot\text{mol}^{-1}$$

由计算结果知，若体系中混有少量摩尔质量较高的物质，$\overline{M}_n$ 基本不变，$\overline{M}_m$ 和 $\overline{M}_Z$ 明显增大。

8.8.2 黏度法测定大分子的平均摩尔质量

黏度法测大分子物质的平均摩尔质量，由于其设备简单、操作简便等优点而被经常采用。若将大分子物质配成稀溶液，则溶液的黏度 η 总比纯溶剂的黏度 η_0 高，两者又可通过适当的组合得到黏度的不同表示，见表 8.8.3。

表 8.8.3 几种黏度的定义

名 称	定义式	物理意义
相对黏度	$\eta_r=\frac{\eta}{\eta_0}$	溶液黏度与溶剂黏度的比值
增比黏度	$\eta_{sp}=\frac{\eta-\eta_0}{\eta_0}=\eta_r-1$	溶质对黏度的贡献
比浓黏度	$\frac{\eta_{sp}}{c}=\frac{\eta_r-1}{c}$	单位浓度溶质对黏度的贡献
特性黏度	$[\eta]=\lim\limits_{c\to0}\frac{\eta_{sp}}{c}=\lim\limits_{c\to0}\frac{\ln\eta_r}{c}$	单个溶质分子对黏度的贡献

大分子溶液属于假塑性流体，其黏度可表示为 $\eta=\eta_{牛}+\eta_{构}$。溶液在低切速下黏度较高，在高切速下黏度较低。这与大分子的结构和分子间的相互作用有关。随切力增加大分子溶液中的分子从无序渐渐变为有序，大分子沿流线方向取向以减少阻力，因此黏度降低。但是在较浓的大分子溶液中，取向相同的大分子链段之间由于相互接触和相互作用导致大分子链段之间

形成内部结构，这一结构使体系黏度增加，当切力大到足够破坏这些结构时，黏度就减小。这就是为什么在高切力情况下人的血清或血浆可看作牛顿型流体的缘故。

大分子溶液的黏度与大分子物质的性质、分子大小、溶剂的性质、溶液的浓度等性质有关。在大分子物质、溶剂、体系温度等性质确定之后，黏度仅与溶液浓度和大分子物质的分子大小有关。对柔性长链大分子稀溶液，其浓度与黏度的变化关系可用不同的经验式表示

$$\frac{\eta_{sp}}{c}=[\eta]+k'[\eta]^2c \tag{8.8.1}$$

$$\frac{\ln\eta_r}{c}=[\eta]-\beta[\eta]^2c \tag{8.8.2}$$

式(8.8.1)和式(8.8.2)中，k'和β为比例系数。由表8.8.3所示，特性黏度$[\eta]$是当$c\rightarrow0$时$\frac{\eta_{sp}}{c}$和$\frac{\ln\eta_r}{c}$的极限值。在确定条件下，$[\eta]$值取决于大分子的平均摩尔质量和大分子在溶液中的形态，它是大分子的特征，由此可求出大分子的黏均摩尔质量

$$[\eta]=K\overline{M}_\eta^\alpha \tag{8.8.3}$$

式(8.8.3)中，K为经验常数；α为大分子与溶剂的特性常数。球形分子$\alpha=0$，即特性黏度$[\eta]$与黏均摩尔质量无关。柔性长链大分子，若在良溶剂中，大分子较松弛，舒展，则与溶剂的摩擦机会增加，α接近1；若大分子在不良溶剂中，大分子蜷缩成无规线团，则与溶剂的摩擦机会减少，α接近0.5；一般柔性长链大分子，α为0.5～1.0。刚性棒状分子，$\alpha=2$。许多天然和人工合成的大分子化合物在各种溶剂中的K和α值已经通过渗透压、光散射法等被确定并列于手册中。实验时只要测定不同浓度的大分子稀溶液的黏度，根据表8.8.3定义求出$\frac{\eta_{sp}}{c}$和$\frac{\ln\eta_r}{c}$，作如图8.8.1所示$\frac{\eta_{sp}}{c}$和$\frac{\ln\eta_r}{c}$对c图，外推至$c\rightarrow0$时，两直线在纵坐标上的截距即为$[\eta]$，再由式(8.8.3)可求出大分子的黏均摩尔质量$\overline{M}_\eta$。

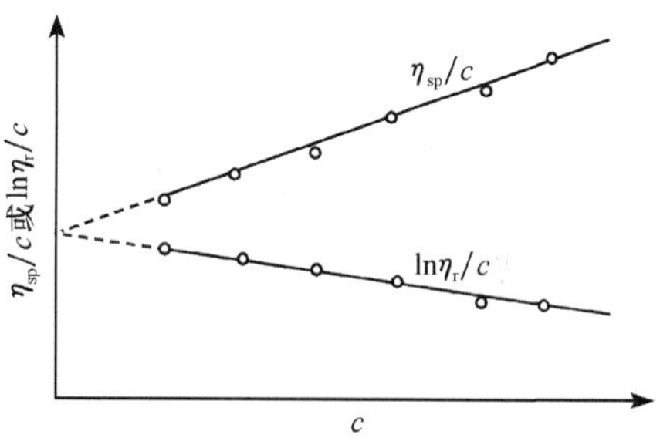

图8.8.1 $\frac{\eta_{sp}}{c}$和$\frac{\ln\eta_r}{c}$对c图

8.8.3 大分子溶液的渗透压

利用溶液的依数性可以测定溶质的摩尔质量。本章8.3节中已经阐明由于憎液溶胶不能制备成浓度较大的体系(否则溶胶不稳定)，所以测得渗透压较小，不能用于测定胶团的平均摩尔质量。但是，大分子溶液可配制浓度较大的溶液而不至于造成体系不稳定，因此可用测定渗透压的方法来确定大分子的平均摩尔质量。由于渗透压只与溶液中溶质的质点数有关，与溶质的性质无关，因此获得的是数均摩尔质量$\overline{M}_n$。此法适用于平均摩尔质量小于$10^5\ kg\cdot mol^{-1}$的大分子化合物。但是大分子溶液浓度较大，其行为偏离理想稀溶液，因此不能用式(3.9.6)的范特霍夫渗透压公式，非电解质大分子稀溶液的渗透压Π与溶质数均摩尔质量之间的关系可近似表示为

$$\frac{\Pi}{c}=\frac{RT}{\overline{M}_n}+A_2c \tag{8.8.4}$$

式(8.8.4)中，A_2 称为第二维利系数，它标志着大分子溶液偏离理想稀溶液的程度；c 为大分子溶液浓度(单位为 $\mathrm{kg \cdot dm^{-3}}$)。若以$\dfrac{\Pi}{c}$对 c 作图为一直线，外推至 $c \to 0$ 可得截距$\dfrac{RT}{\overline{M}_n}$，因此可求得数均摩尔质量 $\overline{M}_n$。图 8.8.2 为用渗透压法测定不同级分乙酸纤维素在丙酮中的数均摩尔质量。

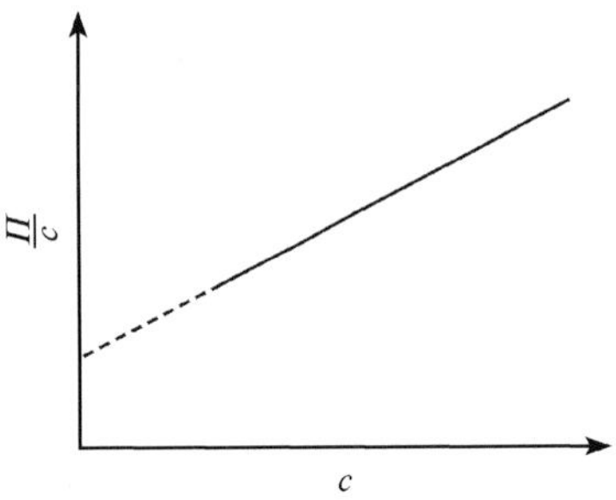

图 8.8.2　不同级分乙酸纤维素在丙酮中的$\dfrac{\Pi}{c}$对 c 图

8.8.4　唐南平衡

用式(8.8.4)计算如蛋白质、核酸等大分子电解质的数均摩尔质量时结果往往偏低。这类大分子电解质溶液中都含有少量的电解质小离子，这些小离子能自由通过半透膜，当这种迁移达到平衡时，由于受大分子电解质离子的影响，导致小离子在膜两边的浓度不等，这种不均等分布称为**唐南平衡**(Donnan equilibrium)。生物体细胞膜是一种带生理活性的半透膜，它维持着体液中小离子(如 K^+、Na^+、Cl^- 等)和大离子(如蛋白质、核酸等)的平衡。

唐南从热力学的角度分析了小离子在膜两边的平衡情况。若有大分子电解质 Na_zP 能在水溶液中解离为 z 个 Na^+ 和 P^{z-}(大分子解离后的离子)，用半透膜将此种溶液与纯水隔开，由于每个大分子电解质可解离出$(z+1)$个质点，根据式(3.9.6)范特霍夫渗透压公式有

$$\Pi_2 = (z+1)c_2RT \tag{8.8.5}$$

由式(8.8.5)可见，大分子电解质溶液的渗透压比大分子非电解质溶液大了很多，导致大分子电解质的数均摩尔质量偏低。

若将纯水换成浓度为 c_1 的氯化钠 NaCl 溶液，则小离子迁移过半透膜的始、终态由图 8.8.3表示。渗透开始时膜的左边没有 Cl^-，因此 Cl^- 向膜的左边迁移。为了维持整个体系的电中性，等量的 Na^+ 也自膜的右边迁移至膜的左边，渗透平衡时膜两侧的 NaCl 的化学势相等，有

$$RT\ln a_{\mathrm{NaCl,左}} = RT\ln a_{\mathrm{NaCl,右}}$$

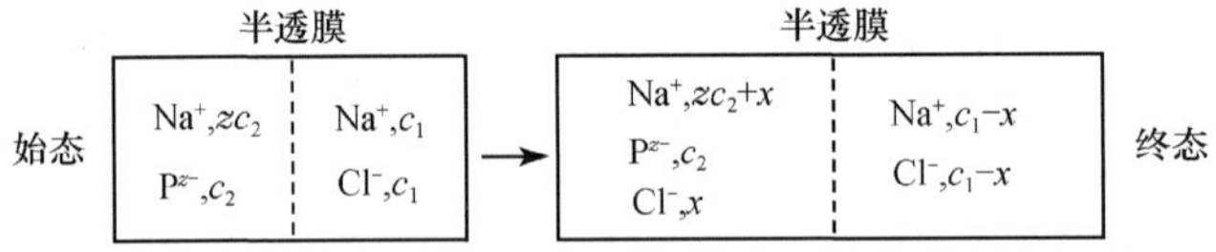

图 8.8.3　渗透平衡前后离子的浓度

得

$$a_{\mathrm{NaCl,左}} = a_{\mathrm{NaCl,右}} \text{或} (a_{\mathrm{Na^+}} \cdot a_{\mathrm{Cl^-}})_{\text{左}} = (a_{\mathrm{Na^+}} \cdot a_{\mathrm{Cl^-}})_{\text{右}}$$

由于是稀溶液，所有的活度系数均可设为 1，有

$$(c_{\mathrm{Na^+}} \times c_{\mathrm{Cl^-}})_{\text{左}} = (c_{\mathrm{Na^+}} \times c_{\mathrm{Cl^-}})_{\text{右}}$$

或

$$(zc_2 + x)x = (c_1 - x)(c_1 - x)$$

$$x = \frac{c_1^2}{zc_2 + 2c_1}$$

渗透压是膜两边溶质质点数改变所致，因此有

$$\Pi_3=[(zc_2+x+c_2+x)-(c_1-x+c_1-x)]RT$$

将 x 的表达式代入上式得

$$\Pi_3=\left(\frac{zc_2^2+2c_2c_1+z^2c_2^2}{zc_2+2c_1}\right)RT \tag{8.8.6}$$

当 $zc_2 \gg c_1$，即膜右边电解质浓度很低时，有

$$\Pi_3 \approx (z+1)c_2RT=\Pi_2$$

与式(8.8.5)一致。当 $zc_2 \ll c_1$，即膜右边小分子电解质浓度足够大时

$$\Pi_3 \approx c_2RT=\Pi$$

与式(3.9.6)一致，即相当于大分子电解质的等电点。因此，在渗透压法测大分子电解质的数均摩尔质量时，可在半透膜的另一边加入足够量的中性可溶性盐，以消除唐南平衡，计算时可用式(3.9.6)。

【例 8.8.2】 25℃时，在容器中半透膜的两侧分别放入浓度为 0.0909mol · dm^{-3} 的 Na_6P 溶液和 0.2000mol · dm^{-3} 的 NaCl 溶液。试计算平衡时膜两侧 Na^+ 和 Cl^- 的浓度及由此产生的渗透压。

解 平衡后膜两侧 NaCl 的活度积相等，设此时原 NaCl 一侧为 $(0.2000-x)$mol · dm^{-3} 的 NaCl 溶液，原 Na_6P 一侧为 0.0909mol · dm^{-3} 的 Na_6P 及 $x$mol · dm^{-3} 的 NaCl 溶液，假设稀溶液中活度可用浓度代替，则

$$(zc_2+x)x=(c_1-x)(c_1-x)$$

$$(6\times 0.0909\text{mol}\cdot\text{dm}^{-3}+x)x=(0.2000\text{mol}\cdot\text{dm}^{-3}-x)^2$$

$$x=0.0423\text{mol}\cdot\text{dm}^{-3}$$

膜的一侧 Na^+ 和 Cl^- 的浓度分别为

$$c_{Na^+}=(0.0909\times 6+0.0423)\text{mol}\cdot\text{dm}^{-3}=0.5877\text{mol}\cdot\text{dm}^{-3}$$

$$c_{Cl^-}=0.0423\text{mol}\cdot\text{dm}^{-3}$$

另一侧 Na^+ 和 Cl^- 的浓度分别为

$$c_{Na^+}=c_{Cl^-}=(0.2000-0.0423)\text{mol}\cdot\text{dm}^{-3}=0.1577\text{mol}\cdot\text{dm}^{-3}$$

渗透压

$$\begin{aligned}\Pi&=\Delta cRT\\&=\{[(0.0909+0.5877+0.0423)-(2\times 0.1577)]\times 8.314\times 298.15\}\text{kPa}\\&=1005\text{kPa}\end{aligned}$$

8.9 凝 胶

在一定条件下，如果分散相粒子互相连接成网状结构，分散介质填充于其间，这时分散相和分散介质都是连续的，当浓度足够大时，在放置的过程中体系会失去流动性，这类特殊的分散体系称为**凝胶**(gel)。分散介质为水的凝胶也称为**水凝胶**(hydrogel)。

由于凝胶特殊的网状结构，因此它有一定的几何外形，呈半固体状态，有一定的机械强度、弹性和可塑性等。若凝胶的网状结构具有柔性，表现出较好的弹性，则称为**弹性凝胶**，如琼脂、明胶、动物胶等。若凝胶的网状结构具有刚性，表现出较好的机械强度，称为**刚性凝胶**，如硅胶等无机凝胶。日常生活中的棉花纤维、豆腐、动物的肌肉、毛发、细胞膜等都是凝胶。

形成凝胶的过程称为**胶凝**(gelation)。通过改变温度、加入非溶剂、加入电解质、发生化学反应等手段,可使构成分散相的物质浓度处于高度过饱和状态而大量析出,同时由于析出的粒子浓度高,相互靠得近,可连接在一起构成网状结构。例如,将琼脂溶于沸水中形成0.5%水溶液,冷却到室温即成冻胶;果胶水溶液中加入适量非溶剂乙醇,果胶溶胶就变为凝胶;如果在果胶水溶液中加入一定量的酸,果胶将接近电中性,则易形成凝胶。利用这一特性可从植物中提取和提纯果胶。

弹性凝胶由于其网状结构具有柔性,因此当它吸收分散介质时易改变自身的体积,这一现象称为凝胶的膨胀作用。例如,橡胶在苯中就会吸收苯而发生膨胀作用。古代曾利用木头吸水后产生的巨大膨胀作用开采石料。

凝胶在放置过程中液体会缓慢地自动从凝胶中分离出来,这一现象称为**离浆**(syneresis),又称为脱水收缩。离浆时凝胶不是失去纯溶剂,而是稀溶胶或大分子溶液。这时由于构成凝胶的网状结构粒子进一步靠近,使网孔收缩变小、骨架变粗,这一过程也称为凝胶的陈化。凝胶离浆后,体积变小,但是保持原来的几何形状,如图8.9.1所示。

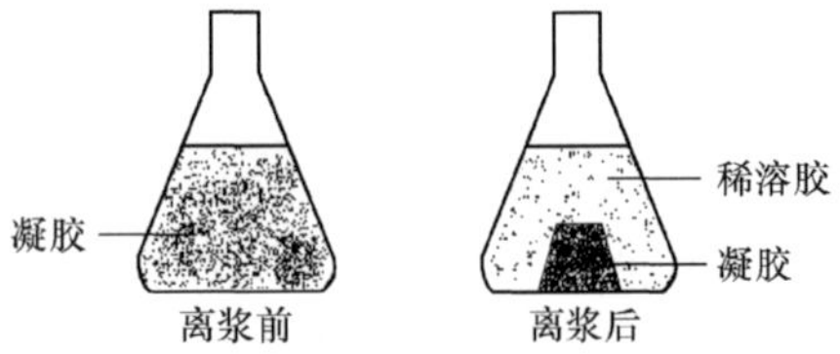

图8.9.1　凝胶的离浆

在恒温条件下,凝胶受外力作用,其网状结构被破坏,凝胶变成大分子溶液或溶胶,去除外力作用,静置一段时间后又逐渐胶凝成凝胶的这种反复互变现象称为凝胶的**触变现象**(thixotropy phenomenon)。形状不对称的分散相粒子靠范德华力形成的具有疏松结构的凝胶一般都具有触变性。药物制剂中一些滴眼药、抗生素油注射液就采用这种剂型。使用时只要摇一摇,凝胶就变成流动性强的液体,携带和使用均很方便。

【科技直通车】

胶体金试纸快速检测确保食品安全

随着社会的进步,食品安全问题日益引起人们的重视,食品的安全检测标准也越来越规范。例如,奶粉、鲜奶、酸奶等乳品中残留的抗生素会影响产品品质,最重要的是会危害人体健康。因此,乳品中残留抗生素的快速检测就成了监测部门的日常所需。利用胶体金免疫层析法可以便捷、准确、直观、快速、大批量地给出结果,它是以胶体金作为示踪标记物,利用抗原抗体在固相载体反应的新型免疫标记技术,利用在一个试纸条上包被的多个抗原抗体实现对多种目标抗生素的检测,该技术目前已商业化。作为一种快速筛查,该检测方法可以实现乳品企业、政府部门和购买者等随时检测,可实现从源头到客户的安全乳品供应链检测。随着各种功能胶体金试纸的不断研发,其定性检测性能越来越广泛,现已成为食品安全快速检测的新手段之一。

【科技人物】

我国胶体科学开山鼻祖傅鹰

傅鹰(1902—1979),字肖鸿,福建闽侯人,是我国著名的物理化学家和化学教育家、中国科学院学部委员、中国胶体科学的主要奠基人,为我国表面和胶体化学学科发展、基础理论和人才培养做出了卓越贡献。他刚正不阿、胸怀坦荡，是“爱国知识分子的一面旗帜”。

1. 美国留不住的科学家

1928年，傅鹰博士毕业后，美国一家化学公司许以优厚待遇，但他毅然谢绝并决心回到祖国：“我们花了国家许多钱到外国留学，现在若是留下来为美国做事，对不起祖国。”1944年，为了让已经开展的科研得以继续，傅鹰夫妇迫不得已再次去往美国。傅鹰在密执安大学再次和其导师巴特尔教授（著名胶体科学家）合作进行表面化学的研究，其论文引起了国际上的广泛关注。1949年4月，傅鹰夫妇决定回国。巴特尔许以研究中心主任的职务多次挽留他，但在傅鹰心中报效祖国是第一夙愿。在斗争周旋一年多后他们终于在1950年8月获准离美，“美国两次都留不住的科学家”傅鹰再次回到了祖国。

2. 表面和胶体化学研究的开拓者

傅鹰在吸附和固体从溶液中吸附的因素分析、相关理论和实验研究方面的建树已成为当代吸附理论中的重要部分。他首次测定了4种不同二元液态混合物对固体的润湿热，并指出：润湿热不是自由表面能变化而是总表面能变化的量度，黏附张力才是自由表面能变化的度量标准；判断固体对液体吸附程度不能仅用润湿热的大小作为判据。傅鹰与巴特尔共同研究出固体粉末比表面的热化学测定方法，这项首创性研究的问世比著名的BET方法早了8年。这些成果获得了国际上很高的赞誉，后来出版的《胶体化学》（魏萨尔著，1939年）、《表面的物理和化学》（亚当著，1939年）、《气体和蒸气的物理吸附》（布鲁诺著，1945年）、《吸附和色谱》（凯西得著，1951年）、《表面的物理化学》（亚当森著，1960年）以及《胶体和界面化学》（瓦尔德夫妇著，1983年）等著作均引用了上述成果。

1954年，我国首个胶体化学专业在北京大学由傅鹰牵头建立。他指导建立了实验室、教研室，编写了“胶体科学”讲义，并亲自培养了13名研究生，亲自为其他进修教师、本科生上课，培养了严谨笃实、勤俭节约的好学风。1959年，随着学生们相继毕业，胶体化学学科又在南京大学、华东师范大学、复旦大学、山东大学等院校建立，成为我国物理化学学科发展的重要组成部分。

参考资料及课外阅读材料

陈宗淇. 1988. 胶体化学发展简史. 化学通报，6：56
陈宗淇，王世权. 1989. 空位稳定性理论. 化学通报，4：19
符连社，张洪杰，邵华，等. 1998. 溶胶-凝胶法及其在生物材料方面的应用. 化学通报，12：26
何美玉. 2003. 生物大分子分析研究领域的重大突破——2002年诺贝尔化学奖（质谱部分）简介. 大学化学，18(1)：18
贺占博. 1998. 胶体及粗分散系统混合焓的来源和意义. 化学通报，4：54
练德良. 2020. “我一生的希望就是有一天中国翻身”——记我国胶体科学开山鼻祖傅鹰（上）. 福建党史月刊，(5)：39-44
翟茂林，哈鸿飞. 2001. 水凝胶的合成、性质及应用. 大学化学，16(5)：22
张智慧，杨秀檩，朱志昂. 1998. 关于电动电势（ζ电势）计算公式的讨论. 大学化学，13(5)：48
赵福民，熊雅婷，钱博，等. 2018. 乳品中多种抗生素残留胶体金检测方法研究. 食品工业，39(2)：135-139
郑忠. 1988. 胶体分散体系的空缺稳定理论. 大学化学，3(4)：10
朱英，陈义，竺安. 1996. 毛细管电泳中的电渗及其控制. 化学通报，10：29

朱永群，高玉书. 1988. 关于高聚物分子量测定方法的分类问题. 化学通报，2:36
诸平，张文根. 2003. 白川英树与导电聚合物的发现. 大学化学，18(1):60

思 考 题

1. 是非题(判断下列说法是否正确并说明理由)。
   (1) 憎液溶胶都是热力学不稳定体系，因此它不能稳定存在。
   (2) 能产生丁铎尔效应的分散体系就是溶胶。
   (3) 借助超显微镜可以观察到胶粒的形状，但是不能确定胶粒的大小。
   (4) 胶粒带电荷情况与形成胶粒的反应物的本性有关，与各反应物的浓度大小无关。
   (5) 在外电场中胶粒与其扩散层中的离子的运动方向相反。
   (6) ζ 电势是胶核固体表面到溶液本体的电势差。
   (7) 电解质对溶胶的聚沉值就是聚沉能力。
   (8) 电解质使胶粒聚结的过程称为絮凝过程。
   (9) 同号离子对溶胶的聚沉起主要作用。
   (10) 加入电解质可使胶粒的 ζ 电势反号是因为反离子进入了扩散层。
2. 填空题。
   (1) 向 $20cm^3$、$0.02mol\cdot dm^{-3}$ $AgNO_3$ 溶液中，缓慢滴加 $10cm^3$、$0.05mol\cdot dm^{-3}$ KI 溶液，制备 AgI 溶胶，胶核选择性吸附的离子为________。
   (2) 若胶粒为吸附带电，则胶粒带电量取决于紧密层中的________。
   (3) 胶粒在外电场中运动的现象称为________，分散介质的运动称为________。因胶粒沉降引起的电势差称为________，因分散介质运动引起的电势差称为________。
   (4) ζ 电势产生的原因是由于胶粒运动时________和________一起运动，而________没有完全进入。所以 ζ 电势是量度胶粒________的物理量。
   (5) 在一定量的氯化银 AgCl 正溶胶中，加入相同浓度的 $NaNO_3$、KNO_3、$CuSO_4$、$K_3[Fe(CN)_6]$ 电解质溶液使溶胶在一定时间内发生聚沉，则所需电解质的量次序为________。
   (6) 将 $5cm^3$ 10% $FeCl_3$ 溶液慢慢加入沸水中，煮沸 2min，则制得________溶胶，其溶胶带电符号是________，将溶胶置于电泳管中在电场作用下，胶粒向________极运动。若加入电解质 KCl、K_2CrO_4、$K_3[Fe(CN)_6]$ 溶液，则各电解质聚沉能力的大小顺序为________。
3. 问答题。
   (1) 试解释为什么在新生成的 $Fe(OH)_3$ 沉淀中加入少量稀 $FeCl_3$ 溶液，沉淀会溶解？如再加入一定量的硫酸盐溶液，又会析出沉淀？
   (2) 有人用 $0.05mol\cdot dm^{-3}$ NaI 与 $0.05mol\cdot dm^{-3}$ $AgNO_3$ 溶液缓慢混合以制备 AgI 溶胶。为了净化将其放置在渗析池中，渗析液蒸馏水的水面与溶胶液面相平。结果发现实验过程中溶胶液面逐渐上升，随后又逐渐下降。试解释此现象的原因。
   (3) 为什么危险信号要用红色灯显示？为什么晴朗的天空是蓝色的？
   (4) 溶胶的电动现象说明什么问题？
   (5) 为什么 ζ 电势的数值可以衡量溶胶的稳定性？
   (6) 为什么重量分析时为了使沉淀完全，通常需要加入相当量的惰性电解质？
   (7) 为什么江河入海处容易形成三角洲？
   (8) 做豆腐时的“点浆”原理是什么？
   (9) 大分子物质对溶胶体系有哪些作用？
   (10) 凝胶中分散相颗粒之间相互连接成网状结构可分几种？

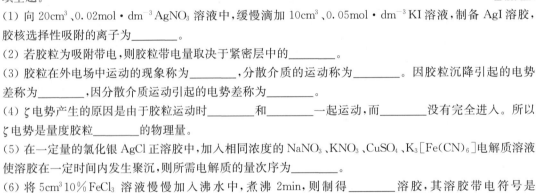

习　题

1. 实验测得 25℃时藤黄水溶胶胶粒在 x 轴方向经历 1.0s 的均方根位移为 6.0×10^{-7} m，溶胶的黏度为 1.01×10^{-3} Pa · s，求胶粒的半径。
2. 某溶胶胶粒的平均直径为 5.0nm，已知介质的黏度为 1.0×10^{-3} Pa · s，试计算
   (1) 298K 时胶粒的扩散系数 D；
   (2) 在 10s 间隔内胶粒沿 x 轴方向的均方根位移 $\sqrt{\overline{x^2}}$。
3. 求 25℃时蔗糖粒子的半径及阿伏伽德罗常量。已知该温度下蔗糖在水中的扩散系数为 4.17×10^{-10} $m^2 \cdot s^{-1}$，蔗糖的密度为 1.59×10^3 $kg \cdot m^{-3}$、摩尔质量为 0.342kg · mol^{-1}，水的黏度为 1.01×10^{-3} Pa · s。设蔗糖为球形粒子。
4. 在 25℃时，测得半径为 3.00×10^{-8} m 的金溶胶粒子达沉降平衡后，在高度相距 1.00×10^{-4} m 的指定体积内的粒子数分别为 277 和 166。已知金的密度为 1.93×10^4 $kg \cdot m^{-3}$，分散介质的密度为 0.998×10^3 $kg \cdot m^{-3}$，试计算
   (1) 阿伏伽德罗常量 L；
   (2) 胶粒的平均摩尔质量；
   (3) 使粒子的浓度下降一半需上升的高度。
5. 试求 25℃时直径为 10.0μm 的石英粒子在蒸馏水中沉降 50.0cm 所需的时间。已知 298K 时石英的密度为 2.65×10^3 $kg \cdot m^{-3}$，蒸馏水的黏度为 1.01×10^{-3} Pa · s，密度为 0.997×10^3 $kg \cdot m^{-3}$。
6. 用乳光计测得两份硫磺水溶胶的散射光强度比为 $I_1/I_2=11$，若第一份硫磺水溶胶的浓度 $c_1=0.12$ mol · dm^{-3}，试求第二份硫磺水溶胶的浓度 c_2。假设两份溶胶的分散相和分散介质的折射率、入射光的波长和强度、分散相粒子的大小和观察的方向和位置等均相同。
7. 25℃时用电泳法测得某水溶胶胶粒的 ζ 电势为 0.044V，试求胶粒的电泳速率。已知电势梯度为 100V · m^{-1}，水的相对介电常数为 80.0，介质的黏度为 1.01×10^{-3} Pa · s。
8. 在直径为 1.0×10^{-3} m、长为 1.0m 的毛细管两端加 40V 的电压，求 25℃时介质水通过该毛细管的电渗速率。已知水和玻璃界面的 ζ 电势为 −0.050V，水的黏度为 1.0×10^{-3} Pa · s，水的相对介电常数 $\varepsilon_r=80$。
9. 25℃时将半径为 0.30μm 的球形粒子分散在 0.1mol · dm^{-3} 的 KCl 水溶液中，在微电泳容器中进行实验，电势梯度为 6.0V · cm^{-1}，粒子移动 96μm 需时间 8.0s。且该温度下水的黏度为 1.0×10^{-3} Pa · s，水的相对介电常数为 80。求粒子的 ζ 电势。
10. 求质量分数为 0.0020，黏度为 1.00×10^{-3} Pa · s 的金的水溶胶在 25℃时的渗透压及扩散系数。已知该温度下金溶胶粒子的半径为 1.30nm，金的密度为 19.3×10^3 $kg \cdot m^{-3}$。水的密度为 0.997×10^3 $kg \cdot m^{-3}$。
11. 将 H_2S 气体通入 H_3AsO_3 的稀溶液中可制备 As_2S_3 溶胶。已知 H_2S 能解离出 HS^- 和 H^+，且过量。
    (1) 指出胶粒的带电符号；
    (2) 写出溶胶的胶团结构表示式；
    (3) 若用 LiCl、NaCl、$CaCl_2$、$AlCl_3$ 四种电解质使溶胶聚沉，试排列出聚沉能力大小的次序。
12. 某溶胶在下列各电解质作用下发生聚沉，所测聚沉值如下
    $c_{Al(NO_3)_3}=0.095$ mmol · dm^{-3}，$c_{MgSO_4}=0.81$ mmol · dm^{-3}，$c_{KCl}=49.5$ mmol · dm^{-3}。试确定溶胶胶粒的带电符号和所给电解质的聚沉能力比。
13. 某大分子化合物样品中有摩尔质量为 2.00×10^4 kg · mol^{-1}、4.00×10^4 kg · mol^{-1}、6.00×10^4 kg · mol^{-1}、8.00×10^4 kg · mol^{-1} 和 10.0×10^4 kg · mol^{-1} 的组分各 0.200mol，计算该大分子化合物的 $\overline{M}_n$、$\overline{M}_m$ 和 $\overline{M}_Z$。

14. 实验测得 25℃时某大分子溶液的相对黏度见下表

浓度/($g \cdot dm^{-3}$)	1.52	2.71	5.41
η_r	1.226	1.425	1.983

求此大分子物质的特性黏度[η]。

15. 在 pH=5.37 的牛血清蛋白等电点时，牛血清蛋白在浓度为 0.15$mol \cdot dm^{-3}$的 NaCl 水溶液中的Π/c对c图的截距为 35.7$Pa \cdot kg \cdot g^{-1}$，计算牛血清蛋白的数均摩尔质量。

16. 25℃时在半透膜的一边有浓度为 0.100$mol \cdot dm^{-3}$的能完全解离的大分子有机物 RCl 的溶液，R^+不能透过半透膜；膜的另一边有浓度为 0.500$mol \cdot dm^{-3}$的 NaCl 溶液，计算达唐南平衡后，膜两边各种离子的浓度和渗透压。

*第 9 章　统计热力学基础

9.1　统计热力学简介

9.1.1　统计热力学的研究对象和方法

从宏观层面考虑，化学热力学、化学动力学等讨论的都是大量微观粒子构成的宏观体系；从微观层面考虑，物质的宏观性质是其微观运动形式的体现。因此，若由物质的微观结构和微观运动形态出发，可利用统计平均的方法来获得物质的各种宏观特性，这就是统计热力学。它恰如一座沟通物质宏观性质与微观运动的桥梁。

众所周知，热力学只讨论大量微粒组成的宏观体系的平衡性质，讨论熵 S、吉布斯函数 G 等热力学函数并用其来判断过程的方向和限度，其主要内容是从经验归纳所得的热力学基本定律及由其推演而得到的规律。对于大量粒子组成的宏观体系，热力学具有高度的可靠性和普遍性，但热力学方法不涉及物质的微观结构和微观运动形态，因此只能得到联系各种宏观性质的一般规律，却无法给出微观运动与宏观性质之间的联系，不能揭示物质的特性。而这正是物质世界发生变化的本质所在。例如，根据热力学关系 $(\partial S/\partial T)_p = C_p/T$，若需计算一具体体系在恒压下的熵变 ΔS，则必须给出该体系的 C_p 数据。C_p 是宏观体系的状态函数，是对温度变化趋近于零时所吸收和放出热量的极限数据，由其定义可知，$C_p = (\partial H/\partial T)_p$，焓 H 的绝对值未知，因此无法用宏观热力学计算得出具体的 C_p 数据，而必须借助统计热力学。

宏观体系中的分子间可以通过碰撞来传递能量，宏观表现为热现象，微观上则是一种力学现象。统计热力学的一个基本出发点则是：热现象是大量分子运动的宏观表现，与热现象有关的各种宏观性质可通过其微观力学性质的研究经统计平均得出。统计热力学的研究方法是微观的方法，它根据微观物质的力学性质（如速度、动量、位置、振动、转动等）以及物质的基本常数（如原子间的核间距、键角、振动频率等）通过统计平均来计算宏观参数。例如，需计算一平衡体系的热力学能 U。如果先计算每个微粒在每个瞬间的能量再加和，看似简单但却无法实现。而后，统计热力学依据微观粒子能量量子化的原理来讨论，虽然每个分子在不同瞬间可处于不同能级，但从平衡体系中大量分子来看，处于某个能级 ε_i 的平均分子数 N_i 却是一定的，因此 $U = \sum_i N_i \varepsilon_i$。这样得到的 U 当然不是瞬时值，而是统计平均值。统计平均对少数粒子组成的体系没有意义，所以统计热力学的研究对象依旧为大量粒子组成的体系。

应该指出，将统计热力学用于结构简单的体系，如低压气体、原子晶体等，其计算结果与实测值能很好吻合。但在处理复杂分子时，由于其振动频率、分子内旋转以及非谐性振动等问题解决得不够完备，加上物质结构模型本身的近似性，所以由此得到的结论也具有近似性。此外，利用蒙特卡罗等原理通过计算机分子模拟也是一条有效途径。

9.1.2　统计热力学的发展简史

1860 年，麦克斯韦（Maxwell）首次发现体系中各分子有不同的速度，得到了速度分布定律。1868 年，玻尔兹曼在速度分布定律中考虑了重力场，给出了熵的统计意义。他们的方法被称为麦克斯韦-玻尔兹曼统计，简称玻尔兹曼统计，主要用于分子间没有相互作用的体系，如低压气体和稀溶液的溶质等。他们的工作建立在经典力学基础上，因此他们的方法又称为经典统计。

1900年，普朗克提出量子论，引入能量量子化的概念，发展为初期的量子统计。1905年，爱因斯坦提出光子说。在此基础上，1924年玻色(Bose)将黑体辐射视为光子气体推导得出了普朗克的辐射方程。后再经爱因斯坦进一步推广，发展为玻色-爱因斯坦量子统计法。

1926年，费米(Fermi)发现，电子、质子和中子等的量子态受到泡利不相容原理的制约，无法使用玻色-爱因斯坦统计，因而和狄拉克(Dirac)一起发展了另一种统计方法，费米-狄拉克量子统计法。本章讨论的是经修正的玻尔兹曼统计。

9.1.3 统计体系的分类

在统计热力学中，根据被研究对象的不同性质，可将其分为以下几种类型。

1. 定位体系和非定位体系

根据统计单位中各粒子是否可以分辨来分类：若体系中各粒子可彼此区分，这种体系称为**定位体系**，也可称为**可别粒子体系**或**定域子体系**；反之则称为**非定位体系**，也称为**不可别粒子体系**或**离域子体系**。例如，原子晶体中各原子局限在晶格位置附近的小范围内运动，可通过各原子所处的位置来区分，虽然各原子并无差别，但其独特的位置可分辨，因此原子晶体属定位体系。气体中的分子无规则运动，各分子间无法区别，所以气体属非定位体系。

2. 独立粒子体系和非独立粒子体系

根据统计单位中各粒子间有无相互作用来分类：体系中各粒子间除了弹性碰撞外没有其他相互作用的体系称为近独立粒子体系(完全没有相互作用的体系是不存在的，但当粒子间的相互作用微弱到可以忽略不计时，即可称为近独立粒子体系，简称为独立粒子体系)；反之则称为非独立粒子体系。例如，理想气体就属于独立粒子体系，其总能量为各粒子能量的总和；对于高温高压下的实际气体，其总能量还和粒子间相互作用的势能有关。本章讨论独立粒子体系。

9.2 玻尔兹曼统计

9.2.1 统计热力学的基本假定

已知$U=\sum_i N_i\varepsilon_i$，各能级能量已知，在统计热力学中只需要讨论粒子在不同能级上的分布即可通过微观求宏观的热力学能，这在数学上相当于求N个粒子在各个能级上的排列组合问题。如表9.2.1所示，设有4个可分辨的粒子，分配于体积为V的容器的两个等分、相连的空间A、B内。统计热力学上常用“概率”来描述体系中各可能状态出现机会的多少。

表 9.2.1　分子在等分容器中的分布状态

分布状态	A ($V_A=50\%V$)	B ($V_B=50\%V$)	P (数学概率)	Ω(热力学概率) (微观状态数)
(1)	$a\ b\ c\ d$	0	1/16	$\Omega_1=C_4^4=1$
(2)	$a\ b\ c$ $a\ b\ d$ $a\ c\ d$ $b\ c\ d$	d c b a	1/4 (4/16)	$\Omega_2=C_4^3=4$
(3)	$a\ b$ $a\ c$ $a\ d$ $b\ c$ $b\ d$ $c\ d$	$c\ d$ $b\ d$ $b\ c$ $a\ d$ $a\ c$ $a\ b$	3/8 (6/16)	$\Omega_3=C_4^2=6$
(4)	a b c d	$b\ c\ d$ $c\ d\ a$ $d\ a\ b$ $a\ b\ c$	1/4 (4/16)	$\Omega_4=C_4^1=4$
(5)	0	$a\ b\ c\ d$	1/16	$\Omega_5=C_4^0=1$

若 a、b、c、d 为同一种分子(非定位体系)，则它们不可区别，上述定位体系的 16 种分配方式实际上只可组成 5 种不同的分布状态，即(1)、(2)、(3)、(4)和(5)。实现每一种分布状态的数学概率 P 各不相同，但可看到，分布越均匀的状态其 P 越大，同时其微观状态分布也越多。

数学概率为分数形式，当分子数目众多时表达不方便。热力学中常用**热力学概率**(Ω)来描述体系的统计性质。热力学概率就是实现某一种分布状态的分配方式数，即微观状态数。设 N 为总的粒子数，N_i 为某个区域的粒子数，则某种分布状态的热力学概率

$$\Omega_i = \frac{N!}{\prod_i N_i!} \tag{9.2.1}$$

统计热力学认为：对于宏观处于一定平衡状态的体系，任何一个可能出现的微观状态都具有相同的数学概率。即若体系中的总微观状态数为 Ω，则其中每一个微观状态出现的数学概率 P 都是 $1/\Omega$。若某种分布的微观状态数为 Ω_i，则这种分布的数学概率为 $P_i=\Omega_i/\Omega$。而总的微观状态数 $\Omega=\sum_i \Omega_i$，表 9.2.1 中的则为 $\Omega=\Omega_1+\Omega_2+\Omega_3+\Omega_4+\Omega_5=16$。

9.2.2　最概然分布

类似可计算，当体系中分子个数 N 为若干摩尔(10^{23}数量级)时，均匀分布状态与不均匀分布状态对比，热力学概率的差别就更大。统计力学认为：平衡态是分布最均匀的状态，也即热力学概率最大的状态。自然界的过程在不受外力影响时，总是自发地自不平衡态朝着平衡态方向进行，也就是自热力学概率小、微观状态数少的状态自发地转变为热力学概率大、微观状态数多的状态，而以达到指定条件下热力学概率最大、微观状态数最多的状态为其限度，此即热力学第二定律的统计依据。同时，统计热力学认为，当体系中 N 足够大时，平衡分布的微观状态数远大于其他分布的微观状态数，因此可以用微观状态数最多的**最概然分布**(most probable distribution)Ω_{max}来代表体系的平衡分布，同时也可近似代替体系总的微观状态数。仍以表 9.2.1 为例，在最概然分布时，每个区域的粒子数用 N_i^* 表示，则

$$\Omega_{max} = \frac{N_i^* !}{\prod_i N_i^* !} \qquad (9.2.2)$$

表 9.2.1 中的例子是用空间来描述的，而对于实际的物质体系若要计算其总能量，则必须根据 $U = \sum_i N_i \varepsilon_i$，即可将表 9.2.1 中的空间用能级来代替。由量子理论可知，任何微观粒子的能量都是非连续、量子化的，也即表明任何微观粒子的能量只能处于某些特定的能级。在若干个能级中，能量最低的称为基态，其余的为激发态。当温度处于 0K 时，所有微粒都处于基态，而温度高于 0K 时，则有粒子处于激发态，于是便出现了不同粒子在不同能级间的分布问题，这与表 9.2.1 中气体分子在不同空间的分布是类似的。玻尔兹曼指出，其中最概然分布的方式为

$$\frac{N_i^*}{N} = \frac{g_i e^{-\varepsilon_i/kT}}{\sum_i g_i e^{-\varepsilon_i/kT}} \qquad (9.2.3)$$

式(9.2.3)中，N_i^* 为最概然分布时分配于 i 能级的粒子数；N 为总的粒子数；ε_i 为 i 能级的能量；k 为玻尔兹曼常量；T 为热力学温度；g_i 为**简并度**(degeneracy)(具有相同能量的量子状态数)。上式也称为**玻尔兹曼分布**，其中 $e^{-\varepsilon_i/kT}$ 称为**玻尔兹曼因子**。

9.2.3 配分函数

令式(9.2.3)中的分母为 q

$$q = \sum_i g_i e^{-\varepsilon_i/kT} \qquad (9.2.4)$$

q 称为**配分函数**(partition function)。配分函数是对体系中所有的微观状态数求和。因此式(9.2.3)给出了在 i 能级分配的粒子数与体系总粒子数的比值。同理，若要求最概然分布时 i 和 j 两个能级中分配粒子的个数比，则可得

$$\frac{N_i^*}{N_j^*} = \frac{g_i e^{-\varepsilon_i/kT}}{g_j e^{-\varepsilon_j/kT}} \qquad (9.2.5)$$

此即 q 被称为配分函数的原因。

将式(9.2.3)分母中的 N 移到方程的右边，即可得到最概然分布时每个能级所分布的粒子数

$$N_i^* = N \frac{g_i e^{-\varepsilon_i/kT}}{\sum_i g_i e^{-\varepsilon_i/kT}} \qquad (9.2.6)$$

9.2.4 热力学函数与配分函数

1. 玻尔兹曼统计

根据玻尔兹曼公式 $S=k\ln\Omega$，若能求出体系总的微观状态数 Ω，则体系的宏观热力学函数熵 S 即可解。玻尔兹曼公式的重要意义在于，它将体系的宏观性质 S 和微观性质 Ω 联系起来了。若每种分布的微观状态数为 Ω_i，则 $\Omega = \sum_i \Omega_i$。根据最概然分布 $\Omega \approx \Omega_{max}$，则

$$S=k\ln\Omega_{\max} \tag{9.2.7}$$

考虑到简并度，对定位体系有 $\Omega_{\max}=N!\prod_i \frac{g_i^{N_i^*}!}{N_i^*!}$，代入式(9.2.7)得

$$S=k\ln\Omega_{\max}=k\ln N!+k\sum_i N_i^*\ln g_i-k\sum_i \ln N_i^*! \tag{9.2.8}$$

想求解式(9.2.8)，则必须借助斯特林(Stirling)近似 $\ln N!\approx N\ln N-N$，它适用于 N 为 10^{23} 数量级及以上的情况。N 越大，则斯特林公式越准确。已知在最概然分布时，有 $U=\sum_i N_i\varepsilon_i$，$N=\sum_i N_i^*$，再将式(9.2.8)运用斯特林近似，再结合式(9.2.6)，可得在定位体系中

$$S_{(定位,简并)}=kN\ln\sum_i g_i e^{-\varepsilon_i/kT}+\frac{U}{T} \tag{9.2.9}$$

如果不考虑简并度，去掉 g_i 项，则定位体系的 S 为

$$S_{(定位,非简并)}=kN\ln\sum_i e^{-\varepsilon_i/kT}+\frac{U}{T} \tag{9.2.10}$$

如果考虑非定位体系，则需要考虑等同粒子修正。当粒子数目 N 相同时，定位体系的微观状态数是非定位体系的 $N!$ 倍。可以设想，如果有三个颜色各异的球(相当于定位体系)，其排列方式有 3！(6)种；而颜色相同的球(相当于非定位体系)，其排列方式只有 1 种。因此，将定位体系的 $\Omega_{\max}$ 除以 $N!$ 即可得到非定位体系的 $\Omega_{\max}=\prod_i \frac{g_i^{N_i^*}!}{N_i^*!}$，将此结果代入式(9.2.7)得非定位体系的 S

$$S_{(非定位,简并)}=k\ln\left[\frac{\left(\sum_i g_i e^{-\varepsilon_i/kT}\right)^N}{N!}\right]+\frac{U}{T} \tag{9.2.11}$$

$$S_{(非定位,非简并)}=k\ln\left[\frac{\left(\sum_i e^{-\varepsilon_i/kT}\right)^N}{N!}\right]+\frac{U}{T} \tag{9.2.12}$$

2. 熵 S

将配分函数的定义分别代入式(9.2.9)和式(9.2.11)，可得

$$S_{(定位)}=kN\ln q+\frac{U}{T} \tag{9.2.13}$$

$$S_{(非定位)}=k\ln\left(\frac{q^N}{N!}\right)+\frac{U}{T} \tag{9.2.14}$$

3. 亥姆霍兹函数 A

将 $A=U-TS$ 分别代入式(9.2.13)和式(9.2.14)可得

$$A_{(定位)}=-kT\ln q^N \tag{9.2.15}$$

$$A_{(非定位)}=-kT\ln\left(\frac{q^N}{N!}\right) \tag{9.2.16}$$

4. 热力学能 U

将式(2.7.8)，即 $\left(\frac{\partial A}{\partial T}\right)_V=-S$，分别在等容和粒子数不变的条件下将式(9.2.15)和

式(9.2.16)对温度求偏导可得 S 的两个新的表达

$$S_{(\text{定位})}=kN\ln q+NkT\left(\frac{\partial \ln q}{\partial T}\right)_{V,N} \tag{9.2.17}$$

$$S_{(\text{非定位})}=k\ln\left(\frac{q^N}{N!}\right)+NkT\left(\frac{\partial \ln q}{\partial T}\right)_{V,N} \tag{9.2.18}$$

分别将定位、非定位体系的 S 和 A 的表达式代入 $U=A+TS$,可以得到定位和非定位体系的热力学能的表达式同为

$$U_{(\text{定位,非定位})}=NkT^2\left(\frac{\partial \ln q}{\partial T}\right)_{V,N} \tag{9.2.19}$$

5. 吉布斯函数 G

将式(2.7.6),即 $\left(\frac{\partial A}{\partial V}\right)_T=-p$,在恒温和粒子数不变的条件下将式(9.2.15)和式(9.2.16)对体积求偏导可得

$$p_{(\text{定位,非定位})}=-\left(\frac{\partial A}{\partial V}\right)_{T,N}=NkT\left(\frac{\partial \ln q}{\partial V}\right)_{T,N} \tag{9.2.20}$$

由定义 $G=A+pV$,分别将定位和非定位体系的 A、p 方程代入,可得

$$G_{(\text{定位})}=-kT\ln q^N+NkTV\left(\frac{\partial \ln q}{\partial V}\right)_{T,N} \tag{9.2.21}$$

$$G_{(\text{非定位})}=-kT\ln\frac{q^N}{N!}+NkTV\left(\frac{\partial \ln q}{\partial V}\right)_{T,N} \tag{9.2.22}$$

6. 焓 H

将 $H=G+TS$,分别代入定位和非定位体系的 G、S 的表达式,同样得到定位和非定位体系的焓的表达式同为

$$H_{(\text{定位,非定位})}=NkT^2\left(\frac{\partial \ln q}{\partial T}\right)_{V,N}+NkTV\left(\frac{\partial \ln q}{\partial V}\right)_{T,N} \tag{9.2.23}$$

式(9.2.23)也可利用 $H=U+pV$ 推导得到。

7. 恒容热容 C_V

$$C_{V(\text{定位,非定位})}=\left(\frac{\partial U}{\partial T}\right)_V=\frac{\partial}{\partial T}\left[NkT^2\left(\frac{\partial \ln q}{\partial T}\right)_{V,N}\right]_V \tag{9.2.24}$$

可见定位和非定位体系的 U、H 和 C_V 相同,其他的热力学量则相差一些与 $N!$ 有关的量。然而在求这些函数的改变值时,这些量则互相抵消。

9.3 配分函数的分离与计算

通过前面的讨论可知,要计算一定粒子数 N 体系的热力学函数,必须知道配分函数的大小。这就涉及配分函数的分离和计算。

9.3.1 配分函数的分离

由大量微粒构成的宏观体系中每个粒子都在不停地运动,其运动分为两大类:由分子整体

运动构成的分子外部运动(平动)和分子内部的运动(包括分子的转动、振动、电子运动和核运动等)。若按这些运动能量与温度是否有关,可将它们再分为两类:一类是分子的平动能(ε_t)、转动能(ε_r)和振动能(ε_v),这些能量随温度的升降而增减,称为热运动能;另一类是原子内的电子运动能(ε_e)和核运动能(ε_n),它们一般不随温度而改变,称为非热运动能。但也有例外,如NO,其电子受热易激发,所以其 ε_e 与温度有关。这几个能级的大小顺序为:$\varepsilon_n > \varepsilon_e > \varepsilon_v > \varepsilon_r > \varepsilon_t$。

当然,物质的热力学函数主要取决于其热运动。其中单原子分子的热运动只有平动,没有转动和振动;固体中的粒子没有平动,主要是振动、电子和核运动;而液体与固体相比,又增加了转动;气体又比液体增加了平动。

分子的各种运动形式彼此相关,为简便起见,各能量可近似看作独立无关。因此,一个分子处于某能级的总能量可用其各种能量的和 ε_i 来表示,即

$$\varepsilon_i = \varepsilon_{i,t} + \varepsilon_{i,r} + \varepsilon_{i,v} + \varepsilon_{i,e} + \varepsilon_{i,n} \tag{9.3.1}$$

量子力学指出,任何微粒都有若干可能的能级,其中能级最低的为基态,其余的为激发态。当粒子处于同一能级时,也有可能处于不同的量子态(运动状态),这种量子态数即为该 i 能级的简并度 g_i。g_i应该为平动、转动、振动、电子运动和核运动简并度的乘积,即

$$g_i = g_{i,t} \cdot g_{i,r} \cdot g_{i,v} \cdot g_{i,e} \cdot g_{i,n} \tag{9.3.2}$$

根据配分函数的定义式(9.2.4),可将配分函数进行分离

$$\begin{aligned} q &= \sum_i g_i e^{-\varepsilon_i/kT} \\ &= \sum_i g_{i,t} \cdot g_{i,r} \cdot g_{i,v} \cdot g_{i,e} \cdot g_{i,n} \exp\left(-\frac{\varepsilon_{i,t} + \varepsilon_{i,r} + \varepsilon_{i,v} + \varepsilon_{i,e} + \varepsilon_{i,n}}{kT}\right) \\ &= \left[\sum_i g_{i,t} \exp\left(-\frac{\varepsilon_{i,t}}{kT}\right)\right] \cdot \left[\sum_i g_{i,r} \exp\left(-\frac{\varepsilon_{i,r}}{kT}\right)\right] \cdot \left[\sum_i g_{i,v} \exp\left(-\frac{\varepsilon_{i,v}}{kT}\right)\right] \\ &\quad \cdot \left[\sum_i g_{i,e} \exp\left(-\frac{\varepsilon_{i,e}}{kT}\right)\right] \cdot \left[\sum_i g_{i,n} \exp\left(-\frac{\varepsilon_{i,n}}{kT}\right)\right] \\ &= q_t \cdot q_r \cdot q_v \cdot q_e \cdot q_n \end{aligned} \tag{9.3.3}$$

式(9.3.3)中,$q_t = \sum_i g_{i,t} \exp\left(-\frac{\varepsilon_{i,t}}{kT}\right)$,为平动配分函数;$q_r = \sum_i g_{i,r} \exp\left(-\frac{\varepsilon_{i,r}}{kT}\right)$,为转动配分函数;$q_v = \sum_i g_{i,v} \exp\left(-\frac{\varepsilon_{i,v}}{kT}\right)$,为振动配分函数;$q_e = \sum_i g_{i,e} \exp\left(-\frac{\varepsilon_{i,e}}{kT}\right)$,为电子配分函数;$q_n = \sum_i g_{i,n} \exp\left(-\frac{\varepsilon_{i,n}}{kT}\right)$,为原子核配分函数。

以亥姆霍兹函数 A 的计算为例,根据式(9.2.15),可知

$$\begin{aligned} A_{(定位)} &= -kT\ln q^N \\ &= -NkT\ln q_t - NkT\ln q_r - NkT\ln q_v - NkT\ln q_e - NkT\ln q_n \\ &= A_t + A_r + A_v + A_e + A_n \end{aligned}$$

9.3.2　配分函数的计算

式(9.3.3)给出了配分函数的分离结果,因此若能得出 q_t、q_r、q_v、q_e、q_n的数据,则可根据微粒的微观运动来计算宏观状态函数。而这些配分函数的数值取决于其各自的能级和简并度。

1. 平动配分函数

分子的平动是分子作为一个整体在一定三维空间的运动。因此平动能级取决于分子本身的质量，同时也取决于三维空间的参数和分子在三维坐标 x、y 和 z 上的平动量子数，可表示为

$$\varepsilon_{i,\mathrm{t}}=\frac{h^2}{8m}\left(\frac{n_x^2}{a^2}+\frac{n_y^2}{b^2}+\frac{n_z^2}{c^2}\right) \tag{9.3.4}$$

式(9.3.4)中，h 为普朗克常量；a、b、c 分别为三维空间的长、宽、高；n_x、n_y、n_z 分别为 x、y、z 轴上的平动量子数，它们只能是正整数，不能随意取值。由此证明了平动能是非连续量子化的。在计算平动能级时已经考虑了粒子在三个坐标轴上的微观状态数，即 n_x、n_y、n_z，其简并度的含义也一并包含在内，因此不必重复考虑其简并度的计算。例如，当 $n_x=n_y=n_z=1$ 时，对应平动基态能级，基态能级只有一种量子态，其简并度为 $g_\mathrm{t}=1$，是非简并的；高一能级则有三种不同的量子态，即(n_x,n_y,n_z)的取值可分别为(2,1,1)、(1,2,1)和(1,1,2)，因此该平动能级的简并度为 $g_\mathrm{t}=3$。所以，将式(9.3.4)直接代入式(9.3.3)即可求得 q_t

$$\begin{aligned}q_\mathrm{t} &= \sum_{n_x=1}^{\infty}\sum_{n_y=1}^{\infty}\sum_{n_z=1}^{\infty}\exp\left[-\frac{h^2}{8mkT}\left(\frac{n_x^2}{a^2}+\frac{n_y^2}{b^2}+\frac{n_z^2}{c^2}\right)\right]\\ &= \sum_{n_x=1}^{\infty}\exp\left(-\frac{h^2}{8mkT}\cdot\frac{n_x^2}{a^2}\right)\cdot\sum_{n_y=1}^{\infty}\exp\left(-\frac{h^2}{8mkT}\cdot\frac{n_y^2}{b^2}\right)\cdot\sum_{n_z=1}^{\infty}\exp\left(-\frac{h^2}{8mkT}\cdot\frac{n_z^2}{c^2}\right)\\ &= q_{\mathrm{t},x}\cdot q_{\mathrm{t},y}\cdot q_{\mathrm{t},z}\end{aligned} \tag{9.3.5}$$

式(9.3.5)中，$q_{\mathrm{t},x}=\sum_{n_x=1}^{\infty}\exp\left(-\frac{h^2}{8mkT}\cdot\frac{n_x^2}{a^2}\right)$，$q_{\mathrm{t},y}=\sum_{n_y=1}^{\infty}\exp\left(-\frac{h^2}{8mkT}\cdot\frac{n_y^2}{b^2}\right)$，$q_{\mathrm{t},z}=\sum_{n_z=1}^{\infty}\exp\left(-\frac{h^2}{8mkT}\cdot\frac{n_z^2}{c^2}\right)$。

以 $q_{\mathrm{t},x}$ 为例来讨论平动配分函数的计算。令 $A^2=\frac{h^2}{8mkT}\cdot\frac{1}{a^2}$，代入 $q_{\mathrm{t},x}$ 表达式可得 $q_{\mathrm{t},x}=\sum_{n_x=1}^{\infty}\exp\left(-\frac{h^2}{8mkT}\cdot\frac{n_x^2}{a^2}\right)=\sum_{n_x=1}^{\infty}\exp(-A^2\cdot n_x^2)$。由于 A^2 是一个很小的值，以相对原子质量最小的 H 为例，在 300K，$a=0.01$m 时，$A^2=7.9\times10^{-17}$。当 $A^2\ll1$ 时，一系列连续相差很小的数据求和，在数学上可用积分来代替，即 $q_{\mathrm{t},x}=\sum_{n_x=1}^{\infty}\exp(-A^2\cdot n_x^2)=\int_0^{\infty}\exp(-A^2\cdot n_x^2)\mathrm{d}n_x=\frac{\sqrt{\pi}}{2A}=\left(\frac{2\pi mkT}{h^2}\right)^{1/2}\cdot a$。同理可得 $q_{\mathrm{t},y}=\left(\frac{2\pi mkT}{h^2}\right)^{1/2}\cdot b$ 和 $q_{\mathrm{t},z}=\left(\frac{2\pi mkT}{h^2}\right)^{1/2}\cdot c$。因此，有

$$\begin{aligned}q_\mathrm{t} &= q_{\mathrm{t},x}\cdot q_{\mathrm{t},y}\cdot q_{\mathrm{t},z}=\left(\frac{2\pi mkT}{h^2}\right)^{1/2}a\cdot\left(\frac{2\pi mkT}{h^2}\right)^{1/2}b\cdot\left(\frac{2\pi mkT}{h^2}\right)^{1/2}\cdot c\\ &=\left(\frac{2\pi mkT}{h^2}\right)^{3/2}\cdot abc=\left(\frac{2\pi mkT}{h^2}\right)^{3/2}\cdot V\end{aligned} \tag{9.3.6}$$

式(9.3.6)中，$V=abc$，为分子可以活动的体积。

【例 9.3.1】 若 1mol N_2(g)的压力为 101.325kPa，温度为 25℃，试计算 N_2分子的平动配分函数。

解　N_2分子的质量

$$m=\left(\frac{14.007\times2\times10^{-3}}{6.022\times10^{23}}\right)\text{kg}=4.65\times10^{-26}\text{kg}$$

将 N_2(g)视为理想气体，则其体积为

$$V=\frac{nRT}{p}=\left(\frac{1\times8.314\times298.15}{101.325\times10^{3}}\right)\text{m}^3=0.024\ 46\text{m}^3$$

$$\begin{aligned}q_t&=\left(\frac{2\pi mkT}{h^2}\right)^{3/2}\cdot V\\&=\left[\frac{2\times3.142\times4.65\times10^{-26}\times1.38\times10^{-23}\times298.15}{(6.626\times10^{-34})^2}\right]^{3/2}\times0.024\ 46=3.51\times10^{30}\end{aligned}$$

2. 转动配分函数

单原子分子没有转动，因此只有原子个数≥2 的分子才考虑转动配分函数。其中双原子分子的转动可简化为刚性转子绕质心的转动。对异核双原子分子而言则其能级公式为

$$\varepsilon_r=J\cdot(J+1)\frac{h^2}{8\pi^2 I}\quad(J=0,1,2,\cdots)\tag{9.3.7}$$

式(9.3.7)中，J 为转动能级的量子数；I 称为转动惯量。对于双原子分子 I 为

$$I=\mu r^2=\left(\frac{m_1m_2}{m_1+m_2}\right)r^2\tag{9.3.8}$$

式(9.3.8)中，m_1、m_2为两个原子的质量；r 是两原子核间距；μ 为折合质量。而转动能级的简并度为 $g_{i,r}=2J+1$，代入 q_r可得

$$q_r=\sum_{J=0}^{\infty}(2J+1)\exp\left[-\frac{J(J+1)h^2}{8\pi^2 IkT}\right]\tag{9.3.9}$$

可见转动能量与温度有关。若令

$$\Theta_r=\frac{h^2}{8\pi^2 Ik}\tag{9.3.10}$$

式(9.3.10)中，Θ_r被称为转动特征温度，具有温度量纲。通常情况下，除氢气外，大多数气体分子的转动特征温度很低，因此 $\Theta_r/T\ll1$，因此可用积分来代替求和计算 q_r

$$\begin{aligned}q_{r(\text{非对称线型多原子})}&=\int_0^{\infty}(2J+1)\exp\left[-\frac{J(J+1)h^2}{8\pi^2 IkT}\right]\text{d}J\\&=\int_0^{\infty}(2J+1)\exp\left[-\frac{J(J+1)}{T}\Theta_r\right]\text{d}J=\frac{T}{\Theta_r}=\frac{8\pi^2 IkT}{h^2}\end{aligned}\tag{9.3.11}$$

式(9.3.11)不仅适用于异核双原子分子，也适用于非对称的线型多原子分子。

对于同核双原子分子，由于每转动一周，其微观状态就要重复 2 次，因此用式(9.3.11)来计算同核双原子分子时要将其配分函数除以对称数 σ。同核双原子分子 $\sigma=2$，因此有

$$q_{r(\text{线型对称多原子})}=\frac{T}{\sigma\Theta_r}=\frac{8\pi^2 IkT}{\sigma h^2}\tag{9.3.12}$$

对于非线型多原子分子，其转动配分函数可表示为

$$q_{r(\text{非线型多原子})}=\frac{\sqrt{\pi}(8\pi^2kT)^{3/2}}{\sigma h^3}(I_AI_BI_C)^{1/2}=\frac{\sqrt{\pi}}{\sigma\Theta_r}\left(\frac{T^3}{\Theta_{rA}\Theta_{rB}\Theta_{rC}}\right)^{1/2}\tag{9.3.13}$$

式(9.3.13)中，I_A、I_B、I_C为分子的三个主转动惯量；Θ_{rA}、Θ_{rB}、Θ_{rC}是相应的三个转动特征温度。表 9.3.1 列出了一些线型和非线型分子的对称数和转动特征温度。

表 9.3.1　某些气体的对称数和转动特征温度

线型气体分子	σ	Θ_r/K	非线型气体分子	σ	Θ_{rA}/K	Θ_{rB}/K	Θ_{rC}/K
H_2	2	87.5	H_2O	2	40.4	21.1	13.5
N_2	2	2.89	H_2S	2	15.10	13.09	6.89
HCl	1	15.2	NH_3	3	14.30	14.30	9.08
CO	1	2.78	CH_4	12	7.60	7.60	7.60
CO_2	2	0.660	CCl_4	12	0.0826	0.0826	0.0826
CS_2	2	0.0643					
N_2O	1	0.610					

注：数据来自 Tien C L，Lienhard J H. Statistical Thermodynamics. London：Hemisphere Publishing Corporation，1979：178.

【例 9.3.2】 若取双原子分子的转动惯量 $I=10\times10^{-47}\,kg\cdot m^2$，则其第三和第四转动能级的能量间隔 $\Delta\varepsilon_r$ 等于多少？

解
$$\varepsilon_r=\frac{J(J+1)h^2}{8\pi^2 I}\quad(J=0,1,2,\cdots)$$

第三能级 $J=2$，第四能级 $J=3$

$$\begin{aligned}\Delta\varepsilon_r&=\frac{h^2}{8\pi^2 I}[3\times(3+1)-2\times(2+1)]\\&=\left[\frac{(6.626\times10^{-34})^2}{8\times3.14^2\times10\times10^{-47}}\times6\right]J\\&=3.34\times10^{-22}\,J\end{aligned}$$

【例 9.3.3】 已知 25℃时 CO_2 和 HD 分子的转动惯量分别为 $I_{CO_2}=7.18\times10^{-46}\,kg\cdot m^2$，$I_{HD}=6.29\times10^{-48}\,kg\cdot m^2$，试分别估算其转动配分函数。

解 (1) CO_2

$$\sigma=2$$
$$\begin{aligned}q_{r(CO_2)}&=\frac{8\pi^2 IkT}{\sigma h^2}\\&=\frac{8\times(3.142)^2\times7.18\times10^{-46}\times1.38\times10^{-23}\times298.15}{2\times(6.626\times10^{-34})^2}\\&=265.7\end{aligned}$$

(2) HD

$$\sigma=1$$
$$\begin{aligned}q_{r(HD)}&=\frac{8\pi^2 IkT}{\sigma h^2}\\&=\frac{8\times(3.142)^2\times6.29\times10^{-48}\times1.38\times10^{-23}\times298.15}{1\times(6.626\times10^{-34})^2}\\&=4.66\end{aligned}$$

3. 振动配分函数

振动配分函数的计算同样需要考虑其振动能级。分子的振动可简化为若干个简谐振动，

每个振动自由度相当于一个一维简谐振子。因此，双原子分子可看作一个一维的简谐振子，因为其只有一个振动自由度，其振动能级为

$$\varepsilon_{\mathrm{v}}=\left(\upsilon+\frac{1}{2}\right)h\nu \tag{9.3.14}$$

式(9.3.14)中，υ 为振动量子数，可取包括零的正整数；ν 为振动频率。振动都是非简并的，因此在计算其配分函数时不需考虑简并度。将上式中 υ 分别为 0(基态)，1，2，…的数据代入 q_{v} 可得

$$\begin{aligned}q_{\mathrm{v}}&=\sum_i g_{i,\mathrm{v}}\exp\left(-\frac{\varepsilon_{i,\mathrm{v}}}{kT}\right)=\sum_{\upsilon=0}^{\infty}\exp\left[\frac{-\left(\upsilon+\frac{1}{2}\right)h\nu}{kT}\right]\\&=\exp\left(-\frac{h\nu}{2kT}\right)+\exp\left(-\frac{3h\nu}{2kT}\right)+\exp\left(-\frac{5h\nu}{2kT}\right)+\cdots\\&=\exp\left(-\frac{h\nu}{2kT}\right)\cdot\left[1+\exp\left(-\frac{h\nu}{kT}\right)+\exp\left(-\frac{2h\nu}{kT}\right)+\cdots\right]\\&=\exp\left(-\frac{h\nu}{2kT}\right)\cdot\frac{1}{1-\exp(-h\nu/kT)}\end{aligned} \tag{9.3.15}$$

如前所述，振动能量的大小也与温度有关，其中具有温度量纲的 Θ_{v} 称为转动特征温度，$\Theta_{\mathrm{v}}=h\nu/k$。将其代入上式，可得

$$q_{\mathrm{v}}=\exp\left(-\frac{\Theta_{\mathrm{v}}}{2T}\right)\cdot\frac{1}{1-\exp(-\Theta_{\mathrm{v}}/T)} \tag{9.3.16}$$

如果将振动零点能，即基态($\upsilon=0$)的能量 $\varepsilon_{\mathrm{v},0}=\frac{1}{2}h\nu$ 定义为 0，则上式可变化为

$$q_{\mathrm{v}}=\frac{1}{1-\exp(-\Theta_{\mathrm{v}}/T)} \tag{9.3.17}$$

对于 $n(n>2)$ 原子分子，其振动自由度不止一个，需将各一维简谐振子的配分函数相乘。可分两种情况讨论。对于线型 n 原子分子，其振动自由度为 $3n-5$，以基态能量为 0 时其配分函数可表示为

$$q_{\mathrm{v}}=\prod_{i=1}^{3n-5}\frac{1}{1-\exp(-h\nu_i/kT)} \tag{9.3.18}$$

对于非线型 n 原子分子，其振动自由度为 $3n-6$，以基态能量为 0 时其配分函数可表示为

$$q_{\mathrm{v}}=\prod_{i=1}^{3n-6}\frac{1}{1-\exp(-h\nu_i/kT)} \tag{9.3.19}$$

4. 电子配分函数

由于电子能级间隔一般均有数百千焦每摩尔，电子在一般情况下总是处于基态，即便升高温度，往往是电子还未曾激发而分子也已分解。因此，在计算电子配分函数时只需要考虑其基态的能级。代入电子配分函数，可得

$$q_{\mathrm{e}}=g_{0,\mathrm{e}}\exp\left(-\frac{\varepsilon_{0,\mathrm{e}}}{kT}\right) \tag{9.3.20}$$

若将基态能量视为 0，则式(9.3.20)可简化为 $q_{\mathrm{e}}=g_{0,\mathrm{e}}$。由此可知，电子配分函数的大小只取决于其基态的简并度

$$q_e = g_{0,e} = 2j+1 \tag{9.3.21}$$

式(9.3.21)中,j 为电子运动的总角动量量子数。

5. 原子核配分函数

与电子配分函数类似,因为原子核在通常情况下总处于基态,其数值等于基态的简并度。其配分函数的表达式与式(9.3.20)类似

$$q_n = g_{0,n}\exp\left(-\frac{\varepsilon_{0,n}}{kT}\right) \tag{9.3.22}$$

如若把基态的能量定义为0,则式(9.3.22)可变换为

$$q_n = g_{0,n} = 2s_n+1 \tag{9.3.23}$$

式(9.3.23)中,s_n为核自旋量子数。式(9.3.23)适用于单原子分子。若为多原子分子,核的总配分函数等于各原子核的配分函数的乘积

$$q_n = (2s_n+1)(2s'_n+1)(2s''_n+1)\cdots = \prod_i (2s_n+1)_i \tag{9.3.24}$$

由此可见,按照上述的各方程可求出相应的平动、转动、振动、电子运动和核运动的配分函数,再代入式(9.3.3)求 q,然后分别代入各热力学状态函数与配分函数的关系式,即可通过微观运动计算宏观的状态函数。

【科技人物】

中国统计热力学先驱王竹溪——中国科学界的百科全书

王竹溪是继福勒(R. H. Fowler,世界著名统计物理学开拓者之一)之后,全世界公认的当代统计物理学和热力学权威,是中国物理学界泰斗、中国统计热力学先驱;是优秀的导师和教育家,是我国第一批优秀物理教材的撰写者和诸多物理学界精英的培养人;是文字学家,是物理学名词的审定者,是汉字部首检索方案的提出者和我国《新部首大字典》的编撰者。他是谦谦君子以“耿耿忠心效桑梓”明志,他学识渊博以“百科全书式的学者”闻名。

1929年,王竹溪进入清华大学理学院,跟随萨本栋、吴有训、周培源、赵忠尧、熊庆来等学者学习。1934年,王竹溪获得了“庚款留学”的名额,走向了更广阔的物理前沿。1935年,在狄拉克推荐下王竹溪成了福勒的博士研究生,成了福勒学派中的首位中国人。在此期间,他研究的气体通过金属的扩散、吸附膜的性质以及长程吸附作用的统计理论在今天的理论物理学界仍是很热门的方向,他是该领域的先驱之一。

1938年,王竹溪博士毕业后即回到西南联合大学任教,与他同年回国的还有华罗庚和钱钟书。任教期间他是开课最多的教授之一。他一生执教40余年,先后在西南联合大学、清华大学和北京大学从教,中国几代物理学家(邓稼先、朱光亚、杨振宁、李政道、郭永怀、周光召等)都是他的学生。他陆续完成的关于热力学、统计物理和生物物理方面的系列论文分别发表于英国《剑桥哲学学会会刊》、英国《皇家学会会刊》、美国《物理化学杂志》、美国《物理评论》和《中国物理学报》等期刊。他撰写的《热力学》教材包括了基本原理概念和他自己的诸多研究成果,被广泛使用。他撰写的《统计物理学导论》成为我国教育界的经典教科书。他的上述成果对统计热力学知识体系的构建提供了重要的理论基础。

王竹溪博学多闻,是一位通才。除了物理学,他在数学、生物学、文学等方面也成就斐然。

他与郭敦仁合编的《特殊函数概论》被译成英文，在国际数学界广受赞誉。他与汤佩松合作的生物物理论文《孤立活细胞水分关系的热力学形式》应用热力学中“势”的概念解释了植物细胞水渗透的本质，并被美国《生物学摘要》收录。但当时该研究太过超前，论文发表后并未引起关注，直到 20 世纪 80 年代这篇先驱性的文章又重回大家视野。克拉默(美国植物生理学家)在 1984 年两度著文指出该论文“已包含了关于这个论题的现代热力学处理的全部原理，已远远超越其时代，对该问题的理解高于同时代的任何其他论文”。

王竹溪从 1950 年开始负责审定物理学名词并付出了 30 多年的心血。因其深厚的中文功底、对学科的精通、音韵学方面的造诣以及对西方文化的了解，他无疑是这项工作的不二人选，他主持审定的物理学名词达 2.2 万余条，为中国物理学科的发展夯实了根基。

以前检索汉字的辞书是《康熙字典》等，使用不便。他于 1943 年发明了汉字新部首检字法，并于 1979 年提出了汉字检索机器化方案，这是研究汉字的先锋方案，在文科中首次引入了自然科学先进的结构化分析理念。经过 40 多年的推敲，他编撰了篇幅长达 250 万字的《新部首大字典》，收入 5 万多个汉字，是国内目前收字最多的字典之一。

参考资料及课外阅读材料

储浚，徐先锋. 2001. 液体的内压和内能的统计热力学理论. 化学物理学报，14(4)：421

梁希侠，班士良. 2008. 统计热力学. 北京：科学出版社

梁希侠，班士良. 2012. “热统”课程的“统计热力学”体系——国家精品课程“统计热力学”的知识体系. 中国大学教学，(4)：43

柳江美. 2015. 王竹溪——中国科学界的百科全书. 科学家，(2)：18-20

薛浩. 2001. 不可识别粒子系统的统计热力学公式. 盐城工学院学报，14(4)：49

赵秀峰，张志宏. 2001. 热力学第二定律的统计实质. 连云港化工高等专科学校学报，14(4)：47

朱元举. 2010. 评精品《物理化学》教材中存在的问题(一)——热力学第一定律的统计解释. 广东化工，37(10)：185

Deryagin B V. 1975. The statistical thermodynamics of nucleation. Theor Exp Chem，9(4)：366

Georgiou A. 1970. A relativistic form of statistical thermodynamics. Int J Theor Phys，3(1)：41

le Bellac M，Mortessagne F，Batrouni G G. 2004. Equilibrium and non-equilibrium statistical thermodynamics. Cambridge：Cambridge University Press

Porrà J M. 1997. Book review：an introduction to statistical thermodynamics. J Stat Phys，87(1～2)：461

Starzak M E. 2010. Energy and entropy：Equilibrium to Stationary States. New York：Springer Science Business Media

Tang N. 1982. General relations of nonequilibrium statistical thermodynamics. Lettere Al Nuovo Cimento，33(1)：29

思 考 题

1. 是非题(判断下列说法是否正确并说明理由)。

(1) 当体系的 U,V,N 确定时，因为粒子可处于不同的能级，所以分布数会有所不同，因而体系的总微观状态数 Ω 难以确定。

(2) 玻尔兹曼分布即为最概然分布，也即平衡分布。

(3) 分子能量零点的选择不同，各能级的能量值也不同。

(4) 分子能量零点的选择不同，分子在各能级上的分布数也不同。

(5) 分子能量零点的选择有差异，则这四个热力学函数(U,H,A,G)的数值会因此改变，但函数的改变值

是相同的。

(6) 如果分子能量零点的选择有差异,所有热力学函数的数据都会随之改变。

(7) 根据统计热力学的方法可以计算出 U、V、N 确定的体系熵的绝对值。

(8) 理想气体的吉布斯函数可以由光谱实验数据算得,并有表可查。

2. 填空题。

(1) 某种分子的能级是 ε_0、ε_1、ε_2,各能级相应简并度为 $g_0=1$、$g_1=2$、$g_2=1$。若有 5 个可别粒子,按 $N_0=2$、$N_1=2$、$N_2=1$ 的分布方式分配在上述三个能级上,则该分布方式的热力学概率为________。

(2) 理想气体的混合物属于________体系。

(3) CO 的转动惯量 $I=1.449\times10^{-45}\,\mathrm{kg\cdot m^2}$,在 25℃时,转动能量为 kT 时的转动量子数 $J=$________。

(4) I_2 分子的振动能级间隔是 $0.43\times10^{-20}\,\mathrm{J}$,则在 298K 时某一振动能级和其较低能级上分子数之比为________。

(5) 对于服从玻尔兹曼分布定律的体系,其分布规律为能量最________的单个量子状态上的粒子数最________。

(6) 在已知温度 T 时,某粒子的能级 $\varepsilon_j=2\varepsilon_i$,简并度 $g_i=2g_j$,则 ε_j 和 ε_i 上分布的粒子数之比(用 ε_j 表示)为________。

(7) 对 1mol 的理想气体,在 298K 时,已知分子的配分函数 $q=1.6$,若 $\varepsilon_0=0$,$g_0=1$,则处于基态的分子个数为________。

(8) I_2 的振动特征温度 $\Theta_v=307\mathrm{K}$,当相邻两振动能级上粒子数之比为 $n(v+1)/n(v)=1/2$ 时,其温度是________。

3. 问答题。

(1) 为什么理想气体在重力场中的大气压力公式是 $p(z)=p(0)\exp(-mgz/k_BT)$?(式中 z 是距海平面的高度,m 是气体分子的质量,g 是重力加速度。)

(2) 能否断言,粒子按能级分布时,能级越高则能级分布的有效状态数越少。为什么?

(3) 假设水分子在二维空间中运动,H_2O 的平面与二维平面平行,试绘图示意二维水分子各简正振动模式。

(4) 水和二氧化碳分子各有几个转动和振动自由度?若要计算室温下这两种分子的配分函数,需要知道哪些有关 H_2O 和 CO_2 分子的数据?

(5) 某分子的第一电子激发态能量高于基态 $2\times10^{-19}\,\mathrm{J}$,试分析常温下电子运动对热力学能等状态函数有无贡献?

(6) 气体 CO 和 N_2 有相近的转动惯量和相对分子质量,试在相同温度和压力下比较两者的摩尔平动熵和转动熵的大小。

习　题

1. 由 N_2 分子的如下数据:$m=4.65\times10^{-26}\,\mathrm{kg}$,$V=10^{-3}\,\mathrm{m^3}$,$I=13.9\times10^{-47}\,\mathrm{kg\cdot m^2}$,$\tilde{v}=236\,000\,\mathrm{m^{-1}}$,验算 N_2 分子在 300K 时的两个最低相邻能级的能量间隔为 $\Delta\varepsilon_t=10^{-19}kT$,$\Delta\varepsilon_r=10^{-2}kT$,$\Delta\varepsilon_v=10kT$。

2. 分子 X 的两个能级是 $\varepsilon_1=6.1\times10^{-21}\,\mathrm{J}$,$\varepsilon_2=8.4\times10^{-21}\,\mathrm{J}$,相应的简并度是 $g_1=3$,$g_2=5$。

(1) 当温度为 300K 时;

(2) 当温度为 3000K 时。

求由分子 X 组成的近独立粒子体系中,这两个能级上的粒子数之比。

3.

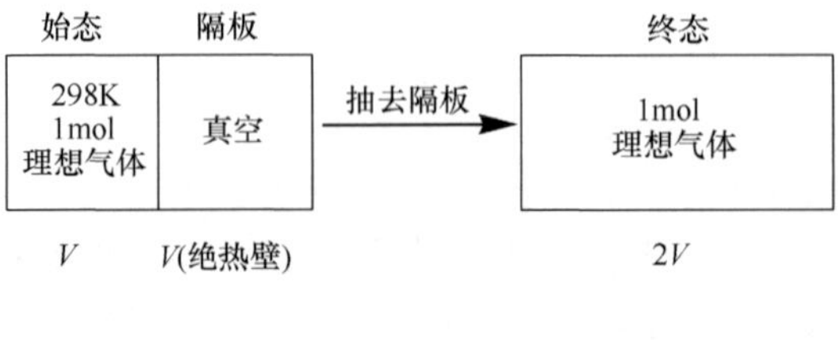

计算这一过程微观状态数 Ω 的比值 $\Omega_{终}/\Omega_{始}$。

4. 对异核双原子分子，试确定分子能量处于振动能级 $\nu=0$ 及转动能级 $J=2$ 时的概率，用 Θ_v，Θ_r 表示(以振动基态为能量零点)。

5. 找出 $\varepsilon=14h^2/(8ma^2)$ 平动能级的简并度。

6. 某理想气体 300K 和 $p^\ominus$ 时，$q_t=10^{30}$，$q_r=10^2$，$q_v=1.10$，问：

(1) 具有平动能 6.0×10^{-21} J，$g_t=10^5$ 分子占的百分数？

(2) 具有转动能 4.0×10^{-21} J，$g_r=30$ 分子占的百分数？

(3) 具有振动能 1.0×10^{-21} J，$g_v=1$ 分子占的百分数？

7. 某体系有五个非简并能级，$\varepsilon_0=0$，$\varepsilon_1=1.106\times10^{-20}$ J，$\varepsilon_2=2.212\times10^{-20}$ J，$\varepsilon_3=3.318\times10^{-20}$ J，$\varepsilon_4=4.424\times10^{-20}$ J。

(1) 找出 300K 时体系的配分函数；

(2) 计算 1mol 物质在 300K 时的总能量；

(3) 若在另一温度时，$N_1/N_0=0.25$，此时 $N_3/N_1=$？

部分习题参考答案

第1章

1. $Q_p=14.55\text{kJ}$，$Q_V=10.39\text{kJ}$。
2. $Q=37.56\text{kJ}$。
3. (1) $Q=2902\text{J}$，$W=-2278\text{J}$，$\Delta U=623.6\text{J}$，$\Delta H=1039\text{J}$；
   (2) $Q=2613\text{J}$，$W=-1989\text{J}$，$\Delta U=623.6\text{J}$，$\Delta H=1039\text{J}$。
4. $W=35.49\text{kJ}$，$Q=-33.74\text{kJ}$，$\Delta U=1746\text{J}$，$\Delta H=2910\text{J}$。
5. $\Delta H=Q_p=-151.5\text{kJ}$，$W=-2479\text{J}$，$\Delta U=-154.0\text{kJ}$。
6. $C_{V,\text{m}}=21.79\text{J}\cdot\text{K}^{-1}\cdot\text{mol}^{-1}$，$C_{p,\text{m}}=30.14\text{J}\cdot\text{K}^{-1}\cdot\text{mol}^{-1}$。
7. $W=-841\text{J}$。
8. $Q=4.57\text{kJ}$，$W=-2.49\text{kJ}$，$\Delta U=2.08\text{kJ}$，$\Delta H=2.91\text{kJ}$。
9. (1) $Q=W=\Delta U=\Delta H=0$；(2) $Q=9.00\text{kJ}$，$W=-9.00\text{kJ}$，$\Delta U=\Delta H=0$；(3) $\Delta U=\Delta H=0$，$Q=23.0\text{kJ}$，$W=-23.0\text{kJ}$；(4) $Q=0$，$W=\Delta U=-9.03\text{kJ}$，$\Delta H=-15.1\text{kJ}$。
10. (1) $T=231.2\text{K}$，$V=7.689\text{dm}^3$，$W=\Delta U=-3697\text{J}$，$\Delta H=-4811\text{J}$；
    (2) $T=252.2\text{K}$，$V=8.387\text{dm}^3$，$W=\Delta U=-2538\text{J}$，$\Delta H=-3303\text{J}$。
11. $Q=-393.51\text{kJ}$。
12. (1) $\Delta_f H_m^{\ominus}(C_6H_5COOH,s)=-385.2\text{kJ}\cdot\text{mol}^{-1}$；(2) $Q_V=-3225.7\text{kJ}$。
13. $\Delta H=-153.37\text{kJ}$。
14. $\Delta H=-2798\text{kJ}$。
15. (1) $Q=\Delta H=55\text{kJ}$，$W=0$，$\Delta U=55\text{kJ}$；(2) $Q=\Delta H=60\text{kJ}$，$W=-2.49\text{kJ}$，$\Delta U=57.51\text{kJ}$。

第2章

1. (1) $\Delta S=5.76\text{J}\cdot\text{K}^{-1}$；(2) $\Delta S=0$；(3) $\Delta S=5.76\text{J}\cdot\text{K}^{-1}$；(4) $\Delta S=5.76\ \text{J}\cdot\text{K}^{-1}$。
2. (1) $\Delta S=-14.90\text{J}\cdot\text{K}^{-1}$，$\Delta S_{\text{环境}}=14.90\text{J}\cdot\text{K}^{-1}$；(2) $\Delta S=-14.90\ \text{J}\cdot\text{K}^{-1}$，$\Delta S_{\text{环境}}=41.57\text{J}\cdot\text{K}^{-1}$。
3. (1) $\Delta S=0.0063\text{J}\cdot\text{K}^{-1}$；(2) $\Delta S=11.52\text{J}\cdot\text{K}^{-1}$，$\Delta S_{\text{总}}=11.53\text{J}\cdot\text{K}^{-1}$。
4. $T_2=749.0\text{K}$，$\Delta S=0$。
5. $\Delta S=108.9\text{J}\cdot\text{K}^{-1}$，$\Delta S_{\text{环境}}=-100.6\text{J}\cdot\text{K}^{-1}$，$\Delta S_{\text{总}}=8.3\text{J}\cdot\text{K}^{-1}$，为不可逆过程。
6. $\Delta S=-134.0\text{J}\cdot\text{K}^{-1}$。
7. (1) $\Delta S_{\text{水}}=23.52\text{J}\cdot\text{K}^{-1}$，$\Delta S_{\text{热源}}=-20.20\text{J}\cdot\text{K}^{-1}$，$\Delta S_{\text{总}}=3.32\text{J}\cdot\text{K}^{-1}$；
   (2) $\Delta S_{\text{水}}=23.52\text{J}\cdot\text{K}^{-1}$，$\Delta S_{\text{热源}}=-21.77\text{J}\cdot\text{K}^{-1}$，$\Delta S_{\text{总}}=1.75\text{J}\cdot\text{K}^{-1}$；
   (3) 若每次都用比体系温度高 dT 的热源加热水至 100℃，则 $\Delta S_{\text{总}}=0$。
8. $\Delta U=0$，$\Delta H=0$，$Q=-3497\text{J}$，$W=-Q=3497\text{kJ}$，$\Delta S=-9.56\text{J}\cdot\text{K}^{-1}$。
9. $S_m^{\ominus}(H_2O,g)=188.7\text{J}\cdot\text{K}^{-1}\cdot\text{mol}^{-1}$。
10. $\Delta S=110.1\text{J}\cdot\text{K}^{-1}$，$\Delta S_{\text{环境}}=-113.2\text{J}\cdot\text{K}^{-1}$，$\Delta S_{\text{总}}=-3.1\text{J}\cdot\text{K}^{-1}$，为不可能进行的过程。
11. $\Delta G=-66.2\text{J}$。
12. $\Delta_r G_m^{\ominus}=-237.12\text{kJ}\cdot\text{mol}^{-1}$。
13. 1000℃时要将石墨转变成金刚石所需的压力为 $4.32\times10^9\text{Pa}$。
14. $\Delta_r G_m^{\ominus}(3)=-27.62\text{kJ}\cdot\text{mol}^{-1}$。

15. (1) $p=25.62\text{kPa}$; (2) $\Delta H=0, \Delta S=0, \Delta G=0$; (3) $\Delta H=2.5104\text{kJ}$, $\Delta S=9.288\text{J}\cdot\text{K}^{-1}$, $\Delta G=-352.2\text{J}$。
16. $Q=33.38\text{kJ}, W=-3.190\text{kJ}, \Delta U=30.19\text{kJ}, \Delta S=86.97\text{J}\cdot\text{K}^{-1}, \Delta A=-3.190\text{kJ}, \Delta G=0$。

第 3 章

1. $x_B=9.21\times10^{-3}, c_B=0.486\text{mol}\cdot\text{dm}^{-3}, b_B=0.516\text{mol}\cdot\text{kg}^{-1}$。
2. $V_{H_2O}=16.28\text{cm}^3\cdot\text{mol}^{-1}$。
3. (1) $p_A=4.96\text{kPa}, p_B=1.47\text{kPa}, p=6.43\text{kPa}$; (2) $y_A=0.771, y_B=0.229$。
4. $p_A^*=3.75\times10^4\text{Pa}, p_B^*=8.50\times10^4\text{Pa}$。
5. $a_A=0.622\neq x_A$,不是理想液态混合物。
6. $\gamma_B=3.412, \gamma_{x,B}=0.5646$。
7. $m_{H_2}=4.14\times10^{-7}\text{g}, m_{N_2}=71.4\times10^{-7}\text{g}$。
8. $\Delta p=20.97\text{Pa}$。
9. $M=122\text{g}\cdot\text{mol}^{-1}$,计算结果说明 HAc 在 C_6H_6 中是以二聚体$(HAc)_2$的形式存在。
10. $\Pi=7.7\times10^5\text{Pa}, w_B=0.87\%$。
11. (1) 一种; (2) 两种。
12. 142.7kPa。
13. 262.2K。
14. (1) $p_{总}=8.43\times10^4\text{Pa}, y_A=0.24$; (2) $x_B=0.414, p'_{总}=7.38\times10^4\text{Pa}$。
15. $p_{乙}=18.56\text{kPa}, p_{水}=6.306\text{kPa}, p=24.87\text{kPa}$。
16. $p^*=2.78\times10^4\text{Pa}, M=106\text{g}\cdot\text{mol}^{-1}$。

第 4 章

1. $Q_p^\ominus=0.045<K^\ominus$,反应正向进行。
2. $\Delta_r G_m=-160.4\text{kJ}\cdot\text{mol}^{-1}$,正反应方向进行。
3. $K_p=4$。
4. $K^\ominus=1, K_y=4.0, K_c^\ominus=622, \Delta_r G_m^\ominus(300\text{K})=0$。
5. $x=5.60\times10^{-3}\text{mol}\cdot\text{dm}^{-3}$。
6. $K^\ominus=2.12\times10^{-4}, p_{分解}=11.3\text{kPa}, p_{Hg}=6.9\text{kPa}$。
7. $\alpha=0.057$。
8. (1) $\alpha=0.367$; (2) PCl_5:11.7%,PCl_3:4.3%,Cl_2:84.0%。
9. $\Delta_f G_m^\ominus(Ag_2O,s)=15.96\text{kJ}\cdot\text{mol}^{-1}$。
10. (1) $\Delta_r H_m^\ominus=268\text{kJ}\cdot\text{mol}^{-1}, \Delta_r S_m^\ominus=171.8\text{J}\cdot\text{K}^{-1}\cdot\text{mol}^{-1}, \Delta_r G_m^\ominus=216.8\text{kJ}\cdot\text{mol}^{-1}$; (2) $p_{CO_2}=9.57\times10^{-34}\text{Pa}$; (3) $T=1600\text{K}$。
11. $\Delta_r G_m^\ominus(298.2\text{K})=-24.79\text{kJ}\cdot\text{mol}^{-1}, K^\ominus(298.2\text{K})=2.20\times10^4$,能用 CO 制备甲醇。
12. $K_2^\ominus=1.8\times10^5$。
13. (1) $K_p^\ominus(298\text{K})=3.09\times10^{10}$; (2) $K_p^\ominus=4.57\times10^{10}$。
14. (1) $K^\ominus=6.1\times10^{-4}$; (2) $y\approx6.1\times10^{-4}$; (3) 升高温度不利于生成正辛烷,压力增加,有利于生成正辛烷。
15. (1) $\alpha=77.6\%$; (2) $\alpha=96.8\%$; (3) $\alpha=94.9\%$。

第 5 章

2. (1) $5.07\times10^{-3}\text{d}^{-1}$; (2) 39.8%; (3) 454d。
3. (1) $3.11\times10^{-4}\text{s}^{-1}$; (2) $2.23\times10^3\text{s}$; (3) $0.0322\text{mol}\cdot\text{dm}^{-3}$。

4. (1) $4.41\times10^{-4}s^{-1}$；(2) $1.57\times10^{3}s$。
5. 公元前 1332 年。
6. $k=\frac{1}{t}\ln\frac{V_\infty-V_0}{V_\infty-V_t}$。
7. $4.0dm^3\cdot mmol^{-1}\cdot s^{-1}$;$8.0dm^3\cdot mmol^{-1}\cdot s^{-1}$。
8. 900min。
9. 198s。
10. $k=\frac{1}{t(3c_{A,0}-2c_{B,0})}\ln\frac{c_{B,0}c_A}{c_{A,0}c_B}$。
11. (1) 4%；(2) 11.1%；(3) 1.25h。
12. 2。
13. 2;$5\times10^{-4}(kPa\cdot s)^{-1}$。
14. 2。
15. 2;$0.333dm^3\cdot mol^{-1}\cdot s^{-1}$。
16. (1) 1；(2) $0.0963h^{-1}$;7.20h(3) 6.7h。
17. (1) 2411min；(2) 0.682mol；(3) $244.8kJ\cdot mol^{-1}$。
18. (1) $76.5kJ\cdot mol^{-1}$,10^7min^{-1}；(2) 583.3K。
19. 520K。
20. 11.14 天分解 30%,因此放两周失效。
21. $37.85kJ\cdot mol^{-1}$。
22. $3.99\times10^{-3}h^{-1}$;$1.08\times10^{-3}h^{-1}$。
23. (1) $5.513\times10^{-5}s^{-1}$,$6.836\times10^{-5}s^{-1}$；(2) $1.303\times10^{4}s$。
24. (1) 反应(1)；(2) 不能。
25. 1279min,97.5%。
26. (1) 6.93min；(2) $0.5mol\cdot dm^{-3}$,$0.25mol\cdot dm^{-3}$,$0.25mol\cdot dm^{-3}$。
31. (1) $E_a=106.3kJ\cdot mol^{-1}$；(2) $E_a=\frac{1}{2}RT+E_c$；(3) $E_c=103.8kJ\cdot mol^{-1}$。
32. $\Delta_r^{\neq}S=-74.41J\cdot K^{-1}\cdot mol^{-1}$。
33. 8.02mol。
35. $K_M=8.25\times10^{-3}mol\cdot dm^{-3}$;$7.55\times10^{4}s^{-1}$。

第 6 章

1. 19.7mg,$3.87cm^3$。
2. $17.70m^{-1}$,$0.024\ 85S\cdot m^2\cdot mol^{-1}$。
3. $5.50\times10^{-6}S\cdot m^{-1}$。
4. 2.65×10^{-5}。
5. $5.266\times10^{-4}mol\cdot dm^{-3}$。
6. 1.81×10^{-9}。
7. (1) 0.001 84,1.15×10^{-11}；(2) 0.0838,5.89×10^{-4}；(3) 0.009 02,8.14×10^{-5}。
8. $0.0550mol\cdot kg^{-1}$。
9. 0.765。
10. 0.889,7.139×10^{-5}。
12. 0.804。
13. 0.521V。

14\. 0.045 54V。

15\. (1) $Pt|Fe^{3+},Fe^{2+}\parallel Ag^{+}|Ag(s)$；(2) 3.0；(3) $0.044mol\cdot kg^{-1}$。

16\. (1) $\frac{1}{2}H_2(g,101.325kPa)+\frac{1}{2}Hg_2Cl_2(s)\longrightarrow Hg(l)+H^{+}(0.1mol\cdot kg^{-1})+Cl^{-}(0.1mol\cdot kg^{-1})$

(2) $-35.93kJ\cdot mol^{-1}$；$-31.57kJ\cdot mol^{-1}$；$4.36kJ\cdot mol^{-1}$。

17\. (1) 0.0710V；(2) $-95.9kJ\cdot mol^{-1}$。

18\. pH=7.3。

19\. pH=1.46。

20\. 1.228V。

21\. $3.3\times10^{-16}Pa$；$-90.72kJ\cdot mol^{-1}$。

22\. 0.008 90V，0.0059V。

23\. 阴极上 H^{+} 先还原生成 $H_2(g)$；阳极上发生 Ag(s)氧化为 $Ag_2O(s)$；2.042V。

24\. (1) 不能；(2) 可以。

第7章

1\. $7.56\times10^{-6}J$；$4.95\times10^{-8}J\cdot K^{-1}$；$7.42\times10^{-4}J$；$1.40\times10^{-5}J$；$-7.42\times10^{-4}J$。

2\. $7.56\times10^{-10}m$。

3\. 38℃。

4\. 144kPa，14.7m。

5\. 151°，液态银不能润湿氧化铝瓷件表面。

6\. (1) $8.8\times10^{-3}N\cdot m^{-1}$，可以铺展；(2) $35.3\times10^{-3}N\cdot m^{-1}$，可以铺展；(3) $97.1\times10^{-3}N\cdot m^{-1}$，可以铺展。

7\. $0.0612N\cdot m^{-1}$。

8\. $6.1\times10^{-8}mol\cdot m^{-2}$。

9\. 1689kPa。

11\. (1) $0.0940m^3\cdot kg^{-1}$，$808m^3\cdot g^{-1}$。

12\. (1) $1.06\times10^{-2}dm^3$；(2) $2.63m^2\cdot g^{-1}$。

13\. $8J\cdot mol^{-1}\cdot K^{-1}$。

14\. $41.3kg\cdot mol^{-1}$。

第8章

1\. $r=1.1\times10^{-6}m=1.1\mu m$。

2\. (1) $D=8.6\times10^{-11}m^2\cdot s^{-1}$；(2) $\sqrt{\overline{x^2}}=4.1\times10^{-5}m$。

3\. $r=0.44nm$，$L=7.69\times10^{23}mol^{-1}$。

4\. (1) $L=6.26\times10^{23}mol^{-1}$；(2) $\overline{M}=1.31\times10^{6}kg\cdot mol^{-1}$；(3) $1.4\times10^{-4}m$。

5\. $t=5.6\times10^{3}s$。

6\. $c_2=0.011mol\cdot dm^{-3}$。

7\. $u=2.06\times10^{-6}m\cdot s^{-1}$。

8\. $u=1.4\times10^{-6}m\cdot s^{-1}$。

9\. $\zeta=42mV$。

10\. $\pi=46.3Pa$，$D=1.68\times10^{-10}m^2\cdot s^{-1}$。

11\. (1) 因为胶粒吸附 HS^{-} 而带负电；(2) 胶团结构 $\{(As_2S_3)_m nHS^{-}\cdot(n-x)H^{+}\}^{x-}\cdot xH^{+}$；(3) 聚沉能力大小的次序为 $AlCl_3>CaCl_2>NaCl>LiCl$。

12. 胶粒带负电，电解质聚沉能力比为：KCl ∶ $MgSO_4$ ∶ $Al(NO_3)_3$ = 0.0202 ∶ 1.23 ∶ 10.5 = 1 ∶ 61 ∶ 520。

13. $\overline{M_n}=6.00\times10^4\,kg\cdot mol^{-1}$，$\overline{M_m}=7.33\times10^4\,kg\cdot mol^{-1}$，$\overline{M_Z}=8.18\times10^4\,kg\cdot mol^{-1}$。

14. $[\eta]=0.136dm^3\cdot g^{-1}$。

15. $\overline{M_n}=69.4kg\cdot mol^{-1}$。

16. 一边：$c_{Na^+}=0.227mol\cdot dm^{-3}$，$c_{R^+}=0.100mol\cdot dm^{-3}$，$c_{Cl^-}=0.327mol\cdot dm^{-3}$；另一边：$c_{Na^+}=c_{Cl^-}=0.273mol\cdot dm^{-3}$；$\Pi=268kPa$。

第9章

2. (1) $\frac{N_1}{N_2}=1.046$；(2) $\frac{N_1}{N_2}=0.634$。

3. $\frac{\Omega_{终}}{\Omega_{始}}=2^L$。

4. $\frac{N_J}{N}=\frac{5\theta_r\exp(-6\theta_r/T)}{T}$。

5. $g=3$。

6. (1) $\frac{N_t}{N}=2.35\times10^{26}$；(2) $\frac{N_r}{N}=0.114$；(3) $\frac{N_v}{N}=0.714$。

7. (1) $\frac{N_0}{N}=93.07\%$；$\frac{N_1}{N}=6.45\%$；$\frac{N_2}{N}=0.45\%$；$\frac{N_3}{N}=0.03\%$；$\frac{N_4}{N}=0$。

   (2) $U=496J$。

   (3) $\frac{N_3}{N_1}=0.0625$。

主要参考书目

崔正刚. 2019. 表面活性剂、胶体与界面化学基础. 2版. 北京:化学工业出版社

范康年,周鸣飞. 2021. 物理化学. 3版. 北京:高等教育出版社

傅献彩,侯文华. 2022. 物理化学. 6版. 北京:高等教育出版社

傅鹰. 2010. 化学热力学导论. 北京:科学出版社

傅玉普. 1992. 物理化学简明教程. 大连:大连理工大学出版社

韩德刚,高盘良. 1987. 化学动力学基础. 北京:北京大学出版社

韩德刚,高执棣,高盘良. 2006. 物理化学. 2版. 北京:高等教育出版社

刘国杰,黑恩成,史济斌. 2022. 物理化学——理解·释疑·思考. 北京:科学出版社

彭昌军,胡英. 2022. 物理化学. 7版. 北京:高等教育出版社

天津大学物理化学教研室. 2017. 物理化学. 6版. 北京:高等教育出版社

印永嘉,奚正楷,张树永. 2007. 物理化学简明教程. 4版. 北京:高等教育出版社

朱珖瑶. 2010. 界面化学基础. 北京:化学工业出版社

Levine I N. 2015. Physical Chemistry. 6th ed. New York:McGraw-Hill

Atkins P,Paula J. 2010. Physical Chemistry. 9th ed. New York:W. H. Freeman and Company

附　　录

附录 1　部分常用元素的相对原子质量

原子序数	元素符号	2001 年推荐值	原子序数	元素符号	2001 年推荐值
1	H	1.008	24	Cr	51.996
3	Li	6.941	25	Mn	54.938
4	Be	9.012	26	Fe	55.845
5	B	10.811	27	Co	58.933
6	C	12.011	28	Ni	58.693
7	N	14.007	29	Cu	63.546
8	O	15.999	30	Zn	65.409
9	F	18.998	35	Br	79.904
11	Na	22.989	47	Ag	107.868
12	Mg	24.305	48	Cd	112.411
13	Al	26.982	50	Sn	118.710
14	Si	28.086	51	Sb	121.760
15	P	30.974	53	I	126.904
16	S	32.065	56	Ba	137.327
17	Cl	35.453	80	Hg	200.59
19	K	39.098	82	Pb	207.2
20	Ca	40.078			

注：以上给出的是 IUPAC 原子量和同位素丰度委员会 2001 年元素的相对原子质量推荐值，适用于地球上天然存在的元素。本表以 $^{12}C=12$ 为基准。

附录 2　常用的重要物理常量

（U_r 为相对标准不确定度）

物理量	符　号	1998 年 CODATA 推荐值	
		量　值	$U_r \times 10^6$
真空中的光速	c	$299\ 792\ 458 m \cdot s^{-1}$	0
真空磁导率	μ_0	$12.566\ 370\ 614 \cdots \times 10^{-7} N \cdot A^{-2}$	0
真空电容率	ε_0	$8.854\ 187\ 817 \cdots \times 10^{-12} F \cdot m^{-1}$	0
普朗克常量	h	$6.626\ 068\ 76(52) \times 10^{-34} J \cdot s$	0.078
元电荷	e	$1.602\ 176\ 462(63) \times 10^{-19} C$	0.039

续表

物理量	符　号	1998 年 CODATA 推荐值	
		量　值	$U_r \times 10^6$
玻尔磁子	μ_B	$9.274\,008\,99(37) \times 10^{-24}$ J · T^{-1}	0.040
核磁子	μ_N	$5.050\,783\,17(20) \times 10^{-27}$ J · T^{-1}	0.040
里德伯常量	R_∞	$10\,973\,731.568\,549(83)$ m^{-1}	7.6×10^{-6}
玻尔半径	a_0	$0.529\,177\,208\,3(19) \times 10^{-10}$ m	3.7×10^{-3}
电子质量	m_e	$9.109\,381\,88(72) \times 10^{-31}$ kg	0.079
质子质量	m_p	$1.672\,621\,58(13) \times 10^{-27}$ kg	0.079
中子质量	m_n	$1.674\,927\,16(13) \times 10^{-27}$ kg	0.079
阿伏伽德罗常量	L	$6.022\,141\,99(47) \times 10^{23}$ mol^{-1}	0.079
法拉第常量	F	$96\,485.341\,5(39)$ C · mol^{-1}	0.040
摩尔气体常量	R	$8.314\,472(15)$ J · K^{-1} · mol^{-1}	1.7
玻尔兹曼常量	k	$1.380\,650\,3(24) \times 10^{-23}$ J · K^{-1}	1.7

附录 3　一些物质的标准热力学数据

物　质	$\Delta_f H_m^\ominus$(25℃)/(kJ · mol^{-1})	$S_m^\ominus$(25℃)/(J · K^{-1} · mol^{-1})	$\Delta_f G_m^\ominus$(25℃)/(kJ · mol^{-1})	$C_{p,m}^\ominus$/(J · K^{-1} · mol^{-1})				
				298K	300K	400K	600K	800K
Ag(s)	0	42.55	0	25.351				
AgBr(s)	−100.37	107.1	−96.90	52.38				
AgCl(s)	−127.068	96.2	−109.789	50.79				
AgI(s)	−61.84	115.5	−66.19	56.82				
Al_2O_3(s,刚玉)	−1675.7	50.92	−1582.3	79.04				
Br_2(l)	0	152.231	0	75.689	75.63			
Br_2(g)	30.907	245.463	3.110	36.02		36.71	37.27	37.53
C(s,石墨)	0	5.740	0	8.527	8.72	11.93	16.86	19.87
C(s,金刚石)	1.895	2.377	2.900	6.113				
CO(g)	−110.525	197.674	−137.168	29.142	29.16	29.33	30.46	31.88
CO_2(g)	−393.509	213.74	−394.359	37.11	37.20	41.30	47.32	51.42
$CaCO_3$(s,方解石)	−1206.92	92.9	−1128.79	81.88				
Cl_2(g)	0	223.066	0	33.907	33.97	35.30	36.57	37.15
CuO(s)	−157.3	42.63	−129.7	42.30				
$CuSO_4$(s)	−771.36	109.0	−661.8	100.0				
F_2(g)	0	202.78	0	31.30	31.37	33.05	35.27	36.46
FeO(s)	−272.0							
H_2(g)	0	130.684	0	28.824	28.85	29.18	29.32	29.61
HBr(g)	−36.40	198.695	−53.45	29.142	29.16	29.20	29.79	30.88

续表

物质	$\Delta_f H_m^\ominus$(25℃)/(kJ·mol^{-1})	$S_m^\ominus$(25℃)/(J·K^{-1}·mol^{-1})	$\Delta_f G_m^\ominus$(25℃)/(kJ·mol^{-1})	$C_{p,m}^\ominus$/(J·K^{-1}·mol^{-1}) 298K	300K	400K	600K	800K
HCl(g)	−92.307	186.908	−95.299	29.12	29.12	29.16	29.58	30.50
HF(g)	−271.1	173.779	−273.2	29.133	29.12	29.16	29.25	29.54
HI(g)	26.48	206.594	1.70	29.158	29.16	29.33	30.33	31.08
H_2O(l)	−285.830	69.91	−237.129	75.291				
H_2O(g)	−241.818	188.825	−228.572	33.577	33.60	34.27	36.32	38.70
H_2O_2(l)	−187.78	109.6	−120.35	89.1				
H_2O_2(g)	−136.31	232.7	−105.57	43.1	43.22	48.45	55.69	59.83
H_2SO_4(l)	−813.989	156.904	−690.003	138.91	139.33	153.55	167.36	
$HgCl_2$(s)	−224.3	146.0	−178.6					
Hg_2Cl_2(s)	−265.22	192.5	−210.745					
I_2(s)	0	116.135	0	54.438	54.51			
I_2(g)	62.438	260.69	19.327	36.90			37.57	37.76
KCl(s)	−436.747	82.59	−409.14	51.30				
KI(s)	−327.900	106.32	−324.892	52.93				
KNO_3(s)	−494.63	133.05	−394.86	96.40				
K_2SO_4(s)	−1437.79	175.56	−1321.37	130.46				
N_2(g)	0	191.61	0	29.125	29.12	29.25	30.11	31.43
NH_3(g)	−46.11	192.45	−16.45	35.06	35.69	38.66	45.23	51.17
NH_4Cl(s)	−314.43	94.6	−202.87	84.1				
$(NH_4)_2SO_4$(s)	−1180.85	220.1	−901.67	187.49				
NO_2(g)	33.18	240.06	51.31	37.20	37.11	40.33	46.11	50.21
NaCl(s)	−411.153	72.13	−384.138	50.50				
$NaNO_3$(s)	−467.85	116.52	−367.00	92.88				
NaOH(s)	−425.609	64.455	−379.494	59.54				
O_2(g)	0	205.138	0	29.355	29.37	30.10	32.09	33.74
O_3(g)	142.7	238.93	163.2	39.20	39.29	43.64	49.66	52.80
PCl_3(g)	−287.0	311.78	−267.8	71.84				
PCl_5(g)	−374.9	364.58	−305.0	112.80				
S(s,正交)	0	31.80	0	22.64	22.64			
SO_2(g)	−296.830	248.22	−300.194	39.87	39.96	43.47	49.04	52.43
SO_3(g)	−395.72	256.76	−371.06	50.67	50.75	58.83	70.71	78.86
SiO_2(s,α-石英)	−910.94	41.84	−856.64	44.43				
ZnO(s)	−348.28	43.64	−318.30	40.25				
CH_4(g)甲烷	−74.81	186.264	−50.72	35.309	35.77	40.63	52.51	63.51
C_2H_6(g)乙烷	−84.68	229.60	−32.82	52.63	52.89	65.61	89.33	108.07
C_3H_8(g)丙烷	−103.85	270.02	−23.37	73.51	73.89	94.31	129.12	155.14

续表

物质	$\Delta_f H_m^\ominus$(25℃)/(kJ·mol^{-1})	$S_m^\ominus$(25℃)/(J·K^{-1}·mol^{-1})	$\Delta_f G_m^\ominus$(25℃)/(kJ·mol^{-1})	$C_{p,m}^\ominus$/(J·K^{-1}·mol^{-1})				
				298K	300K	400K	600K	800K
C_4H_{10}(g)正丁烷	−126.15	310.23	−17.02	97.45	97.91	123.85	168.62	201.79
C_5H_{12}(g)正戊烷	−146.44	349.06	−8.21	120.21	120.79	152.84	207.69	248.11
C_6H_{14}(g)正己烷	−167.19	388.51	−0.05	143.09	143.80	181.88	246.81	294.39
C_7H_{16}(g)庚烷	−187.78	428.01	8.22	165.98	166.77	210.96	285.89	340.70
C_8H_{18}(g)辛烷	−208.45	466.84	16.66	188.87	189.74	239.99	324.97	387.02
C_2H_4(g)乙烯	52.26	219.56	68.15	43.56	43.72	53.97	71.55	84.52
C_3H_6(g)丙烯	20.42	267.05	62.79	63.89	64.18	79.91	107.53	128.37
C_2H_2(g)乙炔	226.73	200.94	209.20	43.93	44.06	50.08	57.45	62.47
C_3H_4(g)丙炔	185.43	248.22	194.46	60.67	60.88	72.51	81.21	105.19
C_6H_6(l)苯	49.04	173.26	124.45					
C_6H_6(g)苯	82.93	269.31	129.73	81.67	82.22	111.88	157.90	188.53
C_7H_8(g)甲苯	50.00	320.77	122.11	103.64	104.35	140.08	197.48	236.86
C_8H_{10}(g)乙苯	29.79	360.56	130.71	128.41	129.20	170.54	236.14	280.96
C_8H_8(g)苯乙烯	147.36	345.21	213.90	122.09	122.80	160.33	218.15	256.90
$C_{10}H_8$(g)萘	150.96	335.75	223.69	132.55	133.43	179.20	249.66	296.10
C_2H_6O(g)甲醚	−184.05	266.38	−112.59	64.39	66.07	79.58	105.27	125.69
$C_4H_{10}O$(g)乙醚	−252.21	342.78	−122.19	122.51	112.97	138.11	183.76	218.66
CH_4O(g)甲醇	−200.66	239.81	−161.96	43.89	44.02	51.42	67.03	79.66
C_2H_6O(l)乙醇	−277.69	160.7	−174.78	111.46				
C_2H_6O(g)乙醇	−235.10	282.70	−168.49	65.44	65.73	81.00	107.49	126.90
$C_2H_5O_2$(l)乙二醇	−454.80	166.9	−323.08	149.8				
CH_2O(g)甲醛	−108.57	218.77	−102.53	35.40	35.44	39.25	48.20	56.36
C_2H_4O(g)乙醛	−166.19	250.3	−128.86	57.3	54.85	65.81	85.86	101.25
C_3H_6O(g)丙酮	−217.57	295.04	−152.97	74.89	75.19	92.05	122.76	146.15
C_3H_6O(l)丙酮	−248.11	200.41	−155.39					
CH_2O_2(l)甲酸	−424.72	128.95	−361.35	99.04				
$C_2H_4O_2$(l)乙酸	−484.5	159.8	−389.9	124.3				
$C_2H_2O_4$(s)乙二酸	−826.76	120.1	−697.89					
$C_7H_6O_2$(s)苯甲酸	−385.14	167.57	−245.14					
$CH_3COCOOH$(l)丙酮酸	−584.50	179.49	−463.38					
$C_4H_8O_2$(l)乙酸乙酯	−479.03	259.4	−332.55					
$CO(NH_2)_2$(s)尿素	−333.19	104.60	−197.15					
$C_{12}H_{22}O_{11}$(s)蔗糖	−2220.9	359.8	−1529.67					
$C_{12}H_{22}O_{11}$(s)β-乳糖	−2236.72	386.18	−1566.99					
$C_6H_{12}O_6$(s)α-D-半乳糖	−1285.37	205.43	−919.43					

续表

物　质	$\Delta_f H_m^{\ominus}$(25℃)/(kJ·mol⁻¹)	$S_m^{\ominus}$(25℃)/(J·K⁻¹·mol⁻¹)	$\Delta_f G_m^{\ominus}$(25℃)/(kJ·mol⁻¹)	$C_{p,m}^{\ominus}$/(J·K⁻¹·mol⁻¹)				
				298K	300K	400K	600K	800K
$C_6H_{12}O_6$(s)α-D-葡萄糖	−1274.45	212.13	−910.52					
$C_5H_5N_5$(s)腺嘌呤	95.98	151.04	299.49					
$(CH_2COOH)_2$(s)琥珀酸	−940.90	175.73	−747.43					
$C_2H_4NH_2COOH$(s) L-丙氨酸	−562.75	129.20	−370.24					
$C_4H_7NO_4$(s)天冬氨酸	−973.37	170.12	−730.23					
$C_3H_6O_3$(s)L-乳酸	−694.03	144	−523.24					
$HSC_2H_4NH_2COOH$(s) L-半胱氨酸	−533.9	169.87	−343.97					
$C_6H_{12}N_2O_4S_2$(s)L-胱氨酸	−1051.0	282.84	−693.33					
$C_5H_9NO_4$(s)L-谷氨酸	−1009.68	188.20	−731.28					
CH_2NH_2COOH(s)甘氨酸	−537.2	103.51	−377.69					
$C_5H_5N_5O$(s)鸟嘌呤	−183.93	160.25	47.40					
$C_6H_{13}NO_2$(s)L-异亮氨酸	−638.06	207.99	−347.15					
$C_6H_{13}NO_2$(s)L-亮氨酸	−646.85	211.79	−375.06					
$C_5H_{11}NO_2S$(s)L-蛋氨酸	−758.56	231.46	−505.76					
$C_9H_{12}NO_2$(s)L-苯并氨酸	−466.93	213.64	−211.51					
$HOC_2H_3NH_2COOH$(s) L-丝氨酸	−726.34	149.16	−509.19					
$C_{11}H_{12}N_2O$(s)L-色氨酸	−415.05	251.04	−119.41					
$C_9H_{11}NO_3$(s)L-酪氨酸	−671.53	214.01	−385.68					
$C_5H_{11}NO_2$(s)L-缬氨酸	−617.98	178.87	−358.99					
$C_3H_5(OH)_3$(l)甘油	−668.60	204.47	−477.06					
$C_5H_{10}N_2O_3$(s) L-丙氨酸甘氨酸	−826.42	195.06	−532.62					
$C_4H_8N_2O_3$(s) 甘氨酰甘氨酸	−745.25	189.95	−490.57					

附录 4　一些物质的标准摩尔燃烧焓

物　质	$-\Delta_c H_m^{\ominus}$(25℃)/(kJ·mol⁻¹)	物　质	$-\Delta_c H_m^{\ominus}$(25℃)/(kJ·mol⁻¹)
C(s,石墨)	393.5	C_2H_6(g)乙烷	1559.8
CO(g)	283.0	C_3H_6(g)丙烯	2058.4
H_2(g)	285.8	C_3H_8(g)丙烷	2219.9
CH_4(g)甲烷	890.3	C_4H_{10}(g)正丁烷	2878.3
C_2H_2(g)乙炔	1299.6	C_6H_6(l)苯	3267.5
C_2H_4(g)乙烯	1411.0	C_6H_{12}(l)环己烷	3919.9

续表

物　质	$-\Delta_c H_m^\ominus(25℃)/(kJ \cdot mol^{-1})$	物　质	$-\Delta_c H_m^\ominus(25℃)/(kJ \cdot mol^{-1})$
C_7H_8(l)甲苯	3910.0	HCOOH(l)甲酸	254.6
$C_{10}H_8$(s)萘	5153.9	CH_3COOH(l)乙酸	874.5
CH_3OH(l)甲醇	726.5	$C_3H_6O_2$(l)乙酸甲酯	1594.9
C_2H_5OH(l)乙醇	1366.8	$C_4H_8O_2$(l)乙酸乙酯	2246.4
HCHO(g)甲醛	570.8	$C_7H_6O_2$(s)苯甲酸	3226.9
CH_3CHO(l)乙醛	1166.4	C_5H_5N(l)吡啶	2782.4
CH_3COCH_3(l)丙酮	1790.4	C_6H_7N(l)苯胺	3396.2

附录5　一些离子在无限稀释水溶液中的标准摩尔生成焓

离　子	$\Delta_f H_m^\ominus(25℃)/(kJ \cdot mol^{-1})$	离　子	$\Delta_f H_m^\ominus(25℃)/(kJ \cdot mol^{-1})$
H^+	0	Br^-	−121.55
NH_4^+	−132.51	I^-	−55.19
Li^+	−278.49	S^{2-}	33.1
Na^+	−241.12	SO_3^{2-}	−635.5
K^+	−252.38	SO_4^{2-}	−909.27
Ag^+	105.579	HS^-	−17.6
Fe^{2+}	−89.1	HSO_3^-	−626.22
Fe^{3+}	−48.5	HSO_4^-	−887.34
Mg^{2+}	−466.85	NO_3^-	−205.0
Ca^{2+}	−542.83	PO_4^{3-}	−1277.4
Sr^{2+}	−545.80	HPO_4^{2-}	−1292.14
Ba^{2+}	−537.64	$H_2PO_4^-$	−1296.29
Zn^{2+}	−153.89	CO_3^{2-}	−677.14
OH^-	−229.994	HCO_3^-	−691.99
F^-	−332.63	CH_3COO^-	−486.01
Cl^-	−167.159		